BIBLIOTHÈQUE DES PROFESSIONS

INDUSTRIELLES, COMMERCIALES, AGRICOLES ET LIBÉRALES

ART DE L'INGÉNIEUR

SÉRIE C

N° 7

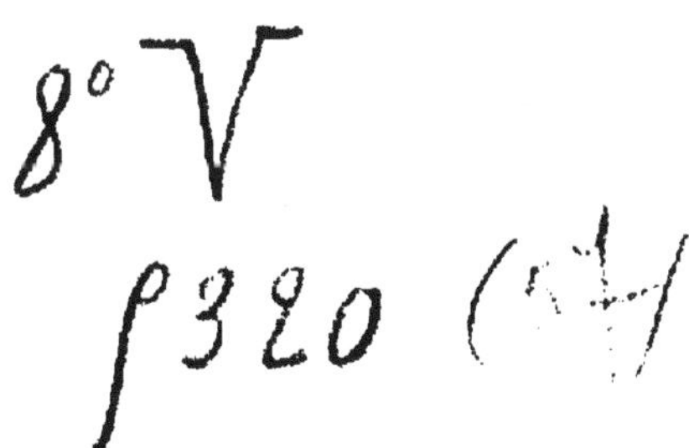

5254 B. — PARIS, IMPRIMERIE GAUTHIER-VILLARS ET FILS,
55, QUAI DES GRANDS-AUGUSTINS.

NOUVELLE ÉDITION

BIBLIOTHÈQUE DES PROFESSIONS

INDUSTRIELLES, COMMERCIALES, AGRICOLES ET LIBÉRALES

GUIDE PRATIQUE

DU

CONSTRUCTEUR

Dictionnaire des mots techniques employés dans la construction et des termes d'architecture civile

Analyse des Lois de Voirie, des Bâtiments et de Dessèchement à l'usage des architectes, propriétaires, entrepreneurs de maçonnerie charpente, serrurerie, couverture, etc.

Par L.-T. PERNOT

Officier de la Légion d'honneur, vérificateur des travaux publics

AUGMENTÉ ET ENTIÈREMENT REFONDU

Par CAMILLE TRONQUOY et CH. BAYE

Art de l'Ingénieur

Série C
N° 7

PARIS

J. HETZEL ET Cie, ÉDITEURS

18, RUE JACOB, 18

BIBLIOTHÈQUE DES PROFESSIONS
INDUSTRIELLES, COMMERCIALES, AGRICOLES ET LIBÉRALES

GUIDE PRATIQUE

DU

CONSTRUCTEUR

Dictionnaire des mots techniques employés dans la construction
et des termes d'architecture civile

Analyse des Lois de Voirie, des Bâtiments et de Dessèchement à l'usage
des architectes, propriétaires, entrepreneurs de maçonnerie
charpente, serrurerie, couverture, etc.

Par L.-T. PERNOT
Officier de la Légion d'honneur, vérificateur des travaux publics
AUGMENTÉ ET ENTIÈREMENT REFONDU
Par CAMILLE TRONQUOY et CH. BAYE

NOUVELLE ÉDITION

Art de l'Ingénieur

Série C
N° 7

PARIS
J. HETZEL ET Cie, ÉDITEURS
18, RUE JACOB, 18

DICTIONNAIRE

DU

CONSTRUCTEUR

A

Abaque ou **Tailloir.** Partie supérieure ou couronnement du chapiteau de la colonne.

Les ouvriers donnent le nom d'*Abaque* à un ornement gothique, avec un filet ou chapelet de la moitié de la largeur de l'ornement ; et ils nomment ce filet *filet* ou *chapelet de l'abaque.*

Abatage (Maçonn.). Opération qui consiste à abattre l'excédant d'une pierre faisant *saillie;* elle se fait avec un gros marteau appelé *têtu,* et exige peu de précaution.

— (Charp.). Travail pour abattre des arbres qui sont sur pied. — Prix que coûte ce travail.

— (*faire*). Manœuvre pour retourner ou soulever une pierre, une pièce de bois ; elle se fait au moyen de vérins ou de leviers et de cales ; on dit aussi abattre.

Abatis (Maçonn.). Pierre abattue par les carriers, qu'elle soit bonne pour bâtir ou mise au rebut.

— Démolition et décombres d'un bâtiment.

Abat-Jour (Maçonn.). Baie dont l'*ébrasement* du plafond ou de l'appui est incliné entre deux *jouées* rampantes au-dessus de la vue afin d'augmenter la quantité de lumière entrant par cette baie ; elle sert à éclairer un étage souterrain ou des offices.

Abattant (Men.). Tablette mobile sur des gonds et pouvant être placée à volonté, soit horizontalement pour former table, soit verticalement, afin de tenir moins de place.

Abattoir. Lieu destiné à abattre ou tuer le bétail pour la boucherie.

Abattre. Faire abatage. — Renverser, jeter bas.

Abatre en chanfrein. Voy. CHANFREINER.

Abat-Vent. Série de petits auvents parallèles et inclinés de dedans en dehors dont l'usage est d'empêcher la pluie de pénétrer dans l'intérieur des édifices; des abat-vent sont placés dans les baies et ordinairement au dehors des tours et des clochers dans les tableaux des ouvertures, ils servent à empêcher que le son des cloches ne se dissipe en l'air, et à le renvoyer en bas.

Abat-Voix. Dais placé au-dessus d'une chaire à prêcher, et qui rejette la voix de l'orateur dans l'auditoire.

Abonnir. Première opération de séchage à l'air des carreaux en terre.

Aboucher. Joindre les pièces d'une charpente, des tuyaux, etc.

About. (Charp.). Extrémité par laquelle une pièce de bois est assemblée avec une autre; cette désignation s'applique particulièrement à l'extrémité d'une pièce de bois taillée à onglet.

Abouter. (Plomb.). Raccorder un gros tuyau sur un petit. S'ils sont de fonte ou de grès, cela se fait par le moyen d'un collot de plomb qui va en diminuant du grand au petit.

— Revêtir, de tables minces de plomb blanchi, une corniche, un ornement ou toute autre saillie de sculpture ou d'architecture en bois.

Aboutir. Même signification qu'aboucher.

Abras. Garniture en fer d'un marteau de forgeron.

Abreuver (Peint.). Mettre une couche, ou d'encollage, ou de couleur, sur du bois, de la pierre, ou autre matière poreuse, pour en remplir ou boucher les pores.

Abreuver (*une cuve ou réservoir pour liquides, en bois*). Remplir d'eau l'un de ces vases après qu'on en a achevé la construction afin de voir s'il est étanche et faire gonfler le bois pour resserrer les joints.

Abreuvoir. Bassin dans lequel on recueille des eaux de pluie ou de source et où l'on mène boire et baigner les chevaux et les bestiaux.

Le fond de l'abreuvoir est assez ordinairement une pente en *glacis*, pavée de grès et bordée de pierres.

Quand un abreuvoir est établi sur le bord d'une rivière, un barrage doit en limiter l'étendue.

— (Maçonn.). Petit *auget* fait de mortier pour remplir de coulis les joints, en *fichant* les pierres.

— Petites *tranchées* qu'on fait avec le marteau dans le lit et le joint des pierres pour les mieux *liaisonner*.

Abscisses. Voy. COORDONNÉES.

Abside ou **Absis.** Voûte. — Partie circulaire. — Sanctuaire dans une église.

Abutter. Joindre.

Acacia. Voy. Bois.

Académie. Réunion de savants, de gens de lettres, etc. L'Académie d'architecture, qui forme maintenant l'une des sections de l'Institut, fut établie par Colbert en 1671.

Acajou. Voy. Bois.

Acanthe (*feuille d'*) Sculpt.). Ornement employé pour la décoration des chapiteaux et des frises des édifices construits dans les ordres corinthiens et composites.

Accorder (Marbr.). Faire joindre et affleurer des pièces de marbre avant de les polir.

Accoudoir (Maçonn.). Appui placé dans l'ouverture d'une croisée.

Acerin (Serrur.). Fer qui participe de la nature de l'acier et se durcit par la trempe. Les ouvriers disent aciéreux.

Acérer (Serrur.). C'est souder un morceau d'acier à l'extrémité d'un outil de fer pour en rendre la pointe ou le tranchant susceptible de s'affûter convenablement.

Acérure. Morceau d'acier qui doit être soudé à l'extrémité d'un outil de fer.

Acides. Substances qui peuvent se combiner avec un autre corps jouant le rôle de bases pour former ce qu'on appelle un sel. En général, les acides sont d'une saveur aigrelette, et ils rougissent la teinture de tournesol. Ils servent ordinairement à enlever les couches d'oxyde qui recouvrent la surface des métaux et à la mettre à nu, ils la décapent. Ils sont donc surtout employés par les corps d'état qui travaillent les métaux.

Les acide sulfurique (huile de vitriol), acides azotique (eau-forte) et chlorhydrique ou muriatique (esprit de sel), sont ceux qui sont d'un usage le plus fréquent.

Acier. Composé de fer et de carbone dont les propriétés sont peu différentes de celles du fer et qui peut se travailler de même. Mais quand l'acier a subi la trempe, c'est-à-dire quand, après l'avoir porté à la chaleur rouge, on le refroidit brusquement, il acquiert une dureté extrême et devient alors propre à la confection des outils.

On distingue dans le commerce plusieurs sortes d'acier : l'*acier naturel*, qu'on extrait directement du minerai de fer par un travail convenable; l'*acier de forge*, qu'on obtient par une décarbonation partielle de la fonte; l'*acier de cémentation*, qu'on produit en faisant absorber au fer, par un contact avec du charbon, à une très haute température, une certaine quantité de carbone ; l'*acier fondu* provenant de la fusion de l'acier ci-dessus.

Enfin, depuis quelques années on fabrique, par un traitement particulier de la fonte, une substance très semblable à l'acier, et connue sous le nom d'acier Bessemer, qui est plus résistante que le fer, mais qui pourtant n'est généralement pas propre à la fabrication des outils.

Acier (Peint.). Se dit aussi d'une couleur faite avec du blanc de céruse, du bleu de Prusse, de la laque fine, du vert-de-gris cristallisé. Chacune de ces couleurs est broyée séparément, à l'essence ; puis, mêlées avec le blanc, elles donnent suivant les proportions du mélange le ton que l'on désire. On fait plus communément cette couleur d'acier avec du blanc de céruse, du noir de charbon et du bleu de Prusse, qu'on broie à l'huile grasse et qu'on emploie à l'essence ; elle est moins coûteuse, mais elle n'est pas aussi belle.

Accoler. Réunir plusieurs pièces de bois en largeur pour les fortifier les unes par les autres.

— Appliquer des ornements, tels que l'entrelacement autour d'une colonne des branches de palmes de lauriers, de bandelettes, etc.

Accotements, Accolements. Espace compris entre la chaussée et l'arête extérieure d'une route. On donne par extension ce nom aux deux parties de la plate-forme d'un chemin de fer extérieures aux rails. La largeur des accotements varie ainsi que l'inclinaison des talus, avec la nature des terrains. Voir pour les talus l'excellent ouvrage de M. Bruère, Paris, 1863. 1 vol. et atlas. Voy. ROUTE.

Accouplement. On entend par ce terme le rapprochement de deux colonnes le plus près possible, sans que les bases et les chapiteaux s'engagent les uns dans les autres.

Accoulins. Atterrissements, ou amas de terre, de sable ou de gravier, qui se forment par des dépôts que laissent les eaux d'une rivière débordée ou d'un torrent en se retirant. On profite de ces dépôts pour relever des terrains trop bas et les rendre propres à être cultivés.

Acoustique. La science des sons. Les lois de l'acoustique doivent être appliquées dans la construction des théâtres, des salles de concert, etc.

Acoustiques (Tubes). Voy. TUBES.

Acrotères. Piédestaux souvent sans base et sans corniche, placés au faîte et aux extrémités d'un fronton pour recevoir des statues.

— Parties pleines distribuées dans une balustrade.

— Petit mur qui règne aux extrémités d'un bâtiment.

Adapter. Appliquer une *saillie* ou un *ornement*.

Adent. *Entaille* ou *assemblage* tel que les pièces assemblées ont la forme de dents.

— Réunion de deux planches au moyen d'une rainure et d'une languette triangulaire.

Adhésion. Force naturelle qui retient deux corps en contact.

Adjudication publique (*faite par l'Administration*). Marché fait aux enchères publiques, et avec concurrence. Des affiches apposées annoncent que l'adjudication aura lieu à un jour déterminé dans une des salles de la préfecture.

Les entrepreneurs adjudicataires doivent déposer : 1° un cautionnement suivant l'importance des travaux à exécuter, et pour répondre de leur bonne exécution ; ce cautionnement ne leur est rendu qu'après l'entier achèvement des travaux, et sur un certificat de réception de l'architecte ; 2° une soumission cachetée, indiquant le rabais qu'ils veulent faire ; 3° un certificat de capacité signé de deux architectes des travaux publics. (Loi sur la voirie).

Adosser. (Maçonn.). Appuyer une chose contre une autre. On dit, par exemple, adosser une cheminée contre un mur.

Adouber. Calfeutrer, boucher des trous.

Adouci. Opération qui a pour objet de dresser la surface d'une *glace* en la frottant au moyen d'une *molette*, sous laquelle on introduit du sable ou du grès en poudre. A la fin de l'opération, on emploie des molettes plus étendues, des sables plus fins, et même de l'*émeri*, afin que l'adouci soit parfait. On dit aussi le *doucissement* des glaces.

Adoucir (Peint.). Fondre une teinte pour la raccorder avec une autre teinte.

Adoucissage (Marbr.). Quatrième opération du *polissage* des marbres, laquelle consiste à les frotter avec de l'eau et une *pierre ponce* très dure.

Adoucissement (Maçonn.). Raccordement et liaison qui se fait dans un corps avec un autre par *chanfrein*, ou par *cavet*, comme le *congé* du *fût* d'une *colonne*.

Adoucissement (Peint.). Gradation des couleurs, fonte des tons.

Affaiblir. Diminuer l'épaisseur d'un mur ou d'une pièce de charpente.

Affaissé (Maçonn.). On dit qu'un bâtiment est affaissé ou qu'une de ses parties est affaissée quand les niveaux ne se sont pas maintenus ; par exemple, lorsque, étant sur un terrain de mauvaise consistance, son poids l'a fait baisser, ou qu'étant vieux il menace ruine. Un *plancher* est affaissé lorsque sa surface n'est pas restée horizontale.

Affiler. (Charp.). Aiguiser à la lime les dents d'une scie qui ne coupe plus. On se sert pour cette opération de *limes* triangulaires, dites *tiers-points*, et de *limes* rondes, dites *queues-de-rat*. Les premières servent à affiler le bout du tranchant des dents ; les queues-de-rat s'emploient pour approfondir les parties arrondies entre les dents des scies.

Affiloir. Instrument en fer ou en pierre dure qui sert à enlever le morfil des instruments tranchants.

Affleurer. Réduire deux corps placés l'un près de l'autre à la même *saillie*, comme une porte en *feuillure* ou le parement d'un mur, une trappe au niveau d'un plancher, etc.

Désaffleurer est l'opération contraire.

Affourcher. Joindre par un double assemblage deux pièces de bois avec languette et rainure de l'une dans l'autre.

Affût ou **Fût.** Monture d'un outil.

On dit l'affût d'une scie, d'un rabot, etc.

Affûter. Ajuster les outils aux *fûts* qui servent à les maintenir dans la position la plus propre pour les faire couper. — Aiguiser les outils pour les rendre plus tranchants ou plus aigus.

Agencement. Disposition et rapport des diverses parties d'un édifice, ou des ornements dont on le décore.

Agglomérat. Pierres ou produits minéraux réunis par cimentation ou pour fusion incomplète.

Agiau. (Peint. dor.). Espèce de pupitre sur lequel le doreur place le livret qui contient les feuilles d'or et d'argent.

Agrafe. Pièce métallique qui sert à accrocher, suspendre ou joindre entre elles différentes parties d'un tout. On emploie des agrafes pour joindre ensemble deux à deux les pierres formant la margelle d'un puits, les carreaux servant à la construction d'un poêle, etc. (Voy. Crampons.)

On donne aussi ce nom à un ornement qui semble relier plusieurs membres d'architecture.

Agrafe de volet ou contre-panneton (Serr.). Pièce de fer formant boucle, fixé à un volet d'intérieur, et qui est accrochée par l'un des pannetons de l'espagnolette de la fenêtre. L'espagnolette ferme ainsi à la fois la fenêtre et le volet.

Agrès. Cordages, poulies, moufles, etc.

Ahah (**Haha**). Ouverture de mur sans grille et au niveau d'une allée de jardin avec un fossé au pied. Jusqu'à ce qu'on arrive au fossé, le jardin paraît plongé au delà.

Aigre (*fer*) (Serr.). Fer qui se rompt aisément à froid. Il doit cette propriété à des corps étrangers, et notamment à du soufre, du phosphore, du carbone, etc.

Aigremore. Poussier de charbon.

Aigu (Serr.). Tranchant d'une lame quelconque, de cognée, de ciseau ou pointe de vrille, etc.

Aiguille. Clocher en forme de pyramide qui surmonte les tours de quelques églises; on les appelle plus ordinairement flèches. On donne aussi ce nom aux obélisques.

Aiguille (Arch. hyd.). Ce sont, dans un barrage fait en rivière, des pièces de bois rondes ou carrées, de 0m,08 à 0m,11 cent. de diamètre, et de 1m,60 à 1m,95 de long, qui sont retenues en tête par la *brise*, et portent par le pied sur le seuil d'un *pertuis*. Elles servent à fermer le pertuis pour relever le niveau de l'eau en amont, et à donner passage aux bateaux.

Aiguille pendante (Charp.). Pièce de bois servant à soutenir le milieu des *entraits* par une *clef* en bois. Cette pièce ne s'emploie que dans les combles très surhaussés.

Aiguille d'un pont. Pilier.

Aiguille. Pince ou pied de chèvre servant comme levier.

Aiguille ou **Trépan** (Maçonn.). Outil acéré par le bout et servant à percer la pierre.

Aiguille (Serr.). Longue broche en fil de fer, avec un œil à l'une de ses extrémités, et qui sert à faire passer dans le trou percé à cet effet dans un mur, le fil de tirage ou *cordon* d'une sonnette.

Aiguiser. Faire la pointe ou le tranchant d'un outil. Suivant la nature de l'outil, on aiguise sur des pierres dures, du bois, etc.

Aile (Maçonn.). Se dit d'un bâtiment qui forme retour d'équerre avec un autre ayant plus d'importance.

On dit *aile droite* ou *aile gauche*, par rapport au bâtiment principal, et non par rapport à la personne qui regarde.

Aile (Pav.). Moitié d'une chaussée partagée en deux par une rangée de pavés placée au milieu que l'on appelle *tas*.

Aile ou **Aileron d'une fiche** (Serr.). Partie d'une *fiche* qui entre dans le bois comme un *tenon* dans sa *mortaise*.

Aile de cheminée (Maçonn.). Les deux côtés de mur sur lequel s'appuient le manteau et le tuyau d'une cheminée, et dans lequel on scelle les *boulins* pour *échafauder*. Ces ailes, aussi bien que l'endroit où la cheminée est adossée, doivent être payées au propriétaire du mur, s'il n'est pas mitoyen.

Aile (*murs en*). Murs que l'on construit en avant de l'alignement de la face de tête d'un pont, afin de faciliter les dégagements sur ce pont. Les murs en aile sont tantôt droits et tantôt courbes; ils servent de murs de soutènement, et leur épaisseur doit être calculée en conséquence.

On les appelle aussi *ailes du pont*.

Ailes. Bas-côtés ou nefs latérales d'une église.

Ailes d'un moulin à vent (Meun.). Grands châssis couverts de toile et garnis d'échelons qui sont fixés sur l'arbre moteur de la machine et lui transmettent la force du vent qui les fait tourner. On les appelle aussi *volants*.

Ailes. Nom donné aux surfaces qui tournent autour de l'axe des ventilateurs employés dans les mines et dans les édifices.

Ailes de mouche (Serr.). Forme en Y que l'on donne à l'extrémité d'une barre de fer qui doit être scellée dans un mur, en la fendant sur une certaine longueur et en écartant les deux parties de la barre; on adopte cette disposition pour les ancres employées aux angles des coffres de cheminées de briques.

Ailes d'une écluse. Murs qui la renferment, lesquels forment un évasement à l'entrée et à la sortie de l'écluse, et qui sont parallèles l'un à l'autre dans son milieu (Arch. hyd.),

Ailerons (Vitrerie). Bords minces de la petite rainure faite dans les plombs qui servent à maintenir des vitres dans un panneau.

— Planches qui garnissent les roues des moulins à eau et sur lesquelles agit le courant pour faire tourner les roues.

Air. L'air est un fluide gazeux qui entoure la terre; il est compressible, élastique et pesant. C'est un mélange en volume de 79,2 parties d'oxygène et 20,8 parties d'azote. Un litre, de ce gaz pèse 1gr,3, sa densité est de $\frac{1}{770}$ de celle de l'eau, ou, 0,001,199 à la pression 0m,76 de mercure; il renferme une quantité variable de vapeur d'eau et une faible proportion d'acide carbonique (0,0004 à 0,0006 en volume).

L'air ou plutôt l'oxygène qu'il contient est nécessaire à la respiration (Voy. VENTILATION) et la combustion (Voy. CHAUFFAGE).

Airain (Plomb, font.). Cuivre rouge.

Dans le langage ordinaire l'airain est du bronze.

Aire. Surface. Voy. POLYGONES.

Aire (Maçonn,). Dans une ferme, surface dure et unie, sur laquelle se fait le battage des grains.

— Surface aplanie pour recevoir un enduit, un carrelage, — Couche en *plâtre* d'environ 0m,54 cent., sur laquelle on place des *lambourdes* pour recevoir un parquet, ou bien l'on met de la poussière pour recevoir un carreau. Cette couche *de plano* repose sur des lattes jointives que les ouvriers se contentent de placer les unes à côté des autres, sans les arrêter avec des clous ou bien sur des bouts de *voltiges* appelés *bardeaux*. A Venise, on fait des aires à l'antique, pour former le pavé des appartements appelé *terrazzo marmorino*. Ces aires sont formées d'une couche de ciment d'environ 0m,11 cent. d'épaisseur, composé d'un mélange de tuileaux et de briques bien cuites, grossièrement écrasés et broyés avec de la bonne chaux. On fait des pavés ou terrazzi avec des compartiments très riches, ornés d'enroulements, de rinceaux et de fleurons.

Aire (Charp.). Charge supportée par les solives d'un plancher.

Aire (Pav.). Massif en mortier de chaux et ciment que l'on fait sur une voûte qui se trouve sous une cour pavée.

Aire (Serr.). Table de l'enclume ou face du marteau.

Ais (Peint.). Planche de chêne peinte à l'huile, d'un côté, et sur laquelle on étend les bandes de papier pour y imprimer la colle.

Ais (Men.). Planches qui servent à la fermeture des boutiques : elles sont ordinairement à feuillure.

— Tringles de bois de bateau employées pour les cloisons à claire-voie.

Aisances (*chausses d'*). Tuyaux en terre cuite, grès, ou fonte, conduisant les matières dans les *fosses*.

Les tuyaux en fonte qui sont en usage depuis une cinquantaine d'années sont préférables aux autres en ce sens qu'ils occupent moins de place, et qu'il n'y a de danger pour les infiltrations qu'aux joints (Maçonn.).

Aisances (*lieux d'*). Voy. Latrines.

Aisances (*fosses d'*). Voy. Latrines.

Aissan. Voy. Bardeau.

Aisselier (Charp.). Pièce de bois qui fortifie l'assemblage de deux autres pièces, tel le *lien* qui s'assemble dans le petit *entrait* et dans l'*arbalétrier*.

Aisselle. Partie de la voûte d'un four depuis sa naissance jusqu'à peu près la moitié de sa hauteur.

Le reste se nomme *chapelle*.

Ajointer. Réunir les bouts.

Ajoupa. Abri provisoire composé de pieux, de planches, de branches, etc.

Ajustage (*faire l'*). Voy. Ajuster.

Ajuster. Travailler les différentes pièces d'un ensemble, de

1.

telle sorte qu'elles soient parfaitement en rapport les unes avec les autres.

Ainsi l'ouvrier mécanicien *ajuste* les pièces qui sortent brutes de la forge ou de la fonderie, de manière à obtenir du mécanisme dont elles doivent faire partie l'effet désiré. Le menuisier et le charpentier ajustent les assemblages, etc., etc.

Ajusteur. Ouvrier qui, dans les ateliers de serrurier mécanicien, fait l'ajustage, et qui livre les pièces à l'ouvrier *monteur* chargé de faire l'assemblage, de monter l'ensemble.

Ajutage (Arch. hyd.). Tuyaux de formes et de dimensions variables, ou plaques courbes percées de diverses manières, que l'on adapte aux orifices par où se fait l'écoulement d'un fluide, pour varier la forme et la direction du jet ou la dépense.

L'*ajutage simple* est ordinairement élevé en cône et percé par le haut d'un seul trou. L'*ajutage composé* est aplati en dessus, et percé sur la platine de plusieurs trous, de fentes, ou d'un faisceau de tuyaux qui forment des gerbes et des girandoles.

Alaise (Men.). Planche étroite qu'on emploie pour rélargir quelque ouvrage ou pour en compléter la largeur.

Albâtre. Pierre demi-transparente dont la texture fine et compacte est susceptible d'un très beau poli. Il y a deux sortes d'albâtre, l'une est l'albâtre calcaire (carbonate de chaux), l'autre l'albâtre gypseux (sulfate de chaux); la première a une texture grenue, fibreuse ou lamellaire, ses veines sont souvent de couleurs différentes allant du blanc laiteux au brun. Le plus bel albâtre de cette espèce est l'albâtre oriental. La deuxième espèce est plus commune que la précédente, et s'en distingue en ce qu'elle est très tendre, et que l'autre raye le marbre. De plus, un acide n'attaque pas l'albâtre gypseux, tandis qu'il attaque l'albâtre calcaire.

Alcalimètre. Instrument qui sert à mesurer la richesse de la dissolution d'un alcali, potasse, soude ou ammoniaque.

Alcool ou **esprit-de-vin.** Liquide que l'on obtient par la distillation de divers sucs végétaux et d'infusions sucrées, qui ont éprouvé la fermentation vineuse. Il se mélange en toute proportion avec l'eau, on l'en sépare par simple distillation.

L'alcool anhydre ou absolu a une densité de 0,7947 à la température de 18° cent.; il bout à 75°,8.

C'est un dissolvant d'un grand nombre de résines, et il est employé en peinture à la fabrication des vernis.

— Sa valeur est en raison inverse de la quantité d'eau qu'il contient, qu'on apprécie commercialement au moyen d'instruments appelés *alcoomètres* ou *pèse-esprit*.

Alcôve (Men.). Enfoncement dans une chambre, sorte de niche dans laquelle on place un lit.

Aléser. Rendre cylindrique, polir la surface interne d'un tube ou d'un trou fait dans une masse métallique. Voy. ALÉSOIR.

Alésoir. Outil qui sert à finir les surfaces cylindriques concaves, c'est-à-dire à leur donner une forme mathématiquement exacte.

Quand les trous à aléser ne dépassent pas 15 à 20 millimètres de diamètre et 10 à 15 centimètres de profondeur, on emploie des alésoirs pleins en acier que l'on fait tourner à la main, soit au moyen d'un vilebrequin, soit au moyen d'un tourne-à-gauche. Ce sont des barreaux d'acier coniques allongés dont 2 ou 3 segments ont été enlevés de manière à laisser 3, 4 ou 6 génératrices du cône qui forment tranchant et enlèvent dans le trou l'excédent de matière.

Quand les trous ont des dimensions un peu fortes, on doit rejeter l'emploi de ces outils qui exigerait trop d'efforts ; on place sur un arbre un ou plusieurs outils, on fait passer cet arbre dans le trou et on le fait tourner en lui donnant un mouvement très lent dans le sens de la longueur. Il faut que l'arbre soit convenablement guidé. (*Dictionnaire des Arts et Manufactures.*)

Allée. Passage entre deux murs parallèles.

Allée de jardin. Chemin compris entre deux rangées d'arbres ou deux plates-bandes, etc.

Allége (Maçonn.). Mur d'appui dans la baie d'une croisée, dont les pierres qui le composent jettent des *harpes* pour faire liaison avec le *parpaing* d'appui. Ce mur d'appui est évidé dans l'*embrasure*.

Alléger. Synonyme d'amincir pour les menuisiers.

Allégir. Synonyme d'*amincir* pour les serruriers.

Alidade. Instrument qui sert à déterminer les directions ; il consiste en une règle mobile, aux extrémités de laquelle s'élèvent perpendiculairement deux pièces de cuivre appelées pinnules dont l'une porte un trou et dont l'autre est percée d'une fenêtre carrée au milieu de laquelle est tendu dans une position verticale un fil ou une soie. Pour déterminer une direction, on dirige l'alidade de manière que le rayon visuel qui part du trou de l'une des pinnules et rase le fil de l'autre aboutisse au point dont il s'agit. Les pinnules doivent être tellement disposées sur la règle mobile que le biseau de celle-ci soit dans le plan vertical, passant à la fois par le trou et par le fil ; de sorte que, si la règle est appliquée sur un plan, il suffit de suivre avec une pointe ce biseau pour indiquer la direction en question ; ou bien, si la règle est placée sur un cercle divisé, le centre d'oscillation correspondra au centre du cercle, ce qui permet de déterminer l'angle sur la division du cercle.

Alette (Maçonn.). Face d'un pied droit comprise entre un pilastre ou une colonne et le tableau d'une arcade.

Alignement (Arch.). En matière de voirie, c'est la ligne de séparation légale entre la voie publique actuelle ou future et les propriétés qui la bordent. Dans une construction neuve, avant de poser les premières assises, la ville donne deux points de repère, les deux *jambes étrières* de droite et de gauche des maisons qui se trouvent dans l'alignement; l'on tend une ligne suivant ces deux points, et l'on voit si l'on est bien assis; il est important, au moment de la plantation, d'avertir le commissaire voyer de venir vérifier.

L'alignement des murs mitoyens se fait en imaginant une ligne droite sur un plan, passée dans le milieu desdits murs. Celui des deux voisins qui a besoin d'un excédent d'épaisseur doit le prendre sur son héritage.

L'objet principal de l'alignement est : 1° de donner aux rues des villes la largeur nécessaire et la direction convenable;

2° De faire disparaître les renfoncements qui nuisent à la propreté et à la salubrité dans l'intérieur des villes;

3° D'obtenir, par la régularité des lignes, un moyen d'embellissement.

Le terrain compris entre les alignements des deux côtés de la voie est propriété publique. Le préfet du département délivre des alignements pour la construction des bâtiments suivant les plans arrêtés.

Quand un propriétaire démolit volontairement sa maison, ou lorsqu'il est forcé de démolir pour cause de vétusté, l'alignement donné par les autorités compétentes ne laisse au propriétaire droit à indemnité que pour la valeur du terrain délaissé. Lorsque l'alignement, au contraire, fait avancer le propriétaire sur la voie publique, il ne peut être forcé d'avancer, à moins que ce ne soit pour cause d'utilité publique, auquel cas il est forcé de payer la valeur du terrain qui lui est cédé. (Loi du 16 septembre 1807.) Dans la fixation de cette valeur, les experts doivent avoir égard à ce que le plus ou moins de profondeur du terrain cédé, la nature de la propriété, le reculement du reste du terrain bâti ou non bâti loin de la nouvelle voie, peuvent ajouter ou diminuer de valeur relative pour le propriétaire. Dans les villes, les alignements pour ouverture de nouvelles rues, ou élargissement d'anciennes ne faisant point partie de grande route, sont donnés par les maires sur des plans adressés par les préfets au ministre de l'intérieur, et arrêtés en Conseil d'Etat. (Loi sur la voirie.)

Aligner. Réduire plusieurs corps à une même saillie.

Allivrement. Inscription à un cadastre des pièces de territoire qu'il renferme.

Allonge. Pièce de bois dont on se sert pour en allonger une autre.

Alluchons. Dents en bois d'une roue d'engrenage.

Alquifoux ou galène. Sulfure de plomb dont les potiers se servent pour faire la *couverte* des vases et les rendre imperméables aux liquides.

Alluvion. Dépôts formés par les eaux sur les rivages ; atterrissements et accroissements qui se forment sur les bords d'une rivière ou d'un fleuve. L'art. 556 du Code civil dit que l'alluvion profite au propriétaire, soit qu'il s'agisse d'un fleuve ou d'une rivière navigable, flottable ou non, à la charge, dans le premier cas, de laisser le chemin de halage.

Alumelle. Lame aiguisée d'un seul côté : tels sont les ciseaux de menuisiers, la lame d'un rasoir.

Amarrer. Attacher au moyen de cordages.

Amatir Rendre mat l'or et l'argent en leur enlevant leur poli.

Ambité. Verre qui a perdu sa transparence.

Amboutir (Plomb.). C'est rendre convexe d'un côté et concave de l'autre une pièce de *plomb* ou autre métal. On amboutit aussi le cuir.

— Revêtir de plomb ou de zinc une corniche ou tout autre ornement de bois pour le préserver de la pourriture. Voy. ABOUTIR.

Ambre. Substance résinoïde semi-opaque ou presque transparente, qui est employée à la fabrication des vernis (Voy. ce mot). L'ambre se dissout dans l'huile de lin à chaud.

Ame (Charp.). Dans une poutre formée de trois pièces accolées, c'est la pièce intermédiaire.

— Dans les poutres en métal qui ont, en général, la forme d'un double T, c'est la partie verticale.

Ame d'un cordage. Réunion de certains fils que l'on met au milieu des différents *torons* dont le cordage est composé. Voy. CORDAGE.

Ame (*d'une serrure*). Corps de la serrure.

Ame (*d'un soufflet*). Voy. SOUFFLET.

Amende. C'est, en matière de voirie, une peine pécuniaire qui est prononcée pour tout acte de désobéissance aux lois et règlements établis; toute contravention est réprimée et poursuivie suivant les voies de droit.

Les propriétaires ne sont pas seuls passibles des condamnations qui peuvent être prononcées; le constructeur l'est également pour ce qui le concerne, et avec d'autant plus de raison, qu'il est censé mieux connaître que le propriétaire lui-même les règles administratives auxquelles l'exercice de sa profession l'assujettit.

Amenuisement. (Menuis.). Rabotage, mise à l'épaisseur des planches.

Amoise. Nom d'une pièce de bois placée entre deux moises. Voy. MOISE.

Amolettes. Trous quadrangulaires pratiqués dans la tête de certaines machines, telles que les cabestans. Ils sont destinés à recevoir le bout des barres qui doivent mettre ces machines en action.

Amont (Arch. hyd.). Terme dont on se sert sur les rivières pour indiquer, par rapport à un point fixe et par rapport au cours de la rivière, la position de tous les objets situés entre ce point et la source; ainsi on dit de l'avant-bec d'une pile, *le bec d'amont*, et de l'arrière-bec, *le bec d'aval*. Voy. AVAL.

Amorce. Le commencement, l'indication d'une rue non encore construite.

— Mèche qui sert à mettre le feu à une mine.

Amorcer ou **Pointer** (Serrur.). Faire une *entaille* dans le fer avec *une langue de carpe* aux endroits qui doivent être percés.

— Fondre un morceau de fer pour y introduire et y souder un autre morceau de fer ou d'acier, taillé en forme de coin.

— Étirer en bec de flûte, après les avoir refoulés, deux bouts de fer que l'on veut souder; la longueur du bec de flûte est en raison de la grosseur du fer.

Amorçoir (Charp.). Sorte de tarière qu'on emploie pour commencer des trous qu'on achève avec d'autres outils.

Amortissement. Ornements de toutes sortes, le plus souvent en plomb, qui terminent des ouvrages d'architecture. Cavets renversés qui couvrent les corniches des croisées et des portes extérieures pour garantir celles-ci de la pluie.

Amour. Voy. PLATRE.

Amplitude. Grandeur d'un angle.

Amphithéâtre. Lieu garni de gradins sur lesquels se placent les auditeurs d'un professeur, les spectateurs d'une fête ou d'une représentation théâtrale, etc., etc.

Ampoules (Serr.). Petites cavités qui se forment pendant la fabrication sous la couche supérieure des aciers de cémentation et qui leur ont fait donner le nom d'acier-poule.

Ancre. Barre de fer, quelquefois droite, quelquefois contournée en S, en Y ou en X, qu'on fait passer dans l'œil d'un tirant pour empêcher soit l'écartement des murs, soit la poussée des voûtes, soit le déversement d'une cheminée.

— Ornement qui sert à décorer certaines moulures. Voy. ce mot.

Ancone. Centre des quartiers de la volute ionique.

Ane. Espèce d'étau en bois.

Ane (dos d'âne). Forme des chaussées bombées en leur milieu.

Anels. Maille de tenaille.

Anémomètre. Appareil pour mesurer l'intensité ou la vitesse des courants d'air.

Angar. Voy. Hangar.

Angle. Espace compris entre deux lignes qui se rencontrent en un point.

L'*angle droit* est celui formé par une ligne tombant sur une autre ligne, de manière que les angles à droite et à gauche soient égaux entre eux. Les lignes ainsi placées sont dites perpendiculaires l'une à l'autre. Quand une ligne ne tombe pas perpendiculairement sur une autre ligne, elle fait des angles inégaux, dont le plus grand s'appelle *angle obtus*, et l'autre *angle aigu.*

L'angle des plans est celui formé par la rencontre de deux plans.

On mesure les angles en supposant que l'angle droit est divisé en 90 parties égales appelées degrés, les degrés divisés en 60 parties égales appelées minutes, les minutes en 60 secondes, les secondes en 60 tierces, etc.

Les ouvriers appellent l'angle droit, *d'équerre ;* l'angle obtus, *du gras ;* et l'angle aigu, *du maigre*. Ainsi, lorsqu'ils disent qu'il y a du maigre à une pierre, c'est que l'angle est aigu.

Angle rentrant. Dans un édifice, on appelle angle rentrant celui dont le sommet est en dedans d'une ligne joignant les sommets des deux angles adjacents.

Angle saillant, celui dont le sommet est en dehors de la ligne joignant les sommets des deux angles adjacents.

Angle. Cavité qui sépare des bossages. On dit : *angle saillant, angle arrondi, angle rentrant.* Voy. Bossage.

Angle (*Cuvette à*) (Plomb.). Cuvette dont le dossier est à angle. On les fait de cette manière pour les placer dans l'encoignure des murs.

Angle (Pavage). Réunion de deux ruisseaux en un point commun.

Anglet (Maçonn.). Petite cavité fouillée en angle droit, comme celles qui séparent les bossages ou pierres de refend. Les caractères et la plupart des inscriptions gravées dans la pierre et dans le marbre sont à anglet.

Angulaire. Pierre, colonne, etc., qui forme un angle.

Anhydre. Nom qu'on donne, en chimie, aux substances exemptes d'eau : par exemple, *alcool anhydre, chaux anhydre* ou chaux vive; *plâtre anhydre* ou plâtre surcuit. (Voy. PLATRE.)

Anhydrite. Pierre très dure qui n'est que du plâtre exempt d'eau. Colorée par des substances étrangères, on l'emploie quelquefois comme pierre d'ornement.

Anneau. Petit cercle en métal servant à différents usages. Il en est qu'on place à l'extrémité des cordons de tirage, servant à mouvoir les *loqueteaux de persienne;* ils ont 34 millimètres de diamètre.

Ceux d'écurie ont depuis 0,05 de diamètre jusqu'à 0,11 ; ils sont à scellement et à pointe, avec lacets pour être fixés soit dans les murs ou les pans de bois.

Les *anneaux en fer demi-rond* se placent ordinairement sur les pierres des fosses d'aisances et viennent se loger dans une entaille faite dans la pierre, suivant l'épaisseur du fer. Ces anneaux portent jusqu'à 30 centimètres de diamètre (Serrur.).

Anneau (*de la clef*). Voy. SERRURE et CLEF.

Annelets (Archit.). Petits *listels* ou *filets* qui ornent un chapiteau. Il y en a trois au *chapiteau dorique;* on les nomme aussi *armilles.*

Annilles (Arch. hydraul.). Espèce d'anneaux ou de tirants de fer qu'on scelle dans le parement des bajoyers d'une écluse. Ils servent à retenir les poteaux de garde que l'on pose le long des branches et sur les faces de l'avant-bec des piles, dans les écluses à plusieurs passages, pour garantir leur parement du choc des bâtiments qui pourraient les endommager.

Annulaire (*voûte*). Voûte qui porte sur deux murs circulaires concentriques.

Annusure. Voy. ENNUSURE.

Anse de panier (Maçonn.). Courbe dont la forme se rapproche de celle d'une ellipse, mais qui en diffère parce qu'elle se compose de plusieurs arcs de cercle (en nombre impair) tangents les uns aux autres.

La courbe en anse de panier est très employée pour les voûtes, les arches de pont, etc. Il y en a de rampantes et de biaises.

Anse de panier (Serr.). Ornement en forme d'anse de panier.

Antes (Archit.). *Pilastres* angulaires du *porche toscan;* ce terme peut s'appliquer à tous les ordres des pilastres d'encoignures, qu'on nomme aussi pilastres corniers.

Anter (Charp.). Joindre bout à bout une pièce de bois avec une autre. Anter un pilot, c'est l'allonger en le joignant à un autre, ce qui se fait par une entaille ou redent.

On dit aussi anter les voussoirs d'une arche ou d'une voûte, lorsqu'on est obligé de les allonger pour leur donner la longueur convenable, ce qui se fait en appliquant deux pierres l'une au bout de l'autre, et en les joignant ensemble par des crampons de fer scellés au plomb. (Maçonn.).

Anticabinet. Grande pièce d'un appartement entre le salon et le cabinet, appelée communément salle d'assemblée.

Antichambre. Pièce destinée aux domestiques, qui précède toutes les autres pièces d'un appartement et qui ouvre directement sur un escalier ou un vestibule.

Anticour. Synonyme d'avant-cour.

Aplomb (Maçonn.). Terme qui signifie qu'une direction est verticale ou perpendiculaire au plan de l'horizon. *Sur-plomb,* défaut de ce qui n'est pas à-plomb, et penche en dehors ou en dedans. *Plomber*, c'est vérifier ce qui est à-plomb. *Contre-plomber*, c'est une sorte de contrôle pour s'assurer qu'on a l'aplomb.

Apointisser. Rendre pointu. On dit aussi apointir.

Apophyse ou **Appophyge.** Synonyme de Congé.

Apothème. Rayon du cercle inscrit dans un polygone régulier.

— Perpendiculaire abaissée du sommet d'une pyramide droite régulière sur l'un des côtés de la base. — Génératrice d'un cône droit, à base circulaire.

Appareil. Art de tracer les pierres et de les bien placer et poser.

On emploie ce mot pour désigner les dimensions, la disposition des pierres qui font partie d'un édifice ; le *grand* appareil est formé de pierres de taille de fortes dimensions. Le *petit* appareil est formé de pierres, ayant au plus 13 à 16 centimètres de côté. On distingue encore l'appareil *allongé* dans lequel les pierres sont plus longues que hautes, l'appareil *incertain* formé de pierres irrégulières : tels sont un grand nombre d'ouvrages en meulières.

Appareiller. Rendre égal par amenuisement. Tracer le trait pour la taille des pierres.

Appareilleur (Maçonn.). Principal ouvrier d'un atelier qui trace les pierres sur le chantier ou sur le *tas.*

Appartement. Ensemble de pièces composant un logement d'une certaine importance à un même étage d'une maison.

Appentis (Couv.). Toits à un seul versant recouvrant ordinairement des bâtiments, appuyés comme dépendances contre d'autres bâtiments : une toiture en appentis est soutenue par des fermes transversales qui sont la moitié de celles d'un toit à deux égouts.

Applique. Pièce appliquée, espèce d'incrustation

Appontement. Pont provisoire communiquant entre un navire et le quai. Les appontements sont quelquefois soutenus par des bateaux.

Approches (Couv.). Pour bien couvrir les tranchées et les arêtiers, on diminue la largeur des tuiles par le haut, afin que la dernière tuile qu'on pose sur l'arêtier ne soit pas triangulaire ; c'est ce qu'on nomme des *approches*, des *contre-approches*.

Appui. En général, toute partie de menuiserie disposée horizontalement, et dont la hauteur ne dépasse pas 1 m. à 1 m. 33 c.

On appelle *pièce d'appui*, la traverse du bas d'un dormant de croisée qui reçoit les deux châssis. La hauteur de l'*appui de porte* se détermine par celle du lambris d'appui. Les lambris d'appui sont ceux dont la hauteur ne dépasse pas 1 m. à 1 m. 33 c. (Menuis.).

— DE CROISÉE, pierre taillée en rectangle avec ou sans feuillure et jet d'eau, portant environ 1 m. 15 sur 0 m. 33 c. de large et 0 m. 15 c. ou 0 m. 16 c. d'épaisseur.

— CONTINU, est une espèce de plinthe, souvent ornée de moulures ravalées, et qui sert de tablette et d'appui aux croisées d'une façade.

ALLÈGE, est celui qui est diminué de la profondeur de l'embrasure, autant pour que l'on puisse regarder plus facilement au dehors que pour soulager le dessous.

— EN PIÉDESTAL, est celui qui est en manière de piédestal double, pour porter de fond les ornements d'une croisée.

On entend aussi par *appui évidé*, non seulement les balustrades et les entrelacs à jour de diverses espèces, mais aussi les appuis où il y a sous la tablette un grand abat-jour carré. (Maçonn.).

— Pièce de bois placée entre deux *poteaux d'huisserie*, et déterminant la hauteur d'appui (Charp.).

Apsis (ou **Absis**). Partie intérieure d'une église où s'assied le clergé et où l'autel est placé.

Aqueduc. Canal avec pente réglée, pour conduire de l'eau d'un lieu à un autre.

Il y a des aqueducs souterrains et des aqueducs apparents. Les premiers consistent en des galeries voûtées; ils sont surtout employés pour conduire l'eau d'un versant d'une montagne au versant opposé ; les autres servent à conduire l'eau au-dessus d'une vallée; on remplace quelquefois ces derniers par des aqueducs souterrains ayant la disposition de siphons renversés. L'épaisseur des maçonneries ou des tuyaux de l'aqueduc doit être calculée en raison de la charge d'eau qu'ils supportent. On donne aussi, mais à tort, le nom d'aqueducs à de petits ponts construits sur des cours d'eau de peu d'importance.

— DOUBLE OU TRIPLE. Celui qui a son canal porté sur deux ou trois rangs d'arcades, comme le pont du Gard ou celui de Montpellier. (Arch. hyd.)

On donne aussi ce nom à des aqueducs qui présentent deux ou trois canaux accolés.

Aqueduc élevé. Celui qui, pour conserver son niveau de pente à travers des vallées et fondrières, est construit sur un corps de maçonnerie, comme l'aqueduc d'Arcueil à Paris; on appelle encore ainsi un aqueduc porté sur un mur massif, comme celui de Versailles.

AQUEDUC EN TERRE. Aqueduc souterrain avec des puisards de distance en distance pour laisser échapper dans l'atmosphère l'air et les gaz qui se dégagent de l'eau.

Arabesque (Peint.). Rinceaux de feuillages, imités de dessins des Arabes, qui employaient ces sortes d'ornements au défaut de représentations humaines et d'animaux que leur religion interdit.

Dans la sculpture, l'arabesque sort d'un *culot* composé d'un double *enroulement* se rattachant de distance en distance par un bracelet, et joignant au milieu par au motif les *rinceaux* ornés de raisins, épis de blé, et palmettes. (Sculpt.)

Araignée. Crochet en fer, à branches, dont on se sert dans l'établissement des pompes pour les fixer en place.

Arasement (Archit.). Dernière *assise* d'un mur arrivé à hauteur.

— Assise d'attente d'un mur arrêté à une certaine hauteur.

— (*Taille d'*) (Maçonn.). Ce sont des tailles accidentelles de lits, faites sur le tas à chaque rang d'assises, pour mettre de niveau celles qui dépassent la hauteur commune.

— (Menuis.), Chacune des extrémités de la pièce qui porte le tenon, lequel vient se joindre à la pièce dans laquelle est faite la mortaise; les arasements se font toujours dans les traverses, et s'assemblent dans les mortaises des *battants*.

Araser (Maçonn.). Bâtir, conduire de niveau une assise de maçonnerie,

Arases (Maçonn.). Pierres plus basses ou plus hautes que les autres cours d'assises : elles servent à araser; telles sont celles d'un cours de plinthes et des *cimaises* d'un *entablement.*

Arbalétrier (Charp.). L'une des pièces principales d'un comble; elle est ajustée par le haut dans le *poinçon* et par le bas dans un *tirant.* Lorsque les arbalétriers forment *chevrons,* les *pannes* sont assemblés dans lesdits arbalétriers. Aux grandes parties de comble, les chevrons portent sur des pannes scellées dans le mur ou sur les arbalétriers des fermes, retenus par des *tasseaux* en bois et des *chantignoles.*

Arbre. Axe principal qui communique le mouvement aux diverses parties d'une machine.

Arbres. D'après les lois en vigueur, les arbres des routes et canaux sont sous la surveillance de l'administration forestière; les alignements sur les routes non plantées sont tracés par les ingénieurs des ponts et chaussées; ils ne peuvent être abattus ou élagués sans autorisation; il est défendu de les endommager, d'y attacher des cordeaux. Les propriétaires riverains sont obligés de les entretenir, de remplacer les morts.

Les chemins vicinaux sont à la charge des communes. Nul ne peut planter sur le bord des chemins vicinaux, même dans sa propriété, sans leur conserver la largeur qui leur aura été fixée par l'administration publique.

Arc (Géom.). Portion d'une courbe quelconque. C'est, dans son acception générique, une portion de circonférence.

En architecture on donne le nom d'arc à toute construction qui est limitée en dessous par une surface courbe. On distingue l'*arc en plein cintre*, dont la courbe est une demi-circonférence; le *cintre surhaussé*, dont la courbe, à partir du diamètre, est prolongée en ligne droite; le *cintre surbaissé*, qui est un arc de circonférence.

L'*arc en anse de panier.* Sorte d'ovale qui se trace par 5 ou 7 centres, ou au *simbleau* par deux. (Voy. ANSE DE PANIER.)

— *en fer à cheval*, employé dans les constructions mauresques.

— *à l'envers.* C'est un arc bandé en contre-bas; il fait l'effet contraire de l'*arc en décharge;* il sert dans les fondations pour consolider les piles de maçonnerie, et pour empêcher qu'elles ne tassent dans un terrain de faible consistance.

— *biais.* Celui dont les pieds droits ne sont pas d'équerre par leur plan.

— *en décharge.* Celui qu'on fait pour soulager une *plate-*

bande ou un *poitrail*, et dont les retombées portent sur les *sommiers*.

Arc en talus. Celui qui est percé dans un mur en talus.

— *rampant*. Celui qui, dans un mur à plomb, est incliné suivant une pente donnée.

— *en ogive*, formé par deux courbes qui se coupent au milieu de l'espace couvert.

— *en ogive équilatérale* ou *arc en trois points*, tracé sur un triangle équilatéral, dont les côtés sont les cordes. — *L'ogive aiguë* ou *en lancette* tracée sur un triangle dont l'angle au sommet est plus petit que les deux autres.

Arcade (Serrur.). Ornement en forme d'ogive ou en arc, dont on décore les balcons et les rampes d'escalier.

Arcade *feinte* (Archit.). Renfoncement cintré de certaine profondeur, qui se fait dans un mur, généralement pour répondre à une arcade percée qui lui est opposée ou parallèle.

Arcades (Maçonn.). Voûtes pratiquées dans des murs ou *massifs*, dont les joints des *voussoirs* forment des angles on *crossettes* pour se raccorder avec les assises horizontales de ces murs ou massifs.

Lorsque l'arc est pratiqué dans un mur droit et d'aplomb, dont les facettes sont parallèles, il suffit d'un panneau de tête pour chaque voussoir différent.

Arcature. Décoration formée d'une série d'arcs appliqués contre un mur.

Arc-boutant. Arc ou portion d'un arc rampant qui bute contre les reins d'une voûte pour en empêcher la poussée et l'écartement.

— Barre de fer ou de bois servant à retenir une construction dont l'équilibre n'est pas suffisamment assuré.

Arc-bouter ou **contre-bouter** (Maçonn.). Contenir la *poussée* d'un arc ou d'une plate-bande avec un pilier, un arc-boutant ou une *étaie*.

Arceau (Arch. hyd.). Voûte ou petite arche d'un ponceau construit sur un ruisseau ou sur un ravin.

Arceaux. Craie rouge dont se servent les charpentiers après l'avoir délayée dans de l'eau.

Arcs-doubleaux (Arch.). Arcs saillants sur le nu de la douelle d'une voûte; ils forment des voûtes posées directement d'un pilier à l'autre; ils séparent les croisées d'ogives; ils ont quelquefois plus de largeur que les ogives.

Arche (Arch. hyd.). Voûte qui porte sur les piles et les culées d'un pont de pierre. On appelle maîtresse arche celle du milieu, parce qu'elle est ordinairement plus haute et plus large que les autres.

Archet ou **Arçon** (Serr. et Men.). Outil qui sert à donner un mouvement de rotation alternatif à un foret à percer. C'est une tige d'acier dont une extrémité se termine en crochet et dont l'autre est emmanchée. Une corde à boyau ou une lanière est attachée d'une part au crochet et d'autre part à un anneau fixé au manche. La longueur de cette corde doit être telle que la tige (qui est ordinairement une lame de fleuret) prenne la forme d'un arc et soit bandée quand cette corde est enroulée autour de la boîte du foret. (Voy. Foret.)

Architecte (Archit.). Celui qui possède et exerce l'art de bâtir, fait le dessin des édifices, les conduit et commande à tous les ouvriers qui sont employés pour leur construction.

L'architecte expert qui aura verbalisé dans les formes voulues par la loi, soit pour la partie arbitrage, partage, vérification, concession de droit de propriétés, ayant fourni deux expéditions de procès-verbaux, a droit par ce à 8 fr. par vacation de trois heures, et en outre à 2 fr. par kilomètre pour son déplacement, s'il s'agit d'une propriété ayant plus de 10 hectares.

Les honoraires dudit architecte ou géomètre sont de 2 fr. par chaque hectare, de 2 fr. par chaque quatre kilomètres de déplacement, pour toute opération où il s'agira de la levée des plans, faire le nivellement d'une propriété quelconque, soit pour fixer les pentes nécessaires à l'écoulement des eaux, désigner les déblais ou remblais de terre reconnus indispensables pour des objets, aux droits estimatifs joints au plan figuratif et générique. Les honoraires peuvent être fixés à 5 pour 100 du capital auquel pourraient se monter les dépenses en général qui auraient été réglées. Mais lorsque ces dépenses, pour de semblables opérations, n'excèdent pas 1,000 fr., les honoraires dont il s'agit peuvent être fixés à raison de 10 fr. par vacation de quatre heures, et 2 fr. par chaque quatre kilomètres de déplacement.

L'architecte qui ne fournit que les plans sans diriger les travaux n'est point responsable du vice du sol, il ne peut l'être également de l'inobservation des lois du voisinage. La personne chargée de l'exécution des travaux est seule tenue de se conformer aux lois des bâtiments; mais quand l'architecte conduit les travaux, il est garant, aussi bien que l'entrepreneur, pendant dix ans. L'architecte dont les lumières ne sont requises que pour vérifier et régler les mémoires ne peut être responsable ni de la solidité de la construction ni de l'inobservation des lois des bâtiments; celui qui a conduit les travaux règle ordinairement les mémoires, autrement le propriétaire se priverait de son recours sur l'architecte. (Loi des bâtiments.)

Tarif et honoraires accordés aux architectes. — Les architectes, qui ont conçu et fait les plans, dessins, avec devis estimatifs des dépenses présumées à faire relativement à toute espèce d'entreprises, suivi les travaux jusqu'à leur règlement et leur réception, reçoivent des honoraires de 5 p. 100 du capital auquel pourra monter le total des dépenses réglées.

L'architecte qui aura fait et fourni les plans seulement a droit à 2 1/2 p. 100 du prix auquel peuvent être évaluées les dépenses des ouvrages.

L'architecte chargé de la direction des travaux dont les plans ont été faits par un autre, a droit seulement, pour indemnité, à 2 1/2 p. 100.

Pour métré et vérification d'ouvrages, il appartient 1 1/2 p. 100 du montant des dépenses auxquelles pourront être évaluées toutes espèces de travaux spécialement réglés.

Pour vérification du métré seulement, sans règlement du prix, il appartient au vérificateur 4 fr. par vacation de quatre heures, et 2 fr. par 4 kilomètres de déplacement.

Toutes les fois que de semblables opérations seront faites pour des objets dont le capital du règlement du prix sera susceptible d'être évalué en même temps par les mêmes toiseurs, le prix de leur vacation de quatre heures pourra être fixé à 6 fr. et 2 fr. par quatre kilomètres de déplacement.

Architecture. Art de bâtir selon les proportions et les règles déterminées par le caractère des constructions; on distingue :

Architecture civile. Qui a pour objet les constructions de bâtiments publics et d'habitations privées.

Architecture militaire. Qui comprend à la fois l'art de fortifier les places, pour les mettre à l'abri du canon, des bombes et de l'insulte de l'ennemi par de solides remparts et des ouvrages avancés, ce qui est à proprement parler la *fortification;* et l'art de les attaquer et de les défendre.

Architecture hydraulique. C'est l'art de bâtir dans l'eau et d'y fonder toutes sortes d'édifices, comme écluses, digues, jetées, ports de mer, môles, ponts, quais, aqueducs, canaux.

Architrave (Menuis.). Partie inférieure d'un entablement qui est composé de plusieurs faces et de moulures un peu saillantes.

— Principale poutre ou poitrail, et première partie de l'entablement qui porte sur des colonnes : il est composé de plusieurs claveaux. Il est différent selon les ordres. Au toscan, il n'a qu'une bande couronnée d'un filet; deux faces au dorique et au composite, et trois à l'ionique et au corinthien. (Archit.)

— coupé (Archit.). Celui qui est interrompu dans une décoration pour faciliter l'exhaussement des croisées, l'entablement étant d'une grande hauteur, comme à l'ordre composite de la grande galerie du Louvre.

— Architrave mutilé. Celui dont la saillie est retranchée, et qui est *arasé* avec la *frise* pour recevoir une inscription.

Archivolte (Archit.). Bandeau orné de moulures qui règne à la tête des *voussoirs* d'une arcade et qui porte sur les *impostes*. Il est différent suivant les ordres Il n'a qu'une simple face au toscan; deux faces couronnées au dorique et à l'ionique, les mêmes moulures que l'*architrave* dans le corinthien et le composite.

Le bandeau de l'*archivolte retourné* ne finit pas, mais retournant sur l'imposte se joint à un autre bandeau.

— rustique. Les moulures sont interrompues par une *clef* et des *bossages* simples ou rustiques, en sorte que de deux *voussoirs*, l'un est en bossage.

— Revêtissement extérieur d'une arcade en plein cintre. Le plafond ou revêtissement de cette même arcade se nomme aussi archivolte (Menuis.).

Arçon. Petit archet (Voy. ce mot).

Arcot. Résidus de cuivre qui, alliés avec du plomb, constituent le potin.

Arcueil (*Pierre d'*) (Maçonn.). Pierre très dure, une de celles qui résistent le plus aux injures du temps. Elle porte depuis 0,31 jusqu'à 0,41 *d'appareil*.

Ardoise (Couvert.). Pierre schisteuse qui se trouve dans le sein de la terre par grosses masses et par lits; l'ardoise la meilleure est celle tirée à une grande profondeur. La pierre des premiers lits est d'une couleur rousse; elle se pénètre d'eau, s'attendrit, et même se délite lorsqu'elle est exposée à l'eau; il y en a de pyriteuses qui s'effleurissent et s'exfolient au point qu'on peut les réduire en petites parcelles entre les doigts. L'ardoise la plus en usage est celle qui vient d'Angers, qui fournit surtout deux espèces d'ardoise, la carrée et la cartelette.

L'ardoise carrée a 0,31 de haut sur 0,18 de large. La cartelette n'a que 0,18 de haut sur 0,16 de large.

On fabrique aussi à Angers des ardoises de grandes dimensions connues sous le nom de modèle anglais, qui n'ont que 5 millimètres d'épaisseur.

Ardoise (*couleur d'*) (Peint.). Pour mettre les tuiles en couleur d'ardoise : 1° broyez du blanc de céruse à l'huile de lin, broyez aussi du noir d'Allemagne à l'huile de lin; mêlez ces deux couleurs ensemble, afin qu'elles fassent un gris d'ardoise, et détrempez-les à l'huile de lin; 2° donnez une première couche fort claire pour *abreuver* les tuiles; 3° vous donnerez encore trois autres couches que vous tiendrez plus fermes.

Ardoise de plomb (Plomb.). C'est un morceau de plomb mince, taillé en façon d'ardoise, pour la couverture des dômes ou clochers.

Arêner ou **s'arêner.** Ce mot se dit d'une poutre ou d'un plancher qui baisse et qui s'affaisse par trop de charge.

Aréostyle (Archit.). Terme employé par Vitruve pour désigner un des cinq entre-colonnements où les colonnes se trouvaient autant éloignées qu'il était possible. Cette distance était de 8 modules ou 4 diamètres de la colonne.

Arête. Angle vif, d'une pierre, d'une pièce de bois, d'une barre de fer.

— DE LUNETTE (Maçonn.). Angle où une lunette croise avec un berceau.

Arêtier. Pièce de charpente formant l'arête ou l'angle d'un comble en croupe ou en pavillon.

— (Pav.). Partie du pavé de forme triangulaire au droit d'un avant-corps ayant un ruisseau de chaque côté.

Le dernier pavé à la rencontre des deux ruisseaux se nomme aussi arêtier.

— (Couvert.). Partie angulaire d'un pavillon couvert en tuile ou en ardoise, d'une lucarne présentant un ou plusieurs angles saillants; on recouvre en plâtre les *arêtiers* en tuile, mais non ceux en ardoise. Il faut un double parement pour un arêtier en ardoise, il n'en faut pas pour celui en tuile.

Arêtier de plomb (Plomb.). Plomb qui couvre les quatre angles d'un pavillon.

Arêtiers (Maçonn.). Les arêtes saillantes ou angles solides des voûtes d'arête, et celles des lunettes en pénétration dans toute espèce de voûte, se nomment arêtiers.

Arganeau (Arch. hydr.). Gros anneau de fer scellé dans les murs de quai, et sur les ports de mer, pour y amarrer ou attacher les bâtiments.

Argent. Métal blanc, sonore; susceptible d'être réduit en fils d'une grande finesse et en feuilles très minces; se laissant couper et limer avec une grande facilité; fondant à 1020° c., et ne se ternissant pas à l'air pur. Sa densité est de 10,47.

Argenture. Opération consistant à appliquer sur l'objet qu'on veut argenter des feuilles d'argent que l'on presse avec un outil nommé brunissoir. (Voy. DORURE.)

L'argenture des métaux se fait par divers procédés que nous ne pouvons donner ici. (Voir le *Dict. des Arts et Manufactures* de M. Laboulaye.)

Argiles. Matières composées de silice d'alumine et d'eau; on ne les rencontre jamais à l'état cristallin, elles sont souvent mélangées avec des matières étrangères, du sable, de l'oxyde de fer, du carbonate de chaux, des matières combustibles ou bitumineuses. Le caractère distinctif des argiles est de former avec l'eau une pâte tenace plus ou moins plastique. En se desséchant, la pâte conserve sa solidité et, quand on l'expose à une chaleur croissante, se solidifie davantage, perd la propriété de se délayer dans l'eau; c'est cette qualité qui est utilisée dans les arts pour la fabrication des poteries, des briques, des tuiles, carreaux, etc.

Armature. Garniture qui, en général, sert à consolider soit des pièces isolées, soit un ensemble de pièces : ainsi, dans un système de combles composé de deux *arbalétriers* et d'un *poinçon*, on peut lier ces *arbalétriers* avec la *poutre* par des boulons ou des liens en fer. Ces boulons et liens sont des armatures.

— DE POMPE. Ce sont les pièces de fer, comme châssis, balanciers, tringles et brides, dont l'ensemble, avec le corps de pompe, constitue la pompe. (Voy. POMPE.)

Armement (Couvert.). On nomme ainsi les ardoises placées sur les murs ou jours de lucarne pour les garantir de la pluie.

Armer. Synonyme d'*Acérer*.

— Mettre une armature. On arme une poutre en y accolant une seconde poutre reliée au moyen d'étriers et de boulons. On arme une borne avec des ceintures en fer pour qu'elle résiste mieux aux chocs.

Armilles. Voy. ANNELETS.

Aronde (*Queue d'*). Joint en entaille plus large au bout qu'au collet.

Arquer ou **s'arquer.** Se dit d'une construction, d'une pièce de bois, d'une barre de fer qui, par suite d'un vice d'exécution ou d'une charge trop grande, se déforme en prenant une forme cintrée.

Arrachement. S'entend des pierres qu'on arrache et de celles qu'on laisse alternativement pour faire liaison entre deux murs.

On nomme aussi *arrachements* les premières retombées d'une voûte enclavée dans le mur. (Maçonn.)

Arrangement de cheminée (*faire un*) (Fumist.). Rétrécir l'intérieur d'une cheminée. Cette opération se fait de différentes manières : 1° avec une plaque en fonte seulement; 2° pour cheminée de cuisine, avec plaques en fonte et leur garnissage, petits jambages, double *soubassement*, ou *ventouse*, *jeu d'orgue*, etc.; 3° le rétrécissement des cheminées dites à la Lhomond, se fait avec des plaques en fonte, ou briques apparentes, avec pentes, *goussets* et double *ventouse*. Souvent elles sont revêtues de carreaux en faïence et garnies d'un rideau en tôle, se levant et se baissant dans un châssis en fer.

Arrêt du pène (Serr.). Petit talon qui entre dans les encoches du pène d'une serrure; quand le pène porte ce talon, il entre dans une encoche faite à une gâchette; cet arrêt empêche le pène de courir. (Voy. SERRURE.)

Arrêt de verrou (Serr.). Épaulement fait sur le verrou pour arrêter sa course.

Arrêts pour persiennes. Dispositions qui servent à maintenir les persiennes ouvertes. La plus simple consiste en une patte en fer, à pointe ou à scellement fixée dans un mur et faisant saillie en avant de la persienne quand elle est appliquée contre le mur. Cette patte porte un œil dans lequel on introduit une clavette attachée à la persienne par un petit bout de chaîne.

Il y a des arrêts de persiennes ornés et munis d'un petit mécanisme très simple qui les fait agir d'eux-mêmes; d'autres consistent en de véritables loquets.

Arrêter. Ce mot a plusieurs significations dans l'art de bâtir. *Arrêter* une pierre, c'est l'assurer à demeure. *Arrêter* une solive, c'est en maçonner les *solins*. *Arrêter* de la menuiserie, c'est attacher des pattes et des crampons pour la retenir. *Arrêter* signifie aussi sceller en plâtre, ciment, plomb, etc.

Arrière-bec. C'est la partie de la pile qui est sous le pont, du côté d'aval.

Arrière-corps. Toute pièce ajoutée en arrière ou en retraite sur le nu d'un ouvrage. L'arrière-corps est pris dans le corps de la pièce.

— (Men.). Champ lisse qu'on met entre deux parties de *lambris*, ou à la place d'un *pilastre*.

Arrière-cour. Petite cour qui, dans un corps de bâtiment, sert à éclairer les moindres appartements, garde-robes, escaliers de dégagement.

Arrière-voussure (Maçonn.). Voûte qui, derrière le tableau d'une porte ou d'une croisée, sert à en décharger la platebande, couvrir l'embrasure et donner plus de jour.

— DE MARSEILLE (Maçonn.). Celle qui est cintrée par devant et bombée par derrière, et sert pour faciliter l'ouverture des vantaux cintrés d'une porte ronde.

— DE SAINT-ANTOINE (Maçonn.). Celle qui est en plein cintre par derrière et bombée par son profil.

— RÉGLÉE (Maçonn.). Celle qui est droite par son profil.

Arrondissement d'arêtes ou **d'angles.** C'est couper, en les arrondissant, les arêtes ou les angles.

Arrosoir. Entonnoir avec lequel les plombiers arrosent le sable de leur moule.

Artèle ou **Gouttière** (Plomb.). Morceau de bois de chêne rond et concave, servant à verser la soudure, pour former les joints verticaux d'un réservoir.

Artésien (*puits*). Voy. PUITS.

Artichauts (Serrur.). Sorte de chardons en fer qui se mettent sur les pilastres, les barrières, etc., pour empêcher de les escalader.

Asphalte ou **Bitume de Judée.** On donne le nom d'asphalte aux bitumes naturels (Voy. ce mot) dont on se sert pour faire des vernis gras, noirs et des mordants ; mais le nom d'asphalte s'applique plus particulièrement aux matières résultant du mélange à chaud du bitume naturel avec des calcaires bitumineux réduits en poudre

L'asphalte provient surtout de Seyssel, dans le département de l'Ain, de Lobsein, dans le Bas-Rhin, et de diverses carrières du département du Puy-de-Dôme, où l'on trouve des gisements de bitume et de calcaire bitumineux qui permettent de fabriquer économiquement les matières en question.

On a essayé de faire des asphaltes artificiels avec les goudrons provenant de la distillation des charbons de terre, avec des résines végétales, mais toutes ces compositions se sont montrées inférieures par l'usage aux asphaltes naturels. Néanmoins nous devons signaler les produits obtenus par M. Beaudouin, qui a proposé plusieurs mélanges permettant de faire des dallages de diverses couleurs (Voy. DALLAGES et BITUMES.)

Aspiration. Par suite de la pression atmosphérique, l'eau qui se trouve dans le piston d'une pompe suit le piston dans sa course : c'est cet effet que l'on nomme l'*aspiration* d'une pompe, mais comme la pression atmosphérique ne peut élever l'eau qu'à 10 mètres de hauteur, il en résulte que l'aspiration d'une pompe n'agit qu'à 8 ou 9 mètres, à cause des imperfections de l'instrument.

Asseau ou **Assette.** Sorte de marteau dont la tête, courbée en portion de cercle, porte d'un côté un tranchant pour couper les lattes, et de l'autre une surface plate pour frapper les clous. On dit aussi erminette ou herminette.

Assemblages. Réunion de deux ou plusieurs pièces de bois ou de fer entre elles.

Il y a, pour les bois, un grand nombre de modes d'assemblage ; nous citerons :

1° *L'assemblage de bouts ou de rallonges* OU A BOIS DE FIL dans lequel les pièces de bois sont assemblées en prolongement ;

2° *L'assemblage de champ*, dans lequel les pièces de bois sont réunies par leurs faces latérales.

3° *L'assemblage angulaire*, où les pièces forment un angle entre elles.

L'ASSEMBLAGE DE BOUT employé en charpente que l'on consolide toujours par des frettes en fer se fait :

A mi-bois, c'est-à-dire que les pièces sont entaillées chacune de la moitié de leur épaisseur sur une même longueur pour les deux pièces et carrément, de sorte que le bout conservé de l'une touche à l'extrémité de l'entaille de l'autre.

En flûte ou sifflet : les deux pièces sont entaillées à leur extrémité sous un même angle et l'on met les faces de l'entaille en contact.

A train de Jupiter : c'est une succession d'entailles en flûte ou en sifflet sur deux ou plusieurs plans parallèles sur des longueurs moindres que celle des pièces, et symétriques dans chacune des pièces par rapport à l'autre. Dans le vide laissé entre le fond de deux entailles on enfonce des clefs ou clavettes pour produire la pression.

ASSEMBLAGE DE CHAMP. Les assemblages de champ sont principalement usités en menuiserie et servent à élargir les pièces ; on les fait :

A feuillure mi-bois, c'est-à-dire que sur le champ de chaque pièce on enlève, sur une largeur uniforme, la moitié de l'épaisseur.

A rainure et languette : sur le champ de l'une des planches on fait une sorte de canal de forme rectangulaire dans lequel vient s'ajuster une partie saillante de même forme, ménagée sur le champ de l'autre planche.

Enfin l'*assemblage à clef*, qui consiste à faire une rainure ou canal sur le champ de chaque planche et à introduire une même tringle de bois ou clef dans les deux rainures. Dans ce dernier cas on consolide la clef dans les rainures de chaque pièce au moyen de chevilles.

ASSEMBLAGES ANGULAIRES. Ils sont très nombreux ; les principaux sont :

Les assemblages à mi-bois, qu'on fixe avec des clous ou des chevilles.

L'assemblage à queue d'aronde, qui consiste à ménager au bout de l'une des pièces une saillie de forme trapézoïdale dont le côté le plus large est à l'extrémité ; cette saillie s'engage dans une entaille de même forme faite sur l'autre pièce. Il est très utile pour la confection des tiroirs.

L'assemblage à tenon et mortaise, dans lequel, à l'extrémité de l'une des pièces on ménage une partie saillante ayant pour section un parallélogramme dont les dimensions sont moindres que celles de la pièce qui le porte ; c'est le *tenon*, qu'on fait entrer dans une cavité de même dimension qui lui est ménagée sur l'autre pièce et qu'on appelle la *mortaise*.

L'assemblage à angles, que l'on emploie pour les pièces décorées de moulures; on coupe les deux pièces à réunir sous forme d'*onglet*, c'est-à-dire suivant la bissectrice de l'angle que doivent faire les deux pièces entre elles, et on les assemble à tenon et mortaise.

Les ASSEMBLAGES DE PIÈCES MÉTALLIQUES et particulièrement de celles qui sont employées pour la construction des bâtiments se font, partie comme les assemblages des bois, partie au moyen d'écrous, de boulons, de chevilles ou de rivures. (Voy. le *Cours de Construction* par Demanet, duquel cet article est extrait.)

Assembler (Menuis.). Joindre les différentes pièces de bois après qu'elles ont été préparées et taillées; c'est aussi ce qu'on appelle mettre dedans.

Asseoir (Maçonn.). C'est poser de niveau et à demeure les premières pierres de fondations, le pavé, carreau, etc.

Asseoir l'or. Poser l'or sur une couche ou enduit, qui lui sert de fond ou de soutien, pour lui donner du relief et de l'éclat.

Assiette. Composition formée de colle et de sanguine que l'on étend sur plusieurs couches de blanc avant de dorer et qui sert à fixer l'or sur le sujet en la mouillant avec de l'eau claire, au moment même de l'application. On met un plus grand nombre de couches sous l'or que l'on doit brunir que sous celui qui doit rester mat.

Assiette (Pav.). Face de chaque pavé qui est posée sur la forme; la face sur laquelle on marche se nomme pavement.

Assise (Maçonn.). Rang de pierres de même hauteur qui est ou continu ou interrompu dans la construction d'un mur posé de niveau ou en rampant. On dit première, seconde assise pour dire premier rang, deuxième rang, etc.

L'*assise de parpaing* est celle dont les pierres traversent l'épaisseur du mur, comme les assises qu'on met sous les murs d'*échiffre*, les cloisons et pans de bois au rez-de-chaussée. Elle est à deux parements.

Les *assises de revêtements*, qui n'ont qu'un parement, s'appliquent même à des murs appuyés contre des terres, tels que les murs de quai.

Assises réglées (construction à). Toutes les assises ont la même dimension.

Assises de retraite. Premier rang d'assises formant l'empattement d'un mur au rez-de-chaussée.

Rang de pierres qui forme empattement ou retraite sous un mur à la retombée d'une voûte, sous un pilier, une pile.

Assises de retombée. Cours d'assises à la naissance d'une voûte.

Assises d'extrados. Assises remplissant les reins d'une voûte.

Assises circulaires. Celles dont le plan est courbe.

Assises en besace. Pierres formant encoignure et posées en travers les unes avec les autres.

Enfin il y a les assises *boutisses* (voy. *Jambes*), *assises de bahut* (voy. *Bahut*), les assises de *corbeau* avec *Encorbellement* (voy. *Corbeau* et *Encorbellement*.)

Assouchement. Les pierres qui dans un *fronton* forment la base du triangle; elles sont pour la plupart de grande dimension et dites d'échantillon.

Astragale (Archit.). Moulure de l'*entablement*.

Elle se compose d'une baguette coupée en demi-rond avec filet au-dessous; elle est simple ou double; elle s'emploie dans les chapiteaux de pilastres et quelquefois on la rapporte et on l'élégit sur les champs lissés de lambris et autres menuiseries. (Menuis.)

Atelier. Lieu où les ouvriers s'établissent et travaillent aux différents travaux qui concernent leur art.

Atlantes. Statue d'homme tenant lieu de colonne pour supporter des entablements. (Voy. CARIATIDES.)

Atre. Partie de la cheminée où l'on fait le feu. L'âtre est au ras du sol, entre les deux jambages, le contre-cœur et la plaque du foyer.

On dit aussi l'âtre d'un four, c'est la partie sur laquelle on fait le feu, et sur laquelle, après l'avoir nettoyée, on pose le pain.

Atre relevé ou **faux-âtre**. Atre construit au-dessus du sol, soit en briques, soit avec une plaque de fonte portée par des briques.

Attachement. On appelle ainsi la constatation écrite ou figurée des objets qui devront être cachés quand la construction sera complètement achevée. Dans les travaux publics, il est tenu un registre d'attachement où l'inspecteur est obligé d'inscrire jour par jour les pesées de fers et plombs, ainsi que les parties de construction qui ne doivent plus laisser de traces, le travail étant terminé.

Attaches (Vit.). Petits liens en plomb servant à fixer des *panneaux* en plomb sur des montants en fer.

Attelles (Plomb.). Deux morceaux de bois creux, qui, étant mis l'un contre l'autre, forment une poignée qui sert aux plombiers à prendre leurs fers à souder.

Attente (*pierres d'*) (Maçonn.). Pierres qu'on laisse saillir en bâtissant un mur pour former liaison avec une autre muraille qu'on se propose de bâtir par la suite.

Atterrissement (Arch. hyd.). C'est l'apport de terre, sable ou limon que la mer ou un fleuve amène sur son rivage ou sur une de ses rives, ce qui arrive toujours aux dépens de la rive opposée.

Attique. *Exhaussement* d'un petit étage décoré de pilastres et même sans pilastres, qu'on élève au-dessus des pavillons angulaires et sur le milieu d'un bâtiment.

— CONTINU, est celui qui environne le pourtour d'un bâtiment sans interruption et suit les corps et retours des pavillons.

— INTERPOSÉ, est celui situé entre deux grands étages quelquefois décorés de colonnes ou de pilastres.

— CIRCULAIRE, est un exhaussement en forme de grand piédestal rond, souvent percé de petites croisées.

— DE COMBLE, se dit : de tout petit étage du piédestal de maçonnerie ou de bois revêtu de plomb qui sert de garde-fou à une terrasse, une plate-forme, ou un belvédère.

— DE CHEMINÉE, revêtement de plâtre, de bois ou de marbre, depuis le chambranle jusqu'à la dernière corniche, et qui fait la gorge droite. (Arch.)

— On nomme ainsi la menuiserie dont on revêt le dessus des portes d'un appartement. (Menuis.)

Atticurgue. Porte dont les pieds-droits sont inclinés l'un vers l'autre.

Attisoir (Plomb.). Barre de fer crochue par un bout, dont les plombiers et généralement tous les fondeurs se servent pour attiser leur feu.

Auberon (Serr.). Voy. AUBERONNIÈRE.

Auberonnière. Petite bande de fer. Cette auberonnière, qu'on appelle aussi *moraillon*, porte l'*auberon*, sorte de boucle qui passe dans une ouverture ménagée à cet effet dans la plaque de la serrure, qui reçoit le pène.

L'auberon et l'auberonnière s'appliquent à la fermeture du fléau des portes cochères, des portes de cave, des caisses et des malles.

Aubier. Partie de bois comprise entre le cœur de l'arbre et l'écorce.

L'aubier est du bois imparfait, mou et spongieux, impropre au travail et qui doit être rejeté parce qu'il tombe rapidement en poussière. Il est rougeâtre quand le bois est encore vert et blanchit à mesure qu'il sèche. (Voy. BOIS.)

Aubier (*double*). Défaut du bois qui consiste dans l'interposition d'une couche d'aubier entre deux couches de bon bois. (Voy. Bois.)

Auge, Pierre creusée et taillée suivant les dimensions données, dans laquelle on met de l'eau pour les animaux d'une ferme ou pour l'usage domestique.

— Espèce de caisse de bois dont se servent les maçons et couvreurs pour gâcher le plâtre.

— Vaisseau en bois dont se servent les vitriers pour préparer le plâtre ou le mortier propre à sceller les panneaux des vitres d'église ; cette auge, moins grande que celle des couvreurs, est percée vers le haut, de chaque côté, sur la longueur, de deux trous, dans lesquels passe une corde qui sert d'anse, et est retenue par un crochet de fer en S, servant à tenir l'auge suspendue sous la main de l'ouvrier, dans un des bâtons de l'échelle dont il se sert pour poser ses vitres en place. (Vitrerie.)

— Vase de potin qui est au haut du moule où l'on coule les tables avant de les laminer. Il reçoit d'un canal de tôle portatif le plomb qui est dans la chaudière, et le verse sur le moule par le moyen de deux bascules que deux ouvriers abaissent, lorsqu'il est temps d'écouler le plomb qu'elle contient. (Plomb.)

Auget (Plomb.). Vase long que les plombiers remplissent de plâtre et qu'ils portent avec eux lorsqu'ils vont poser des tuyaux.

— Scellement des lambourdes sur l'aire d'un plancher pour recevoir un parquet. Ces augets se font avec de petits plâtras et du plâtre de chaque côté des lambourdes.

Auget. Voy. ABREUVOIR.

Augets (Maçonn.) Garnissage en plâtre que l'on fait entre les solives pour maintenir le plafond, et qui repose sur un lattis cloué sur les solives ; les augets sont ou carrés ou cintrés. Les *plafonds* avec augets sont plus solides que ceux sur lattis *jointif ;* ils se *lézardent* moins, et ne sont pas susceptibles de se détacher des solives. Il faut deux *échafauds* pour les plafonds avec augets, le premier sert à latter par-dessous les solives et faire les augets, puis on le démonte ; et lorsque les ouvriers font les plâtres intérieurs, ils établissent un nouvel échafaud pour jeter le plafond.

Aurore. Couleur composée de jaune de Naples et de mine orange.

Autorisation. Voy. PERMISSION.

Aval (Voy. AMONT). Se dit, par rapport à un point fixe sur un cours d'eau, des points situés entre ce point fixe et l'embouchure de la rivière.

Avancement sur la voie publique. Voy. ALIGNEMENT.

Avant-bec (Arch. hydr.). Nom qu'on donne aux deux éperons de la pile d'un pont. Leur plan est le plus souvent en triangle équilatéral, dont la pointe se présente au fil de l'eau pour la briser et la forcer à passer sous les arches. L'avant-bec d'aval est le plus souvent rond, comme au pont de Pontoise. Les Romains faisaient quelquefois l'avant-bec d'amont rond, comme au pont Saint-Ange à Rome; et quelquefois à angle droit comme au pont de Rimini en Italie. L'avant-bec d'amont est opposé au fil de l'eau, et celui d'aval est au-dessous. Cette pointe d'une pile, qu'on appelle avant-bec, est ordinairement garnie de dalles à joints couverts.

Avant-corps. Toute partie faisant saillie au-dessus de huit centimètres Les avant-corps sont pour la nécessité ou pour l'ornement; les premiers sont les *dosserets* dans les caves; ils soutiennent les voûtes d'arêtes; ceux pour l'ornement sont les avant-corps sur les murs de face.

Dans les avant-corps on considère deux choses : 1° si la longueur du corps saillant est moindre que l'épaisseur du mur auquel il est joint, et l'on pourtourne cette saillie d'après le mur naturel; 2° si la longueur du corps saillant est plus grande que l'épaisseur naturelle du mur, alors l'épaisseur de l'avant-corps sera celle de la saillie. (Maçonn.)

Avant-çorps. En serrurerie, c'est la saillie sur laquelle sont placés des ornements.

Avant-pieu (Arch. hyd.). Bout de bois carré qu'on met sur la couronne d'un pieu, pour l'entretenir à plomb lorsqu'on le bat à la sonnette pour l'enfoncer.

Avant-scène. Partie de la scène d'un théâtre placée entre le manteau d'arlequin, qui cache le rideau, et la rampe

Avisse (Serrur.). Pièce à vis.

Aviver l'or. Faire ressortir la couleur et lui donner de l'éclat au moyen du vermeil.

Aviver (Charp.). Dresser les faces d'une pièce de bois pour en rendre les arêtes vives.

Aviver (Plomb.). Blanchir avec de l'étain ou de la soudure la superficie du plomb après l'avoir grattée, afin que la soudure qu'on veut y ajouter puisse bien faire corps avec le plomb.

Auvent. Sorte de petit toit ou abri qu'on fixe par encastrement sur le devant d'une construction.

Axe. Ligne droite par rapport à laquelle il y a symétrie de chaque côté : tel est l'axe d'une colonne.

Axiome. Vérité évidente par elle-même et qui n'a pas besoin de démonstration.

Azur. Substance bleue tirée du cobalt. L'azur se nomme *bleu d'outremer* quand il est réduit en poudre.

Azur ou **Lapis-lazuli**. Pierre opaque bleue parsemée de quelques paillettes d'or et qu'on emploie comme les marbres rares à la décoration.

B

Bac. Canal formé avec de fortes planches et qui sert à conduire les eaux d'un point à un autre.

Bâche. Réservoir d'eau de forme rectangulaire, en bois ou en métal.

Bacqueter (Arch. hydr.). C'est épuiser l'eau d'une tranchée avec des pelles, des écopes, des vans et des baquets.

Bactréole. Rognures de feuilles d'or.

Baculométrie (Géom.). Art de mesurer les hauteurs au moyen de bâtons ou de verges.

Badigeon. Couleur jaunâtre qui se fait avec de la poudre de *pierre de Saint-Leu*, détrempée avec de l'eau, et dont les maçons se servent pour distinguer les naissances des panneaux sur les *enduits* et *ravalements*.

Badigeonner, c'est colorer avec du badigeon.

En sculpture, le badigeon sert à remplir les trous des figures et à en réparer les défauts.

Le badigeon de la menuiserie se compose de sciure de bois détrempée avec de la colle forte. On s'en sert pour remplir les gerçures et les autres défectuosités du bois.

Badour. Tenaille dont se servent les forgerons.

Baguette (Archit.). Petite moulure ronde moindre qu'un *astragale*, sur laquelle on taille quelquefois des *ornements*, comme des rubans, des feuilles de chêne, etc.

— Remplis que font les plombiers à chaque bord des tables dont ils se servent dans la couverture des églises, pour suppléer à la soudure que l'on emploie le moins que l'on peut, et pour empêcher que l'eau arrive à la charpente qu'elle ferait pourrir. (Plomb.)

— D'ANGLE. Ce sont des tringles en bois de sapin, arrondies du côté extérieur et creusées de l'autre, s'appliquant sur les arêtes des murs pour les préserver. (Menuis.)

Bahut (Maçon.). Profil bombé du *chaperon* d'un mur, de l'appui d'un quai, du parapet d'une terrasse ou d'un fossé, etc.

— Dernière assise d'un mur de parapet de pont ou de mur de quai taillée en bahut.

Baie (Maçonn.). Ouverture d'une porte ou d'une croisée dans un *mur*, *cloison*, ou *pan de bois*, dont la hauteur est déterminée par des linteaux.

Dans les baies de porte cochère, magasins ou grandes ouvertures, on place des *poitrails*. Dans les bâtiments construits en pierres, les baies sont fermées par des plates bandes.

Les *petites baies* sont les soupiraux des caves, les petites ouvertures qui éclairent les souterrains ou qui y font pénétrer l'air ; on nomme aussi petites baies les portes de cave ou autres, dans les murs d'une grande épaisseur.

Les *moyennes* sont celles des croisées dans un mur de face, les portes d'appartement, etc.

Baie. Espace qui reste à paver dans une chaussée.

Baignoire. Cuve qui dans les salles de bain sert à se baigner.

Bain (Maçonn.). On dit maçonner à bain de *mortier*, lorsque l'on pose les pierres, qu'on jette les *moellons*, et qu'on assied les pavés en plein mortier.

Bain (*mettre à*). Voy. Hourder

Bajoyer (Arch. hyd.). Ce sont les ailes de maçonnerie qui revêtent l'espace ou la chambre d'une écluse fermée aux deux bouts par des portes ou des *vannes*. Ces portes ouvrent à l'aide de câbles qui filent sur un *treuil*, que plusieurs hommes manœuvrent. On pratique le long des bajoyers des *contreforts*, des enclaves, pour loger des portes quand celles-ci doivent être ouvertes, et des *pertuis* pour communiquer l'eau d'une *écluse* des deux côtés, sans être obligé d'ouvrir les portes.

Balancier. On donne ce nom, en général, à toute partie d'une machine qui a un mouvement d'oscillation, et qui sert à transmettre le mouvement aux autres parties de la machine. (Mécan.)

Tel est le balancier d'une pompe qui transmet le mouvement au piston et le balancier d'une écluse, qui est une grosse barre servant de manivelle pour en ouvrir ou fermer les portes tournantes, lorsqu'elles sont à un ou deux vantaux.

On peut toujours considérer un balancier comme un levier.

Baldaquin. Sorte de dais orné de draperies pendantes.

Baliveaux ou Échasses. Règles de bois mince servant à mesurer les hauteurs et tombées des voussoirs.

Perches qui servent à faire les échafaudages.

Balustrade. Appui formé de plusieurs travées de balustres de marbre, de pierre ou de bois qu'on place aux fenêtres, aux balcons, terrasses, murs de quai, ou qui forment clôtures.

Balcon. *Saillie* au delà du nu d'un mur, portée sur des *consoles* ou sur des *colonnes*, et fermée par une *balustrade* de pierre ou de fer. Les grands balcons sont ceux qui portent en saillie, et sont plus larges que les croisées; et les petits, ceux qui sont entre les tableaux des mêmes croisées et servent d'appui.

Balcon. Panneaux de serrurerie de diverses formes et encadrés de châssis, que l'on place à la hauteur d'appui sur les balcons en maçonnerie et devant les croisées.

Balèvre (Maçonn.). Ce qui dépasse d'une pierre sur une autre près d'un *joint*, dans la *douelle* d'une voûte ou dans le parement d'un mur, et qu'on retaille en ragréant. C'est aussi un éclat près d'un joint crevé, parce qu'il était trop serré.

Balèvre. C'est, à l'extrémité d'un barreau de fer, ce qui dépasse en dehors de la traverse dans laquelle il s'assemble.

Balustre (Archit.). Petite colonne, ou pilastre orné de moulures, tourné en rond ou carré, pour remplir un appui à jour sous une tablette. Il a quatre parties : le *piédouche*, sur lequel porte la *poire* ou la panse, qui en est la plus grosse partie. La plus étroite au-dessus se nomme *col*, elle est couronnée du *chapiteau*, qui la termine.

Banc (Maçonn.). Hauteur des pierres dans les carrières.

— DE CIEL. Le premier banc, le plus dur, qui se trouve en fouillant une carrière, et ordinairement qu'on laisse soutenir sur des piliers pour lui servir de ciel ou de plafond.

— FRANC. Espèce de pierre, dont la finesse et le grain la font quelquefois confondre avec le liais. Le banc franc du Moulin porte de 0,40 à 0,50 de hauteur. Celui de la Plaine de 0,45 à 0,55. Le banc franc, dit Plaquette, a 0,25 de hauteur.

Le banc franc de Saint-Maur a de 0,32 à 0,40 de haut. Le banc franc de Butry porte de 0,45 à 0,50 de haut. Le poids moyen de ces différentes pierres est de 2,200 kilog. le mètre cube. (Maçonn.)

— ROYAL. C'est une pierre tendre dont le grain est fin; elle est d'un usage fréquent à Paris. Celle de la plaine de Montrouge porte de 0,40 à 0,80 de hauteur.

Le banc royal des Forgets porte de 0,50 à 0,60 de hauteur; cette pierre n'est pas autant employée à Paris que la précédente, cependant on en a fait usage dans le deuxième ordre de la façade principale du palais du quai d'Orsay. Le mètre cube pese 2,175 kilog.

Les carrières de Conflans-Sainte-Honorine, à 25 kilom. de

Paris, fournissent les plus belles pierres tendres que l'on emploie à Paris. Les morceaux ordinaires portent jusqu'à 2 mètres cubes et ont de 1,60 à 2 mètres de haut. Les chapiteaux de la Bourse, les frontons des églises du Saint-Sacrement, de Notre-Dame de Lorette et du Panthéon, ont été faits avec cette pierre. Le mètre cube pèse environ 1,950 kilog.

Banc royal de l'abbaye du Val. Les morceaux ordinaires de cette pierre portent de 0,60 à 0,65 de hauteur. L'entablement du Louvre et les seize colonnes d'un seul morceau, côté de l'Ouest, les quatre murs en façade de la Bourse ont été faits avec cette pierre. Le mètre cube pèse 2,250 kilog.

Nota. Pour les constructions tout à fait récentes, la réunion des Tuileries au Louvre, le Ministère d'Etat, le nouveau Tribunal de Commerce, etc., les pierres employées sont principalement celles extraites des carrières de Commercy (pierre de Lorraine), Roche-Mézières, Conflans, Pargny (Aisne), Moloy, pierre de roche (Côte-d'Or), Moloy, banc royal (Aisne). Marly-la-Ville et Butry (Seine-et-Oise), Reffroy (Meuse), Vergelé (Oise).

— de jardin. Espèce de siège à dossier et à accotoir ; il y a aussi des bancs de jardin qui n'ont ni l'un ni l'autre. (Treillag.)

— de cisaille ou de tour. Sorte de table solide sur laquelle sont établis un tour ou des cisailles. Parfois le banc, au lieu d'être en bois, est en fonte.

Bande (Archit.). Tout membre plat en longueur sur peu de hauteur.

— de colonne. Espèce de *bossage* dont on orne le fût des colonnes rustiques et bandées, et qui est quelquefois simple comme aux colonnes toscanes du Luxembourg, ou pointillé, ou vermiculé. (Archit.)

— de plomb. Morceau de plomb servant à couvrir les angles des flèches carrées ou à pans. Ces bandes de plomb s'étendent dans toute la hauteur de la flèche, mais on les tient plus larges par en bas suivant la diminution de grosseur de la flèche. (Plomb.)

Bande (Marb.). Dalle de liais ou de marbre débitée en tranches et oites pour servir le plus généralement d'encadrement aux carrelages et carreaux; on fait aussi usage des bandes en liais pour doubler les marbres en tranches.

Bande de trémie (Serr.). Bande de fer plat coudée. à double coude à chacune de ses extrémités, servant à soutenir les plâtres des âtres et foyers de cheminée qui doivent toujours être isolés des charpentes.

Elle se place au droit des vides observés dans les planches et s'attache sur les solives d'enchevêtrement.

Bandes ou **bordure de parterre** (Men.). Planche dont une des rives est ornée de moulures et qui sert à encaisser des terres. On les fait entrer dans la terre de $0^m,08$ à $0^m,11$, et on les arrête sur des pieux nommés *racinaux*.

Bandes d'équerre (Vitrer.). Levées de bandes coupées sur la largeur du papier et qui entourent l'équerre d'un carreau dans les mesures qui le comportent · ou pour border deux largeurs, lorsque les carreaux ne dépassent pas 0,22 cent. de large. Ces bandes sont ordinairement de 0,027 mil. de face.

Bandeau (Archit.). *Chambranle* simple, à l'entour d'une porte ou d'une croisée.

— Planche mince et étroite servant à couronner un lambris de hauteur, sur la rive duquel on fait supporter toutes les inégalités des plâtres du plafond.

Toute lame mince de bois qu'on pose perpendiculairement pour boucher un vide ou cacher un joint, tel que derrière un chambranle de croisée, sur la rive d'un lambris.

Bandeau (Marb.). Petit renfoncement que l'on taille entre deux moulures.

Bandeaux. Ceintures saillantes qui sont sur le corps d'une colonne de poêle.

Bandelette. Voy. FER.

Bander un arc ou **une plate-bande** (Maçonn.) C'est en assembler les *voussoirs* et *claveaux* sur les cintres de charpentes et les fermer avec la clef.

Banne. Grand panier, fait ordinairement de branchages, qui sert à transporter les charbons, etc.

Banneaux. Petits tombereaux à bras.

Banquette. Sorte de chemin ou de degré horizontal, ménagé en un point intermédiaire d'un talus, par exemple sur les deux côtés de la cuvette ou rigole d'un aqueduc, sur les talus d'un chemin de fer, en dehors de la couche de ballast, etc.

— Echafaud formé de boulins et de planches que l'on établit dans des fouilles profondes et sur lequel on jette la terre fouillée pour la rejeter ensuite sur la berge ou bord de la fouille. Les planches s'établissent à 2 mètres de distance, verticales les unes des autres.

Baquet Vaisseau de bois servant à transporter le mortier.

Baqueter. Oter avec une pelle, une écope, etc., l'eau qui se trouve dans une fouille. Voy. EPUISEMENT.

Bar. Sorte de brancard avec lequel les ouvriers maçons portent des pierres de peu de grosseur.

Baras. Résine provenant du pin maritime. C'est la plus grossière, celle qu'on recueille à la fin de la saison de la récolte et qui s'est solidifiée sur l'arbre et dans les réservoirs destinés à recueillir la térébenthine. Le bara sert à faire des vernis communs. Les autres produits du pin maritime sont la *térébenthine*, *essence* qui est très employée en peinture; la *colophane*, le *brai* et la *résine*, qui, en dehors de la fabrication des vernis, servent à divers usages industriels; le *galipot* est un produit intermédiaire entre les baras et la térébenthine.

Barbacane (Maçonn.). Ouverture étroite et longue en hauteur qu'on laisse aux murs qui soutiennent les terres, pour donner de l'air et pour écouler les eaux.

Barbe (Charp.). Lorsque les bois n'ont point d'épaisseur, et que la pièce qui a le tenon est plus épaisse que celle qui a la mortaise, on observe par le côté une espèce de joint, qu'on appelle barbe. Le *dégueulement* d'un *arêtier* produit deux barbes, une de chaque côté.

Barbes du pène (Serrur.). Petites éminences ou parties en saillie qui sont d'un côté du *pène*, et dans lesquelles doit s'engager le *panneton* de la clef pour faire avancer ou reculer le pene.

Il y a autant de barbes à un pène que la serrure a de tours pour la fermer. Voy. SERRURE.

Barbes. Rives inégales sur les bords des papiers de tenture et qu'on enlève avant l'emploi.

Bardage. Voy. BARDER.

Bardeaux. Bouts de volige, planchettes de merrain ou douves de tonneau débités en morceaux de 30 à 35 centimètres de long qui, placés jointivement sur les solives d'un plancher, servent à établir l'aire. — Dans quelques pays on se sert des bardeaux en merrain pour couvrir les bâtiments, leur pose dans ce cas est analogue à celle des ardoises.

Barder, charger, transporter et décharger à l'aide d'un *bar* ou d'un chariot les matériaux de construction au lieu d'emploi; le prix payé pour ce travail varie suivant la distance à parcourir, la difficulté du terrain et le nombre d'hommes employés en raison de la masse transportée.

Bardeurs. Ouvriers qui font les bardages.

Barillet. Partie du tuyau dans laquelle monte et descend le piston d'une pompe.

Barlong (Charp.). Synonyme de rectangle, dans lequel une dimension est plus grande que l'autre.

Barlong biais (Charp.). Synonyme de parallélogramme non rectangle.

Barlotières (Vitr.). Traverses de bois formant les divisions des fenêtres et de moindres dimensions que la traverse dormante.

Barre. Tringle, bande, ou tige en bois, en fer, en cuivre, etc., donc la longueur est grande par rapport aux deux autres dimensions.

Barre (Men.). Tringle ou portion de planche brute ou corroyée, qu'on cloue sur des parties de menuiserie, que l'on veut relier entre elles. Dans quelques cas on encastre la barre, et dans ce but on la corroie hors d'équerre sur son épaisseur, et on l'embrève dans un ravalement de même forme fait à travers des parties que l'on veut relier. La barre prend alors le nom de *barre à queue* ou *ceinture*.

Barre de fourneau (Serr.). Bande de fer plat, soudée suivant la forme des fourneaux, et dont les extrémités sont *fendues à scellement* pour s'encastrer dans le mur contre lequel le fourneau est appuyé. Elle a pour objet d'empêcher que les briques ou carreaux qui forment le dessus du fourneau ne se détachent.

Barre d'appui. Barre de fer scellée à hauteur d'appui entre les tableaux d'une baie; la barre d'appui est ordinairement recouverte d'une plate-bande en fer, en chêne ou noyer ou en acajou. Dans quelques constructions peu importantes les barres d'appui sont en bois.

Barre de languette. Barre de fer plate ou carrée, qui sert à porter soit la languette de face d'une cheminée (dans ce cas elle repose sur les deux jambages), soit les planches de ventouses.

Barre de contre-cœur. Barre qui, placée devant les plaques de fonte des cheminées de cuisine, sert à retenir ces plaques.

Barre de croisée ou de fermeture. Barres de fer plat, munies de poignées qui, s'engageant par leurs extrémités dans des gâches, où elles sont maintenues en position par des boulons, servent à fixer les volets des fermetures de boutiques et des croisées.

Barre d'arc-boutant. Barre de fer carrée servant à fermer un vantail de porte charretière ou autre. Elle peut tourner autour d'un axe fixé sur le vantail; l'une de ses extrémités s'engage dans un crochet fixé sur l'un des vantaux, tandis que l'autre extrémité est maintenue par un mode d'attache qui varie beaucoup; le plus commun est un lacet et un piton.

Barre de linteau. Barre de fer plate ou carrée qui remplace les linteaux en bois des baies de portes et croisées; on les emploie surtout sur les baies qui sont bandées en pierre.

Barre d'enfonçure (Men.). Barres placées dans un bois de lit ou couchette.

Barres d'écurie (Charp.) ou **barres volantes.** Morceaux de bois cylindriques, tournés et arrondis par les bouts ayant environ $0^m,65$ de longueur et $0^m,11$ de diamètre, et qu'on garnit ordinairement avec de la paille; ils servent de séparation aux chevaux dans les écuries, et à cet effet ils sont suspendus au devant des mangeoires à $0^m,50$ au-dessus du sol par des cordes.

Barreau. Barre de bois ou de fer, ronde ou carrée, que l'on scelle par ses abouts pour empêcher de passer dans une baie de croisée ou par un soupirail.

On donne aussi ce nom aux barres composant une grille ou une rampe; dans ce cas les barres sont assez ordinairement encastrées haut et bas dans une traverse.

Barreau de grille. Barre de fer ou de fonte composant une grille sur laquelle on brûle un combustible. L'écartement des barreaux doit être proportionné à la quantité d'air nécessaire pour une bonne combustion du combustible employé et à la quantité de cendres et de mâchefer que produit ce combustible.

Barrière. Sorte de clôture à claire-voie et à hauteur d'appui, formée de poteaux sur lesquels sont assemblées des *traverses* ou *lisses*; les barrières se placent ordinairement autour des cours, au devant des maisons, etc., pour empêcher les gros animaux de passer soit pour entrer, soit pour sortir.

Barrière. Par extension, on a donné le nom de barrières à des portes à claire-voie, construites en bois.

Barrière d'écluse. Porte d'écluse qu'on ouvre et qu'on ferme à l'aide d'un cabestan qui fait mouvoir soit par un pignon et une crémaillère, soit par des cordes, une longue pièce de bois à laquelle la barrière est attachée.

Basalte. Pierre volcanique d'un gris noir et quelquefois verdâtre; cette pierre a un tissu serré quelquefois lamellaire, le grain fin, et prend un beau poli; sa dureté la rend difficile à travailler. Le basalte se trouve par colonnes prismatiques: on l'emploie surtout pour faire des bornes, des bordures, des carreaux, parce qu'il jouit de la propriété de pouvoir être divisé en tronçons.

Bas côtés ou **ailes.** Galeries situées de chaque côté de la nef d'une église.

Bascule (*en*) (Men.). On dit qu'une pièce est en bascule quand elle est assemblée par une de ses extrémités, soutenue ou non en un point intermédiaire de sa longueur et qu'elle est libre à son extrémité. Exemple : la charpente d'un palier d'escalier.

Bascule. Égout qui a le double de la saillie ordinaire; on dit un égout en bascule.

Bascule (Serr.). En général, une bascule est un levier, c'est-à-dire qu'elle se compose d'une tige droite, courbe ou brisée fixée sur un axe autour duquel elle peut tourner. Un grand nombre de pièces de serrurerie ont reçu ce nom; telles sont :

La *bascule à verrous*, pièce de fer plate qui dans une serrure sert à faire ouvrir à la fois les deux verrous d'une porte;

La *bascule à queue de poireau*. Poignée de fer ronde montée sur une platine à laquelle sont attachés des fils de fer servant à faire ouvrir des verrous ou des becs de canne placés à l'intérieur d'une porte d'armoire;

La *bascule de loquet* qui, fixée à l'extrémité de la tige du bouton ou du lacet de la boucle d'un loquet à bascule, sert à soulever le loquet;

La *bascule à crémone*, composée de deux verrous coudés à croissant que l'on fait mouvoir au moyen d'une poignée fixe;

La *bascule à pignon*, assez semblable à la bascule à crémone, mais en différant cependant parce qu'elle fait mouvoir les tiges des verrous par un pignon commandant deux crémaillères;

La *bascule à coq*, forte bascule dont les crampons sont encloisonnés et à moulure;

Bascule de sonnette ou *mouvement de sonnette*. Le plus simple consiste en une tige repliée dans un plan vers le milieu de sa longueur et pouvant osciller autour d'un étoquiau placé au sommet de l'angle ainsi formé; elle a pour objet de changer la direction d'un mouvement donné, quelquefois la tige est pliée deux fois, ou bien elle se compose de deux ou trois petites tringles plates en fer, montées sur une tête à pivot. Les bascules se trouvent ordinairement engagées dans des entailles faites dans le mur et sont recouvertes de plaques en tôle; à l'extrémité des branches sont des fils allant s'adapter sur les petits mouvements en cuivre et servant ainsi de tirage pour agiter la sonnette.

Base. Tout corps qui en porte un autre avec empâtement. On nomme plus particulièrement ainsi la partie inférieure de la colonne et du piédestal, qui est ornée de moulures plus ou moins riches. La base de la colonne est surmontée du fût, elle repose sur la corniche du piédestal ou sur un socle; la base du piédestal porte le dez. Dans les colonnes en treillage les bases sont toujours ornées de moulures et sont terminées par une plinthe à partie lisse, dont le plan est un carré.

Base. Moulure saillante sur le parquet, au bas d'une porte cochère.

Moulure rapportée au bas d'un barreau de rampe ou de balcon.

Basque ou **lanusure.** Table de plomb ayant la figure d'une basque d'habit et qui sert à couvrir, sous les *épis* et *amortissements*, l'angle que forme le faîtage avec les arêtiers sur la croupe d'un toit.

Bas-reliefs. Sculptures faites sur une surface plane ou courbe et qui ont peu de saillie.

Basse-cour. Cour secondaire d'une maison d'habitation. Cour d'une ferme dans laquelle on met les bestiaux et les volailles et quelquefois aussi les instruments agricoles, charrues, chariots, etc.

Bastion. Pavillon couvert en terrasse à l'encoignure d'un bâtiment.

Bassin. Cavité creusée dans le sol et revêtue d'un corroi en glaise, d'un pavage, d'une maçonnerie recouverte ou non de plomb dans laquelle on met de l'eau pour faire l'ornement d'un jardin ou pour l'arroser.

Bassin à chaux. Voy. Chaux.

Bassin de décharge. Bassin dans lequel on fait arriver toutes les eaux qui ont traversé une propriété ou un pays, en passant dans des canaux ou en suivant leur cours naturel.

Bassin de partage. Réservoir naturel ou artificiel servant à l'alimentation d'un canal et se trouvant par conséquent à l'altitude la plus élevée.

Bassin d'un cours d'eau, d'une rivière, d'un fleuve. Se dit de la surface de terrain dont les eaux descendent naturellement vers ce cours d'eau.

Bassinée. Quantité de chaux qu'on éteint à la fois dans un bassin à chaux.

Bassinée. Petit bassin dans lequel on introduit, par un orifice de jauge, l'eau qu'un particulier a le droit de prendre pour son usage sur un cours d'eau ou un réservoir commun.

Bâtarde. Voy. Lime et Porte.

Bâtardeau. Enceinte parfaitement étanche que l'on construit autour d'un emplacement submersible, et dans lequel on veut élever une construction.

Cette enceinte une fois construite, on épuise avec des pompes ou autres appareils l'eau contenue dans cette enceinte, ce qui permet d'y travailler à sec.

Le plus ordinairement, les bâtardeaux se composent de deux files parallèles de pieux réunis par des moises, entre lesquelles on fiche des palplanches jointives, et l'espace compris entre le double mur de palplanches est rempli de glaise : cet espace rempli de glaise doit avoir une largeur proportionnée à la poussée qu'exercera l'eau extérieure quand l'enceinte du bâtardeau sera vidée.

Bateau (*bois de*). Bois provenant de la démolition de bateaux et servant pour cloisons de remplissage, cloisons de cave, etc.

Batellement. Dernier rang de tuiles ou d'ardoises recoupées d'un comble qui portent sur les gouttières ou les chaineaux, et qui se trouve recouvert par un autre *pureau* de tuiles ou d'ardoises entières.

Le batellement jette les eaux du comble dans la gouttière ou le chéneau.

On appelle aussi batellement de petits égouts composés de deux rangs d'ardoises ou de tuiles.

Bâti. Sorte de charpente en bois ou en fer sur laquelle repose le mécanisme d'un engin, par exemple la charpente d'un treuil, d'un cabestan.

Bâti. Sorte de cadre dans lequel on assemble les pièces qui doivent former un tout : tels sont les montants et traverses qui reçoivent les panneaux d'une porte, d'un lambris, d'un parquet, ou bien les lames d'une persienne.

Bâti dormant. Sorte de cadre ajusté et scellé dans les feuillures d'une baie de porte ou de fenêtre et sur lequel battent soit la porte, soit les châssis ouvrant de la fenêtre. Dans une porte, il n'y a que deux montants et une traverse, qu'on place en haut. Pour une fenêtre, le cadre est complet, la traverse du bas est en quart de rond et forme *jet d'eau* en dessus. Ordinairement les montants du bâti dormant portent une feuillure et une rainure en quart de cercle, destinées à recevoir une *noix* de même forme, qu'on réserve sur le battant mobile. (Voy. BATTANT.) Cette disposition s'applique aussi aux portes extérieures. (Voy. PORTES.)

Bâti double. Second bâti assemblé à l'intérieur d'un autre; par exemple, le bâti sur lequel ferme un guichet ménagé dans un des vantaux d'une porte cochère.

Bâti de rive. Premier bâti d'une porte munie d'un guichet.

Bâti d'encadrement. Bâti formant le cadre d'un parquet, d'un panneau, etc.

Bâti de remplissage. Bâti divisant en petits panneaux un lambris en parquet.

Bâti de tenture. Cadre sur lequel on cloue de la toile, qui doit être recouverte de papier ou d'étoffe de tenture.

Batifodage. Mélange de terre grasse et de bourre, qui sert à l'exécution des plafonds.

Bâtiment. Construction d'une certaine importance s'élevant au-dessus du sol, et devant servir soit à l'habitation, soit au magasinage de marchandises. Les alignements des bâtiments sont indiqués par les agents voyers à Paris, et par les ingénieurs des ponts et chaussées dans les départements, d'après la demande des propriétaires, aux préfets et en vertu d'arrêtés pris par ces magistrats.

A Paris, la hauteur des bâtiments est ainsi fixée :

17m,55	dans les rues de 11m,00	de large et au-dessus,
14m,60	—	7m,80 à 9m,40,
11m,70	—	au-dessous de 7m,45.

Le tout est mesuré du pavé, jusque y compris les corniches ou entablements, même les corniches des attiques et les étages en mansardes qui tiendraient lieu desdits attiques.

La hauteur des combles de maisons simples en profondeur est fixée à 3m,25 d'élévation au-dessus des corniches jusqu'au faîte, et à 4m,85 pour les corps de logis doubles. Mais la règle généralement suivie est de donner aux combles, pour hauteur, la moitié de la profondeur du bâtiment.

Bâtir. Édifier, construire.

Bâtisse. Tout ce qui entre dans la construction d'un bâtiment.

Batiture. Oxyde de fer qui se forme à la surface des pièces que l'on chauffe à la forge et qui se détache par écailles.

Le cuivre rouge donne aussi des *batitures*.

Bâton. (Sculpt.) (Voy. Tore).

Bâton. Morceau de bois dont se servent les plombiers pour labourer le sable sur lequel ils coulent les feuilles de plomb.

Bâton rompu. Tige ou bande de fer pliée ou coudée en plusieurs points de sa longueur.

Bâtonée. Quantité d'eau élevée par une pompe ménagère à chaque coup de piston.

Battant. Partie mobile d'une porte, d'une croisée, d'un volet, d'une armoire, autour des gonds.

Un battant est toujours constitué par deux montants ou pièces verticales et deux traverses ou pièces horizontales.

Les battants des portes simples ou doubles se suspendent quelquefois à la menuiserie qui garnit les embrasements des baies ou aux pierres qui enferment l'encadrement. D'autresfois ils sont suspendus à un *châssis* ou *bâti dormant* (voy. ce mot), qui se fixe solidement et à demeure dans l'intérieur de la baie. Le plus souvent le montant du côté des gonds offre une petite rainure dans laquelle s'engage une languette appelée *noix*, portée par le dormant. Cette languette ferme ainsi tout accès au vent et à la pluie.

Le mode de construction des battants, des volets et des persiennes ressemble beaucoup à celui des portes.

Pour les fenêtres à un seul battant, tout le pourtour intérieur des châssis porte une *feuillure* ou *battée* contre laquelle viennent s'appliquer les pièces de l'encadrement mobile. Cette battée a pour objet d'empêcher l'eau et le vent de pénétrer dans l'appartement. Du côté des gonds, cette feuillure est parfois complétée par une rainure en quart de rond, destinée à recevoir une noix de même forme que l'on réserve sur le montant du battant mobile.

Dans les fenêtres à deux battants les montants de rive portent l'un une rainure en arc de cercle convexe, l'autre un ravalement en arc de cercle concave, qui s'emboîtent exactement l'un dans l'autre; c'est ce qui se nomme un assemblage en *gueule de loup*.

D'autres fois, les montants du milieu, qu'on appelle *battants meneaux*, se réunissent par une double feuillure, par un recouvrement en chanfrein ou à noix.

Battant. On a donné par extension ce nom aux montants des châssis ouvrant des portes-croisées ou qui reçoivent les traverses.

On dit *battant de croisée, de porte, de persienne* et même de *lambris*, de *parquet*.

Battants meneaux. Montants intérieurs des battants d'une croisée.

Battant à gueule de loup. Montant portant une rainure en arc de cercle.

Battant flotté. Battant qui porte une plus grande largeur sur un des parements d'un bâti que de l'autre, par suite de l'exécution d'un ravalement ou d'une feuillure.

Battant (Serr.). Montant d'une porte de grille.

Battant. Tige ou bande plate mobile en fer constituant la partie principale d'un loquet, et qui s'engage, par une de ses extrémités, dans un mentonnet en tournant autour d'un pivot placé à l'autre extrémité.

Batte. Espèce de jetée ou ouvrage construit sur le bord d'une rivière, et composée de deux files de pilots en grume, soutenant un enrochement formé de moellons bruts et de bon gravier.

Batte. Outil servant à écraser certaines substances friables, à comprimer ou planer un terrain, une feuille de métal.

La forme de la batte varie suivant sa destination. La *batte du terrassier* se compose d'une planche épaisse carrée de 30 à 40 centimètres de côté, avec un manche ayant 1 mètre à $1^{m},20$ de longueur qui est fixé obliquement dessus; elle sert à fouler et à dresser les terres, le salpêtre d'une aire, etc.

La *batte du maçon ou plutôt du plâtrier* est simplement un morceau de bois rond, plus gros à un bout qu'à l'autre, qui sert de poignée. La batte est employée pour pulvériser la partie la plus grossière du plâtre appelée *gravois* ou *mouchettes*.

Les plombiers se servent de deux outils qu'on appelle *battes;* l'une est une sorte de maillet avec lequel ils frappent sur les outils employés pour couper le plomb; l'autre est un morceau de bois en forme de demi-cylindre, avec un manche taillé dans le même bloc; c'est la batte plate avec laquelle on frappe sur les feuilles de plomb pour les dresser.

Batte de paveur. Morceau de bois cylindrique fretté, armé d'un petit manche et garni à son extrémité de têtes de clous, qui sert à écraser les *tuileaux* pour faire du ciment.

Battement. Tringle en bois rapportée sur la rive d'une porte, d'un volet, et servant de feuillure.

On donne aussi ce nom à une bande de fer rapportée sur le montant de la porte d'une grille en fer.

— Partie du pavé au droit de l'embrasement d'une porte cochère.

Batteur (Pav.). Ouvrier qui écrase les tuileaux pour faire du ciment.

Batteur d'or. Ouvrier qui fabrique l'or en feuilles par le battage de feuilles minces obtenues au moyen du laminage.

Battre la résine. Répandre de la résine sur les parties de plomb à souder, ce qui se fait ordinairement en frappant à petits coups avec le manche du couteau *à racoutrer*, ou avec la *tringlette*, sur la boîte à résine.

Bature. Mordant qui sert à faire les hachures dans les parties rehaussées d'or; il est composé de cire, d'huile de lin, de bitume de Judée ou de térébenthine de Venise, ou il est fait simplement avec les fonds de peaucellier.

Bau. Solive disposée en travers de la largeur d'un coffre destiné à renfermer la maçonnerie de la fondation d'une jetée. Les *baux* servent à soutenir les bordages du coffre, et à consolider la jetée parce qu'elles *arc-boutent* les poteaux du coffre par les épaulements.

Baudets. Grands tréteaux dont se servent les scieurs de long.

Bauge. Mortier composé de chaux et d'argile, de paille ou de foin, ou même de l'un ou de l'autre, qui à la campagne sert à faire l'aire des planchers ou le bordage entre les poteaux des cloisons.

Bavette. Bande de plomb qui couvre les bords et les devants des chéneaux, celle que l'on fixe au-dessous des *bour-*

seaux d'une couverture, celle enfin qui est placée au-devant d'une lucarne, d'une croisée, d'un châssis à tabatière, etc.

Bavures. Bords des pièces ou tables de plomb coulées qui doivent être abattus à cause de leur irrégularité. Voy. LAISSES.

Bec. Filet que l'on pratique au bord et au-dessous d'un larmier qui forme la mouchette pendante.

Bec-de-corbin. Moulure en forme de quart de rond.

— Renversé. Outil de serrurier, en acier, étroit et crochu, qui sert à faire les rainures pour placer les coins de fiche dans le bois.

Bec (*avant et arrière-*). Partie d'une pile de pont formant angle saillant de manière à diviser l'eau ; l'avant-bec est du côté d'aval, l'arrière-bec est du côté d'amont.

Bec-d'âne. Ciseau plus épais que large dont on se sert pour faire des mortaises. Le saillant du bec-d'âne est ainsi perpendiculaire à la plus grande des deux dimensions ; il doit avoir la largeur de la mortaise.

Bec-de-canne. Outil à fût dont le fer à son extrémité est recourbé en croissant. Il sert à dégager et à arrondir le derrière des talons.

Bec-de-canne. Petite serrure dont le pène à demi-tour est taillé en chanfrein pour que la porte se referme en la poussant. On donne particulièrement ce nom à des serrures qui n'ont point de clef et qui s'ouvrent avec un *bouton*. On distingue :

Le *bec-de-canne poli sur platine ou sans cloison* ou *bec-de-canne sur le dos*, et le *bec-de-canne à écrou*, qui n'ont qu'un bouton et servent à la fermeture des armoires.

Le *bec-de-canne à feuille*, monté sur une platine.

Le *bec-de-canne à équerre*, qui est encloisonné, et qui s'ouvre au moyen d'une bascule en équerre à laquelle est attaché un fil de fer.

Le *bec-de-canne à boucle simple*, qui sert à la fermeture des volets dans les embrasements de croisées.

Le *bec-de-canne poli à deux boutons ou à deux boucles à charnière*, qui sert à la fermeture des portes d'appartement.

Il y en a à un et à deux picolets ou cramponnets.

Le *bec-de-canne à deux pènes*, semblable au précédent, mais ayant un second pène dormant ou verrou de nuit.

Bêche. Sorte de pelle en fer qui sert à fouiller ou à défoncer les terres douces.

Bêchevet. Pièce de charpente formée de deux morceaux accolés, ayant chacun la forme de coins très allongés, de sorte que l'ensemble ait une même épaisseur dans toute son étendue.

Beffroi. Charpente qui, dans les églises, porte les cloches ;

elle doit être isolée des maçonneries du clocher afin que celles-ci ressentent aussi peu que possible les vibrations.

—Charpente formant support d'un réservoir d'eau.

— Charpente indépendante de la bâtisse des moulins et sur laquelle est fixé le mécanisme servant à la mouture.

Bélier. Machine servant à enfoncer les pieux. (Voy. MOUTON.)

Belvédère. Donjon ou pavillon occupant une position élevée, par exemple la terrasse ou le sommet d'un édifice.

On donne aussi ce nom à un petit bâtiment isolé placé à l'extrémité d'un parc ou d'un jardin.

Bénardes (*serrures*). Serrures qui peuvent s'ouvrir avec la clef, soit en dedans, soit en dehors de la chambre. La plupart de ces serrures n'ont pas de *broche*.

On donne le nom de clef bénarde aux clefs dont la tige n'est pas forée, c'est-à-dire destinées à des serrures sans broche.

Benjoin. Résine dure, fragile, peu colorée, employée à la fabrication du vernis à l'esprit-de-vin.

Bequettes. Petites pinces servant à contourner les petits fers dans les garnitures; il y en a de plates et d'autres dont les mordants sont arrondis.

Béquilles. Sorte de poignée formée d'une tige coudée qu'on met à la place des boutons pour faire mouvoir le pêne des serrures placées aux portes d'entrée des boutiques, des magasins et des lieux publics.

Berceau. Synonyme de voûtes cylindriques en plein cintre, telles que celles des caves, des écuries, des orangeries, etc.

— Partie de treillage dont le centre est formé de cintre circulaire ou ovale.

Berges. Bords d'une fouille, d'une tranchée, d'un cours d'eau.

— Chemin disposé le long d'une route pour servir de trottoir aux gens de pied.

Berge (*jeter sur*). C'est, quand on exécute une tranchée, déposer sur le bord de la fouille les terres extraites.

Berne. Chemin ménagé entre une levée le long d'un canal et le bord de ce canal.

Besace (*assises en*). Pierres formant encoignures et posées transversalement les unes sur les autres.

Besaiguë ou **bisaiguë** (Charp.). Outil en fer ayant la forme d'une barre plate avec une douille ou poignée en son milieu. Il a environ 1m,15 de longueur et 4 à 6 centimètres de largeur; l'une de ses extrémités forme ciseau bec-d'âne; elle sert à faire les mortaises dans les pièces de charpente ; l'autre, taillée en biseau, sert à dresser le bois lorsqu'il a été refait à la cognée.

— (Vitr.). Espèce de marteau dont la tête est d'un côté en forme de ciseau et sert à enlever le plâtre et la pierre qui pourraient gêner dans les feuillures ou rainures ; et de l'autre côté, vers la panne, le marteau se termine en une espèce de coin pointu qui sert à démolir le vieux plâtre et à faire, dans le mur des *meneaux*, des trous nécessaires pour placer les verges de fer qui se mettent en avant des panneaux.

Béton. Sorte de pierre artificielle formée d'un mélange de cailloux et d'un mortier de sable et de chaux.

Quelquefois on substitue aux cailloux des fragments de brique ou de recoupe de pierre d'un petit volume. Le mortier doit être en quantité suffisante non seulement pour remplir les intervalles des fragments solides, mais encore pour empêcher que, dans aucun point, il y ait contact immédiat entre eux. Pour les pierres cassées, la quantité de mortier doit représenter 60 à 75 pour 100 du volume ; pour les graviers et galets arrondis de 50 à 55 pour 100. Le mortier, suivant la destination du béton, doit être hydraulique ou non. Le mélange se fait sur une aire plane, d'abord avec des griffes ou râteaux et avec des pelles. Dans les travaux d'une certaine importance on emploie diverses machines qui produisent le mélange ; il sortirait de notre cadre de les décrire ici.

Le béton est surtout employé dans les travaux de fondation des travaux hydrauliques.

On doit prendre des précautions très grandes pour empêcher la chaux du béton de se délayer ; on emploie à cet effet, quand on a une certaine profondeur, une caisse de bois dont le fond peut s'ouvrir et se fermer au moyen d'une sorte de loquet qu'on manœuvre avec une chaîne.

On coule ainsi le béton dans des coffres en charpente, dans des bâtardeaux ou dans des excavations convenablement disposées.

On a fait aussi en béton des murs et des voûtes d'une grande solidité et très économiques.

Enfin nous citerons comme l'une des applications les plus remarquables des bétons celle qui a été faite pour l'exécution de blocs cubant 10 mètres cubes et plus, qui ont servi à la construction du port d'Alger et des bassins neufs à Marseille.

Bétons agglomérés. Sous ce nom, M. Coignet, ingénieur civil, a fait connaître un nouveau mode d'application des bétons à l'exécution de constructions monolithiques pour lesquelles il emploie le béton de la même manière que la *bauge* dans les constructions en pisé ; seulement il est à remarquer que la chaux n'est pas réduite à l'état pâteux, elle est seulement mouillée, et c'est par des broyages énergiques qu'on obtient la plasticité du béton. Au moyen de dames il comprime, il agglomère son béton dans des moules. Il fait ainsi des pierres artificielles, des maisons entières en béton, des fosses d'aisance, des égouts, des voûtes de ponts qui, une fois terminés, sont d'une seule pièce, les points de reprise se soudant, faisant corps avec la partie déjà faite.

Le travail d'agglomération, c'est-à-dire le damage, permet, d'après M. Coignet, d'employer des chaux de qualité inférieure, par conséquent moins chères que celles qu'on appliquerait dans les mêmes circonstances (Voir les *Bulletins de la Société des Ingénieurs civils*).

Beuveau ou **buveau**. Sorte de fausse équerre dont un bras est bombé suivant la douelle d'un arc de voûte et dont l'autre est droit suivant le joint de la coupe.

Biais. Se dit de toute pièce ou partie qui n'est ni en prolongement, ni parallèle, ni d'équerre à une autre pièce ou partie.

Bicoq. Troisième pièce qu'on ajoute aux deux montants d'une chèvre pour la consolider.

Bigornes. Pointes qui forment les bouts d'une enclume; l'une est arrondie à sa face supérieure, l'autre est plate.

— Sorte de petite enclume sur laquelle les treillageurs dressent et font la pointe des clous; on la place sur l'établi ou sur un billot de bois.

Bigorneau. Petite enclume à bigornes.

Bigorner. Forger un morceau de fer et l'arrondir en forme d'anneau sur la pointe de l'enclume.

Bilboquet. Petit carré de pierre qui, ayant été retranché d'un morceau plus gros, reste sur le chantier.

— Carreaux de pierre de petites dimensions provenant de la démolition d'un vieux bâtiment.

— (Vitr.). Petit morceau de bois qui présente une surface unie, sur laquelle on adapte de l'écarlate : il sert à enlever les bandes d'or qu'on a coupées avec un couteau, ayant une lame large et mince, destiné à cet objet; l'enlèvement des bandes d'or est facilité par la projection sur le bilboquet de l'haleine humide.

Il sert aussi à dorer les parties droites qu'on ne veut pas laisser débordées : il dore plus proprement et plus juste que la palette.

Billes. Morceaux d'acier tels qu'ils se livrent dans le commerce. On donne aussi le nom de *billes* aux pièces de bois d'ébénisterie qu'on débite pour faire le placage.

Biller. Faire tourner à droite ou à gauche, en la poussant, une pièce de bois qui a été mise en balance sur un chantier ou support.

Billot. Morceau de bois rond dont se servent les treillageurs pour appuyer la bigorne et exécuter leurs travaux.

— Morceau de bois d'orme de 0m,60 de diamètre et de 0m,81 de hauteur servant d'enclume.

— Morceau de bois de 0m,07 de diamètre sur 0m,11 de long à travers lequel passe la corde qui sert à attacher un cheval à un anneau.

— Appui qu'on place sous un levier pour soulever les fardeaux.

Binard. Fort chariot ayant quatre roues d'égale hauteur, et muni d'un treuil. Il sert au transport des grosses pierres. Les chevaux y sont attelés deux à deux.

Biner. Piocher légèrement avec une binette la surface de la terre entre les plantes et les herbes pour détruire les mauvaises herbes.

Binette. Outil en fer, formé d'une lame plate coupante, recourbée dans le sens de sa largeur et munie d'une douille destinée à recevoir un manche.

Biscuit. Carreau de poêle ou toute autre pièce de poterie analogue, en terre cuite non émaillée.

Biscuits. Morceaux de pierre provenant de la chaux et qui restent dans les bassins où on l'a éteinte et réduite en pâte.

Biseau. About d'une pièce de bois coupée obliquement ou en sifflet.

— Face inclinée du tranchant d'un outil aciéré, un *ciseau* a un biseau, un *fermoir* en a deux.

Bistre. Suie détrempée ou eau teinte par la suie.

Bitord. Menue corde à deux fils qu'on emploie comme garniture des pistons de pompe.

Bitumes. Corps tantôt liquides et visqueux, tantôt solides, exhalant naturellement ou par le frottement une odeur particulière, *sui generis ;* brûlant avec flamme une fumée épaisse d'une odeur caractéristique.

Ces matières sont rarement isolées dans la nature ; le plus souvent elles imprègnent les pierres calcaires, les schistes, les grès et quelques pierres volcaniques, en plus ou moins grande quantité et quelquefois à tel point qu'elles en suintent naturellement sous forme de gouttelettes ou de veines liquides.

Les bitumes s'emploient de deux manières différentes.

1° A l'état liquide, comme enduits conservateurs des charpentes et des ferrures, on les désigne alors sous le nom de *malthe* ou *goudron minéral*.

Le malthe se recueille soit directement des roches d'où il suinte, soit par la distillation de ces mêmes roches.

Le bitume de Judée est une substance solide et cassante noire qui sert à la composition des vernis gras et des mordants.

2° A l'état de mélange avec des poudres calcaires; ils forment dans ce dernier cas des mastics fusibles à une assez faible température et servent à une foule d'usages économiques.

Les mastics de Scyssel, de Lobsan, dont on fait les dallages dits d'asphalte, ne sont autre chose que des mélanges de cette espèce naturels ou artificiels.

Voy. Dallages et Asphaltes.

Biez. Partie d'un canal de navigation comprise entre deux sas d'écluse, et dans laquelle on peut faire varier le niveau de l'eau pour faire monter et descendre les bateaux dans les endroits où il se trouve quelque chute.

— Sorte d'auge ou de canal peu élevé et en biais qui dirige les eaux d'un ruisseau ou d'une source sur la roue d'un moulin.

Biveau. Voy. Beuveau.

Blaireaux. (Peint.). Pinceaux en poils de blaireau, ayant la forme de patte d'oie et servant à appliquer le vernis.

Blanc en bourre. Mélange de terre blanche de chaux et de bourre dont on se sert pour faire les enduits dans les endroits où le plâtre est rare; on fait ces enduits en deux couches: la première s'applique sur un lattis, on lui donne 8 à 10 millimètres d'épaisseur; cette couche est composée de la terre la moins fine, broyée avec de la bourre de tanneur et de la chaux *éteinte depuis six mois au moins.* La seconde couche se fait avec de la chaux, de la craie ou de la terre blanche passée au tamis, broyée avec de la bourre fine de tondeur de drap. Le blanc en bourre peut se faire avec de la chaux, du sable, de la terre franche, de la terre glaise, de la craie et de la marne.

Blanc. Couleur employée dans la peinture. Pour l'obtenir on se sert de *céruse* (Voy. Céruse) ou *blanc de plomb* (carbonate de plomb); de blanc d'argent (sous-carbonate de plomb); de *blanc de zinc* et de *blanc de baryte* ou *blanc fixe* (sulfate de baryte); de blanc d'Espagne et de craie de Meudon ou de Bougival; on emploie encore le *blanc de Cremnitz*, mélange d'oxyde de zinc, d'oxyde d'étain et de craie, on le tire d'Allemagne; le *blanc des Carmes*, chaux additionnée d'un peu de tournesol et d'indigo et détrempée dans de la térébenthine ou dans la colle alunée. Le *blanc de chrôme* blanc grisâtre, qui est de l'oxyde de chrôme.

Le blanc en *détrempe* s'obtient en broyant à l'eau du blanc de Meudon et en le détrempant à la colle de parchemin; lorsque l'on veut vernir, au lieu de blanc de Meudon, on prend du blanc de plomb.

Pour les couleurs à l'huile, on broie du blanc de plomb ou de zinc avec de l'huile de noix ou d'œillette et on détrempe avec l'essence de térébenthine.

Pour avoir des blancs mats qui ne doivent pas être vernis, on détrempe à l'huile coupée d'essence.

Comme les blancs sont sujets à se colorer par l'addition de l'huile et par le temps, on ajoute pour remédier à cet inconvénient une légère pointe de bleu ou de noir de fumée qu'on a broyé séparément.

Blanc d'Espagne (Peint.). Argile blanche très fine purifiée par lavage, moulée en pains après dépôt et séchée à l'air.

Blanc de Meudon (Peint.). Craie ou carbonate de chaux très pur; on le prépare pour Paris, à Bougival, en lavant la craie avec soin après un broyage et la laissant déposer: on le retire par décantation et on le moule en pains que l'on fait sécher à l'air.

Blanc de dorure. Blanc dont on couvre les sujets qui doivent être dorés.

Couches de teintes étendues par réchampissage sur les champs et panneaux non dorés après la dorure finie; c'est en général du blanc de Meudon à la colle.

Blanc de zinc. Oxyde de zinc qu'on prépare en faisant oxyder le zinc à une haute température sous l'action d'un courant d'air très vif; à la température employée, le zinc distille en absorbant de l'oxygène; l'oxyde entraîné par l'air est recueilli dans de vastes chambres disposées à cet effet.

Blanchi (*bois*). Voy. Bois et Blanchir.

Blanchi (Serr.). Fer et toutes pièces de serrurerie limées à la lime commune. Se dit de toute pièce de qualité inférieure ou résultant d'un travail expéditif, telles que les pièces de quincaillerie simplement meulées.

Blanchir (*le bois, le fer*). Dresser le bois soit au rabot, soit à la scie, de manière à enlever les aspérités de la surface; on blanchit le fer en le limant grossièrement ou le passant à la meule.

Blanchir (*le plomb*). Le revêtir d'une couche mince d'étain.

Bleue (*couleur*). Les couleurs bleues employées en peinture sont :

Le *tournesol*, composé de chaux fusée dans de l'urine et teinte par les sucs de l'héliotrope.

Le *bleu de Prusse*, qui est un ferrocyanide de fer, composé de carbone, d'azote et de fer; il blanchit à la lumière et reprend sa couleur dans l'obscurité. On le fabrique en calcinant ensemble des matières animales, des cornes, du sang, de la potasse, de l'oxyde de fer, et traitant ensuite par l'acide chlorhydrique. Le plus beau bleu est connu sous le nom de bleu de Berlin.

La *cendre bleue*, combinaison de sous-sulfate de cuivre et de potasse broyée avec de la chaux et du sel ammoniac. Elle ne sert guère que pour les papiers peints.

L'*indigo*, extrait par décoction de différentes plantes, et dont on fabrique une sorte de laque.

Le *bleu d'émail* ou *d'azur*, dit aux quatre feux; minerai de cobalt purifié et calciné jusqu'à la fusion avec de la silice et de la potasse. On obtient ainsi une sorte de verre, qui, réduit en poudre, donne le *bleu d'émail* ou d'émail aux quatre feux.

Bloc. Gros quartier de pierre ou de marbre qui n'a point été taillé. On appelle bloc d'échantillon celui qui est ébauché à la carrière sur commande.

Bloc (*traité en*). Se dit d'un marché de maçonnerie ou autres ouvrages de bâtiment, sans indication du détail des prix et quantités de matériaux, non plus que de la main-d'œuvre.

Blocages. Menues pierres ou petits moellons qu'on jette à bain de mortier pour garnir l'intérieur des murs entre les parements nus.

— Sorte de pavage qui se fait avec des pierres brutes, galets ou meulières, qu'on dispose dans un encaissement en remplissant les interstices des pierres avec du gravier et du sable.

Bloquer (Maç., Pav.). Placer des pierres les unes à côté des autres, sans prendre d'autre précaution que de les serrer aussi bien que possible.

Blochet. Pièces de bois de peu de longueur, mais assez fortes qui, dans les combles brisés, reçoivent le pied des arbalétriers ou des arêtiers, lorsque ceux-ci aboutissent à des angles. Les blochets se posent sur le haut des murs ou sur les plates-formes avec lesquelles ils sont assemblés, ainsi qu'avec les jambes de force.

— Le blochet qui se trouve à l'angle d'une coupe et qui reçoit le tenon de l'arêtier est appelé *blochet d'arêtier*. Le *blochet mordant* est celui qui s'assemble à queue d'aronde avec le chevron.

Bœuf (*œil-de-*). Baie ronde pour croisée.

Bois. C'est dans un arbre la partie intérieure qui offre un tissu fibreux plus ou moins serré, plus ou moins solide.

La partie extérieure de l'arbre qui présente un tissu lâche, déchiré et peu consistant est l'écorce.

Le développement de l'arbre se fait entre le bois et l'écorce, et chaque année une nouvelle couche s'ajoute d'une part au bois et d'autre part à l'écorce, tandis que les couches les plus anciennes s'incrustent de matières solides qui relient les fibres entre elles en leur donnant plus de résistance.

Les couches les plus nouvelles constituent un bois imparfait qu'on a appelé *aubier*. Cette partie est tendre, par conséquent facilement attaquable par les insectes, de plus elle contient beaucoup de sucs nourriciers de l'arbre sujets à fermenter, de sorte qu'en l'employant, il y a lieu de craindre qu'elle soit promptement détruite ; c'est pourquoi dans les ouvrages en bois même les plus ordinaires, on a soin de rejeter l'aubier.

L'aubier est rougeâtre tant que le bois est encore vert et blanchit à mesure qu'il sèche.

Les arbres sont sujets à des maladies, à des accidents qui doivent faire rejeter de la construction les arbres qui en sont atteints à cause des défauts qui en résultent. Nous citerons :

L'*échauffement*, premier degré de la décomposition du bois, qui s'annonce ordinairement par l'odeur désagréable qu'il exhale et par la présence de taches blanches ou rouges, disséminées en quantité plus ou moins considérable à sa surface. Cette altération provient de l'emmagasinement des pièces de bois de coupe trop récente dans un local trop peu aéré; il y a fermentation des liquides végétaux. On dit d'un bois qu'il est échauffé.

La *pourriture*, dernier degré de l'altération résultant ordinairement des alternatives de sécheresse et d'humidité. Le bois tombe en poudre.

La *carie* ou *pourriture sèche*, qui produit le même résultat, s'annonce souvent dans les bois de construction par la présence d'excroissances végétales, agarics, champignons, qui se développent à la surface.

La *vermoulure*, résultat du travail de petits vers qui naissent d'œufs introduits dans la substance des bois plus ou moins échauffés.

Outre ces défauts, qui résultent de causes postérieures à la croissance de l'arbre, il en est d'autres qui se produisent pendant que l'arbre est sur pied.

Les fortes gelées produisent les *gélivures*, fentes dirigées du centre de l'arbre vers la circonférence ;

La *roulure*, solution de continuité entre les couches annuelles;

Les *gerçures*, fentes transversales à la longueur des fibres;

Le *double aubier*, couche de bois imparfait d'aubier intercalée entre deux couches de bois parfait.

Lorsqu'un bois présente à la fois le double aubier et des gélivures, on dit qu'il est *gélif entrelardé*.

Le vent rend les *bois bouges*, c'est-à-dire courbés.

Des maladies des arbres résultent :

Les *loupes* ou *exostoses*, bois compact qui se produit en certains points, mais au détriment du reste du végétal ; on les emploie pour le tour et la marqueterie.

Les *gouttières*, *l'écoulement de sève*, les *dépôts* ou *abcès*, provenant d'un excédent de sève qui coule en un point en corrompant les parties ligneuses sur lesquelles elle se répand.

Les bois malades se recouvrent de *mousses*, d'*agarics*, de *champignons*, de *moisissures*.

Les arbres qui ont dépassé le terme de leur maturité sont dits *sur le retour*. Les bois qui en proviennent sont altérés, ont perdu leur élasticité et sont sujets à la pourriture.

Il est encore d'autres défauts plus ou moins graves, suivant l'usage auquel les bois sont destinés.

Les *nœuds*, résultant de la déviation des fibres produite par la pousse d'une branche, qui, outre l'inconvénient de rendre les bois difficiles à travailler à cause de leur dureté et de l'enchevêtrement des fibres, présentent souvent des foyers de pourriture.

Les bois atteints de nœuds vicieux doivent être rejetés ou au moins ne peuvent être employés qu'en enlevant la partie contenant le nœud et en la remplaçant avec du bois sain.

Au point de vue du travail, on appelle ces bois *bois noyeux*.

Le *contournement des fibres*, qui rend le bois difficile à travailler et qui, dans l'équarrissage des pièces, force à trancher plusieurs fois les fibres, ce qui est nuisible à la solidité.

L'*inégale répartition des fibres*, qui ôte de l'homogénéité au bois.

Au point de vue de la vente et du travail, on distingue :

Le *bois flotté*, qui a été amené d'un point à un autre par le flottage sur un cours d'eau.

Le *bois en grume*, qui n'a pas été équarri. On l'emploie ordinairement pour pilotis.

Le *bois d'équarrissage* ou *carré*, qui a été amené, par l'enlèvement des dausses, à présenter des faces planes ; il est employé à la charpente.

Le *bois d'échantillon*, bois qui a les dimensions demandées pour le commerce.

Le *bois de brin* ou *de tige*, qui provient d'un arbre qui n'avait que les dimensions suffisantes pour donner la pièce de bois nécessaire.

Le *bois ordinaire* de 4e classe dont l'équarrissage ne dépasse pas 30 centimètres et la longueur 8 mètres ; la 3e classe porte de 31 à 41 centimètres d'équarrissage ; la 2e classe, de 42 à 50 centimètres ; et la 1re classe, 51 centimètres et au-dessus.

Le *bois de sciage*, débité et refendu à la scie.

Le *bois refait*, dressé et équarri à vive arête à la besaiguë ou au rabot.

Le *bois lavé* ou *refait* ou *corroyé*. Bois dont on a enlevé les traces de la scie sur les faces.

Le *bois sain :* c'est le bois qui n'a aucun des défauts signalés plus haut.

Le *bois flacheux,* qui contient des parties d'aubier ou ne peut être équarri sans aubier, qu'avec perte.

Le *bois tranché,* résultant de l'équarrissage de bois bouges, de bois à fibres contournées, etc. : il manque tout à fait de solidité.

Le *bois gras.* Bois qui a poussé vite et dont les fibres ne sont pas serrées.

Le *bois sur maille.* Bois refendu parallèlement aux rayons de l'arbre ; ce mode de débitage s'applique particulièrement au chêne, employé dans la menuiserie de luxe et dans des veines d'un effet très agréable ; on le désigne sous le nom de chêne de Hollande.

Le *bois refendu.* Bois tiré de pièces plus fortes. Il est important de ne jamais refendre les bois de quartier dans un sens perpendiculaire au rayon, parce qu'ils sont plus sujets à se tourmenter.

A Paris on emploie surtout le chêne, le charme, le hêtre, le sapin de bateau, le sapin de Lorraine, le sapin du Nord.

Les bois d'équarrissage se vendent au stère ou plutôt au décistère ; les planches, madriers, etc., se vendent au mètre superficiel. Nous donnons ici les dimensions qu'on trouve généralement dans le commerce :

Chêne de Champagne...	Feuillet, 0,13 × 0.23 × 2,00.
	Panneau, 0,20 × 0,23 × 2,00.
	Entrevoux, 0,027 × 0,23 × 2,00.
	Entrevoux de rebut, 2,00.
	Planche, 0,034 × 0,23 × 2,00.
	— 0,041 × 0,22 × 2,00.
	— 0,047 × 0,20 × 2,00.
	— rebut, 2,00.
	Doublette, 0,034 × 0,32 × 2,00.
	Petit battant. 0.075 × 0,234 × 2,00.
	Membrure, 0,08 × 0,16 × 2,00.
	Battant de porte cochère, 0,11 × 0,32 × 2,00.
	Chevron, 0,08 × 0,08 × 2,00.
Chêne du Nord. / *Charme.......* / *Hêtre........*	de toutes dimensions.
Sapin de bateau (en planches)........	De rebut, 0,027 — épaisseur.
	Étroit équarri, 0,027 × { 0,15. / 0,16.
	Marchand, 0,027 × 0,22 { 1,95. / 3,90.
	0,027 × 0,22 { 4,25. / 5,85.

Sapin de bateau (en planches).......	Pour échafaud, 0,034 × 0,041. Plats bords, 0,054 × 0,36 × 17m à la paire. — 0,065 × 0,33 × 17,50 id. — un bout 0,60 × 0,08, et un bout 0,20 × 0,05 × 22,75. Roannais, 0,08 × 0,32 × 16m à la paire.
Sapin de Lorraine...	Feuillet, 0,013 × 0,32 × 3,57. Planche unité, 0,027 × 0,32 × 3,57. — 0,034 × 0,32 × 3,90. — 0,041 × 0,25 × 3,90. Madrier, 0,054 à 0,065 — 0,22 × 3m,00.
Sapin du Nord......	Feuillet, 0,013 × 0,22 × 2,00. Panneau. 0,020 × 0,22 × 2,00. Planche, 0,027 × 0,22 × 2,00. — 0,034 × 0,22 × 2,00. Madrier (sapin blanc), 0,08 × 0,22 × 2,00. — (sapin rouge), 0,08 × 0,22 × 2,00. Chevron, 0,08 × 0,08 × 2,00. Basting. 0,040 à 0,065 × 0,170 × 2,00.

Outre les bois que nous venons d'énumérer, l'industrie emploie les essences ci-après :

Acacia (faux acacia) robinier, pour pilotis, chevilles pour vaisseaux, menuiserie, charpenterie. Son poids spécifique est 0,820.

Alisier, pour charpenterie de machine. On en fait des règles, trusquins, équerres, dents de roue, fuseaux de lanterne, coussinets, poulies de puits, alluchons, pilons.

Amandier, pour petites pièces de machines.

Arbousier, — — —

Aune, se pourrit à l'air, est employé sous l'eau. On en fait des pilotis, des tuyaux de conduite, des corps de pompe et des ouvrages de menuiserie. Les loupes sont recherchées par les ébénistes.

Bouleau, pour poutres, chevron et le charronnage. Poids spécifique, 0,720.

Buis, pour dents de roues, poulies, vis, écrous. Les loupes sont recherchées.

Cerisier, employé par les ébénistes, tourneurs, miroitiers.

Charme, pour charpenterie de machines, dents de roues, fuseaux, lanternes, leviers, poulies, caisses, essieux, flèches et timons de voitures, manches d'outils, maillets. On l'emploie aussi à faire de la marqueterie.

Châtaignier, mauvais pour la charpente, donne des pieux pour les constructions immergées, tuyaux de conduits, cercles, échalas, manches d'outils. Poids spécifique, 0,875.

Chêne. Il y a plusieurs espèces de chêne : le *chêne à gros glands* est employé pour la charpente, les combles, les planchers, la menuiserie ; le *chêne à petits glands*, employé dans les fondations des édifices et à toutes les constructions exposées à l'air extérieur et à l'humidité du sol.

Les bois de chêne les plus denses sont en général les meilleurs. Le *chêne vert* ou *yeuse*, dur, compact, tortueux, convient au charronnage et aux machines, essieux, poulies, rais.

Cormier, pour fûts, varlopes, rabots, bouvets.

Cyprès, incorruptible à la mer et dans les lieux humides.

Erable, pour la menuiserie et l'ébénisterie.

Frêne, peu propre à la charpenterie. Employé pour le charronnage, il donne manches d'outils, hampes, brancards, vannes, leviers, échelles, chaises. Poids spécifique, 0,764.

Guignier, pour l'ébénisterie.

Hêtre, doit, pour la construction, être employé sous l'eau. On en fait des jantes de roues, essieux, varlopes, outils, etc., manches de marteaux de forges, menuiserie de meubles et boissellerie.

Houx, recherché pour la marqueterie, manches de marteaux et de haches. Poids spécifique, 0,800.

If, pour charpenterie, menuiserie, ébénisterie.

Marronnier d'Inde. Mauvais bois.

Mélèze, pour la mâture, les grosses poutres et la charpente.

Merisier, pour charpente, menuiserie, ébénisterie.

Mûrier, pour le tournage.

Néflier, pour machines.

Noisetier, employé par le tourneur, le menuisier et le vannier.

Noyer, pour machines, moyeux de roues, menuiserie et ébénisterie. La loupe est recherchée. Poids spécifique, 0,920.

Olivier, employé par les tabletiers et les ébénistes. La loupe est recherchée.

Orme, peu propre à la grande charpente. Il fournit vis, écrous, tuyaux de conduite pour les eaux, poinçons, moyeux, jantes, dessus de tables, d'établis, billots, pompes, planchéiage des ponts.

Peuplier, pour la charpente ordinaire et la menuiserie.

Pin. Il y a plusieurs espèces. On les emploie presque toutes pour la charpenterie. Le *pin laricio* est utilisé pour la charpenterie navale, les mâts, les bordages, les planchers ; le *pin maritime* sert à faire des caisses. On en extrait de la résine, de la térébenthine.

Platane, se conserve bien dans l'eau, convient à la menuiserie. Pesanteur spécifique, 0,636.

Poirier, pour modèles de machines, sculptures sur bois.

Pommier, bois de qualité analogue au poirier et employé à peu près aux mêmes usages.

Prunier, pour l'ébénisterie.

Sapin, pour charpenterie, grosse menuiserie; fournit mâts, bordages, madriers, poutrelles de ponts, doublures pour meubles. Pesanteur spécifique, 0,759 à 0,464.

Saule, pour la menuiserie et la vannerie; il donne cercles et cerceaux. Poids spécifique, 0,405.

Tilleul, employé pour la ciselure et le tour; sert à faire des dessus de tables.

Tremble, employé seulement à la campagne pour charpente; c'est un bois mou qui n'a pas de durée.

Bois (*petits*) (Men.). Montants et traverses à l'intérieur d'un châssis vitré; ils sont ordinairement ornés de moulures et portent des feuillures disposées pour recevoir les verres.

Depuis quelques années, on fabrique des petits bois en fer, d'un usage très commode.

Bois (*couleur*) (Peint.). Couleur qui se compose avec du blanc, plus ou moins d'ocre jaune, de vert, de terre d'ombre et d'ocre rouge.

Bois à recaler. Moule à ajuster les pièces de treillages.

Bois feint (Peint.). Veines et autres accidents des bois imités par la peinture.

Bois cru (Peint.). Bois qui n'est pas peint, ou dont on a enlevé la peinture; ainsi on dit *gratter à bois cru*.

Boiser (Men.). Revêtir de lambris les murs d'une chambre.

Boiserie (Men.). Menuiserie dont on recouvre les murs; elle comprend des bâtis, panneaux, plinthes, cimaises, etc. On applique les boiseries particulièrement sur les murs humides dans les rez-de-chaussée.

Boisseau (Fontain.). C'est, dans un robinet, la partie dans laquelle tourne la clef.

Boisseaux. Cylindres creux en biscuit ou en faïence qui, superposés les uns aux autres, servent à former les colonnes de poêle; les boisseaux ont 0m,32 de hauteur et un diamètre qui varie depuis 0m,13 jusqu'à 0m,32.

Boisseaux de poterie. Cylindres ronds et creux, en terre cuite, ayant la forme de boisseaux sans fond, qui servent à faire les chausses d'aisances, les conduites de fumée, etc.

Depuis quelques années on fait des boisseaux en fonte pour ces usages.

Boissellerie (*bois de*). Feuilles de chêne très minces fendues au *coutre* et roulées en cercle. Les treillageurs en font usage pour faire de grandes parties d'ornements.

Boîte (Serr.). Partie d'une fiche dans laquelle entre la cheville qui tient lieu de mamelon d'un gond.

Boite à étoupes ou **stuffing box**. Sorte de boîte à travers laquelle passe la tige d'un piston d'une pompe : elle se compose d'une partie fixe constituant la boîte proprement dite, et dans laquelle on met de l'étoupe qu'on presse avec force; d'une seconde partie mobile appelée presse-étoupe, et qui entre dans la première. Cette partie mobile est munie, à sa partie supérieure, d'une cuvette destinée à contenir les matières qui servent à lubrifier la tige du piston; elle est fixée sur la première par des vis et des écrous.

Boite à mettre de largeur. Sorte de boîte découverte dessus et qui n'a qu'une barre. Les treillageurs en font usage pour mettre de largeur leurs lattes de frisage.

Boite à résine. Espèce de poivrière dans laquelle on met la résine en poudre, employée par les plombiers pour préserver de l'oxydation les pièces à souder.

Boite de raccordement (Fontain.). Ajutage fait en deux parties se montant à vis l'une sur l'autre et servant à réunir deux tuyaux flexibles.

Boites. Pièces de fonte qui ont pour objet, soit de réunir d'une manière invariable des pièces de charpente qu'il serait difficile d'assembler autrement, soit d'empêcher la pénétration des pièces de bois les unes dans les autres. La forme des boites dépend de la figure que doivent faire les pièces assemblées et de la force que ces boîtes doivent avoir.

Boites. Ais ou planches servant à couvrir et revêtir des pièces de bois, portes et solives.

Boiteuse (*Solive*). Solive d'enchevêtrure scellée d'un bout dans le mur et assemblée de l'autre dans une principale pièce de bois appelée chevêtre.

Bol d'Arménie (Dorure). Terre argileuse, rouge ou jaune, douce au toucher, qu'on tire de différents points de la France et qui entre dans la composition de l'assiette pour la dorure.

Bombé ou **courbé**. Se dit de toute surface convexe.

Bombement (Pavage). Surélévation qu'on donne à une chaussée par rapport aux bas côtés afin de faciliter l'écoulement des eaux.

Bomber. Faire un trait plus ou moins renflé.

— Convexité ou renflement d'une solive, d'un arc.

Bonde (Fontain., Plomb.). Pièce de cuivre en forme de boisseau avec rebord, qu'on scelle sur la faïence d'une cuvette de garde-robe, et dans laquelle entre le tampon ou piston.

Bonde de fond ou **bonde de trop-plein** (Fontain.). Appareil destiné à vider la totalité ou le trop-plein d'un réservoir. Il se compose d'un tuyau fixé dans un orifice fait au fond du réservoir, et dans lequel s'ajuste à frottement un autre tube par lequel s'écoule le trop-plein de l'eau.

Bonde. Longue pièce de bois équarrie en haut, et se terminant en bas en forme de cône tronqué, qui sert à boucher le trou d'une rigole pratiquée à l'endroit le plus creux d'un étang. Cette bonde est soutenue par un châssis en charpente couronné d'un chapeau.

Bondieu. Coin en bois que les scieurs de long chassent dans la fente faite avec une scie pour empêcher le serrage de la scie et faciliter le travail.

Bonnet à la Cauchoise ou **cintre** (Fumist.). Feuille de tôle cintrée que l'on place au-dessus de l'extrémité supérieure d'un tuyau, sur une cheminée, afin d'empêcher l'eau d'y tomber.

Bordages. Planches formant l'enceinte d'un coffre de fondation.

Bordages (Tent.). Bandes de papier gris qu'on colle au pourtour des toiles tendues, afin de cacher les têtes de clous et d'empêcher la toile de s'échapper.

Borax ou **borate de soude** (Tent.). Sel qui a la propriété de dissoudre les oxydes métalliques et de les transformer en verres très fusibles. Cette propriété est mise à profit par les serruriers et par les plombiers pour souder le fer et le plomb dont les surfaces doivent être parfaitement nettes pour pouvoir être soudées.

Bordures (Tent.). Ornement formant cadre. Bandes de papier sur lesquelles est imprimé un dessin et qui servent à encadrer les papiers de tenture.

Bordures (Men.). Tringles de bois étroites ornées d'une ou plusieurs moulures qu'on rapporte sur un fond plat pour former encadrements. Elles s'assemblent à onglet.

Bordures (Pav.). Gros quartiers de pierre, grès ou cailloux qui forment l'encaissement et terminent les deux côtés d'une chaussée; on donne aussi ce nom aux pierres (granite) taillées régulièrement qui constituent le rebord des trottoirs.

Bornage. Délimitation au moyen de bornes de l'étendue d'une propriété. L'action du bornage naît de l'obligation que deux propriétaires contractent ensemble par le seul fait du voisinage; elle est utile, parce qu'elle a pour objet de réclamer la partie de l'immeuble qui peut avoir été usurpée et qui sera déterminée par l'action du bornage. Quiconque a des droits dans la propriété a le droit d'en demander le bornage; le bornage étant essentiellement utile aux deux propriétaires voisins, il doit se faire à frais communs.

Le déplacement des bornes a été mis au nombre des délits justiciables de la police correctionnelle, et comme tel il peut être puni d'une amende et d'une détention de plusieurs mois, indépendamment des dommages dus à la partie lésée.

Dans certains pays on a adopté l'usage de mettre du charbon de bois sous la borne que l'on place en terre, de manière à retrouver toujours la place qu'elle occupait primitivement dans le cas où elle serait déplacée, le charbon étant indestructible.

Borne (Vitr.). Pièce de verre coupée en hexagone oblong qui s'emploie dans les compartiments des panneaux montés en plomb.

Borne. Espèce de cône tronqué de pierre dure à hauteur d'appui que l'on place à l'encoignure ou au-devant d'un mur pour le préserver du choc des voitures; maintenant on remplace les bornes en pierre par des chasse-roues en fonte ou en fer.

Borne. Repère servant à indiquer la limite d'une propriété.

Bornoyer. Déterminer les directions d'alignements droits ou courbes, qu'il s'agisse de construire un bâtiment ou de faire une route, une allée ou un chemin. On emploie des jalons pour faire cette opération.

Bossage. Surépaisseur conservée en un point d'une pièce de bois élégie afin de lui conserver en ce point une force suffisante pour recevoir un assemblage.

Bossage (Arch.). On donne ce nom à certaines bosses qu'on laisse aux *tambours* des colonnes de plusieurs pièces, pour conserver les arêtes de leurs *joints de lits*, que les cordages pourraient émousser, et pour en faciliter la pose. On fait aussi des bossages sur le nu des murs; ils servent de décoration, et suivant la taille des pourtours, on distingue : — *à anglet*, celui qui, étant *chanfreiné* et contigu à un autre taillé de pareille manière, forme un angle droit; — *arrondi*, celui dont les arêtes sont arrondies, comme aux bandes des colonnes *rustiques* du Luxembourg, à Paris; — *à cavet*, celui dont la saillie est terminée par un *cavet* entre deux *filets*; — *à chanfrein*, celui dont l'arête est rebattue et ne se joint pas avec une autre, mais laisse un petit canal de certaine largeur; — *à doucine*, celui dont l'arête rebattue est moulée d'une *doucine*; — *en liaison*, celui qui représente les *carreaux* et les *boutisses*, et est séparé par des joints montants de pareille largeur et renfoncement que ceux de lit; — *mêlés*, ceux qui sont de différentes hauteurs, mêlés alternativement, et qui représentent les assises de haut et de bas appareil. — *Bossage* ou *pierres de refend*. Ce sont les pierres qui semblent excéder le nu du mur, parce que les joints de lit en sont marqués par des renfoncements ou canaux carrés; — *en* *pointes de diamant*, celui dont le parement a quatre glacis qui terminent à un point lorsqu'il est carré, et à une arête quand il est *barlong;* — *ravalé*, celui qui a une table fouillée en dedans de certaine profondeur et bordée d'un *listel*, et est séparé d'un autre *bossage* par un canal carré; — *rustique*, celui qui est arrondi, et dont les parements paraissent bruts ou pointillés également; — *vermiculé*, celui qui est pointillé en *tortillis*.

Bossages. Pierres d'appareil faisant saillie sur le nu d'un mur, destinées soit à recevoir des moulures ou des sculptures, soit à servir de support ou corbeaux pour les cintres de construction d'une voûte au lieu de faire des trous de boulins.

Bosse (Maçonn.). C'est, dans le parement d'une pierre, un petit bossage que l'ouvrier y laisse, pour marquer que la taille n'en est pas métrée.

Botte. Réunion d'un certain nombre d'échalas propres à faire les treillages.

— Fil de fer enroulé en rond sur un diamètre de 50 centimètres environ et qu'on livre dans le commerce pour le poids de 5 kilogr.

Boucharde (Marbr.). Poinçon acéré dont la tête est taillée en plusieurs pointes de diamant, et qui sert à percer de grands trous dans le marbre ou la pierre. Dans ce but on le fait tourner en frappant dessus et en jetant de l'eau sur la pierre qui s'écrase.

Boucharde ou **bouchard.** Espèce de marteau carré dont les deux bouts acérés sont formés de petites pyramides accolées ou pointes de diamant, et qui agit à peu près de la même manière que la gradine quand on frappe les surfaces de la pierre, déjà poinçonnées; on termine la taille avec la ripe.

Bouche. Ouverture d'une carrière, extrémité d'un tuyau, entrée d'un puits, porte d'un four.

Bouche de poêle (Poêlerie). Ouverture par laquelle on introduit le combustible.

Bouche de chaleur (Poêlerie). Ouvertures pratiquées dans la paroi du poêle et par lesquelles s'écoule l'air qui s'est chauffé au contact du foyer dans des carneaux ou tuyaux disposés convenablement; ces ouvertures sont fermées par des *bouchons*.

Bouchoir (Serrurerie). Plaque de tôle munie d'une poignée qui sert à fermer l'orifice d'un four.

Bouchon. Pelotte de linge ou morceau de plomb servant à polir et lustrer le marbre.

Bouchons (Fumist.). Sortes de boîtes circulaires en cuivre que les fumistes adaptent aux bouches de chaleur des poêles; ils sont généralement à charnière avec grillage en fils de laiton, et se ferment par un couvercle comme une tabatière.

Bouchons à tournant (Poêlerie). On nomme ainsi des bouchons dans lesquels l'obturation de la bouche de chaleur, au lieu d'être obtenue au moyen d'une porte à charnière, résulte d'un mouvement de rotation d'un disque percé de *trous* dont les pleins correspondent aux ouvertures laissées sur un autre disque fixe.

Boucle (Serrur.). Sorte d'anneau en cuivre, ajusté sur une tige en fer portant charnière pour se lever et se baisser. Les boucles se placent soit sur les *bec-de-canne* ou les serrures, et servent à faire ouvrir les *pènes dormants* des portes d'appartements.

Boucle de jonction (Serrur.). Ce sont deux fils de laiton faisant jonction en un point, en formant des boucles allongées et mobiles s'agrafant l'une dans l'autre. Ces boucles de jonction se placent sur les fils de fer de tirage des sonnettes, pour éviter la multiplicité des fils que l'on serait obligé de faire passer dans les trous pour chaque mouvement, ce qui finirait par les obstruer.

Boucler. Se dit d'un mur qui se fend dans son épaisseur en faisant le ventre.

Boudin (*ressort à*). Voy. Ressort.

Boudin (Fontainerie). Nom qu'on donne à la boue qui sort d'un tuyau qu'on dégage.

Boudin. Tore. (Voy. ce mot.)

Boudine (Vitrerie). Nœud qui se trouve au milieu d'un verre plat.

Bouée (Arch. hydraul.). Morceau de liège attaché à une corde appelée *boirin*, arrêtée à l'autre bout par une grosse pierre posée au fond de l'eau, au-dessous de l'endroit où l'on veut que la bouée paraisse flottante; cette bouée sert à marquer les alignements qu'il faudra donner à une jetée, à un môle, ou à toute autre espèce d'ouvrage.

Boue d'émeri. Poudre qui se forme sous les roues des meules dont se servent les lapidaires et les tailleurs de cristaux. On la ramasse pour l'employer à polir le marbre. (Marbr.).

Bouement (Menuis.). Petite moulure élégie dans les lambris d'appui.

Bouffer. On dit qu'un mur bouffe quand un des parements fait ventre et se détache, faute de liaison avec l'autre parement (Maçonn.).

Bouge (Menuis.). Les ouvriers désignent par ce nom toute partie ronde ou bombée, soit sur le champ ou le plat du bois.

Bouge (*bois*). Voy. Bois.

Bouge. Petite chambre ou galetas, ou petit cabinet mal éclairé. (Constr.).

Bouillons. Petits points brillants qui se trouvent à la surface de certaines glaces et qui obligent à les mettre au rebut quand ils sont en trop grande quantité (Miroiterie).

Boule. Petite sphère creuse en cuivre terminée par un *piédouche* servant à couronner les pilastres d'escaliers; une soie ou broche en fer, placée à leurs extrémités, traverse la boule et est rivée dessus; cette rivure de la soie maintient la boule, et l'empêche de se détacher du pilastre.

Boule à gibecière. Heurtoirs placés aux portes d'entrée des maisons et qui ont la forme de gibecière.

Boulins (Maçonn.). Pièce de bois qu'on scelle dans les murs, ou qu'on serre dans les baies avec des *étrésillons* pour *échafauder*.

Boulins. Petites niches qui, dans les colombiers, servent de retraite aux pigeons (Constr.).

Boulon (Plomb.). Morceau de fer rond qui sert de noyau pour faire les tuyaux de plomb sans soudure : il est de toute la longueur du moule.

Boulons. Tiges de fer qui, au moyen d'arrêts à chaque extrémité, servent à lier fortement les unes contre les autres les pièces qu'elles traversent. Les boulons sont assez souvent terminés d'un côté par une tête carrée ou hexagonale, et de l'autre par une clavette qui s'engage dans une mortaise ou œil, pratiqué à l'effet de la recevoir, ou par un écrou qui se visse dans un bout fileté. L'écrou est aussi carré ou hexagonal comme la tête. Quelquefois les boulons sont sans tête, et garnis de part et d'autre de clavettes ou d'écrous. Le corps des boulons peut être cylindrique, carré ou polygonal; quelquefois il est carré sur une partie de sa longueur et rond sur le restant. On interpose toujours entre le bois et la clavette, ou l'écrou au moins, une rondelle de forte tôle, afin de préserver le bois des déchirures qui s'y feraient en serrant.

Boulons d'écartement (Serr.). Ce sont de grandes tringles en fer rond placées sous les marches d'un escalier en bois, traversant les *limons* et arrêtées de chaque côté par des *écrous* en fer entaillés sur ces mêmes *limons*.

Boulonner. Assembler avec des boulons.

Boulonnière. Voy. Tarière.

Bourdonnière (Serr.). C'est aux portes de ferme un arrondissement qu'on fait au haut du *chardonnet;* on retient cette partie arrondie par un cercle ou lien de fer. On fait aussi des bourdonnières en fer, et ce n'est autre chose qu'une *penture* qui entre dans un *gond* renversé.

Bourre. Poil provenant de peaux tannées qui, mélangé avec de la chaux seule ou de la chaux et de l'argile, sert à fabriquer le *blanc en bourre.*

Bourre tontisse. Laine courte qui provient d'une étoffe (drap) que l'on a tondue, et qui sert à fabriquer les papiers veloutés ou papiers tontisses. (Tentures.)

Bourrelets (Plomb.). Bords d'une plaque de plomb roulée. On a coutume d'en faire au-devant des *cuvettes* des *chéneaux,* qu'ils fortifient beaucoup.

Bourrer (Plomb.). Les plombiers disent que leur plomb bourre lorsqu'il s'arrête sur le sable et qu'il forme ce qu'ils appellent des *marrons.*

Bourriquet (Maçonn.). Sorte de civière ou caisse carrée à jour dans laquelle on monte le moellon et même le mortier au haut d'un bâtiment en construction, à l'aide d'une grue, d'une chèvre, etc. — On donne aussi ce nom à un *treuil* monté entre deux chevalets en X comme sur quatre jambes; l'axe porte dans l'angle supérieur. Ces chevalets sont cloués contre des poutrelles, le treuil se manœuvrant avec une manivelle en fer fixée sur l'axe, en dehors des chevalets. Ce bourriquet est en usage principalement pour les travaux de terrassement, et pour extraire verticalement, dans des paniers, les terres, provenant d'excavations souterraines.

Bourriquets ou **chats** (Couvert.). Espèce de *chevalets* légers sur lesquels on met l'ardoise pour que le couvreur l'ait sous la main.

Bourru (Maçonn.). Moellon ou pierre dont on s'est contenté d'enlever le *bousin.*

Bourseau (Plomb.). Gros membre rond fait de plomb, qui règne dans les grands bâtiments, au haut des toits couverts d'ardoise; au-dessous du bourseau, il y a une bande de plomb que l'on nomme *bavette.* Le petit membre rond qui est encore sous la bavette s'appelle *membron.* La pièce de plomb qui est sous les épis se nomme *basque.*

— A BATTRE (Plomb.). Morceau de bois léger dont les plombiers se servent pour faire le *bourrelet* de leurs *cuvettes.*

Bousillage. Voy. BAUGE.

Bousin. Espèce de croûte tendre et sans consistance qui se trouve à la surface de la pierre ou du moellon. On doit l'enlever entièrement.

Bout (*bois de*) (Charp., Menuiserie). Se dit du bois dans lequel, par suite de la taille, les fibres sont soumises à des efforts parallèles à leur direction.

Bout (*clef à*) ou **clef bénarde** (Serr.). Clef dont la tige n'est pas forée.

Bout (Pavage). Joint de chaque pavé du côté de la rangée qui le précède.

Bouts (Poêlerie). Cylindres en tôle, qui s'assemblent à emboîtement les uns dans les autres pour former les tuyaux de poêle ou de cheminée.

Boutant. Voy. BUTANT.

Boutée. Voy. BUTÉE.

Bouter (*lime à*) (Serrur.). Petites limes qui servent particulièrement à limer les *pannetons* des clefs.

Bouterolle (Serr.). Partie de la garniture d'une serrure : la bouterolle de la clef est une fente faite au *panneton* près de la tige.

La bouterolle de la serrure est une pièce de fer qui doit entrer dans la fente de la tige.

Boutisse. Moellon placé dans sa largeur et dont la longueur est perpendiculaire au nu du mur.

Bouton. Sorte de poignée.

Bouton ou tige (Treill.). Partie intérieure des fleurs, sur laquelle les treillageurs attachent les pétales de ces mêmes fleurs.

Bouton. Pièce de fer ou de cuivre qui sert à tirer le battant d'une porte, le tirant d'une sonnette, à ouvrir un verrou, une targette, un loquet, une serrure, etc.

Il y a plusieurs sortes de boutons.

Les *boutons à olive*, qui servent à ouvrir les verrous, serrures, etc.

Les *boutons à filets et polis*, les *boutons en cul-de-lampe* qu'on fixe sur les portes et qui servent à les tirer.

Les *boutons à bascule* dits *boîte d'horloge*, en forme d'olive avec une tige à vis et à écrou faisant mouvoir une bascule pour la fermeture d'une armoire.

Les *boutons à coulisse*, servant à ouvrir le demi-tour d'une serrure.

Boutonnière. Petite pièce en forme de gâche qui se place sur les lames des persiennes et sert à les faire mouvoir au moyen d'une sorte de crémaillère.

Bouvement (Men.). Rainure faite au moyen du bouvet.

Bouvet à rainures. Outil qui sert à creuser des rainures ou des moulures sur l'épaisseur des planches ou sur le bord des pièces de bois ; il a le bout inférieur divisé en deux lames qui ont chacune leur tranchant ; les deux tranchants sont une même ligne droite. La queue de la lame porte un petit crochet latéral qui sert à faire, au besoin, rentrer la lame dans le fût pour diminuer la saillie du tranchant.

Bouvet à joindre (Menuis.). Outil composé d'un fer et d'un fût dont la partie qui pose sur le bois est saillante en forme de languette, afin qu'en le poussant sur ce dernier il y fasse une cavité appelée rainure.

Comme complément de ce bouvet, il y a un autre bouvet de disposition analogue, mais qui sert à faire les languettes s'ajustant dans les rainures exécutées avec le premier.

Bozel. Moulure ronde.

Bracon. (Archit. hid.). On appelle bracon d'un *vantail* d'une porte d'*écluse*, la *console*, la *potence* ou l'appui qui soutient cette porte.

Brai (Charp.). Mélange de goudron liquide, de brai sec ou de poix, et de quelques matières grasses, telles que les suifs ; il convient pour la peinture des gros ouvrages de charpente exposés à toutes les injures du temps.

Brai sec ou arcanson (Peint.). Produit qu'on obtient en extrayant de la résine qui s'écoule des arbres résineux l'essence de térébenthine. Il sert à la fabrication des vernis communs.

Brancard (Maçonn.) Caisse ouverte à la partie supérieure, et munie à sa partie inférieure de deux barres de bois qui servent à la porter. Le brancard est employé à transporter les matériaux.

Branche (Charp.). Nom donné à chacune des deux pièces de bois formant une croix de Saint-André.

Branches d'écluse. Extrémités des écluses. Aux grandes écluses, *les bajoyers* ou murs latéraux se terminent à queue d'hironde, afin d'avoir un évasement formé par ce qu'on appelle les branches d'écluse, qui facilite l'entrée et la sortie de l'eau ; cet évasement sert aussi à empêcher que l'eau ne s'introduise derrière les bajoyers de l'écluse et ne les dégrade.

Branches d'ogive. Nervures des voûtes gothiques qui font saillie sur le nu de ces voûtes dans l'intervalle des croisées entre les piliers.

Branches de tuyaux (Plomb.). Plusieurs tuyaux joints ensemble par des nœuds de soudure.

Brandille Trous faits dans les chevrons à travers des *pannes* pour y mettre des *chevilles* et les joindre ensemble.

Brandir les chevrons (Couvert.). Affermir, fixer les chevrons sur les pannes au moyen de chevilles en fer.

Brandir (Charp.). Percer un trou à travers deux pièces qui se croisent, et y mettre une cheville pour les arrêter ensemble.

Bras de chèvre (Charp.). Ce sont les pièces principales d'une chèvre, elles portent le treuil et la poulie.

Braser. C'est souder ensemble les bords des pièces de fer, de cuivre, de laiton avec un alliage composé de laiton et de zinc auquel on ajoute quelquefois un peu d'étain ou d'argent. Les surfaces qui doivent être ainsi soudées doivent être limées très proprement et n'être souillées ni par le contact des doigts ni de toute autre manière. On humecte ordinairement l'alliage en copeaux et presque pulvérulent avec une pâte formée de borax en poudre et d'eau, on applique le mélange dans cet état, on le fait sécher et on chauffe ensuite le tout à la chaleur nécessaire pour fondre l'alliage et opérer la réunion des parties. Le borax sert à dissoudre les oxydes formés et à décaper les parties qui doivent être unies.

Brasier (Plomb.). Grand feu que les plombiers font dessous et dessus leur chaudière, quand ils commencent à mettre leur plomb en fusion, afin d'en accélérer la fonte.

Brayers (Maçonn.). Cordages dont on se sert pour suspendre au câble les pierres, les baquets, les bourriquets à moellons, etc., qu'il s'agit d'élever au haut d'un édifice en construction.

Brayeur (Maçonn.). Ouvrier chargé d'attacher les brayers au câble.

Brèche (Marbr.). Sorte de marbre formé de petits cailloux de différentes couleurs fortement unis ensemble.

Brèche (Maçonn.). Ouverture causée à un mur de clôture, par violence, malfaçon, ou caducité.

Brété (*fer*). Voy. RABOTS A DENTS.

Breteler (Maçonn.). Dresser le *parement* d'une pierre, ou regratter un mur avec un outil à dents, comme le *riflard*, la *ripe*, etc.

Brételer (Peint.). C'est faire des hachures sur une moulure d'une teinte différente de celle du fond.

Brételures (Peint.). Hachures en couleur d'or ou rehaussées que l'on fait en lignes transversales sur un listel, sur une plate-bande, etc.

Bréter. Voy. BRÉTELER.

Brétures (Maçonn.). Traces laissées par le riflard ou la ripe sur les pierres logées sur leur parement. Marques de dents faites par le marteau.

Bride (Serr.). Espèce de lien qui sert à fortifier une pièce de bois qui menace de s'éclater.

Brides. Doubles plaques de fer, évidées en rond dans e milieu, qui embrassant les rebords faits à l'extrémité de deux tuyaux servent à les réunir à l'aide d'écrous, ce qui tient lieu de soudure.

— Saillie ménagée à l'extrémité des tuyaux en fonte, et qui sert à les réunir bout à bout au moyen de boulons qui passent dans ces brides.

On donne par extension le nom de bride à toute saillie dans laquelle passent des boulons de jonction.

Brifier (Plomb.) Bande de plomb qui recouvre la rencontre de deux pans de comble.

Brin (*bois de*) (Charp.). Bois non scié, mais équarri, provenant d'arbres ou de branches sur lesquels il était impossible de prélever d'autres pièces.

Brins de fougères (*assemblage en*). Assemblages en diagonale.

Brindilles (Serrur.). Fers plats qui servent à faire des enroulements pour l'ornementation d'un ouvrage de serrurerie.

Brindilles (Coll. de pap.). Ornements faits sur papier du même fonds..

Briques. Pierres artificielles, fabriquées avec des argiles On distingue les briques en briques *crues* ou durcies au soleil, et briques *cuites* ou durcies au feu ; ces dernières se divisent en briques *ordinaires*, briques *réfractaires*, brique *pleines* et briques *creuses*.

Les briques crues ne sont généralement employées que dans les contrées méridionales, parce qu'elles ne résistent pas à l'humidité.

Les briques cuites, au contraire, sont d'un usage général.

Les briques réfractaires servent à la construction des fourneaux et en général des appareils qui ont à supporter une haute température. L'on fait usage quelquefois dans ce cas de briques crues.

Les briques creuses sont réservées à la confectiou d'ouvrages légers.

Afin de faciliter leur emploi, les briques ont en général la forme d'un parallélépipède rectangle dont la longeur est un multiple de la largeur et celle-ci un multiple de l'épaisseur, en tenant compte toutefois de l'épaisseur des joints. Dans les pays où la pierre manque on fait des briques de toutes formes et de toutes dimensions, la forme étant appropriée à la destination.

Une bonne brique doit être parfaitement moulée à vives arêtes, sans ébréchure, elle doit rendre un son clair quand on la frappe avec un corps dur ; avoir le grain fin, serré et homogène dans sa cassure ; ne renfermer aucun élément susceptible de la dégrader après sa mise en œuvre ; elle doit pouvoir résister à l'action de la gelée et des intempéries.

Les briques réfractaires doivent de plus résister sans se fendre ou se déformer à l'action d'une forte chaleur. On satisfait à cette dernière condition en employant des argiles plastiques contenant peu de chaux et pas d'oxyde de fer.

La brique de Bourgogne est la meilleure qui soit employée à Paris : ses dimensions sont $0^m,220 — 0^m,107 — 0^m,55$. La brique de Montereau qui a à peu près les mêmes qualités, n'a que 0,05 d'épaisseur.

La brique dite *façon Bourgogne* qui se fabrique à Vaugirard est moins estimée, mais est très employée à Paris. — Les briques anglaises ont $0,22 \times 0,11 \times 0,06$.

Briques Gourlier. Ces briques qui portent le nom de leur inventeur, servent à la construction des tuyaux dans l'épaisseur des murs. Leur emploi permet de construire un mur en briques composé de différentes pièces dont la réunion forme le diamètre des tuyaux sans nuire en rien à la solidité et ayant de plus l'avantage de se relier avec les autres matériaux.

Briquet (Serrur.). Petit *couplet* qui a deux broches, et qui ne s'ouvre que d'un côté.

Briqueter (Maçonn.). 1° Faire une maçonnerie de briques. 2° C'est contrefaire la brique sur le plâtre avec une impression de couleur d'ocre rouge, et y marquer les joints avec un crochet ; ou faire un enduit de plâtre, mêlé avec de l'ocre rouge, et, pendant qu'il est frais employé, tracer les joints profondément, puis les remplir avec du plâtre au sas. On peut enfin passer une couleur rouge sur la brique même, et en faire les joints avec du plâtre.

Briquets (Sculpt.). Ornements que l'on nomme aussi trèfles et qui se taillent sur une doucine.

Brise (Arch. hyd.). Poutre placée en bascule sur la tête d'un gros pieu, sur laquelle elle tourne et qui sert à appuyer par le haut les *aiguilles* d'un *pertuis*.

Brise-glace. Ouvrage en charpente, de forme triangulaire construit en amont des piles ou des palées des ponts, la pointe formant éperon contre le courant de manière à dévier les glaces ou autres corps flottants et préserver les piles du choc.

Brisé (*comble*). Comble dont la charpente est disposée de telle sorte que le toit présente dans sa hauteur et sur un même versant deux pentes différentes.

Brisis (Charp., Couvert.). 1° Ligne de brisis. Ligne suivant laquelle se rencontrent les deux pentes d'un comble brisé.

2° Etage compris entre la corniche supérieure d'une façade et la ligne de brisis.

On dit aussi brésis.

Brisure (Men.). Joint articulé dont les arêtes intérieures sont arrondies, tel que dans une porte, un volet, une table.

Brocatelle (Marb.). Marbre brèche formé par des fragments de petite dimension.

Broche. Cheville en bois ou en fer servant à assurer les assemblages de menuiserie ou de charpente.

Broches (Serrur.). Tiges de fer ordinairement menues et plus ou moins longues qui servent à faire un assemblage, à guider dans une serrure une clef forée, à relier les deux parties d'une *fiche* en passant à travers les nœuds ou les deux parties d'un *couple à charnière* en glissant dans les yeux. On appelle broche d'arrêt, la pièce effilée munie d'un œil qui fait partie de *l'arrêt à broche* pour persienne.

Brochettes (Peint.). Rognures de peaux de mouton, veau, etc., passées à la chaux ou tannées, dont on tire une colle propre à la peinture.

Brocher. Fixer une pièce de charpente ou de menuiserie avec des broches ou des clous.

Brocher la tuile (Couv.). C'est la passer de son épaisseur entre les lattes pour que le couvreur l'ait sous la main.

Bronze. On appelle bronze en général tout alliage dans lequel le cuivre est le métal dominant et se trouve combiné avec l'étain et le zinc réunis ou pris séparément.

Le bronze de cuivre et d'étain est un métal jaunâtre d'une densité plus grande que la moyenne de celles des deux métaux qui entrent dans sa composition, d'une fusibilité intermédiaire entre celle du cuivre et celle de l'étain ; légèrement malléable quand il a été refroidi lentement, et très malléable, au contraire, quant il a été refroidi brusquement ou *trempé* ; il se couvre à la longue d'une pellicule verdâtre qui le préserve des atteintes ultérieures de l'atmosphère et qui est connue sous le nom de *patine antique*. Voy. Cuivre et Etain.

Bronzer. Imiter le bronze avec de la peinture. On emploie :

Bronze (*couleur de*). Cuivre calciné réduit en poudre. Le degré de chaleur lui donne la couleur que l'on veut. On distingue la couleur bronze antique, celle dorée, celle pâle, et celle couleur de l'eau ;

Ces bronzes s'appliquent sur les ferrures des portes et croisées sur une couche de vernis. On bronze encore au feu, les espagnolettes, tringles de rideaux, etc.

La couleur bronze eau est la plus usitée ; elle ne brille point t coûte plus cher que les autres.

Pour bronzer des fonds de colle, il est nécessaire d'employer la colle de pâte ; il en est de même sur l'huile, si l'on ne vernit pas. (Peint.)

Broquette (Serrur.). Petit clou très pointu à tête large servant à fixer les platines des verrous, des targettes. On distingue : la broquette à l'anglaise, la broquette emboutée, la broquette de trois quarts, de demi-livre allongée, de demi-livre fine et d'un quart fine ou petite semence.

— On donne aussi ce nom à de petits clous qui servent à attacher les toiles et étoffes sur les bois des sièges (Tapiss.).

Brossage (Maçonn.) Action de brosser pour enlever la poussière qui s'est attachée sur les parois d'une pierre.

Brosses (Peint.). Pinceau en soie de porcs ou de sanglier. On distingue la *brosse à plafond*, la *brosse proprement dite*, la *brosse plate* ou *queue de morue*, le pinceau à filer et le pinceau à chiqueter.

Brou de noix. Couleur composée d'eau seconde et de terre de Cassel employée par les peintres pour imiter le vieux chêne sur les boiseries.

Brouette. Sorte de petit tombereau à une seule roue et à deux petits brancards qu'on prend à la main.

Le contenu s'appelle une brouettée.

Broyeur (*à mortier*). Machine servant à fabriquer le mortier.

Broyeur (Peint.). Ouvrier qui infuse, écrase et triture les couleurs sur la pierre avec la molette.

Broyer les couleurs (Peint.). Ecraser ou triturer les couleurs sous une molette après qu'elles ont été humectées d'eau, d'huile ou d'essence, afin de faciliter leur extension sur les objets qu'on veut peindre.

Brûlage (Peint.). Opération préparatoire ayant pour but d'enlever complètement les anciennes peintures à l'huile et les vernis, en enflammant une couche d'essence de thérébenthine dont on les a recouverts.

Brûler la soudure (Vitr.). C'est faire fondre le plomb en appliquant un fer trop chaud pour le souder.

Brûloir. Bâtiment où on brûle les porcs dans un abattoir.

Brûlot. (Miroit.). Petit polissoir étroit avec lequel on termine les endroits qui ont échappé au poli.

Brun. Couleur obtenue avec : de *la terre d'ombre*, argile bitumineuse qui se trouve en Italie ; *du stil de grain* brun, rgile teinte par du jaune d'Avignon ; de *la terre de Sienne*, ªerre naturelle chargée d'oxyde de fer ; de *la terre de Cologne*, tterre bitumineuse chargée d'oxyde de fer. Le brun Van Dyck s'obtient par la calcination de l'ocre jaune du midi de la France ou par celle du colcotar.

Bruni (Dor.). Luisant que l'on donne à quelques parties de la dorure au moyen du brunissoir.

Brunissoir. Instrument en acier ou en cuivre dur qui sert à polir un corps en frottant les inégalités ou aspérités qui sont à sa surface.

On comprend aussi sous le nom de brunissoir les pierres à brunir à l'usage des doreurs sur bois, qui emploient quatre formes de brunissoirs d'agate, jaspe et silex, savoir : la pierre à gorge, la pierre à bande, la pierre moyenne et la pierre à meule.

Les brunissoirs en acier à l'usage des ouvriers qui travaillent les métaux sont courbés ou droits, arrondis ou en pointe pour s'approprier aux saillies ou creux des pièces.

Brûlement (Charp.). Opération qui consiste à brûler le pied des pieux et poteaux que l'on enfonce dans la terre ou terrains marécageux pour les préserver de l'humidité.

Brunir. Polir les métaux avec le brunissoir.

Brut. Qui n'est pas travaillé, ou qui après le travail, reste dans son état primitif.

Buanderie. Salle avec un fourneau et des cuviers pour faire la lessive.

Bûchement (Maçonn.). C'est enlever avec le *têtu* une partie de pierre faisant *saillie* pour la réduire à une proportion déterminée, ou avec le bisaiguë une partie d'une pièce de bois.

Bûcher. Lieu où l'on enferme le bois.

Buffet. 1° Restaurant établi dans les bâtiments de stations de chemins de fer et généralement en communication avec le quai de la voie.

2° *Buffet d'orgues.* Corps de charpente ou de menuiserie établis pour renfermer les orgues.

Bulle (Tent.). Chiffons de couleur qui servent à faire du papier (*papier bulle*) propre à la tenture.

Bulles. Défauts dans le verre à vitre causés par les gouttelettes d'air engagées dans la substance vitreuse en fusion.

Bune (Maçonn.). Maçonnerie au-dessus d'un massif de forge.

Burins. Outils consistant en des tiges d'acier emmanchées, rondes, carrées, elliptiques et de formes très variées qui, affutées suivant une diagonale, servent à tourner le fer et l'acier; on emploie plus souvent le côté que la pointe du taillant. Ordinairement l'inclinaison du biseau d'un burin est de 40°.

Busc. Assemblage de charpente composé d'un seuil et de *heurtoirs*, contre lesquels s'appuient les bas des portes d'une *écluse*, avec un *poinçon* qui joint ensemble le seuil avec les heurtoirs, et quelques liens de bords pour entretenir le tout.

On dit qu'une porte est busquée, quand elle est revêtue de cet assemblage de charpente, et que ses vantaux s'arc-boutent réciproquement, s'ouvrent et se ferment à volonté pour l'écoulement des eaux et le passage des bateaux. (Archit. hyd.)

Buse. Sorte d'aqueduc ou canal en charpente.

Buse. Tuyau en forme de tronc de cône, portant à une extrémité un bourrelet appelé *chapeau de cardinal* et servant à réunir deux tuyaux de diamètres différents. Tuyaux que les poêliers fixent sous une tablette de poêle pour maintenir le tuyau supérieur qui s'y emboîte.

Buse grillagée (Poêl.). Tuyau muni de grillage à une extrémité que l'on place à l'orifice extérieur des ventouses des poêles et cheminées sur le nu du mur.

Buter. Contenir ou empêcher la poussée d'un mur ou l'écartement d'une voûte, au moyen d'un étai, d'un pilier, d'un massif, d'un arc-boutant.

Butoir (Serrur.). Pièce de fer contre laquelle bute la partie inférieure d'une porte et qui l'arrête.

Butry (*Pierre de*). Cette pierre, comme celle des *forgets*, est une roche dure portant $0^m,60$ à $0^m,65$ de hauteur de banc.

On s'en est servi pour les façades extérieures et le fronton de la Madeleine. Le poids du mètre cube est de 2,250 kilog. (Maçonn.)

Buveau (Plomb.). Instrument semblable à une équerre; les branches du buveau se ferment et s'ouvrent à volonté pour prendre et pour tracer toutes sortes d'angles.

C

Cabane (Archit.). Petit abri bâti à la légère et couvert de chaume à la campagne.

Cabanon. Pièces qui servent de lieux de punitions pour les prisonniers.

Cellule où l'on enferme les fous furieux pendant leurs accès.

Cabestan. Machine, qui se compose essentiellement d'un *treuil* en bois, dont l'axe est vertical, et qui est maintenu dans cette position par une charpente, solidement amarrée : sur ce treuil sont fixés de longs leviers horizontaux, sur lesquels agissent les hommes chargés de la manœuvre.

Cabinet. Pièce réservée dans un appartement pour étudier, écrire, etc., ou serrer des objets précieux ou de toilette, etc.

Cabinet d'aisances, Garde-robe ou **privé**. Lieu de commodité, muni d'un siège avec cuvette communiquant par un tuyau avec la fosse d'aisance.

Câble. Ce nom s'applique généralement à tous les cordages nécessaires pour lier, traîner ou enlever les fardeaux. On en distingue de trois sortes :

Les *brayers*, les *haubans*, les *vingtaines* (voy. ces mots). On dit *bander* pour tirer un câble. Les cannelures contournées en forme de câble s'appellent *cannelures cablées*.

Cableau ou **Chableau**. Diminutif de câble.

Cabre. Sorte de chèvre, formée de trois perches reliées ensemble par une de leurs extrémités et servant de support à une poulie, fixée au point de liaison : sur cette poulie passe la corde à laquelle on attache le fardeau à soulever. Voy. CHÈVRE.

Cache-entrée. Petite pièce de fer ou de cuivre mobile autour d'un goujon, et qui sert à couvrir l'entrée d'une serrure, d'un cadenas, etc.

Cadenas. Espèce de serrure mobile, composée d'une véritable serrure, et d'une sorte d'anse articulée par une de ses extrémités sur un axe attaché à la boîte du cadenas et munie à l'autre extrémité d'une encoche dans laquelle passe le pène de la serrure.

On appelle *cadenas à combinaison ou à secret*, des cadenas qui ferment sans clef, à l'aide d'un mécanisme plus ou moins ingénieux.

Cadette. Pierre carrée qui sert au pavage.

Cadran ou **Cadranure**. Gerçure circulaire accompagnée de gerçures en rayon qui se trouvent dans les bois dans le sens des fibres et leur ôte toute solidité.

Cadran. Partie d'une horloge sur laquelle sont indiquées les heures et les minutes et sur laquelle se meuvent les aiguilles.

Cadran solaire. Appareil qui indique l'heure par la position prise par l'ombre d'une tige ou style fixe, sur une surface portant des lignes horaires.

Cadre. Entourage régulier formé autour d'une partie de construction. Telles sont les saillies en pierre ou en plâtre que font les maçons sur les murs de face et les plafonds, de manière à former des compartiments.

On fait aussi des cadres en maçonnerie au-dessus des cheminées et des portes pour recevoir des tableaux et des bas-reliefs.

Les *charpentiers* appellent *cadre* l'assemblage de pièces de bois (quatre au moins), formant le bâtis sur lequel doit reposer ou s'appuyer une construction quelconque.

Les *menuisiers* appellent cadre un ornement poussé ou rapporté sur des boiseries;

Suivant les dimensions, la menuiserie est à *grand* ou à *petit cadre*.

Suivant le mode d'assemblage, le cadre est *ravalé* ou *embrevé*.

Un cadre flotté est celui qui est plus large sur un parement que sur l'autre.

Cage. Grillage de bois qui recouvre la bonde de vidange d'un étang, pour empêcher le poisson de s'échapper.

Cage. Espace compris entre des murs droits, ou circulaires, renfermant un escalier, ou quelque division d'appartement. (Maçonn.)

Cage de clocher (Charp.). Charpente ordinairement recouverte d'ardoises ou de plomb qui supporte la flèche.

Cage de moulin (Charp.). Charpente quadrangulaire, revêtue de planches, qui forme le corps d'un moulin à vent.

Cahier des charges. Acte déterminant les clauses, charges et conditions auxquelles sont astreints les entrepreneurs dans l'exécution des travaux.

Caillou ou **Silex** (PIERRE A FEU). Pierre très dure dont la couleur varie depuis le noir jusqu'au blanc laiteux. On le trouve ordinairement gisant à la surface du sol. Plus sa forme est irrégulière, plus il a de qualité pour être employé en construction. Les silex qui ont une légère enveloppe de craie, qui leur sert de gangue, sont les meilleurs pour faire corps avec les mortiers.

On emploie, sous le nom de béton, le caillou mélangé avec les *chaux hydrauliques* pour toute espèce de construction faite par encaissement ou en blocage, pour massif et fondations. (Maçonn.)

Caillouasse. Pierre meulière blanche, luisante, dense, dont on fait des meules et qui s'emploie comme moellon dans la maçonnerie.

Cailloutage. Construction faite avec des cailloux noyés dans un mortier de ciment.

Cailloutage Imitation en peinture de maçonnerie de cailloux.

Cailloutis ou **Macadamisage**. Mode d'empierrement des routes. Mac-Adam, ingénieur anglais, est l'inventeur du procédé qui consiste à encaisser entre deux bordures, une couche de pierrailles régulièrement concassées de $0^m,20$ à $0^m,30$ d'épaisseur dont le roulage des voitures agglomère les fragments entre eux. Pour obtenir un enchevêtrement plus rapide, on se sert d'un rouleau compresseur dont on fait varier le poids de 3000 kil. à 9000 kil.

Les chaussées de ce genre coûtent, dans quelques circonstances, moins cher à établir que les chaussées pavées, mais généralement leur entretien est très onéreux.

On donne aussi le nom de cailloutis à la petite couche de gravier qu'on verse à la surface des allées des jardins, pour les rendre moins humides aux pieds.

Caisse. Espèce de coffre découvert, monté sur quatre pieds, dans lequel on met des arbustes, et même de gros arbres, comme les orangers, les grenadiers. (Treillag.)

Caisson. Grande caisse en charpente dont on se sert pour exécuter les fondations de certains travaux hydrauliques, piles et culées des ponts, murs de quais et d'écluses, etc. Tantôt les caissons sont construits sur place, au moyen de pieux moisés et de palplanches, et on drague à l'intérieur, pour y faire ensuite de la maçonnerie. Tantôt les caissons sont construits en dehors du chantier avec un fond. Après qu'on a préparé pour les recevoir, la place qu'ils doivent occuper, on les immerge, on fait à l'intérieur les maçonneries, puis on élève les côtés en abandonnant, sous la construction, le fond du caisson qui repose soit sur le sol naturel arasé, soit sur un sol artificiel, obtenu au moyen de pilotis, d'enrochements ou de béton. Voy. FONDATIONS.

Caisson. Compartiment creux produit ou placé sur la surface des plafonds et des voûtes et qui, orné plus ou moins richement, contribue à leur décoration.

Caisson de boutique (Menuis.). Coffre établi de chaque côté d'une devanture de boutique, pour contenir les volets de fermeture ou le mécanisme des fermetures en tôle.

Calamine. Minerai de zinc (mélange de silicate hydraté et de carbonate) dont on extrait le zinc métallique et qu'on emploie à la fabrication du laiton, qui est un alliage de cuivre et de zinc.

Calcaire. On appelle pierres calcaires les matériaux de construction composés de chaux et d'acide carbonique presque toujours mélangés avec de la silice, de l'alumine, de la magnésie ou des oxydes métalliques. Le marbre blanc représente le calcaire pur.

Calcédoine. Substance quartzeuse qui, existant à l'état de veines dans certains marbres, en rend le travail difficile.

Cales (Charp.). Petit morceau de bois ou de fer que l'on met sous une pièce pour l'arrêter ou la mettre exactement dans la position qu'elle doit avoir.

(*Mac.*). Les maçons emploient aussi des cales pour la pose des pierres. Voy. CALER.

Caler. Mettre de niveau, arrêter la pose d'une pierre, avec des cales de bois minces qui déterminent la largeur du joint pour le *ficher* avec facilité. Le principe de mettre des cales sous les pierres pour les poser de niveau, et couler ensuite dessous le mortier, est contraire aux principes de la construction; car le mortier venant à diminuer d'épaisseur par l'évaporation, toute la charge se porte sur les cales, et celles-ci font éclater la pierre aux points où elles sont placées. Il est préférable de placer avant le fichage, aux quatre angles du bloc, des cales que l'on retire aussitôt que le mortier est coulé. De cette façon, la charge est répartie sur toute la surface du joint.

Calfeutrage. Opération qui consiste à boucher les joints d'une cuve, d'une capacité en bois, avec de l'étoupe. L'*étoupe* doit être trempée dans du *goudron* et du *brai* fondu, puis enfoncée à chaud, avec des embouchoirs de bois faits exprès. (Charp.) Voy CALFEUTREMENT.

Calfeutrement. Espèce de scellement que l'on fait au pourtour des carreaux, des châssis ou des dormants d'une porte ou d'une croisée pour empêcher l'air de passer, au moyen de bourrelets en étoupe entourés d'étoffe, de tubes en caoutchouc de boudins en coton, de bandes de papier.

On appelle aussi de ces noms les bouchements des lézardes ou fentes faites au moyen du ciment, du bois, du papier, de la colle.

Calibre. Modèle servant à vérifier, à régler ou à exécuter avec les mêmes dimensions des travaux qui doivent être répétés plusieurs fois.

Ainsi pour tracer les corniches, les moulures, les cadres, etc., les maçons emploient des calibres en bois, en tôle ou en cuivre, qui représentent en creux le dessin du profil à obtenir en relief.

Le patron qui sert à l'exécution d'une voûte est un *calibre*.

Les serruriers, pour vérifier les dimensions de trous qui doivent avoir le même diamètre, emploient une broche en fer, qu'ils appellent un calibre; de même pour vérifier les dimensions des fils de fer et des tiges de fer, ils emploient une plaque de tôle qui présente des encoches de différentes largeurs, qui est également un calibre.

Les tailleurs de pierre appellent *calibre* ou *cerce* les patrons en volige qui les guident dans leur travail.

Les vitriers donnent ce nom à une petite équerre de la plus grande justesse, qu'ils emploient pour tracer les vitraux.

Calibrer. Passer au calibre; — faire le travail nécessaire pour que l'ouvrage ait les dimensions du calibre.

Calice. Les treillageurs donnent ce nom à la partie inférieure des fleurs de laquelle sortent les pétales.

Calicot. Sorte de toile de coton employée dans la tenture sur plafond et pour les charnières à soufflet.

Calorifère. Appareil de chauffage dont le foyer est placé en dehors des locaux où l'on veut élever la température et qui offre l'avantage d'utiliser presque complètement le combustible employé.

On distingue trois types différents de calorifères : *calorifères à air chaud, à eau chaude, à vapeur* ou *à eau chaude et vapeur* combinées dans les premiers, de l'air pris à l'extérieur et chauffé au contact d'une série de tuyaux en terre cuite, en tôle ou en fonte, formant cheminée d'un foyer, est envoyé et distribué où il y a lieu, par des canaux de distribution.

Dans les calorifères à eau chaude, on branche sur une chaudière une série de tuyaux, ou de conduites qui parcourent toutes les parties de l'édifice ; la chaudière et les conduites sont complètement pleines d'eau. On chauffe la chaudière, l'eau la plus chaude monte dans les tuyaux où elle se refroidit ; alors par d'autres tuyaux, elle est ramenée à la chaudière où elle se réchauffe de nouveau, prenant ainsi un mouvement continu de la chaudière vers les points éloignés, et de ceux-ci où elle abandonne son calorique à la chaudière; de distance en distance, sur le parcours des conduites d'eau sont des réservoirs figurant des poêles ordinaires autour desquels on peut se chauffer.

Les calorifères à vapeur se composent : 1° d'un appareil produisant la vapeur dit *générateur*, mis en communication avec les tuyaux de distribution ; 2° de récipients à grandes surfaces extérieures conduisant la vapeur et transmettant la chaleur produite ; 3° de tuyaux ramenant l'eau de condensation dans le générateur ou la conduisant aussi dehors.

Dans le chauffage par *calorifère à eau chaude* et *à vapeur combinés* on emploie la vapeur à élever la température de l'eau contenue dans des conduites ou poêles fractionnés par étage et par local. Pour un édifice entier un seul générateur suffit. Le chauffage de chacun des récipients peut être intercepté et le refroidissement est très lent.

On appelle aussi *calorifères* ou *poêles calorifères* des appareils de chauffage placés dans les pièces à chauffer et dans lesquels l'air circule avant de se mêler à l'air ambiant ou de le remplacer.

Calorique. Synonyme de chaleur.

Calotin (Couvert.). Petite pièce de zinc soudée sur un couvre-joint et recouvrant une tête de clou.

Calotte. Plomb disposé pour embrasser le haut de la flèche d'un clocher et couvrir l'extrémité du dernier rang des ardoises et les bandes de plomb qui recouvrent les coins de la flèche d'une église.

Calotte de voûte. Partie supérieure d'une voûte sphérique.

Calotte (Fumist.). Partie supérieure d'une cloche de fonte constituant le foyer d'un calorifère.

Calottes. Voussures pleines, se rapprochant plus ou moins de la forme sphérique, et servant à recevoir une partie circulaire telle que les niches.

Calotte sphérique. Partie de la surface d'une sphère limitée par un pan ; c'est la surface engendrée par un arc tournant autour de sa flèche.

La surface de la calotte sphérique est égale à la circonférence d'un grand cercle de la sphère multipliée par la hauteur de la calotte ou la flèche.

Le volume compris entre la calotte et le plan de base est égal au volume du secteur, moins le volume du cône ayant pour sommet le centre de la sphère, et pour base, la base de la calotte.

Calottin ou calotte d'aspiration. C'est dans une pompe, un tube de cuivre circulaire, large en bas et allant se rétrécissant vers le haut, au bas duquel se trouve un clapet ; on place le calottin dans le tuyau d'aspiration, entre le corps de pompe et la superficie de l'eau. Il sert à diviser l'ascension de l'eau en deux temps (Font.)

Calquer. Copier un dessin en en suivant tous les traits, sur un papier transparent

Camaïeu. Peinture ou dessin d'une seule couleur.

Peinture d'une ou de deux couleurs, par laquelle on ne cherche pas à reproduire la couleur naturelle des objets et que l'on établit sur un fond d'une autre couleur, d'or ou d'azur, par exemple.

Peinture d'une seule couleur imitant les bas-reliefs.

Camard (Serrur.). On appelle *bouton camard* un bouton qui a la forme d'une olive.

Cambre, cambrure ou **courbure.** Courbe du cintre d'une voûte. Courbure d'une pièce de bois.

Cambrer ou **courber.** Donner une forme courbe. — Cambrer se dit d'une courbure peu considérable ; courber se dit de toute inflexion curviligne, grande ou petite.

Camion. Vase de terre cuite vernissée ou de fer-blanc dans lequel les peintres mettent les couleurs, et dans lequel ils peuvent en faire chauffer le mélange. (Peint.)

Camion. 1° Petit tombereau à deux roues, avec un ou deux limons, qui est traîné par plusieurs hommes ou par un cheval, pour transporter les terres ou les matériaux de construction.

2° Petite voiture à bras et à deux roues, employée par les ouvriers pour transporter leurs outils et les marchandises à pied d'œuvre.

Campagne. Partie de l'année pendant laquelle peuvent travailler certains corps d'état; tels que les maçons, les terrassiers, etc.

Camp. Lieu choisi pour y placer une armée ou un corps de troupe et fortifié soit par la nature, soit par des travaux d'art.

Campan. Marbre des Pyrénées.

Campane. Corps des chapiteaux corinthiens et composites, qui ressemblent à une cloche renversée.

Campane, Ornement de sculpture, consistant en houppe ou forme de clochettes.

Campane de comble. Ornements en plomb chantourné, qu'on place au bas du faîte et des brisées d'un comble.

Campanet. Ornement en forme de houpe ou de cloche. (Sculpt.). Voy. GOUTTES.

Campanile. Tour construite près d'une église pour recevoir les cloches.

Sorte de lanterne, ayant l'aspect d'un petit clocher à jour, qu'on met à la partie supérieure des édifices.

Camphre. (Peint.). Résine légère, blanche, cristallisant en aiguille, avec une odeur *sui generis*, qui est employée dans les vernis à l'esprit de vin pour les rendre plus liants et les empêcher de gercer ; mais il faut en mettltre peu.

Can. Terme employé par les charpentiers pour désigner l'épaisseur d'une pièce de bois, une pièce qui repose sur son épaisseur est dite *posée de can* ou de champ.

Canal. On appelle ainsi un conduit par lequel peut s'écouler de l'eau ou toute autre matière plus ou moins fluide, tels sont :

Les *canaux* ou *tuyaux de descente* qui servent à conduire les eaux d'un toit jusqu'au sol ; on fait ces tuyaux en zinc ou en fonte ; le conduit qui sert à diriger les eaux sur la roue du moulin ; la tranchée qui amène les eaux d'un ruisseau, d'une rivière, dans une prairie ou dans les champs pour les arroser.

Canal de desséchement. Rigole ouverte pour donner écoulement aux eaux d'un terrain humide.

Canal de dérivation, Canal d'irrigation Canaux servant à amener de l'eau, et au point où elle est nécessaire.

Canal de larmier. Refouillement fait au plafond d'une corniche, de manière à ménager la *mouchette pendante* qui empêche les eaux de pluie de couler le long des murs d'un édifice.

Canal de navigation. Cours d'eau établi de main d'homme, établissant la communication par bateau entre deux points.

Les canaux de navigation doivent d'abord pouvoir être alimentés constamment, pour qu'il n'y ait pas arrêt dans la circulation : il faut donc que les sources d'alimentation soient assez abondantes pour faire face à l'évaporation et à l'absoption du sol. Afin de réduire l'absorption, le canal doit être établi de manière que ses parois soient aussi étanches que possible, c'est-à-dire que le canal soit creusé dans des terrains imperméables ou que ses parois soient revêtues d'un corroi convenable.

On nomme canaux à point de partage, ceux dont les sources d'alimentation sont en un point intermédiaire de leur tracé, c'est-à-dire dont la partie intermédiaire est à un niveau plus élevé que les extrémités.

Les canaux établis dans ces conditions exigent la construction d'écluses permettant d'établir une certaine dénivellation entre les différentes parties du canal, de manière à réduire la quantité d'eau que doivent fournir les sources, qui, au lieu de fournir à un écoulement constant, n'ont qu'à donner l'eau nécessaire pour les éclusées. Nous rappellerons qu'une écluse est une sorte de bassin ayant la longueur des bateaux qui parcourent le canal, et fermé à ses deux extrémités par des portes qui servent à maintenir l'eau, de sorte que l'on peut dans ce bassin amener le niveau de l'eau au niveau de celle du bief en amont de l'écluse, et ensuite au niveau du bief en aval.

Dans quelques cas on a établi des canaux parallèlement aux cours de rivières non navigables, on les appelle *canaux latéraux*.

Canal de volute. Face des circonvolutions de la *volute ionique* renfermées par un listel.

Canalisation. Etablissement de tuyaux de conduite d'eau ou de gaz.

Canaux. Espèces de *cannelures* sur une face ou sous un *larmier*, qui sont quelquefois remplies de fleurons. On appelle aussi canaux les cavités droites ou torses dont on orne les *tigettes* des *caulicoles* d'un *chapiteau*. (Architect.)

Candélabre. Décoration en forme de balustre allongé ; — sorte de colonne qui supporte une lanterne pour l'éclairage des voies publiques ; — flambeau à plusieurs branches.

Caniveau. Pierre creusée formant canal, servant à l'écoulement des eaux pluviales et ménagères. (Maçon.)

Caniveau. Pavés plus longs que larges, que l'on emploie alternativement avec les *contre-jumelles* pour former la conduite d'écoulement des eaux.

Canne. Baguette séparant deux cannelures.

Canneaux. Petites cannelures servant d'ornement, notamment dans une frise. Ils sont simples ou ornés de sculpture.

Canneler. Creuser des *cannelures* aux *fûts* des *colonnes*, *pilastres*, *gaînes* de *thermes*, *consoles*, etc.

Cannelure. Cavité d'une forme demi-circulaire dont on orne le fût des colonnes. On distingue :

Cannelures À CÔTES. Celles qui sont séparées par des *listels* de certaine largeur, qui ont quelquefois des *astragales* ou *baguettes* aux côtés ou dessus.

— AVEC RUDENTURES. Celles qui sont remplies de bâtons, de roseaux ou de câbles, jusqu'au tiers du fût.

Cannelures À VIVE ARÊTE. Celles qui ne sont point séparées par des côtes; elles sont propres à l'ordre dorique.

— PLATES. Celles qui sont en manière de pans coupés au nombre de seize, comme l'ébauche d'une colonne dorique.

On peut aussi appeler cannelures plates, celles qui sont creusées carrément, en manière de petites faces, dans le tiers du bas d'un fût, comme aux *pilastres* corinthiens du Val-de-Grâce, à Paris.

— DE GAINE DE THERME OU DE CONSOLE. Celles qui sont plus étroites par le bas que par le haut.

— TORSES. Celles qui tournent en vis ou ligne spirale, à l'entour du fût d'une colonne.

Canon (de serrure à *broche*). Tuyau dans lequel entre la tige de la *clef* et qui sert à la conduire; ordinairement on ne met point de *bouterolle* à ces sortes de serrures (Serrur.). Partie forée de la clef.

Canonnière en voûte. Berceau dont le diamètre est plus grand à un bout qu'à l'autre.

Canons de gouttière ou **Godets**. Bouts de tuyaux qui servent à jeter les eaux de pluie au delà d'une cimaise.

Cantalabre. Chambranle ou bordure simple d'une porte ou d'une croisée. (Ce terme n'est employé que par les ouvriers.) Voy. BANDEAU.

Canter. Mettre sur le *can*. (Charp.)

Cantibay. Bois qui n'a de flache que d'un côté.

Cantonné. On dit qu'un bâtiment est cantonné quand son *encoignure* est ornée soit d'une colonne ou d'un *pilastre* angulaire, soit de *chaînes de liaison* de pierre de *refend*, ou de bossages, ou de quelque autre corps qui excède le nu du mur. (Maçonn.)

Cantonnier. Ouvrier employé à l'entretien des routes.

Caoutchouc. Résine qui est employée à la confection de quelques vernis et de certains enduits imperméables et à la confection de la glu marine.

On obtient un caoutchouc artificiel par l'oxydation de corps gras, tel que l'huile de lin, traitée par l'acide azotique. Cette matière, dissoute dans l'essence de térébenthine et additionnée de quelque matière colorante, est employée comme peinture. Combiné avec une petite quantité de soufre, il est dit volcanisé et s'emploie à la fabrication de bourrelets des tuyaux mobiles, des rondelles que l'on interpose entre des brides de tuyaux, etc.

Capote. Morceau de tôle de forme convexe monté sur tringles en fer et placé sur les tuyaux de cheminée pour les empêcher de fumer. On distingue les capotes dites *cauchoises*, courbées en demi cylindre, et les champignons ayant la forme de chapeau conique (Fum.)

Caprice. Composition hors des règles de l'architecture, et d'un goût singulier et nouveau.

Capsule. Couvercle cylindrique en tôle fermant l'extrémité d'un tuyau ou le trou à marmite d'un fourneau.

Capucine. Sorte de petit entablement composé d'un talon et d'un larmier. (Maçonn.)

Caracole. Escalier en caracole. — Escalier en limaçon.

Caravansérail. Bâtiment destiné en Orient à loger les voyageurs et les caravanes.

Carbonisation. Opération qui consiste à brûler la surface des pieux et poteaux avant de les enfoncer dans la terre pour les empêcher de se pourrir.

Carderonner. Rabattre les arêtes d'une poutre, d'une solive, en y poussant un quart de rond.

Carcasse. Bâti d'une feuille de parquet garni de toutes ses traverses dans lesquelles doivent être fixés les panneaux de remplissage. (Men.)

Cariatides. Figure de femmes, drapées, formant support et tenant lieu de colonnes ou de piliers.

Carie. Sorte de pourriture du bois : elle a pour résultat la réduction de la matière ligneuse en poussière. (Charp.)

Carillon. On nomme ainsi de petits fers carrés, ayant moins de $0^m,02$ d'épaisseur.

Carmin. Couleur d'un rouge éclatant tirée de la cochenille, réduite en poudre et traitée par la potasse et l'alun. On l'obtient liquide en le faisant dissoudre dans l'ammoniaque.

Carrare. Marbre blanc provenant de la Toscane et employé en statuaire.

Carré (Géom.). Polygone à quatre côtés égaux entre eux et formant quatre angles droits.

Carré ou filet (Archit.). Partie lisse et plate qui sert à couronner ou à séparer les moulures.

Carré (faire le *trait*). (Charp.) C'est élever une ligne perpendiculaire sur une autre ligne.

Carré (Tent.). Nom que l'on donne au plus petit format de papier qui est employé pour les tentures et dont on fait usage pour les dessins communs.

Carreau. Grosse lime dont la section est en rectangle et qui sert à dégrossir les pièces de métal.

Carreau. Petit ais carré en bois de chêne dont on se sert pour remplir la *carcasse* d'une feuille de parquet.

Carreau. C'est une pierre qui a plus de largeur au parement que de queue dans le mur, et qui est posée alternativement avec la *boutisse* pour faire *liaison*.

Carreau. Pierre d'une dimension telle, qu'il suffit de deux ou trois morceaux de pierre de sa dimension pour une voie.

On donne aussi ce nom aux pierres artificielles placées sur les planchers. Les carreaux sont faits en terre franche et cuits au four généralement de forme hexagonale ou carrée. Il y en a trois échantillons : deux de $0^m,20$ et $0^m,25$ de côté, avec $0^m,027$ d'épaisseur et un de $0^m,13$ à $0^m,16$ de côté avec $0^m,02$ d'épaisseur. — Les carreaux hexagones à 6 pans sont inscrits dans un cercle de $0^m,20$ ou de $0^m,14$ de diamètre et ont $0^m,027$ d'épaisseur. Les meilleurs sont ceux de Bourgogne.

Carreaux de plâtre. — Blocs parallélépipèdes en plâtre, qu'on fabrique d'avance pour former des cloisons de distribution dans les appartements qu'on veut habiter immédiatement, tout en évitant l'humidité des plâtres. Ces carreaux ont $0^m,49$ de long sur $0^m,33$ de large, et $0^m,054$ d'épaisseur ; on les pose de champ ; les joints sont creusés dans le milieu pour recevoir le plâtre qui sert à les poser. (Maçonn.)

Carreaux en biscuit. Les fumistes, pour la construction des poêles, se servent aussi de pièces en terre cuite, dites *biscuits*, moulées de forme convenable auxquelles on donne le nom de carreaux.

Carreaux en faïence. Pour la partie extérieure des poêles de construction et pour le revêtement des cheminées, on emploie des carreaux en terre dont la partie extérieure est émaillée, comme la faïence ordinaire.

Carrefour. Point de croisement de plusieurs rues, chemins ou routes.

Carrelage. Nom général de tout ouvrage de revêtement sur le sol, fait avec des carreaux de terre cuite, de pierre ou de marbre.

Carreler. Paver avec des carreaux; les carreaux reposent sur une aire faite avec du plâtre mêlé de poussière et de recoupes de pierres. Voy. CARREAU.

Carrelet. Lime en fer à section rectangulaire, taillée sur les quatre faces, mais qui n'a que moitié de la force du carreau. (Serr.)

Carrelettes. Limes de même force, mais plus petites que les carreaux et les carrelets. (Serr.)

Carreleur. Ouvrier qui pose les carreaux d'un carrelage.

Carrelier. Ouvrier qui façonne les carreaux.

Carrément. A angle droit. (Charp.)

Carrière. C'est le lieu d'où l'on extrait les matériaux de construction, tels que la pierre à bâtir, la pierre à plâtre, la pierre à chaux, la marne qui sert à la fabrication des briques, le sable, les cailloux, les ardoises, etc.

Tantôt les carrières sont exploitées à ciel ouvert, tantôt par galeries ou par puits.

Le premier mode d'exploitation est suivi lorsque les matériaux que l'on veut extraire sont recouverts seulement d'une couche de terre assez faible : on enlève alors la superficie du sol et l'on exploite en allant de haut en bas.

Lorsque, au contraire, la découverte exigerait des terrassements trop considérables, on exploite par galerie ou par puits.

L'exploitation par galerie se fait ordinairement lorsque la carrière est à flanc de coteau : on perce dans le sol un boyau par lequel on extrait la pierre, en faisant l'abatage à droite et à gauche de ce boyau, et en soutenant, au moyen de piliers que l'on ménage dans la masse ou par des boisages, les terres qui sont au-dessus du banc de carrière exploité. Lorsque le terrain ne se prête pas à ce mode d'exploitation, on creuse au point le plus favorable un puits qui atteigne le lit inférieur du banc de carrière, puis on fait des galeries dans diverses directions, et l'on exploite comme dans le cas précédent ; les matériaux sont extraits par le puits, à l'orifice duquel on dispose les engins nécessaires, un treuil avec une roue à pied ou à bras, un bourriquet, etc. L'exploitation à ciel ouvert se fait sans permission, sous la surveillance de la simple police et avec l'observation des lois ou règlements généraux et locaux. Ainsi les carrières de pierre de taille, moellon, glaise, marne et autres, ne peuvent être établies qu'à 60m de distance du pied des arbres plantés le long des route et grands chemins, et à 64m du bord ou extrémité de la largeur des chemins non plantés d'arbres.

L'exploitation par galeries se fait sous la surveillance de l'administration.

La demande de permission d'exploiter par galeries doit être adressée au sous-préfet de l'arrondissement où est situé le terrain à exploiter, accompagnée d'un plan de ce terrain, et des renseignements nécessaires sur son étendue, la nature dela masse, son épaisseur, la profondeur où elle se trouve, et enfin le mode d'exploitation qu'on se propose d'employer. (Lois de voirie.)

Carriers. Ouvriers qui extraient la pierre de la carrière; — Marchands qui font le commerce de la pierre.

Cartel. (Voy. Cartouche.)

Carton. Feuille de carton ou de fer blanc, découpée suivant un dessin et servant à tracer les profils des corniches ou à lever les panneaux de dessus les épures.

Carton. Dessin devant servir de modèle pour des peintures à fresques des vitraux, etc.

Carton pâte. Pâte composée avec des débris de carton, des rognures et un peu de colle de farine.

Carton cuir. Mélange de débris de peaux, de pâte à papier très épaisse et de colle, servant à faire les ornements destinés à être dorés.

Carton pierre. Mélange de pâte de carton, de gélatine et de terre blanche ou de craie, servant à faire des ornements imitant des sculptures.

Cartouche. Ornement présentant un champ sur lequel on grave une inscription, on sculpte un chiffre, un bas-relief ou des armoiries et dont les contours sont agrémentés d'ornements. (Sculpt.)

Cascade. Chute d'eau naturelle ou artificielle. (Plomb.)

Case (Men.). Compartiment que l'on fait au moyen de cloisons dans des tiroirs ou des caisses.

Casemate. Abri ou l'on place les munitions, les approvisionnements, les blessés ou les hommes de service, sur un rempart fortifié.

Caserne. Bâtiment destiné au logement des troupes.

Casier. Assemblage de planches verticales, *montantes* et horizontales; *rayons* formant une réunion de *cases* destinés à contenir des papiers, des livres.

Casilleux. Les vitriers appellent ainsi un verre qui se casse pâr morceaux en y appliquant le diamant. (Vit.)

Casino. Edifice servant de lieu de réunion pour lire, causer, jouer, danser

Casse-pierre. Outil formé d'une masse en fer et d'un manche flexible servant à casser les cailloux.

Cassinoïde. Espèce d'ellipse, mais qui jouit de propriétés différentes. Comme l'ellipse, elle a deux foyers; mais dans l'ellipse, la somme des deux rayons vecteurs qui aboutissent à un même point de la courbe, est égale au grand axe, tandis que dans la cassinoïde, le produit de deux rayons vecteurs est égal au produit des deux segments du grand axe, déterminés par un foyer. (Géom.)

Cassis. (Maçonn.). Petit ruisseau, dont le fond et les côtés sont garnis de moëllons ou meulière, et destiné à conduire, dans un bassin ou dans un réservoir, les eaux de source d'un terrain élevé.

On nomme aussi *cassis* le ruisseau qui traverse une chaussée. (Pav.)

Cassolette. Espèce de petit vase d'une forme large et aplatie. (Treillag.) Vase isolé ou en bas-relief d'où sortent des flammes simulées.

Cassons (Vit.). Débris de verre.

Cassures (Plomb.). Fentes qui se produisent dans les cheneaux ou autres tables en plomb, par l'effet des dilatations et contractions résultant des variations de la température : on les bouche avec de la soudure.

Catacombes. Nom donné aux anciennes carrières.

Cathédrale. Eglise d'un diocèse renfermant le siège de l'évêque.

Cathète. C'est la ligne qu'on suppose traverser à plomb le milieu d'un corps cylindrique, comme d'une colonne, d'un balustre, etc.; c'est aussi dans le chapiteau ionique la ligne qui tombe à plomb et passe par le milieu de l'œil de la volute. (Arc.)

Catir. Opération qui consiste à appliquer l'or dans les filets d'une pièce à dorer, au moyen d'une sorte de palette appelée *catissoir*.

Caulicoles. C'est dans le chapiteau corinthien les feuilles qui sortent d'une tige ou cornet.

Caussiné ou **caufiné** (*bois*) (Men.). Celui qui, après avoir été bien dressé, s'est déjeté et est devenu gauche.

Caustique (Peint.). Alcali pur.

— Substance qui donne de l'adhérence à deux matières qui

doivent être appliquées l'une sur l'autre, par exemple, l'alun qu'on met dans le lait de chaux lorsqu'il s'agit de faire du badigeon.

Cavalier (Terr.). Terres disposées en monticules prismatiques sur les bords d'une fouille.

Cave. (Maçon.). C'est un lieu généralement voûté dans l'étage souterrain, qui sert à mettre le vin, etc,

Il est défendu de creuser aucune cave sous les rues; cependant les propriétaires dont les maisons auraient été reculées par suite d'alignement, jouiront des caves telles qu'elles existaient. Les propriétaires doivent faire épuiser l'eau qui serait dans les caves et souterrains de leurs maisons; enlever les vases et limons qui s'y trouvent, le tout à peine de quatre cents francs d'amende. Les locataires sont autorisés, à défaut des propriétaires, à faire épuiser l'eau de leurs caves, et à retenir sur les loyers le prix de l'épuisement. Toute fosse d'aisances dégradée doit être réparée. En cas de péril, les réparations sont faites de suite (Lois de voirie.)

Caveau. Petite cave : — sépulture d'une famille dans une église ou un cimetière.

Caver, en style de carrier, faire une excavation.

Caver. Evider un morceau de verre pour y enchâsser, avec du plomb, d'autres morceaux de verre diversement colorés.

Cavet (Archit.). Moulure ronde et en creux qui fait l'effet contraire du quart de rond.

Cavoir (Vitr.). Outil d'acier ayant à chaque extrémité une petite entaille qui sert, en faisant une pesée, à égruger le pourtour d'un carreau après que le trait de diamant a été donné.

Ceinture. *Orle* ou anneau du haut ou du bas d'une colonne.

— ou ÉCHARPE (Archit.). C'est, dans le chapiteau ionique, l'*ourlet*, du côté du profil ou *balustre*, ou le *listel* du parement de la *volute*.

Ceinture de muraille. Enceinte de muraille renfermant un espace de terrain.

Ceinture de fourneau ou **de fer plat**. Bande de fer plat qui encadre le dessus d'un fourneau de cuisine et le relie au mur.

Cellier. Endroit frais, au niveau du sol, où l'on enferme le vin.

Cellule. Petite chambre servant à l'habitation dans les établissements religieux. Chambre de détenu dans une prison.

Cendre bleue. Couleur employée en peinture : c'est de l'oxyde de cuivre, précipité d'un sel de cuivre (azotate ou sulfate) par de la potasse et broyé avec de la chaux et un peu de sel ammoniac.

La cendre bleue ne s'emploie en général que dans les fabriques de papiers peints. — Les peintres mettent un peu de cendre bleue dans les blancs de plafonds, pour leur donner une teinte azurée et dissimuler la teinte jaunâtre naturelle.

Cendre verte. On l'obtient par le même procédé que la cendre bleue, mais on ajoute à la potasse une dose de chaux vive en poudre.

Ces deux couleurs ne peuvent être que broyées à l'eau et détrempées à la colle.

Cendre d'étain. Oxyde d'étain qui, sous l'action de la chaleur et de l'air, se transforme en *potée d'étain* qui sert au polissage de matières dures, et qui, mélangée avec des matières vitrifiables, fait l'émail blanc des faïences.

Cendre gravelée. Matière contenant beaucoup de potasse et servant à fabriquer l'eau seconde.

Elle provient de la calcination des lies de vins riches en tartrate de potasse, qui se transforme en carbonate de potasse. On s'en sert en la coupant avec de l'eau de rivière pour décrasser les lambris, etc.

Cendrée de Tournai (Maçonn.). Poudre formée du mélange de cendre de houille avec les débris à moitié calcinés d'une pierre bleue qui se trouve dans les environs de la ville de Tournai, et dont on fait de la chaux; ces débris tombent pendant la cuisson sous la grille du fourneau, et se mêlent avec la cendre du charbon de terre. Cette cendrée sert, comme ciment, aux mêmes usages que la *terrasse de Hollande*.

Cendrées (Plomb.). Les plombiers nomment ainsi les écumes de plomb en fusion.

Cendreux (Serrur.). Fer cendreux est celui qui, étant poli, paraît piqué de petits points résultant de la présence de matières étrangères.

Cendrier (Maçonn.). C'est, dans un fourneau de cuisine, la partie placée au-dessous de la paillasse et recevant les cendres. Le cendrier comme la paillasse est hourdé plein et carrelé en carreaux de terre.

— C'est un plateau en tôle avec rebord que l'on place sous les poêles pour recevoir la cendre (Fum.).

Cénotaphe. Monument tumulaire vide élevé à la mémoire de quelqu'un dont on n'a pas le corps.

Cerce (Men.). Les menuisiers nomment ainsi toute courbe faisant partie d'une *voussure*, etc.

— C'est le trait d'un arc surbaissé ou rampant, ou de quelque autre figure tracée par des points cherchés.

On donne aussi ce nom à la planche chantournée avec laquelle on la trace. Voy. CALIBRE.

— SURBAISSÉE. Celle qui a moins d'élévation que la moitié de sa base; et *cerce surhaussée*, celle qui est au-dessus de ces proportions.

— RALLONGÉE (Maçonn.). C'est la ligne d'un plan circulaire rallongée dans son élévation, comme le rampant d'un escalier à vis.

Cerceau (Treillag.). Cercle fait avec de jeunes brins d'arbres fendus en deux sur leur diamètre. Les treillageurs en font quelquefois usage pour la construction des berceaux.

Cercle (Géom.). Espace, plan, compris dans une circonférence; ligne dont tous les points sont également distants d'un point que l'on appelle centre. Les ouvriers appellent la circonférence ou autre partie cintrée, *contour* ou *pourtour*.

— EN CUIVRE (Fum.). Ce sont des cercles depuis 0m,027 jusqu'à 0m, 054 de large, qui servent à maintenir la construction des poêles ronds.

Cercle de fer. C'est un lien de fer circulaire qu'on met au bout d'une pièce de bois pour empêcher qu'elle éclate.

Cerise (Serrur.). Chauffer couleur de cerise est conduire la chaude jusqu'à ce que le fer ait pris une couleur rouge, que l'on compare à celle des cerises.

Cérographique (Peint.). Peinture à la cire.

Céruse. *Blanc de plomb*, *blanc d'argent*, carbonate de plomb employé en peinture pour faire les blancs, surtout les blancs à l'huile; parfois, par économie, on mélange à la céruse du sulfate de baryte.

Cession (Lois de voirie). Un propriétaire a le droit d'exiger de l'administration qu'elle prenne la totalité des bâtiments dont elle fait démolir une portion, pour cause d'utilité publique; mais il est obligé de faire la cession de l'ensemble de sa propriété, s'il refuse d'acquérir la portion de terrain qu'il gagnera en avançant sur la voie publique par le nouvel alignement.

Chaîne (Serrur.). On appelle ainsi des bandes de fer qui, pour empêcher l'écartement des murs, traversent le bâtiment et aboutissent à des ancres.

— Sorte de lien en métal, composé d'anneaux engagés les uns dans les autres.

— C'est un composé de petites mailles en fer servant de tirage au pêne d'une serrure, à l'endroit de la brisure d'un guichet de porte cochère (Serrur.).

Chaînes de pierres. Ce sont, dans la construction des murs de moellons, des *jambes*, des piliers de pierre de taille, élevés à plomb, d'espace en espace.

On appelle chaîne d'encoignure, celle qui est au coin d'un pavillon ou d'un avant-corps. (Maçonn.).

— EN LIAISON (Maçonn.). Certains bossages ou refends posés en manière de *carreaux* et *boutisses*, d'espace en espace, dans les murs ou aux *encoignures* d'un bâtiment, pour le *cantonner*.

Chaîne d'arpenteur ou **décamètre** (Terr.). Instrument qui sert à mesurer les distances, et ayant ordinairement 10 ou 20 mètres de longueur. Il se compose soit d'une bande d'acier portant des divisions, il prend alors le nom de *chaîne à ruban*, soit de bouts de fil de fer fort reliés entre eux par des anneaux. Chaque fil de fer ou maille a $0^{m},20$; les nombres entiers de mètres se distinguent par des anneaux en cuivre.

Chaîneau ou mieux **chêneau** (Couvert.). Petit canal que l'on établit sur la plate-forme d'un entablement pour recevoir les eaux du comble, et de façon à les conduire à un tuyau de descente.

Chaîner. Mesurer une distance au moyen de la chaîne d'arpenteur.

Chaîner. Etablir les chaînes d'une construction.

Chaînette (Géom.). C'est la courbe que prend une chaîne composée de maillons égaux, et suspendue par ses extrémités à deux points dont la distance est moindre que la longueur de la chaîne; en sorte que le milieu de cette courbe est en dessous des points de suspension. On emploie cette courbe comme génératrice de certaines voûtes.

Chaînette. Petite chaîne qui retient la chaîne d'un arrêt de persienne.

Chair. (Serrur.). Quand en rompant un barreau de fer il y a des fibres qui se tirent et qui ne se rompent que difficilement, les ouvriers disent qu'il y a de la chair.

Chaire. Siège élevé d'où l'on parle, enseigne, prêche.

Chaise. Bâti formé de quatre fortes pièces de bois de charpente sur lequel on établit la cage d'un moulin à vent, d'un beffroi.

— Bâti que l'on fait sous une chèvre ou une grue pour l'exhausser.

— Bois que l'on place sous un pan de bois mis au levage, pour le soutenir en attendant que les parpaings en pierre formant support définitif soient posés (Charp.).

Chalet. Habitation dans laquelle le bois entre comme élément principal, au point de vue de la structure et de la décoration.

Chambranle. Partie de menuiserie, le plus souvent ornée de moulures et formant encadrement, dont on revêt extérieurement les baies des portes, et sur lesquelles leurs vantaux sont ferrés.

Les chambranles simples sont appelés chambranles à la capucine, et ceux plus riches sont désignés par le nom de chambranles ravalés de moulures (Men.).

Chambranle. Moulures traînées sur plâtre au pourtour des portes et croisées, dans les façades moulées en pierre; les chambranles sont refouillés dans la masse de cette même pierre.

— DE CHEMINÉE. C'est la pierre ou le marbre dont on l'entoure.

— A CRU. Qui porte sur l'aire du pavé ou sur un appui de croisée sans plinthe.

— A CROSSETTES (Maçonn.). Celui qui a des *crossettes* ou *oreillons* à ses *encoignures*.

Chambrée (SABLIÈRE DE) (Charp.). Pièce de bois placée sur les solives, et assemblée avec les poteaux formant baies par tenons et mortaises; cette sablière reçoit les poteaux de remplissage et décharges, les tournisses, les potelets et autres bois allant se réunir à la sablière portant plancher.

Chamois (Peint.). Couleur qui se compose avec du blanc de céruse, beaucoup de jaune de Naples, une pointe de vermillon, et un peu de jaune de Berry.

Champ. Les parties lisses et unies que forment les *bâtis* autour des *cadres* et des moulures de toute espèce de menuiserie, lesquelles, en donnant du repos à l'ouvrage, en marquent les formes d'une manière sûre.

— C'est l'espace qui reste autour d'un cadre, ou le fond d'un ornement ou d'un compartiment. (Archit.).

— On appelle aussi champ la partie la plus étroite d'une pièce de bois. (Men.)

Champ (*poser de*). C'est placer une brique, une pierre, une pièce de bois sur la face la plus étroite.

Champignon. Espèce de coupe renversée, taillée en écailles par dessus, qui sert aux fontaines jaillissantes à faire bouillonner l'eau d'un jet ou d'une gerbe.

Champignons (Charp.) Ce sont des végétations parasites qui poussent ordinairement sur le tronc des vieux arbres près de leur souche; ils annoncent le commencement du dépérissement.

Champlure (Charp.). C'est le résultat de la gelée sur les jeunes pousses ; le givre est aussi une altération du bois des branches, causée par les glaces sous forme de givre qui s'y attachent.

Chanceaux. Barreaux d'une grille d'enceinte.

Chancel. Clôture à hauteur d'appui en pierre, en marbre ou en métal, pleine ou évidée.

Chandelle ou **pointal** (Charp.). Sorte de poteau posé debout et servant d'étai.

Chanfreiner. Faire un chanfrein sur l'arête d'une pièce de bois ou de fer ou d'un morceau de pierre.

Chanfrein. C'est le pan résultant de l'abatage de l'arête d'une pierre, d'une pièce de bois ou de fer, et qu'on nomme communément biseau.

Chanfrein du pêne (Serrur.). Tête abattue d'un pène demi-tour.

Chanlatte. Madrier refendu diagonalement d'une arête à l'autre, ce qui forme deux pièces en couteau qu'on cloue sur l'extrémité des chevrons pour former les égouts pendants. (Couvert.).

Chante-Pleure. Espèce de barbacane qu'on fait aux murs de clôture construits près de quelque eau courante, afin que, pendant son débordement, elle puisse entrer et en sortir librement, sans détériorer le mur. (Maçonn.).

Chanterelle. Fausse équerre des menuisiers et des charpentiers.

Chantier. Lieu où l'on travaille. — Magasin de bois en pile, — magasin de pierre, etc.

Chantier. Table solide en pierre, sur laquelle on taille et on polit le marbre.

Chantier (BOIS EN). Celui qui est encore dans le chantier de l'entrepreneur entre les mains de l'ouvrier. (Charp.)

Chantiers. Morceaux de bois ou de pierres sur lesquels les charpentiers et les tailleurs de pierre appuient les bois ou les pierres pour les travailler.

Chantignole. Tasseau fixé sur l'abalétrier et qui soutient les *pannes* d'une charpente. (Charp.)

Chantignole. Sorte de brique servant à la construction des cheminées.

Chantournement. Sinuosité que forment les différents cintres dont on orne la menuiserie. (Menuis.)

Chantourner. C'est couper en courbe une pièce de bois, une plaque de fer ou de plomb, avec la scie ou le ciseau.

Chape. C'est une aire imperméable placée sur une voûte pour la garantir des infiltrations; elle se fait en mortier de chaux hydraulique et ciment ordinaire, et a de 0m,054 à 0m,080 d'épaisseur. (Maçonn.)

On fait également des chapes en bitume.

Chape. Sorte de bride qui porte les deux extrémités de l'axe d'une platine.

— Platines des poulies pour rideaux.

Chapeau. Pièce posée horizontalement sur d'autres pièces, par exemple la dernière pièce qui termine un *pan de bois* et qui porte un *chanfrein* pour le couronner et recevoir une corniche de plâtre. (Charp.)

— Pièce de bois qu'on pose sur les *pieux* de garde ; elle est entaillée de mortaises pour entrer dans les *tenons* que l'on fait au haut des pieux. On a soin d'y mettre en outre de bonnes chevilles de fer. (Charp.)

— DE LUCARNE. Pièce de bois qui, assemblée sur les *poteaux*, fait le cadre d'une *lucarne*. (Charp.)

— D'ESCALIER. Pièce servant d'appui au haut d'un escalier de bois. (Charp.)

— D'ÉTAIE. Pièce de bois qu'on met au haut d'une *potence* ou d'une *étaie*. (Charp.)

Chapeau de Cardinal ou rondelle. Rond de tôle qu'on rapporte au pourtour extérieur d'un tuyau, pour renvoyer l'eau ou le bistre au dehors. (Fum.)

Chapelet. Ornement de sculpture : c'est une baguette formée par la juxtaposition de petites boules rondes ou allongées comme des perles ou des olives.

Chapelle. Petit édifice consacré à la prière. — Petite église où il n'y a pas de fonts baptismaux. — Partie d'une église renfermant un autel.

Chapelle. Voûte d'un four. (Maçonn.)

Chaperon. Fausse coupe faite à l'extrémité d'une pièce de bois dont le tenon doit entrer dans une mortaise dans le but de remplacer une partie flachée du bois qui la porte.

— Petit toit qu'on met sur un mur pour empêcher que l'eau ne le pénètre : l'on fait des chaperons avec des pierres posées à mortier de chaux, des tuiles et des faitières. On en fait aussi en ardoise. (Couv.)

— Couverture d'un mur qui a deux *égouts* ou *larmiers*, lorsque le mur est de clôture ou mitoyen et qu'il appartient à deux propriétaires, mais qui n'a qu'un égout dont la chute est du côté de la propriété, quand le mur appartient à un seul propriétaire. Le chaperon d'un mur doit être triangulaire avoir un larmier saillant de 0m,027 ou 0m,030 On appelle chaperon en bahut celui dont le contour est bombé. (Maçon.).

Chapiteau. Ensemble des moulures et des ornements qui couronnent une colonne, un pilastre.

La forme et l'ornementation des chapiteaux varie avec les ordres.

On appelle chapitaux de moulure, le toscan et le dorique qui n'ont point d'ornement; et chapiteaux de sculpture, tous ceux où il y a des feuilles et des ornements taillés.

Le chapiteau Toscan est le plus simple, il a son tailloir carré et sans moulures.

Le Dorique a son *tailloir* couronné d'un *talon* et trois *annelets* sous l'*ove*.

L'Ionique est distingué par ses *volutes* et ses *oves*.

Le Corinthien est le plus riche de tous, il est orné de deux rangs de feuilles, de huit grandes et huit petites volutes posées contre un corps qui s'appelle cloche ou tambour.

Le Composite a les deux rangs de feuilles du corinthien et les volutes de l'ionique. (Archit.)

Chapiteau. Ornement rapporté au haut des barreaux d'une rampe, d'une grille ou d'un balcon.

Chapoter. Dégrossir le bois avec une *plane*.

Chappes. Les deux poignées ou tenons qui servent à fermer ou ouvrir le moule dans lequel les plombiers font fondre leurs tuyaux. (Plomb.)

Chaput. Billot de bois sur lequel on équarrit les ardoises.

Chardonnet. On nomme ainsi un fort montant de bois qu'on met aux portes des fermes du côté des gonds : il porte en bas le *pivot* qui roule dans une *crapaudine*, et en haut il est taillé en *cylindre* pour qu'il puisse entrer dans une *bourdonnière*. (Serrur.)

Chardons. Pointes de fer disposées de manière à former ornement, qu'on met sur le haut d'une grille ou sur le chaperon d'un mur pour empêcher l'escalade.

Charge. Maçonnerie de certaine épaisseur qu'on met sur les solives et ais d'entre-vous ou sur le hourdi d'un plancher, pour recevoir l'aire de plâtre ou le carreau. (Maçonn.)

Charge. Épaisseur que l'on ajoute à l'enduit d'un mur en faux aplomb pour obtenir un parement vertical.

Chargé. Se dit lorsqu'une surface peinte a été couverte d'un grand nombre de couches de couleur. (Peint.)

Charger. Appliquer de l'or, soit sur de l'or déjà appliqué, soit sur une surface non encore dorée. (Peint.)

Chargement. Opération qui consiste à mettre dans un véhicule, une hotte, un panier, une brouette, un camion, un tombereau, un wagon, des terres ou tous autres matériaux.

Le chargement des terres se fait ordinairement à la pelle.

Les briques, les tuiles, les ardoises, les moellons, la pierre de taille, sont chargés à la main.

Les charpentes sont transportées à bras ou à dos d'homme pour être chargées.

Chariot. (Maçon). Véhicule employé au transport des pierres. Voy. *Binard*, *Diable*.

Charme. Arbre dont le bois est blanc, d'un grain fin et serré, qui en séchant devient très dur, très résistant et qui sert à faire des roues de moulins, des vis, des leviers, des essieux, des limons, des manches d'outils, des maillets.

Charnière. Pièce de quincaillerie qui sert à ferrer les portes, les fenêtres, les ventaux d'armoire, etc.

Les charnières se composent essentiellement de trois pièces. L'une se place sur la partie dormante de la fermeture, l'autre sur la partie mobile; la troisième est une broche sur laquelle se fait le mouvement de rotation, et qu'on enfile dans les *charnons*, c'est-à-dire dans les boucles ou œils ménagés dans les deux premières pièces; ces pièces, dans les charnières communes, sont faites d'une plaque de tôle repliée et c'est dans le pli lui-même que s'engage la broche. D'ailleurs ce pli est entaillé symétriquement dans les deux pièces, pour qu'elles puissent s'engager l'une dans l'autre. Voy. FICHES.

Les charnières ont des formes diverses suivant leur destination : elles sont doubles et de différentes grandeurs, entaillées ou non, en tôle polie ou en laiton; depuis quelque temps, on fait des charnières en fonte malléable.

Charnons. Petits anneaux dans lesquels entre la *goupille* servant à réunir les deux parties d'une charnière. (Serrur.)

Charpente. Ensemble de pièces de bois qui servent dans une construction. — Ensemble de tous les gros ouvrages en bois d'un édifice. Depuis quelques années on a substitué le fer au bois, particulièrement pour les couvertures des gares de chemin de fer, des halles, pour les planchers des bâtiments, etc., etc. : on nomme alors ce mode de construction : *charpente en fer*.

Charpenter. Tailler un bois de charpente pour le mettre en état d'être assemblé.

Charpenterie. Art de tailler et d'assembler les grosses pièces de bois qui entrent dans la construction d'une maison ou de sa couverture.

Charpentiers. Ouvriers employés pour façonner et poser

les bois de charpente. On distingue les *gâcheurs* ou *contre-maîtres*, les *leveurs* qui tracent le dessin sur bois, *chefs de chantier*, *compagnons*, *garçons*. Les principaux outils qu'ils emploient sont : la bisaiguë, la cognée, l'herminette, l'ébauchoir, la tarière, la scie, le compas, la fausse équerre, la règle. et divers engins pour la manœuvre des pièces très lourdes.

Charretière (**Porte**). Porte assez large pour laisser passer une voiture.

Chartel. Hangars ou appentis servant de remise pour les charrettes et les instruments agricoles.

Chas d'un fil à plomb. Pièce de cuivre ou de fer, ronde ou quarrée, au milieu de laquelle est un trou de la grosseur du cordeau qui soutient le plomb et qui passe au travers. (Charp.)

Chasse. C'est un morceau de fer ou d'acier qui est différemment contourné, et qui sert à river ou refouler dans les endroits où le marteau ne peut atteindre. (Serrur.)

Chasse à biseau. Même outil que la chasse carrée, à cette différence près que la tête acérée est en pente.

Chasse-bondieu. Morceau de bois aplati d'un bout, avec lequel les charpentiers et les menuisiers chassent le coin qu'ils nomment *bondieu*. (Menuis).

Chasse-carrée. Marteau à deux têtes carrées, dont l'une est acérée et l'autre pas; il sert à refouler. (Ser.)

Chasse-roue. Sortes de bornes qui se placent sous les portes cochères, pour empêcher les roues des voitures d'endommager les murs. Depuis quelques années on a remplacé les bornes par des espèces d'armatures en fer ou en fonte, scellées d'une part dans le mur et d'autre part dans des dés en pierres.

Châssis. On appelle ainsi tout *bâti* de menuiserie dont l'intérieur n'est pas rempli par un *panneau*. Les châssis de croisées sont divisés par des petits bois s'assemblant dans les bâtis ; ils sont en chêne ou sapin. (Menuis.)

Châssis. Les plombiers appellent ainsi une grille de fer qui enveloppe la poêle qui est au bout de leur *moule à table*. (Plomb.)

— A TABATIÈRE. Cadre avec une vitre qui se place sur le rampant d'un comble pour éclairer un galetas. Les châssis à tabatière sont avec ou sans petits bois. Ils sont posés par les couvreurs.

Châssis de pierre. *Dalle* de pierre percée en rond ou carrément, pour recevoir une autre dalle en feuillure qui sert aux *aqueducs*, *cloaques* et *pierrées*, pour y travailler, et aux *fosses d'aisances* pour les vider. (Maçonn.)

Châssis. Bâti en fer, sur lequel est montée la porte d'un poêle.

Châssis. Cadre en fer, dans lequel on fait les grillages.

Chat. Matière étrangère qui se trouve dans l'ardoise et la rend impropre à la couverture.

Châtaignier. Arbre dont le bois est léger et résistant, qui est rarement attaqué par les vers, mais pourrit facilement dans les maçonneries. Il se conserve très bien sous l'eau et est employé à la construction des pilotis.

Château. Demeure princière ou riche habitation de plaisance d'un particulier.

Château d'eau. Bâtiment qui contient des réservoirs d'eau.

Château-Landon. Pierre calcaire de couleur gris jaunâtre provenant du département de Seine-et-Marne, très dure, susceptible de se polir, employée au revêtement de l'Arc-de-Triomphe, aux parapets des ponts, aux socles des grilles.

Chatière. Conduit souterrain en pierres, destiné à donner écoulement aux eaux d'un bassin.

— Ouverture faite au bas d'une porte pour donner passage aux chats.

Chatière. Petite ouverture ménagée sur le versant des combles et garantie par un ouvrage en plomb, en zinc ou en terre cuite.

Chatillon (Pierre de). Pierre calcaire dure comprise dans la *roche* provenant d'une localité de même nom près de Paris, employée pour claveaux, plates-bandes, marches, seuils, dalles.

Chaude. Les serruriers disent donner une bonne chaude, ou une chaude suante, ou une petite chaude, pour exprimer les différents degrés de chaleur qu'ils donnent à leur fer. (Serrur.)

Chaudière. Pour établir une chaudière contre un mur mitoyen, on doit faire un contre-mur de 1 mètre d'épaisseur avec un isolement ou *Tour-de-chat* de 0^{m},10 de largeur ; ce contre-mur doit s'élever de 1 mètre au-dessus de la chaudière.

Chauffer. Les serruriers se servent de ce terme pour signifier qu'ils mettent leur fer à la forge pour lui faire prendre le degré de chaleur convenable pour le souder, le plier ou le forger ; on dit chauffer blanc et chauffer cerise. (Serrur.)

Chaufour. Endroit où l'on cuit la pierre à chaux, et où l'on emmagasine la chaux et les approvisionnements de bois et de pierre.

Chaufourniers. Ouvriers qui cuisent la chaux et marchands qui la vendent.

Chaume. Paille longue, droite et non brisée dont on se sert pour la couverture des bâtiments ruraux.

Chausse d'aisance. Tuyau de descente de plomb, de fonte ou de poterie pour les latrines. Voy. POTERIES.

Chaussée. Élévation de terre qui sert de chemin à travers un marais ou de digues aux eaux courantes.

— Partie d'un chemin ou d'une route pavée ou empierrée. Sur les routes, la chaussée est comprise entre deux accotements, le plus souvent en terrain naturel.

Dans les villes, les chaussées sont ordinairement établies de toute la largeur des rues. On remarque les *chaussées fendues* ou *chaussées creuses* dans lesquelles le ruisseau est au milieu, et les chaussées bombées qui rejettent les eaux pluviales sur les bas côtés où sont disposés des moyens d'écoulement (Pav.).

Chauve. Veine blanche dans une carrière d'ardoise.

Chaux. Protoxyde de calcium, obtenu par la cuisson des carbonates calcaires naturels connus sous le nom de *pierres calcaires* et de *pierres à chaux*, qui sont des carbonates de chaux.

La chaux a la propriété d'absorber l'acide carbonique de l'air et par conséquent de repasser à l'état de carbonate : d'autre part elle peut être mise à l'état de pâte lorsqu'on la mélange avec de l'eau; on profite de ces deux propriétés pour l'employer à la confection des mortiers (mélange de chaux et de matériaux solides, gravier, sables, cailloux) servant à la construction.

On distingue : 1° la chaux hydraulique; 2° la chaux maigre; 3° la chaux moyenne; 4° la chaux grasse.

La chaux hydraulique qui contient toujours une certaine quantité d'argile, a la propriété de durcir dans l'eau.

Les chaux maigres, contenant des quantités appréciables de matières étrangères, absorbent une quantité d'eau, depuis 1 jusqu'à 2 et 3 dixièmes.

Les chaux moyennes absorbent depuis deux parties trois dixièmes jusqu'à deux parties six dixièmes d'eau.

Les chaux grasses qui proviennent des carbonates de chaux les plus purs, absorbent deux parties six dixièmes, jusqu'à trois parties six dixièmes. Elles ont la propriété de foisonner considérablement.

Les chaux hydrauliques sont toujours maigres, jamais grasses, quelquefois moyennes.

On juge de la qualité à la couleur; elle doit être d'un blanc grisâtre ou fauve.

On obtient de la chaux hydraulique artificielle en faisant avant la cuisson un mélange de pierre à chaux commune et d'argile. Il faut d'abord soumettre la chaux commune à l'action du feu, laver l'argile, mélanger ensemble l'argile et la chaux, puis soumettre de nouveau ce mélange à l'action du feu.

Pour éprouver si une chaux est hydraulique, on place un morceau de chaux dans un vase avec une quantité d'eau suffisante, au bout d'un certain nombre de jours, on retire l'eau avec précaution; si la chaux résiste sous le doigt, c'est une preuve qu'elle est hydraulique.

Pour employer la chaux il faut d'abord l'éteindre, puis ensuite l'amener à l'état de pâte.

Il existe trois moyens d'éteindre la chaux : le premier, qui est le plus en usage, consiste à construire un bassin avec une rigole bouchée par une trappe en bois, cette rigole donne dans une fosse que l'on creuse de 1 mètre à $1^m,40$. Lorsque la chaux est placée dans le bassin, on y met la quantité d'eau nécessaire; alors, des hommes, avec des *rabots*, remuent ; lorsque la chaux est en fusion, on ouvre la trappe de la rigole, la chaux se répand dans la fosse, et on la laisse s'éteindre d'elle-même : il arrive souvent qu'il reste dans le bassin des morceaux de chaux non éteints, on doit les laisser s'éteindre dans le bassin même. Le deuxième moyen consiste à placer de la chaux dans des paniers à claire voie, de les plonger dans l'eau et de les retirer ensuite. Le troisième moyen consiste à laisser la chaux se réduire d'elle-même en l'arrosant. La méthode indiquée par Philibert Delorme consiste à couvrir la chaux vive avec le sable ou ciment qui doit être employé ; on mouille ce sable ou ciment au moyen d'un arrosoir, jusqu'à ce qu'on s'aperçoive qu'il ne boive plus d'eau.

Pendant l'extinction, la chaux grasse qui a l'aspect d'une pierre se boursouffle, se fendille, s'échauffe et finalement tombe en poussière : il faut une nouvelle addition d'eau pour la réduire en pâte. (Maçonn.)

Chaux fusée. On appelle ainsi une chaux qui a été éteinte, mais qui n'a pas été amenée à l'état de pâte.

— (Lait de), ou Laitance. Chaux délayée dans beaucoup d'eau ; on s'en sert pour blanchir les murs et les plafonds. (Maçonn.).

Chaux sulfatée. Sulfate de chaux. Voy. Gypse, plâtre et albâtre.

Chemin. Disposition des règles servant aux maçons pour tracer des moulures sur un mur ou sur un plafond

Filet de plâtre qui, dressé à la règle, sert à guider le *calibre*.

Chemin de halage. Chemin pratiqué sur le bord des rivières, pour le service des bateaux et l'utilité publique. Les propriétaires des héritages aboutissant aux rivières *navigables*, doivent laisser le long des bords, 8 mètres au moins en largeur, pour chemin national et traits de chevaux, sans qu'ils puissent planter arbres, ni tenir clôture ou haie plus près que 10 mètres du côté où les bateaux se tirent, et 3m,33 de l'autre bord.

Les propriétaires d'héritages aboutissant aux rivières et ruisseaux flottables à bûches perdues, seront tenus de laisser, le long des bords, 1m,33 pour le passage des employés à la conduite des flots.

Il sera payé aux riverains des fleuves ou rivières, où la navigation n'existait pas et où elle s'établira, une indemnité proportionnée au dommage qu'ils éprouveront.

Chemins VICINAUX. Chemins qui servent de communication entre des territoires voisins ; ils appartiennent aux communes. La police de conservation en appartient aux maires : ils sont entretenus aux frais des communes : il est défendu de les dégrader. L'administration est chargée d'en faire rechercher et reconnaître les limites ; les conseils de préfecture n'interviennent pas dans la reconnaissance et la fixation de la largeur des chemins vicinaux ; la fixation de leur largeur appartient à l'autorité préfectorale. Les envahissements et anticipations sont jugés par les conseils de préfecture ; les dépôts de fumiers, encombrements, détériorations, sont justiciables des tribunaux. (Lois de voirie.)

Cheminée. C'est l'endroit où l'on fait le feu, ainsi que le tuyau par où s'échappe la fumée.

Dans une cheminée on distingue trois parties : le tuyau d'échappement, le foyer, le chambranle. Le tuyau d'échappement qui est en plâtre et briques, en poteries ou même en fonte.

Le foyer qui se construit ou en plâtre ou en brique, ou bien en pierre de taille. La meilleure manière est celle de les faire en brique bien cuite, posée avec mortier de chaux et sable passé au panier ; le mortier se lie mieux avec la brique que le plâtre. Les enduits doivent se faire le plus uniment possible et avec le moins d'épaisseur : c'est le moyen d'empêcher la suie de s'y attacher.

Dans les palais et bâtiments considérables, on fait les cheminées en pierre de taille jusqu'à leur fermeture. L'autre construction est de plâtre pur, *pigeonné* à la main. Les *contrecœurs* de cheminée sont en fonte.

Le chambranle est d'ordinaire en marbre plus ou moins orné.

Dans quelques cas, on emploie des cheminees qui ne font pas partie de la construction même et qui sont mobiles. Dans ce genre, on peut citer les *cheminées à la prussienne*, construites en tôle revêtue de briques intérieurement.

Les cheminées donnent issue à une grande quantité d'air qui nécessairement provient de la chambre que les cheminées devraient chauffer ; il y a ainsi une perte calorique considérable, et introduction d'une quantité d'air froid qui doit être chauffé à son tour. Plusieurs inventeurs ont cherché par des appareils spéciaux, installés dans les cheminées, à remédier à cet inconvénient ; en général, ces appareils consistent en des tubes de formes diverses, placés autour du foyer et débouchant dans la pièce à une certaine hauteur, laissant écouler dans la pièce à chauffer l'air qui s'étant introduit par un orifice inférieur, les a parcourus en s'échauffant au contact de leurs parois.

Extraits des ordonnances de police concernant les incendies, 11 déc. 1852, 15 sept. 1875.

Art. 1er. Toutes les cheminées et tous les autres foyers ou appareils de chauffage fixes ou mobiles, ainsi que leurs conduits ou tuyaux de fumée, doivent être établis et disposés de manière à éviter les dangers de feu et à pouvoir être visités, nettoyés facilement et entretenus en bon état.

Art. 2. Il est interdit d'adosser les foyers de cheminées, les poêles, les fourneaux et autres appareils de chauffage à des pans de bois où à des cloisons contenant du bois.

Art. 3. On doit toujours laisser entre le parement extérieur du mur entourant les foyers et lesdits pans de bois ou cloison un isolement ou une charge de plâtre d'au moins $0^m,16$.

Art. 4. Les foyers de cheminées et de tous les appareils fixes de chauffage, sur plancher ou charpente de bois, doivent avoir des tremies en matériaux incombustibles. La largeur des tremies sera au moins égale à la largeur des cheminées, y compris le marbre et l'épaisseur des jambages, leur largeur sera de 1 mètre au moins à partir du foyer jusqu'au chevêtre.

Art. 5. Chaque foyer de cheminée ou de poêle doit avoir son tuyau particulier dans toute la hauteur du bâtiment.

Art. 6. Les cheminées qui ne présenteraient pas à l'intérieur et dans toute la longueur du tuyau un passage d'au moins $0^m,60$ sur $0^m,25$ seront construits en briques, en terre cuite ou en fonte.

Art. 7. Toute face intérieure de ces tuyaux doit être à $0^m,16$ au moins des bois de charpente.

Il est interdit de pratiquer des ouvertures dans un conduit de fumée traversant un étage pour y faire arriver de la fumée, des vapeurs ou du gaz ou même de l'air.

Pour placer une cheminée contre un mur mitoyen ou non, il faut établir un contre-mur de $0^m,16$ d'épaisseur en tuileaux ou matériaux de même nature. Des contre-murs plus minces, mais avec isolement et courant d'air, offrent une meilleure garantie. Des plaques de fonte peuvent aussi remplacer le contre-mur.

Cheminée de cuisine (Maçonn.). Celle qui est avec hotte seulement, et le plus souvent sans jambages.

Cheminée de chute ou d'aisance. Ouverture faite dans la voûte d'une fosse et par laquelle tombent les matières. (Maç.)

Cheminée d'usine. Colonne creuse servant de tuyaux d'appel pour activer la combustion dans le fourneau d'une chaudière et de conduit d'échappement de la fumée.

Cheminée. Dans les terrassements on donne le nom de cheminée à des tranchées profondes et étroites, qu'on fait de chaque côté d'une masse de terre de grande hauteur qu'on veut abattre d'un seul coup, en faisant un cavage en dessous en enfonçant des coins en haut, ce mode d'abatage est dangereux.

Chemise. Crépi ou revêtement d'un pan de bois, d'un tuyau, d'une construction quelconque. Ainsi on appelle chemise : 1° la muraille en brique que l'on fait au pourtour extérieur des poêles et dans l'enceinte de laquelle circule l'air destiné à chauffer les appartements ; — 2° l'enduit qui entoure les tuyaux de terre pour conduite d'eau ; — 3° l'enduit de plâtre que l'on met sur les tuyaux de cheminée en poterie ou sur les chausses d'aisance ; — 4° le massif de chaux et de ciment qui sert à rendre étanche le fond et les côtés d'un réservoir d'eau en maçonnerie, etc. (Maç.)

Chenal. Tuyau de descente pour conduire les eaux d'un toit dans la rue.

— Conduit destiné à amener l'eau à un moteur hydraulique ou à donner issue à l'eau.

— Canal assez ordinairement revêtu de murs, destiné à mettre en communication un bassin avec une rivière ou avec la mer, de manière à permettre aux bâtiments d'entrer dans le bassin.

— Partie d'une rivière, d'une rade ou d'un port, plus profonde que les parties voisines et dans laquelle peuvent passer les bateaux.

Chêne. Voy. Bois.

Cheneau. Voy. Chaîneau.

Chenêts. Supports en métal destinés à soutenir le bois dans le foyer d'une cheminée.

Chenil. Local destiné au logement des chiens.

Cherche. Voy. Carton et Cerce.

Cherche-fiche. Voy. Cherche-pointe. (Ser.)

Cherche-pointe (Serrur.). Espèce de poinçon servant à chercher le trou des ailes des fiches pour les pointer ou les arrêter par des pointes. Au bout opposé à sa pointe, il porte un talon pour aider à le retirer du trou, quand on l'a enfoncé de force. Il y en a de droits et d'autres un peu courbes.

Cheval de terre. Cavités remplies de terre qu'on trouve quelquefois dans les blocs de marbre. On les nomme le plus plus souvent *terrasses.* (Marb.)

Chevalement. Espèce d'étai, qui sert à retenir les encoignures, traîneaux ou jambages, pour faire des reprises en sous-œuvre.

Chevalement. Voy. Étaiement.

Chevalés. Etages soutenus à l'aide de chevalement.

Chevalet. Pièce de charpente formée par l'assemblage de deux nouets ou linçoirs sur le faîte d'une lucarne.

Chevalet. Tréteau de scieur de long.

Chevalet (Treillag.). Outil de treillageur : c'est une espèce de petit banc sur lequel s'élève une planche inclinée, nommée planchette, laquelle est traversée dans le milieu de sa largeur, ainsi que le dessus du chevalet, par un montant ou levier arrêté dans ce dernier, et dont la tête vient appuyer sur la planchette pour y arrêter l'ouvrage qu'on veut *planer.*

— Support dont se servent les plombiers pour soutenir les tuyaux qu'ils soudent. (Plomb.)

Chevalets (Couvert.). Espèces de *consoles* faites avec des planches minces et légères que les couvreurs attachent avec des cordes aux bois de la charpente et sur lesquelles ils s'échafaudent. Il y a des chevalets de pied et des chevalets de comble qu'on nomme traquets.

— (pont sur). Ce sont des ponts provisoires que l'on est dans la nécessité de construire, soit dans les grands travaux pour transporter des matériaux ou pour servir d'échafaudage, soit dans des circonstances militaires. Chaque chevalet, dont la forme se rapproche de celle d'un tréteau, est construit en entier avant de le mettre à l'eau.

Chevauché à joint. Disposition employée pour l'exécution des menuiseries, et dans laquelle les planches recouvrent en partie l'une sur l'autre, ou bien dans laquelle les joints des abouts des planches ne se rencontrent pas, comme dans un plancher de frise.

Chevauchement (Charp.). Croisement de deux pièces de bois l'une sur l'autre.

Chevauchure. Voy. EMBARDELLEMENT.

Chevauchure. Dans un revêtement ou une couverture en plomb, partie d'une table de plomb qui recouvre l'extrémité d'une autre table.

La longueur de la chevauchure doit être telle que l'eau ne puisse pas remonter entre les deux tables de plomb. La chevauchure correspond à ce qu'on appelle le *pureau* dans les couvertures en tuile et en ardoise.

On fait quelquefois au lieu de chevauchure une espèce de bourrelet en retournant ensemble les deux bords des tables de plomb qui se réunissent.

Chevet. Partie ordinairement arrondie qui termine le chœur d'une église.

— Garniture de plomb qu'on met au bord des chéneaux.

Chevêtre. Pièce de bois faisant partie de l'enchevêtrure qui doit être ménagée dans les planchers, pour laisser passer les cheminées. Cette pièce reçoit à tenon les solives de remplissage du plancher. Elle est portée elle-même soit par deux solives d'enchevêtrure dans lesquelles elle s'assemble par ses abouts, soit par une solive d'enchevêtrure et le mur dans lequel elle est encastrée par une extrémité.

On donne aussi le nom de chevêtre à des pièces en fer qui font le même office que les chevêtres en bois, et aux pièces en fer qui servent à porter le foyer d'une cheminée.

On appelle *faux chevêtre* un chevêtre placé derrière un autre mais dans lequel il n'y a pas d'assemblage.

Cheville. Tige en fer de 0m,30 à 0m,40 de longueur servant à faire les assemblages provisoires, soit de charpente en bois, soit de charpente en fer.

L'une des extrémités des chevilles est munie d'une tête au-dessus ou au-dessous de laquelle est ménagé un trou servant à arracher la cheville lorsqu'on veut l'enlever.

Cheville. Petit morceau de bois de forme cylindrique taillé en pointe servant aux charpentiers et menuisiers pour l'assemblage des bois.

Les serruriers emploient aussi des chevilles en fer.

Cheviller (Menuis.). Fixer ensemble les différentes pièces qui composent un ouvrage de menuiserie ou de charpenterie quelconque, avec des chevilles de bois qu'on fait passer au travers des assemblages.

Chevilles de ranches. Sortes d'échelons de 0m,50 environ de longueur qui portent le ranche d'un engin ou la volée d'une grue et qui servent aux ouvriers pour atteindre la partie supérieure de l'appareil.

Chevillette (Serrur.). Petite broche de fer à peu près semblable à un clou à tête plate, et dont se servent les charpentiers.

Chèvre. Machine qui sert aux maçons et aux charpentiers à élever à une certaine hauteur les pierres et les bois. Elle se compose essentiellement de deux longrines, assemblées en haut et maintenues par des traverses à une certaine distance l'une de l'autre en bas. A $1^m,20$ environ au-dessus du sol, les 2 pièces principales portent un treuil à cliquet, qu'on manœuvre à l'aide de leviers qui peuvent être introduits dans quatre trous disposés à chaque extrémité du treuil. A la partie supérieure de la chèvre est attachée une poulie qu'on remplace quelquefois par un mouffle ; le cordage de la poulie vient s'enrouler ou se dérouler sur le treuil.

Chèvre (PIED-DE-). Levier dont une extrémité a la forme d'un pied-de-chèvre.

Chevrette (Fum.). Petit morceau de fer carré recourbé à ses extrémités pour former pied. Les chevrettes se placent dans les poêles pour élever le bois et faciliter la combustion.

Chevrons (Charp.). Pièces de bois sur lesquelles on cloue des lattes et voliges pour porter la tuile ou l'ardoise d'un toit. Les chevrons du haut s'appuient sur les *pannes* et le *cours de faîtage*, etc., ceux du bas sur les *pannes* et les cours de *plate-forme*.

On appelle *chevronnage* l'ensemble des chevrons d'un comble.

— DE CROUPE. Voy. CROUPE.

Chien-assis. Petite lucarne destinée à donner de l'air et de la lumière à un comble.

Chipolin. Genre de peinture à la colle, qui se fait au moyen d'un grand nombre de couches de blanc d'apprêt, ainsi que de plusieurs couches de vernis qui sont poncées et adoucies plusieurs fois avec beaucoup de soin.

Chiqueter. C'est, avec un pinceau de blaireau, d'une forme particulière, et qu'on frappe sur un morceau de bois, lancer sur une surface qui a reçu une couche de couleur uniforme, de petites taches de couleurs diverses, pour imiter les cailloux ou les taches irrégulières du granit. (Peint.)

Chute (Sculpt.). Paquet de feuilles, de fleurs ou de fruits sculptés en ornement et pendant.

Ciel de carrière. Plafond d'une carrière.

Ciment. On désigne sous le nom de ciments un fort grand nombre de matières de natures très diverses, qu'on mélange à la chaux pour faire les mortiers : parmi ces matières nous mentionnerons :

La brique ou le tuileau pilé et réduit ainsi à l'état sableux;

Les scories de forges ou les cendres de houille, soit pures soit mélangées de poussière de chaux, comme celles qui proviennent des fours où l'on opère la cuisson du calcaire. Diverses matières argilo-calcaires ayant subi l'action du feu, comme celles connues sous les noms de ciment romain, ciment de Portland, de Vassy, d'Anvers, etc., etc., les pouzzolanes. (Demanet, *Cours de construction.*)

Le ciment s'emploie pour rejointoiements, enduits de bassins, fosses d'aisance, chapes de voûtes, dallage, carrelage.

Ciment de Pouilly (dit Romain). C'est une variété de chaux hydraulique durcissant à l'eau au plus haut degré, et qui a une très grande adhérence avec les matériaux de construction et surtout avec la brique,

Sa couleur est brun foncé, son foisonnement est de 1/15 environ : on doit toujours mêler ce ciment avec partie égale de sable en volume. Le sable silicieux convient mieux que le sable calcaire, et le sable anguleux mieux que le sable roulé. Ce mortier doit être gâché et malaxé comme tout autre mortier, mais en petite quantité à la fois, et employé très promptement.

On distingue encore deux autres espèces de ciment romain et qui jouissent des mêmes propriétés que celui de Pouilly, l'un vient de Vassy-lez-Avallon, département de l'Yonne ; sa couleur est rouille clair ; l'autre espèce de ciment vient de Molème dans le même département : sa couleur est jaune (Maçonn.)

Nous citerons également comme d'excellents ciments, la chaux du Theil (dans le département de l'Ardèche) ; le ciment de Boulogne-sur-Mer et de Portland.

Ciment de fontainier. Ce ciment se fait avec du mâchefer broyé, du tuileau, du charbon de terre et un peu de grès tendre réduit en poudre, le tout incorporé avec de la chaux vive, éteinte, et bien broyée. (Maçonn.)

Cimentier (Pav.). Marchand qui vend le ciment. Ouvrier qui le pose.

Cinabre. Matière minérale rouge, dure, compacte, pesante, brillante, cristalline, composée de soufre et de mercure ; on en distingue deux sortes, le naturel et l'artificiel, appelé vermillon.

Cingler. Tracer des lignes droites à l'aide d'un cordeau blanchi ou noirci qu'on tend en le faisant passer par deux points donnés, puisqu'on soulève légèrement pour le laisser reprendre librement sa première position.

Cintre. Les ouvriers appellent ainsi un arc de cercle ; la flèche est la *montée du cintre*. Lorsque l'arc comprend une demi-circonférence on a un *plein cintre*.

Dans les cintres, lorsque la flèche est plus petite que le rayon, le *cintre* est *surbaissé;* lorsque la montée est plus grande, comme dans les voûtes en œuf, *le cintre* est *surhaussé*.

Cintrer. Mettre en place des cintres de charpente.

— Courber ou arrondir un arc ou une voûte.

Cintres. Ouvrages en charpente qui servent à soutenir la maçonnerie des voûtes pendant leur construction et jusqu'à ce que la pose de leur *clef* ait donné la faculté de se soutenir seules. Sous ce point de vue les cintres sont de véritables échafauds; ils deviennent des étais, lorsqu'on les établit sous de vieilles voûtes qu'il s'agit de réparer ou de démolir avec précaution.

Cintres retroussés. On donne ce nom à des cintres disposés de telle sorte qu'ils permettent le passage sous la voûte à construire ou à démolir.

Cipolin (Marbre). Espèce de marbre qui a une couleur verdâtre.

Cipolin. Peinture en détrempe et vernie pour laquelle on emploie de l'ail lors de l'application de la première couche.

Cippe. Colonne ou pilier tronqué dont la partie supérieure est terminée en arc de cercle, et qui sert ordinairement à l'ornement des tombeaux, ou comme bornes militaires sur les routes.

Circonférence. Ligne dont tous les points sont également distants d'un point nommé *centre*.

Circonvolutions. Ce sont les tours de la ligne spirale de la volute et de la colonne torse.

Cire. Substance jaunâtre produite par les abeilles.

Cire (Peinture en). Peinture dans laquelle on se sert de cire dissoute dans l'huile de térébenthine. (Peint.)

Cire des marbriers (Marbr.). Matière employée par les marbriers pour dissimuler les fissures d'un marbre ou pour recoller les éclats qui se font dans la taille.

Cire des doreurs. Composition faite de cire jaune, d'ocre rouge, de vert-de-gris et d'alun, qui sert à donner au bronze la teinte d'*or rouge*.

Cisailles. Outil servant à couper les métaux en feuille. Il se compose de deux lames courtes et solides articulées l'une sur l'autre comme les ciseaux des femmes, et munies de poignées fort longues servant à faire levier. Le plus ordinairement l'une des lames est fortement fixée sur un établi ou sur un banc.

Ciseau (Menuis.). Outil à manche dont le fer n'a qu'un *biseau*, du reste semblable au *fermoir*.

Ciseau. Instrument pour gratter le plomb et en enlever les premières écaillures afin que la soudure y prenne mieux. (Plomb.)

— Instrument qui sert à couper le fer. Les ciseaux pour couper le fer à chaud sont les *tranches*, et ceux pour couper à froid sont le *burin*, le *bec-d'âne* et la *langue-de-carpe*. Les ferreurs emploient des ciseaux à bois taillés en bec-d'âne, et des ciseaux d'entrée dont la lame est plate et large. (Serrur.)

Ciseau plat (Maç.). Tige cylindrique en fer terminée, à une extrémité, par un taillant plat acéré et bien trempé et à l'autre par un bourrelet ou champignon. Le ciseau plat sert à remplacer les aspérités laissées sur la pierre par le travail du poinçon, de la gradine ou de la boucharde, par une série de cannelures plus ou moins fines et rapprochées.

Ciselet (Marb.). Petit ciseau qui sert à faire la taille des moulures et à travailler l'épaisseur des marbres minces.

Ciselure. Bordure régulière de $0^m,02$ à $0^m,03$ de largeur faite au ciseau sur le pourtour de la face d'une pierre pour en dresser le parement.

Citerne (Maç.). Réservoir, ordinairement souterrain, en maçonnerie destiné à recevoir et conserver les eaux de pluie. Pour construire une citerne contiguë à un mur mitoyen, il faut établir un contre-mur. On ne peut établir une citerne sous la voie publique.

Civière. Sorte de petit brancard ayant quatre bras, avec lequel deux hommes portent des pierres.

Claire-voie. Ouvrage dont les pièces laissent des espaces vides entre elles.

Clameaux. Clous ou crampons à deux pointes tournées quelquefois dans le même sens, d'autrefois en sens contraire, ou dans des directions perpendiculaires l'une à l'autre qui sont employés pour fixer des pièces de bois l'une sur l'autre ou l'une contre l'autre.

Clapet (Font.). Soupape en cuir employée dans les pompes; elle est montée à charnière sur un *siège* également en cuir, elle lève par l'aspiration de la pompe et retombe sous son propre poids et celui de l'eau qui la recouvre. On met ordinairement des clapets au bas de la pompe, au piston, et au bas du tuyau d'aspiration.

Clapis (Marbr.). Eclat que l'on fait en taillant le marbre sur le parement et qui altère l'arête et l'épaisseur de la matière.

Clausoir (Maçonn.). Dernière pierre que l'on pose dans un mur ou dans une voûte pour fermer et boucher le dernier espace qui reste vide.

Clausoir (Maçonn.). C'est le plus petit carreau ou boutisse qui ferme une assise dans un mur continu, entre deux pieds droits.

Claustra. Clôture de fenêtres composée de dalles de pierre de terre cuite ou de métal percé à jour.

Claustra. Demi-cylindres en terre cuite servant à construire des balustrades à jour.

Claveau (Maçonn.). Pierre taillée en forme de coin, qui sert à former une plate-bande ou un arc.

Un claveau a six faces : La face inférieure appelée douelle ou intrados. La face supérieure appelée extrados. Les faces latérales en contact avec les autres claveaux appelés *lits*. Les faces verticales appelées *têtes*.

— A CROSSETTE. Celui dont la tête retourne avec les assises de niveau pour faire liaison. (Maçonn.)

Claveau. Pièce de bois disposée en biais, de manière qu'elle tende au centre d'une arcade; — on nomme aussi claveau un plafond d'escalier dont les joints sont tendus au centre. (Menuis.)

Claveau (Treillag.). C'est dans une arcade la pièce du milieu qu'on fait saillir sur la face; quelquefois ces claveaux sont ornés de sculpture, en forme de console ou autre.

Clavette. Petite tige en fer de forme convenable pour former arrêt d'une pièce qui s'assemble à glissement sur une autre; par exemple, pour arrêter la clef d'un robinet dans son boisseau, pour maintenir l'écrou d'un boulon au degré de serrage qu'on lui a donné; pour arrêter un boulon, qui n'a pas d'écrou, etc.

Ordinairement, une clavette est un morceau de fer plat, découpé en forme de triangle qui s'engage dans un trou ménagé à cet effet, perpendiculairement au sens du mouvement qu'elle doit empêcher.

Clayons. Longues perches de charme, de hêtre, ou de quelque autre bois flexible et bien liant, qu'on entrelace autonr des piquets sur environ $0^m,16$ à $0^m,19$ de hauteur pour faire un clayonnage.

Clayonnage. On appelle ainsi un travail dont le but est de soutenir les terres d'une tranchée ou d'un remblai, qui sans cela s'ébouleraient, pour prendre l'inclinaison du talus naturel : il consiste à placer jointivement des claies maintenues par des piquets en avant des terres à soutenir.

D'autres fois après avoir planté une série de piquets à 40^m les uns des autres, suivant l'inclinaison du talus que l'on a adopté, on les enlace avec des gaules longues et flexibles, appelées clayons, et on borde la partie supérieure des piquets avec des harts.

Clef (Maçonn.). C'est le claveau central qui ferme un arc, une plate-bande ou une voûte. La *clef* d'une voûte en berceau est l'ensemble des pierres qui occupent le milieu sur toute la longueur du berceau. Les *clefs* des voûtes d'arêtes sont en forme de croix ou d'étoiles suivant le nombre de voûtes qui se réunissent au sommet.

— EN BOSSAGE. Clef en saillie sur les *claveaux* ou *voussoir*, et sur laquelle on peut tailler de la sculpture. (Maçonn.)

— A CROSSETTES. Clef potencée par en haut avec une ou deux *crossettes* faisant liaison dans un cours d'assise. (Maçonn.)

— BASSANTE. Clef qui, traversant l'*architrave* et même la *frise*, fait un *bossage* qui en interrompt la continuité, comme il s'en voit aux portes du Palais-Royal, à Paris. (Maçonn.)

— PENDANTE ET SAILLANTE. C'est la dernière pierre qui ferme un berceau de voûte, et qui excède le nu de la douelle dans sa longueur. (Maçonn.)

Clef. Instrument de fer destiné à ouvrir et fermer les serrures et les cadenas. Les clefs sont formées d'un *anneau* qui sert à les faire tourner, et d'une *tige* ordinairement ronde, à l'extrémité de laquelle est une partie évasée qu'on nomme *panneton :* l'extrémité qui entre la première dans la serrure se nomme le *museau*. Le panneton est ordinairement refendu, évidé, et percé de sorte que les *gardes* puissent passer dans les ouvertures. Il y a des clefs dont les tiges sont percées, on les nomme *forees* ; d'autres ont la tige pleine, on les nomme à bout, ou bénarde (Serr.). Voy. SERRURE.

Clef. Partie mobile d'un robinet qui tourne dans le boisseau pour donner issue au fluide contenu dans le réservoir sur lequel le robinet est adapté.

Les clefs des petits robinets portent à leur partie supérieure une tige courbée ou une sorte de poignée.

Les clefs des gros robinets se terminent assez souvent par une partie carrée que l'on saisit avec un instrument en fer appelé également *clef* dont la forme est variable.

Clef de poêle. Valve placée dans le tuyau d'un poêle pour arrêter le tirage. C'est une plaque de tôle qui a la forme de la section du tuyau et qu'on fait mouvoir au moyen d'une tige avec une petite poignée qui fait saillie en dehors.

Clef. On donne ce nom à des outils en fer, qui sont de véritables leviers et qui servent à visser et dévisser les écrous, à tourner les clefs des robinets dans leurs boisseaux, etc., etc.

Les plus simples consistent en une barre de fer droite ou courbée, portant à son extrémité une encoche dans laquelle peut s'engager, sans trop de jeu, la tête de l'écrou ou du boulon sur lequel on veut agir.

La *clef anglaise* est un outil consistant en une tige de fer portant à angle droit, à son extrémité, une crosse ou fort tenon faisant corps avec elle : un second tenon mobile glisse à volonté sur la tige et se fixe à la distance qu'on veut du tenon fixe.

Clef. On donne aussi le nom de clef à ce qu'on appelle tourne-à-gauche. Voy. ce mot.

Clef. Cheville qu'on place à travers le tenon dans une mortaise à l'extrémité d'une lierne pour empêcher l'écartement.

— Coin qui sert à joindre les pièces de bois assemblées par bout à trait de Jupiter. (Charp.)

Clef. Tenon rapporté dans l'épaisseur de deux planches qui doivent être jointes ensemble de manière à former panneau, comme par exemple le champ d'une porte pleine.

Clef ou **Garrot.** Petite broche en bois servant à donner une certaine torsion aux cordes qui relient les montants d'une scie de menuisier de façon à tendre la lame.

Clef de poutre. Courte barre de fer, dont on arme chaque bout d'une poutre, et qu'on scelle dans les murs où elle porte.

Clef en charpenterie. Pièce de bois arcboutée par deux décharges pour fortifier une poutre.

Clenche. Pièce principale d'un *loquet*, qui, reçue par le *mentonnet*, tient la porte fermée.

On dit aussi clenchette ou clinche.

Cliquart. Pierre moins dure et moins fine que le liais.

Le cliquart se tire d'Arcueil, de la plaine de Bagneux et du val de Meudon. Cette pierre porte 0m,33 de hauteur du banc.

On en tire de Montrouge et de Vaugirard qui porte depuis 0m,37 jusqu'à 0m,60 Ce dernier est rougeâtre et a le grain moins fin. (Maçonn.)

Cliquet. Petite pièce d'arrêt dans un *encliquetage*.

Cloaque ou **Égout** (Maçonn.). C'est, dans une ville, une espèce d'aqueduc souterrain et voûté pour l'écoulement des eaux pluviales et des immondices.

Cloche (Fumist.) Appareil en fonte de forme hémisphérique qui est placé au-dessus du foyer.

Cloche à plongeur. Appareil pour visiter et même exécuter certains travaux hydrauliques. C'est ordinairement un tronc de pyramide quadrangulaire en fonte, ouvert par le bas. Des lentilles de verre fixées à sa partie supérieure, assurent l'éclairage; un fort tuyau de cuir fixé à la cloche et mis en communication avec une pompe foulante placée sur un échafaud ou un bateau assure le renouvellement de l'air.

Clochers. Tours rondes ou carrées en maçonnerie à côté ou au-dessus d'une église, et dans lesquelles on met les cloches.

Clocheton. Amortissement en forme de petit clocher qui surmonte un contre-fort, une tourelle.

Clochette. Voy. GOUTTES.

Cloisons. Constructions légères qui forment entre les gros murs les séparations des différentes pièces d'une habitation.

On distingue les cloisons suivant leur mode de construction :

Cloisons en briques, pleines ou creuses, qui sont faites avec une épaisseur de briques posées à plat ou posées de champ.

Les *cloisons en carreau de plâtre.*

Les *cloisons en planches* qui consistent, pour les appartements en planches rapprochées jointivement à rainure et languettes maintenues en haut et en bas dans des sortes de coulisses fixées sur le plafond et sur le plancher ; quelquefois on ajoute une traverse. Pour les caves, les cloisons consistent en planches clouées sur des poteaux en charpente.

On appelle *cloison vitrée* une cloison en planches dont une partie est disposée pour recevoir un vitrage.

Les *cloisons de charpente en pans de bois;* cloisons pleines. Les pans de bois sont hourdis plein, lattés de $0^m,08$ en $0^m,08$ et enduits des deux côtés.

Les *cloisons sourdes* ou *creuses* dont les pans de bois ne sont pas hourdés mais dont le lattis est jointif.

Cloison à claire-voie. Cloisons faites avec des planches à bateau espacées entre elles : ordinairement elles sont hourdies en plâtre.

On appelle *cloison ravalée* celle dont les parties extérieures sont revêtues ou enduites en plâtre ou en mortier.

Cloison (Serrur.). Dans une serrure ce sont les tôles qui forment les côtés de la boîte qui contient la garniture.

Cloisons (Poêl.). Petites murailles en briques servant à former les conduits de fumée dans un appareil de chauffage.

Cloisonnage. Voy. PAN DE BOIS.

Cloître. Cour entourée de galeries couvertes, par lesquelles les différentes parties d'un monastère communiquent.

Clôture ou **enclos** (Constr.). Construction qui enferme un espace. Il y a des clôtures en maçonnerie, en planches, en treillages, en haies, etc.

Clouière (Serrur.). Morceau de fer de $0^m,33$ à $0^m,41$ de long, sur lequel il y a une table d'acier, percée d'un trou rond, carré ou plat, qui sert à rabattre la tête d'un boulon ou d'un clou.

Clou. Amas ou rognures de matières étrangères qui, faisant corps avec la pierre ou le marbre, en rendent par leur dureté le travail presque impossible.

Clous. Petites broches en fer, en cuivre ou en zinc, effilées à une de leurs extrémités et avec une tête à l'autre, qui servent à relier et à maintenir ensemble plusieurs pièces.

— Les clous de cuivre et de zinc sont particulièrement réservés pour les doublages des navires ou pour les menuiseries des magasins à poudre. On les distingue en clous fondus et en clous forgés ; les premiers ont rarement plus de $0^{m},04$ de longeur, tandis qu'on fabrique des clous forgés de toutes longueurs.

Les clous de fer sont très variables de formes et de dimensions. On en fait à tête plate, à tête de diamant (pyramide quadrangulaire), à tête aplatie latéralement, etc La pointe est quelquefois pyramidale, d'autres fois elle a la forme d'un taillant à deux biseaux. Les chevilles sont parfois *barbelées*, c'est-à-dire garnies sur les arêtes d'aspérités aiguës disposées d'une manière analogue aux barbes d'un épi de blé. Ces dernières sont surtout d'un bon emploi dans les charpentes animées de mouvements trépidatoires, comme celles des ponts. Les barbes empêchent les chevilles de sortir de leurs trous, ce qui arrive souvent quand elles ne sont pas barbelées.

Les clous sont classés par les fabricants, à raison du poids du mille exprimé en livres ou en kilog. On appelle clous à voliges : des clous qui servent à fixer les voliges : clous *a latter*, à *plafonner*, des clous qui servent principalement à clouer les lattis sur lesquels se font les plafonnages (il y en à 700 au kilog.) ; clous *d'ardoises* ou *d'ardoisier*, des clous à tête très plate et très mince, qui servent à fixer les ardoises sur les toits.

Les clous les plus demandés pour les ouvrages de charpente et de menuiserie sont ceux de 3 à 10 kilog.

On désigne sous le nom de *clous d'épingles* ou *pointes de Paris* des clous cylindriques terminés d'un côté par une pointe quadrangulaire et de l'autre par une tête cylindrique : ils ont l'avantage de ne pas fendre les planches.

Le fer des clous doit être pliant et malléable. Il faut éviter d'employer ceux qui sont faits avec du fer tendre et cassant à froid.

Coaltar. Produit obtenu par la distillation du goudron et qui s'emploie pour couvrir des chapes de voûtes et de murs de soutènement.

Cobalt. Couleur bleue que l'on extrait du cobalt en calcinant un sel de ce métal avec un excès d'alumine hydratée.

Coches. Petites entailles sur les pièces de bois.

Coffre. Partie en surélévation sur laquelle est fixé un châssis à tabatière.

Coffre (Maçonn.). Faux tuyau dans une souche de cheminée, au droit duquel passe l'about d'une panne.

Cognée (Charp.). Espèce de hache dont les charpentiers se servent pour faire des entailles profondes.

Coin (Menuis.). Morceau de bois qu'on place dans les lumières des rabots, varlopes, etc., pour retenir leur fer en place.

Coin. Outil de fer en angle employé pour fendre le bois, disjoindre un assemblage, etc., etc.

Col (Archit.). Partie étranglée en haut d'un balustre.

Col-de-Cygne (Serrur.). Nom de toute courbure qui imite la forme d'un col de cygne.

Colarin. Voy. Ceinture et Gorgerin.

Colcotar. Couleur rouge qui s'obtient par la calcination du sulfate de fer ou couperose verte.

Colifichet (Menuis.). Petit panneau triangulaire, qui dans une feuille de parquet est assemblé entre les feuilles d'onglet et le bâti.

Colimaçon (Mac.). Escalier *colimaçon*. Voy. Limaçon.

Colimaçon (Serrur.). Volute terminant la main courante d'une rampe d'escalier et couronnant le *pilastre*.

Collage. Opération qui a pour but de joindre et lier par l'emploi de la colle, différentes pièces entre elles.

Collage à menuiserie (Menuis.). On désigne sous ce nom l'ensemble des pièces de bois collées. Ces pièces s'appellent *tapées*.

Collage de papier (Peint.). Lorsque l'on colle du papier sur des murs neufs, il faut avoir soin de les *égrener* (c'est-à-dire passer le *grattoir* pour ôter tout ce qui pourrait faire épaisseur sur les murs), ensuite y coller du papier gris, si la tenture l'exige.

Colle. On désigne sous ce nom diverses matières qui servent à établir l'adhérence par juxta-position de différentes pièces que l'on veut réunir ensemble.

Un grand nombre de gommes et résines ramollies par la chaleur ou dissoutes dans un liquide convenable, sont souvent employées comme colles ; la dextrine, l'amidon également ; les colles les plus fréquemment employées sont les suivantes :

La colle de pâte, qui sert seulement à coller les papiers : elle se fabrique avec de la farine que l'on fait bouillir pendant un certain temps avec de l'eau.

La colle de Flandre, colle de Givet, colle forte, qui sert aux menuisiers : elle est fabriquée avec des déchets de peau : c'est de la gélatine plus ou moins pure qui se ramollit et se délaye dans l'eau chaude ; on l'emploie à chaud.

Les peintres font aussi usage pour la peinture de différentes préparations qu'on appelle colles qui, comme la colle de Flandre, sont de la gélatine plus ou moins pure, et qui leur servent à mettre en suspension les couleurs et à les maintenir sur les surfaces sur lesquelles on les applique ; ce sont :

La colle de gant. Qui se fait avec de la rognure de peau blanche de mouton, qu'on fait macérer et dissoudre dans l'eau bouillante pendant trois ou quatre heures. On s'en sert plus volontiers pour faire les détrempes de couleurs qu'on ne veut pas vernir. (Peint.)

La colle de parchemin. Qui est faite de rognures de parchemin neuf et non écrit qu'on met bouillir quatre ou cinq heures dans l'eau, comme la colle de gant. On l'emploie pour faire les détrempes qu'on se propose de vernir, et pour les ouvrages qu'on veut dorer. (Peint.)

La colle de brochette. Elle se fait avec de gros parchemins que les tanneurs tirent des peaux préparées et équarries. Cette colle ne s'emploie que pour les gros ouvrages. (Peint.)

La colle de Flandre, qui sert dans les décors ; on la mêle aussi dans les couleurs, destinées aux carreaux d'appartements pour y fixer la couleur. (Peint.)

Collet. On nomme ainsi dans une penture la partie la plus voisine du renflement ou œil qui reçoit le gond.

Collet. C'est, sur tuyau, le renflement placé à une extrémité et servant à faire le joint avec un autre tuyau ; on donne aussi ce nom à la soudure ou au mastic employé au joint.

Collet de marche. About des marches d'un escalier au droit de leur scellement : c'est plus particulièrement la partie qui s'encastre dans les noyaux.

On fait, au droit du collet qui s'encastre dans le mur, un petit solin en plâtre.

Colleur (Tent.). Ouvrier qui assemble et cloue les toiles, couvre de colle et pose les papiers de tenture.

Collier ou **Bride**. Fer plat en forme d'anneau scellé dans un mur et servant à maintenir les tuyaux de descente dans leur hauteur.

Collier de grille. Pièce de ferrure qui maintient un montant de grille.

Collier de colonne. Pièce de fonte ayant la forme de deux anneaux reliés entre eux et qui sert à unir deux colonnes accouplées.

Colombages. Petits poteaux de remplissage dans une cloison.

On donne ce nom aussi à des remplissages de cloison faits en terre, gravats, etc., et recouverts de mortier ou de plâtre. (Charp.-Maçonn.)

Colombe. Gros poteau qui, dans les cloisons en pans de bois, se place à l'aplomb des *poutres* et servent à les porter.

Colombins. Petites jouées ou nervures observées au pourtour intérieur des carreaux de poêle, et dans lesquelles sont percés les trous servant à agrafer ces carreaux. (Poêl.)

Colonnade. Série de colonnes rangées sur une même ligne pour servir d'ornement à un grand édifice, à une place publique ou à un jardin. (Archit.)

Colonne. Support isolé en pierre ordinairement de forme cylindrique, composé d'une base, d'un fût et d'un chapiteau, servant de point d'appui à une plate-bande ou à un axe. La colonne est différente selon les ordres d'architecture auxquels elle appartient, et doit être considérée par rapport à sa construction, à sa forme, à sa disposition et à son usage.

Colonne toscane. Elle a sept diamètres de hauteur ; elle est la plus courte et la plus simple des cinq ordres.

— DORIQUE. Elle a huit diamètres de hauteur; son chapiteau et sa base sont un peu plus riches de moulures que la toscane.

— IONIQUE. Elle a neuf diamètres, et diffère des autres par son *chapiteau* qui a des *volutes*, et par sa base qui lui est particulière.

— CORINTHIENNE. La plus riche et la plus svelte : elle a dix diamètres, et son *chapiteau* est orné de deux rangs de feuilles avec des *caulicoles*, d'où sortent de petites volutes.

— COMPOSITE. Elle a aussi dix diamètres et deux rangs de feuilles à son chapiteau, avec les *volutes* angulaires de l'ionique.

Par rapport à la construction on distingue :

Colonne angulaire. Colonne qui est isolée à l'*encoignure* d'un *porche*, ou engagée au coin d'un bâtiment en retour d'équerre, ou même qui flanque un angle aigu ou obtus d'une figure à plusieurs côtés.

— CAROLITIQUE. Colonne ornée de feuillage ou de fleurs tournées en spirales à l'entour de son fût, ou de couronnes et de festons.

Colonne colossale. Colonne d'une grandeur telle qu'elle ne peut entrer dans une ordonnance d'architecture; mais doit être élevée au milieu d'une place.

— CYLINDRIQUE. Colonne qui n'a ni renflement, ni diminution.

— DIMINUÉE. Colonne sans renflement, et dont la diminution commence dès le pied de son fût.

— DE FAISCEAU. Gros pilier gothique entouré de plusieurs petites colonnes isolées, qui reçoivent les retombées des nervures des voûtes.

— DOUBLÉE. Colonne jointe avec une autre, en sorte que les deux *fûts* se pénètrent du tiers de leur diamètre.

— ENGAGÉE. Colonne qui tient au mur par le tiers ou le quart de son diamètre.

— GOTHIQUE. La colonne gothique s'éloigne beaucoup par ses proportions de la colonne antique : elle est soit plus haute, soit plus épaisse, sans diminution ni renflement.

— GRÊLE. Colonne qui est trop menue, et qui a plus de hauteur que ne porte l'ordre qu'elle représente.

— INCRUSTÉE. Colonne construite au moyen de morceaux ou tranches minces de marbre, mastiquées sur un *noyau* de *pierre* de *brique* ou de *tuf*, ce qui se fait pour ménager la matière précieuse : les joints qui doivent être imperceptibles sont excutés avec un *mastic* de même couleur.

— ISOLÉE. Colonne qui n'est attachée à aucun corps dans son pourtour.

— LIÉE. Colonne attachée par un autre corps ou *languette* de certaine épaisseur.

— NICHÉE. Son fût isolé entre de son demi-diamètre dans le parement d'un mur creusé, suivant une courbe excentrique, à une distance égale à la saillie du *tore*.

Par rapport à la disposition on distingue :

Colonne gémelée. Le fût est fait de trois morceaux de pierres dures posées en délit, et retenues par le bas avec des goujons, et par le haut avec des crampons de fer ou de bronze.

— DE MAÇONNERIE. Colonne faite de moellons gisants, enduits de plâtre, ou faite de briques par carreaux moulés en triangles et recouverts de stuc.

— PAR TAMBOURS. Le fût est fait de plusieurs assises de pierre ou blocs de marbre plus bas que la largeur du diamètre.

— PAR TRONÇON. Elle est faite de deux, trois ou quatre morceaux de pierre ou de marbre, différant des tambours parce qu'ils sont plus hauts que la largeur du diamètre de la colonne.

Colonne solitaire. On appelle ainsi une colonne élevée pour servir de mouvement, et qui est isolée.

— VARIÉE. Faite de diverses matières, comme de marbre, de pierre, etc., disposées par tambours de différentes hauteurs et couleurs; les plus bas servant de bandes ou de ceintures qui excèdent le nu du fût de pierre qui est cannelé : telles sont les colonnes ioniques du gros pavillon des Tuileries du côté de la cour, dont les bandes sont de marbre et les tambours de pierre.

Par rapport à la forme on distingue :

Colonnes accouplées. Celles qui sont deux à deux, et qui se touchent presque par leur *base* et leur *chapiteau.*

— EN BALUSTRE. Espèce de pilier rond tourné en balustre, rallongé à deux poires avec base et chapiteau.

— CANNELÉE. Son fût est orné de cannelures en toute sa hauteur, ou dans les deux tiers du haut.

— CANTONNÉES. Colonnes engagées dans les quatre encoignures d'un *pilier* carré pour soutenir quatre *retombées.*

Il serait trop long de détailler ici les différents usages des colonnes, attendu que cela importe peu à la construction; elles prennent, suivant leur destination, le nom de colonnes astronomique, chronologique, creuse, funéraire, historique, etc.

Colonnes en fonte. Elles sont employées pour remplacer les points d'appui en maçonnerie, et résistent mieux à la compression que les colonnes en fer. On distingue les *colonnes pleines* et les *colonnes creuses* de plus gros volume mais qui offrent une plus grande résistance.

Elles sont renflées généralement au milieu de leur hauteur et sont munies de bases et de chapiteaux qui, en dehors de l'effet architectural, répartissent sur une plus grande surface la pression exercée sur ces points d'appui. La fonte ne s'écrase que sous une charge de 7500 kilog. par centimètre carré pour des pièces qui ont une hauteur variant de 1 à 5 fois la plus petite dimension de la section transversale.

Colonnes de poêles. Ces colonnes creuses se font avec ou sans ornements; elles sont en biscuit ou en faïence, et servent à cacher le conduit de fumée. (Fumist.)

Colophane. Résine provenant de la distillation de la gomme du pin et dont on a extrait la totalité de l'essence de térébenthine : on l'appelle aussi brai sec ou arcanson. Elle sert à la composition de certains vernis. (Peint.)

Coltinage. Transport des fardeaux à l'épaule.

Comble. Charpente en bois ou en fer qui sert à porter la toiture. L'inclinaison des combles varie suivant les climats; ainsi elle est plus grande dans les pays du Nord que dans le Midi. La pente des combles dépend aussi de la manière dont ils doivent être couverts; les couvertures en métal exigent moins de pente que les tuiles et les ardoises.

Les combles reçoivent divers noms, suivant leur forme; on distingue: le *comble à deux égouts entre deux pignons;* le *comble à deux égouts avec croupe*; le *comble brisé en man arde;* le *comble en pavillon;* le *comble en impériale;* le *comble à potence* ou en *appentis*, le *comble moisé*, dont chaque ferme est en bois de sciage et dont l'entrait et l'arbalétrier sont moisés; le *comble lierné*, comble cintré fait de bois de sciage ou de plats-bords, dont les courbes ou chevrons sont liés par des barres qui les traversent appelées liernes.

Le *comble* sphérique ou *dôme* dont la surface extérieure a la forme d'une calotte sphérique ou elliptique : ces combles se composent de principaux *chevrons* en demi-ferme, assemblés, par le haut, par un poinçon commun placé au centre, et par le bas dans une *plate-forme* circulaire, souvent double, dont les pièces sont réunies par des *blochets;* l'intervalle entre les principaux chevrons est rempli par d'autres, dont le nombre diminue en raison de la circonférence qui se rétrécit de bas en haut; vers la pointe, le bout du *poinçon* suffit pour former le sommet du bout du cône.

Comble à la Philibert Delorme. Ce comble, du nom de son inventeur, est composé d'arcs formés de deux cœurs de planches sur champ fixés entre eux par des chevilles en bois. Ces arcs sont reliés l'un à l'autre par des liernes qui les traversent au droit des joints et les maintiennent au moyen de clefs en bois.

Combler. Remplir une cavité avec des matériaux rapportés. (Terr.)

Combles en impériale. Ces combles ont la forme de la carène d'un vaisseau renversée et ressemblent à une couronne d'empereur.

Communs. Dépendances d'une grande habitation renfermant les cuisines, caves, logements de domestiques. On appelle ainsi des lieux d'aisances.

Compagnon. Nom donné aux ouvriers d'un grand nombre de corps d'état du bâtiment. Le compagnon à *un aide*. Le maître-compagnon est le chef de chantier des maçons.

Compartiment. Disposition de figures régulières pour les lambris, les plafonds de plâtre, les pavages de pierre dure, de marbre, de mosaïque, etc.

Compas. Instrument de mathématiques, composé de deux branches assemblées à charnière par un de leurs bouts ; cet assemblage forme la tête du compas.

— D'APPAREILLEUR. Compas dont chaque branche de fer, d'environ 0^m,65 de longueur, est plate et droite avec une pointe, et qui sert aux appareilleurs et tailleurs de pierre, pour tracer les épures et les pierres ; les ouvriers s'en servent aussi pour prendre les *angles gras* et *maigres*, comme fausse équerre. (Maçonn.)

— (GRAND). C'est une fausse équerre pour tracer sur la table les plus grands compartiments d'un *panneau*, ce que les vitriers appellent *équarrir*. Les vitriers ont aussi de petites équerres pour marquer les différents compartiments des différentes façons de vitres, ou pour en faire le *calibre*. (Vitrer.)

— A VERGES. Espèce de trusquin dont la tige a depuis 2 mètres jusqu'à 4 mètres et même 5 mètres de longueur ; il sert à tracer de grands cintres. (Menuis.)

— D'ÉPAISSEUR. Il diffère des compas ordinaires en ce que ses branches sont recourbées en dedans ; il sert à prendre le diamètre extérieur des corps ronds. (Menuis.)

— DE CHARPENTIER. Compas en fer dont l'ouvrier est toujours porteur, aussi bien que de la *jauge* et de la *rainette*, et lui servant pour tracer les assemblages des bois. (Charp.)

Composite. Ordre d'architecture formé par la combinaison de l'ionique et du corinthien.

Comptabilité. *La comptabilité du bâtiment* comprend spécialement la rédaction des devis, marché et cahier de charges, celle des mémoires ainsi que leur vérification et leur règlement.

Compteur. Instrument qui sert à mesurer la quantité de gaz ou d'eau consommée dans une maison ou établissement.

Comptoir. Table fixe sur laquelle les commerçants font voir leurs marchandises.

Concret. Se dit d'une substance liquide qui devient solide comme lorsqu'un sel dissous dans l'eau se cristallise, ce qui forme une concrétion saline. (Peint.)

Conducteur. Barre de fer ou corde métallique, qui met en communication la tige d'un paratonnerre avec un puits ou avec la terre.

Conducteur. Employé qui sous les ordres immédiats de l'ingénieur ou de l'architecte, dirige l'exécution des travaux, lève les plans, mesure les ouvrages, fait les états, les rapports, etc. ; il a pour l'aider les piqueurs et les chefs de chantiers.

Conduit. Partie excédante du *fût d'un outil*, en dessous ou par le côté, laquelle sert à l'appuyer contre le bois et à l'empêcher de descendre trop bas. (Menuis.)

— Petit tube en tôle ou en fer blanc encastré dans le mur, dans lequel les fils de fer de sonnette sont renfermés. (Serrur.)

— Espèce de canal que l'on établit dans l'épaisseur des planchers pour l'air froid, destiné au tirage des cheminées.

Conduit. Voy. ÉGOUT.

Conduite. Série de tuyaux conduisant l'eau ou le gaz d'un lieu à un autre. (Font.)

Cône. Solide compris sous une surface engendrée par une ligne droite appelée génératrice, se mouvant en suivant le tracé d'une courbe appelée directrice et passant par un point fixe appelé *sommet* : ordinairement le cône a pour directrice une circonférence et le sommet est sur la perpendiculaire au cercle en son centre : le cône est alors *droit;* il est *oblique* quand le sommet n'est pas sur cette perpendiculaire ; il est *tronqué* quand il est coupé par un plan parallèle ou non à celui du cercle.

Congé. Espèce de moulure en forme de quart de cercle ; — outil à fût propre à la former. Cet outil a deux conduits, l'un par les côtés et l'autre en dessous. (Menuis.)

— OU NAISSANCE. Adoucissement en portion de cercle, comme celui qui joint le fût à la ceinture de la colonne. On la nomme aussi *apophyge* et *scape.* (Arch.)

Conoïde. C'est la surface de douelle du berceau qui croise une voûte annulaire. Elle est engendrée par une ligne droite qui se meut en demeurant toujours horizontale et en s'appuyant d'une part contre l'axe vertical de la voûte annulaire et contre une courbe elliptique tracée au choix du constructeur.

Conscience. Pièce de bois garnie de fer que l'on pose sur l'estomac, pour soutenir et pousser un foret pendant qu'on le fait tourner avec un archet. (Serr., Marb., etc.)

Conseils de Préfecture. Magistrature administrative. Les conseillers de préfecture sont chargés de poursuivre les réparations et dommages contre la conservation des travaux de desséchement, comme pour les objets de grande vöirie, c'est-à-dire par voie administrative. Les conseils ont dans leurs attributions, ainsi que les préfets, les travaux de salubrité des villes ; ils sont appelés à délibérer sur les procès-verbaux d'estimation pour les indemnités de terrains. (Lois de voirie.)

Conserve. Réservoir dans lequel on garde l'eau pour la distribuer dans des aqueducs ou canaux. (Font.)

Console. Ornement en saillie taillé sur la *clef* d'une *arcade* support en saillie qui sert à porter de petites corniches. (Archit.)

— COUDÉE Console dont le contour, en ligne courbe, est interrompu par quelque angle ou partie droite.

Console GRAVÉE. Console qui a des *glyphes* ou gravures.

— PLATE. Console qui est en manière de *mutule* ou *corbeau*, avec *glyphes* et *gouttes*. (Archit.)

— RENVERSÉE. Toute *console* dont le plus grand *enroulement* est en bas et sert d'*adoucissement* dans les ornements.

Consoles arasées. Consoles dont les *enroulements* affleurent les côtés, comme il s'en voit sous le porche de la Sorbonne. (Archit.)

— EN ENCORBELLEMENT. Se dit de toute *console* qui sert à porter les *ménianes* et *balcons*, et qui a des *enroulements*, *nervures* et autres ornements. (Archit.)

Constructeur. On donne ce nom à celui qui, après avoir étudié les plans, dirige l'exécution d'un bâtiment, d'un pont, etc., etc.

Construction (POÊLE DE). Cette construction se fait sur place par des fumistes habiles ; elle est en faïence à compartiments, ou en biscuit.

Contour. Ligne qui marque l'extrémité de la forme d'un corps. (Maçonn.)

Contracture. Diminution. (Maç.). Continu d'une colonne.

Contre-allée. Allée d'un jardin, parallèle et sur le côté d'une allée principale. (Ter.)

Contre-arêtier. Ardoise qui précède celle qui est coupée obliquement pour former l'arêtier. (Couv.)

Contre-bas et **Contre-haut.** Termes dont on se sert dans l'art de bâtir pour signifier du haut en bas et du bas en haut, de quelque hauteur que ce soit. (Maçonn.)

Contre-bouter. Voy. ARC-BOUTER.

Contre-chambranle. Moulure rapportée sur le côté d'un mur opposé à celui sur lequel est rapporté le *chambranle* et que la porte effleure.

Contre-clef. Voussoir ou claveau d'un arc ou plate-bande en contact direct avec la clef. (Maç.)

Contre-cœur. C'est le fond d'une cheminée, entre les jambages et le foyer. Il doit être de brique ou de tuileau. (Maç.), et doit pouvoir être facilement enlevé et remplacé. On lui donne au moins 0,162^{mm} d'épaisseur. Le contre-mur est remplacé souvent par une plaque de fonte placée à quelque centimètres du gros mur.

Contre-cœur de fer. Grande plaque de fonte, souvent ornée de sculptures en bas-relief, laquelle sert non seulement pour conserver la maçonnerie du contre-cœur, mais encore pour renvoyer la chaleur du feu. (Maçonn.)

Contre-fiche. Pièce de bois placée en arc-boutant et servant à lier les arbalétriers et le poinçon.

Les contre-fiches s'emploient aussi dans les étaiements et se placent pour maintenir des murs qui menacent ruine ; elles sont scellées par le haut dans le mur, et arrêtées par le pied sur des couchis avec des rapointis. (Charp.)

Contre-forts ou **Éperons.** Espèce de piliers carrés ou triangulaires, contruits au dedans d'un mur de quai ou de terrasse, lorsque, pour éviter la dépense, on ne le fait pas d'une épaisseur suffisante pour retenir la poussée des terres.

On nomme aussi contre-forts, de grands piliers buttants qu'on érige après coup pour retenir un mur de face ou un mur de clôture qui boucle et menace ruine.

On place les contre-forts à de certaines distances les uns des autres, et on leur donne plus ou moins de saillie ; mais, quelle que soit leur disposition, il est essentiel qu'ils soient bien liés au mur auquel ils doivent servir d'appui ; qu'ils soient construits sur les mêmes fondements, pour qu'ils ne puissent entraîner le mur au lieu de le soutenir. Les contre-forts dont la base est rectangulaire sont les plus usités et presque toujours les plus convenables.

Les contre-forts dont la forme de la base est un trapèze, qui sont plus larges à la racine qu'à la queue, étant appliqués à l'intérieur, forment une construction solide.

Contre-fruit. Voy. Fruit.

Contre-heurtoir. Fer sur lequel vient frapper le heurtoir.

Contre-jambage. Petits murs élevés contre les jambages des fourneaux ou cheminées de cuisine, pour leur donner plus de force. (Maçonn.)

Contre-jauger. Pour tailler les bois, afin de tracer les *joints*, les *tenons* et les *mortaises*, il faut mener une ligne à chaque pièce de bois ; mais comme cette ligne ne paraît que d'un côté, il faut tirer une seconde ligne de l'autre côté de la pièce, et c'est ce qu'on appelle *contre-jauger*. (Charp.)

Contre-jumelle. Pavés qui se joignent deux à deux dans le milieu d'un ruisseau.

Contre-latte pour la tuile. Belles lattes carrées qu'on cloue sur la latte parallèlement aux chevrons. Les contre-lattes pour l'ardoise sont des chevrons refendus en deux à la scie. (Couvert.)

Contre-latter. Latter une cloison ou un pan de bois, devant et derrière, pour le recouvrir en plâtre. (Maçonn.)

Contre-lattoir. Instrument de fer qui sert à appuyer la contre-latte pour tenir coup, et aider à enfoncer les clous.

Contre-maître. Celui qui dans un atelier dirige le travail des autres ouvriers.

Contre-marche. C'est la pièce de bois ou de tôle placée sous la marche d'un escalier. (Charp.)

Contre-marque. Traits (barres, ronds et croix) que les charpentiers tracent sur les bois, à mesure qu'ils les façonnent, afin de les reconnaître pour en faire l'assemblage.

Contre-mur. Seconde muraille que l'on fait contre un mur pour le garantir ou le fortifier. Ceux des cheminées se construisent en tuileau ou en brique ; ceux sous les mangeoires d'écurie se font en moellon.

Contre-panneton. Platine évidée comme une agrafe, mais qui a une patte au lieu d'une boucle ; cette platine sert à recevoir le panneton d'une espagnolette lorsqu'on ferme le volet. Il en est de diverses sortes et qui sont semblables aux agrafes. (Serr.) Voy. AGRAFE.

Contre-passe (Scier à). C'est faire agir la scie parallèlement aux joints du marbre, c'est-à-dire à débiter les tranches sur la hauteur du bloc. (Marb.)

Contre-pilastre. Pilastre qui est à l'opposite d'un autre.

Contre-poseur. Ouvrier qui aide le poseur à recevoir les pierres de la grue ou de la chèvre et à les mettre en place d'aplomb et de niveau. (Maç.)

Contre-profiler. Creuser une pièce de bois, de manière que les moulures poussées sur une autre entrent exactement dans la première, dont la partie creusée se nomme contre-profil. (Menuis.)

Contre-revers. Dans une chaussée creuse dont le ruisseau n'occupe pas le milieu, le *contre-revers* est le côté le plus étroit.

Contre-rivure. Petite plaque de fer battu, de forme ronde ou carrée, que l'on place entre le bois et la rivure que l'on fait au bout de la tige d'un clou.

Contre-vent. C'est une pièce qui sert à consolider la charpente dans les beffrois, afin que le mouvement des cloches ne la fasse pas remuer, ce qui causerait un dommage considérable aux tours où elles sont. Ces contre-vents sont toujours inclinés pour pouvoir résister soit aux coups de vent, soit à d'autres efforts. (Charp.)

— En menuiserie, volets extérieurs.

Contributions ou **Cotisations**. Les propriétaires doivent contribuer pour l'entretien des travaux après le desséchement des marais. Les départements ou arrondissements doivent aussi contribuer pour les travaux publics auxquels ils sont intéressés ; il en est de même des propriétaires intéressés à l'ouverture d'une navigation dont l'objet est d'exploiter avec économie des forêts, usines ou minières. (Code de desséchem.)

Convexe. Se dit de la partie extérieure d'un corps rond plein. (Arch.)

Copal. Résine dure, jaune, luisante et transparente. Le copal est la plus belle résine qui serve au vernis. (Peint.)

Copeaux. Les treillageurs donnent ce nom à de petites pièces de bois qu'ils fendent très minces, et qu'ils unissent avec la *plane*, pour ensuite en faire des fleurs et autres ornements de leurs ouvrages. (Treillag.)

Coque. C'est l'espèce de noix ajustée à un briquet ; elle est à mouffle et rivée entre les deux branches formant charnière. On donne aussi ce nom à de larges crampons ou à des cloisons profilées, qui sont rivées sur la platine d'un verrou à ressort et à placard poli, ou sur celle d'un loqueteau. Ces coques sont quelquefois en cuivre. (Serrurerie.)

Coquille. Ornement de sculpture imitée des conques marines, qui se met au cul-de-four d'une niche.

Coquille d'escalier. Dans un escalier à vis de pierre c'est le dessous de marches qui tourne en limaçon et porte leur *délardement*. (Maçonn.)

Coquille (Voûte en coquille). Demi coupole couvrant une *niche*.

Coquilleuse (*pierre*). Celle dans laquelle il se rencontre de petites coquilles et qui fait que ses parements sont troués. (Maçonn.)

Corbeau. Grosse console qui a plus de saillie que de hauteur ; comme la dernière pierre d'une *jambe sous poutre*, qui sert à soulager la portée d'une poutre, ou à soutenir par *encorbellement* un *arc doubleau* de voûte, qui n'a pas des *dosserets* de fonds. (Maçonn.)

Corbeau. Gros barreau de fer carré qu'on scelle dans les murs et qui fait saillie sur le nu du mur, pour soutenir une sablière ou une grosse pièce de bois. (Serrur.)

— Espèce de console en bois refait, portant quelquefois moulures et clefs. (Charp.)

Corbeille. Partie d'un chapiteau entre l'astragale et l'abaque et autour de laquelle se groupent les ornements, particulièrement d'un chapiteau corinthien.

Corbeille de terre. Ouvrage de treillage qu'on place dans le parterre d'un jardin pour contenir des fleurs.

Cordage. Voy. CABLES.

Corde nouée ou **à nœud.** Grosse corde à laquelle on fait des nœuds, dont se servent les fumistes et les peintres en bâtiment et les badigeonneurs. pour exécuter leurs travaux sur la face des murs. Les nœuds arrêtent les crochets des *étriers* ou *jambières*, et de la *sellette*. Pour monter aux clochers, on a des cordes légères nouées qu'on nomme *fouet*. (Couvert.)

Corde sous-tendante. Ligne droite qui joint les deux extrémités d'un arc. (Géom.)

Cordeau. Petite corde dont se servent les charpentiers pour tracer les lignes droites sur les pièces de bois. Après l'avoir enduit de blanc ou de noir, on tend le cordeau entre les deux extrémités de la ligne à tracer et on le soulève légèrement, dans un plan perpendiculaire à la face de laquelle on veut faire le trait : en retombant la couleur se détache et imprime la ligne droite. Voy. CINGLER. Les jardiniers emploient aussi le cordeau qui consiste en une corde tendue par deux piquets et qu'on laisse en place pendant tout le temps du travail.

Cordelière. Baguette sculptée en forme de corde à puits. (Sculpt)

Cordon. Saillie horizontale, carrée ou arrondie sur un mur, notamment sur un mur de revêtement pour quai ou terrasse.

— Terme qui désigne collectivement toutes les pièces nécessaires au tirage d'une sonnette ; fil de fer ou de laiton, cordon proprement dit, les mouvements, les bascules, les ressorts de rappel, etc. (Serr.)

Corinthien (*Ordre*). Quatrième ordre d'architecture et le plus riche. Voy. ORDRES.

Cornadis. Agencement particulier de mangeoires pour une étable et qui consiste en une cloison percée d'ouvertures, qui sépare l'animal de la mangeoire. Celui-ci pour manger passe sa tête par l'ouverture et la nourriture qui s'échappe de ses dents tombe dans la mangeoire et n'est pas perdue.

Corne d'abaque. Encoignures à pans coupés du tailloir d'un chapiteau.

Corne de bœuf ou de vache. Construction formée d'une

partie de voûte d'un seul côté de la montée, et servant à supporter un mur en porte-à-faux sur celui qui reçoit les coussinets de la voûte.

Cornette. Fer méplat qui sert à défendre, des essieux, les encoignures des bâtiments. (Serrur.)

Corniche. Toute saillie profilée qui couronne un corps. On dit qu'elle est taillée lorsqu'il y a des ornements convenables sur ses moulures. (Archit.)

Les corniches varient suivant les ordres d'architecture.

— TOSCANE. Celle qui a le moins de moulures et est sans ornements.

— DORIQUE. Celle qui est ornée de *mutules* ou de *denticules*.

— IONIQUE. Celle qui a quelquefois les moulures taillées d'*ornements* avec des *denticules*.

— CORINTHIENNE. Celle qui a le plus de moulures, qui sont souvent taillées, et des *modillons* et quelquefois des *denticules*.

— COMPOSITE. Celle qui a des denticules, ses moulures taillées, et des *canaux* sous son plafond. (Archit.)

— DE COURONNEMENT. Celle qui est la dernière d'une *façade*, qu'on nomme *entablement*, et sur laquelle pose l'*égout* au chéneau d'un comble.

— D'APPARTEMENT. Toute saillie qui, dans une pièce d'appartement sert à couronner les lambris de revêtement s'il y en a.

— AVEC ENROULEMENT. Celle qui a des volutes en haut et en bas.

Corniches volantes. On nomme ainsi des corniches en bois rapportées. (Menuis.)

Cornier poteau. C'est le poteau qui se trouve à l'angle de deux pans de bois, formant équerre et montant de fond dans la hauteur du bâtiment pour relier les pans de bois qui forment le coin d'une bâtisse, et qui ont le poteau cornier pour pièce commune. On enveloppe ce poteau par des bandes de fer pliées en équerre, dont les branches s'étendent sur les sablières et les chapeaux où elles sont fixées, comme les autres bandes par des clous et des boulons. (Charp.)

Cornière. Canal de plomb qui est le long de l'angle de denx corps de logis. (Peint.)

Cornière. On donne ce nom à des barres de fer dont la section a la forme d'un V plus ou moins ouvert ; ordinairement l'angle de rencontre des branches du V est droit. Elles servent à réunir entre elles les tôles qui constituent les poutres.

Cornière. Voy. NOUE.

Corps. *En architecture*, toute partie qui, par sa saillie excède le nu du mur et sert de champ à quelque décoration ou ornement. On appelle *corps de fond* celui qui s'élève dès le bas d'un bâtiment avec *empâtement* et *retraite*. (Archit.)

Corridor. Galerie ou large allée qui dessert une série de chambres. (Maçonn.)

Corroi. Enduit de terre glaise ou de chaux et ciment que l'on fait sur les parements extérieurs d'un canal d'aqueduc ou d'un réservoir. (Maç.)

Corroyer. Aplanir, dresser, mettre de largeur et d'épaisseur une pièce de bois quelconque, ce qui se fait avec la *varlope* et autres outils. (Menuis.)

— Bien pétrir la chaux et le sable avec de l'eau à l'aide d'un *rabot*, pour en faire du *mortier*. (Maçonn.)

— LE FER. Le battre à chaud quand il sort de la forge, l'étendre, le plier plusieurs fois sous le marteau, et en quelque façon le pétrir pour le purifier. (Serrur.).

Costières. On appelle costières les parois intérieures d'une cheminée, formant pans coupés. (Maçonn.)

Cotes. Chiffres que l'on met sur un dessin pour indiquer les dimensions des ouvrages à faire.

Côtes Ce sont, sur le fût d'une colonne cannelée, les listels qui en séparent les cannelures. (Archit.)

— DE DÔME. Saillies qui excèdent le nu de la convexité d'un dôme, la partagent également à plomb aux jambages de la tour et se terminent à la lanterne. (Maçonn.)

— DE COUPE. Saillies qui séparent la douelle d'une voûte sphérique en parties égales. (Maçonn.)

Côtes de vaches. Espèce de fer en verge, refendu par les *coutres* ou espatards des fenderies ; il est rude, carré, mal fait, de plusieurs grosseurs, et se vend lié en bottes. (Serrur.)

Coterie. Nom par lequel les ouvriers du bâtiment s'interpellent. Ex. : La coterie charpentier.

Côtières. Pilastres servant de revêtement aux côtés d'une cheminée, dont le corps ou tuyau est en saillie sur le mur d'une pièce. (Menuis.)

Couche. Pièce de bois couchée à plat sous le pied d'un étai.

Couche haute et basse. Voy. ÉTAIEMENT.

— DE CIMENT. Espèce d'enduit de chaux et de ciment, d'environ $0^{m},013$ d'épaisseur, qu'on raye et picote à sec avec le tranchant de la *truelle*, et sur lequel on repasse successivement jusqu'à cinq ou six autres enduits de la même manière, pour faire le *corroi* d'un canal d'*aqueduc*. (Maçonn.)

Coucher. C'est mettre des couleurs l'une sur l'autre à plusieurs reprises. (Peint.)

Couchis. Pièce de bois servant à arrêter les pieds d'un chevalement. Voy. ÉTAIEMENT (Charp.)

Couchis. Pièces de charpente d'un cintre sur lesquelles portent les voussoirs.

Couchis de lattes. Lattis à lattes jointives que l'on fait sur les solives d'un plancher pour recevoir le plâtre qui forme l'aire. (Maçonn.)

— Lit de graviers mis sur les madriers d'un pont et qui reçoit le pavé.

Coude. Angle dans la continuité d'un mur de face ou mitoyen, considéré par dehors, et formant un pli par dedans. (Maçonn.)

Coude. Petit bout de tuyau en tôle, s'emboîtant dans une suite de tuyaux, et servant à en faire changer la direction. (Fum.)

Coudre. Arrêter ensemble les différentes parties de treillages, avec du fil de fer. (Treillag.)

Coulage (du béton). Procédé d'immersion du béton.

Couler. On appelle couler une pierre, la sceller avec du plâtre; ce qui se fait en formant d'abord un solin tout au pourtour des joints, et ne laissant que deux ouvertures avec godets, dont l'un sert pour introduire du plâtre gâché très liquide, et l'autre sert d'évent, c'est-à-dire pour laisser échapper l'air. (Maçonn.)

Couleurs. Matières minérales ou végétales qui, mises en suspension, dans un véhicule convenable, eau, gélatine, huile ou vernis forment une pâte plus ou moins liquide avec laquelle on peint les bâtiments. Une couleur couvre d'autant mieux qu'elle est plus lourde. Il y a cinq couleurs fondamentales le ***blanc***, le ***jaune***, le ***rouge***, le ***bleu*** et le ***noir***.

Couleur d'eau. Quand on recuit le fer et l'acier poli, il devient d'un beau bleu, puis il prend une couleur brune, et quand on le fourbit à la pierre de *sanguine*, cette couleur, qui devient brillante, s'appelle couleur d'eau. (Serrur.)

Couleuvre. Lézarde ou fente qui survient à une voûte par défaut de construction.

Coulis. Plâtre gâché clair, pour remplir les joints des pierres et pour les *ficher*. On ne doit en faire que quand les parties à remplir n'ont pas de charge à soutenir, tels que les joints verticaux ou d'aplomb, et jamais pour les lits horizontaux. (Maçonn.)

Coulisseau. Petit mouvement de tirage monté sur platine, servant à faire mouvoir une sonnette. Voy. COULISSES.

— Bâti dans lequel on place un tiroir.

Coulisses. Toute pièce de bois dans laquelle est pratiquée une *rainure* capable de recevoir la partie qui doit se mouvoir dedans, telle qu'une porte, etc. Les coulisseaux diffèrent des coulisses en ce qu'au lieu d'avoir une rainure comme ces dernières, on y fait une languette, laquelle sert à porter l'objet qui doit porter dessus. (Menuis).

Couloir ou **Conduit.** Petitit espace entre les cloisons en brique et les carreaux d'un poêle de construction pour la circulation de la fumée. (Poêl.)

Couloir à béton. Machine servant à fabriquer le béton. Généralement cylindre en tôle à l'intérieur duquel sont des croisillons en fer placés dans des sens différents.

Coulottes. Grandes et fortes pièces de bois que les scieurs de long mettent sur tréteaux pour porter les bois qu'ils ont à refendre. (Menuis.)

Coup de crochet. Petite cavité que les maçons font avec un crochet, pour dégager les moulures de plâtre. (Maçonn.)

Coupe. Dessin qui représente un édifice ou une machine supposé coupé suivant une section quelconque et dont on peut voir la disposition intérieure.

Coupe. Fente faite dans le verre avec le diamant. On juge de la bonté d'une coupe lorsqu'en filant avec un cri ni trop aigre, ni trop doux, sur le verre qu'elle presse, elle y forme une trace noire, fine, qui s'ouvre lentement, et devient, lorsqu'elle est ouverte, aussi claire qu'un fil d'argent, sans laisser sur la surface du verre aucune poussière blanche. (Vitr.)

Coupe. Par ce terme on entend la manière de disposer sur le bois les joints des moulures et des *champs*. (Menuis.)

— Se dit encore de l'inclinaison des *joints* des *voussoirs* d'un *arc* et des *claveaux* d'une *plate-bande* : c'est pourquoi on dit *donner plus ou moins de coupe*, pour exprimer cette inclinaison. (Maçonn.)

— ou COUPOLE. Partie concave d'une voûte sphérique qu'on orne de compartiments quelquefois séparés par des côtes, ou d'un grand sujet de peinture à fresque.

Il est à remarquer que les *panneaux* de *douelle* de la surface intérieure des voûtes sphériques ne peuvent donner des développements que par approximation, et de plus exigent des surfaces préparatoires qui ne sont pas celles sur lesquelles doivent être tracées les arêtes des *voussoirs*. (Archit.)

— DES PIERRES. C'est l'art qui enseigne la manière de couper les pierres, en sorte qu'étant taillées d'après l'*épure*, appareillées et mises en place, elles forment un ouvrage solide, comme une *voûte*, une *trompe*, etc. (Maçonn.)

Coupe-larme. Espèce de petit canal placé sous les appuis de croisée pour servir à l'écoulement des eaux. (Maçonn.)

Coupement sur le tas. Action de couper à la scie sur les lieux mêmes où les travaux s'éxécutent, un chevron, solive de remplissage, sablière, etc. Les coupements se font aussi à l'*ébauchoir* lorsqu'on ne peut se servir de la scie. (Charp.).

Coupes carrées. Ce sont celles qui se font en travers d'une pièce de bois, perpendiculairement à sa longueur. Les *coupes d'onglet* se font diagonalement dans la largeur d'une pièce de bois, de manière que les fils de chaque pièce viennent joindre les uns contre les autres. Les *fausses coupes* diffèrent des coupes d'onglet, en ce qu'elles forment un angle plus ou moins ouvert que ces dernières. (Menuis.)

Couper. Faire une coupe.

Couper une pierre, c'est en ôter trop de son lit ou de son parement en sorte qu'elle ne peut pas servir à l'endroit où elle était destinée.

Couper le plâtre, c'est faire des moulures de plâtre à la main et à l'outil.

Couperet. Marteau très pesant qui a deux pannes droites et tranchantes, il sert à la refente du pavé. (Pavage.)

Couperose. On donne ce nom au sulfate de fer, au sulfate de cuivre et au sulfate de zinc.

Couperose blanche. (Peint.). Sulfate de zinc, employé dans la peinture comme siccatif pour les couleurs détrempées à l'huile. Il n'en faut pas mettre un excès parce que la couperose fait jaunir les peintures en les oxydant.

Couplet. Sorte de grosse charnière dont on fait usage pour des ouvrages de serrurerie communs. (Serrur.)

Coupole. Voûte engendrée par une demi-circonférence une demi-ellipse ou par deux courbes qui se coupent à leur sommet, reposant sur un plan circulaire ou polygonale. Leur partie extérieure s'appelle dôme.

Courant ou **Conduite de chaleur.** Canal formé par deux petits murs en brique et couvert d'un double rang de tuiles, que l'on conduit sous le carreau ou le parquet d'une pièce, au rez-de-chaussée d'un édifice pour la chauffer par une circulation d'air chaud venant d'un poêle ou d'un calorifère construit à cet effet dans le sous-sol.

Courbe. Les menuisiers et les charpentiers entendent par se terme toute pièce de bois dont la face ou le plat est cintré, soit en plan, soit en *bouge*. (Menuis).

Courçon. Bout de planche destiné à faire les panneaux de remplissage des feuilles de parquet, dont chacune fait deux panneaux. Voy. MERRAIN. (Menuis).

— On appelle ainsi du fer de Berry, très doux, dont la forme est à pans irréguliers et qui porte $0^m,60$ à $1^m,20$ de largeur. (Serr.)

Courge. Sorte de corbeau de pierre ou de fer qui porte le faux manteau d'une ancienne cheminée.

Couronne. Ornement en faïence ou en biscuit que l'on place comme couronnement sur le haut des colonnes de poêle.

Couronnement. Tout ce qui termine une décoration d'architecture, comme une *corniche* de *fronton*. (Archit.)

— (DE VOUTE). C'est le plus haut point de l'*extrados* d'une voûte, pris au *vif* de la *clef*. (Maçonn.)

Couronner. Terminer un corps avec quelque *amortissement*; ainsi, on dit qu'une *table* ou qu'un *placard* est couronné, lorsqu'il est couronné par une corniche; qu'un membre ou qu'une moulure est couronnée, lorsqu'elle a un filet au-dessus; qu'une niche est aussi couronnée, lorsqu'elle est couverte d'un chapiteau. (Archit.)

Cours. Suite continue de plusieurs pièces bout à bout. On dit un *cours de pannes*. (Charp.)

Cours d'assise. C'est un rang continu de pierres de niveau et de même hauteur dans toute la façade, sans être interrompu par une ouverture.

Cours d'eau. Pente par laquelle les eaux suivent leur cours, soit dans un lit naturel ou un lit creusé par la main des hommes. On ne peut établir aucun moulin, usine, ou construction quelconque, sur les rivières navigables ou flottables, sans une permission de l'autorité administrative; de même sur les canaux de desséchement, d'irrigation ou de navigation. Il est aussi défendu de détourner l'eau des rivières navigables et flottables, et d'en affaiblir ni altérer le cours, d'y jeter des ordures, ou de les amasser sur les bords, de tirer du sable à moins de 12 mètres du rivage. Les personnes qui voudront former des établissements sur les rivieres navigables ou flottables, devront adresser au préfet une demande motivée. Le curage des canaux et rivières non navigables, et l'entretien des digues et ouvrages qui correspondent, se font de la manière prescrite par les anciens règlements, ou d'après les usages locaux.

Lorsqu'il s'agira de construire des digues à la mer, ou contre les fleuves, rivières et torrents navigables, la nécessité en sera constatée par le gouvernement, et la dépense supportée par les propriétés protégées, dans la proportion de leur intérêt aux travaux, sauf les cas où le gouvernement croirait utile et juste d'accorder des secours sur les fonds publics.

Lorsqu'il y aura lieu de pourvoir aux dépenses d'entretien ou de réparation des mêmes travaux, au curage des canaux qui sont en même temps de navigation et de desséchement, il sera fait des règlements d'administration publique qui fixeront la part contributive du gouvernement et des propriétaires.

Lorsque, pour exécuter un desséchement, l'ouverture d'une nouvelle navigation, un pont, il sera question de supprimer un moulin et autres usines, le prix de l'estimation en sera payé par l'État.

Les terrains nécessaires pour l'ouverture des canaux et rigoles de desséchement, des canaux de navigation, seront payés à leurs propriétaires, et à dire d'experts, avant l'entreprise des travaux. (Lois des desséchements.)

Cours de plinthe. Continuité d'une *plinthe* de pierre ou de plâtre dans les murs de face, pour marquer la séparation des étages. (Maçonn.)

Course du pêne. Chemin que la clef fait parcourir au pêne, soit pour le faire rentrer dans la serrure, soit pour l'en faire sortir. (Serrur.)

Coussin. Outil de doreur composé d'un morceau de bois carré long, sur lequel on met deux ou trois cardes de bon coton, de l'épaisseur de trois doigts; ensuite on étend dessus une peau de veau dégraissée et passée au lait. Cette peau tendue, l'on attache aux quatre extrémités du carré une feuille de parchemin qui forme un bordage pour maintenir l'or.

— Petite fascine en paille que les plombiers et couvreurs mettent à l'extrémité de leurs échelles, afin de ne point endommager la couverture.

Coussinet. Morceau d'acier dans lequel on a pratiqué des filets ou pas de vis et portant un tenon de chaque bout pour s'ajuster dans un tourne-à-gauche, qui sert à *tarauder* des *boulons* ou autres vis. (Serrur.)

— Pierre qui couronne un *pied-droit* : son lit inférieur est de niveau, et celui de dessus en coupe, pour recevoir la première *retombée* d'un arc ou d'une *voûte*. (Maçonn.)

— DE CHAPITEAU. Dans le chapiteau ionique, c'est la face du côté des *volutes*, qu'on nomme encore *balustre* et oreiller. (Archit.)

Couteau DE PEINTRE. C'est une lame plate, flexible, également mince de chaque côté, arrondie par une de ses extrémités, et emmanchée par l'autre dans un manche de bois léger. (Peint.)

On distingue : le *couteau à palette*, le *grattoir* pour les vitriers, le couteau à *mastiquer*, le couteau à *dévitrer*.

Couteau A REMETTRE EN PLOMB. Ce couteau est tranchant des deux côtés, mince sur les bords, plus élevé et à côtes dans le milieu. Il est emmanché assez ordinairement dans un morceau de bois de 0m,08 à 0m,11 de longueur, et d'autant de circonférence, à pan. Outre que cette garniture, par son poids, donne plus de coup au couteau, elle sert encore à chasser les pièces de verre vers le cœur de la verge de plomb avec moins de risque de les casser qu'avec le fer, ou encore à enfoncer légèrement dans la table les pointes de fer dont on se sert pour y arrêter l'ouvrage. (Vitrer.)

Couteau A RACCOUTRE. Il est de la forme d'un couteau de table, dont la lame serait courte : sa pointe obtuse ressemble assez à celle de la *tringlette*, quoique un peu plus étroite. Il ne doit point être tranchant. Le vitrier, avant de contre-souder les panneaux, se sert de ce couteau pour relever les ailes du plomb qui entoure la pièce cassée, et pour y insérer la pièce neuve; puis pour rabattre sur la pièce qu'il a fournie, ces mêmes ailes, en les renversant sur le plomb. On s'en sert aussi pour rabattre les bords du plomb qui entoure un panneau qu'on lève hors de son châssis pour le réparer, et pour en gratter les soudures cassées qui sont à refaire. (Vitrer.)

Coutre. Outil de treillageur en fer acéré, dont le tranchant est sur la longueur, et à deux *biseaux*.

Coutte. Voy. CRAPAUDINE.

Couture. Lien de fil de fer qui fixe le treillage. (Treill.)

— Manière d'accommoder le plomb sur les couvertures : c'est un repli qu'on fait entre deux tables de plomb. (Plomb.)

Couture (Charpente). Distance entre le joint et *l'enlaçure* d'un assemblage.

Couverture. Assemblage des matériaux formant la surface d'un toit : cette couverture se fait en ardoises, en tuiles, en chaume, dalles de pierres, feuilles de plomb, de zinc, de tôle ou de cuivre, bardeaux feutrés et carton bitumé, toile goudronnée. D'après une ordonnance, les couvertures en paille ne seront tolérées que là où l'autorité administrative en aura donné permission.

Couverture de serrure. C'est une plaque de tôle qu'on place parallèlement au *palastre*, et qui cache toutes les parties de l'intérieur d'une *serrure*. (Serrur.)

Couvreur. Ouvrier qui fait les couvertures.

Couvre-joint. Tringle de bois mince et chanfreiné qu'on rapporte sur les joints de planches accolées, par exemple :

d'un toit, d'un auvent d'un volet, d'une porte charretière. (Menuis.)

Espèces de chapeaux en zinc qui, dans les couvertures de même métal, recouvrent les toiseaux qui séparent les feuilles.

Coyaux, Morceau de bois qui porte sur le bas des chevrons et sur la saillie de l'entablement de manière à former l'égout d'un comble en retraite sur l'entablement.

Coyer. Maîtresse solive posée en diagonale, qui reçoit l'assemblage des *soliveaux* en *empanon*.

Ce sont les *entraits* des *arêtiers* et ceux des *noues*, ainsi que ceux des *demi-fermes*; s'il n'y a pas d'*exhaussement* dans les greniers, alors les *arêtiers noues* viennent s'assembler dans les maîtresses pièces qui sont à-plomb; et dans ce cas ce sont les premiers *coyers*, et les *entraits* sont les seconds. (Charp.)

Craie. Pierre naturelle (carbonate de chaux) qui sous le nom de blanc de Meudon, blanc d'Espagne est employée par les peintres, seule ou mélangée avec le blanc de plomb ou autre couleur blanche. (Peint.)

Cramoisi. Couleur secondaire composée de carmin, de laque carminée et d'un peu de blanc. (Peint.)

Crampon. Morceau de fer ou de bronze replié par les deux bouts, qui sert à lier les pierres, les marbres, les charpentes, etc.; s'il s'attache à du bois, il se termine par un scellement. (Serrur.)

Cramponnet. Petit crampon.

Quand on se sert de ce terme à l'égard d'une serrure, il est synonyme de *picolet*. *Voyez* ce terme. (Serrur.)

Crapaudine. Morceau de fer, de bronze ou d'acier, au milieu duquel il y a un trou qui reçoit l'extrémité d'un *pivot* supportant ou une porte ou un contre-vent; souvent ils se mettent en bas dans un dé de pierre de taille. Il y en a aussi à queue qui s'attachent, ou au *chambranle*, ou dans l'*embrasure*; suivant ces circonstances, on fait les *queues* à scellement ou à pointe. (Serrur.)

Plaque de plomb à jour qu'on met dans l'intérieur des cuvettes, afin que les ordures ne passent pas dans les tuyaux de descente, et ne les engorgent pas. (Plomb.)

Crasses ou **Écume**. Parties de plomb qui en fondant se sont converties en oxyde; on les tire de la chaudière à l'aide d'une *écumoire* faite en forme de poêle à *marrons*, pour les revivifier ensuite au *creuset*. (Plomb.)

Crèche. Enceinte que l'on fait autour du pied d'une pile ou devant une culée de pont avec une file de pieux, fichés à une petite distance et que l'on remplit de maçonnerie à pierres sèches. (Charp.)

Crémaillère. Tringle de bois dentelée sur le champ, pour recevoir le bout des tasseaux servant à porter les tablettes d'une blibliothèque. (Menuis.)

— Garniture de fer qu'on met en travers derrière les portes cochères. Ce mot se dit aussi d'une certaine garde qui est dans les serrures. On met aussi des crémaillères à des châssis à tabatière ou de comble. (Serrur.)

Crémone. Sorte de fermeture, remplaçant avec avantage les verrous à placard pour portes ainsi que les espagnolettes pour croisées. Le mécanisme moteur de ladite crémone, qui consiste en un double verrou mû par une bascule, a l'avantage de se placer à tel endroit qu'on veut sans crainte d'affamer les bois.

Il y a des crémones se fermant à clef.

Crénelure. Rainure triangulaire qui a la figure d'une dent de scie. On la nomme aussi grain d'orge. L'outil qu'on emploie à cet effet porte le même nom. (Menuis.)

Crépis. Enduit fait avec le plâtre qui reste, après l'avoir d'abord passé au panier puis au sas : ce qui en sort est un plâtre fin avec lequel on fait les enduits et les gobetages. Les crépis pleins doivent toujours recouvrir la tête des moellons, de la meulière ou de la brique. Les crépis mouchetés se composent d'un crépis ordinaire et d'un enduit en plâtre au panier, gâché très serré et jeté au balai ;.

Crète. Scellement en plâtre ou en mortier que l'on fait sur les faîtières, et qui les lie les unes aux autres. (Couvert.)

Partie supérieure d'un toit, d'un mur, ou plutôt du chaperon du mur.

Suite d'ornements découpés qui décorent le faîte d'un comble.

Creuser. C'est fouiller la terre pour faire une excavation. (Terr.)

Creuset. Fourneau à forge dont on se sert pour *raffiner* et *revivifier* les miettes et cendres de plomb après les avoir lavées. (Plomb.)

Crevasse. Se dit d'une fente étroite dans un mur, un plafond, un enduit. (Maçonn.)

Crible. Instrument sous forme de châssis avec toile métallique servant à séparer du caillou, du sable, les grains les plus gros des grains les plus fins.

Cric. Machine dont se servent les charpentiers et les maçons pour soulever les lourdes charges. Elle se compose d'une forte urre de fer qui porte une crém aillère, et qui se meut dans une aite solide, au moyen de rou es d'engrenages commandées par ne mani velle. Cette barre porte en haut un croissant et en bas un crochet faisant saillie hors de la boîte : suivant la hauteur à laquelle se trouve la charge à soulever, on applique contre elle soit le croissant soit le crochet, en maintenant solidement le pied de la boîte contre un appui fixe : en tournant la manivelle, la barre sort de la boîte et soulève la charge, en l'éloignant du point d'appui.

Criques. Fentes transversales existant sur certaines pièces forgées et indiquant un fer *aigre*, c'est-à-dire cassant.

Crochet Petite tringle en fer rond, fixée de distance en distance sur les chevrons pour le service des couvreurs. (Plomb.)

Agrafes en zinc, en fer galvanisé ou en laiton maintenant les ardoises par leur base sur le lattis.

— (Clous a). Espèce de clous reployés à retour d'équerre, dont les treillageurs font usage pour arrêter les espaliers contre les murs. (Treillag.)

— Barre qui porte croc à un de ses bouts, et à l'autre un œil qui entre dans un piton à vis ou à pointe. Il y en a de grands pour les portes cochères, et de petits pour arrêter les portes, etc. (Serrur.)

— d'établi. Espèce de pate coudée, qui entre dans une ouverture nommée boîte de crochet, placée au bout supérieur du devant de l'établi. Le crochet est dentelé et sert à retenir le bois en place sur l'établi lorsqu'on le corroie, ou qu'on y fait des moulures. (Menuis.)

Outil servant à creuser une partie arrondie plus large à l'intérieur qu'à l'orifice, *fausse-clef*.

Extrémité recourbée d'une chaîne qui permet d'agrafer les charges que l'on veut enlever.

Croisées. Ouvrage de menuiserie que l'on place dans les ouvertures des fenêtres pour garantir les intérieurs des injures de l'air.

Les croisées en menuiserie se composent ordinairement d'un *bâti dormant*, dans lequel s'ajustent un ou plusieurs châssis ouvrants garnis de verres avec ou sans petits bois. Le dormant se fixe dans la feuillure de la baie. Les montants du châssis se nomment *battants, battants de noix* ceux qui sont contre le dormant, *battants nouveaux* ceux qui se joignent quand la croisée est fermée.

La traverse inférieure du dormant s'appelle *pièce d'appui*. Celle des châssis s'appelle jet d'eau à cause de sa forme particulière.

Les croisées se ferrent ordinairement de six fiches à bouton ou chanteaux ou de six paumelles, de huit équerres, d'une crémone ou d'une espagnolette.

On fait aussi des croisées; en fer quand les croisées ont une grande élévation, on ne les fait ouvrir qu'à une certaine hauteur au-dessous d'un imposte qui s'assemble dans les dormants. (Menuis.)

— DOUBLES. On appelle ainsi celles qui sont posées à l'extérieur des tableaux des croisées. (Menuis.)

— PERSIENNES. *Voy.* l'art. PERSIENNES

Croisillons. Tiges de bois ou de métal en forme de croix qu'on appelle petits bois et dont on garni les châssis de croisées d'imposte.

— Système de fers disposés diagonalement à l'intérieur d'un portail pour maintenir les deux solives qui le composent.

Croissant. Morceau de fer rond en croissant, placé sur les costières d'une cheminée pour supporter les pelles et pincettes.

— Evidement dans la platine d'une targette, d'un loqueteau d'un verrou à ressort.

Croix de Malte. Disposition que l'on donne au pavage d'une place à laquelle aboutissent quatre rues. (Pavage.)

Croix de Saint-André. Assemblage en croix de deux pièces de bois remplaçant les *décharges* et *guettes ;* ces pièces sont entaillées à mi-bois dans l'endroit où elles se creusent, et assemblées à tenons dans les *sablières*. (Menuis.)

En *serrurerie :* deux tringles réunies au milieu par un ajustement à moitié.

Crossettes. Saillies ou ressauts à angle droit qu'on fait faire à des cadres ou à des champs, et notamment aux tables saillantes des portes cochères.

On donne aussi ce nom au ressaut qu'on fait faire au dernier membre d'un *chambranle*, d'un *cadre*, etc. (Menuis.)

Partie d'un claveau qui se retourne horizontalement et repose sur le claveau inférieur.

Croupe. Surface triangulaire comprise entre deux *arêtiers ;* elle est formée par des *chevrons* de différentes grandeurs; le plus long de ces chevrons s'assemblant par le haut dans le *poinçon* et dans le bas dans la *plate-forme*, s'appelle *chevron de croupe.*

Il existe plusieurs manières de poser les chevrons pour former la pente ou la croupe d'un comble : par le bas, on les entaille ordinairement dans une sablière ou plate-forme, et par le haut on les fait reposer sur le *faîtage* ou les *arêtiers*, et on les assujettit avec des chevilles en fer, après les avoir coupés d'onglet ; on les assemble aussi à tenons et mortaises dans les arêtiers, et ceux opposés, qui posent sur le *faîtage* à moitié bois. On assemble aussi les *empanons* dans les *arêtiers*, et les *chevrons* dans le faîtage, par le moyen d'entailles, à mi-bois, fixées par des chevilles en fer.

Il y a des croupes biaises, sur fermes biaises et *empanons délardés*, d'autres sur fermes droites et empanons déversés. (Charp.)

Croûte d'étain. Couche d'étain appliquée sur une table ou ardoise de plomb ou sur quelque *amortissement*. (Plomb.)

Crypte. Caveau souterrain ou salle souterraine ménagés sous le chœur d'une église.

Cubage. Evaluation du volume des bois, des pierres, des terrassements, etc.

Cube. Solide renfermé sous six faces carrées égales.

Cueillie. Filet de plâtre dressé le long d'une règle, qui sert de repère pour lambrisser, enduire de niveau, et faire à plomb les pieds-droits des portes, des croisées et des cheminées. (Maç.)

Cuiller. Récipient avec lequel les plombiers puisent leur plomb mis en fusion dans la chaudière, pour le porter dans la poêle qui est au bout de leur moule.

Cuiller. Outil dont les scieurs de pierre se servent pour jeter l'eau et le grès dans le trait de scie.

Cuiller. Voy. CULIÈRE.

Cuir (*gras*). On emploie des **rondelles** de *cuir gras* pour boucher hermétiquement les joints d'une *bride*.

Cuisse (de triglyphes). Côte qui sépare deux canaux de triglyphes.

Cuivre. Le cuivre est un métal d'un rouge très brillant ; il est très malléable, très ductile et très tenace ; sa pesanteur spécifique est de **8,89** : il est très peu fusible. A une haute température il se combine avec l'oxygène de l'air et forme un oxyde brun. A la température ordinaire et dans un air humide, il se couvre d'une substance pulvérulente verdâtre connue sous le nom de *vert-de-gris* qui est un sous-carbonate de cuivre.

Le cuivre pur, et surtout allié au zinc (laiton), est employé comme le plomb à la confection de vaisseaux de toute espèce, de corps de pompe, de tuyaux de conduite, etc. Il sert à la construction des machines et au doublage des navires. Enfin on en fait des boulons, des clous de vis et tous les objets de serrurerie. On emploie quelquefois le cuivre à la couverture des édifices. Voy. LAITON.

Allié à l'étain, le cuivre donne un alliage qu'on appelle bronze dont les applications sont moins nombreuses : le bronze n'est guère employé que pour faire des ornements, des cloches, et certaines pièces de mécanique soumises à des frottements considérables. Voy. BRONZE.

Cuivrée. Fausse dorure faite avec des feuilles de cuivre, de la même manière qu'avec des feuilles d'or. (Dorure.)

Cul de chapeau. Nom des extrémités de la platine d'une targette, d'un verrou, qui sont découpées en demi-rond. (Ser.)

Cul-de-four. Voûte sphérique. (Maçonn.)

— EN PENDENTIF. Voûte sphérique qui est rachetée par quatre fourches ou *pendentifs*. (Archit.)

— DE NICHE. Fermeture cintrée d'une niche sur un plan circulaire. (Archit.)

Cul-de-lampe. Espèce de *pendentif* qui tombe des nervures des *voûtes gothiques* (Archit.)

— PAR ENCORBELLEMENT. Saillie en forme de pyramide renversée qui porte en *encorbellement* la retombée d'un *arc doubleau*, d'une tourelle, d'une guérite, d'une colonne, d'une statue.

Cul de poule. Renflement du corps d'une espagnolette au droit de la poignée. (Serrur.)

Culée ou **butée**. Massif de pierre qui arc-boute la poussée de la première ou de la dernière arche d'un pont. (Archit. hydraul.)

Culée d'arc-boutant. Fort pilier qui reçoit les retombées d'un arc-boutant d'église. (Archit.)

Culière. Pierre plate creusée en rond ou en ovale, de peu de profondeur, avec une goulette qui reçoit l'eau d'un tuyau de descente. (Maçonn.)

Culot. C'est dans la sculpture d'ornements le point de départ d'où sortent les arabesques et les feuilles d'acanthe.

Culotte. Bout de gros tuyau portant à une de ses extrémités deux ou trois branches, pour se joindre à des embranchements. (Poêl.. Maçonn.)

Cunette ou **cuvette**. Petits fossés que l'on fait entre chaque arbre, bordant une route ou une avenue ; la terre qu'on en tire est utilisée pour recharger les accotements.

On appelle aussi **cunette** des galeries qu'on perce dans un massif de terre à déblayer, pour obtenir des fronts d'attaque plus considérables et activer le travail. (Ter.)

— Partie d'un égout dans laquelle coulent les liquides.

Cure molle. Sorte de drague à main servant à enlever la vase du fond de l'eau. (Ter.)

Curer. Enlever le gravier du fond d'un puits, la vase ou le limon du fond d'un canal, d'un fossé, d'un étang. — Approfondir des cuvettes. — Nettoyer des fosses d'aisance, etc. (Ter.)

Cuvette. On nomme ainsi un vase en fonte ou en plomb qu'on met au-dessous ou à côté des fenêtres, à chaque étage des maisons, pour éviter aux locataires la peine de descendre leurs eaux.

Des cuvettes sont aussi souvent placées au sommet des tuyaux de descente pour recevoir les eaux provenant des cheneaux.

On emploie généralement pour la vidange des eaux ménagères des appariels à bascule en zinc ou en fonte qui se logent dans l'épaisseur des murs et forment cuvette quand ils sont rabattus.

On place aussi des cuvettes en fonte communiquant avec des conduits d'écoulement à l'égout ou vers la rue, dans les cours des maisons aux endroits où affluent les eaux ménagères ou pluviales.

Cuvettes d'aisance hydrauliques. Système mécanique que l'on adapte sur les sièges en maçonnerie, pour empêcher la mauvaise odeur de pénétrer dans les appartements. Il y a de nombreux systèmes. Il sortirait de notre cadre de les décrire ici.

Cycloïde. Si l'on suppose une circonférence roulant sur une ligne droite, sans glisser, en partant du point extrême de cette droite, le point de la circonférence, d'abord tangent à l'origine de la droite, décrira une courbe, à laquelle on donne le nom de cycloïde, (Géom.)

Cylindre. Solide compris sous une surface, qui est engendré par une ligne droite appelée *génératrice* se mouvant parallèlement à elle-même, en s'appuyant sur une autre ligne courbe appelée directrice : le plus ordinairement on ne considère que les cylindres dont la directrice est une circonférence. La droite passant par le centre et parallèle à la génératrice est l'axe du cylindre. (Géom.)

— Gros rouleau de fonte, de pierre ou de bois, aux extrémités duquel sont fixés deux tourillons qui peuvent tourner dans des coussinets.

Ces coussinets sont fixés à un bâti, auquel on attèle des hommes ou des chevaux suivant le poids du cylindre, et le poids dont on charge le bâti, qui est disposé à cet effet. Le cylindre sert à écraser ou plutôt à agglomérer les matériaux employés à l'empierrement des routes. (Pav.)

On fait usage de rouleaux légers pour les allées de jardin ou pour dresser le sol d'une pelouse. (Ter.)

— Doubles rouleaux montés dans une *cage* et entre lesquels on fait passer les feuilles de plomb, de fer ou de cuivre, pour les amener à l'épaisseur qu'on désire. Cette opération s'appelle laminer.

Aujourd'hui on emploie aussi des rouleaux à vapeur.

Cymaise. Pièce de bois ornée de moulures, servant de couronnement aux lambris d'appui. (Menuis.)

Moulure qui est au sommet d'une corniche et qui a souvent un profil à double courbure en forme de S.

Cyprès. Arbre à bois dur, résineux, incorruptible à l'eau et point sujet à la vermoulure. Employé à faire des pieux pour palissades, des échalas, des treillages.

Dallage. Revêtement en pierres taillées que l'on fait sur le sol, et assez solide pour résister à l'usure résultant du frottement des pieds, à la charge des corps qui doivent y être déposés, aux chocs accidentels, etc.

Les dallages se font avec des dalles (voy. DALLE); par extension on a appelé dallage des revêtements en asphalte, en bitume et en ciment.

L'asphalte est un mélange de calcaire bitumineux et de bitume. Pour lui permettre de mieux résister à l'usure et aussi par raison d'économie, on y ajoute une certaine quantité de sable ou de gravier bien siliceux, le tout étant amené à l'état pâteux à l'aide de la chaleur. On coule le mortier ainsi obtenu en plaque mince, de 1 à 1 1/2 centimètres, sur une surface convenablement préparée, c'est-à-dire sur une aire en béton de 8 à 12 centimètres d'épaisseur, sur un empierrement dont la prise soit parfaite, ou sur un carrelage, etc.

Depuis quelques années on emploie à Paris, pour le dallage des chaussées, l'asphalte non fondue, mais simplement agglomérée. Sur une surface convenablement préparée et solide, un bétonnage; par exemple, on répand de l'asphalte en poudre chauffée, et on la bat avec des dames en fonte, chaudes, de manière à former une couche bien régulière de 6 centimètres d'épaisseur.

Les dallages en ciment se font en ciment de Portland, de Moissac ou analogues.

On fait aussi quelquefois des dallages en fonte au moyen de plaques minces épaisses d'un centimètre environ et striées à leur surface supérieure.

Dalles. Morceaux de pierre dure, de peu d'épaisseur, qu'on utilise à la couverture des grands édifices, sur le sol des terrasses, au pavage des vestibules, des cuisines, allées, etc., sur le couronnement d'un mur de clôture ou de terrasse.

On fait aussi usage de dalles comme revêtement du bas des murs.

Dans quelques circonstances on emploie des *dalles à joints recouverts*, c'est-à-dire ayant à chaque extrémité une feuillure égale à la moitié de leur épaisseur.

On emploie aussi pour le dallage le marbre, le granit, le porphyre, là pierre dure, la lave, l'ardoise.

On place des dalles de verre au-dessus de pièces couvertes par une terrasse, ou en sous-sol, dans une cave, sur un passage ou sur une cour livrée à la circulation.

Les marbriers appellent *dalles* des bandes de pierre de 2 à 3 centimètres d'épaisseur, qu'ils scellent sous les tranches de marbre employées en foyers, montants et revêtements de chambranle, pour leur donner plus de solidité.

Dalles hydrofuges. Composition minérale qui, sous forme de plaques, s'applique à une certaine distance des murs, pour rejeter à l'extérieur des habitations les vapeurs délétères. Ce résultat est obtenu en disposant autour de la pièce à assainir parallèlement aux murs, une cloison à une distance de $0^m,007$ L'air contenu entre les murs et cette cloison est mis en communication avec l'atmosphère extérieure par des ventouses convenablement disposées.

La cloison est composée de *dalles hydrofuges*, c'est-à-dire entièrement imperméables, en *pierres factices*, qui s'attachent fortement aux murs, et qui sont jointoyées par une préparation également imperméable.

Dalon. Petite gouttière à la surface du sol pour l'écoulement de l'eau.

Dame. Morceau de bois cylindro-conique de 15 centimètres environ en bas, et armé ou non à sa partie inférieure d'une enveloppe en fer, et muni latéralement de deux bras qui servent à le soulever; cet outil sert aux paveurs à enfoncer les pavés.

Les terrassiers se servent d'un outil de forme analogue pour pilonner les terres; on donne encore ce nom à des outils de formes diverses, en fer et en fonte, qui servent à pilonner les aires en plâtre, l'asphalte, etc. Voy. Battes.

Digues ou chaussées qu'on ménage de distance en distance dans l'exécution du déblai d'un canal, pour arrêter l'irruption de l'eau dans les chantiers.

— Petits cônes de terre qu'on laisse au milieu des déblais d'un terrassement pour indiquer la hauteur de ces déblais ; on les nomme aussi *témoins*.

Dansante. On appelle marches dansantes celles qui sont plus étroites près du timon que du côté du mur.

Dard. Ornement en forme de flèche employé par les sculpteurs entre des oves sur un quart de rond.

Dauphins. Extrémité recourbée d'un tuyau de descente; ce nom vient de ce qu'autrefois cette extrémité recevait la forme d'un monstre marin.

Davier. Serre-joint en fer.

Dé. Partie du piédestal d'une colonne, comprise entre le socle et la corniche.

— Pierre de forme régulière qu'on met sous un poteau ou un pilier en bois, pour l'élever de terre et le protéger contre l'humidité qui le pourrirait.

Débarder. Transporter sur le chantier des matériaux servant à la construction; ce terme s'applique particulièrement aux bois et aux pavés arrivant par voie d'eau.

Débillardement. Opération qui consiste à couper en forme arrondie ou diagonalement une pièce de bois; par exemple pour faire la partie de l'échiffre d'un escalier rampant, ou un arêtier, un faîtage.

On entend par *Pièce débillardée*, une pièce dont les faces ne sont pas d'équerre.

Débillarder. Faire le débillardement, c'est-à-dire dégrossir une pièce de bois courbe soit à la *scie*, soit au *fermoir*.

Une pièce simplement débillardée n'est que *dégrossie*, elle a besoin d'être *finie*. On nomme aussi *débillardement* le bois qui tombe dans cette opération.

Débit. Quantité d'eau que donne une source, un tuyau, etc., dans un temps donné.

Débitage du bois. Manière de tirer le parti le plus avantageux d'une pièce de bois.

Avant de refendre une grosse pièce, soit en long, soit en travers, il est important de se rendre compte du nombre de pièces plus petites qu'on en pourra tirer sans trop de perte.

On débite les bois sur le champ ou sur le plat. Le bois sur le champ est celui qui est refendu sur l'épaisseur de la planche, pour en faire des panneaux et autres ouvrages minces. Celui sur le plat est celui qui est refendu sur la largeur, pour le diviser en battants, montants, etc.

Débiter. Scier de la pierre ou du bois pour obtenir des pièces de dimensions nécessaires à l'ouvrage à exécuter et avec le moins de déchet possible.

Déblai. Fouille exécutée dans le sol, soit pour établir les fondations d'une construction, soit pour niveler un terrain, et enlèvement des terres ou gravois qui proviennent de cette fouille.

Dans le transport, il faut tenir compte du foisonnement, c'est-à-dire de l'augmentation de volume que prend le déblai, dont les matériaux cessent d'être agglomérés.

Déblanchir les tables et amortissement. Faire fondre, à l'aide d'un réchaud plein de braises incandescentes, la croûte d'étain dont ils sont revêtus, qui est plus fusible que le plomb.

Déblayer. Faire un déblai.

Déboîter. Séparer l'une de l'autre deux pièces jointes à frottement. Par exemple, un tuyau d'un autre tuyau ; un tenon de sa mortaise; une feuillure de la traverse dans laquelle elle est assemblée, etc.

Déboqueter. Enlever les planches qui entourent un pilotis.

Debord. Partie de l'accotement d'une route au contact immédiat de la chaussée et qu'on rèmplit quelquefois de cailloux à la hauteur des bordures.

Deborder (Plomb.). Rogner les bavures des bords d'une table de plomb, avec une *plane* ou *débordoir rond* pour les unir.

Debordoir rond ou **plane** (Plomb.). Lame de fer courbée en demi-cercle, tranchante, avec une poignée en bois à chaque bout.

Débrider. Détacher le câble qui a servi à élever une pierre.

Débrutir ou **dégrossir.** Frotter la surface d'une glace brute avec une autre glace, en introduisant entre elle du grès et de l'eau pour la dresser.

Décagone. Polygone ayant dix côtés. Voy. POLYGONE.

Décaler. Enlever les cales.

Dccanter ou **décapeler.** Enlever un liquide qui surnage au-dessus d'un autre liquide, ou qui se trouve au-dessus d'un dépôt de matière solides : cette opération s'exécute par simple déversement ou au moyen d'un syphon ou d'une pipette.

Décapage. Opération qui consiste à enlever les matières étrangères et les oxydes de dessus les métaux, qui doivent être polis ou qui doivent être parfaitement propres pour être recouverts d'une peinture ou d'un vernis.

Ordinairement le décapage est obtenu avec les acides.

Décaper. Faire le décapage : les peintres emploient le mot *décapé* comme synonyme de poli.

Décarrelage. Démolition d'un carrelage en prenant des précautions pour conserver autant que possible les carreaux enlevés.

Déchaperonné (*mur*). Mur dont le chaperon est ruiné.

Décharge. (Terre). Lieu public où l'on porte les immondices, les terres, les gravois, prevenant de la fouille d'un bâtiment ou de différents autres déblais.

Décharge (Maç.). Arc construit au-dessus d'une baie, dans une galerie, dans un mur de dossier ou au bas d'un tuyau de cheminée et qui sert à soulager les constructions inférieures du poids de la maçonnerie qui est au-dessus de la décharge. Les extrémités de décharge qui est en forme d'arc de fronton, ou d'ogive portent sur des piédroits, sur le mur plein ou sur des jambages.

Décharge. Pièce de bois inclinée dans un pan de bois ou dans une cloison et destinée à soulager cette cloison d'une partie du poids qui se trouve au-dessus d'elle, en reportant la charge près des points d'encastrement de la semelle de la cloison.

Ces décharges sont plus larges qu'épaisses, et leurs tenons sont en *about;* elles sont assemblées du pied et de la tête dans les sablières, et le surplus du pan de bois est garni de tournisses et de poteaux.

— Pièce de fer posée obliquement dans l'assemblage d'une grille, ou placée carrément dans son châssis. (Serr.)

Décharge. Issue que l'on donne aux eaux contenues dans une conduite, en interrompant leur cours ordinaire, ce qui s'obtient ordinairement au moyen d'un robinet qu'on pose sur cette conduite. (Plomb.)

Décharge. Tuyau destiné à donner écoulement à l'eau contenue dans un bassin, dans un réservoir, etc. ; on distingue : la *décharge de superficie*, qui consiste en un tuyau scellé ou soudé au bord du réservoir, de manière à empêcher l'eau de déborder et pouvant maintenir le bassin toujours plein; on l'appelle aussi *trop plein*.

La *décharge de fond*, qui consiste en un tuyau ajusté au fond du réservoir. Ce tuyau est muni d'une soupape ou d'un robinet que l'on ouvre à volonté, soit pour prendre de l'eau dans le bassin, soit pour le vider.

Décharge d'eau. Bassin ou canal qui reçoit un trop plein d'eau.

Déchargement. Opération qui a pour objet de retirer de dessus les véhicules qui ont servi à les transporter, les matériaux qui doivent être employés dans une construction ou qui doivent être emmagasinés.

Déchargeoir. Canal ou conduite accolée à une écluse, servant à écouler l'eau de superficie ou superflue, qui vient, après avoir été utilisée ou non, se rendre dans le bassin inférieur de l'écluse; assez souvent le déchargeoir est muni d'une bonde ou d'une vanne qu'on ouvre et qu'on ferme au moyen d'un *moulinet*.

Décharger. Ce terme s'applique à des couleurs qui ont

perdu de leur force ou de leur vivacité. On sait que les couleurs naturelles déchargent moins que celles obtenues chimiquement. (Peint.)

Déchaussé. On dit qu'un bâtiment est déchaussé lorsque ses fondations sont dégradées.

Déchausser. Fouiller, déblayer près ou sous la fondation d'un mur, d'un poteau, d'une borne, etc.

Déchet. Perte que l'on éprouve par la mise en œuvre des matériaux bruts.

Les déchets proviennent quelquefois de malfaçon, mais d'autres fois ils sont inhérents au travail lui-même; ainsi, dans la charpente, l'on est forcé, pour obtenir des dimensions déterminées, de prendre une pièce de bois brute plus forte ou plus longue que celle qui serait strictement nécessaire sans que l'excédent puisse être utilisé.

Il est difficile de déterminer avec précision le déchet de la pierre dans son emploi. Cela dépend d'une infinité de circonstances que l'on ne saurait connaître ni apprécier que par analogie et supposition.

Les déchets de la pierre varient en raison :

1° De la hauteur de l'appareil et de la longueur des assises;

2° De la forme plus ou moins régulière de la pierre brute;

3° De son ébousinage et son équarrissage sur la carrière;

4° De la qualité de la pierre;

5° De la nature de l'ouvrage;

6° Et enfin de l'appareil réglé en hauteur, longueur et largeur des assises.

Les morceaux de bas appareil produisent les déchets les plus considérables.

Il est à remarquer que la pierre tendre produit plus de déchet que la pierre dure, à cause de ses nombreuses épaufrures à l'état brut, et de la forme irrégulière des blocs. D'après ces considérations, il résulte que les déchets que la pierre éprouve, par le fait de la taille des parements, lits et joints, varient depuis $\frac{1}{18}$ jusqu'à $\frac{1}{3}$ de son volume brut. (Maçonn.)

Décheviller. Oter les chevilles d'un assemblage.

Déchirer. On dit qu'une nappe d'eau qui coule en cascade inférieure se déchire, quand l'eau se sépare avant de tomber dans le bassin.

Décintrer. Enlever un cintre en charpente sur lequel une voûte a été construite après que le mortier a fait prise.

Depuis quelques années, on décintre à l'aide de boîtes à sable. Les supports du cintre reposent sur du sable contenu dans des boîtes qu'on vide progressivement et simultanément, ce qui permet de conduire le travail sans trop de difficultés.

Décintroir. Marteau à deux taillants, l'un horizontal, l'autre vertical, dont les maçons se servent pour équarrir les trous ébauchés avec le *tétu* et pour écarter les joints des pierres ou moellons dans les démolitions.

Les carreleurs emploient aussi le décintroir pour arracher les carreaux de leur alvéole.

Déclic. Sorte de crochet qui s'engage dans une encoche, et qui sert à rendre momentanément solidaires deux pièces ; par exemple, dans une sonnette, le mouton avec le crochet qui sert à le monter.

Par extension on appelle *déclic* une sonnette qui a un déclic.

Décollement. Opération qui consiste à enlever du bois sur la largeur d'un tenon, de manière à obtenir un épaulement, pour couvrir l'entrée de la mortaise de ce côté.

Décombrer. Enlever les gravois d'un atelier. (Maçonn.)

Décombres. Matériaux de démolition d'un bâtiment, qui sont de nulle valeur, comme les menus plâtras, gravois, recoupes, etc., et qu'on envoie dans des endroits désignés, appelés décharges. (Maçonn.)

Décoration. Toute saillie et ornement qui, étant mise à propos, sert à embellir le dehors ou le dedans d'un bâtiment. (Archit.)

Décors. Ornements peints ou dorés. Ces ornements sont exécutés par des *décorateurs*. Les couches de peinture, imitant le bois, le marbre, les métaux constituent ce qu'on appelle la *peinture en décor*.

Découverture. C'est l'action de découvrir une toiture.

Décrottage. Opération qui a pour objet d'enlever, de la surface des vieux carreaux, des vieilles briques, etc., le plâtre dont ils sont chargés. (Couv.)

Dédosser. Dresser une pièce de bois pour la mettre à vives arêtes, en enlevant et supprimant les parties flacheuses ou couvertes d'écorces, les dosses.

Défense. Corde à laquelle se tiennent les ouvriers pour monter sur des combles très inclinés ou au bout de laquelle on suspend une latte qui pend sur la voie publique, pour indiquer aux passants qu'ils doivent s'écarter.

Défoliation. Chute des feuilles d'un arbre avant la saison ; il est rare que cette cause ne provienne pas d'une maladie du *liber* produit dans l'année où elle a lieu, et qu'elle ne soit pas un symptôme de défectuosité dans la couche du bois parfait qui doit en résulter. (Charp.)

Défoncer. Fouiller le sol pour enlever les pierres, les souches, etc.

Défricher. Arracher les arbres, enlever les mauvaises herbes, puis extraire les souches d'arbres d'un terrain.

Dégagement. Élégissement qui détache une moulure de son champ.

Dégagement. Passage ménagé pour le service de plusieurs pièces dans un appartement, dans une habitation.

Dégauchir. Tailler une pierre ou une pièce de charpente, raboter une planche de manière à obtenir une surface parfaitement plane ; on vérifie le travail en appliquant une règle en différents sens sur la surface obtenue.

— Façonner une pièce de charpente pour la rendre droite ou la raccorder selon le biais nécessaire à son emploi.

Dégorger. Nettoyer les tuyaux de conduite, de descente et autres, et enlever les ordures ou dépôts qui les obstruent. (Plomb.)

Dégorger ou **dégager les moulures.** Enlever, afin de laisser aux moulures leur pureté de forme, la trop grande quantité de peinture que la brosse y laisse. (Peint.)

Dégorgeoir. Espèce de bec-d'âne crochu dont les ferreurs font usage pour vider les mortaises. (Serrur.)

Dégradation. Enlèvement du mortier resté avant la réfection des joints.

Dégradé. Un bâtiment est dégradé lorsque, faute d'avoir entretenu ses couvertures, et d'y avoir fait d'autres réparations nécessaires, il est devenu inhabitable.

On dit aussi qu'un mur est dégradé lorsque son *enduit* ou *crépi* est tombé, et que ses *moellons* sont sans *liaison*. (Maçonn.)

Dégraisser. Enlever la soudure d'étain adhérente à des parties de plomb. Cette opération se fait à l'aide d'un réchaud allumé dont la chaleur fait fondre l'étain qui est plus fusible que le plomb.

Dégraisser. Nettoyer les parties d'une pièce qui doit être dorée, après qu'on a poncé et réparé les blancs, opération dans laquelle le contact des mains salit la pièce ; ce nettoyage se fait en passant un linge mouillé ou avec une brosse douce.

— Laver avec de l'eau seconde, à l'aide de la brosse et de l'éponge, d'anciennes peintures à l'huile que l'on veut repeindre.

— Frotter les teintes dures avec de l'esprit de vin et un chiffon, après avoir poncé ces teintes à l'essence.

Dégraver. Oter les dépôts formés dans un tuyau de conduite.

Dégrossi. Premier travail que subit une pierre, une pièce de bois brut.

Dégrossir. Faire la première ébauche d'une masse qui doit être sculptée.

Dégueulement. Entaille en forme de coin que l'on fait à l'extrémité des *arêtiers* et de leurs *contre-fiches* pour les assembler dans l'arête du *poinçon*, il faut une barbe de chaque côté, et autant d'une part que de l'autre, ce qu'on appelle dégueulement. (Charp.)

Déjeté (bois). Bois qui par trop de sécheresse ou trop d'humidité s'est renflé ou resserré et est devenu courbe.

Déjouter. Enlever du bois latéralement sur une pièce pour qu'elle puisse entrer dans un espace donné. On déjoute les arêtiers à leur réunion, afin qu'ils joignent l'un contre l'autre. Les *contre-fiches* d'*arêtier*, de *ferme*, celles des *croupes*, et dans les tours rondes tous les chevrons qui viennent se terminer au couronnement doivent être déjoutés, pour qu'ils touchent tous au poinçon. (Charp.)

Délarder. C'est ôter du bois d'une arête d'un côté seulement; par exemple, aux arêtiers, il faut que l'ouvrier les délarde de leur ligne de milieu, afin qu'ils forment l'arête du comble et que leurs faces à droite et à gauche soient dans les plans de la *croupe* et du *long pan*. (Charp.)

— Piquer avec la pointe du marteau le lit d'une pierre, et *démaigrir* ce qui en doit être posé en *recouvrement*.

— Couper obliquement les dessous d'une marche en pierre; on dit, d'une marche ainsi taillée, qu'elle porte son délardement. (Maçonn.)

Délit. Mettre en délit une pierre, c'est la poser hors de son lit de carrière, c'est-à-dire placer le lit de carrière parallèlement à l'effort que doit supporter la pierre, ce qui est une malfaçon. Lorsqu'on bande un arc ou *plate-bande*, on pose les *voussoirs* et *claveaux*, le lit en joint; c'est-à-dire le lit dans le sens des joints montants. (Maçonn.)

Déliter une pierre. La couper, d'après une *moie*, suivant son lit; quelquefois la pierre se délite d'elle-même. (Maçonn.)

Délits. La répression des délits en matière de desséchement est renvoyée devant les Tribunaux criminels ou correctionnels, suivant l'espèce et la gravité. (Cod. de Desséchem.)

Démaigrir. Rendre plus aigu l'angle d'une pièce de bois; diminuer un tenon trop épais; retrancher d'une pierre une certaine partie.

Démaigrissement. Coté d'une pierre démaigrie. (Maçonn.)

— C'est le second trait tracé pour enlever le bois d'une fausse coupe; par exemple, lorsqu'il s'agit de tracer les lignes de coupe des *empanons* ou des *liernes*, ou en général de toute autre pièce qui porte fausse coupe. (Charp.)

Demande. Un mémoire est dit fait en *demande* lorsque les prix des travaux qui y sont portés sont augmentés d'un cinquième au-dessus de leur valeur réelle.

Démasticage. Enlèvement du mastic qui se trouve à l'entour d'un carreau de vitre.

Demi-bosse. Parties de sculpture, qui dans un bas-relief sont détachées et plus saillantes que d'autres.

Demi-face. Ancien usage de métré accordant aux murs formant retour, la moitié de leur épaisseur à chaque retour. (Maçonn.)

Demi-laine. Fer méplat qui sert à ferrer les bornes et les seuils des portes. (Serrur.)

Demi-livre allongée. Petits clous à tête plate dont on se sert pour clouer les tentures. Ils sont employés aussi par les treillageurs.

Demi-métope. Partie moindre que la métope à l'angle de la frise dorique.

Demi-ronde. Lime plate d'un côté et en arc de cercle de l'autre.

Demoiselle. Voy. Dame.

Démolir. Abattre un bâtiment pour malfaçon, changement ou caducité. Cette opération doit se faire avec soin, pour conserver les matériaux qui peuvent servir, et que l'on range avec ordre.

Il y a lieu à démolir un bâtiment pour cause de péril :

1° Lorsque c'est par vétusté que l'une ou plusieurs jambes étrières, trumeaux ou pieds droits sont en mauvais état ;

2° Lorsque le mur de face sur rue est en *surplomb* de la moitié de son épaisseur, dans quelque état que se trouvent les *jambes étrières*, les *trumeaux* et *pieds droits;*

3° Si le mur est *à fruit*, et s'il a occasionné sur la face opposée un surplomb égal au *fruit* de la face de la rue ;

4° Chaque fois que les fondations sont mauvaises, quand il ne se serait manifesté dans la hauteur du bâtiment aucun fruit ou surplomb ;

5° S'il y a un bombement égal au surplomb dans les parties inférieures du mur de face.

La démolition de maison pour cause de vétusté ne donne lieu à indemnité que pour le fonds, quand il s'agit de nouvel alignement. Quand elle a pour cause l'utilité publique, elle peut donner lieu à l'acquisition de la propriété entière, si le propriétaire le réclame, sauf à revendre les portions qui ne seront pas nécessaires à l'exécution du plan. (Lois de voirie.)

Densité. Rapport de la masse d'un corps à son volume. Un corps est plus *dense* qu'un autre s'il contient plus de matière sur un même volume

Dent. Fente que l'on fait sur le museau du panneton d'une clef pour le passage des gardes d'une serrure. (Serrur.)

Dents d'engrenage. Saillies régulièrement disposées au pourtour d'une roue, et qui, en s'enchevêtrant avec d'autres dents d'engrenage, placées sur une autre roue, rendent solidaires les mouvements des deux roues. Voy. ENGRENAGES.

Dent de bouvet. Sorte de bouvet servant à tramer les feuillures pour verres

Dent-de-loup. Espèce de clavette simple courbée sur champ.

— Gros clou en forme de coin dont on se sert pour arrêter le pied des chevrons ou autres pièces de bois sans tenon.

Il faut avoir soin, avant de ficher une dent-de-loup, de percer son trou avec une tarière, sans cela elle ferait éclater le bois.

Dent-de-chien. Ciseau employé par les sculpteurs et dont l'extrémité est fendue en deux parties : on l'appelle aussi *double pointe.*

Dentelet. Carré sur lequel on taille le denticule.

Dentelle. Architecture très chargée de sculptures à jour. (Archit.)

Denticules. Ornement d'architecture formé par la découpure rectangulaire faite sur un listel. On leur donne généralement une hauteur double de leur largeur. La distance qu'il y a entre elles et qui doit être égale à la moitié de leur largeur se nomme métaforme. Elles appartiennent aux ordres ionique, corinthien ou composite.

Dépavage. Opération qui consiste à enlever un pavage.

Dépecée (*tuile*). Tuile échancrée.

Dépecer. On dit que le fer ou l'acier se dépècent quand, au lieu de se souder sous le marteau, ils se séparent en flocons ou en morceaux. (Serrur.)

Dépolissage. Opération qui a pour but d'ôter au verre sa transparence; à cet effet on le fixe sur une table avec du plâtre clair; on huile et on frotte la face dont on veut détruire la transparence avec un autre morceau de verre, une feuille de fer-blanc ou un morceau de grès; on introduit du grès sous les molettes, si le verre est tendre, et de l'émeri s'il est dur. (Vitrer.)

Dépose. Démolition de charpente. Enlèvement d'une pièce de bois pour la replacer ailleurs. (Charp.)

Dépose. Se dit aussi en menuiserie de l'enlèvement que l'on fait des portes, croisées, châssis, tablettes, etc.

— DE PLOMB. Enlèvement des plombs de dessus une toiture.

Dépôt de matériaux. Amas de pierres, moellons, etc. Défense est faite aux propriétaires et entrepreneurs dans les bâtiments en construction de laisser sur la voie publique aucun dépôt de matériaux de quelque nature qu'il soit, et ce, sous peine d'amende.

Dépouillement. Destruction des feuilles des arbres par les chenilles. Il est reconnu que, si le dépouillement a lieu plusieurs années de suite, les arbres meurent infailliblement. (Charp.)

Dérobement (*tracé par*). Méthode employée par les tailleurs de pierre pour reporter directement sur la pierre le tracé obtenu sur une épure.

Désassembler. C'est dans une démolition de charpente démonter avec précaution les différentes pièces de bois. (Charp.)

Desceller. Enlever un corps quelconque qui se trouve engagé et scellé dans les parties de maçonnerie.

Descente. Voûte inclinée à l'horizon, telle que la voûte construite au-dessus d'un escalier de cave.

Descente biaise. Descente dont l'axe est oblique sur la direction du mur dans lequel elle débouche.

Il est à remarquer que dans une telle construction l'angle aigu du mur supporte une poussée considérable tant à cause du biais de la voûte que de son inclinaison sur l'horizon, et qu'en conséquence ce mur doit être renforcé.

Descente. On nomme ainsi les tuyaux placés dans une position à peu près verticale, et dans lesquels s'écoulent les eaux pluviales ou ménagères, ou les matières qu'on jette dans les fosses d'aisance. (Plomb).

Descente de bois. Action de descendre les bois après la dépose ; cette opération se fait soit à épaule d'homme ou à la chèvre. (Charp.)

Désistement. Voy EXPROPRIATION.

Desséchement. Opération qui a pour objet d'enlever les eaux séjournant à la surface du sol, en leur donnant un écoulement permanent, de façon à les empêcher de recouvrir le terrain.

C'est ce qu'on obtient au moyen du drainage pour les terrains qui ne sont qu'humides.

C'est au gouvernement qu'est réservé le droit d'ordonner le desséchement des marais; il les exécute ou fait exécuter par des concessionnaires; il en approuve les plans. Quand il les exécute lui-même, il se rembourse de toutes ses dépenses sur la plus-value. Il détermine les cas où en raison des obstacles ou des oppositions que présenterait le desséchement d'un marais, il y aurait lieu de contraindre les propriétaires à délaisser leurs propriétés par estimation. Il contribue pour moitié aux travaux d'ouverture de canaux de navigation, de perfectionnement de route, ou de navigation naturelle, construction de ponts desquels un ou plusieurs arrondissements, un ou plusieurs départements sont jugés devoir recueillir une amélioration à la valeur de leur territoire. Le gouvernement donne des secours pour les travaux de même nature d'une utilité locale, tels que petite navigation, canal de flottage. Il ordonne l'application des dispositions de la loi, relativement à la plus-value due par les propriétaires dont les fonds reçoivent une notable augmentation de valeur par l'exécution d'un ouvrage d'utilité publique. Il ordonne la construction de digues à la mer, ou contre les fleuves, rivières ou torrents navigables ou non navigables, lorsqu'il en a constaté la nécessité, sauf les secours qu'il jugerait convenable d'accorder. Il établit sa part contributive dans les travaux de cette nature, ainsi que dans ceux de levées, barrages, pertuis, écluses, auxquels les propriétaires de moulins ou d'usines sont intéressés. Il ordonne les travaux de salubrité des villes et commumes qui en supportent les dépenses. Il concède aux conditions qu'il règle, les lais, relais de mer, l'endiguage, les accrues, atterrissements, alluvions, appartenant au domaine. Il établit les commissions spéciales, et fixe tout ce qui concerne leur organisation. Il statue sur la cession des maisons et bâtiments dont il est nécessaire de faire démolir une portion pour cause d'utilité publique, lorsque le propriétaire exige la cession entière, sauf à en faire revendre les portions inutiles; fixe les alignements des villes pour l'ouverture des nouvelles rues et élargissement des anciennes, et statue sur les réclamations des tiers intéressés. Il ordonne la dépossession du propriétaire qui ne voudrait pas acquérir la portion du terrain ajoutée à sa propriété par un nouvel alignement, et lui en paye la valeur telle qu'elle était avant l'entreprise des travaux.

Les dommages causés aux travaux de desséchement sont poursuivis par voie administrative, comme pour les objets de grande voirie. (Code de Desséch.)

Dessus de porte. Menuiserie qui décore le dessus des chambranles des portes d'un appartement. (Menuis.)

Détails. Parties secondaires d'un ensemble d'architecture. Dessins représentant à grande échelle ou grandeur d'exécution certaines parties d'une ordonnance d'architecture.

Sous détail. Etat des dépenses occasionnées par l'exécution d'un ouvrage servant à établir son prix de revient.

Détaper. Nettoyer le fer en ôtant le noir de la forge, la rouille et la crasse qui le recouvrent. (Serrur.)

Détente. Cale ou coin employé dans les étaiements.

Détrempe. Peinture dont la couleur a été infusée et broyée à l'eau, puis délayée à la colle.

— VERNIS. C'est la même peinture que la précédente mais sur laquelle, après sa confection, on a étendu du vernis afin de la conserver et de la rendre brillante.

Détrempe. Pour faire un bon travail, il faut : 1° que les fonds soient bien grattés à vif, et éviter avec le plus grand soin les fonds d'huile; 2° donner un encollage de molleton (ou blanc d'Espagne), reboucher ensuite avec le mastic, redonner un deuxième encollage, poncer, passer la peau de chien et le papier de verre, redonner un blanc d'apprêt, passer ensuite deux couches de teinte, suivant les tons convenus, encoller à la colle de parchemin et vernir au vernis à l'esprit-de-vin.

Dans la peinture faite au vernis on emploie des blancs de céruse ou toute autre couleur broyée à l'essence et détrempée dans le vernis de Hollande.

L'apprêt de la détrempe ordinaire se fait de même, à l'exception que l'on ne donne qu'un encollage ou deux, suivant la nécessité des fonds, et une couche de teinte. (Peint.)

Détrempe commune. Détrempe faite en infusant des terres à l'eau et en les délayant avec de la colle : elle s'emploie pour des ouvrages grossiers.

Détremper. Délayer une couleur broyée dans de la colle chaude, si la couleur a été broyée à l'eau; dans de l'huile, de l'essence ou du vernis, si la couleur a été broyée à l'huile ou à l'essence, afin d'obtenir une sorte de liquide épais coloré, qu'on puisse étendre avec une brosse.

Détremper la chaux. C'est la délayer avec de l'eau et le *rabot* dans un petit bassin, d'où elle coule ensuite dans une fosse en terre, pour y être conservée sous une couche de sable. (Maçonn.)

Devanture. C'est le devant d'un siège d'aisance en pierre ou en plâtre, d'une mangeoire d'écurie, d'un appui, etc.

Devanture de boutique. *Voyez l'ordonnance sur les saillies.*

Développement (*faire le*) *d'une voûte*. En général, une voûte est un cylindre; la douelle peut être considérée comme engendrée par une ligne droite se mouvant parallèlement à l'axe de la voûte, en s'appuyant sur un arc courbe. Il est évident que si l'on suppose que l'arc soit rectifié, c'est-à-dire devienne une ligne droite, la surface de la douelle deviendra elle-même un plan et que les joints apparents des pierres composant la voûte seront représentés par des lignes, dont la forme résultera du mode de construction de la voûte. C'est cette opération exécutée matériellement par les procédés de la Géométrie descriptive qu'on appelle faire le développement d'une voûte; elle permet de construire d'après l'épure les panneaux qui doivent servir à la taille des voussoirs de la voûte.

Dévers. Inclinaison donnée à une partie de construction en l'exécutant.

— Tout corps qui n'est pas d'aplomb.

— Pièce de bois qui n'est pas droite par rapport à ses angles et à ses côtés; on dit *marquer* ou *piquer* une pièce de bois suivant son dévers, c'est-à-dire suivant son gauchissement pour mettre en dedans le côté déversé.

— Pente en plâtre que font les couvreurs sous la tuile et sous l'ardoise des solives et des ruellées pour renvoyer l'eau sur le toit.

Déverser. Incliner une pièce de bois.

Déversoir. Rang de gros pavés qui est posé diagonalement sur l'accotement d'une chaussée ayant beaucoup de pente, et qui sert à renvoyer les eaux dans un ruisseau ou un fossé.

Déversoir. Fermeture en travers d'un cours d'eau, mais dont la hauteur n'est pas suffisante pour qu'il ne s'écoule pas une certaine quantité d'eau par-dessus.

Dévêtir. Déposer ou désassembler des bois sur le chantier. (Charp.)

Dévirure ou **dérivure.** Coupe de l'ardoise et filet en plâtre, que l'on fait sur le mur de pignon à l'extrémité d'un comble isolé. C'est ce qu'on appelle ruellée dans un comble couvert en tuile.

On nomme aussi dérivure toute autre coupe dans le sens de la longueur de l'ardoise; telles sont celles qui sont le long d'un châssis en tabatière, d'une nappe de plomb, etc. Il faut établir un pavement sur la volige et fermer le tout par un enduit en plâtre très léger, qui n'est apparent que sur le côté et jamais à la face. Cet enduit sert à empêcher les vents de s'introduire sous l'ardoise.

Devis. C'est le relevé général des quantités, qualités et façons des matériaux d'un bâtiment, fait sur des dessins cotés, et expliqué en détail, avec des prix à la fin de chaque espèce d'ouvrage par mètre ou par tâche, sur lequel un entrepreneur marchande, et convient avec le propriétaire d'exécuter l'ouvrage moyennant une certaine somme.

Le devis étant un contrat de louage, l'entrepreneur, en l'acceptant, s'engage à commencer le travail et à le finir dans le temps convenu. S'il n'est fixé aucun délai, le propriétaire est autorisé à former une demande contre l'entrepreneur pour le faire condamner à commencer ou à finir la construction dans un délai que le jugement désignera. Outre que l'entrepreneur est tenu de faire sa construction dans un temps prescrit, il faut encore qu'il l'établisse conformément aux règles de l'art et aux lois du voisinage. Quand le propriétaire donne à l'entrepreneur des vieux matériaux pour être employés, il est nécessaire de constater par un métré approuvé par les deux parties, la quantité et la qualité des matériaux donnés en compte. L'entrepreneur doit n'user d'aucune fraude dans l'exécution de ses travaux; enfin, il doit satisfaire aux différentes conditions accessoires qui lui ont été imposées, et, s'il y manque, il est tenu des dommages-intérêts résultant de l'inexécution de son obligation. De son côté, le propriétaire dont le prix des ouvrages convenus par le marché, et en outre le prix des augmentations qui ont été faites de son aveu, soit par nécessité, soit pour satisfaire son goût. Dans ces deux derniers cas, l'entrepreneur doit en prévenir le propriétaire et obtenir de lui une autorisation par écrit. Si la chose vient à périr de quelque manière que ce soit, avant d'être livrée, la perte en est pour l'ouvrier, si c'est lui qui fournit la matière, à moins que celui qui a commandé la chose ne soit en demeure de la recevoir. (Art. 1788 du Code.) Si la chose vient à périr avant d'avoir été livrée, dans le cas où l'ouvrier ne fournit que son travail ou son industrie, le Code, art. 1789, ne rend celui-ci responsable que de sa faute; en sorte que le maître supporte seul toute la perte, si elle a été occasionnée par une force majeure. Cependant, d'après l'art. 1790 du Code, l'ouvrier n'a point de salaire à réclamer lorsque la chose périt par cas fortuit, avant d'avoir été livrée. Lorsque le marché est fait à la pièce ou à la mesure, tel qu'au mètre, l'entrepreneur n'est pas obligé d'attendre que l'ouvrage soit terminé; il peut faire recevoir chaque pièce ou chaque partie aussitôt qu'elle est finie, ainsi chaque portion vérifiée et livrée cesse d'être au risque de l'entrepreneur. (Art. 1791 du Code.) A l'égard du dommage dont une des parties est la cause, il ne peut y avoir de difficultés : c'est elle qui seule est responsable.

Dévoiement. Inclinaison d'un tuyau de cheminée ou d'une descente de commodité. On dit dévoyer un tuyau.

Ce terme s'applique aussi à un défaut de symétrie par rapport à l'axe d'une construction.

Dez. Pierre taillée en forme de pyramide quadrangulaire, tronquée. On établit ordinairement les dez sur des massifs de maçonnerie pour porter des poteaux en bois. (Maçonn.) Voy. DÉ.

Diable. Chariot à deux roues, formé d'une simple plateforme armée d'une flèche et posée sur l'essieu. Des barres de fer passées dans l'extrémité de la flèche permettent à des hommes de faire mouvoir ce chariot en poussant.

On appelle aussi diable une sorte de petit fardier qui sert au transport des bois : il consiste en une paire de roues dont l'essieu porte une flèche, pour l'attelage; les bois sont suspendus à l'essieu et sont soutenus à l'aide de cordes ou de chaînes par une pièce de bois assemblée obliquement sur la flèche.

Diagonale. C'est, dans un polygone, une ligne menée du sommet d'un angle au sommet d'un autre angle non adjacent au premier.

Diamant. Les vitriers appellent ainsi un diamant fin dont ils se servent pour couper le verre. Il est monté à l'extrémité d'un petit manche.

Diamètre. C'est une ligne qui, passant par le centre d'un cercle, d'une ellipse, etc., va se terminer à la courbe. (Géomét.)
— DE COLONNE. Il est pris au-dessus de la base, et l'on en tire le module pour mesurer les autres parties d'une colonne. On appelle diamètre de renflement celui qui se prend au tiers d'en bas du fût, et diamètre de la diminution, celui qui se mesure au plus haut de ce fût. (Archit.)

Diastyle. Entrecolonnement large de trois diamètres.

Digues. Ouvrages construits sur la mer ou sur un fleuve, pour empêcher les eaux de s'étendre. La conservation des digues est soumise à l'administration publique; la dépense de leur construction ou conservation est supportée par les propriétaires protégés, dans la proportion de leurs intérêts, sauf le secours que le gouvernement jugerait convenable d'accorder aux propriétaires, ou sauf la part pour laquelle il devrait lui-même contribuer, s'il s'agit des travaux qui intéressent en même temps la navigation et le desséchement.

Les directeurs et contrôleurs des contributions sont appelés à donner leur avis sur les procès-verbaux d'expertise, pour les indemnités des terrains occupés pour l'utilité publique. Il y a un droit fixe d'un franc pour l'enregistrement des actes de mutation de propriété dans le partage de plus-value, après le desséchement. (Code de Desséchem.)

Dimensions. La longueur, la largeur et la hauteur d'un corps. On doit considérer un bâtiment dans toutes ses dimensions. (Archit.)

Diminution. Rétrécissement d'une colonne, qui se fait ordinairement depuis le tiers jusqu'au haut de son fût. (Archit.)

Dioptique (papier). Papier transparent employé pour faire les *calques*.

Diptère. Ordonnance des temples antiques entourés de deux rangs de colonnes.

Directrice. La surface extérieure des corps réguliers peut être considérée comme engendrée par une ligne droite ou courbe se mouvant suivant certaines lois, en glissant sur d'autres lignes: ce sont ces dernières que l'on nomme *directrices*.

Disposition. Arrangement des parties d'un édifice par rapport à l'ensemble. (Archit.)

Dissolvants. Liquides propres à dissoudre les résines qui entrent dans la composition des vernis. Les dissolvants les plus ordinairement employés sont l'esprit de vin, l'essence de térébenthine, l'huile d'aspic, l'huile de lavande et les huiles siccatives d'œillette, de lin, etc.; depuis quelques années on emploie les huiles extraites des goudrons et des schistes.

Distribution. Division intérieure du bâtiment.

Distyle. Ordonnance de deux colonnes de front.

Ditriglyphes. Espace entre deux triglyphes.

Diviseur (système). Appareil de vidange qui sépare les matières solides d'avec les liquides.

Dock. Bassin d'abri et ensemble de constructions et outillages nécessaires au déchargement des navires ou bateaux marchands.

Doigtiers. Sorte de petits fourneaux soit en fer, soit en cuir, que les grillageurs se mettent au bout des doigts pour travailler.

Doler le plomb. Opération qui consiste à enlever les fortes bavures qui se sont formées dans le coulage du plomb, quand les deux parties de la lingotière n'ont pas été assez serrées l'un contre l'autre.

Doloire. Instrument servant aux maçons à appliquer le mortier de chaux et de sable.

Doloire ou **épaule de mouton.** Sorte de hache dont les bûcherons se servent dans les forêts pour dresser le bois et le polir. Ce qu'ils appellent *doler*.

Dôme. Couverture de forme généralement hémisphérique qui recouvre un édifice quelconque.

— Surbaissé. Dôme dont la forme est celle d'un demi-sphéroïde aplani.

— Surmonté. Celui dont la forme est celle d'un demi-sphéroïde allongé.

Dôme à pans. Sorte de dôme dont le plan est octogone par dedans et par dehors. A chaque côté de l'octogone correspond une paire de voûtes, chacune de ces voûtes occupe les deux voûtes adjacentes.

Dôme tors. Ce sont des dômes établis comme les précédents sur un plan polygonal, mais dont les arêtiers, au lieu d'être dans un plan vertical passant par l'axe du dôme, sont contournés.

Donjons. Tours rondes et plus souvent carrées, dans un château féodal, pour servir de dernier refuge aux défenseurs.

Donner de la voie à une scie. C'est en écarter les dents en dehors de leur épaisseur, les unes à droite, les autres à gauche, afin qu'elles passent mieux dans le bois. Les scieurs de long ne se servent pas d'entailles pour affuter leur scie et lui donner de la voie; mais ils la liment couchée sur le champ, la lame appuyée contre leurs genoux. (Charp.)

Donner un coup de bouchon ou **un coup poli.** Nettoyer avec un tampon ou bouchon de linge et de la potée une surface de marbre polie de façon à lui rendre son brillant. (Marb.)

Dorer. Appliquer de l'or sur un sujet.

Doreur. Ouvrier qui dore.

Dorique. L'un des cinq ordres d'architecture; sa hauteur totale est de vingt-cinq modules et un tiers. (Archit.)

Dormant. (Menuis.) Nom de tout ouvrage qui n'est point mobile, tel que le bâtis d'une porte, d'une croisée, fixé dans la feuillure de la baie. Voy. Batis.

Dormant. *Pêne dormant*, pêne qui ne peut être mené que par la clef, et qui n'étant pas chanfreiné, n'est pas poussé hors de la serrure par un ressort. (Serr.) Voy. Serrure.

Dormant. *Verre dormant*, verre attaché et scellé au plâtre, pour fermer un *jour de souffrance* pratiqué dans un mur mitoyen.

Dorure. Feuille d'or fort mince appliquée sur la superficie de quelque ouvrage pour le dorer. Il y a deux sortes de dorures : l'or mat ou or couleur, l'or bruni, taillé et réparé. L'or mat est appliqué tel qu'il est sur les endroits unis, sur la détrempe pour les ouvrages intérieurs, ou sur l'huile pour les ouvrages extérieurs exposés à l'air. L'or bruni, taillé et réparé, est appliqué sur un apprêt de six ou sept couches de blanc à la colle, adouci avec la pierre ponce ou le linge mouillé; ce que les ouvriers appellent blanc à la dorure. On répare avec des outils les endroits où ce blanc est trop épais dans les fonds, et surtout aux sculptures. L'or mat en huile s'applique sur deux couches de blanc de céruse à l'huile de noix aux endroits à couvert, ou sur deux couches d'ocre jaune à l'huile aux endroits à découvert.

La dorure sur métaux se fait, soit par la chaleur, soit par l'électricité, et toujours en dehors des bâtiments en construction.

Dose. Quantité de chacune des matières qui entrent dans une composition.

Dosse. Planche flâcheuse, qui provient des premières levées faites sur le corps de l'arbre après avoir enlevé l'écorce. Elle porte presque toujours une face arrondie, ce qui ne la rend propre qu'à peu de choses. Les couvre-dosses prises sous les dosses bien que présentant encore des défauts, particulièrement celui d'avoir beaucoup d'aubier, sont d'un meilleur usage.

Par extension, on donne aussi le nom de dosse aux levées que l'on fait sur une pièce de charpente pour la rendre à vive arête et d'épaisseur uniforme.

Les dosses servent à faire des couchis sur les cintres de voûte, ou à retenir les terres dans les tranchées, ou bien à faire des palplanches pour les bâtardeaux.

Dosseret. Espace qui reste entre l'angle d'une pièce et l'arête de la baie d'une croisée ou d'une porte. (Menuis.)

Petit jambage ou *parpaing* d'un mur qui fait le pied droit d'une porte ou d'une croisée. C'est aussi une espèce de *pilastre*, sur lequel un *arc doubleau* prend naissance de fond. (Maçonn.)

— ou DOSSIER DE CHEMINÉE. C'est un petit *exhaussement* au-dessus d'un mur de *pignon* ou de face avec ailes pour retenir une *souche* de cheminée. (Maçonn.)

Dos d'âne. Nom que l'on donne à toute surface convexe, c'est-à-dire qui présente deux inclinaisons en sens contraire, tel un chaperon de mur, une chaussée bombée, etc.

Dossier. (Plomb.) Derrière d'une cuvette.

— Partie du dessus d'un siège d'aisance contre lequel on s'appuie le dos. (Menuis.)

— Partie pleine du bout d'une couchette.

Doubleau (arc). Arc en saillie sur l'intrados d'une voûte et dans un plan normal à son axe.

Doubler. Rapporter et sceller des bandes de pierre derrière des tranches de marbre pour consolider celles-ci : ces bandes de pierre s'appellent *doublures*.

Double revers. Chaussée qui a son ruisseau au milieu : c'est l'inverse de la disposition en dos d'âne dans laquelle les ruisseaux sont de chaque côté de la chaussée.

Doublette. Echantillon de bois de chêne qui se trouve dans le commerce par longueurs de 1.95, 2.27, 2.60, 2.92, 3.25, 3.90 sur 0.650 à 0.657 d'épaisseur, et 0.298 ou 0.325 de largeur.

Doublis. (Couv,) Tuiles ou ardoises qui sont placées au bas d'une aile de mur, sur un égout en tuiles retirées de $0^m,11$ ou sur un *chapeau*, un *fraison*, une *lucarne;* le doublis est toujours recouvert d'un autre *pureau*, mais il ne prend pas ce nom. Il n'est fait ordinairement qu'avec des demi-pièces.

Doublis ou **redoublis.** Partie basse d'un treillage dans laquelle le vide entre deux échalas courants est rempli jusqu'à une certaine hauteur par d'autres échalas.

Doublons. Tôle qui se fait et se vend par doublons, c'est-à-dire par deux feuilles appliquées l'une sur l'autre et qui se tiennent seulement par un bout.

Doublure (*panneau ou cloison de*). Planches brutes ou corroyées que l'on cloue sur des barres pour couvrir un mur qui est humide.

— Voy. DOUBLER.

Douci. Une des opérations de polissage des glaces.

Doucine. Moulure concave par le haut et convexe par le bas, qui sert ordinairement de *cymaise* à une corniche délicate.

— Sorte de rabot qui sert à pousser la doucine. On le nomme aussi *bouvement.*

— Joint de deux battants de croisée dont la coupe est faite en doucine. Cette disposition est peu en usage.

Douelle. Parement intérieur d'une voûte, et la partie courbe du dedans du *voussoir*. La douelle s'appelle aussi *intrados.* (Maçonn.)

Douille. (Serr.) Bout de tuyau creux, qui sert à recevoir un manche ou une tige.

— (Font.) Extrémité du boisseau d'un robinet que l'on soude sur un tuyau de conduite.

— (Poël.) Bout de cuivre cylindrique qui fait partie d'un bouchon placé à l'extrémité d'une bouche de chaleur.

Douve. Mur intérieur d'un bassin, derrière lequel est un corroi en glaise, ou un contre-mur.

Drague. Sorte de pelle ou bêche avec un manche coudé à angle droit, dont on se sert pour nettoyer le fond des bassins, canaux, et pour tirer du sable.

Il y a des dragues qui sont mues par la vapeur et qui servent tant à nettoyer qu'à approfondir les cours d'eau. Elles consistent en des sortes de hottes en fer dont le fond est à claire-voie, fixées sur une chaîne sans fin qui s'enroule sur un tambour, et qui est guidée dans sa marche par des poulies. C'est la partie antérieure de la hotte, qui est tranchante, qui attaque le fond.

Drainage. Ensemble des procédés employés au dessèchement du sol et des terres par l'établissement de rigoles souterraines ou *drains*, conduits faits en pierre, cailloux, bois, tuiles, ou plus communément avec des tuyaux de terre cuite.

Dresser. (Maçonn.) Elever à plomb un corps, comme une colonne, un obélisque, un poteau.

— Equarrir une pierre en rendant ses parements et ses faces droits et parallèles.

— Cingler au cordeau une pièce de bois avant de l'équarrir.

— Dégrossir et corroyer une planche.

— Rendre droites, aplanir, mettre de niveau toutes les faces d'une pièce de fer; ce qui se fait à chaud au marteau, et à froid avec la lime.

— Enfoncer également le pavé en le battant avec une demoiselle lorsqu'il est en place et que les joints sont garnis de sable. L'ouvrier qui exécute ce travail s'appelle *dresseur*.

Dressoir. Espèce de banc qui n'a des pieds que par un bout, de manière que sa surface est inclinée à l'horizon; au bout le plus élevé est une pédale commandant le mouvement d'une équerre de fer, qui, avec le banc, sert aux treillageurs pour maintenir les échalas à dresser. (Treillag.)

Drille ou trépan. Outil composé d'une verge de fer, au bout de laquelle est placé un foret qui sert à percer les métaux ou les bois durs. On fait tourner la drille sur elle-même, au moyen d'une corde qui agit comme la corde d'un archet.

Drogue. Bouts de fer et de ferraille.

Droit. Perpendiculaire.—On dit un *arc droit*, c'est-à-dire arc dont le plan est perpendiculaire à l'axe du berceau.

Droits de voirie. (*Voir* les tarifs de grande et de petite voirie.)

Ductilité. Propriété qu'ont un grand nombre de métaux de se laisser étirer en fils plus ou moins fins sans se rompre.

Dureté. Propriété qu'ont les corps solides de résister à ce qui tend à en entamer la substance.

Durillons. Parties dures que l'on rencontre dans le marbre.

E

Eau forcée. Eau qui, passant dans une conduite, y est soumise à une pression, plus ou moins considérable. Généralement la pression résulte de la charge de l'eau au-dessus de l'orifice, et l'eau est plus ou moins *forcée* selon que le niveau dans le réservoir est plus ou moins élevé au-dessus de l'orifice du tuyau.

Eau de carrière. Eau que certaines pierres gélives abandonnent lorsque, au sortir de la carrière, elles ont été reposées à l'air.

Eau seconde. Eau contenant en dissolution de la potasse ou une lessive de cendre. Elle sert à enlever en les détruisant les vernis sur des fonds anciens que l'on désire repeindre ou à humecter les peintures en détrempe qui doivent être enlevées avec le grattoir. L'eau seconde étendue d'eau est employée pour dégraisser ou seulement nettoyer des anciens fonds à l'huile.

Quelquefois on donne le nom d'eau seconde à de l'eau forte ou acide nitrique très étendu d'eau qu'on emploie aux mêmes usages.

Ébarber. C'est, après avoir fendu le pavé, dégrossir les joints ou le pavement avec le *portrait*.

— Couper au burin et dresser à la lime les balèvres ou barbes du fer sur les rives d'une pièce après qu'elle a été étampée. (Ser.)

Ébarber les tables. En ôter le sable avec des brosses; c'est ce que font les plombiers lamineurs avant de les mettre sur leur laminoir. (Plomb.)

Ébauche. Première forme que l'on donne à un quartier de pierre ou à un bloc de marbre avec le *ciseau* et la *gradine*, après qu'il est dégrossi à la scie et à la pointe, suivant un modèle ou un profil. (Maçonn.)

Ébaucher. En pierre de taille, c'est dresser à pans une base, une colonne, etc., avant de les arrondir. (Maçonn.)

Ébaucher. (Serr.) Synonyme de *dégrossir*.

Ébauchoir. (Sculp.) Morceau de bois ou d'ivoire uni en forme de palette servant à modeler en terre ou en cire.

— Outil d'acier, en forme de ciseau à dent servant à bretteler la sculpture, c'est-à-dire à sillonner sa surface pour qu'elle ne soit pas lisse.

Ébauchoir. (Charp.) Gros ciseau tout en fer qui sert à ébaucher les mortaises, les embrèvements et à faire des coupements de solives et de charpentes sur le tas. On le frappe avec un marteau.

Éboulis. Masse de terre qui se détache de la berge d'une tranchée, d'un fossé et tombe dans la fouille.

Ébousiner. Oter d'une pierre ou d'un moellon le *boussin* ou *tendre* et les *moyes*, et atteindre avec la pointe du marteau jusqu'au vif. (Maçonn.)

Ébrasement. Voy. EMBRASEMENT.

Ébraser. Élargir en dedans la *baie* d'une porte ou d'une croisée depuis la *feuillure* jusqu'au *parpaing* du mur, en sorte que les angles du dedans soient obtus. (Maçonn.)

Écailler le plomb. Le mettre en état de recevoir la soudure. Comme le plomb porte toujours avec lui sur la superficie une crasse qui empêche que la *soudure* ne puisse bien s'y attacher, on le gratte jusqu'au vif, avec le *grattoir*. (Plomb.)

Écaillures. Pellicules de plomb qu'on enlève avec le *grattoir* ou le *ciseau*. Il faut les ramasser pour, si elles sont propres, les jeter et faire fondre, dans la chaudière, ou, si elles sont sales, pour les envoyer au *raffinage* en les mêlant avec les écumes qui proviennent des fontes. (Plomb.)

Écales. Fragments de grès servant à paver des lieux de peu d'importance ou les débords.

Échafaud. Espèce de plancher sur lequel travaillent les ouvriers : il est fait de planches de sapin, portées sur des tréteaux ou sur des boulins scellés dans les murs par une extrémité et attachés avec des cordes sur des baliveaux par l'autre.

Échafaud volant. Echafaud qui n'est composé que de boulins ayant pour point d'appui le soubassement des croisées, ou suspendus par des cordages et sur lesquels sont posées quelques planches. On les emploie lorsqu'un échafaudage général serait trop dispendieux.

Dans les villes, depuis quelques années on emploie comme échafauds volants différents systèmes qui consistent en un plancher reposant sur un châssis léger, formé d'une ou plusieurs pièces dans sa longueur et portant une balustrade destinée à garantir les ouvriers. Ce châssis est porté par des cordages passant sur des moufles, à l'aide desquels les ouvriers peuvent élever eux-mêmes l'échafaudage à la hauteur qu'ils désirent. Ces moufles sont eux-mêmes attachés, soit aux cheminées, soit à des crochets ménagés à cet effet sur les toitures, soit même à des croisillons placés dans les tableaux des fenêtres.

Échafauder. Dresser un échafaud.

Échalas. Petites tringles de bois de chêne ou de châtaignier, qui sont fendues dans de jeunes arbres. On se sert d'échalas pour faire le treillage, et on les achète par bottes de différentes longueurs. (Treillag.)

Échampir. (Peint.) Faire ressortir un ornement d'un fond, soit en traçant le contour, soit en se servant de l'opposition des couleurs.

Échandole. Voy. BARDEAU.

Échantignole. Bout de bois en forme de coin, et servant à soutenir les pannes.

Échantillon (*bois d'*). Bois que les marchands vendent à une longueur et une épaisseur fixes.

Échantillon (*pavé d'*). C'est le plus gros pavé employé.

Échantillon (*pierre d'*). Pierre ébauchée à la carrière et expédiée à peu près à la forme dans laquelle on doit l'employer.

Échappée. Hauteur ménagée entre le dessus des marches d'un escalier de cave et la voûte, pour permettre de descendre.

Écharpe. Cordage attaché à l'œil de la louve ou au câble, d'une pierre que l'on monte avec une grue ou autre machine, pour guider cette pierre et empêcher qu'en vacillant elle frotte le long des murs, s'accroche aux échafauds et ne s'épauffre.

— Pièce de bois posée obliquement derrière d'autres pièces assemblées pour les maintenir ; par exemple, derrière les planches d'une porte charretière.

Dans une feuille de parquet, c'est la traverse qui est assemblée obliquement à chaque angle du bâtis d'encadrement.

Écharpe (*ruisseau en*). Ruisseau tracé obliquement en travers d'une route, afin d'obtenir une pente convenable pour l'écoulement des eaux.

Échâsse. Règle de bois mince, sur laquelle les appareilleurs marquent les lignes de hauteur, de retombée et d'épaisseur des voussoirs qu'ils lèvent sur l'épure, pour chercher dans le chantier les pierres qui peuvent convenir.

Échâsse d'échafaud. Grandes perches debout, nommées aussi baliveaux, qui, liées et entées les unes sur les autres servent à échafauder à plusieurs étages, pour ériger les murs, faire les ravalements et les regrattements.

Échaudage. Préparation que l'on applique aux vieux plafonds, avant de les passer au blanc, et qui consiste à donner aux plafonds plusieurs couches de chaux éteinte et claire. Ce procédé n'est plus employé que pour les cuisines. Dans les vieux plafonds d'appartement on passe une couche d'huile. Lorsqu'il n'y a que quelques places rousses, on se sert de vernis à l'esprit-de-vin. (Peint.)

Échaudoir. Partie d'un abattoir où on abat, dépèce et prépare les animaux pour la vente en gros.

Échauffement. Défaut des bois. Commencement de pourriture, s'annonçant par des taches noires, blanches ou rouges, et par une odeur particulière qui rend les bois impropres à la construction. Les bois enfermés dans les maçonneries sont sujets à l'échauffement.

Échelage. Voy. TOUR D'ÉCHELLE.

Échelier ou **Rancher.** Longue pièce de bois traversée par de petites pièces de bois appelées *ranches*, qu'on pose soit d'aplomb pour descendre dans une carrière, soit inclinées pour monter à un engin, grue, etc.

Échelle. C'est un escalier portatif. Une échelle est composée ordinairement de deux montants entre lesquels sont distribués, à des distances égales, des échelons horizontaux qui sont des bâtons ou des liteaux assemblés dans les montants.

— DE MEUNIER. Elle est composée d'une planche épaisse posée sous une inclinaison convenable pour former une rampe praticable, et sur laquelle on a cloué des liteaux prismatiques pour appuyer les pieds et les empêcher de glisser.

Celle dont on fait le plus d'usage est composée de degrés horizontaux en planche, n'ayant souvent que la largeur tout juste nécessaire pour que les pieds puissent s'y poser : ces degrés sont assemblés par leurs bouts à tenons et mortaises dans deux planches suffisamment épaisses, posées de champ, sous l'inclinaison quelquefois fort raide que doit avoir l'escalier ; ces planches tiennent lieu de limons.

Échelle de corde. Câble auquel on a fait de gros nœuds à 30 centimètres environ les uns des autres ; les ouvriers montent et se tiennent après ce câble, au moyen d'une sellette et de deux étriers, qui ont chacun un crochet que l'on fait accrocher au-dessus des nœuds.

Échelle de réduction. Ligne divisée en parties égales dont chacune représente une unité de mesure. — Les plus employées sont le décimètre et le double-décimètre en buis ou en ivoire. — On dit qu'un dessin est exécuté à $0^m,01$, $0^m,02$, $0^m,005$, lorsqu'un mètre y est représenté par $0^m,01$, $0^m,02$ ou $0^m,005$.

Échelon. Voy. ÉCHELLE.

On fait des échelons en fer coudé que l'on scelle dans les murs des puits, des bouches d'égouts pour y descendre et sur les murs pour atteindre les souches de cheminée afin de les ramoner ou de les réparer. De simples tiges de fer scellées perpendiculairement au mur peuvent rendre le même service.

Échiffre. Mur servant à porter les rampes des escaliers et descentes de cave ou *vis potoyères*. (Maçonn.)

— Assemblage triangulaire d'un *patin*, de deux noyaux d'un ou de plusieurs *potelets* avec *limon*, appui et balustre. (Charp.)

Échiquet (*pose en*). C'est la pose des feuilles de parquet diagonalement par rapport aux murs de la pièce à parqueter.

Échiquier. Espèce de patron servant aux vitriers à tracer sur le papier les différentes figures et compartiments de pièces qui doivent composer l'ensemble de chaque panneau du vitreau et qui par conséquent leur en donne le calibre. (Vitrer.)

Échiquier. Sorte de compartiment composé de carrés disposés parallèlement avec les côtés de l'ouvrage.

Échoppes. Petites constructions en bois placées le plus souvent dans des renfoncements. (Voir pour la saillie l'ordonnance du Roi du 24 novembre 1823. Lois de voirie.)

Éclairage. Les matières qui, en brûlant, donnent une flamme éclairante, sont nombreuses, on peut citer particulièrement les résines, les matières grasses, les huiles minérales, certains gaz, dont quelques-uns pour être utilisés, nécessitent quelques dispositions particulières. Nous ne décrirons pas ici les divers appareils dont on se sert pour utiliser ces divers modes d'éclairage.

L'éclairage des rues est une dépense qui est à la charge des communes, à moins que la condition contraire ne résulte de permissions accordées par ouverture de rues aux frais des riverains.

Depuis quelques années, les villes, dont les ressources sont insuffisantes pour permettre l'établissement d'une usine à gaz, se servent pour l'éclairage des huiles de schiste et de pétrole.

Écluse. En général une écluse est un ouvrage de maçonnerie ou de charpente qu'on fait pour soutenir ou élever le niveau d'un cours d'eau. Ainsi, les digues qu'on construit dans les rivières pour les empêcher de suivre leur pente naturelle, ou pour les détourner, s'appellent des écluses en plusieurs pays. Toutefois ce terme s'applique plus particulièrement à un bassin ou canal enfermé entre deux portes : l'une supérieure que l'on nomme *porte de tête*, et l'autre *porte mouille*, servant, dans les navigations artificielles, à conserver l'eau et à rendre le passage des bateaux également aisé en montant et en descendant. Les *pertuis* qui servent à peu près au même objet que les écluses, sont de simples ouvertures laissées dans une *digue*, fermées soit par des *aiguilles* appuyées sur une *brise* soit par des *vannes* : ils perdent beaucoup d'eau et rendent le passage difficile en montant et dangereux en descendant.

Écluse carrée. Ecluse dont les portes d'un seul vantail se ferment carrément comme les écluses de la rivière la Seine à Nogent et à Pont, et celle de la rivière l'Ourcq, (Arch. hydr.) (Pour les lois relatives aux écluses, voyez l'article COURS D'EAU.)

— EN ÉPERON. Écluse dont les portes à deux vantaux se joignent en éperon ou *avant bec* du côté d'*amont*.

— A TAMBOUR. Écluse qui s'emplit et se vide au moyen de canaux voûtés creusés dans les jouillières des portes dont l'entrée, qui est un peu au-dessus de chacune, s'ouvre et se ferme au moyen d'une vanne à coulisse comme au canal de Briare.

— A VANNES. Écluse qui s'emplit et se vide au moyen de vannes à coulisses, pratiquées dans l'assemblage même des portes, comme celles du canal Saint-Martin.

Écoinçon. Pierre qui dans le pied-droit d'une porte ou d'une croisée, fait *l'encoignure* de *l'embrasure*, et qui est jointe avec le *lancis* quand le *pied-droit* ne fait pas *parpaing*. (Maçonn.)

— Morceau qu'on ajoute à des pièces qui ne sont pas assez larges d'un bout, par exemple aux marches d'escalier qui ont toute la largeur du pas, ou aux marches d'angles. (Charp.)

Écope ou **Escoup.** Sorte de pelle creuse servant à baqueter l'eau à peu de profondeur.

Écoperches. Pièces de bois de brin ou baliveaux, qui servent à porter les échafauds et soutenir les boulins.

— On nomme aussi ÉCOPERCHE, une pièce de bois avec une poulie qu'on ajoute au bec d'une grue ou d'un engin pour lui donner plus de volée.

Écorce. Partie latérale des volants du chapiteau ionique.

Écornures. Éclats qui se détachent par accident aux arêtes des pierres, soit en les taillant, soit après qu'elles sont taillées.

Écouvette ou **Goupillon.** Sorte de balai qui sert à rassembler le charbon de la forge, et à arroser le feu. (Serrur.)

Écrevisse. Grande tenaille avec laquelle les serruriers traînent les morceaux de fer rouge vers l'enclume.

Écrille. Grille qu'on place aux décharges des étangs pour retenir le poisson.

Écrou. Morceau de fer ou de bois, rond, carré ou polygonal, dans lequel est percé un trou fileté, de manière à pouvoir être vissé sur une vis.

Écrouir. Battre le fer à froid pour en resserrer la masse et le rendre plus dur. Du fer trop écroui est cassant.

Écru (*fer*). Fer qui, ayant été brûlé ou mal corroyé est mêlé de crasse, comme est souvent l'extrémité des barres. (Serrur.)

Écumoire. Poële percée avec laquelle les plombiers écument leur plomb.

Écurée (*garniture*). Garniture d'une serrure de sûreté qui, après avoir été brasée, a été mise sur le tour pour être dressée.

Écuyer. Tringle de bois de chêne, de noyer, de merisier ou d'acajou ajustée sur la rampe d'un escalier ; — perches de bois tournées, qu'on pose sur des crampons en fer le long des murs d'un escalier pour servir de rampe. — On se sert plus ordinairement du terme *main courante*.

Écurie. Local dans lequel on met les chevaux. Le sol des écuries doit être légèrement en pente avec un caniveau pour l'écoulement des urines. Le sol doit être imperméable, mais la superficie, particulièrement la place qu'occupent les animaux, doit être recouverte d'une couche meuble qui ne leur fatigue pas les pieds.

Écusson. Tablette ou cartouche représentant les inscriptions des figures.

Petites pièces de f.r ou platines ayant la forme d'un Ecu d'armoirie.

Édicule. Construction de petite dimension : une petite chapelle par exemple.

Édifice. Se dit d'un bâtiment d'une certaine importance, comme un palais, une église, etc. (Arch.)

Les édifices publics ne peuvent être grevés de servitude. Un voisin ne peut ni adosser de construction à un édifice public, ni acquérir la mitoyenneté de ses murs. L'administration décide à quelle distance peut être élevée une construction voisine.

Éfourceau. Sorte de chariot servant au transport des bois en grume. Voy. DIABLE.

Église. Grand édifice, avec nef, chœur, bas côtés, chapelles, clocher, etc., dans lequel on célèbre les cérémonies du culte. (Arch.)

Égoïne. Scie à main, consistant en une lame assez large, avec un manche d'un seul côté : on l'appelle aussi *scie à guichet*.

Égout. Bord saillant d'une lucarne, saillie d'un toit dans un cheneau, ou celle au delà d'une corniche ou d'un entablement.

Les égouts simples dits *retroussés* ou *ordinaires* ne sont faits que de deux ou trois tuiles, et les égouts *doubles* ou *en bascule* sont faits de cinq tuiles dont deux en retraite sous les autres.

Il y a des égouts d'une ou deux saillies, suivant la hauteur du bâtiment.

On nomme *égout pendant* un égout en saillie et en contrebas d'un mur sans entablement ; il est supporté par une chanlatte.

Égout de brisis, égout du vrai comble au-dessus du comble à la mansarde.

De quelque manière que les eaux se répandent, il est de principe général qu'elles ne doivent jamais tomber sur les héritages voisins, à moins que par titre consenti volontairement on ait la faculté de leur donner une pareille issue. L'art. 681 du Code civil ordonne à tout propriétaire d'établir ses toits de manière que les eaux pluviales s'écoulent sur son propre terrain ou sur la voie publique. Dans les constructions soignées, on conduit les eaux par un tuyau de descente qui les amène depuis les gouttières jusque sur le sol. (Lois des bâtiments.)

Égout. Canal construit en pierre ou en meulière, mortier de chaux et sable, et dont la pente est assez forte pour que les immondices qui s'y introduisent ne puissent s'arrêter.

A Paris, les propriétaires des maisons en bordure sur les rues, où sont des égouts, doivent à leurs frais établir une communication des canaux d'écoulement de leurs maisons avec les égouts.

— DE PLOMB. Plaque de plomb arrondie qui donne issue aux eaux qui découlent du toit et les verse dans la rue, ou dans une cour. (Plomb.)

Égrainer. Enlever légèrement les grains qui se trouvent sur un ouvrage apprêté pour recevoir la dorure. (Dorure.)

Égrène. Voy. CLAMEAU.

Égrisage. Première opération du polissage, laquelle consiste à frotter pendant un certain temps le marbre avec un morceau de grès, ou bien avec un fer ou un bois, si ce sont des moulures. (Marb.)

Égriser. Frotter le bord ou la surface de deux verres blancs ou de deux glaces l'une sur l'autre, ou sur une planche avec du grès fin et sec pour les dresser.

Élégir. C'est, en diminuant la largeur d'un champ, de conserver une saillie d'un côté, pour y pousser une moulure, tel qu'un cadre sur un battant de lambris. Voy. RAVALEMENT.

Élévation. Représentation d'un bâtiment ou d'une machine sur une feuille de dessin. On suppose que la feuille de dessin est un plan vertical sur lequel sont projetés, au moyen de normales à la feuille de dessin, tous les points et toutes les lignes du bâtiment réduit, dans un certain rapport, dans sa grandeur naturelle. Cette élévation peut être faite de face ou de côté; elle peut être faite dans l'une des sections verticales qu'on peut désirer avoir dans le bâtiment ou la machine. Lorsque l'élévation est faite de côté, on l'appelle *profil;* lorsqu'elle est faite en travers, on l'appelle *coupe.*

Ellipse. Courbe qui a à peu près la forme d'un ovale, et qui jouit de cette propriété que la somme des distances de chacun de ses points à deux points fixes (les foyers) situés sur le grand axe est constante, et égale à la longueur de ce grand axe.

On obtient une ellipse en coupant un cône par un plan situé par rapport aux génératrices, tout entier d'un même côté du sommet.

Ellipsimbre. Courbe à double courbure résultant de la rencontre de deux berceaux; elle est ainsi appelée, parce que sa hauteur est moindre que la moitié du diamètre qui lui sert de base.

Elliptique. Qui a la forme d'une ellipse.

Émail. Verre opaque obtenu en ajoutant à du verre ordinaire un mélange d'oxydes de plomb et d'étain, dans le rapport à peu près de $\frac{8}{9}$ plomb et $\frac{1}{9}$ étain, et qui s'applique par fusion au moyen d'une forte cuisson sur les carreaux de faïence ou de terre servant à construire les poëles. (Poël.) Quelquefois on le colore par l'addition d'oxydes métalliques divers.

Embarcadère. Pente faite en blocages ou degrés construits dans l'épaisseur d'un mur de douve, pour descendre au niveau de l'eau d'un étang, d'une pièce d'eau, etc.

Embardellement. Parties d'ardoises placées en *chevauchure* les unes sur les autres, comme dans les éventails de lucarnes et de fronton, et parfois dans les *armements* de murs ou de jouées de lucarnes. — C'est le dernier rang d'ardoises qui, joignant l'égout de brisis en haut d'une mansarde, est taillé en pointe par le bas, et cloué par le haut au lieu d'être scellé.

Embarras sur la voie publique. Les entrepreneurs de bâtiments, propriétaires, ne peuvent faire de dépôt de matériaux sans en avoir obtenu une permission spéciale, et lesdits matériaux ne peuvent dans aucun cas obstruer la voie publique.

Les propriétaires, maîtres maçons, etc., ne peuvent faire sortir dans les rues et places les décombres, pierres, moellons terres, gravois, ardoises, tuileaux provenant des démolitions des bâtiments, qu'autant qu'ils peuvent les faire enlever dans le jour, en sorte qu'il n'en reste pas pendant la nuit. (Lois de voirie.)

Embarrures. Ce sont les plâtres que l'on fait de chaque côté des faîtières pour les sceller. (Couv.)

Embase (Couv.). Bout de table en plomb que l'on place au bas d'un arêtier de comble couvert en ardoise.

Embase. Base ou partie inférieure d'un ouvrage. — Renflement en forme d'anneau, ménagé sur un corps cylindrique.

Embase d'espagnolette (Serrur.). Partie saillante et

profilée au droit des lacets qui tiennent la tige ou corps d'espagnolette.

— DE CLEF. Petite moulure sous l'anneau.

— Moulure de fer ou cuivre soudée au bas d'un barreau de rampe ou de balcon.

Emboîter (Men.). C'est enchâsser une chose dans une autre à tenon et mortaise.

— A L'ANGLAISE. Assembler l'alaise nommée *emboîture* à rainure et languette en travers des planches, au lieu d'être à tenon, comme cela se pratique ordinairement.

— A BOIS DE FIL. Encadrer une porte, un dessus de table d'une alaise d'égale largeur, dans toute son étendue, coupée d'angles aux quatre angles.

Emboîter des tuyaux. Les faire entrer l'un dans l'autre. On ne fait pas seulement cette opération pour les tuyaux de descente, mais encore pour ceux de conduite. La différence qu'il y a, c'est qu'on ne se contente pas d'emboîter les derniers, il faut encore les ajointer et attacher avec des *nœuds de soudure.* On doit avoir l'attention, dans les emboîtements, de faire entrer le tuyau qui donne l'eau dans celui qui la reçoit, pour ne point mettre obstacle au courant de l'eau. (Plomb.)

Emboîture. Voy. Emboîter.

Emboutir. Battre les métaux en feuille sur de petites enclumes qu'on nomme *tas*, ou sur des mandrins avec le marteau, pour leur donner différentes formes en les relevant en bosse.

— On emboutit également le cuir qui sert à faire les clapets et les pistons des pompes. Cette opération se fait par pression graduée.

— Revêtir de plomb une construction que l'on veut protéger.

Embranchement. Voy. EMBRANCHER.

Embranchement. Solives de remplissage en empanon dans un plancher de comble à enrayure.

Embrancher. Joindre un petit tuyau ou une conduite secondaire sur une conduite principale. On donne le nom d'embranchement à la conduite secondaire, dont la jonction sur la conduite principale se fait par un nœud de soudure. On en fait souvent de manière à diriger l'eau venant d'un même réservoir dans des directions différentes. Il faut alors qu'il y ait des robinets qui donnent à l'eau l'écoulement suivant la direction désirée.

Embrasement, Embrasure ou **Ébrasement.** Elargissement ou évasement que l'on fait intérieurement aux jambages d'une porte ou d'une croisée, suivant une ligne oblique à la face du mur depuis la feuillure jusqu'au parement, soit pour faciliter l'ouverture des vantaux et guichets, soit pour procurer plus de lumière. Il se fait quelquefois des *embrasures* en dehors quand le mur est fort épais et la baie petite.

Par extension, on donne le nom d'embrasement à toute tête de mur évasée ou non, formant les côtés d'une baie de porte, et à la partie de la menuiserie qui revêt l'épaisseur d'un mur, d'un pan de bois ou d'une cloison au pourtour intérieur d'une baie ou d'une niche. L'embrasement est souvent d'assemblage, s'il est fait dans un mur, il est toujours uni dans un pan de bois ou une cloison.

On nomme *embrasement ravalé* celui qui est fait d'une planche entière et élégi au milieu d'une table ou d'un champ renfoncé.

Embrassure. Ceinture de fer plat coudée aux deux extrémités, destinée à retenir un tuyau de cheminée ou une pièce de bois sur un mur.

Embrennement. Partie de bois qu'on enlève à une pièce près d'une mortaise qui reçoit le joint d'une autre pièce très oblique.

Embrèvement, Embréver. Assemblage à rainure et languette de cadre, panneau ou battant avec une autre pièce, en formant saillie ou retraite, tel que le grand cadre d'un lambris ou celui d'une porte sur le bâtis; l'exécution du travail nécessaire, s'apelle *embréver.*

L'*embrèvement* est *simple,* s'il n'est ravalé que d'une languette; il est *double,* s'il est ravalé de deux rainures.

— On appelle encore *embrèvement* l'assemblage de deux battants, l'un par une languette sur son épaisseur, l'autre par une rainure sur sa largeur, destinée à recevoir la languette.

L'*embrèvement à vif* est l'assemblage dans lequel un panneau ou une planche, au lieu de porter une languette pour s'assembler, entre de toute son épaisseur dans un bâtis ou dans une autre planche plus épaisse.

En charpente, on appelle *embrèvement* une entaille faite dans la face de la pièce qui reçoit l'assemblage. La partie antérieure de l'embrèvement est dans le même plan que l'about de la mortaise; elle a environ le quart de sa profondeur.

Émeri. Petites taches noires et dures qui se trouvent dans certains marbres.

— Pierre naturelle qui est formée presque entièrement d'alumine, avec une très petite quantité de fer, et qui est d'une dureté très grande. On l'emploie, réduite en poudre fine, pour polir soit le fer, soit le marbre, soit les glaces, etc.

Emmarchement. Entaille faite dans le limon d'un escalier pour y assembler une marche.

— Hauteur des marches.

Emmétrage. Faire un emmétrage, c'est disposer des matériaux de construction ou d'entretien, en tas réguliers, de manière qu'il soit facile d'en faire le mesurage.

Émoussage. Nettoyage des toits. L'émoussage est surtout nécessaire sur les toits en tuile et en chaume, lesquels, par suite de leur perméabilité, conservent une humidité presque constante, favorable au développement des mousses, lichens et autres plantes parasites.

Empanon. Chevron qui s'assemble sur l'*arêtier* et non sur le faîte, et qui pose sur des plates-formes; dans les coupes biaisées on emploie soit des empanons délardés, soit des empanons déversés.

Empattement. Saillie d'un mur de fondation en dehors de la face soit intérieure, soit extérieure du mur élevé au-dessus.

Les murs de face en fondation doivent avoir au moins $0^m,11$ d'empattement par dehors, et $0^m,055$ d'empattement en dedans, soit, pour la somme des deux saillies, $0^m,165$.

Quant aux murs de refend, ils doivent avoir au moins $0^m,055$ de retraite sur chaque face de leur fondation, (retraite égale à celle que représentent en dedans les murs de face en fondation) en sorte que le total des deux retraites, en dehors et en dedans, doit être, au moins, de $0^m,11$.

Voir *fondation*, depuis : Une ordonnance, etc.

— Pièces de bois qui servent de support à une grue.

Empattement. Surface occupée par la base d'un bâtiment, d'une machine, etc.

Empatture. Assemblage bout à bout de deux pièces de bois avec des pattes ou des tenons.

Empaume. Saillie conservée sur les parements d'une assise ou d'un tambour de colonne, lors de la taille, pour en faciliter la pose.

Empenoir. Ciseau recourbé à ses deux extrémités qui sont également tranchantes, et qui sert à faire les entailles pour poser les ferrures.

Empierrement. Voy. CAILLOUTIS.

Empilage. Travail consistant à mettre le bois en piles régulières, dans les chantiers.

Emporte-pièce. Outil servant dans les ouvrages de plomberie à percer à jour les feuilles de plomb.

Encaissement. Enceinte construite autour d'une pile ou en avant d'une culée de pont, avec des pieux moisés et des palplanches, et dans laquelle on coule du béton pour la rendre étanche.

— Déblai de terre que l'on fait avant d'établir la chaussée d'une route, et auquel on substitue les matériaux qui doivent constituer la chaussée.

Encastrer. Sceller une pièce qui fait saillie, de telle sorte que la partie comprise dans le scellement ne puisse osciller, quel que soit l'effort qu'on y applique.

— Joindre deux pièces de bois par embrèvement.

— Enchâsser par entaille ou par feuillure une pierre dans une autre, ou un crampon de son épaisseur dans deux pierres, pour les joindre.

Encaustique. Mélange de savon, de cire, d'alun ou de sel de tartre dissous à chaud dans de l'eau ordinaire, de manière à former un liquide que l'on étend sur du carreau après qu'il a été mis en couleur, ou sur un parquet, pour en rendre la surface brillante en la frottant avec une brosse dure.

Enchâsser. Voy. ENCASTRER.

Enchevalement. Voy. ÉTAIEMENT.

Enchevauchure. Jonction par recouvrement ou par feuillure, par exemple, de deux feuilles de plomb, de deux dalles l'une par l'autre ; dans ce cas, l'enchevauchure se fait par feuillure de demi-épaisseur. Cet assemblage est également appliqué aux bois.

Enchevêtrure. Assemblage de trois pièces de charpente, qui dans un plancher sert à ménager le passage ou l'emplacement d'une cheminée, pour éviter les chances d'incendie. Ces trois pièces sont : deux solives perpendiculaires au mur contre lequel s'appuie la cheminée, et un *chevêtre* qui s'assemble sur ces solives à une distance convenable.

Suivant la position de la cheminée par rapport au mur perpendiculaire à celui contre lequel elle s'appuie, l'une des solives peut être supprimée, et alors le chevêtre s'encastre dans le mur. Dans les cheminées placées dans l'angle de deux murs et dans quelques autres circonstances, le chevêtre est encastré dans les murs eux-mêmes. Il porte alors l'assemblage de toutes les *solives de remplissage*, les *liernes, linçoirs*, etc.

Enclaver. Faire entrer les bouts des solives par entaille dans une poutre.

— Arrêter une pièce de bois avec des clefs ou des boulons en fer.

Enclaver une pierre. La mettre en *liaison* après coup avec d'autres, comme cela se fait dans les raccordements.

Encliquetage. Voy. DÉCLIC.

Enclume. Outil en fer dont se servent les couvreurs pour tailler l'ardoise et lui donner la forme qui convient.

— Grosse masse de fer qui sert dans les forges pour appuyer les métaux à forger.

Les enclumes ont ordinairement la forme d'un prisme rectangulaire avec deux appendices de chaque côté ; l'un en pyramide, dont une face est en prolongement de la face supérieure de l'enclume, et l'autre en cône. Toute la surface de l'enclume est aciérée, ce qui lui donne plus de dureté. Cette masse repose sur une forte bille de bois dans laquelle elle est fixée.

Encoches. Entailles ou coches qui sont à certaines serrures sur le pêne ou sur la gâchette, pour former un arrêt, (Serrur.).

Encoignure. Angle formé par la rencontre de deux murs de face d'un bâtiment. Ce terme s'applique aux coins principaux d'un bâtiment et à ceux de ses avant-corps. (Maçonn.).

Il est défendu de reconstruire les maisons formant encoignure des rues, places, carrefours, et autres voies, sans avoir pris les alignements et permissions nécessaires. (Lois de voirie).

Encollage. Sorte de mordant composé d'ail, d'absinthe, de sel infusé dans du vinaigre, et mêlé avec de la colle additionnée ou non de blanc, qu'on étend sur du bois ou du plâtre pour mieux fixer les couleurs dont on veut les enduire. On se contente quelquefois de ne mettre que de la colle.

Encoller. Étendre sur le bois, la pierre, le plâtre qu'on veut peindre, une première couche de colle dans toute sa force, et additionnée de blanc, qu'on a ajouté à la colle fondue. On ne se sert de ce mélange qu'après avoir laissé tremper quelque temps.

— Étendre sur une peinture en détrempe, ou sur du papier, une couche de colle claire et blanche ou d'empois, qui permet de vernir sans faire de tache.

Encolure. Réunion, par soudure, de plusieurs pièces de fer les unes avec les autres. (Serrur.).

Encorbellement. Saillie en porte à faux sur le nu d'un mur. Les encorbellements servent à soutenir des balcons ou des couloirs, etc., qu'on pratique en saillie sur la face d'un mur quelconque, de sorte qu'ils semblent être collés et suspendus contre la face de ce mur. (Maçonn.). Construction réglementée. Voy. l'*ordonnance sur les saillies*.

Endenter. Liaison de deux pièces de bois qui entrent l'une dans l'autre au moyen de dents.

Enduit. Composition faite de p'âtre ou de mortier de chaux et de sable, ou de chaux et de ciment pour revêtir les murs.

Les enduits en plâtre se font en trois couches, que l'on appelle *gobetage, crépi* et *enduit.* Lorsqu'on veut faire un enduit sur un mur en moellon ou en brique, on commence par nettoyer les joints ; ensuite après avoir arrosé, on bouche à la mains les plus grands joints ; puis, on fait le gobetage qui consiste à lancer sur le mur, au moyen d'un balai, du plâtre gâché clair. Pour le crépi, le maçon commence par faire gâcher du plâtre au panier serré ; puis lorsque le gobetage a fait corps avec le mur, le maçon lance son crépi à la main, et l'étend avec le dos de la truelle. — L'enduit se fait avec du plâtre fin ; on l'étend le mieux possible avec le dos de la truelle ; mais, comme il reste des inégalités, on se sert de la truelle brettelée pour enlever les aspérités. Les enduits sur les cloisons, pans de bois, plafonds et lambris sous les toits, se font de même, sur le *lattis,* qui est ou *jointif* ou à *claire-voie.* (Maçonn.).

Enduit imperméable. Composition chimique (contenant de la cire, de l'huile et de la litharge), due à MM. Thénard et d'Arcet. Elle a été appliquée sur la coupole du Panthéon pour permettre de la peindre. M. Coignet a obtenu des enduits imperméables en répandant à la surface d'enduits à la chaux une dissolution de phosphate de soude ou de potasse.

On emploie aujourd'hui des silicates alcalins pour obtenir le même résultat.

Enfaîtement. Voy. FAITAGE.

Enfilade (*en*). On dit que plusieurs portes sont *en enfilade* quand leur axe se trouve sur un même alignement : on dit aussi que les pièces d'un appartement sont en enfilade lorsqu'on ne peut aller de l'une dans l'autre qu'en passant par les pièces intermédiaires.

Enfoncement. Profondeur des fondations d'un bâtiment, au-dessous du sol ; d'un puits au-dessous des basses eaux.

— Partie reculée d'une façade qui forme arrière corps derrière un pavillon ou un autre corps de bâtiment.

— Partie de pavage en contre-bas des parties environnantes et dans laquelle l'eau séjourne. On l'appelle aussi *flache.*

Enfourchement. Angle solide formé par la rencontre de deux douelles de voûte ; les voussoirs qui se trouvent sur cet angle ou arête ont deux branches comme une fourche. (Maçonn. Voy. ASSEMBLAGES EN ENFOURCHEMENT.

Engin. Machine servant à enlever les fardeaux : elle consiste en une poutre verticale soutenue par des arcs boutants et potencée, par le haut, d'un *fauconneau* avec poulies. Il y a à la partie inférieure un treuil qui dévide un câble passant sur les poulies.

Engorgée (*moulure*). Celle qui a perdu une partie de ses formes et de ses contours par la quantité de peinture qui a été mise dessus.

Engorgé (*tuyau*). Tuyau de conduite de la descente ou de la chausse d'aisance obstrué par quelque sédiment ou dépôt d'ordures.

Engorgement. Obstruction d'un tuyau engorgé. Voyez ce mot.

Engraissement. Surépaisseur donnée à des tenons, de manière qu'ils ne puissent entrer que par force dans les mortaises.

Engrader. Clouer l'extrémité d'une bande de plomb sur une autre ou sur le pied d'un poteau.

Engradure. Jonction à recouvrement — d'une nappe de plomb sur une autre, à l'aide de clous.

Bord d'une bavette que l'on attache sur le devant d'une lucarne.

Engrenage. Mécanisme consistant, soit en la réunion de deux roues dentées, disposées de telle sorte que l'une des roues, en tournant, entraîne l'autre, — soit en une roue dentée commandant une crémaillère ou une vis sans fin. Fréquemment une même machine comporte l'emploi de plusieurs engrenages. Ce mécanisme sert à augmenter la force en ralentissant la vitesse.

Engrener. Faire entrer les dents d'une roue d'un engrenage dans les dents d'une autre roue ou dans les fuseaux d'une lanterne.

Engueulement. Double entaille d'embrèvement dans laquelle l'arbalétrier reçoit l'arête du poinçon; lorsque par économie on ne creuse pas l'arbalétrier en dessus, les deux faces de l'engueulement sont prolongées jusqu'à la face plane du dessous de l'arbalétrier qui est conservée.

Enlacer (Charp.). Percer avec un *laceret* les tenons et les joues des mortaises d'un assemblage pour y placer une cheville.

Enlaçure. Trous percés dans un assemblage pour enlacer.

Enlèvement de terre. Dans une construction les terres qui proviennent des fouilles doivent être emportées, c'est ce qu'on nomme *l'enlèvement des terres*. Ces terres et les gravois sont transportés aux décharges publiques, quand on n'en a pas l'emploi.

Enlever (Serr.). Synonyme de faire, de forger, d'exécuter une pièce.

Enlevure (Sculpt.). Synonyme de relief.

Enlier. C'est, dans la construction, engager les matériaux, pierres de taille, moellons, briques les uns dans les autres, de sorte que les uns soient posés dans leur largeur, comme les *carreaux*, et les autres sur leur longueur, ainsi que les *boutisses*, pour faire liaison avec le garni ou remplissage.

Enligner. Donner à une pièce de bois la même grosseur qu'à une autre au moyen de la règle ou du cordeau.

Enouer (Vitrer.). Séparer, des vieux plombs, avant de les faire fondre, tous les nœuds de soudure qui retiennent les différentes branches de plomb dans la jointure des vieux panneaux.

Enracinement. Partie d'un *épi* qui le rattache à la terre ferme. L'enracinement est composé d'un certain nombre de *tunes* que l'on construit à sa naissance, c'est-à-dire à l'endroit où il doit commencer à entrer dans l'eau, et qu'on pousse de biais dans les terres jusqu'à une distance proportionnée au poids de l'*épi*, à sa longueur et à la rapidité de l'eau. Pour faire cet *enracinement*, on commence par déblayer les terres sur toute la longueur et la largeur excavée, aussi bas que les eaux le permettent : on a soin de les mettre de côté pour être employées à couvrir l'*épi*. (Archit. hydraul.)

Enrayure. Assemblage de différentes pièces posées de niveau et portant ou non le comble d'une croupe. Dans le premier cas, l'enrayure comprend les *entraits ou coyers des arêtiers*, les *entraits des maîtresses fermes et des croupes*.

On appelle encore *enrayure* les entraits ou plans des dômes, et en général de tous les ouvrages qui s'établissent en plan.

Enrayures (PLANCHERS A.). Sorte de plancher dont les solives disposées en rayons convergent vers un centre, soit en se croisant à mi-bois, soit en s'assemblant dans un poinçon. Quelques-unes seulement arrivent jusqu'au centre; les autres sont soutenues entre les premières par des goussets qui forment autour du centre divers polygones, dont le nombre de côtés augmente à mesure que la divergence des rayons exige l'interposition de nouvelles solives.

Enrochement. Amas de pierres que l'on fait dans l'eau, soit pour former un sol artificiel, soit pour défendre les fondations et les parties basses d'une construction hydraulique.

Enroulement. Se dit de tout ornement qui est contourné : par exemple, des barres de fer plates enroulées en volute ou spirale. Les serruriers les appellent rouleaux. (Serrur.)

Enseigne. Tableau placé par les marchands ou artisans au-dessus de la porte de leurs boutiques pour indiquer leur commerce ou leur profession. Voy. l'*ordonnance sur les saillies.*

Une ordonnance de 1784, concernant les marchands, cabaretiers, etc., dit qu'ils seront obligés de supprimer les enseignes en saillie au bout d'une potence en fer, sauf à eux de les faire appliquer sur le nu des murs de face de leurs maisons, magasins, etc.; les enseignes ainsi appliquées ne pourront avoir plus de $0^m,16$ de saillie du nu desdits murs de face, y compris bordures, chapiteaux ou ornements indicatifs de l'état. Tout étalage désignant le commerce ou la profession, qui sera placé au-dessus des auvents, ou au-dessus du rez de-chaussée des maisons situées sur lesdites rues, places et carrefours, sera également supprimé ou appliqué sur le mur sans pouvoir excéder la saillie de $0^m,16$ du nu du mur de face.

Toutes figures en relief formant massif en fer, bois, pierre, ou tout autre matière, servant d'enseigne, seront supprimées, sauf à les remplacer par des tableaux dont la saillie n'excédera pas $0^m,16$.

Lesdits tableaux et étalages seront attachés avec crampons de fer haut et bas, scellés en plâtre dans le mur, et recouvrant le bord desdits tableaux, et non simplement accrochés ou suspendus. (Lois de voirie.)

Ensemble. On dit l'ensemble d'un bâtiment pour en signifier la masse, et quelquefois pour marquer la proportion des parties au tout. (Archit.)

Enseuillement. Ce mot se prend pour l'appui d'une croisée au-dessus de $1^m,00$. (Maçonn.)

Entablement. Saillie au haut des murs d'un bâtiment, qui soutient la couverture. Voy. l'*ordonnance sur les saillies.*

L'entablement se divise en *architrave, frise, corniche.* (Arch.)

Entablement à la capucine. Entablement qui au lieu de moulures n'a que des *chanfreins.*

— RECOUPÉ. Celui qui fait retour par *avant-corps* sur une *colonne ou pilastre.* (Archit.)

Entaille. Coupure avec enlèvement de matière, faite dans une pièce de bois pour y loger les corbeaux, les étriers ou d'autres pièces de bois; elles se font à paume, et quelquefois circulaires. (Charp.)

On fait aussi des entailles cintrées propres à coller et cheviller les parties circulaires.

Les assemblages en entailles consistent en un *ravalement* fait dans l'épaisseur de deux pièces de bois, d'une largeur égale à celle de chaque pièce, de manière qu'elles puissent entrer à plat l'une dans l'autre. Les entailles se font à deux et trois arasements dans les tablettes à la scie ou au ciseau. (Menuis.)

— Les serruriers font aussi des entailles pour affleurer leur fer sur des pièces de charpente, ainsi que sur les portes cochères pour le passage du fil de fer et chaîne de tirage; dans ce dernier cas, ces entailles sont recouvertes de bandes en tôle. (Serrur.)

— Outil : sous ce nom, on comprend toutes sortes de morceaux de bois dans lesquels on a fait des entailles pour pouvoir contenir différentes pièces d'ouvrages qui y sont arrêtées au moyen d'un coin; par exemple l'entaille à *limer les scies*, entaille à *scier les arasements*, entaille à *pousser les petits bois*, entaille à *rallonger les serre-joints*.

Entamures DE CARRIÈRE. Premières pierres qu'on tire d'une carrière nouvellement découverte. (Maçonn.)

Enter. Assembler une pièce avec une autre dans le sens de la longueur, au moyen d'entailles faites à l'extrémité des deux pièces.

Entrait. Principale pièce d'une ferme de comble sur laquelle sont assemblés les arbalétriers, et même le poinçon lorsqu'il n'y a pas *d'entrait retroussé*.
Les entraits de forte longueur sont en deux morceaux assemblés en joint à trait de jupiter, et maintenus par une clef en bois.

Entrait retroussé. Pièce de bois assemblée dans les arbalétriers et qui, placée parallèlement à l'entrait du bas, les empêche de fléchir.

Entrait de brisis. Entrait qui soutient les jambes de force dans un comble en mansarde.

Entrait (*demi-*) ou **entrait de croupe.** Entrait qui, dans une demi-ferme, est assemblé d'un bout dans le maître entrait, et qui de l'autre porte sur le mur de pignon.

Entrait de long pan. Principale pièce, qui, dans un plancher à enrayure, reçoit l'assemblage des goussets.

Entrait de croupe. Pièce qui, dans un plancher à enrayure, vient s'assembler d'équerre avec l'entrait de long pan, et reçoit des goussets.

Entraits en croix. Pièces principales, qui, dans un comble circulaire, se croisent à angle droit.

Entrait. On appelle également entrait, dans un cintre servant à construire une voûte ou une arcade, la pièce posée horizontalement et sous laquelle sont les poteaux de support.

Entre-colonnement. Distance de l'axe d'une colonne à l'axe d'une autre colonne. (Archit.)

Entre-coupe. Dégagement qui se fait dans un carrefour

étroit, par deux pans coupés opposés, pour faciliter le tournant des chariots. (Archit.)

— DE VOUTE. Vide entre deux voûtes sphériques qui sont l'une au-dessus de l'autre (depuis l'*extrados* d'une coupe jusqu'à la *douelle* d'un dôme), et qui sont jointes ensemble par des murs de refend au droit des côtes; le tout sans charpente, et plutôt en briques qu'en pierre. (Maçonn.)

Entrée. Terme général pour signifier l'endroit par où l'on entre dans quelque lieu, et qui comprend la porte et le passage. (Maçonn.)

— DE LA CLEF. Ouverture qu'on fait à la couverture d'une serrure ou au *foncet*, pour recevoir la clef.

On nomme aussi entrée une pièce de tôle, ordinairement découpée, qui est ouverte pour recevoir la clef, et qu'on cloue sur le côté opposé à la serrure. (Serrur.)

Entrelacs. Ornements de listels et de fleurons liés et croisés les uns avec les autres, qui se taillent sur les moulures et dans les frises. (Archit.)

Entre-modillon. Espace qui est entre deux *modillons*. Les entre-modillons doivent être égaux dans le cours d'une *corniche*. (Archit.)

Entre-pilastre. Espace lisse qui est entre deux pilastres. (Archit.)

Entrepreneur. Celui qui se charge de l'exécution de travaux, qui entreprend et qui conduit ceux d'un bâtiment.

Les entrepreneurs de bâtiment sont responsables de leurs ouvrages pendant dix ans.

Cependant ils ne peuvent répondre des ouvrages auxquels ils ne font que des réparations; mais si, dans un bâtiment neuf, les vices de construction sont évidents, ils ne peuvent être couverts par le laps de dix ans.

Toutes les fois que l'entrepreneur travaille sous les ordres d'un architecte, il n'est seul responsable des dommages-intérêts que de ce qu'il a exécuté, soit contre les règles de l'art, soit contre les indications des plans et devis, soit contre les ordres donnés et signés de l'architecte. Il évite cette responsabilité : 1° en se conformant en tous points aux plans et devis que lui donne l'architecte; 2° si quelque objet n'est pas assez suffisamment figuré sur les plans, ni décrit assez clairement dans le devis, l'entrepreneur doit avoir la précaution de se faire donner par écrit les détails qui lui manquent, et auxquels l'architecte est tenu de suppléer; 3° si quelques changements son arrêtés entre le propriétaire et l'architecte, pendant la construction, la sûreté de l'entrepreneur exige qu'il ne s'occupe pas de ces changements, tant qu'il n'en a pas reçu l'ordre par écrit.

A l'égard de l'observation des lois du voisinage et de police, l'entrepreneur n'en est déchargé ni par l'exacte conformité de ses ouvrages avec les plans et devis, ni par la surveillance d'un architecte.

Quelquefois l'entrepreneur est chargé seul de construire un bâtiment sur ses plans et devis; il est tenu alors de tous les vices de construction qui feraient périr le tout ou partie de l'édifice, avant l'expiration des dix premières années. Il en est de même lorsqu'il n'a été fait ni plans ni devis, et que l'entrepreneur travaille sur les indications verbales qui lui sont données.

Quelquefois des plans sont donnés à l'entrepreneur pour les exécuter sous la surveillance du propriétaire; l'obligation de l'entrepreneur est alors de se conformer, en tout, aux plans et devis.

L'entrepreneur ne doit jamais s'excuser des vices de construction, sur la maladresse ou la mauvaise volonté de ses ouvriers : suivant l'art. 1797 du Code, il est responsable, sauf son recours contre eux.

Les vices de construction qui proviennent de l'emploi de mauvais matériaux sont à la charge de l'entrepreneur seul, même quand il exécute sous les ordres d'un architecte. Lorsque l'entrepreneur emploie des matériaux appartenant aux propriétaires, il doit, avant de les mettre en œuvre, les examiner et rebuter ceux qui lui paraissent défectueux.

L'entrepreneur a son recours contre ses ouvriers; ainsi, lorsqu'un ouvrier perd son temps dans la journée, l'entrepreneur a droit, non seulement de ne pas payer le temps perdu, mais encore de rendre le même ouvrier responsable du tort qui pourrait résulter de la négligence dont il est coupable. Rarement des contestations ayant pour objet ce genre de garantie s'élèvent, parce que la surveillance des entrepreneurs est extrêmement active. La deuxième obligation des ouvriers est d'exécuter, conformément aux règles de l'art, les ouvrages qui leur sont confiés; l'ouvrier qui fait un travail vicieux en est responsable envers l'entrepreneur. L'ouvrier contracte encore une autre obligation : c'est de ne commettre aucune fraude en exécutant son ouvrage. Les obligations des ouvriers employés à la journée ou à la tâche, par le propriétaire, sont les mêmes que celles qu'ils contractent avec un entrepreneur. A l'égard des ouvriers à qui le propriétaire donne à faire des portions de sa construction à l'entreprise, ce sont de véritables entrepreneurs qui louent leur travail et leur industrie. (Lois des bâtim.)

Entre-sol. Étage bas pris dans la hauteur du rez-de-chaussée, et situé par conséquent au-dessus du rez-de-chaussée, sous le plancher du premier étage. (Archit.)

Entretiens. Réparations annuelles des bâtiments, dont se chargent quelquefois des entrepreneurs, moyennant certains prix, mais sans être garants des réparations extraordinaires causées par les injures du temps, la caducité, ou la malfaçon des bâtiments. (Maçonn.)

Entretoise. Pièce de bois ou de fer horizontale, destinée à maintenir d'autres pièces dans une position invariable. Ordinairement les entretoises en bois sont assemblées à tenons et mortaises.

— DE LUCARNE. Traverse pratiquée dans une lucarne à fourrage, qui passe derrière le chapeau, et qui est assemblée dans les poteaux.

— Traverses qui lient les croix de Saint-André entre un faîte et un sous-faîte.

— DE RATELIER. Traverses du haut et du bas sur lesquelles sont assemblées les *roulons;* c'est aussi, sous une mangeoire, la traverse qui la supporte, et qui d'un bout est assemblée dans le *racinal.*

— Barre assemblée à queue d'aronde dans des poteaux, et qui se pose en travers des cloisons à claire-voie pour tenir l'écartement des tringles et la poussée des plâtres. On la nomme aussi *barre à queue.*

— Traverse qui, sous une table ou un tréteau, est assemblée à chaque bout dans une traverse appelée *té.*

Entrevous. Intervalle entre deux solives d'un plancher. — Enduit ou remplissage en plâtre que l'on fait sur le latis cloué dans cet intervalle. — On dit *tirer les entrevous,* c'est-à-dire faire l'enduit en plâtre.

— Maçonnerie que l'on fait entre les poteaux d'une cloison de charpente ou d'un pan de bois.

— Planches en chêne ayant $0^m,024$ à $0^m,027$ d'épaisseur sur $1^m,95$, $2^m,27$ ou $2^m,92$ de longueur.

Enture. Jonction de deux pièces de bois en ligne droite ou bout à bout.

Enveloppe. Réunion des carreaux formant le corps d'un poêle de construction. — Cloison en brique que l'on construit au pourtour extérieur de ce poêle.

Épannelage. Taille préparatoire qu'on pratique pour dégager les moulures d'une corniche. — Pierre jetée bas pour ce dégagement. (Maçonn.)

Épargne (Dor.). Mélange de blanc d'Espagne, de sciure et de gomme, dont on recouvre les parties qui doivent être brunies.

Épaufrure. Éclat du parement d'une pierre, emporté par

un coup de tétu mal donné. Quant à l'*Écornure*, c'est un éclat qui se fait à l'arête de la pierre lorsqu'on la taille, qu'on la conduit, qu'on la monte, ou qu'on la pose. (Maçonn.)

Épaule de mouton. Cognée de très forte dimension dont se servent les charpentiers.

Épaulée. On dit qu'une maçonnerie est faite par épaulée lorsqu'elle n'est pas établie de niveau, mais par *redans*, comme cela se pratique quand on travaille en sous-œuvre. (Maçonn.)

Épaulement. Partie faisant saillie sur la face la moins large d'un tenon. — Lorsqu'il n'y a pas de saillie, l'assemblage s'appelle *enfourchement*.

Épaulement. Partie pleine qui reste entre deux mortaises ou entre une mortaise et l'extrémité d'une pièce de bois. — Quand il n'y a pas d'épaulement entre la mortaise et l'extrémité de la pièce l'assemblage est dit *à enfourchement*.

Épauler un tenon. C'est lui donner un longueur telle que la pièce qui le porte recouvre la mortaise.

Éperon. Ce mot est pris, mais à tort, dans le dictionnaire de l'Académie, comme synonyme de contre-fort, le contre-fort étant un pilier construit extérieurement pour consolider un mur, par exemple, de terrasse ou une voûte, et lui permettre de résister à la poussée des terres. Voy. CONTRE-FORT.

— L'éperon, en réalité, est un mur auxiliaire, construit perpendiculairement à un mur de soutènement, mais du côté des terres, pour diviser la force de poussée de celle-ci.

— Ouvrage que l'on construit en avant des piles des ponts pour les préserver du choc des corps flottants. Les éperons ont la forme d'un triangle dont la pointe est tournée contre le courant.

Épi (*Briques en*) (Maçonn.). Celles qui sont posées diagonalement, en façon de point de Hongrie.

— (Menuis.). Frises d'un plancher posées diagonalement. On nomme cette disposition : planchers *à point de Hongrie*.

— (Serrur.). Pointe et crochet qu'on met sur des murs d'appui et de clôture pour servir de défense.

Épi. Les charpentiers appellent ainsi, dans la construction d'un comble, la réunion de plusieurs pièces de bois autour d'un poinçon : ainsi le comble d'un pavillon est à un seul épi ; la partie d'un comble où se réunissent quatre *noues* est à un épi. Celui à cinq épis a cinq *poinçons* autour desquels sont assemblés et rayonnent, savoir le poinçon central des noues, et les quatre poinçons des quatre croupes. (Charp.)

Épi. On nomme ainsi des bouts de digue construits en maçonnerie ou avec des coffres de charpente remplis de pierres ;

on les forme aussi de fascinages, *piquetés*, *tunés* et garnis d'une couche de gravier. Ils se placent le long des bords d'une rivière pour détourner le courant, et empêcher de porter atteinte aux constructions qu'on veut ménager. Les épis triangulaires ont l'avantage de ne point trop ralentir le passage d'un courant dans les grandes crues. (Archit. hydr.)

Épigeonner. C'est employer le plâtre un peu serré, sans le plaquer ni le jeter, mais le lever doucement, avec la main et la truelle, par *pigeons*, c'est-à-dire par poignées, comme lorsque l'on fait les tuyaux et languettes de cheminée, qui sont de plâtre pur. (Maçonn.)

Épinglage. Débouchage des trous par lesquels s'échappe le gaz dans un bec servant à l'éclairage.

Épingles. Les plombiers appellent ainsi les gouttes de soudure qui percent de part en part les tuyaux qu'ils soudent.

Épinçoir. Gros marteau court et pesant, à tête fendue en angles par les deux côtés, ce qui forme à chaque bout deux coins ou dents tranchantes. Il sert à ébarber le parement du pavé taillé et à dégrossir le moellon de construction. On dit alors que le moellon est *épincé*.

Éponge. Grande planche portative dont on se sert pour diminuer la largeur des tables qu'on coule. Elle est de toute la longueur et de toute la profondeur de la caisse du moule. (Plomb.)

Épousseter. Promener une brosse fine ou un pinceau sur l'ouvrage, pour enlever la poussière ou autres matières, comme poils de brosse, qui ont pu s'attacher et mordre la couleur. (Peint.)

Épuisement. Enlèvement de l'eau d'une fouille, d'un bassin, etc.

On emploie divers appareils dont nous donnons la description à l'article qui les concerne; nous indiquerons ici seulement l'effet utile de ces appareils. Travail produit en kilogrammètres (Extrait de Demanet, *Cours de construction.*).

Baquetage à bras avec seau léger	46000
Écopes ordinaires, id.	48000
Écopes hollandaises, id.	120000
Seaux à bascules (pour 2 ou 3 mètres de hauteur)	60000
Seaux à bascules (pour 4 ou 5 mètres de hauteur)	70000
Seau avec corde et poulie, poids ordinaire	77000
Seau avec treuil à volant et manivelle, puits profond	170000
Chapelet vertical (un homme à la manivelle)	115000
Chapelet vertical (un cheval à la manivelle)	647000
Chapelet incliné (un homme à la manivelle)	68000

Chapelet incliné (un cheval à la manivelle)	449000
Noria, effet utile de la force dépensée	0.48 à 0.70
Pompes, id	0.50
Vis d'Archimède, id	0.70 à 0.75
Roue à tympan (mue par des hommes sur une roue à marches), id	0.80
Roue à godets, id	0.60
Flash 11 heel, id	0.70

Épuiser ou **étancher.** Retirer, à l'aide d'outils ou de machines, les eaux qui sont dans une tranchée, dans un batardeau. Voy. ÉPUISEMENTS.

Épure. Dessin d'un appareil. Dans la pratique, l'épure est aussi grande que l'ouvrage : on la trace sur une aire, ou sur un enduit, contre un mur, c'est sur cette épure que les appareilleurs lèvent leurs panneaux, pour les tracer ensuite sur les pierres. (Maçonn.)

— Sert également au charpentier à tracer la coupe de ses bois ainsi que les divers assemblages qu'ils doivent avoir en exécution. (Charp.)

Équarrir. Tailler une pierre à l'équerre, de sorte que ses faces opposées soient parallèles, et ses faces contiguës à angle droit.

— Tailler un arbre en grume, de façon à lui donner une forme carrée.

— Rafraîchir les rives, redresser l'épaisseur des battants, refaire les rainures, languettes ou feuillures de fermeture, et au besoin les diverses pièces de vieille menuiserie.

— Tailler le pourtour des carreaux neufs de pierre ou de marbre. — Rafraîchir les joints des vieux carreaux ou les réduire à une autre mesure.

— Rendre vives les quatre arêtes du dessus ou parement d'un pavé.

Équarrir. Régulariser un trou, en l'agrandissant avec l'équarrissoir.

Équarrissage. Synonyme de *grosseur* pour les pièces de bois.

— (Marbrerie.) Taille que l'on fait sur l'épaisseur d'une tranche de marbre mince pour la mettre de mesure ou la dresser.

Équarrissage ou **équarrissement** (*mesurer par*). Mesurer chaque pierre selon le prisme circonscrit à la forme en œuvre, sans tenir compte des refouillements et évidements.

Équarrissement. Manière de tracer la pierre sans le secours des panneaux.

Équarrissoir. Sorte de poinçon carré ou polygonal en acier trempé, en forme de pyramide très allongée, servant à agrandir des trous percés dans du métal.

Équerre. Lien en fer plat, plus ou moins large et plus ou moins épais, coudé sur plat ou sur champ, dont on se sert pour relier les encoignures de pans de bois, les traverses. Elles sont entaillées ou non.

Équerre simple. Pièce de tôle ou de fer formant l'équerre ou l'L, qui sert à tenir les assemblages des montants et des traverses d'une croisée. L'*équerre double*, qui sert au même usage, est une bande de fer, de la longueur de la traverse d'une croisée, avec deux petites branches formant retour.

Équerre (Serrur.). Petite pièce d'intérieur d'une serrure. qui est coudée et percée d'un trou pour le passage d'une vis. — Elle sert à retenir le pène du demi-tour.

Équerre (Font).) Coudes que l'on fait aux conduites d'eau.

Équerre. Instrument formé de deux pièces de bois assemblées de façon à présenter un angle droit, tant à l'intérieur qu'à l'extérieur, et qui sert à tracer les mortaises, les tenons, et à les mettre de jauge.

Équerre à épaulement. Équerre dont une des branches est trois fois plus épaisse que l'autre. Les serruriers et les mécaniciens se servent d'une équerre en fer découpée dans une pièce de tôle, et dont l'une des branches porte un épaulement rapporté.

Enfin il y a des équerres pleines, qui ne présentent que l'angle droit extérieur.

Équilibre (*en*). C'est l'état d'un corps qui, abandonné librement à lui-même, et reposant sur un appui, de telle forme que ce soit, reste dans sa position. Pour qu'un corps soit en équilibre, il faut que la verticale passant par le centre de gravité de ce corps passe par un point de l'appui. L'équilibre est *stable* quand le centre de gravité est au-dessous du joint de support, *instable* quand il est au-dessus.

Équipage. Tout ce qui sert à la construction et au transport des matériaux, comme chèvres, chariots, camions, échelles, échasses, planches, cordages, etc.

Équipe. Voy. Chèvre.

Éridelle. Ardoise étroite et longue qui a deux côtés taillés et les deux autres bruts.

Ériger. Terme qui, dans l'art de bâtir, signifie élever ; ainsi on dit ériger un mur. (Maçonn.)

Escalier. C'est, dans une maison, l'ensemble de marches ou degrés, de paliers et d'appuis droits et rampants, qui sert à faire communiquer les étages les uns avec les autres. Lorsque l'escalier est en maçonnerie, on entaille le mur d'échiffre pour porter les marches.

On fait de grands escaliers dont les repos sont soutenus par des voussures rampantes, ou par des trompes dans les angles. Pour que ces escaliers fassent un bon effet, il faut que la cage forme un rectangle dont la longueur soit un peu plus grande que la largeur, et que la première rampe, qui doit être supportée par le mur d'échiffre, s'élève à une hauteur assez grande pour qu'on puisse passer dessous, sans que, toutefois, la rampe en retour paraisse trop basse. On fait aussi des escaliers à jour, soutenus par la seule coupe de leurs marches, avec des limons et sans limons. (Maçonn.)

— Les escaliers en charpente que l'on fait le plus communément sont composés de patins, limons, noyaux recreusés ou pleins, morches droites, dansantes et palières, portant moulure ou non. (Charp.)

D'après une ordonnance de voirie, les escaliers extérieurs sont défendus ; cependant, ceux existants ne pourront être supprimés que de gré à gré avec les propriétaires ; pourtant l'autorité peut en poursuivre l'expropriation suivant les formes, ou attendre le moment de la reconstruction du bâtiment. Dans ce dernier cas, la suppression de l'escalier en saillie reste subordonnée à la durée du mur de face. (Lois de voirie.)

Escape. Fût d'une colonne, dans sa partie la plus voisine de la base.

Escarpe. Partie d'un mur qui est en talus depuis le bas jusqu'au cordon.

— Outil dont se sert le maçon pour régler le talus d'un mur.

Eschyne ou ove. Partie du chapite au dorique qui supporte le *tailloir*. (Menuis.)

Escoperches. Voy. ÉCOPERCHES.

Esmiller ou smiller. Manière de travailler le grès ou la pierre pour en enlever les parties défectueuses et donner une forme à peu près régulière. *Esmiller le moellon*, c'est en ôter le *bousin*, et l'atteindre jusqu'au *vif*, puis dresser les faces à la hachette. (Maçonn.)

Espacement. C'est, dans l'art de bâtir, toute distance entre un corps et un autre. (Maçonn.)

Espacer tant plein que vide. Laisser des intervalles égaux entre des poteaux ou entre des solives, etc.

Espagnolette. Pièce de quincaillerie servant à la fermeture des portes et des croisées. C'est une barre de fer munie à ses deux extrémités de crochets, et en son milieu d'une poignée.

Cette barre s'attache au moyen de sortes de pitons dans lesquels elle peut tourner sur le montant des portes et des croisées. Les crochets des extrémités s'engageant dans des gâches ou goujons quand on fait tourner la barre, et la poignée s'engageant elle même dans un crochet disposé pour la recevoir sur les montants de l'autre battant, on obtient la fermeture.

Espalier (*treillage d'*). Celui qui est destiné à revêtir les murs d'un jardin. (Treillag.)

Esponton (*grille à*). Grille dont les barres sont terminées par des fers de pique.

Esprit de vin. Liquide transparent, volatil, d'une odeur agréable, qui brûle avec flamme sans répandre ni suie ni fumée. Il provient de la distillation des matières sucrées, fermentées ; c'est un dissolvant des corps gras et résineux, il est en conséquence employé à la fabrication des vernis ; particulièrement l'esprit de vin rectifié qui a subi plusieurs distillations.

Dans beaucoup de circonstances, par raison d'économie, on substitue à l'esprit de vin ou, alcool éthylique, de l'*esprit de bois* ou alcool méthylique, qui jouit à peu près des mêmes propriétés et qu'on obtient dans la distillation des bois.

Esquisse. Modèle de sculpture, en terre, cire ou plâtre.

Esse. Bout de fer rond, plus ou moins gros, contourné en S, qui sert à accrocher ou suspendre divers objets à un clou, à une tringle.

— Se dit aussi de morceaux de tôle courbés en forme d'S, qu'on entre à coups de marteau dans les abouts d'une pièce de bois qui présente des fissures, pour empêcher ces fissures de s'augmenter.

Essence de térébenthine. Liquide volatil extrait par distillation de la gomme ou résine qui coule des pins. — C'est un très bon dissolvant des matières grasses et résineuses. Elle sert à détremper les couleurs broyées à l'huile. Les couleurs détrempées à l'essence de térébenthine sèchent promptement, mais ont moins de brillant que celles détrempées à l'huile de lin.

Elle sert également sous la molette pour triturer certaines couleurs qui doivent être détrempées au vernis.

Elle sert à la dissolution de presque toutes les résines propres à la confection des vernis gras et des vernis à l'essence.

L'*essence rectifiée* est de l'essence ordinaire qui a subi une distillation sur du chlorure de calcium.

Essence. Synonyme du mot espèce, pour désigner les bois.

Esselier. Dans la composition d'une ferme de comble, c'est une pièce de bois, droite ou courbe, assemblée obliquement d'un bout dans un arbalétrier et de l'autre dans un entrait.

Essette. Sorte de marteau à tête ronde dont la panne est recourbée et tranchante. (Charp.)

Les couvreurs se servent aussi d'un instrument appelé *essette*, qui est un marteau de même forme mais plus léger, le tranchant sert à couper les lattes.

Estamper. Obtenir sur du métal des reliefs et des creux par pression, au moyen d'une matrice appelée *estampe* ou *étampe*.

Estrade. Plancher élevé d'une certaine hauteur au-dessus du plancher d'une pièce.

Établi. Sorte de forte table en chêne, en orme ou en hêtre, avec quatre pieds solides et reliés entre eux, qui sert dans divers corps d'états, soit pour y poser les outils, soit pour exécuter le travail.

Étable. C'est, dans une ferme, le bâtiment où les bestiaux sont renfermés : l'usage exige un contre-mur qui doit régner dans toute la longueur de l'étable, avec l'épaisseur et la hauteur prescrites par la coutume ou l'usage du pays. A Paris, l'épaisseur doit être de $0^{m},21$, ce qui suffit lorsqu'on emploie de bons moellons et un bon mortier. Quant à la hauteur, la coutume de Paris veut que le contre-mur monte jusqu'à la mangeoire, parce qu'on est dans l'usage de relever les fumiers sous la mangeoire. Lorsqu'une étable est fermée soit au fond, soit à droite ou à gauche par un mur mitoyen, il faut le garnir d'un contre-mur sans distinguer si la mangeoire y est appuyée ou non; et si à chacun des trois côtés de l'étable il se trouvait un mur mitoyen, le contre-mur à hauteur de mangeoire régnerait au pourtour de ces trois murs, quand même les mangeoires ne seraient appuyées à aucun d'eux. (Lois des bâtim.)

Établir. Tracer sur une face horizontale, verticale ou oblique d'une pièce de bois ou sur une pierre les différentes coupes qu'elle doit subir, pour pouvoir être mise à la place qu'elle doit occuper, et dessiner sur cette même face la trace des diverses parties qui doivent être placées en liaison.

Étage. On entend par ce mot toutes les pièces d'un ou de plusieurs appartements situés à un même niveau dans un bâtiment. (Archit.)

— SOUTERRAIN. Celui qui est voûté, et plus bas que le rez-de-chaussée. (Archit.)

— AU REZ-DE-CHAUSSÉE. Celui qui est presque au niveau d'une rue, d'une cour ou d'un jardin. (Archit.)

— CARRÉ. Celui où il ne paraît aucune pente de comble, comme un attique. (Archit.)

— EN GALETAS. Celui qui est pratiqué dans le comble. (Archit.)

Étai. Voy. ÉTAIEMENT et ÉTANÇON.

Étaiement. Pièces de bois servant à appuyer un mur qui menace ruine, ou à soutenir une construction qu'on veut reprendre en sous-œuvre. Par exemple : lorsque l'on veut faire une ouverture de boutique, ou porte cochère, en supprimant le *trumeau* qui se trouve au rez-de-chaussée, on *étrésillonne* les croisées des étages au-dessus, en mettant des *plates-formes* le long des *jambages*, avec des étrésillons en travers, inclinés en sens contraires; on soutient la partie du *trumeau* conservée, par un *poitrail* que l'on pose sur les *jambages* conservés des croisées supprimées au rez-de-chaussée.

On pose des étais appelés chevalements : ils sont composés d'*étais* inclinés en sens contraires, qui soutiennent une forte pièce de bois traversant le mur. Les étais inclinés qui forment les pieds de ces chevalements sont arrêtés par le bas dans des *couchis*, et par le haut dans la pièce qui traverse le mur, au moyen d'entailles pratiquées dans le haut de ces étais. (Charp.)

Étaies. Voy. Étaiement.

Étain. Métal d'un blanc d'argent, d'une densité de 7,285 (fondu) ou 7,293 (laminé). L'étain ressemble beaucoup au plomb et au zinc, mais il s'en distingue aisément par le cri particulier qu'il fait entendre quand on le plie. L'étain est fusible à 235°, il est plus dur et plus ductile que le plomb. — Le plus beau est celui d'Angleterre, connu sous le nom d'*étain de Cornouailles, à la rose, à chapeau,* ou *étain fin.* Les sortes les plus communes sont : l'*étain à baguette,* l'*étain de broc,* l'*étain de plat,* l'*étain de couvert* ou *de vaisselle.*

Le peroxyde d'étain que l'on obtient en calcinant le métal au contact de l'air, est connu dans le commerce sous le nom de *potée d'étain.* Il sert au polissage des marbres et des matières dures en général. L'usage de l'étain dans les constructions est extrêmement restreint; ce métal est principalement employé à *étamer* le fer ou le cuivre ou à former des alliages. Voy. Bronze.

Étamage. Voy. Étamer.

Étamer une glace. C'est couvrir d'une feuille d'étain préparée à cet effet, et amalgamée avec du mercure, le derrière d'une glace pour en faire un miroir.

Étamer un tuyau. Le blanchir avec de l'étain fondu. On étame aussi les *ajoutoirs,* les *robinets,* les *planches de plombs,* etc.

Il faut, pour que l'étain fasse prise, que la surface soit parfaitement pure, et pour cela on la gratte à vif.

Étamoir. Petit ais avec un manche pris du même morceau de bois, recouvert d'une tôle mince ou de fer-blanc, relevée sur les bords. On y fait fondre avec le *fer à souder,* quand on est prêt à s'en servir, un peu de *poix résine* et de *soudure*; on y promène en tous sens et à différentes reprises la pointe du fer qui, lorsqu'il est à un degré de chaleur convenable, se couvre d'une lame de soudure, au moyen de laquelle on soude ensemble les lames de plomb qui encadrent les vitres. (Vitrer.)

Étampe ou **Estampe.** Outil avec lequel on donne une forme quelconque à un morceau de métal, à chaud ou à froid, en frappant sur la tête de cet outil ou en frappant sur le morceau de métal appuyé sur l'étampe. Voy. Estamper.

Étanche. Voy. Étanfiche.

Étancher. Rendre une fouille étanche, c'est-à-dire, après en voir épuisé l'eau, boucher les orifices par lesquels l'eau arrive.

Étançon. Grosse pièce de bois servant à soutenir un mur ou un plancher qui menace ruine, et qu'on se propose de reprendre en sous-œuvre. Les étançons sont, dans un étaiement, les pièces verticales ou légèrement inclinées qui portent le poids.

Étanfiche, Étanche. Hauteur de plusieurs bancs de pierre qui font masse dans une carrière.

État des lieux. C'est ordinairement un acte fait sous seing privé entre le propriétaire et le locataire ou fermier; mais si l'une des parties ne savait pas signer, il faudrait faire l'acte par devant notaire. Cet état contient la description de l'ensemble et des parties de l'objet loué ou affermé; il énonce la qualité, la matière, la forme et la situation de chacune de ses parties, ce qu'elles ont de particulier ou de défectueux, si elles sont neuves ou vieilles, bonnes ou mauvaises, usées ou cassées. L'effet d'un état des lieux est que le preneur doit rendre la maison ou ferme telle qu'il l'a reçue; on ne peut pas lui demander plus d'objets qu'il n'en est énoncé dans cet état, et il n'est pas tenu de rendre ceux qui y sont compris meilleurs qu'ils n'étaient quand on les lui a livrés. Si quelque objet a été détérioré pendant sa jouissance, il en doit le rétablissement, suivant l'article 1730 du Code. Même après la signature du bail, le locataire peut exiger du propriétaire que les objets loués, et qui se trouvent détériorés, soient rétablis en état convenable.

Quand il n'a pas été fait d'état des lieux, le preneur est présumé les avoir reçus en bon état de réparations locatives, et doit les rendre tels, sauf la preuve du contraire, art. 1731. A chaque bail, il faut deux copies de l'état des lieux; l'une reste au propriétaire, et l'autre au locataire, après que leurs signatures y ont été apposées. Le locataire doit payer la copie qui lui est remise. (Lois des bâtiments.)

Étau. Sorte de grosse pince ou de presse dont on serre les *mâchoires* ou *mors* avec une vis : l'étau est solidement arrêté en place : il sert à tenir ferme un morceau de fer ou de bois qu'on travaille ; il y en a de petits, qu'on nomme à patte, et de plus petits, qu'on nomme *étaux* à main ; d'autres à main qui se terminent en pointe, et qu'on nomme à goupille.

Le mode de fixage des étaux varie suivant les dimensions de l'étau.

— DE TREILLAGEUR. Cet étau est de bois et disposé de manière qu'on le fait serrer au moyen d'une pédale, quoiqu'il y ait une vis comme aux autres étaux. (Treillag.)

Éteindre de la chaux. Faire absorber à de la chaux vive une certaine quantité d'eau, de manière à la réduire à l'état de farine, ou à la mettre en pâte prête pour l'emploi.

Ételon. Toute épure de charpente projetée en grand sur une surface droite, verticale ou horizontale d'un ouvrage qu'il s'agit d'exécuter. (Charp.)

Étiage. Ligne de niveau moyen des basses eaux d'une rivière.

Étirer le fer. L'allonger sur l'enclume en forgeant à chaud, et toujours du même sens ; cette opération, quand elle est bien faite, donne du nerf au fer, qui, dit-on, devient meilleur, mais cela dépend de la nature du métal. (Serrur.)

Étoffe. Tôle obtenue par la soudure de feuilles de fer et d'acier commun.

Étonné. Un bloc de pierre est étonné quand, avec ou sans fêlure apparente, il a perdu sa cohésion primitive et qu'il n'est plus à même de résister aussi longtemps, soit à l'influence des agents atmosphériques, soit aux actions mécaniques. Un tailleur de pierre s'expose à étonner son bloc lorsqu'il veut faire trop vite un évidement, au lieu de prendre le temps d'enlever la pierre peu à peu. (Arch.)

Un fer est étonné, quand, par suite d'épreuves quelconques, telles que choc, coup de marteau à faux pendant le refroidissement, il est prédisposé à se rompre sous un effort moindre que l'effort normal. (Serrur.)

Étoquiaux. Sortes de petites équerres qui dans une serrure servent à tenir la cloison avec le palastre.

Étoquiaux à pattes. Pattes rondes vissées extérieurement sur la cloison de certaines serrures et servant à les fixer sur les portes au moyen de vis.

Ceux qui portent des moulures à leur empattement se nomment *étoquiaux à socle*.

Étouper. Presser les feuilles d'or avec un tampon pour les obliger à prendre sur la colle. (Dor.)

Étoupes. Chanvre grossier dont se servent les charpentiers pour fermer les joints; on fait également des étoupes avec de vieux cordages. (Charp.)

Étrésillons. Pièces de bois posées obliquement entre deux murs, pour empêcher le mouvement des piédroits d'une baie, ou entre deux madriers appuyés contre les parois d'une tranchée, pour empêcher l'éboulement des terres. Dans une tranchée, on a intérêt à augmenter l'épaisseur des madriers, afin de diminuer le nombre des étrésillons, qui ont l'inconvénient de gêner les travailleurs.

Les étrésillons ne portent pas d'assemblage; ils sont *forcés* à grands coups de maillet dans la place qu'ils doivent occuper.

Étrésillons. Bouts de bois que l'on place entre les solives des planchers pour en empêcher le déversement, en les rendant solidaires entre elles; on fait des entailles pour recevoir le bout de ces étrésillons et les arrêter, de manière que le bois venant à diminuer, ils ne tombent point, c'est-à-dire qu'il faut les faire entrer comme dans une rainure, et les y enfoncer à grands coups de maillet de fer. Les étrésillons retiennent les lattes et la charge du hourdis de plâtre. (Charp.)

Étrier. Bande de fer plat, en forme d'U, qui embrasse une pièce de bois pour la fortifier, ou deux pièces de bois pour les unir ensemble à l'aide de boulons. Voy. LIENS. (Serrur.)

— OU JAMBIERS. Ensemble de courroies dont se servent les couvreurs, les badigeonneurs, les fumistes, etc., pour s'aider à monter à la corde nouée : cet ensemble se compose d'une courroie principale qui passe sous le pied et qui est attachée à la jambe avec deux *jarretières;* ces jambiers se réunissent à un crochet de fer qu'on accroche sur les nœuds de la corde.

Étrière (*jambe*). Chaîne verticale qui se trouve à la tête d'un mur mitoyen, ou qui porte deux poitrails, deux retombées ou deux tableaux.

Évaluations. Dans le règlement des mémoires on appelle ainsi les dépenses réglées sur une mesure commune; et par *estimations* on entend tous les ouvrages qui sont estimés à prix d'argent. La méthode des évaluations a été introduite dans le métré de la maçonnerie dans le but d'éviter la multiplicité des articles, en réunissant sous le même *timbre* plusieurs espèces d'ouvrages de même nature. On distingue deux sortes d'évaluations, celle de tous les ouvrages en plâtre que l'on réduit à une mesure commune sous le nom de *légers ouvrages;* et celle de toutes les tailles de pierre que l'on réduit aussi à une mesure commune, sous la dénomination de *tailles* de *pierre*, de roche franche ou tendre suivant l'espèce et le degré de dureté.

Évent du plâtre. Voy. l'article PLATRE.

Éventail. Partie verticale qui termine le haut d'un berceau de treillage. (Treillag.)

— Toute croisée dont la partie supérieure se termine en demi-cercle ou en ovale. (Menuis.)

Éventer. Tirer avec un cordage, nommé *écharpe*, une pièce devant servir à la construction, de manière à l'empêcher de toucher aux murs, aux échafauds. Le manœuvre qui est chargé d'éventer est appelé *Brayeur*, parce qu'il passe les *brayers* ou cordes d'attache sous la pierre.

Évents ou Ventouses. Ouvertures faites aux moules des pièces obtenues par coulage pour laisser échapper l'air quand on y verse le métal fondu.

Évidement. On appelle ainsi toute pierre jetée bas entre deux côtés d'avant-corps, de *harpes*, de *crossettes*, de *claveaux*, ou pour donner une forme circulaire à des assises.

Il y en a de trois sortes principales :

1° Les évidements et déchets faits sur le chantier;

2° Les évidements simples sur le chantier;

3° Les évidements simples sur le tas. Les évidements simples n'ont ordinairement d'autre valeur que celle du temps nécessaire pour jeter bas la pierre.

Les évidements avec déchet comprennent la valeur de la pierre et son déchet, le temps pour la jeter bas, et les tailles préparatoires de lits, de joints et de sciages qui auraient pu disparaître par l'effet des évidements.

— Ce mot s'applique également en charpente aux parties que l'on enlève sur une pièce de bois pour former des moulures. (Charp.)

Évider. Tailler à jour quelque ouvrage de pierre ou de marbre, comme des entrelacs. (Maçonn.)

Évier. Pierre creusée qui s'emploie dans les cuisines pour laver. Voir l'*ordonnance sur les saillies*. (Maçonn.)

— Canal de pierre servant à l'écoulement des eaux dans une cour ou dans une allée.

Excavateur. Appareil mécanique servant à l'exécution des terrassements. Il a été employé sur une grande échelle par M. Couvreux, à l'isthme de Suez. M. Fray construit des excavateurs qui semblent devoir donner d'excellents résultats.

Excavation. Creux fait dans un terrain. Suivant le cas, dans l'exécution de ce travail, on compte : 1° la fouille; 2° le jet sur la berge; 3° la reprise pour la charge en brouette ou en tombereau; 4° le transport; 5° la mise en remblai. Lorsqu'après la fouille des terres et la construction, on rejette ces terres dans les lieux vides, il faut pilonner la terre. Chacune de ces mains-d'œuvre se compte au mètre cube; une ou plusieurs peuvent n'être pas nécessaires. (Maçonn.)

Excipient. Synonyme, peu usité, de Dissolvant.

Exfoliation. C'est une maladie de l'arbre. L'écorce se détache par feuillets. Il en résulte une altération dans le liber et dans la qualité du bois qu'il fournit. Cette altération est quelquefois assez grande pour qu'on distingue, lorsqu'on débite un arbre, une différence de couleur entre les couches de l'*aubier* le plus ancien et celles de l'aubier le plus nouvellement formé : cette différence se fait même remarquer encore lorsque l'aubier est devenu bois parfait. (Charp.)

Exhaussement. C'est une surélévation faite sur la dernière *plinthe* d'un mur de face, pour rendre plus logeable l'étage en *galetas*.

Les exhaussements sous le pied des *chevrons* se font avec plâtre et plâtras, et s'élèvent en forme de trapèze, du dessus de l'*entablement* jusqu'à la rencontre des chevrons, à l'aplomb du mur de façade.

On appelle aussi exhaussement l'élévation que l'on fait d'un bâtiment. Dans ce dernier cas c'est une véritable construction. (Maçonn.)

Expert. Homme de l'art ordinairement nommé par le tribunal pour examiner et faire son rapport sur les contestations survenues entre deux particuliers en matière de bâtiment, et régler le prix des ouvrages quand il n'y a point de marché écrit. (Archit.)

Dans les licitations entre majeurs et mineurs, il est chargé d'établir le partage des propriétés, toutes fois qu'il y a possibilité.

Il est alloué aux experts 8 fr. par vacation de trois heures dans le département de la Seine, et 6 fr. dans les départements.

La récusation des experts s'opère : 1° par la parenté ou l'alliance d'un expert avec l'une des parties jusqu'au degré de cousin issu de germain. 2° Il en est de même si l'expert est parent de son chef ou bien du chef de sa femme, s'il est allié du conjoint d'une des parties. 3° Celui qui est héritier présomptif, ou donataire d'une personne, ne peut pas être expert dans une affaire où cette personne est intéressée. 4° Un expert qui aurait bu ou mangé aux frais de l'une des parties, et avec elle, depuis le prononcé du jugement qui le nomme, est récusable. 5° Celui qui a donné des certificats sur des faits relatifs au procès, ayant fait connaître son opinion, serait récusé valablement. 6° Un expert qui serait en procès sur une question pareille à celle dont il s'agit, et pour l'éclaircissement de laquelle il a été nommé, serait récusable. 7° Si l'une des parties était juge d'un tribunal dans lequel soit son épouse, soit un de leurs parents ou alliés en ligne directe, soutient un procès, la partialité serait encore trop à craindre. 8° Il en serait de même si l'expert ou sa femme, ou si un de leurs parents ou alliés en ligne directe était créancier ou débiteur d'une des parties. 9° Il y aurait soupçon de partialité, si l'expert ou sa femme, ou si un de leurs parents ou alliés avait eu contre l'une des parties un procès criminel depuis moins de cinq ans. 10° Un procès civil existant, soit entre l'expert ou sa femme, soit entre un de leurs parents ou alliés en ligne directe et l'une des parties, fait aussi suspecter la partialité de l'expert. 11° Un expert qui, dans une cause purement mobilière, serait le curateur, ou qui dans des causes immobilières serait le subrogé-tuteur d'une des parties, pourrait être récusé. 12° Dans une affaire qui intéresse un établissement, une société, une direction, on ne peut nommer pour expert un administrateur de l'un de ces objets, ni même personne qui y soit attaché. 13° Si l'expert était parent ou allié à un degré prohibé, soit du tuteur soit du subrogé-tuteur, ou curateur d'une partie, soit d'un administrateur de l'établissement, ou société, ou direction ayant intérêt dans la cause, il n'y aurait pas lieu à craindre la partialité, à moins que le parent ou allié de l'expert ne fût intéressé personnellement dans la contestation. Souvent, dans les visites de lieux par le juge de paix, il faut des connaissances qui lui sont étrangères ; il ordonne alors à des hommes de l'art, qu'il nomme d'office, de l'assister dans cette visite. (Art. 42 du Code de procéd.) L'expert nommé d'office, soit par le tribunal, soit par le juge-commissaire, est assigné en vertu d'une ordonnance de ce magistrat à venir prêter serment aux lieu, jour et heure indiqués; après quoi il exécute son travail, qu'il remet au juge-commissaire. Le jugement qui nomme des experts doit leur indiquer clairement l'objet de leur mission. Nulle expertise ne peut être faite que par trois experts, à moins que les parties ne consentent qu'il y soit procédé par un seul. Les experts ne sont jamais en nombre pair, par conséquent il n'y a jamais de partage. On appelle partage d'opinions ce qui arrive lorsque deux avis sont donnés, et qu'il y a autant de voix pour l'un que pour l'autre. Les trois experts peuvent avoir chacun un avis différent; alors chacun, suivant l'art. 318, est tenu de consigner dans le rapport les motifs de son avis. Le tribunal est tenu de nommer les trois experts que les parties lui indiquent d'un commun accord (art. 304). Si, au moment où est ordonnée la visite, elles ne se sont pas accordées sur le choix des experts, le jugement décide qu'elles devront s'entendre dans les trois jours, à compter de sa signification, sinon que les trois personnes qu'il nomme d'office sur-le-champ resteront définitivement chargées de l'expertise (art. 305). Si les parties avaient déclaré qu'elles consentaient à laisser faire la visite par un seul expert, sans pourtant s'accorder sur le choix, le tribunal, au lieu de trois experts, n'en nommerait d'office qu'un seul. Cette nomination serait également conditionnelle, et pour le cas où les parties n'auraient pas fait leur choix dans les trois jours. Quand les personnes, dans le délai fixé, conviennent à l'amiable de leurs experts, elles font connaître leur choix par une déclaration qu'elles en passent au greffe. 14° Celui qui a sollicité ou recommandé l'une des parties pour un procès, et celui qui a fourni à cette partie de quoi subvenir aux dépenses de ce procès, ne peuvent pas y être nommés experts. 15° Il y a lieu à récuser l'expert qui aurait été entendu comme témoin dans la même affaire. 16° L'inimitié capitale entre l'expert et l'une des parties, est une cause de récusation. 17° Enfin, si postérieurement à sa nomination, ou même si peu de temps auparavant, pourvu que ce ne soit pas depuis plus de six mois, il y a eu, de la part de l'expert envers l'une des parties, agression ou injures, ou menaces, soit par écrit, soit verbalement, la récusation par l'acte dit de récusation est admise; on doit, non seulement exprimer les motifs sur lesquels on se fonde, mais encore en produire les preuves, ou offrir de certifier par témoins les faits allégués contre l'expert. Par le procès-verbal de prestation de serment, les experts indiquent le lieu, le jour et l'heure où ils procéderont à leur visite. Suivant l'art. 315 du Code, les parties qui sont présentes au serment sont suffisamment averties de se trouver à l'opération. A l'égard des parties qui n'ont pas entendu prêter le serment, il leur sera fait une sommation par acte d'avoué, avec indication du lieu, du jour et de l'heure. Suivant l'art. 319, la minute du rapport des experts doit être déposée au greffe du tribunal qui a ordonné la visite. Il est de principe qu'un rapport d'expert n'est qu'une lumière acquise pour le tribunal, et non pas une règle à laquelle les juges soient obligés de conformer leur décision. (Lois des bâtim.)

Les experts pour les desséchements sont nommés, savoir : un par le syndicat, un autre par le concessionnaire, et le tiers expert par le préfet du département. Il est des cas où le tiers expert est nommé par le ministre de l'intérieur. Les experts ainsi nommés par le syndicat et par le concessionnaire procèdent à l'estimation de chacune des classes, en présence du tiers expert, qui les départage s'ils ne peuvent s'accorder. Leurs procès-verbaux d'estimation, par classes, sont déposés pendant un mois à la préfecture. Ils procèdent, de concert avec les ingénieurs, à la classification des fonds desséchés après la vérification et réception des travaux, suivant la valeur nouvelle acquise par le desséchement. Ils doivent avoir égard dans l'estimation de la valeur d'un terrain dont profite un propriétaire, dans le cas de nouvel alignement, à ce que le plus ou moins de profondeur de terrain cédé, la nature de la propriété, peuvent ajouter ou diminuer de valeur relative pour le propriétaire ; les experts sont aussi nommés dans le cas d'estimation des terrains à occuper pour le service public, ou sur lesquels on prend des matériaux, ou dans le cas d'occupation d'une carrière déjà en exploitation. (Cod. de dess.)

Explosion. Les plombiers ont à craindre une explosion dangereuse quand ils n'ont pas l'attention de n'ajouter que du plomb parfaitement sec dans celui qui est déjà fondu. Cette explosion est due au dégagement de la vapeur d'eau. (Plomb.)

Expropriation forcée. Action de déposséder, pour cause d'utilité publique, un propriétaire, de sa maison ou du terrain qu'il possède. Les tribunaux ne peuvent prononcer l'expropriation, qu'autant que l'utilité publique en a été constatée dans les formes voulues par la loi.

Les formes consistent :

1° Dans la loi, qui seule peut ordonner les travaux publics, ainsi que les achats de terrains ou d'édifices destinés à des objets d'utilité publique;

2° Dans l'acte du préfet, qui désigne les localités sur lesquelles les travaux doivent avoir lieu, lorsque cette désignation ne résulte pas du décret même, et dans l'arrêté ultérieur par lequel le préfet détermine les propriétés particulières auxquelles l'expropriation est applicable. Cette application ne peut être faite à aucune propriété particulière, qu'après que les parties ont été mises en état d'y fournir leurs contredits. (Lois de voirie.)

Extrados. Surface extérieure et convexe d'une voûte régulière. — La surface intérieure et concave s'appelle *intrados* ou *douelle*.

Extradossé. On dit qu'une voûte est extradossée lorsque le dehors n'en est pas brut, et que les queues des pierres en sont coupées également, en sorte que le parement extérieur est aussi uni que celui de la *douelle*. (Maçonn.)

F

Façade. La façade principale d'un bâtiment sur une rue, une cour ou un jardin. Dans les rues et places publiques pour lesquelles l'administration a arrêté des plans symétriques, l'exécution de ces plans est obligatoire pour les propriétaires, cette clause leur étant d'ailleurs imposée par le contrat d'acquisition; mais si au contraire le projet est nouveau, et frappe sur les propriétés acquises sans cette charge, elle ne peut être imposée aux propriétaires qu'avec leur consentement. A défaut, *la ville doit faire déclarer l'exécution du projet d'utilité publique, et procéder ensuite à l'expropriation suivant les formes, sauf à revendre l'immeuble, avec la condition par l'acquéreur de se conformer au plan ou à faire bâtir à ses frais les façades sur le dessin obligé.* (Lois de voirie.)

Façade latérale. Mur de pignon ou retour d'un bâtiment isolé.

Face. Membre plat qui a beaucoup de largeur et peu de saillie; telles sont les bandes d'un architrave, d'un larmier.

Face (*murs de*). Murs extérieurs d'un bâtiment.

Façon (*travail à*). Travail exécuté par un entrepreneur avec des matériaux qu'on lui fournit ; ce mode de traiter s'applique surtout à la charpente ; dans ce cas, on ne doit à l'entrepreneur que la main d'œuvre et son bénéfice.

Faîtage, Faîte. Nom qu'on donne à la partie supérieure des couvertures. On en fait en plomb, en faîtières à bourrelet, en faîtières de grand et de petit moule, et même en tuiles flamandes. Les faîtières ont ordinairement $0^m,37$ de longueur, et assez de largeur pour former un recouvrement de $0^m,01$ sur les tuiles. On pose ces faîtières à sec dans toute la longueur du bâtiment, de façon qu'elles se touchent le plus exactement qu'il est possible, et qu'elles forment une file bien alignée ; ensuite on les borde dans toute la longueur du bâtiment avec un filet de plâtre, et on couvre aussi de la même façon tous les joints. (Couvert.)

— Pièce de bois sur laquelle s'appuient les *chevrons* à leur extrémité supérieure. Le faîtage s'assemble soit dans les murs de pignon, soit dans les *poinçons* de deux *fermes* contiguës dans une couverture, et sert à les réunir.

— On entend aussi par faîtage un cordon de plomb posé sur l'angle de l'élévation du comble, qui embrasse les tables des deux faces du toit ; le même cordon qui règne dans les angles du comble change de nom et s'appelle *arêtier*. Ils sont d'une si grande nécessité, qu'on est toujours dans l'usage d'en mettre même sur les combles couverts simplement en ardoise. (Plomb.)

Faîte (*Sous-*). Pièce de bois parallèle au faîte et qui y est reliée par des entretoises.

Faîtière. Espèce de tuile de forme courbe qu'on emploie à couvrir le haut des couvertures soit en tuiles, soit en ardoises. Voy. FAITAGE.

— EN PLOMB. Ce sont plusieurs tables courbées et faites en demi-canal, qu'on met au haut des couvertures pour en couvrir le faîte. (Plomb.)

Fange. Boue, bourbe.

Fardier. Grande voiture à deux roues servant à transporter les bois de charpente en grume. Voy. Diable. (Charp.)

Farineux. Défaut d'un vernis qui n'est pas adhérent à la peinture. — Ce mot s'applique à la peinture en détrempe qui tombe faute de colle, ou par suite de l'humidité de la muraille. — Il se dit encore d'une peinture à l'huile, qui s'enlève par le frottement ; vice produit par une trop grande quantité d'essence.

Fascinage. Réunion de *fascines* que l'on charge de gravier Voy. Épis et Tune. (Arch. hyd.)

Fascines. Sortes de fagots faits avec de longues branches aussi droites que possible fortement serrés par des liens, et au moyen desquels on arrête le glissement des terres sujettes à s'ébouler, particulièrement sur le bord des rivières.

Faucillon. Moitié de la *pleine croix* qui se pose sur les rouets d'une serrure.

— Petite lime qui sert à évider le panneton des clefs.

Fauconneau. Pièce de bois horizontale placée sur le haut d'un *engin*, servant à élever les fardeaux ; à ses extrémités elle a deux poulies sur lesquelles passe le câble.

Fausse-coupe. Direction d'un joint de tête oblique par rapport à la douelle d'une voûte.

— Joints obliqués des claveaux d'une plate-bande qui sont seulement à plomb en pavement sur une petite profondeur, le reste du joint étant incliné suivant sa coupe. (Maç.)

— Assemblage de charpente ou de menuiserie qui n'est d'équerre dans aucun sens. On le trace avec la fausse équerre.

Fausse équerre. Instrument employé par les menuisiers, les charpentiers et les maçons pour tracer les joints anormaux. La fausse équerre est un instrument qui consiste en deux règles jointes à l'une de leurs extrémités par une articulation, et qui permet par application de mesurer les angles.

Fausse languette ou double languette. Cloison mince en plâtre que l'on construit dans un tuyau de cheminée, soit pour conduire l'air du haut, dans le tambour au bas du manteau, soit pour renfermer un tuyau de tôle, soit pour réduire la largeur d'une cheminée, soit enfin pour faire deux tuyaux dans un.

Faute. Crevasse qui s'est faite dans un tuyau de conduite en plomb.

Faux chevêtre. Pièce de bois de dimension plus faible, quant aux grosseurs, que le chevêtre, et s'assemblant soit dans un mur et une solive d'enchevêtrure, soit dans deux solives d'enchevêtrure. (Charp.)

Faux fond. Plaque circulaire de fer ou de cuivre apportée sur le palâtre d'une serrure et sur laquelle est rivée la broche. Lorsque ce fond porte des moulures et une forte saillie on le nomme *faux fond en cul-de-lampe.*

Faux frais. Ce sont les frais qui ne figurent pas sur les mémoires des entrepreneurs et qui cependant doivent entrer pour quelque chose dans la composition des prix des ouvrages qu'ils ont faits et fournis. Ces faux frais sont 1° le loyer; 2° l'impôt de la patente; 3° la fourniture de toute espèces d'équipages et des outils, l'éclairage; 4° les différents pourboires qui ne sont pas compris dans le prix des matériaux; 5° les frais de bureau.

Faux jour. Fenêtre percée dans une cloison pour éclairer un passage de dégagement, un petit escalier, un cabinet.

Faux limon. Pièce de bois qui reçoit l'assemblage des marches d'un escalier au droit d'une baie de croisée ou d'une porte ou le long d'une cloison qui ne serait pas assez forte pour les porter.

Faux plancher. Rang de solives ou chevrons lambrissés de plâtre ou menuiserie au-dessous d'un plancher pour diminuer la hauteur d'une pièce d'appartement, ou dans un galetas pour cacher le comble. (Charp.)

Fayencée (Peinture). Peinture à l'huile dans laquelle il s'est produit de petites fentes ou gerçures. Cet effet résulte souvent de l'emploi d'une trop grande quantité d'huile grasse. La peinture en détrempe appliquée sur d'anciens fonds à l'huile, est sujette également à se fayencer.

Fèces ou **lie.** Dépôts solides ou pâteux qui se font dans les barils d'huile, les pots de couleur et de vernis, par l'effet du repos.

Fécine ou **facine** (Couvert). Rouleau de paille qu'on attache sous les échelles pour les empêcher de glisser et de casser les tuiles ou les ardoises sur lesquelles elles reposent.

Feint (Peint). On désigne ainsi en peinture l'imitation des divers matériaux employés à la construction.

Feldspath. Silicate double d'alumine et de potasse (*orthose*), d'alumine et de soude (*albite*), ou d'alumine et de chaux avec un peu de soude (*labradorite*) qui entre dans la composition des granites.

Femelle. Morceau de fer plat encastré dans la plate-bande en pierre ou dans le portail au haut d'une porte cochère et dans lequel on a pratiqué un trou rond pour recevoir le mamelon de la bourdonnière ou le pivot de l'équerre supérieure d'un vantail de cette porte.

Fendeur. Ouvrier qui taille les pavés.

Fendre. Diviser un pavé en deux parties.

— UN PAVÉ SUR SON LARGE OU SUR SON FORT c'est diviser en deux parties égales sur sa largeur un pavé plus long que large.

— UN PAVÉ SUR SA CHAIR. Fendre un pavé sur sa largeur.

Fenêtre. Baie pratiquée dans un mur pour recevoir un châssis vitré et donner du jour et de l'air à une pièce d'appartement. On donne aussi le nom de fenêtre ou de croisée au châssis en question.

Les fenêtres reçoivent des formes diverses, les plus employées sont celles à *plate-bande*, qui sont rectangulaires; *en plein cintre ou arcade ;* celles en *œil-de-bœuf*, qui sont circulaires.

On appelle *fenêtre en tribune* celle qui a un balcon en saillie ; *fenêtre en tour creuse*, celle qui est cintrée et concave de dehors en dedans; *fenêtre en tour ronde,* celle qui a la disposition inverse.

Fentons. Petits triangles en fer qu'on noye dans les ouvrages en plâtre pour les empêcher de se fendre. On en fait principalement usage dans les cheminées.

Fer. Le fer est un métal peu fusible, malléable, surtout au chaud, très ductile. C'est l'un des métaux les plus légers, la densité du fer fondu étant 7,25, et la densité du fer forgé variant entre 7,4 et 7,9. Très tenace: pour rompre un fil de fer de $0^{m},002$ de diamètre, il faut une traction de $259^{kg},659$. Il peut être entamé facilement au moyen d'outils d'acier trempé, il est susceptible d'être tourné et poli. Il a la propriété de se ramollir par la chaleur, ce qui permet de le forger et de lui donner toutes les formes que réclament les arts qui en font usage. Chauffé jusqu'au rouge blanc, il se soude avec lui-même. Dans cet état il a une grande affinité pour l'oxygène et *brûle* en produisant une masse d'étincelles très lumineuses, en donnant un peroxyde de fer noir en petits globules ou en lamelles, connus dans les forges sous le nom de *battitures*. A la température ordinaire et dans un air parfaitement sec, il est inaltérable; mais dans l'air humide il se transforme assez rapidement, à sa surface en hydrate d'oxyde de fer jaune brunâtre connu sous le nom de *rouille* ; cette circonstance oblige à le garantir des influences atmosphériques par des enduits de matières grasses ou résineuses, telles que couleurs à l'huile, goudron, etc.

On distingue les fers, sous le rapport de leurs qualités ou défauts, ainsi :

Fer aigre, qui casse à froid ; *fer cendreux*, fer mal épuré qui paraît piqué de points lorsqu'il a été poli à la lime ; *fer corrompu*, fer qui, ployé à chaud, se casse en partie ; *fer écru*, mal corroyé, ou brûlé, mêlé de crasse, comme le sont souvent les extrémités des barres ; *fer écroui*, fer martelé à froid, devenu sec et cassant. *Fer pailleux*, fer dont toutes les parties ne sont pas bien soudées, et qui dans le travail présente de petites feuilles qui se lèvent ; *fer rouverin*, fer qui bouillonne au feu et qui par suite se brûle et se casse aisément, il se travaille assez bien à froid ; *fer de roche*, fer qui est assez doux, se travaille bien ; le *fer demi-roche*, qui est moins dur ; enfin le *fer commun*, qui est aigre.

Fer du commerce. Sous le rapport de la forme, les diverses qualités de fer énumérées ci-dessus se divisent en :

Fers marchands, ou en grosses barres carrées ou plates, plus rarement rondes ou à huit pans, dont les dimensions varient, pour les fers carrés, d'environ 9 à 2 centimètres, et pour les fers plats, de $0^m,15$ de largeur sur $0^m,01$ d'épaisseur à $0^m,05$ de largeur sur $0^m,01$ d'épaisseur.

Fers platinés, *fer de bandages*, *fer à maréchal*, *fer demi-lame* en barres carrées, plates, rondes ou de diverses autres sections, et de dimensions inférieures à celles des fers marchands ;

Fers spattés, en bandelettes étirées au cylindre dont l'épaisseur est toujours très petite relativement à la largeur. Ces fers se vendent toujours par bottes.

Fers cornettes, *fers plats*, *fers coursons*, vergettes polygonales.

Fers fendus, ou vergettes carrées de diverses grosseurs, mais dépassant rarement $0^m,01$, qui se vendent aussi par bottes : tels sont *le fer carillon*, *le fer côtes de vache*, *le fer fenton*.

Fers étirés qu'on trouve dans le commerce, sous une très grande variété de formes, portant les noms de *cornières ou fers à équerres*, *fers en T simple ou double*, *fers à moulures*, *a vitrages*, *a châssis*, *fers a croix*, *rails*, *etc.* L'emploi de ces espèces de fers a pris un immense développement dans ces dernières années. — On en fabrique qui pèsent depuis $0^{kg},500$ jusqu'à 58^{kg} le mètre courant.

Le *fil d'archal*, fer étiré à la filière en fils de divers diamètres.

La *tôle*, fer réduit en feuilles minces plus ou moins larges et épaisses. Pour être de bonne qualité, la tôle doit avoir une épaisseur uniforme et une surface parfaitement lisse ; il faut pouvoir la plier plusieurs fois en tous sens avant qu'elle ne se casse.

La tôle fine est parfois recouverte d'une légère couche d'étain sur ses deux faces ; elle porte alors le nom de *fer-blanc*. Le fer-blanc doit être, comme la tôle, exempt de bosses et d'aspérités ; son contour doit être net, sa surface lisse, brillante, sans taches ; les soufflures, les rayures, les bosses et autres défauts que l'on rencontre souvent dans les feuilles les font classer parmi les rebuts.

Fers. (Sculp.) Outils qui servent à finir ou repasser le fond ou le contours des ornements.

Fers (*gros*) de *bâtiment.* Fers dont le travail se réduit à celui de la forge.

Fer *de varlope, demi-varlope, rabot*, bande de fer plat, taillée en biseau à l'une de ses extrémités qui est aciérée et qui se met dans le fût de l'outil, inclinée sous un angle convenable en le dépassant d'une légère quantité : c'est lui qui constitue la partie principale de l'outil qui sert à corroyer, dresser et polir le bois.

Fer (*bâti de*). Montants et traverses en fer qui soutiennent les treillages ou qui en font partie.

Fers à réparer. Outils dont se servent les doreurs pour terminer leur ouvrage : tels sont la spatule, le fer à refendre, le fer à coup fin, le fer à gros coup, etc.

Fer à cheval (*escalier ou terrasse en*). Escalier qui a deux rampes et qui en plan présente la forme d'un fer à cheval.

Fer à rouet. Morceau de fer coupé et travaillé pour faire le rouet dans la garniture d'une serrure.

Fer à souder. Outil de plombier qui consiste en un barreau de fer formant manche, au bout duquel est un morceau de cuivre rouge en forme de cône, d'œuf ou de cul-de-poire, dont l'axe est perpendiculaire à la tige. Les plombiers l'appliquent sur leur soudure après l'avoir frotté avec de la poix résine, afin qu'il ne s'y étame point. Il sert à allier et unir leur soudure. Le fer qui a la tête en forme d'œuf de poule, sert pour les tuyaux roulés ; l'autre, en cul de poire, est uniquement employé aux cercueils et aux réservoirs, parce qu'il laisse plus de soudure dans les angles, et que cela est nécessaire dans ces sortes d'ouvrages. (Plomb.)

— Les vitriers se servent d'un outil analogue, mais plus léger.

Fer battu. Fer mince embouti auquel on a donné sa forme par martelage.

Fer-blanc. Fer ou morceau de tôle étamé. Voy. *Fer du commerce.*

Fers creux. Tubes en fer, qui ont d'abord été exécutés en Angleterre et qui ont été importés en France où on les employe pour les distributions de gaz et la confection de grilles.

Fers de cuvette. Pièces de fer qui portent et accolent à un mur la cuvette de plomb d'une gouttière ou cheneau. (Plomb.)

Fer de treillage. Fer servant à la confection des treillages.

Fer carré. Bandeau de fer plat servant à dresser le joint des bouts d'une bande de marbre au lieu de le mouliner sur la fonte.

Ferme. Assemblage de charpente placé entre les deux murs de pignon, lorsque les pignons sont trop éloignés l'un de l'autre pour soutenir les *pannes* et les *faîtages*. Lorsque les fermes n'ont pas beaucoup de portée, elle peuvent ne se composer que de trois pièces savoir : deux *arbalétriers* et un *entrait*. Dans ce cas, les arbalétriers se réunissant pour former la pointe du comble sont fixés par une espèce de clef entaillée dans les deux pièces et chevillée ; quelquefois ils ne sont réunis que par des entailles à mi-bois arrêtées avec des chevilles. Par le bas, ils sont assemblés dans les bouts de l'entrait par des entailles à crémaillère et retenus par des liens en fer embrassant l'entrait et l'arbalétrier. Les fermes d'une grande portée et avec *exhaussement* ont beaucoup plus de pièces d'assemblage : elles se composent d'un *poinçon*, deux *arbalétriers*, deux *contre-fiches*, *petit-entrait*, *jambes de force* et *blochets*. Le pied des jambes de force s'assemble dans les *semelles traînantes*, portant tête aux extrémités. Souvent dans les grandes fermes il y a des *aisseliers* (Charp.)

Les fermes se placent ordinairement à une distance de 3 à 4 mètres les unes des autres. On distingue plusieurs espèces de fermes :

Ferme ordinaire ou sur tasseau, dans laquelle les pannes portent sur les arbalétriers au lieu d'y être assemblées.

Ferme à lierne, dans laquelle les pannes sont assemblées sur les arbalétriers.

Ferme retroussée. Ferme qui n'a qu'un entrait posé au-dessus de deux jambes de force.

Ferme brisée, ferme employée pour un comble en mansarde.

Ferme d'assemblage, ferme dans toutes les pièces en bois de même échantillon dans laquelle chaque chevron figure l'arbalétrier d'une ferme ordinaire.

Ferme ronde, ferme d'un dôme ou d'un comble cintré.

Demi-ferme de noue, d'arêtier, celle dont l'arbalétrier forme noue ou arêtier.

Demi-ferme, celle qui sert à porter la coupe d'un comble ou un comble en appentis, c'est-à-dire qui n'a qu'un égout ; une demi-ferme n'a qu'un arbalétrier.

Ferme. Bâtiment servant à l'exploitation d'un bien de campagne. A la fin du bail, les terres doivent être rendues cultivées, à moins qu'il n'ait été constaté, au commencement du bail, que ces mêmes terres n'étaient pas en valeur. De plus, le fermier doit laisser, en sortant, les pailles et les fumiers qui sont destinés à la culture, s'il les a reçus à son entrée en jouissance. Il doit aussi rendre en bon état les étangs et ce qui sert à les vider et à les remplir, lorsqu'ils ont une construction qui donne ces facilités. Si le fermier fait constater que ces objets ont été livrés en mauvais état, il pourra les laisser dans un état semblable. Aux vignes, l'entretien des échalas est à la charge du fermier, qui doit en rendre une quantité suffisante pour garnir la vigne qui lui a été affermée. Il faut qu'il les rende de qualité, grandeur et grosseur convenables, selon l'usage des lieux. Il doit aussi entretenir les haies qui servent de clôture dans les vignobles, comme aussi laisser les fossés creusés dans les dimensions qui sont d'usage pour chaque pays. Pour les prés, il n'y a point de réparations locatives, à moins qu'elles ne soient stipulées au bail. Pour les bois, le fermier est seulement tenu de se conformer aux lois relatives aux forêts. (Lois des bâtim.)

Fermer. Poser la clef d'un arc ou d'une plate-bande ; poser le dernier rang de voussoirs d'une voûte; poser dans un rang d'assise la dernière pierre appelée *clausoir ;* établir sur les pieds droits d'une baie de porte ou de croisée une arcade ou une plade-bande ou y poser un linteau.

Fermette. Petite ferme d'un faux comble, d'un plancher ou d'une lucarne ; dans ce dernier cas, la fermette se compose simplement de deux chevrons assemblés.

Fermeture. Arc ou plate-bande de pierre, de moellons ou de briques, ou le linteau qu'on place sur les pieds-droits d'une croisée.

— Extrémité supérieure et intérieure de chaque tuyau de cheminée construite, soit en plâtre, soit en brique, dont on a diminué l'ouverture pour placer une mitre en plâtre ou en terre.

— Ouvrage de menuiserie qui sert à fermer la baie d'une porte, d'une croisée ou l'ouverture d'une boutique. Voir l'*ordonnance sur les saillies.*

— (Serr.) Système de pêne de serrure. Une *serrure à une fermeture* n'a qu'un pène ; *une serrure à deux fermetures* a deux pènes.

— Ouverture dans laquelle entre l'auberon d'une serrure à bosse.

Fermoir. Gros ciseau plat dont le fer est à deux biseaux ; il sert à dégrossir le bois.

— A NEZ ROND. Fermoir dont le tranchant est en biais pour entrer plus facilement dans les angles rentrants.

Ferraille. Petits bouts de fers neufs ou vieux.

Ferrette d'Espagne. Espèce de pierre sanguine qu'on tire de l'Espagne.

Ferreurs. Ouvriers qui posent des ferrures sur les portes les battants d'armoires, les croisées, etc. (Serrur.)

Ferrures, Ferrements. On comprend sous ce nom tous les menus ouvrages de fer qui s'appliquent aux portes, croisées, etc., les barreaux d'une grille, etc. Les ferrures doivent toujours être peintes et au moins imprimées avec du minium détrempé dans de l'huile pure.

Feuillage de plomb. On appelle ainsi certains *amortissements* jetés en moule, et qui ressemblent à des feuillages. (Plomb.)

Feuille. On applique cette désignation générale aux volets de croisées, aux planches qui forment fermeture de boutique et aux pièces de menuiseries servant à faire les parquets.

La *feuille de parquet* est ordinairement un grand panneau carré de 1^{m} à 1^{m},08 dans tous les sens et composé d'un bâti d'encadrement avec remplissage de montants et traverses et de petits panneaux.

Feuille mâle et femelle. Deux petites feuilles ou planches qui s'assemblent l'une dans l'autre sur place pour un parquet sans fin qui repose sur les lambourdes par l'intermédiaire de petits tasseaux.

Feuille. En général toute partie d'ornements large et plate qui représente, à peu de chose près, les feuilles de différentes plantes ou arbres ; on distingue :

Des *feuilles de refend* dont le contour est uni ; les *feuilles d'eau* qui sont simples et ondées ; les *feuilles galbées* dont l'extrémité présente un beau contour. *Feuilles dentelées*, celles dont le rebord présente des dents ; *feuilles d'angles*, celles qui sont taillées à l'extrémité d'une moulure.

Feuille d'or. Or en lame mince, intercalé entre les feuillets d'un livret. Chaque livret contient vingt-cinq feuilles carrées ayant 0^{m},11 de côté.

Feuilleret. Outil à fût, sorte de bouvet ou de rabot, au bas duquel il y a un conduit qui sert à l'appuyer contre le bois. Cet outil, dont le fer a différentes formes, sert à faire les feuillures, les rainures, les languettes.

Feuillet. Espèce de planche mince qu'on trouve toute débitée dans le commerce et propre à faire des panneaux et autres ouvrages.

Les feuillets ont ordinairement de 0^{m},014 à 0^{m},016 d'épaisseur ; ceux de bois de Hollande n'en ont que 0^{m},011.

Il y a encore un autre feuillet de Hollande qu'on nomme trois quarts, qui a depuis 0^{m},010 jusqu'à 0^{m},014 d'épaisseur ; le feuillet de sapin a jusqu'à 0^{m},020.

Feuilletée (*Pierre*). Pierre qui se prépare par feuillets ou par écailles.

Feuillure (Men.). Entaille faite dans le bois parallèlement à son fil, de manière à ce que dans l'entaille puisse s'appliquer une autre pièce qui affleure ou non ; le plus ordinairement la feuillure est faite à moitié de l'épaisseur : telle est la feuillure d'une porte, d'un bâti, d'un dormant de croisée, d'un poteau.

Feuillure. Entaille en angle droit qui est entre le tableau et l'*embrasure* d'une porte ou d'une croisée pour y loger la menuiserie ; elles se distinguent en simples et en doubles. Les feuillures simples sont celles faites dans les angles d'un tableau ou pied droit. Les feuillures doubles sont avec embrasement. (Maçonn.)

Fiche. Lame en fer longue et étroite portant des dents sur les côtés et dont on se sert pour faire entrer le mortier dans les joints des pierres. Voy. FICHER.

Fiche. Quantité dont un *pieu* ou une *palplanche* est enfoncée dans le sol. L'enfoncement des *pieux* et des *palplanches* s'obtient en les frappant avec un mouton ; on cesse de battre quand plusieurs coups successifs ne produisent plus l'enfoncement.

Fiche. Bout de gros fil de fer de 0m,30 de longueur environ, appointé du bout et contourné en forme d'anneau à l'autre bout, et qui sert à marquer sur le sol, lorsque l'on se sert de la chaîne d'arpenteur, la position à l'extrémité de la chaîne qui doit être portée dans une direction donnée.

Ficher. On appelle ficher l'action d'introduire du mortier dans les joints des pierres d'appareil, ce qui se fait avec *la fiche*. Le fichage et le coulis sont deux méthodes expéditives mais qui ne conviennent pas à la solidité des édifices publics ; il est préférable de poser des pierres sur une couche de mortier fin et sans cale, ce qui s'appelle *poser à bain de mortier*. (Maçonn.)

Fiches. Espèces de *charnières* ou de *gonds* qui portent deux ailerons ou lames qu'on enfonce dans le bois comme des tenons ; c'est cette partie qui caractérise la *fiche*. Elles sont de fer ou de cuivre et servent à suspendre les vantaux de porte ou de croisées, etc., en leur permettant de tourner autour de l'axe déterminé par la position des fiches :

On distingue :

Les fiches rivées, de brisure ou *a nœud* qui servent à ferrer les secondes feuilles de volets.

Les fiches à bouton ou *à broche* qui ont une broche mobile, laquelle porte un bouton à son extrémité ; elles servent à la ferrure des portes et croisées.

Fiche à vase qui ne comprennent que deux chaînons.

Fiche à gond. Forte fiche qui n'est composée que d'un seul nœud portant une lame avec un gond simple ou double ; elle s'emploie à la ferrure des grands vantaux de porte cochère.

Fiche à chapelet. Grosse fiche rivée dont chaque nœud est séparé et poli, qui sert à la fermeture des guichets des portes cochères.

Fier (*marbre ou pierre*). Pierre qui s'éclate aisément sous le ciseau parce que le grain est très fin et trop sec.

Fil. Veine tendre ou petite fente qui se trouve dans une pierre ou dans du marbre.

Fil. Ce sont les veines que l'on voit dans le bois, surtout lorsqu'il a été blanchi au rabot ; le fil est dans le sens de la longueur, ou plutôt de la pousse de l'arbre. On dit qu'on a employé du *bois de fil* pour un ouvrage de menuiserie, lorsque les fibres du bois sont disposées sur la longueur de l'ouvrage.

Fil de fer. Fer étiré dans les trous d'une filière ; il se vend par bottes, d'après la grosseur de son diamètre et d'après sa qualité.

Le *fil de fer recuit* est celui qu'on a réchauffé puis refroidi lentement avant de l'employer, afin de lui rendre la souplesse qu'il avait perdue en s'écrouissant dans son passage à la filière.

Les treillageurs emploient pour leurs travaux deux sortes de fil, le fil *de Limoges* et *le fil normand.* Ils appellent *fil nul* du fil fin de Limoges, recuit, qui sert à coudre, c'est-à-dire à lier les échalas et *fil à pointe,* fil normand, du fil non recuit avec lequel on fait les pointes servant à arrêter les différentes parties du treillage.

Fil à plomb. Instrument qui sert à vérifier la verticalité des lignes et des faces de constructions. Il se compose d'un poids cylindrique ou conique, suspendu par son axe à l'extrémité d'une cordelette mince, d'un fil. Ce fil glisse dans un trou pratiqué au centre d'une plaque carrée, appelée *chas*, dont le côté est égal au diamètre inférieur du cylindre. On applique une arête du *chas* contre la face de l'ouvrage ; si cette face est verticale, le plomb doit, sur toute sa course, la toucher sans frottement.

Fil d'archal. Fil de cuivre ; c'est à tort que quelquefois on appelle ainsi le fil de fer.

Fil de cuivre ou de **laiton.** Cuivre jaune étiré à la filière, et qui remplace quelquefois le fil de fer.

Filardeux (Marbre ou pierre). Pierre qui contient des fils : elle doit être rejetée de toute construction soignée.

File. Pièces d'une construction placées en ligne ; telles sont les palplanches qu'on bat pour les fondations des travaux hydrauliques.

Filer (Peint.). Tracer et peindre des lignes droites à l'aide d'une règle.

Filet ou listel. Petite moulure carrée qui accompagne ou couronne une autre moulure plus forte.

Filet. Poutre de petite dimension qu'on glisse sous un plancher qui fléchit pour le soulager et diminuer la portée des solives.

— Petit solin de plâtre ou de mortier servant à sceller le rang de tuiles ou d'ardoises appuyé contre une construction, par exemple au haut d'un comble en appentis, sur une gouttière en plomb, devant une lucarne, le long d'une cheminée. On en fait même sur le haut d'une lucarne pour remplacer le faîtage : c'est ce qu'on appelle un double filet.

En général on donne le nom de filet à toute partie de plâtre servant à sceller le haut des tuiles et des ardoises.

Filet. Petit triangle en bois de placage très étroit.

Filet (Ser.). Ornement que l'on fait sur l'épaisseur d'un bouton et qui a la même forme que ce qu'en architecture on appelle un *congé*.

Filet de bouton ou de vis. Partie saillante qui tourne en hélice autour d'un cylindre et qui forme la vis.

Fileté. Se dit ou du corps d'une vis ou du bout d'un boulon ou d'une tige de fer qui porte un filet en hélice.

Filière. Plaque d'acier soudée à deux bras en fer et percée de plusieurs trous d'inégales grandeurs taraudés à l'intérieur et servant à faire les filets des vis. Une filière est toujours accompagnée de son taraud qui sert à faire le filetage ou taraudage des écrous des vis. Il y a des filières plus compliquées dans lesquelles l'outil travaillant est composé de plusieurs coussinets qui portent le filetage et qu'au moyen de vis, on fixe dans un châssis muni de manœuvre.

Filière. Plaque d'acier percée de trous de divers diamètres dans lesquels on fait passer successivement (après avoir fixé solidement cette plaque dans une position verticale) le fil de fer que l'on fabrique, de manière à l'amener à la dimension que l'on désire.

Filière ou jauge. Outil d'acier ordinairement de forme circulaire portant, à son pourtour extérieur, des échancrures graduées et numérotées, d'après lesquelles on détermine la grosseur et le numéro du fil de fer. On l'appelle aussi calibre.

Filières. Veines ou crevasses verticales qui se rencontrent dans les carrières, et qui interrompent les bancs.

Fistules. Maladies qui attaquent les fibres des bois et qui les altèrent en produisant l'écoulement de la sève.

Flache. Partie de bois qui n'est pas à vive arête ou qui n'est pas bien dressée et qui contient de l'aubier.

Flache. Enfoncement dans une surface qui devrait être continue et qui présente un creux.

Flamme. Pièce de biscuit ou de faïence que l'on place sur le chapiteau d'une colonne de poêle et qui sert comme décoration pour cacher le bout du tuyau en tôle qui conduit la fumée dans la cheminée.

Flanquer. Synonyme de placer pour des ornements disposés symétriquement sur une façade.

Fléau. Barre de fer, plate ou carrée qui sert à tenir fermés les deux vantaux d'une porte charretière ; le fléau est mobile sur un boulon qui passe dans un trou pratiqué au milieu de la barre et qui est fixé à la partie extérieure de l'un des deux vantaux. Le fléau est disposé de telle sorte que, quand la porte est fermée, ses extrémités peuvent se loger dans une sorte de crochet fixé à chaque vantail. Il est maintenu dans cette position soit au moyen d'un verrou, soit par une tringle portant un moraillon qui entre dans une serrure.

Ce mode de fermeture s'applique aussi aux volets.

Fléau. Bascule chargée d'un contre-poids qui sert à fermer les portes d'une écluse.

Fléau. (Vitr.) Espèce de crochet formé de tringles de bois plates assemblées carrément et arasées, qui sert à transporter le verre à vitre pour en faire la pose.

Flèche. C'est dans un arc ou segment de cercle la ligne qui passe par le milieu de l'arc et qui est perpendiculaire à la corde : on désigne ordinairement la grandeur d'un arc de cercle par le rapport de la flèche à la corde.

Flèche Construction en forme de pyramide très aiguë, qui le plus souvent sert de couronnement à des tours et qui se fait remarquer par sa grande hauteur et par son ornementation.

Flèche de grue. Pièce inclinée qui fait partie du système mobile d'une grue : cette pièce, maintenue ou non par des haubans sur sa longueur, est arrêtée par son extrémité inférieure; elle porte à l'extrémité libre une poulie sur laquelle passe une chaîne destinée à accrocher les fardeaux et qu'on manœuvre au moyen d'un treuil faisant partie du système mobile.

Flèches de pont-levis. Pièces de bois qui servent à mouvoir un pont-levis.

Fleurs en treillage. Fleurs faites de copeaux taillés, que les treillageurs attachent avec de pointes sur une tige ou sur un bouton en bois.

Fleurons. Fleurs et feuilles sculptées qui ne sont pas imitées de la nature.

Flipot. Tringle très mince qui sert à remplir un vide dans un joint entre deux feuilles de parquet ou dans un panneau de porte ou de lambris.

Flottage. Moyen de transport des bois que l'on met à flot, soit à bûches perdues, soit sous forme de train, sur un cours d'eau, pour les conduire des forêts à leur lieu de destination.

Le flottage est, en même temps, un moyen de conservation du bois, parce que pendant l'immersion la sève, qui est une cause d'altération, se dissout.

Flottée (Traverse). Traverse qui passant derrière un panneau n'est pas apparente en parements.

Flottés. (Panneaux). Deux panneaux posés à plat l'un sur l'autre.

Flotteur. (Font.) Système composé d'une masse susceptible de flotter sur l'eau et d'une tige de métal reliée à la clef du robinet d'alimentation d'un réservoir, de manière à ouvrir ou fermer ce robinet quand l'eau contenue dans le réservoir ne reste pas à un certain niveau.

Flûte ou **sifflet**. Entaille en biseau. Deux pièces de bois qui doivent être assemblées bout à bout, sont entaillées en sifflet symétriquement.

Foisonnement. Augmentation du volume de la chaux lorsqu'elle passe de l'état de chaux vive à l'état de chaux en pâte.

— Dans l'exécution des déblais la terre, se réduisant en petits morceaux, occupe un volume plus considérable que celui qu'elle occupait quand elle était en masse. On appelle encore cet effet *foisonnement* : c'est l'inverse du *tassement* qui se produit sous l'influence des pluies, de la circulation de véhicules sur des remblais. Lorsqu'on exécute des terrassements, il faut tenir compte de ces deux effets.

Foliot. Petite pièce de fer formant bascule, chantournée des deux bouts, et au travers de laquelle passe une broche carrée. Cette broche reçoit à ses deux extrémités deux boulons ou deux boucles servant à faire ouvrir le pène de demi-tour d'une serrure ou d'un bec de canne.

Foncet. Plaque de fer qui est fixée au palastre d'une serrure par deux petits empattements, et qui est percée pour l'entrée de la clef en même temps qu'elle porte d'un côté le canon et de l'autre la garniture. Cette plaque couvre tout ou partie de la serrure.

Fond. Partie du corps creux la plus éloignée de la surface : tel le fond d'une cave, d'une fosse, d'un bassin, d'une niche, etc.

Fond. Partie basse ou le derrière d'un meuble; on dit le fond d'une armoire.

Fond (Peint.). Premières couches d'impression qui doivent être couvertes par d'autres couches appelées *couches de teinte*. Il est essentiel, pour avoir des teintes franches, de se servir de fonds blancs.

Fond de mangeoire. C'est la planche portée sur les entretoises et assemblée en retour d'équerre avec une autre planche qu'on appelle le devant.

Fond de parquet (Menuis.). Bâtis et panneaux disposés pour recevoir une glace et pour pouvoir être appliqués dans le cadre.

Fond (*De*). Se dit de toute construction ou partie de construction qui part des fondations pour s'élever jusqu'en haut de l'édifice : tel un trumeau de fond, une chaîne de fond. Ce terme s'applique aussi à toutes les pièces de bois élevées à plomb au-dessus d'une fondation ou parpaing; on dit une cloison de fond, un pan de bois de fond.

Fondations. Maçonnerie enfermée dans la terre jusqu'au rez-de-chaussée. Lorsqu'on jette les fondations d'un édifice, il est important de connaître la nature du terrain. — Le meilleur fond est le tuf quand il est mêlé d'une terre forte, bien serrée, et liée avec de gros grains de sable; on peut asseoir aussi des fondations sur le roc quand il est bien préparé. Le sable dont le grain est gros et approchant de celui de rivière est aussi très bon. Pour reconnaître si le terrain sur lequel on veut fonder a assez d'épaisseur, on prend une grosse solive de $1^{m},95$ à $2^{m},60$, et l'on bat la terre avec le bout : si elle résiste au coup et que le son paraisse clair, on peut être assuré que le terrain est ferme; mais si, en frappant la terre, elle rend un son sourd, on peut conclure que le fond est de mauvaise qualité.

Bien que les fondations sur le roc paraissent les plus solides, il est cependant des précautions à prendre; il faut d'abord s'assurer, avant de construire, s'il n'existe dans le roc aucune excavation; dans ce cas il faut les remplir de maçonnerie, ou les soutenir par des arcs. Dans les fonds de sable, quand on veut fonder solidement, on pose la première assise en *libage* de grosse pierre sans parements; on pose cette assise, après avoir nivelé et battu le sol, sur un lit de mortier. Quand les fondements se posent sur des terres légères ou poreuses, et qui ont été remuées, il faut les battre avant tout, jusqu'au refus du *mouton*. Les fondations les plus difficiles sont celles qu'il faut faire dans les lieux marécageux et qu'on est obligé de *piloter*;

les sables mobiles et ceux pénétrés d'eau qui bouillonne au travers, ont besoin d'être renfermés et desséchés; on peut, pour cette opération, faire usage de pilotis et de palplanches. Le meilleur moyen pour asseoir ces fondations sur cette espèce de terrain, est de placer sur les *pilotis* une forte couche de *béton* ou de maçonnerie en *blocage* à bain de mortier. Il est dangereux de creuser ou de piloter dans la glaise; on peut établir dessus, d'une manière solide, les fondements d'un édifice, en y posant un *grillage* de charpente recouvert d'une plate-forme; on peut fonder de la même manière sur la tourbe, et sur les terrains vaseux et marécageux, pourvu toutefois que l'épaisseur et la consistance de ces terrains soit partout les mêmes, afin que le tassement se fasse également partout. Un mur est dit en *fondation bloquée*, lorsque le moellon est posé dans une rigole dont la largeur est égale à l'épaisseur de cette fondation.

Une *fondation* est mise en *ligne*, lorsque les parements sont érigés à l'aide de lignes.

Fondation par redans : lorsque l'inégalité du sol ou la pente du terrain oblige de faire les fondations par échelons. (Maçonn.)

Une ordonnance de police dit que tous les murs en fondation, depuis le bon et solide fond jusqu'au rez-de-chaussée des rues ou cours, seront construits avec moellons et libages de bonne qualité, bien ébousinés, les lits et joints piqués et élevés d'arase et liaison jusqu'au rez-de-chaussée, lesquels murs en fondation seront maçonnés avec chaux et sable, et d'épaisseur suffisante pour l'élévation qu'il y aura au-dessus, observant d'y mettre des parpaings et boutisses le plus près qu'il se pourra. Il est pareillement ordonné que le mortier soit fait et composé de deux tiers de bon sable graveleux, et d'un tiers de chaux éteinte.

Les murs qui seront élevés au-dessus du rez-de-chaussée, avec moellons et mortier de chaux et sable, seront de pareille qualité que ceux des fondations ci-dessus, en y observant les retraites ou empattements au rez-de-chaussée, ainsi qu'il est d'usage.

Ainsi le mur qui aura 0^{m},65 d'épaisseur en fondation, portera au rez-de-chaussée un mur de 0^{m},49, lequel sera posé au milieu de l'épaisseur du premier, de manière à laisser déborder celui-ci de 0^{m},08 de chaque côté. Les bâtiments sujets à reculement ne peuvent être réparés dans les fondations et le rez-de-chaussée du mur de face. (Ordonnance de voirie.)

Fondements. Voy. FONDATION.

Fonds unis de papier. Les papiers de fonds unis doivent se coller avec beaucoup de soin et de propreté : éviter la colle claire, ainsi que de l'appuyer avec un linge qu'on appelle tampon; ce tampon doit se remplacer par une feuille de papier appliquée sur le fond, et sur laquelle on frotte avec la main pour faire prendre la colle. Lorsque, sur les fonds unis, on désire faire des encadrement, il faut découper des brindilles (ornements faits sur papier du même fond). Les brindilles doivent être également appliquées avec le papier. Dans le cas où l'on aurait à coller sur des fonds d'huile, et que l'on ne voudrait pas faire les frais de l'encollage, il est nécessaire d'y frotter de l'oignon ou de l'ail pour faire tenir le papier.

S'il se trouvait quelques parties de fer, comme têtes de clous, etc, il faudrait mettre du vernis ou du blanc d'Espagne sur ce clou afin d'empêcher la rouille de pénétrer le papier.

S'il existait des parties humides, il serait nécessaire d'y mettre de la toile; si l'humidité était grande, il faudrait y ajouter des porte-tapisseries d'épaisseur assez forte pour empêcher la toile de pourrir.

Sur les cloisons en bois, il faut mettre de la toile pour empêcher le papier de se fendre; la toile, sur les parties d'armoires, doit couvrir les charnières, afin d'empêcher le papier de se couper; on peut également coller de la toile fine ou parchemin, comme on le pratique pour les loges de théâtre, en marouflant sur tous les joints des planches. Lorsque l'on apprête le collage des armoires, souvent, pour empêcher de voir la rainure de la porte, on place dans toute la hauteur une bande de fer-blanc, de 0m,025 de large, faisant saillie sur la rainure d'environ 0m,007, et pour empêcher le fer-blanc de décharger sur le papier-tenture, on a soin de coller dessus une bande de granit ou tout autre papier de couleur. Les intérieurs d'armoires se collent en couronne bleue, que les ouvriers appellent pâte bleue.

Le collage à l'anglaise est peu usité maintenant : on le fait en imbibant le derrière du papier avec une éponge mouillée, et passant seulement les bords à la colle. Les colleurs donnent aussi ce nom au collage qu'ils pratiquent pour les papiers bulles et gris, en plaçant les feuilles, mouillées de colle, à côté les unes des autres, sans recouvrement, afin d'éviter les épaisseurs. (Collage de papier.)

Fontainier. Ouvrier qui établit et entretient les fontaines, pompes, robinets, tuyaux de conduite et des ajustages.

Fonte. Combinaison de fer ave le carbone de 2,3 pour 100 à 5,9 pour 100; les fontes grises et les fontes noires contiennent des paillettes de graphite. La fonte possède une fusibilité qui permet de faire par moulage des pièces qu'il serait fort difficile d'obtenir en fer forgé. La densité de la fonte est égale à 7.2 en moyenne. Le point de fusion varie entre 1100° et 1200°. La fonte grise est moins fusible que la fonte blanche.

On distingue la fonte en un grand nombre de variétés que nous ne pouvons indiquer ici, mais surtout en *fontes douces* (grises) qui peuvent se travailler à la lime, au tour, au foret, qui résistent assez bien à un effort de traction, et en fontes aigres ou cassantes (blanches), qui ne peuvent être travaillées autrement que par moulage et ne doivent être employées que comme supports non soumis à des chocs. Cette dernière fonte est ordinairement blanche et sa cassure présente des cristallisations assez distinctes, tandis que la première est généralement grise, et que sa cassure présente un grain fin et serré sans apparence de cristaux.

On emploie maintenant, pour la fabrication d'un grand nombre d'objets de quincaillerie, une matière spéciale connue sous le nom de *fonte malléable*, qui présente une malléabilité presque égale à celle du fer doux, qui s'étend à froid sous le marteau, se soude à elle-même, au fer et à l'acier, etc., etc.

C'est qu'en effet cette matière est une fonte à laquelle, par des procédés particuliers, on a enlevé une partie du carbone qu'elle contient, ce qui la ramène à n'être qu'une sorte d'acier ou de fer qui jouit des propriétés de ces deux substances.

Les procédés employés pour la confection des objets en fonte malléable permettent d'exécuter par moulage un grand nombre de pièces qui, à cause du peu de résistance de la fonte, devaient autrefois être exécutées à grands frais en fer forgé, et qui maintenant peuvent être livrées, de moins bonne qualité, il est vrai, mais à des prix excessivement bas. Nous citerons comme exemple les clefs de la serrure.

Forée (*Clef*). Clef dont la tige est percée pour permettre l'introduction de la broche de la serrure.

Forer. Percer.

Foret. Outil d'acier, trempé dur, qui sert à percer le bois, les métaux, etc. Le foret le plus simple est fixé dans une sorte de bobine ou poulie, soit en bois soit en fer (qu'on appelle boîte de foret) qu'il traverse de part en part; autour de la boîte on enroule la corde d'un *archet*, qui, recevant un mouvement de va-et-vient, imprime à la bobine, et par suite au foret, un mouvement de rotation.

L'extrémité opposée au taillant du foret est pendant le travail appuyée contre la poitrine de l'ouvrier, par l'intermédiaire d'une plaque de fer ou de bois qu'on appelle *conscience*, et au moyen de laquelle cet ouvrier exerce sur le taillant un effort de pression. Voy. Archet.

— Mèche d'acier qui est diposée de manière à être mise dans un fût de villebrequin.

Forêt. L'ouverture d'une route ou le perfectionnement d'une navigation pour l'exploitation d'une forêt sont mis à la charge des propriétaires intéressés. Les frais de levée du plan sont remboursés aux premiers soumissionnaires, dans le cas où ils ne demeureraient pas concessionnaires. (Code de desséch.)

Forge. Atelier dans lequel on façonne à l'aide du feu et du marteau le fer et l'acier; c'est plus particulièrement le fourneau dans lequel on fait chauffer le fer sous l'action d'un soufflet puissant, et l'enclume sur laquelle on frappe le métal avec des marteaux de différentes formes.

Forges volantes ou de campagne. On appelle ainsi de petits fourneaux portant avec eux un soufflet qu'on transporte dans les chantiers de construction.

Forge des plombiers. Pierre de liais sur laquelle les plombiers battent leur plomb à froid avec des maillets, elle est maçonnée dans un coin de l'atelier qui paraît le plus convenable pour cet usage. (Plomb.)

Forgé. (*Fer*). Le fer forgé est celui qui a été travaillé sous le marteau. (Serrur.)

Forger le plomb. Le frapper avec des masses pour le condenser. On forge ainsi toutes les tables qu'on emploie aux réservoirs, aux cercueils et autres ouvrages de cette espèce, parce qu'il faut que le plomb qu'on y emploie ait plus de corps que partout ailleurs. (Plomb.)

Forgeron. Ouvrier qui travaille le fer à la forge : il est aidé dans ce travail par un ou deux autres ouvriers qu'on appelle *frappeurs*, et dont la seule fonction est de frapper avec de lourds marteaux, sur la pièce à travailler, le nombre de coups que leur indique le forgeron.

Forgets (*Roche fine des*). Cette pierre, qui se tire des carrières de l'Isle-Adam, a le grain extrêmement dur; elle a été employée avec succès à l'église Saint-Germain-l'Auxerrois pour la grande rose de la place. Elle porte $0^{m},45$ à $0^{m},60$ de hauteur. Le poids du mètre cube est de 2,392 kilog. (Maçonn.)

Forjeté (*Mur*). Mur qui se jette en dehors.

Forme. Lit de poussier ou de recoupes d'une faible épaisseur, que l'on rapporte et que l'on dresse de niveau sur l'aire d'un plancher pour recevoir un carrelage.

Forme. Couche de sable d'une certaine épaisseur ou surface du sol sur laquelle on asseoit un pavage.

Forme. Espèce de libage dur qui provient des ciels de carrières.

Formerets. Arcs ou nervures des voûtes gothiques, qui forment les arcades ou lunettes par deux portions de cercle qui se coupent en un point.

Fort (*Mettre une pièce de charpente sur son*). C'est la disposer de manière qu'elle résiste le mieux possible; par exemple, une pièce courbe destinée à être chargée, doit avoir sa partie convexe en dessus.

Forure. Trou percé dans la tige d'une clef, dans laquelle doit passer la broche de la serrure. La clef est *forée à jour* quand la *forure* la traverse dans toute sa longueur.

Fosse. Toute cavité creusée dans la terre, qui sert à divers usages dans les constructions, comme de citerne, de cloaque, etc.

Fosse à chaux. Cavité dans laquelle on éteint et on conserve la chaux éteinte; il convient que le fond et les côtés d'une fosse à chaux soient recouverts de planches.

Fosse d'aisance. Sorte de cave voûtée avec un pavage étanche aussi bien que les parois, et destinée à recueillir les matières fécales.

La fosse d'aisance doit autant que possible être au-dessous du niveau des caves, et éloignée des puits et citernes.

Si, en creusant une fosse d'aisance, il en résulte quelque dégât au bâtiment voisin, le propriétaire de la fosse est responsable du dégât, sauf son recours contre l'entrepreneur. (Voy. l'ordonnance sur la construction des fosses.)

Fosse. Sorte d'auge en maçonnerie de grès et de terre franche, dans laquelle on fait fondre le plomb pour fabriquer les tables et les tuyaux.

Fossés. Les plombiers appellent ainsi deux creux qu'ils ouvrent au bout de la couche de sable qui est dans leur *moule;* ils ressemblent en effet à deux fossés. On y fait descendre, avec le râble, l'excédent du plomb nécessaire pour chaque table. Aussitôt qu'il y est tombé, on a grand soin de séparer avec une serpette ce volume de plomb, qui est pesant, de la table coulée, de crainte que cette table, qui se retire toujours un peu, trouvant quelque résistance de ce côté-là, ne se déchire, et que les ouvriers ne soient obligés de la recommencer, ce qui demanderait une nouvelle dépense de combustible et de main-d'œuvre. (Plomb.)

— Trous creusés sur les bords des grandes routes, pour séparer les propriétés riveraines, pour faire écouler les eaux, et pour maintenir la largeur des routes. Les fossés, d'après une *ordonnance* royale, devront avoir 1m,30 de largeur sur 0m,65 de profondeur au bord des chemins de terre qui sont de chaque côté du pavé, de quelque largeur qu'ils se trouvent dans les grandes routes allant de Paris dans les provinces. Lorsqu'il n'y aura point de chemin de terre déterminé, il en sera fait à 5m,85 du pavé, de chaque côté dans lesdites routes, et à 3m,89 dans les routes moins considérables. Les fossés seront entretenus et curés par les propriétaires des terres y aboutissantes, toutes fois qu'il sera jugé nécessaire par les inspecteurs et ingénieurs des ponts et chaussées. Les propriétaires seront tenus de jeter le curage sur leurs héritages.

Il est également défendu de combler lesdits fossés, et de labourer ou faire labourer en dedans de la largeur bornée par lesdits fossés ; d'y mettre aucun fumier, décombres ou autres immondices, soit en pleine campagne, ou dans les villes, bourgs et villages où passent lesdites chaussées ; d'y faire aucune fouille, ni de planter des arbres ou haies vives, sinon à 2 mètres de distance des fossés séparant le chemin de leurs héritages, et à 10 mètres du pavé où il ne se trouvera pas encore de fossés faits.

Les fossés de toute espèce qui séparent deux propriétés sont réputés mitoyens, s'il n'y a titre ou marque du contraire. Si, pendant le creusage du fossé, les terres ont été jetées en partie sur un bord et en partie sur l'autre, c'est une présomption que ce fossé est mitoyen ; quand les terres sont jetées d'un seul côté, on en conclut qu'il a été tracé entièrement sur l'héritage où les terres ont été jetées, et qu'il appartient au maître seul de cet héritage. Il faut que le propriétaire du fossé laisse $0^m,05$ de terrain du côté du voisin pour la conservation de la ligne de séparation. Le propriétaire à qui appartient exclusivement un fossé, quoique joignant sans moyen l'héritage voisin, est libre de le combler ; pareillement il est seul tenu de l'entretenir. Quand il le fait curer, les immondices doivent être jetées de son côté. Il ne peut rien planter sur le pied de bord qui lui appartient du côté opposé ; le voisin ne peut rien planter également sur ce pied de bord. De quelque nature que soit un fossé mitoyen, les réparations doivent en être faites en commun. (Lois de voirie.)

Fouetter. Jeter du plâtre clair avec un balai entre le lattis d'un lambris ou d'un plafond pour l'enduire : c'est aussi jeter du mortier ou du plâtre par aspersion pour faire les panneaux des crépis qu'on ravale.

Fougère (assemblage à brin de). Pans de bois dont les pièces sont disposées diagonalement.

Fouille. Excavation creusée dans le sol, soit pour extraire des matériaux, soit pour les fondations d'un édifice, soit pour l'établissement d'une voûte, d'un canal, d'un chemin de fer, et régularisation de cette excavation suivant des dimensions données.

La dépense résultant d'une fouille varie non seulement avec la nature du terrain à enlever, roche, argile compacte, terre franche, sable, glaise, etc., mais encore suivant les dimensions de la fouille qui permettent un travail d'une exécution plus ou moins facile ; à ce point de vue, on distingue : la *fouille en ex-*

cavation ou *fouille couverte*, c'est-à-dire souterraine, qui le plus ordinairement exige qu'on soutienne les terres au fur et à mesure de l'avancement du travail; les *fouilles en déblai* qui s'exécutent à ciel ouvert et par tranchées successives; la *fouille en rigole*, c'est-à-dire d'une largeur assez étroite où l'ouvrier n'a pas ses mouvements libres, et qui exige l'emploi d'*étais* et d'*étrésillons* lorsqu'elle est profonde; la *fouille dans l'eau*, ou faite dans un terrain ébouleux; la *fouille sous l'eau;* la *fouille sous œuvre*, qui présente des dangers; la *fouille de roches* et de *maçonneries* qui nécessitent fréquemment l'emploi de la poudre ou de la dynamite; la *fouille par abatage* qui consiste à faire des tranchées horizontales à la partie inférieure d'une masse de terre pour la faire tomber par blocs; ces masses sont séparées entre elles par des tranchées verticales appelées *cheminées*. Ce mode de travail est très expéditif, mais présente quelques dangers et oblige à une serveillance très grande pour remédier à l'imprudence des ouvriers.

Pour les terrains pris ou fouillés pour les travaux publics, les *contestations* se jugent administrativement pour torts et dommages procédant du fait personnel des entrepreneurs; le conseil de préfecture prononce dans les deux cas.

Les agents de l'administration peuvent fouiller dans un champ pour y prendre leurs matériaux sans autres *formalités* que d'avertir préalablement le propriétaire, et à charge d'indemnité. (Lois de voirie.)

Fouillées (*Parties*). Ce sont elles qui sont fortement évidées dans une sculpture. — Enfoncement dans un mur.

Fouillot. *Ressort à fouillot;* petite pièce de fer montée par un bout sur un *étoquiau* et qui sert à renvoyer l'effet d'un ressort.

Foulée. Giron de marche.

Four. Construction circulaire à hauteur d'appui, recouverte d'une voûte de briques ou de tuileaux et pavée de grands carreaux, avec une ouverture ou bouche, et qui sert pour cuire le pain ou la pâtisserie. Les fours de boulangers et de pâtissiers sont construits avec tuileaux et terre franche, sur un plan circulaire, et quelquefois ovale, mais rarement. La bouche du four doit être étroite, et la chapelle ou voûte le plus surbaissée qu'il sera possible. Quelque grand que soit son diamètre, un four ne doit guère avoir plus de $0^m,40$ de haut. Les fours doivent être isolés des murs mitoyens. Dans un four on distingue : l'*âtre*, la surface horizontale sur laquelle on fait le feu; le *dôme* ou *chapelle*, la voûte; la *bouche*, qui est l'ouverture; l'*autel*, tablette horizontale en avant de la bouche; *les ouras*, les conduites d'air; l'espace vide entre la voûte et un mur mitoyen s'appelle le *tour du chat*. (Maçonn.)

Four. Coffre en tôle, fermé par une porte, que l'on place au-dessus ou à côté du foyer dans les poêles et fourneaux à usages domestiques.

Fourbir. Brunir ou donner du brillant à un métal, en refoulant ses parties avec un *brunissoir*. (Serrur.)

Fourchette ou reprise de noue. Endroit ou les petites noues d'une lucarne se rejoignent à la pente du comble.

Fourrer. Garnir de plâtre et de tuileau le dessous des faîtières pour les affermir.

Fourgon. Barre de fer crochue, avec laquelle les plombiers attisent leur feu. (Plomb.)

Fourneau. Petite construction en maçonnerie ou en brique sur laquelle on dispose divers appareils de chauffage d'économie domestique; le dessus est carrelé en carreau de terre ou de faïence.

On trouve dans le commerce, sous le nom de fourneaux économiques, des fourneaux en tôle ou en fonte, destinés à remplacer les constructions dont il vient d'être question ci-dessus; certains d'entre eux présentent des dispositions d'une grande commodité. Un grand nombre de ces fourneaux sont étudiés de manière à permettre de remplacer le charbon de bois par le coke ou même le charbon de terre.

On trouve aussi des fourneaux construits spécialement pour l'emploi du gaz d'éclairage. Il faut avoir soin de bien aérer les lieux où l'on emploie des fourneaux, pour assurer l'aérage et obtenir l'entraînement des gaz produits par la combustion. (Voy. GAZ.)

Fourreau. Tuyau ou cylindre de tôle ou de fer blanc de petit diamètre dans lequel est ajustée une bascule pour le service d'une sonnette.

Fourreau. Tuyau de cuivre rouge que l'on rapporte en haut d'un corps de pompe pour y faire suite et servir de réservoir à l'eau montante.

Fourrures. Pièces ou tringles en bois, plus ou moins épaisses, qu'on met sur le plancher pour poser le parquet, quand il n'y a pas assez de place pour y mettre des lambourdes. (Menuis.)

— Pièces que l'on met dans un vide compris entre deux pièces plates pour le remplir.

Foyer. Bâti de bois qui entoure l'âtre ou foyer d'une cheminée, et dans lequel les feuilles de parquet, coupées à cet endroit, viennent s'assembler. (Menuis.)

— C'est une partie du fourneau des plombiers dans lequel on met le bois nécessaire à la fonte, et sur lequel est assise la chaudière où l'on met le plomb. (Plomb.)

Foyer. Dans un appareil de chauffage, poêle, colorifère, etc., c'est la partie dans laquelle se fait la combustion; dans une cheminée ordinaire le foyer s'appelle plus communément âtre.

Foyer. Partie d'une cheminée qui est au devant des jambages et au niveau de l'âtre d'une cheminée et qu'on pave ordinairement de grands carreaux de terre cuite ou de marbre.

On distingue : le *foyer à bande*, composé d'un panneau entouré de bandes d'encadrement; le *foyer à compartiments*, composé de plusieurs panneaux encadrés de bandes au pourtour et en travers, lesquels sont en marbre de diverses couleurs.

Fraise. Outil d'acier présentant tantôt une forme sphérique et tantôt une forme conique, strié à sa surface et qui sert à élargir le bord d'un trou, de manière à *faire un évidement* pour loger la tête d'une vis, d'un rivet ou d'un goujon qui doit passer dans ce trou. — Scie circulaire.

Franc-bord. Espace de terrain laissé libre sur le bord d'une rivière, d'un canal ou dun chemin de fer.

Franche (*Pierre*.) La pierre la plus parfaite qu'on puisse tirer d'une carrière.

On désigne encore sous ce nom une sorte de pierre de dureté moyenne, qui est pleine et d'un grain fin.

Frasil. Cendres ou crasses chargées de suie de houille.

Pour isoler les conduites d'eau et les préserver de la gelée, on utilise avantageusement le frasil qui provient des tubes de chaudières tubulaires.

Fresque. Peinture faite sur un enduit de mortier encore frais avec des couleurs détrempées à l'eau.

Frette. Les frettes sont des anneaux ronds, carrés, octogones ou à pans, formés ordinairement d'une barre de fer plat, suffisamment large et épaisse, soudée par les deux bouts avec le plus grand soin.

Elles servent en général à réunir plusieurs pièces de bois juxtaposées ou assemblées dans le sens de leur largeur. Elles sont aussi employées pour empêcher les pièces qui ont de grands efforts à supporter longitudinalement de se fendre dans le sens des fibres, comme par exemple les pieux et pilotis, dont on arme la tête avec des frettes.

Pour obtenir des frettes un serrage énergique, on les pose à chaud.

Quelquefois les frettes, au lieu d'être d'une seule pièce, sont composées de plusieurs parties qu'on réunit au moyen de clavettes ou de boulons.

Frette. On emploie aussi des frettes que l'on rapporte à entaille haut et bas d'un piston, ou au haut d'un corps de pompe en bois pour éviter qu'ils ne se fendent.

Fretter. Poser une ou plusieurs frettes.

Frisage. Espèce de treillage construit avec des bois minces.

Frise. Partie lisse d'un entablement.

— Partie de menuiserie étroite et longue, soit pleine ou à panneau horizontal dans sa largeur et qui divise d'autres parties. Ainsi on dit : frise de lambris, de porte.

On donne aussi ce nom à des pièces de bois de $0^m,08$ à $0^m,10$ de largeur, qu'on pose avec les feuilles de parquet auxquelles elles servent de cadre.

Frise. Grande face plate qui sépare l'architrave d'avec la corniche.

— LISSE, frise sans ornement.

— BOMBÉE, frise dont le contour est courbe.

Frise. Espace compris entre les deux traverses du haut d'un balcon, d'une rampe d'appui, d'une grille, lequel peut être rempli de divers ornements. (Serrur.)

Frisons. Rognures de tôle.

Frite. Mélange, fait à chaud avant la fonte et dans un creuset spécial, des matières qui servent à faire le verre.

Fronteaux. Petits frontons que l'on met au-dessus des croisées.

Frontispice. Principale façade d'un édifice.

Fronton. Ornement en forme de triangle ou de segment de cercle, qui constitue le couronnement d'un avant-corps de bâtiment, d'une porte, d'une croisée, etc. Il est ordinairement composé soit d'une base et de deux corniches inclinées, de façon à former à leur point de rencontre un angle très obtus, soit d'une seule corniche en arc de cercle, et d'un tympan qui est souvent orné de bas-reliefs. La hauteur d'un fronton doit être le $^1/_8$ de la base. On dit qu'un *fronton* est *surmonté* quand sa hauteur est plus grande que le $^1/_8$ de la base, et qu'il est surbaissé quand elle est moindre.

— Pièce de bois avec ou sans moulure et couronnant les lucarnes. (Charp.)

Fronton triangulaire. Fronton qui a la forme d'un triangle isocèle, dont l'angle opposé à la base est obtus. (Arch.)

Fronton sphérique. Qui est fait d'un arc de cercle. (Archit.)

Frotter. Passer avec la main ou avec le pied une brosse rude sur un encaustique pour donner le luisant au bois ou au carreau.

— Passer un linge neuf et sec sur la dernière couche d'assiette où l'or doit rester mat, afin qu'il s'étende mieux.

Frottis. Couleur transparente appliquée sur une autre couleur.

Fruit. Retraite continue du parement extérieur d'un mur, le dedans étant construit d'aplomb.

On dit qu'un mur est à fruit de $0^m,05$ ou de $0^m,10$ par mètre. (Maç.)

Fuir ou **fuit.** On dit qu'un outil fuit, lorsqu'en le poussant on ne le tient pas assez ferme, de manière qu'il se dérange de sa place. On dit fuir en dedans ou en dehors, selon que l'outil se dérange dans l'un ou l'autre sens. (Menuis.)

Fumiste. Ouvrier qui fait tous les ouvrages concernant la fumée : la pose des tuyaux, à l'intérieur et à l'extérieur des cheminées, la pose des mitres, le ramonage et les réparations intérieures des cheminées.

Fuseaux. Barreaux figurant une petite colonne dans un balcon, une rampe, etc.

Fusée. Voy. l'art. CHAUX. *Chaux fusée,* chaux éteinte sans être en pâte.

Fuselée (*Colonne*). Colonne dont le fût est renflé vers le tiers de sa hauteur.

Fuser. Se déliter en poussière. Le noir fuse quand il n'est pas bien détrempé et qu'il laisse des nuances. (Peint).

Fût. Espèce de villebrequin qui sert pour percer avec la machine à forer. (Serrur.)

Fût. C'est le vif ou le tronc d'une colonne, sans y comprendre la base ni le chapiteau. (Archit.)

— ou MONTURE D'OUTIL. C'est le bois dans lequel le fer est placé. (Menuis.)

Futée ou **mastic.** Les menuisiers nomment ainsi une espèce de pâte faite avec du blanc d'Espagne et de l'ocre jaune broyés avec de l'huile de lin ou d'olive. Quelquefois au lieu d'huile ils se servent de colle claire, afin que, si l'ouvrage est peint en détrempe, la futée ne fasse pas de tache à la peinture. Pour les ouvrages communs, on fait de la futée avec de la pierre de Saint-Leu, réduite en poudre et de la brique pareillement pulvérisée et délayée dans la colle, à la consistance de pâte. On fait encore de la futée en faisant fondre de la cire jaune et du suif dans lesquels on mêle du blanc d'Espagne et de l'ocre ou de la pierre de Saint-Leu ; ce mastic ne s'emploie que chaud.

La futée sert à remplir et à cacher les défauts de l'ouvrage, comme les fentes, les trous, les nœuds et même les joints mal faits. (Menuis.)

G

Gabarit. Modèle découpé qui par application sert à vérifier si un travail exécuté a exactement la forme extérieure qu'il doit offrir. Voy. Cercle, Carton, Jauge.

Gabion. Panier fait avec des branches flexibles, et qui sert à transporter des pierres ou des pierrailles.

Gâche. Plaque de fer droite ou coudée d'équerre qui se fixe sur un bâti de porte ou au chambranle et reçoit le pène d'une serrure ou d'un verrou dans un trou disposé à cet effet : telle est la gâche la plus simple qu'on nomme *gâche d'épaisseur* ou *gâche d'équerre*. Mais il y en a d'autres qu'on désigne ainsi : — *gâche encloisonnée*, qui a un palâtre et une cloison comme une serrure ; *gâche à pointe*, qui a deux branches droites qu'on enfonce dans un poteau ou dans un chambranle ; *gâche d'épaisseur ou à patte*, *gâche de sûreté*, faite en fer aplati coudé à quatre coudes, portant deux pattes carrées percées de trous : on la fixe avec des vis sur un chambranle ou sur un poteau. Les gâches sont quelquefois fermées derrière, et alors elles prennent le nom de *gâche à patte encloisonnées*, *gâche coulante*, plaque de fer portant deux scellements, qui se place à fleur des plâtres dans un ébrasement ; *gâche à scellement*, gâche à deux branches et à double crochet qui doivent être scellés ; *gâche à soupape*, plaque de fer ou de cuivre percée d'un trou rond fermé par une bascule montée dessous ; elle sert à recevoir le bout d'un verrou au-dessous d'une serrure à bascule ou le bas d'une espagnolette à douille ; *gâche de répétition*, gâche semblable à l'extérieur à la serrure à laquelle elle sert de complément ; *gâche carrée et à bascule*, gâche encloisonnée qui porte extérieurement des bouts de repère pour des verrous ; *gâche d'espagnolette*, morceau de fer percé d'une mortaise carrée.

Gâche. On donne ce nom à des crochets de fer qui sont faits en croissant ; la circonférence en est plate, et les extrémités pointues. On les enfonce dans le mur pour soutenir les tuyaux de descente des maisons.

Les plombiers se servent de gâches pour enlever plus aisément le plomb qui tombe dans les fossés de leur moule. On jette la gâche dans ce plomb pendant qu'il est en fusion, celui-ci s'y attache et est alors très facile à retirer des fossés. On porte la gâche avec le plomb qui y adhère ; elle se détache du plomb, et nage bientôt sur la surface, d'où on la retire. (Plomb.)

Gâcher. Détremper dans une auge le plâtre avec de l'eau. On *gâche serré* quand on met du plâtre dans l'eau jusqu'à ce que toute l'eau soit bue ; ce plâtre prend très vite. On *gâche lâche* ou *clair* quand on met peu de plâtre dans l'eau, de sorte qu'il soit totalement noyé ; ce plâtre prend moins rapidement que le plâtre gâché serré ; il sert à couler des pierres, à faire un gobetage, un enduit ou bien des moulures.

Gâchette. Petit morceau de fer carré fixé au palâtre d'une serrure et sous le ressort du pène pour l'arrêter à chaque tour de clef.

Gâcheur. Maître ouvrier charpentier.

Gâchis. Sorte de mortier fait avec du plâtre, du sable, du ciment et de la chaux.

Gaîne. Partie inférieure du socle d'un *terme*.

Galandage. Constructions en pans de bois, dont les vides sont remplis avec des briques.

Galbe. Se dit du contour d'un balustre, du fût du chapiteau d'une colonne, d'un vase, d'un dôme, d'une console, etc.

Galères. Grands rabots dont se servent les charpentiers pour les bois refaits et dressés à vives arêtes. Ce rabot a environ $0^m,60$; son emploi exige deux hommes. (Charp.)

Galerie. C'est, dans un bâtiment, une pièce beaucoup plus longue que large.

Galerie. Excavation faite au-dessous de la superficie du sol pour l'exploitation des carrières. Dans la plupart des cas on est obligé de soutenir le *ciel* et les parois des galeries par des boisages pour éviter les éboulements. Ces boisages doivent être surveillés avec soin.

Galetas. Étage pris dans le comble d'un bâtiment, lambrissé et éclairé par des lucarnes ou des châssis en tabatière.

Galets. Cailloux de forme arrondie, qu'on emploie fréquemment pour l'exécution des chemins empierrés ; dans quelques contrées où manquent les matériaux de construction et où les galets sont abondants, on les emploie à la construction des maisons d'habitation en les liaisonnant entre eux avec un mortier de chaux et de sable.

Galipot. Matière résineuse qui provient du pin et que l'on emploie à la fabrication des vernis communs.

Galles. Ce sont des excroissances et des boursouflures formées par des insectes à la surface du bois pour s'y loger, et y déposer les œufs des larves qui doivent s'y nourrir. Il est rare que le corps de l'arbre en soit attaqué. Les galles s'établissent de préférence sur les feuilles et le jeune bois des branchages. (Charp.)

Galvanisation. Application sur la tôle, le fil de fer, etc., d'une couche de zinc, qui les préserve d'être attaqués par la rouille.

Carçon. Aide-maçon.

Gardes. Synonyme de garnitures de serrures. Changer les gardes, c'est changer les garnitures.

— Entailles du panneton d'une clef, de différentes formes et figures dans lesquelles passent les garnitures posées et rivées sur le *palastre* et le *foncet* d'une serrure.

Garde-cendre. Plate-bande en métal portant des moulures et autres ornements, avec une base qui sert à la faire tenir verticalement et qu'on place en avant du foyer des cheminées pour empêcher les cendres et le combustible, en tombant, de venir en dehors de la plaque de foyer.

Garde-corps, garde-fou. Balustrade en pierre, en menuiserie ou en fer, à hauteur d'appui, placée ordinairement le long d'un quai, d'un fossé, d'un pont, d'un palier d'escalier, d'une terrasse, d'une lucarne, etc. Le garde-fou d'un pont ou d'un quai consiste fréquemment en un *bahut* en pierre à hauteur d'appui, ou même en une simple pièce de bois posée sur des poteaux.

Garde-robe à l'anglaise. Cuvette que l'on place sous un siège de commodités et se fermant au moyen d'une trappe de forme concave, de sorte que cette trappe en s'appliquant contre le rebord inférieur de la cuvette, fait avec celle-ci, quand on a le soin d'y verser une certaine quantité d'eau, une fermeture hydraulique qui empêche les odeurs de la fosse d'aisance de remonter. Cette cuvette porte latéralement un orifice en communication avec un réservoir d'eau par un tuyau muni d'un robinet.

Garde-robe demi-anglaise. Diffère de la précédente en ce que la trappe est remplacée par un bouchon et qu'il n'y a pas de réservoir d'eau.

Gare. Ensemble des diverses installations faites en un point où s'arrêtent les convois de chemins de fer.

Gargouïe. Lorsqu'une poutre vient reposer sur un poteau qui s'y engage au moyen d'un tenon, la partie de la poutre qui n'a qu'une petite saillie en arrière du poteau, se nomme gargouïe.

Gargouille. Dalle de pierre creusée en demi-cercle, sur laquelle s'écoulent les eaux pluviales et ménagères.

— Canal formé de deux petits murs en maçonnerie, recouverts, avec fond pavé ou dallé et servant au même usage.

— Sorte de canaux en fonte placés sous les trottoirs.

— Petits trous pratiqués dans la cymaise d'un entablement ordinaire, ornés d'une tête, par la bouche de laquelle s'écoule l'eau des petits canaux ou goulottes taillées sur la corniche. Dans les constructions anciennes ces sortes de gargouilles avaient plus d'importance, elles remplaçaient les tuyaux de descente et servaient à égoutter l'eau des toitures. C'étaient des canaux en pierre plus ou moins ornés, faisant saillie sur la face de la construction de manière à rejeter les eaux loin du pied des murs.

— Trous ornés d'un mascaron par lequel l'eau sort d'une fontaine ou d'une cascade.

— Petite rigole dans un jardin où l'eau coule de bassin en bassin.

— Cordon de pierre sur lequel sont assis des tuyaux de conduite.

Gargouille. Entaille au pied d'un poteau de cloison qui reçoit le bout d'une solive.

Gargouiller ou **égriser.** (Marb.) Frotter un corps rond, tel que le fût d'une colonne, avec du grès et de l'eau dans une pierre disposée à cet effet, pour le dresser et le rendre uni.

Garnis. Maçonnerie de remplissage qu'on fait entre le *revêtement* et les *boutisses* d'un gros mur, sur les reins d'une voûte, derrière un mur de terrasse ; dans ce dernier cas on place souvent le garni à sec.

Garnir (Poêlerie). Mettre des briques et de la terre à l'intérieur des carreaux formant paroi d'un poêle de construction.

— Mettre des tuileaux entre les colombins d'un carreau.

Garnir. (Couv.) Mettre du plâtre et du tuileau sous les faîtières pour les affermir.

Garniture. Ensemble des diverses parties, lattes, tuiles, voliges. ardoises, zinc ou plomb qui constituent la couverture d'un toit.

Garniture. (Font.) Éléments qui entrent dans la confection d'un piston de pompe ; ce sont pour une pompe aspirante : un clapet, deux frettes en cuivre ou en fer et le cuir qui enveloppe le piston.

On appelle aussi garniture les cuirs, l'étoupe, les frettes; etc., qui servent à empêcher le passage de l'eau en dehors des voies disposées pour lui donner issue.

Garniture (Pavage). Sable ou mortier que l'on met entre les joints d'un pavage.

Garnitures. Parties treillagées des divers compartiments qui servent à garnir les vides formés par les bâtis d'un treillage.

Garniture. Pièce de fer qu'on met dans les serrures et qui doit entrer dans les fortes entailles à dents du panneton de la clef. On leur donne différents noms, tels que *rateaux, bouterolles, rouets, planches*. Les garnitures sont la principale sûreté des serrures parce qu'elles empêchent, dans de certaines limites, l'emploi des fausses clefs. On distingue trois manières d'exécuter ces garnitures : la *garniture brasée*, qui est faite en tôle mince et soudée au cuivre sur le palastre. La *garniture repassée au crochet* ou *écurée* est faite en tôle plus forte, brasée comme la première, mais passée sur le tour. La *garniture tournée* est faite d'un seul bloc de fer qu'on évide sur le tour. On nomme *garniture à l'infini* celle qui est faite sur le tour et dont les évidements sont très multipliés.

Garnitures (Poêlerie). Maçonnerie de brique et de terre que l'on fait à l'intérieur des poêles pour qu'ils conservent plus longtemps leur chaleur.

Garnitures de poulies. On donne ce nom à un système de poulies montées sur chape à pointe ou à patte et propres au service de rideaux placés devant une croisée.

Garre. Assemblage de pieux moisés et liernés servant à guider le passage des bateaux sur une rivière.

Gauche (*Surface*). Se dit de la surface d'une pierre, d'une charpente, d'un ouvrage de menuiserie qui n'est pas bien dressée. On dit d'un ouvrage en bois qui se déforme qu'il se *gauchit*.

Gaude. Plante qui, par infusion, donne une couleur jaune commune qu'on emploie pour la peinture des parquets.

Gautier. Vanne ou arrêt qu'on établit de distance en distance sur les petites rivières où se fait le flottage des bois à bûches perdues.

Gaz. Nom générique de tous les fluides aériformes. Il y a un grand nombre de gaz; la plupart sont délétères, les uns parce qu'ils ne sont pas propres à la respiration, les autres parce qu'ils agissent à la manière des poisons. Il est donc nécessaire, dans la construction des habitations, de prendre soin d'assurer une ventilation suffisante pour entraîner tous les gaz. Ceux qui se présentent le plus souvent sont l'acide carbonique, qui n'est pas respirable, et l'oxyde de carbone, qui est toxique, provenant tous deux de la combustion ; l'hydrogène sulfuré, le gaz ammoniaque, qui sont toxiques et qui se dégagent des fosses d'aisance, et trop fréquemment du gaz d'éclairage mal épuré. Le gaz d'éclairage est lui-même irrespirable, et de plus, mélangé avec l'air, il forme un mélange susceptible de détoner au contact des corps enflammés.

Gazon. Plaque de terre garnie d'herbe verte et touffue, qu'on enlève d'un pré avec la bêche pour la transporter dans un jardin et en garnir les bouts d'une allée, d'un banc de terre, etc.

Gélatine. Substance que l'on tire de diverses matières animales, particulièrement de la peau des jeunes animaux, et qui, sous le nom de colle de peau, colle forte, sert aux peintres à faire les encollages et à détremper les couleurs, et aux menuisiers à faire des collages.

Gélives ou **gélisses** (*Pierres*). Pierres qui sous l'action de la gelée se fendent et se délitent. On peut reconnaître une pierre gélive en trempant un échantillon dans une dissolution de sulfate de soude, puis en le laissant exposé à l'air pour que l'eau s'évapore; le sel, en perdant son eau, cristallise et fait éclater l'échantillon.

Gélivures. Défauts des bois, consistant en fentes longitudinales produites par la gelée.

Génératrice. Voy. DIRECTRICE.

Génies. Figures d'enfants ailés; ceux dont le bas du corps est terminé par des rinceaux se nomment génies fleuronnés.

Géométral (*Plan*, *profil*, *dessin*). Plan d'un édifice fait à l'échelle, à la règle et au compas.

Géométrie. Science qui enseigne à mesurer l'étendue dans toutes ses dimensions; elle est le fondement de tous les arts relatifs à la construction. (Voy. le Cours de géométrie de M. Rozan, faisant partie de la collection des Guides pratiques).

Gerbe. Faisceau de plusieurs jets d'eau qui jaillissent les uns à côté des autres.

Gercé (*Enduit de plâtre ou de mortier*,). Fendu, crevassé. Se dit aussi d'un bois ayant des fentes qui ne pénètrent que jusqu'à une certaine profondeur.

Gerçures. Fentes dans des enduits de plâtre et de mortier, qui ont séché trop rapidement (Voy. LÉZARDE) ou dans des couches de peinture. Les gerçures dans ce dernier cas résultent ordinairement de l'application d'un vernis à l'essence et à l'huile grasse sur des peintures extérieures à l'huile.

Gerçures ou **gerces**. Fentes que produisent le hâle et la sécheresse, à la surface des bois qui ne sont pas très secs.

Gerseau. Corde qui entoure la moufle d'une poulie, et qui sert à la fixer où elle doit être placée.

Girande. Réunion de plusieurs tuyaux, par lesquels l'eau jaillit en formant une gerbe.

Girandole. Chandelier à plusieurs branches.

Giron. Partie d'une marche d'escalier sur laquelle on pose le pied; — largeur de la marche.

Giron droit. Giron d'une marche qui a la même largeur dans toute sa longueur.

Giron triangulaire. Giron qui va en s'élargissant depuis le *collet* par lequel la marche vient au noyau jusqu'à l'autre extrémité qui est fixée dans la *cage*. Cette disposition est employée aussi bien pour les *quartiers tournants* des escaliers carrés que pour les escaliers à vis.

Gironnées (*Tuiles* et *ardoises*). Celles qui sont plus étroites à un bout qu'à l'autre. On gironne les tuiles ou les ardoises pour couvrir des combles en pyramides.

Girouette. Petit appareil composé d'une sorte de lance en fer ordinairement fixée sur le faîte d'une construction et au sommet de laquelle se trouve une plaque de tôle légère qui est disposée de manière à tourner suivant le direction du vent. Fréquemment sur la lance sont assemblées quatre petites branches de fer à angle droit et avec des lettres indiquant les quatre points cardinaux.

Gîtes. Pièces de bois servant à former les parties principales du tablier d'un pont tournant.

— Solives d'un plancher.

Glace. Sorte de verre blanc très pur coulé en feuilles. Dans la décoration des appartements on donne ce nom à des feuilles de glace polies des deux côtés qu'on applique dans les châssis des croisées au lieu de verre.

— On appelle aussi glaces de grands miroirs obtenus en revêtant une feuille de glace d'un couche de *tain* (amalgame d'étain et de mercure), ou d'une couche d'argent métallique et auxquels on met des cadres plus ou moins somptueux. On distingue les glaces en glaces coulées et en glaces soufflées; les premières sont obtenues par étendage de la matière sur une plaque horizontale, et les secondes sont obtenues par soufflage de la matière eu forme de manchon qu'on refend et qu'on étale. Ce procédé ne permet pas d'obtenir des glaces d'aussi grandes dimensions que le premier. Les glaces sont sujettes à contenir des défauts. Ces défauts sont d'être *teintées*, c'est-à-dire de n'être pas parfaitement blanches, et *sablées*, imprégnées d'une couche de petites bulles semblables à des grains de poussière, etc., de contenir des *bouillons*, petits points plus lumineux que le reste de la matière; des *fils*, lignes très déliées qui existent soit dans la masse, soit à la surface; des *accrocs*, défaut de poli à la surface; enfin des *rosettes* et des *crachats*, sortes de fils tortillés qui sont dans l'épaisseur; enfin de n'être pas planes, de présenter des ondulations ou de n'avoir pas les faces parallèles.

Glacer. Appliquer une couleur qui a peu de corps, sur une peinture, de manière à laisser voir le fond sous cette couleur.

Glacis. Maçonnerie ordinaire en blocage, qui s'établit sur une pente douce où coulent des eaux vives, ou qui sert de décharge à une pièce d'eau.

— Pente que l'on donne à la surface supérieure de la cymaise d'une corniche non recouverte, pour faciliter l'écoulement des eaux de pluie.

— Enduit en pente fait sur la tête d'un mur de clôture ou de dossiers de cheminées.

— Enduit sur la volige ou sur un lattis jointif, destiné à recevoir le plomb d'un faîtage, d'un arêtier ou bien sur les coyaux en bas d'un comble afin de donner plus de pente, ou plutôt de raccorder les deux pentes; ou encore sur la pente d'un cheneau pour faciliter la pose du plomb.

— Pente douce d'un terrain revêtu de gazon, qui raccorde deux terrains qui ne sont pas au même niveau.

Glacis. Voy. GLACER.

Glaise. Terre grasse, argile qui étant pétrie sert à faire des corrois destinés à rendre étanches des bassins, des réservoirs, des fosses d'aisance, etc.

Glaiser. Faire un corroi de glaise, pétrie au pied et foulée soit par le même moyen, soit à l'aide d'un pilon.

Glaisier. Ouvrier qui emploie ou qui extrait la glaise.

Globes. Cylindres creux en terre cuite.

Gloriette. Petit pavillon construit dans un parc.

Glyphes. Voy. TRIGLYPHES.

Gobetage. Plâtre passé au panier fin, gâché très clair et jeté au balai sur les lattis et pièces de charpente qui doivent être crépies ou recouvertes d'un enduit. Autrefois on faisait toujours le gobetage sur toute espèce d'ouvrage.

Gobineau. Petite partie d'un carreau que l'on rapporte en raccordement le long des murs pour remplir les vides; les parties plus grandes s'appellent *pointes* ou *moitiés*.

Gobriole. Morceau de bois ordinairement rond sur lequel on monte les principales parties d'un vase de treillage.

Godets. Sortes de petits bassins que font les maçons avec du plâtre sur les joints montants des pierres pour mettre du coulis, quand les pierres sont trop serrées pour être fichées. On fait aussi usage de godets pour couler les dalles.

— (Plomb). Petite goutière qu'on joint aux cheneaux pour jeter l'eau, lorsqu'il n'y a pas de descente.

— (Pavage). Ressaut que fait un pavé de caniveau.

Godron. Ornement en forme d'œuf.

Gomme. Matière végétale, qu'on recueille sur certains arbres d'où elle exsude naturellement. Il y a plusieurs sortes de gommes qui sont employées dans la peinture. Parmi elles on peut citer la *gomme laque*, résine dure d'un rouge brun. On l'emploie à la composition des vernis à l'esprit de vin et des vernis gras; elle leur donne de la clarté et de la couleur. Dissoute à chaud dans l'esprit de vin, elle sert aussi, dans la dorure à l'huile, à couvrir les teintes dures avant de les coucher de mixtion.

Gondole (Pavage). Voy. Cassis.

Gonds. Sorte de crochets dont la tige est fichée dans les jambages d'une porte ou dans l'embrasure d'une fenêtre et dont le mamelon entre dans l'œil de la penture, de façon à permettre le mouvement du battant de la porte ou de la fenêtre. Il y a plusieurs sortes de gonds. Nous citerons le *gond à pointe*, dont la tige est pointue afin qu'elle puisse entrer dans le bois; le *gond à scellement*, dont la tige est fendue à son extrémité et forme deux crochets pour être scellés dans la maçonnerie; le *gond à pattes*, dont la tige est coudée d'équerre et aplatie pour être fixée au moyen de vis sur bois; le *gond à crou* dont la tige est filetée à son extrémité pour recevoir un écrou; le *gond à repos*, dont le manchon a une base saillante propre à recevoir l'épaisseur du nœud ou de l'œil de la penture; le *gond à vis*, petit gond poli dans la tige est taraudée à la lime pour être vissée dans le bois. On nomme quelquefois *petits gonds* des crochets dont la tige se termine soit par une vis, soit par une pointe et dont le crochet finit en s'arrondissant.

Gorge Espèce de moulure concave plus large et moins profonde qu'une *scotie;* elle sert aux cadres, chambranles et autres parties d'architecture. On place cette moulure entre la moulure principale d'un cadre et le champ de l'ouvrage, avec un petit filet de chaque côté. Quand cette moulure est petite et qu'il n'y a pas de filet, on lui donne le nom de *gorget*. L'outil qui sert à faire ces moulures en menuiserie porte le même nom.

Gorge (Serrur.). Pièce présentant la forme de deux branches courbes, rapportée sous le grand ressort d'une serrure et à laquelle répondent les barbes du pène lorsque le panneton de la clef agit pour ouvrir ou fermer.

La gâchette a aussi sa gorge.

Gorge. Partie creuse à la circonférence d'une poulie et sur laquelle passe la corde.

Gorge de cheminée. Partie circulaire à l'intérieur et

dernière le manteau d'une cheminée depuis le chambranle jusque sous le couronnement.

Gorgerin. C'est la même moulure que la gorge, et qui dans le chapiteau dorique est placée entre l'*astragale* et les *annelets*.

Gorget. Voy. GORGE.

Goudron. Matière provenant de la distillation, soit du bois soit de la houille. Il sert à la peinture des ouvrages grossiers; il convient avant de l'employer, pour le débarrasser des acides qu'il peut contenir, de le mettre en contact avec de la chaux.

Goudron. Voy. BITUME.

Gouge. Espèce de *ciseau* ou de *fermoir* dont le taillant a une forme courbe.

Gouger. Commencer, avec une gouge ou une langue de carpe, le trou d'une pièce qu'on veut percer au foret.

Goujat. Manœuvre qui sert les maçons.

Goujon. Petit tenon de forme cylindrique, employé pour les lames de persienne et pour les tenons à peigne. On le nomme aussi *tourillon*.

— Petites chevilles collées, qu'on emploie, au lieu de clefs, pour joindre des planches à rainure et languettes, à joints plats.

— Petit cylindre de fer, servant à relier ensemble les différentes pièces d'une petite construction de pierre, notamment de marbre : cheminée, monument funéraire, etc.

— (Serrur.). Cheville de fer à tête perdue qui traverse deux pièces qu'on veut joindre ensemble. Souvent elles tiennent lieu de tenon.

Comme exemple de goujon, on peut citer l'assemblage des crochets sur la tige d'une espagnolette, et la petite tige à pointe qui reçoit le mentonnet d'un loqueteau.

Goulotte. Petite rigole taillée sur la cimaise d'une corniche pour faciliter la descente des eaux de pluie par les gargouilles. (Maçon.)

Goulue. Tenaille goulue, ce sont des espèces d'*étampes* qui servent à faire des petits globes ou boutons dans les ornements. (Serrur.)

Goupille. Petite broche de fer qui sert à arrêter les différentes pièces d'un ouvrage de serrurerie. (Serrur.)

Gousset. Petite languette en plâtre qui se fait à l'intérieur d'un tuyau de cheminée pour envelopper le bout d'une panne, ou obliquement entre le manteau des costières et le fond d'une cheminée, afin de conduire l'air du haut dans le tambour ou ventouse placé sous la traverse du chambranle, pour activer la combustion et faciliter l'ascension de la fumée.

Gousset. Morceau de pierre rapporté, goujonné et agrafé derrière le noyau du travers et des retours du chambranle.

Goussets. Pièces de bois placées en diagonale et qui entrent dans la composition d'une *f rme;* elles s'assemblent dans l'*entrait* et le *demi-entrait*, et reçoivent l'assemblage des demi-fermes d'*arêtier*, qui, de l'autre bout, sont posées sur l'angle du mur. Ces pièces de bois s'emploient quand les combles forment des *croupes*. (Charp.)

— Espèce de petite console en bois particulièrement, servant à porter des tablettes. (Menuis.)

Gousset d'assemblage (Menuis.). Support de tablettes formé d'un montant, d'une traverse et d'une écharpe, ou même simplement d'un montant et d'une traverse.

Gouttes. Ornements en forme de petits cônes, sous le plafond de la corniche dorique ; ou triangulaires comme de petites pyramides, au bas des *triglyphes*. (Archit.)

Gouttière. Canal de fer-blanc ou de zinc (ce dernier métal est préférable) placé au-dessous de l'égout de l'entablement, pour recevoir les eaux pluviales et les conduire dans un tuyau de descente.

Ceux qui veulent se servir de gouttières ou de conduits, pour recevoir les eaux pluviales de leurs maisons, sont tenus de les appliquer le long des murs, depuis les toits jusqu'au niveau du pavé des rues, et de les construire de manière qu'elles n'aient que 0m,11 en saillie du nu du mur.

Les gouttières saillantes sont prohibées. (Voy. l'ordonn. sur les saillies.)

Gouttière. Ce sont les écoulements de l'eau de la pluie entre les fibres intérieures de l'arbre. L'eau finit par se faire jour au dehors, en formant des gouttières qui entraînent avec elles la sève, et en privent les fibres supérieures; celles-ci ne peuvent plus acquérir les qualités du bois parfait, et deviennent la proie de la pourriture. (Charp.)

— Canal de plomb qui se trouve entre deux combles, et qui en reçoit les eaux pluviales. (Plomb.).

Gradins. Degrés, petites marches, tablettes posées les unes au devant des autres et à des hauteurs différentes : dans une salle d'assemblée pour servir de sièges dans un jardin, dans une serre, etc., pour recevoir des pots de fleurs.

Gradin de serre chaude. Plusieurs rangs de tablettes disposées en gradins, sur lesquelles on place des pots qui contiennent différentes plantes qu'on veut soustraire au rigueurs du froid. (Treillag.).

Gradine. Sorte de poinçon à plusieurs pointes, qui sert à enlever les aspérités laissées par le travail du poinçon (Voy. ce mot) sur la pierre. On distingue la gradine à grains d'orge, qui a six dents et qui sert à dégrossir, et la gradine plate qui n'a que quatre dents, et dont on se sert immédiatement après la gradine à grain d'orge.

Graillon. Débris qui tombent lorsqu'on sculpte le marbre.

Grain d'orge. Terme de charpentier, de menuisier, de tourneur et de serrurier.

En charpente. C'est une feuillure pratiquée à l'angle supérieur d'une poutre en chêne ou en sapin d'un plancher à la française, pour recevoir la portée des solives, qui doivent être apparentes; cette disposition est simple, elle a l'avantage de ne pas trop affaiblir la poutre, tout en laissant à la solive une portée suffisante. Il est en usage dans les villes du midi de la France. A Lyon les solives en sapin de $0^m,12$ à $0^m,14$ de grosseur ont une portée de $0^m,5$ à $0^m,6$, l'about en est coupé en biseau; elles sont espacées tant plein que vide.

C'est aussi une feuillure en biseau pratiquée sur les faces latérales d'une solive d'enchevêtrure, vers les arêtes supérieures, pour recevoir l'extrémité du latis ou bardeau sur lequel se jette l'aire en plâtre d'un plancher. Elle a pour but de faire porter le lattis sans mettre une *chanlatte* pour le recevoir, et d'éviter de le passer au-dessus de l'enchevêtrure en l'inclinant, ce qui rendrait l'aire trop épaisse et en pente.

C'est encore l'assemblage latéral de madriers en charpente disposés comme aux joints des *palplanches*.

En menuiserie. C'est une *cannelure* ou un ravalement triangulaire, ayant la forme de la dent d'une scie, que l'on fait quelquefois aux moulures des chambranles des portes et dans les plafonds des corniches.

— Outil qui fait cette moulure.

— Outil à manche ou à fût. Les tourneurs nomment : *biseau* le grain d'orge à manche qui a la forme triangulaire et qui sert à dégager les moulures, et *mouchette*, le grain d'orge à fût.

Dans la *serrurerie*, le grain d'orge est un ciseau d'acier dont la tige est carrée et qui a l'extrémité en pointe courte. On s'en sert pour faire des trous dans la pierre.

Graine d'Avignon. Graine qui donne par infusion un jaune serin, faible. (Peint.)

Grains. Petits bouts de fer ou menues ferrailles que l'on mêle avec le plomb en fusion pour faire de forts scellements dans la pierre.

Graisse. Les plombiers en font quelquefois usage au lieu de charbon pour revivifier leur plomb. (Plomb.)

— Petit cube de cuivre que l'on rapporte dans une pièce de fer au point où elle porte un tourillon, afin d'adoucir le frottement.

Graisser. (Marbr.). Enduire de mastic les goujons et agrafes de fer pour empêcher l'oxydation. C'est aussi enduire pareillement les marbres terrasseux avant de les tailler.

Graisser les moules à toile. C'est y passer du suif fondu, afin que le plomb qu'on y jette y coule plus aisément, et qu'il ne brûle pas la toile. (Plomb.)

Graissoir. Morceau de linge dans lequel on renferme de la graisse. Les plombiers en frottent leur *plane* avant de la passer dans leur couche de sable, pour que la place rende plus lisse cette couche de sables. (Plomb.)

Grandes formes de vitres. Vitres que l'on voit dans les anciennes églises; elles sont divisées dans leur largeur en un ou plusieurs montants qui soutiennent les *amortissements* de la partie cintrée, construite de pierres de différentes ordonnances ou contours, qu'on appelle autrement les remplissages. (Vitrer.)

Grand-mille (Pavage). On appelle grand-mille, onze cent vingt-deux pavés que l'on vend pour mille ; cette manière de compter se nomme usage de rivière.

Le mille ordinaire est de mille vingt pavés.

Granite. Le granite est une roche à structure cristalline, composé de quartz, de feldspath et de mica, dans laquelle ces trois substances se trouvent plus ou moins intimement mélangées, mais sans cesser d'être assez facilement discernables à l'œil. Le mica se distingue tout d'abord, par son apparence en petites paillettes miroitantes, ordinairement noires, disséminées dans toute la masse. Le quartz et le feldspath sont plus difficiles à distinguer l'un de l'autre. Les granites sont des pierres très dures faisant feu sous le choc du briquet, à cassure droite ou largement conchoïde. Ils sont généralement gris ou rougeâtres. On les réserve particulièrement pour les ouvrages qui doivent offrir une grande résistance. On en fait principalement des bordures de route, des trottoirs, des bornes, des chasse-roues, etc. Certains granites sont susceptibles de recevoir un beau poli, et ils donnent alors ce qu'on appelle un *marbre dur*. Il résiste bien au feu. A Paris on emploie surtout des granites de Normandie, qui pèsent 2662^{kg} le mètre cube. On emploie aussi des granites des Vosges.

Grapiers. Biscuits qui ne se délitent pas lorsqu'on éteint a chaux. Ils doivent être rejetés avec soin parce qu'à la longue ils absorbent l'humidité de l'air, et cristallisent en produisant des fentes dans les mortiers où ils sont employés.

Gras. Épithète que les ouvriers donnent à un angle obtus, à une pierre trop forte pour la place qu'elle doit remplir, (Maçonn.)

— Quand une pièce de bois ne joint pas partout, on dit qu'elle est grasse en l'endroit où elle joint, et maigre où elle ne joint pas. (Charp.)

Gras (*Mortier*). Celui dans lequel il y a beaucoup de chaux.

Grasse (*Pierre*). Pierre humide et par conséquent sujette à geler.

Grattage, Gratter. Opération qui consiste à détruire avec le grattoir soit de vieilles peintures à la colle, soit des peintures à l'huile après qu'on les a brûlées. Pour cela, ou bien on enduit ces peintures d'essence qu'on enflamme et l'on gratte au moment où la peinture elle-même prend feu ; ou bien on chauffe les peintures avec un réchaud rempli de charbon incandescent jusqu'au moment où elles se boursouflent. On remplace souvent le réchaud par une lampe à esprit-de-vin ou par un jet de gaz d'éclairage sortant d'un bec adapte à un tuyau de caoutchouc.

Grattage (Menuis.). Opération que l'on exécute après avoir fini un planchéiage, pour le dresser, affleurer les planches.

Gratter (Pavage). Dégrader chaque joint d'un pavage avec un bâton, afin de connaître et de remplacer les pavés qui ont de trop grands joints.

Grattoir. Instrument d'acier, plat et dentelé, droit ou recourbé d'un bout, servant à gratter et nettoyer, soit la surface d'une pierre, soit le fond et les contours d'une sculpture.

Grattoir. Instrument de fer trempé et taillant, fait en forme de triangle et à manche. Les plombiers s'en servent pour aviver le plomb aux endroits où ils veulent établir leur soudure. (Plomb.)

— Les peintres se servent du grattoir pour gratter les murs et plafonds, et les préparer ainsi à recevoir les premières couches de peinture. (Peint.)

Gravelage. Exécution d'une chaussée construite avec du gravier.

Gravier. Gros sable.

Gravois. Pierres cassées et plâtras provenant de la démolition d'une maison, ou d'un bâtiment. On les porte dans des tombereaux à des endroits appelés décharges. (Maçonn.)

Gravois. Parties les plus grossières du plâtre, qui restent dans le panier quand on le tamise; ces gravois sont employés à faire du hourdage.

Gravure. Ornement creux fait au ciseau dans la pierre, le marbre, etc. Tels sont les caractères d'inscription, les arabesques, etc.

Grecque. Ornement résultant d'une série de lignes droites s'enlaçant, mais en restant toujours parallèles ou perpendiculaires entre elles.

Grecque (Architect.) Se dit de l'architecture dans laquelle on applique seulement les ordres dorique, ionique ou corinthien.

Grêle. Se dit d'une partie d'architecture qui a une ou plusieurs de ses dimensions trop faibles par rapport aux autres.

Grelet. Marteau dont se servent les maçons.

Grès. Le grès est une roche entièrement formée de grains de silex ou de quartz plus ou moins gros, agglomérés; il offre conséquemment les caractères chimiques et une partie des caractères physiques des quartz et meulières.

On trouve des grès de toutes les couleurs; mais le blanc, le jaunâtre, le rougeâtre et le gris sont les plus communs.

Les grès se rencontrent comme les calcaires, avec lesquels ils alternent le plus souvent, dans presque tous les terrains de sédiment; ils y forment des systèmes de couches plus ou moins puissantes et inclinées.

On distingue parmi les grès :

1° *Le psammite*, agglomération de grains siliceux réunis par un ciment argileux et souvent parsemé de paillettes de mica; on le rencontre principalement dans les terrains silurien, dévonien et houiller. Dans ce dernier cas, on le désigne souvent sous le nom de *grès houiller*, *grès des houillères*. *Le vieux grès rouge* (*old red sandstone* des Anglais) est un psammite appartenant au terrain dévonien, très commun, notamment dans le pays de Galles, et dans quelques contrées voisines, où il est fort employé à la bâtisse; il est fort répandu aussi en Belgique.

2° *Le nouveau grès rouge* (*new red sandstone* des Anglais, *roth Liegende* des Allemands), qui appartient au terrain *pénéen*; il est aussi très commun en Angleterre et dans la Thuringe où il alterne avec le *Zechstein*.

3° *Le grès des Vosges*, *grès vosgien*, qui appartient au même terrain et dont sont formées en grande partie les montagnes des Vosges.

4° *Le grès bigarré*, qui appartient au terrain de trias (*bunter Sandstein* des Allemands), très développé sur les bords de la Moselle; il a été employé à la construction des édifices anciens et modernes de Trèves et des environs.

5° *Le grès de Luxembourg et le Quader-Sandstein* ou *grès de Kœnigstein* des Allemands, appartenant aux étages inférieurs des terrains jurassiques; la forteresse de Luxembourg est bâtie sur un massif de grès de cette espèce. Le Quader-Sands-

·ein se laisse facilement diviser en carreaux plus ou moins parfaits.

6° *Le grès fistuleux* appartenant au terrain parisien, et très répandu dans les environs de Bruxelles, où on le trouve au milieu des sables, en masses tuberculeuses très irrégulières.

7° *Le grès de Fontainebleau*, qui appartient au même terrain et qui est exploité à Fontainebleau sur une vaste échelle pour la fabrication des pavés.

8° *Le molasse*, grès argileux du terrain de molasse, très commun et d'un usage fort répandu dans les départements du sud-est de la France ; facile à tailler au sortir de la carrière, il ne tarde pas à prendre une grande dureté par l'exposition à l'air.

Toutes ces pierres renferment des débris fossiles fort nombreux, et en général tous ceux qui sont caractéristiques des terrains auxquels elles appartiennent.

Grès. On emploie le grès réduit en poudre pour user les pierres par frottement, les dresser et commencer le polissage.

Grès. Poteries que l'on vernit en projetant dans le four, vers la fin de la cuisson, du sel marin. La soude réagit sur l'argile et forme avec la silice une sorte de verre qui recouvre la surface extérieure et la rend imperméable.

Gresserie. Ouvrage fait en grès.

Grésiller (*se*). Se dit du fer, qui, sous l'action de la chaleur ou au contact de certains charbons sulfureux, se met en petits grumeaux.

Grésiller, égriser, grèser ou **groiser du verre.** Façonner avec le grésoir les bords des pièces de verre qu'on n'a pu réussir à bien couper avec le diamant.

Grésoir. Lame de fer ou d'acier qui porte à ses extrémités des encoches dans lesquelles on peut engager une feuille de verre dont on veut régulariser la forme, quand le diamant n'a pas suffi à produire la coupe.

L'ouvrier engage le bord du verre à égriser dans l'entaille en tenant ferme son outil de la main droite ; il tourne le poignet sur lui-même et fait glisser de la main gauche le verre, à mesure que le travail avance. (Vitrer.)

Grève. Gros sable qu'on ramasse au fond ou sur les bords des rivières, ou qu'on extrait du sein de la terre et qui sert à faire du mortier.

Griffe. Outil qui ressemble à une sorte de fourche dont les dents, au nombre de trois ou quatre, seraient repliées plus ou moins, et qui sert à faire le mortier et le béton.

Griffe. Espèce de barreau de fer auquel on soude perpendiculairement deux chevilles de fer qui sont comme deux dents; la griffe sert à contourner le fer en volute ou autrement. (Serrur.)

Grillage. Assemblage de charpente dont on se sert dans les travaux hydrauliques pour les fondations.

Le grillage est composé de pièces horizontales nommées chapeaux ou *longrines* qui sont posées sur les têtes de pilotis de chaque file; ces longrines sont croisées ordinairement à angle droit et en dessus, par d'autres pièces du même équarrissage, que l'on nomme *traversines* ou *rainceaux*. (Arch. hyd.)

Grillage. Fil de fer disposé par mailles plus ou moins grandes et monté sur de petites tringles formant panneaux. Ces panneaux faits pour l'emplacement où ils doivent être posés, sont attachés sur des barreaux avec des fils de fer appelés *liens*. (Serrur.).

Grille. Ouvrage de serrurerie se composant d'une série de barreaux de fer parallèles entre eux et maintenus dans cette position par un certain nombre de traverses, ou par un bâti également en fer : ces ouvrages servent de clôtures et ils sont plus ou moins ouvragés. Les grilles simples sont placées sur un mur d'appui, les barreaux sont ronds ou carrés, portant lances, espontons, ou pommes de pins. Les barreaux sont liés entre eux par deux traverses en haut et par deux traverses en bas. Les battants des grandes grilles sont à double châssis formant frise ou fronton avec des panneaux.

Grille de foyer. Dans les calorifères et dans les appareils de chauffage, on brûle le combustible sur des barreaux en fer on en fonte plus ou moins rapprochés les uns des autres, suivant la nature du combustible, et à l'ensemble desquels on donne le nom de grille.

Dans les cheminées on donne aussi le nom de grille à des sortes de corbeilles à claire-voie dans lesquelles on brûle du charbon de terre, du coke, etc.

Griotte. Marbre tacheté de rouge et de brun.

Gris. Couleur secondaire qui se compose de noir et de blanc, avec addition d'un peu de bleu.

Grisaille. Couleur secondaire et commune formée de blanc et de noir, avec laquelle on imite des bas-reliefs en ne rendant que les clairs et l'ombre.

On appelle aussi *grisaille* ce genre de peinture, qui ne s'emploie guère que pour les frises et les soubassements.

Grisé (Serrur.). Se dit d'un ouvrage de serrurerie, qui, au lieu d'avoir été passé sur la meule, a été seulement limé en gros.

Ce travail s'applique particulièrement aux platines de verrous, de targettes, de loqueteaux, etc.

Gros (Charp.). Synonyme d'équarrissage quand la largeur et l'épaisseur de la pièce de bois auquel il s'applique sont égales.

Gros blanc (Peint.). Mastic fait avec du blanc de Bougival et de la colle.

Gros fers. Fers qui n'ont été travaillés qu'à la forge et qui servent à la solidité des bâtiments. (Serrur.)

Gros marteau à dresser. (Pav.). C'est un marteau qui fait l'office de la demoiselle pour le petit pavé des cours.

Grosse écale. Pavé qui n'a pas la dimension ordinaire et qu'on nomme aussi *pavé bâtard*.

Grosse térébenthine ou **bijon.** Térébenthine commune qu'on tire du midi de la France : le bijon qui a perdu une partie de l'essence de térébenthine par évaporation naturelle s'appelle *galipot*.

Grotte. Bâtiment qui par le dehors est décoré d'architecture rustique, et au-dedans est plus ou moins orné. (Archit.)

Gruau. Petite grue.

Grue. Machine destinée à monter et à descendre des fardeaux, et à les déposer en un point situé en dehors de la verticale du point qu'ils occupaient dans leur position primitive. Cette machine, dont la forme est très variée, consiste, dans sa disposition la plus simple, en une potence horizontale ou inclinée, qu'on appelle *flèche*, adaptée dans une pièce de fonte, de fer ou de bois, verticale pouvant tourner. Au haut de la flèche se trouve une poulie de renvoi, tandis qu'à la partie inférieure est fixé un treuil qu'on met en mouvement, soit par des manivelles, soit avec des barres, soit à l'aide de tambours. Les tambours sont des sortes de roues larges et creuses, placées sous le flanc de la machine, et portant des échelons sur lesquels montent les ouvriers chargés de la manœuvre de la grue.

La pièce verticale ou *axe de la grue* est solidement construite, fixée dans un empattement, etc. Ainsi que nous l'avons dit, les dispositions sont très variées; il y a des grues fixes, des grues mobiles, entées sur une sorte de chariot, des grues à bras, des grues à roue, enfin des grues à vapeur.

Grue Arnoux. Machine dont l'usage est à peu près le même que celui de la grue ordinaire. Elle consiste en une charpente solide, composée de quatre poteaux verticaux, portant deux longues poutres horizontales parallèles et entre-croisées seulement à leur extrémité; ces poutres sont munies de rails sur lesquels circule un chariot avec un treuil. La chaîne du treuil sert à accrocher les fardeaux qui ont été amenés à l'une des extrémités des poutres, et à les soulever, puis, par un mouvement du chariot qui porte le treuil, à les déposer sur les voitures destinées à les emporter.

Ces grues servent au déchargement des pierres arrivant par bateaux. Il y en a aussi dans les grandes gares de chemins de fer.

Gruger. Égrainer le marbre ou la pierre en perçant un trou avec la boucharde ou en se servant de marteline pour faire l'ébauche de sculpture.

Grume (*bois en*). Bois sans aucun apprêt ni façon, autre que la mise à longueur. (Char.)

Guette. Pièce de bois placée dans les pans de bois et qui n'est inclinée que de trois fois son épaisseur. (Char.)

— Demi-croix de Saint-André posée en contre-flèche dans un pan de bois.

Guetton. Syn. de *Tournisse.*

Gueule-de-loup. Tuyau coudé qui se place sur le haut d'une cheminée et qui est monté sur pivot pour qu'en tournant par l'impulsion du vent, son orifice soit toujours opposé à la direction du courant afin de faciliter la sortie de la fumée.

Gueuse. Gros lingot de fonte résultant du coulage de la fonte qui sort d'un haut fourneau, dans des rigoles creusées dans le sable. On traite les gueuses pour en faire du fer ou bien on les refond dans des cubilots pour obtenir les pièces de moulage.

Guichet. Petite porte qu'on fait ouvrir dans le vantail d'une porte cochere ou autre.

On nomme aussi *guichets* les volets qui ferment le dedans d'une croisée, ou une petite ouverture percée dans un mur, dans une cloison et destinée à mettre en communication deux pièces contiguës sans pourtant permettre de passer de l'une dans l'autre; les guichets sont munis d'une fermeture.

Guidas ou **Guindeau.** Syn. *Cabestan.*

Guignaux. Petites pièces de bois qu'on assemble entre les chevrons d'un comble pour le passage d'une souche de cheminée; ils servent dans un comble de la même manière qu'une chevêtre dans un plancher.

— Petits morceaux de bois, scellés sur le haut d'un mur de face, pour rendre solidaire de ce mur la masse des moellons qui forment la saillie d'un entablement.

— Petits bois placés en pente entre le haut d'un mur et le pied d'un comble pour recevoir une pente en plâtre recouverte d'un chêneau en plomb.

Guillaume. Outil à fût, qui sert à agrandir les angles rentrants. Il diffère du rabot, en ce que la lumière occupe toute son épaisseur ; que le fer est taillé en forme de pelle à four ; que sa partie élargie, qui est garnie, affleure le fût de chaque côté, et que sa queue, qui est logée dans la mortaise, dont l'obliquité règle l'inclinaison du fer, y est maintenue par un coin de forme convenable.

On distingue les guillaumes *courts*, *droits*, *carrés*, dont le nom indique suffisamment la forme et l'usage.

Il y a aussi le *guillaume à navette*, dont le fût, à triple courbure, est cintré par-dessous et de chaque côté.

Le *guillaume de côté*, dont le fer est placé perpendiculairement, mais un peu oblique à la largeur du fût, afin qu'il coupe mieux sur le côté.

Le *guillaume à plates-bandes*, dont la lumière traverse le fût de part en part comme dans le guillaume ordinaire, mais dont le fût est muni, d'un côté, d'un conducteur ou petite joue saillante, et dont le fer, au lieu d'avoir la forme d'une pelle, est droit de ce même côté. Le fer est aiguisé carrément et placé un peu obliquement à la largeur du fût. Cet outil ne s'emploie que d'un côté. Quelquefois il y a un second fer formant un filet sur le devant de la plate-bande.

Guimbarde. Outil composé d'une pièce de bois d'une largeur telle qu'elle puisse être tenue d'une main par chaque bout, et au milieu de laquelle est placé un fer un peu incliné, ayant une épaisseur capable de résister à l'effort de cet outil. Son usage est de fouiller des fonds que le rabot ne pourrait atteindre parallèlement à la face supérieure de l'ouvrage. (Menuis.)

Guimbé. On appelle *doucine* guimbée celle dont la *baguette* est plus élevée que le bas du devant du talon ou *bouvement*. (Menuis.)

Guindage. Équipage des *poulies mouflées* et cordages avec les *halements*, qu'on attache à une machine et à un fardeau pour l'enlever.

Guinder. Tirer, élever un fardeau.

Guinguin. Petit panneau de parquet. (Menuis.)

Guirlande. Ornement de sculpture.

Guitares. On appelle ainsi des assemblages de charpente composés de pièces courbes. Elles sont ordinairement employées pour soutenir les toits en saillies des lucarnes et même des fenêtres qu'on veut abriter de la pluie poussée par le vent. (Charp.)

Gypse. Sulfate de chaux. Le gypse ne fait point effervescence avec les acides ; il se réduit en plâtre par l'action du feu. Les gypses sont généralement tendres ; ils cristallisent en octaèdre, en fer de lance (*pierre à Jésus*), et sous différentes formes.

Les carrières de Montmartre renferment le gypse commun.

Les gypses se divisent en gypse sélénite, gypse feuilleté, gypse strié, composé de parties filamenteuses ; gypse lenticulaire, gypse coloré en rouge par l'oxyde de cuivre. (Maçonn.)

H

Habillure. Espèce de joint fait en flûte. (Treillag.)

Hache. Instrument en fer servant à travailler les bois ; une partie de la lame, qui a la forme d'un coin, emmanchée dans le sens du biseau, est garnie d'acier pour former le tranchant : le manche est cylindrique et un peu aplati, afin de glisser dans les mains. Voy. COGNÉE. (Charp.)

Hachement, hacher. Opération qui consiste à dégrossir le parement ou la rive d'une planche avec le fermoir ou le ciseau, pour ensuite la dresser avec la varlope.

— Enlever partiellement avec la hachette l'enduit d'un mur, afin qu'un nouvel enduit fasse corps avec l'ancien.

— Dégrossir une pièce de charpente avec la hache.

— Faire des haches ou entailles dans les pièces de bois d'une cloison pour tenir les plâtres.

— Faire des hachures.

Hacher UNE PIERRE. C'est, avec la hache du marteau à deux laies, unir le parement d'une pierre dure, après que les *ciselures* en sont relevées, pour ensuite la *rustiquer* ou la *layer* et traverser s'il est besoin. (Maçonn.)

Hachereau. Petite hache.

Hacheteau. Outil de maçon à manche, qui présente d'un côté un marteau et de l'autre une petite hache ; il sert à hacher le plâtre.

Hachette ou **Hachotte**. Petite hache.

Hachette. Espèce de marteau, dont la panne verticale ou horizontale est tranchante.

Hachures Lignes droites ou courbes, simples ou croisées, que l'on fait à l'aide d'un petit pinceau, avec du mordant, sur la partie d'un ornement à laquelle on veut donner des clairs au moyen de l'or. (Dor.)

Haies. Plantations servant de clôtures aux biens ruraux. Les haies sont vives ou sèches. Les haies vives sont formées par des plantations d'arbustes qui ont besoin d'être cultivés et taillés. Une haie sèche est faite avec des treillages, des bois coupés, des branches d'arbres, des épines sèches. Quand une haie vive ou sèche n'est pas placée sur la ligne de séparation de deux héritages, elle appartient exclusivement au propriétaire du fonds sur lequel elle se trouve. Mais une haie qui touche sans moyen l'héritage voisin, est réputée mitoyenne; à moins que le contraire ne soit prouvé par titre, ou par la nature des deux héritages; une haie plantée sur le bord d'un fossé est censée appartenir au maître de l'héritage que cette haie sépare du fossé. L'entretien et les réparations d'une haie sèche ou vive sont à la charge de celui à qui elle appartient. Si la haie se trouve mitoyenne, l'entretien et les réparations se font à frais communs; et si l'un des propriétaires s'y refusait, l'autre aurait une action pour le forcer aux dépenses. Un des voisins, pour éviter de contribuer aux réparations et à l'entretien d'une haie, peut abandonner sa mitoyenneté, en renonçant à la part du terrain sur lequel cette haie se trouve plantée. Le propriétaire qui veut planter une haie de séparation ne peut pas exiger que son voisin y contribue. (Lois des bâtiments.)

Halement. Nœud qui se fait à un câble pour l'attacher.

Haler. Câbler, attacher un fardeau et l'enlever.

Hampe. Manche d'un pinceau.

Hangar. Construction qui se compose seulement d'un toit reposant sur des piliers.

Happer. C'est faire application des feuilles d'or selon les formes et contours des ornements, en humectant progressivement avec de l'eau pour faire adhérer l'or. (Dor.)

Harpes. Pierres qu'on laisse en saillies inégales à l'extrétrémité d'un mur, pour faire *liaison* avec un autre mur qui peut être construit dans la suite.

On appelle aussi harpes les pierres plus larges que les *carreaux* dans les chaînes, *jambes boutisses, jambes sous poutres*, pour faire liaison avec le reste de la maçonnerie d'un mur.

Harpes. Morceaux de fer plats, coudés en équerre, qui servent à lier des poteaux corniers avec des murs mitoyens ou de pignon, ou avec des pans de bois de refend.

Harpe à boulon. Harpon dont la tige est arrondie et filetée pour recevoir un écrou.

Harpon. Pièce de fer plat qui sert à joindre et à affermir les pièces de charpente. Si les harpons s'appliquent à une pièce de bois, on les termine par un talon; s'ils aboutissent à un mur, on les termine par un scellement. (Serrur.)

— On donne aussi ce nom à une main de fer.

Hatée. Barre de fer coudée et contre-coudée d'équerre.

Hature. Portion de fer qui fait une saillie en forme d'équerre, et qui aboutit à un *verrou* ou à la tête d'un *pêne;* c'est une espèce de *verrou dormant*.

— Crochet dont on se sert pour forcer une serrure (Serrur.)

Hauban. Grand cordage qui s'attache à l'extrémité d'une pièce qu'on veut maintenir fixe; il faut trois haubans pour maintenir une fixité absolue.

Haut-relief. Relief très accentué.

Hauteur. Dimension prise dans le sens vertical. On dit qu'un bâtiment est arrivé à sa hauteur, lorsque les dernières *arases* sont posées, pour recevoir la couverture. On dit hauteur d'appui, pour signifier 1^m de haut; et hauteur de marche, $0^m,6$. (Maçonn.)

Hayve ou **Hève.** Petite éminence pratiquée vers le milieu des *panne'ons* des clefs à bout — des *serrures bénardes*, et qui forme une petite plate-bande en relief destinée à empêcher la clef de passer à travers la serrure.

Héberge. Terme de coutume de Paris, qui exprime ce qu'un propriétaire occupe de la portion d'un mur mitoyen, tant en largeur qu'en hauteur. (Maçonn.)

Hélice. Ligne tracée sur la surface d'un cylindre ou d'un cône à base circulaire et telle que la hauteur de chacun de ses points au-dessus de l'origine prise à la base du cône est proportionnelle à la longueur développée de l'axe de la circonférence de la base comprise entre l'origine et la génératrice passant par le point considéré.

Nous citerons, comme exemple de l'application de l'hélice, les vis, les tiges taraudées, la construction des escaliers dans une cage ronde ou autour d'un noyau.

Hélices. Petites volutes, qui sont sous la feuille du *chapiteau corinthien*. (Archit.)

Hémicycle. Synonyme de demi-cercle.

Héridelle. Ardoise plus longue que large.

Hérisson. C'est une sorte de roue d'engrenage grossière, dont les dents ou rayons sont plantés sur la circonférence extérieure, et ne peuvent s'engager que dans une *lanterne*. (Charp.)

— Fondation de chaussée empierrée. Se compose de moellons placés debout, la queue en l'air. Dans les intervalles et au-dessus de ces moellons, on emploie les pierres cassées. D'où homogénéité, et économie de pierres cassées.

Héritages particuliers. Peuvent être grevés de servitudes, au profit des rues, places et promenades des communes. (Art. 650 du Code civil.)

Herminette ou essette. C'est une hache dont le tranchant est perpendiculaire au manche; le biseau est intérieur. L'herminette sert à dresser et ragréer des surfaces étendues, composées de plusieurs pièces réunies, et sur lesquelles aucun autre outil, le rabot excepté, ne pourrait s'appliquer, quelles que soient d'ailleurs leur inclinaison et leur courbure. (Charp.)

— A GOUGE. Cet outil diffère du précédent par la forme de sa lame, qui contournée en gouge, dont la concavité est du côté du manche; son tranchant est circulaire; il sert pour creuser des bois en gouttières.

Herse. Épure tracée sur le sol ou le dernier plancher, et représentant l'ensemble d'un comble. Sur cette épure, toutes les pièces sont indiquées, et elle sert à en tracer la coupe et l'assemblage,

Herses de courses. Pièces de bois qui se croisent dans la charpente d'un pavillon carré.

Heurt. Partie d'une conduite qui est plus élevée qu'elle ne devrait être relativement à son niveau de pente.

Heurt ou **Heurte.** Point le plus élevé d'un chemin ou d'une voie où les eaux se partagent.

Heurtoir. C'est une pièce de bois longue et presque carrée, qui se place au pied de la plate-forme d'une *écluse* (Arch. hydr.)

— Assemblage en charpente appuyé contre un massif en terre, et placé dans les gares, à l'extrémité d'une voie, pour arrêter les wagons. (Chemin de fer.)

— ou MARTEAU. Morceau de fer de forme extrêmement variée, fixé à articulation sur une porte extérieure et venant frapper sur un clou à tête carrée, lorsque après l'avoir soulevé on le laisse retomber pour appeler l'attention. (Serrur.)

Hève. Voy. HAYVE.

Hie. Voy. MOUTON et DEMOISELLE.

Hiement Bruit que fait une machine en élevant un pesant fardeau.

— Mouvement produit dans une charpente par un effort horizontal.

— Enfoncement des pavés ou des pieux avec la hie.

Hirondelle ou **Rondelle.** Rond de tôle rapporté au pourtour extérieur d'un tuyau pour renvoyer les eaux.

Honguette ou **Hoquette.** Ciseau carré et pointu employé pour le marbre.

Horizontal (plan ou ligne). Perpendiculaire à la direction du fil à plomb.

Hoste. Cuvette qui reçoit les eaux des cuisines ou des combles, et qui est munie d'un tuyau de descente.

Hotte de cheminée. Partie d'une cheminée comprise entre le dessus du manteau et le plafond ; elle a la forme d'une pyramide tronquée, et ordinairement est posée sur des jambages très élevés. Une hotte se construit au-dessus des grandes cheminées dans les cuisines, dans les forges et dans les fermes, à la campagne.

Houe. Sorte de rabot servant à corroyer le mortier.

— Tréteau qu'on place sous les pièces de bois pour les scier de long. (Charp.)

— Pelle de fer recourbée, avec un œil pour la fixer à un manche de bois court, et qui sert à fouiller la terre. (Terr.)

Houille ou charbon de terre. Charbon fossile qu'on trouve dans le sein de la terre. On distidgue les houilles en houilles grasses et en houilles maigres, d'après la quantité de gaz combustibles qu'elles laisssent dégager quand on les brûle ou qu'on les distille. Les premières conviennent à l'industrie ; les secondes sont préférables pour le chauffage domestique.

Houppette. Petit ciseau carré et pointu employé par les sculpteurs pour tailler le fond des feuilles et autres ornements.

Hourder ou **Hourdir**. Employer le plâtre, le mortier ou la terre pour liaisonner les matériaux servant à la construction d'un bâtiment.

Hourdir à bain. C'est employer le mortier en plus grande quantité qu'à l'ordiniire, en le mettant avec excès avant et après le placement des matériaux, pour remplir toutes les cavités et le faire refluer par les lits et par les joints.

— Faire l'aire d'un plancher sur des lattes dans les entrevoies.

Hourdi ou **Hourdage**. Mortier employé pour hourdir. Remplissage — en plâtras et mortier — des vides d'un pan de bois d'une cloison, d'un lattis, etc.

Houssettes. Petites serrures faites avec peu de précautions, et qui servent à fermer les cases, les boîtes d'horloges, etc.

Hoyau. Espèce de pioche tranchante employée pour faire les fouilles. (Terr.)

Huiles. Matières fluides, grasses, qu'on tire par expression des fruits d'un certain nombre de plantes, et qui jouissent de la propriété de se transformer en une sorte de substance résineuse par leur exposition à l'air. Les peintres emploient différentes sortes d'huiles, et particulièrement l'*huile de lin*, qui est jaunâtre, mais qui est la plus siccative, c'est-à-dire qui durcit le plus rapidement ; l'*huile de noix*, plus blanche que la précédente, mais moins siccative ; l'*huile d'œillette*, qu'on tire des graines du pavot noir, et qui, avec la précédente, sert à broyer les couleurs qui seraient teintées par l'huile de lin.

On emploie l'*huile de lin* chaude, seule ou mélangée de litharge, sur les plâtres qui doivent être exposés à l'humidité, sur les bois cirés que l'on ne veut pas peindre ou qui doivent seulement être vernis.

Huiles siccatives. Ce sont des huiles qui, par la chaleur ou la présence de diverses substances, acquièrent la propriété de se solidifier promptement ; les matièreres les plus employées sont la céruse calcinée ou non, la litharge et la terre d'ombre, la litharge seule, la manganèse, etc. ; les huiles ainsi traitées, puis clarifiées, sont mélangées avec les couleurs.

Huiles minérales. Depuis quelques années on extrait du goudron de houille, des schistes, et de diverses substances minérales, des huiles qu'on a employées à la peinture ; mais la plupart d'entre elles sont de simples succédanés de l'essence de térébenthine, il n'y a qu'une très petite partie qui se résinifie, la majeure partie s'évapore. L'expérience n'a pas encore prononcé sur la qualité des peintures (communes d'ailleurs) faites avec ces huiles.

Huile de térébenthine. Voy. ESSENCE DE TÉRÉBENTHINE.

Huisserie. C'est, dans les baies des pans de bois, l'assemblage des deux poteaux avec un linteau. Ces huisseries sont ordinairement en bois refait, portant feuillures pour recevoir les portes ; souvent elles sont ornées de moulures. (Charp.)

— Dans les cloisons légères, dites de distributions, les poteaux portent $0^{m}.08$ sur toutes les faces ; elles sont fournies par les menuisiers. (Menuis.)

Hydraulique. Ce qui a rapport à l'eau.

Hygrométrique (*Substance*). Celle qui absorbe facilement l'humidité de l'atmosphère.

Hyperbole. Courbe plane dont la propriété la plus connue est la suivante :

Tous les points sont tels que la différence de leurs distances à deux points fixes appelés *foyers* est constante. L'hyperbole est la ligne qui résulte de la section d'un cône par un plan parallèle à l'axe du cône, ou oblique sur une génératrice et qui rencontre les deux nappes.

Un plan qui ne rencontre qu'une nappe : lorsqu'il est perpendiculaire à l'axe, donne pour section un cercle ; lorsqu'il est parallèle à une génératrice, il donne une parabole, et lorqu'il est parallèle à une ligne intermédiaire à ces deux directions, une ellipse. (Géom.)

Hypoténuse. C'est dans un triangle rectangle le côté opposé à l'angle droit. (Géom.)

Hypothèque. La transcription d'un acte de concession doit être faite au bureau des hypothèques de l'arrondissement. Elle indique la situation des marais desséchés, afin de conserver aux concessionnaires le privilège sur toute la plus-value, pour les indemnités qui leur sont dues. L'hypothèque de tout individu inscrit avant le desséchement est restreinte au moment de la transcription de l'acte de concession, à une portion de propriété égale à la première valeur estimative du terrain desséché, dans le cas de cession de portion de propriété en nature, pour payement de plus-value obtenue par suite de construction de travaux publics exécutés par le gouvernement, tels qu'ouverture de nouvelles rues, etc. (Code de desséchement.)

I

Imbue. Première couche de peinture à l'huile qu'on applique sur des plâtres neufs ou des bois spongieux.

Vernis qui a été absorbé après avoir été appliqué sur des peintures délayées avec trop d'essence.

Impériale (*Comble en*). Comble dont le profil à la forme d'un talon renversé, et qui ressemble à une couronne impériale, surtout lorsqu'il est employé sur des pavillons ronds ou carrés.

Imposte. Traverse d'un dormant de croisée, laquelle sépare les châssis du bas d'avec ceux du haut. On appelle encore de ce nom les traverses ou pièces de moulures, qui passent au nu du cintre d'une porte cochère ou qui règnent seulement au-dessus de la *retombée* de l'*archivolte* d'un cintre. (Menuis.)

— C'est une pierre en saillie profilée, qui couronne un *jambage*, et porte le *coussinet* d'une *arcade*. Elle est différente selon les ordres. La toscane n'est qu'une *plinthe*; la dorique a deux faces couronnées; l'ionique a un *larmier* au-dessus de ses deux faces, et ses moulures peuvent être taillées; la corinthienne et la composite ont *larmier*, *frise* et autres moulures qui peuvent être taillées. (Arch.)

Imposte coupée. Imposte qui est interrompue par des corps, comme par des colonnes et des pilastres, dont elle excède de beaucoup le nu. (Arch.)

— CINTRÉE. Imposte qui ne se profile pas sur le pied droit d'une arcade, mais sert de bandeau à cette arcade, et retourne en *archivolte.* On appelle aussi imposte cintrée celle qui est courbe par son plan, comme aux salons ronds et tours de dôme. (Archit.)

— MUTILÉE. Imposte dont la saillie est diminuée, pour ne pas excéder le nu d'un *dosseret* ou d'un *pilastre.* (Arch.)

Impression (*Couche d'*). Couche d'une couleur détrempée à l'huile et qu'on étend sur le bois ou sur le fer, pour les préserver de l'humidité ou de la rouille, en attendant qu'on les peigne définitivement.

Imprimer. Étendre avec une brosse des couleurs détrempées à l'huile, pour former la couche d'impression.

Incorporer. Se dit d'une ou plusieurs substances réduites en poudre, qu'on mêle ensemble à l'aide d'un véhicule convenable. (Peint.)

Incrustation. Tout revêtement de mur de maçonnerie, par carreaux minces de pierres pleines à parements unis. Les incrustations des panneaux de ravalement se font par entailles aux pilastres, montants, piédestaux, etc. (Maçonn.)

Incruster. Revêtir de pierre ou de marbre un mur, en y ajoutant des parements et saillies. C'est aussi remettre une bonne pierre à la place d'une autre, qu'on est obligé de hacher parce qu'elle est écornée ou éclatée sous la charge. (Maçonn.)

Indigo. Substance bleue qu'on extrait d'une plante. Il sert à la détrempe pour faire du petit gris; mais il faut le mélanger avec le blanc, sans cela il peindrait en noirâtre. (Peint.)

Indemnités. Les indemnités du terrain, d'usines, etc., sont payées par l'État, lorsqu'il entrepend lui-même les travaux nécessaires pour opérer les desséchements.

Le prix des usines doit être payé par les concessionnaires avant qu'ils puissent en faire cesser le travail. Il doit y avoir une vérification du titre de l'usine pour constater si l'établissement est légal, ou si les propriétaires l'ont soumis à démolition sans indemnité.

L'estimation des terrains nécessaires pour l'ouverture des canaux et rigoles de desséchement, etc., est faite d'après leur valeur avant l'entreprise des travaux, et sans nulle augmentation du prix d'estimation.

L'indemnité est bornée à la valeur du terrain, lorsque le propriétaire à qui l'alignement est donné par les autorités compétentes fait démolir volontairement sa maison, ou lorsqu'il est forcé de la démolir pour cause de vétusté. Dans ce cas, il y a obligation d'acquérir la maison en entier si le propriétaire l'exige, sauf la revente des terrains excédents. Cette disposition de cession et de revente exige l'approbation du gouvernement, d'après une ordonnance rendue en conseil d'État.

Il y a compensation de l'indemnité due à un propriétaire à qui l'autorité donne alignement, avec celle qu'il pourra devoir pour plus-value acquise à ses propriétés restantes. Il y a indemnité à payer aux propriétaires dont les terrains sont occupés, soit pour y prendre des matériaux nécessaires à la confection des routes, soit pour la route même. (Loi de voirie.)

Ingénieurs DES PONTS ET CHAUSSÉES. Agents de l'administration qui, pour les concessions, sont chargés de lever, ou au moins de vérifier et d'approuver les plans qui doivent leur servir de base. Ils indiquent, conjointement avec les experts, le périmètre des diverses classes de terrain sur le plan cadastral, après la concession. Ils concourent à la nouvelle classification des fonds desséchés, après la vérification et réception des travaux prescrits pour le dessèchement. Ils constatent la nécessité de suppression, déplacement, modification ou réduction des moulins et usines. (Code de desséchem.)

Inscriptions HYPOTHÉCAIRES. Transcription de l'acte de concession au bureau des hypothèques, au moyen de quoi l'hypothèque de tout individu inscrit avant le dessèchement est restreinte sur une portion de propriété égale en valeur à la première valeur estimative du terrain desséché. Cette disposition est également applicable au cas où les propriétaires, débiteurs envers le gouvernement d'une portion de plus-value, voudraient s'acquitter par le délaissement d'une partie de la propriété, et où ils délaisseraient même en entier les fonds, terrains ou bâtiments dont la plus-value donne lieu à l'indemnité. (Code de desséchem.)

Intrados. Partie intérieure et concave d'une voûte. (Maçonn.) Voy. EXTRADOS.

Ionique. Voy. ORDRE IONIQUE.

Irrégulier (*Plan*). Celui dans lequel il n'y a pas symétrie, où les angles et les côtés diffèrent tous les uns des autres, etc.

Isolé. Se dit d'un corps détaché de tout autre, comme un pavillon, une colonne, etc.

Isolement. Vide ou distance entre deux constructions ou entre deux parties d'une même construction; par exemple, le vide entre le mur d'un four et un mur mitoyen.

J

Jalons. Signaux employés pour tracer des alignements, repérer des points sur le terrain. Pour le lever des plans, les jalons sont de simples fiches en bois avec une armature en fer pointue à la partie inférieure pour faciliter leur enfoncement dans le sol. On les peint de couleurs voyantes, et presque toujours ils portent une petite fente à leur partie supérieure. Cette fente est destinée à recevoir un morceau de papier ou d'étoffe qu'on puisse apercevoir de loin.

Les maçons se servent aussi de jalons, qui consistent le plus ordinairement en bouts de lattes.

Enfin, les paveurs emploient des jalons, appelés surtout nivelettes, qui consistent en un bâton avec un patin, en bas, et une planchette ou voyant, en haut, sur laquelle sont tracées des divisions horizontales superposées; ces jalons servent à faire des pentes ou nivellements. Les maçons emploient également cet instrument.

Jalousie. Système composé d'une série de lames de bois extrêmement minces, ou même de tôle, à une certaine distance les unes au-dessus des autres, reliées par des chaînettes ou des rubans à une planche qui peut osciller autour d'un axe horizontal, de sorte que par le mouvement de cette planche, toutes ces lames prennent à la fois la même inclinaison. Des cordons de tirage passant par des poulies fixées sur la planche supérieure, et passant au travers de toutes les lames jusqu'à celle d'en bas, sur laquelle ils sont arrêtés, permettent de soulever tout le système, qu'on place ordinairement dans une baie de croisée, pour intercepter le soleil. Quant les jalousies sont levées, elles sont cachées derrière une planche qu'on appelle *pavillon*, et qui se fixe sur le nu du mur en avant de la croisée.

Jalousie. Petit treillis en bois, qui bouche des ouvertures dans une porte de confessionnal et autres.

Jambage. *Pilier* entre deux *arcades*; il est différent du trumeau, en ce qu'il a quelque *dosseret* ou *pilastre*, tandis que le *trumeau* est simple et entre deux croisées. (Maçonn.)

Jambages DE CHEMINÉE. Petits murs de chaque côté d'une cheminée, qui portent le manteau. (Maçonn.)

Jambage de porte ou de croisée. Piliers ou maçonneries de chaque côté d'une porte ou d'une croisée, qui reçoivent la retombée de l'arcade, ou qui portent la plate-bande ou le linteau de la baie.

Jambe. Espèce de *chaîne* de *carreaux* et de *boutisse*, pour porter et consolider les murs d'un bâtiment. (Maçonn.)

— BOUTISSE. Jambe qui est à la tête d'un mur mitoyen, et qui commence le dessus de l'étage du rez-de-chaussée, en faisant liaison avec deux murs de face. On appelle jambe boutisse moyenne celle qui porte deux *retombées*. (Maçonn.)

— ÉTRIÈRE. Qui est à la tête d'un mur mitoyen par bas, ou

qui porte deux *poitrails*, deux *retombées* ou deux *tableaux*. Les jambes étrières sont ordinairement faites de pierre de roche. (Maçonn.)

Jambe D'ENCOIGNURE. Jambe qui porte deux *poitrails* ou deux *retombées* sur deux faces d'un bâtiment. (Maçonn.)

— SOUS POUTRE. Espèce de chaîne de pierre, qui porte une ou plusieurs *poutres* de fond. Elle doit être *parpaigne* dans les murs mitoyens, c'est-à-dire que les pierres doivent être de l'épaisseur des murs. (Maçonn.)

Jambe de force. Pièce de charpente posée debout, un peu inclinée, dans un comble brisé entre l'entrait et l'entrait retroussé. On met aussi une jambe de force lorsque l'arbalétrier d'un comble n'est pas d'une seule pièce. L'assemblage se fait au point de jonction des deux parties de l'arbalétrier.

Jambette. Petite *jambe de force*, qu'on emploie dans les combles à base circulaire, où elle sert à recevoir de petits potelets pour fortifier le pied des chevrons.

— Petite pièce un peu inclinée qui s'assemble d'un bout dans l'entrait et de l'autre dans l'arbalétrier d'une ferme.

Jambette d'échiffre. Poteau qui, au bas d'un escalier, supporte le limon en s'assemblant sur le patin.

Jambier. Partie de l'étrier de cuir, appliquée contre la jambe de l'ouvrier, qui s'en sert pour monter à une corde à nœuds.

Jaret. Dans une pièce ou dans une construction en courbe, on appelle ainsi toute partie de la courbe qui n'est pas continue.

Jarreté. Se dit des parements de la pierre, des murs, des voûtes, des arcades, où se trouvent des sinuosités.

Jarretières. Ce sont deux courroies que s'attachent aux jambes les plombiers, les peintres, les couvreurs, lorsqu'ils se servent de la corde nouée et de la sellette. (Plomb.)

Jaspe. Roche quartzeuse d'un grain très fin, plus dure que le marbre; il y a des jaspes verts, rouges, jaunes, bruns, d'autres mouchetés.

Jauge. Petite règle divisée servant à tracer les coupes du bois et de la pierre.

Jauge. Cuvette en cuir ou en plomb divisée en plusieurs compartiments qui ont chacun un bout de tuyau dont l'orifice est d'un diamètre tel qu'il donne écoulement à une quantité d'eau déterminée ; cet instrument sert à jauger.

Jauger. Mesurer la quantité d'eau fournie par un réservoir, ar une source ou par un robinet, dans un temps donné.

Jauger. Mettre deux pièces parallèles. (Charp.)

— Appliquer une mesure de dimensions déterminées, appelée panneau, aux deux extrémités d'une pierre pour déterminer la direction des arêtes et des côtés. On dit aussi *retourner*. (Maç.)

Jaune (*Couleur*). Il y a différentes sortes de jaunes :

L'*ocre commune*, terre naturelle chargée d'oxyde de fer ; l'*ocre de rue*, qu'on recueille dans les ruisseaux des mines de fer, plus riche en oxyde que la précédente. On les emploie toutes deux pures, à l'huile et à la détrempe, pour les gros ouvrages de peinture.

Le *stil de grain*, provenant de la graine d'Avignon. On l'extrait par décoction, puis on en imbibe de la craie.

Le *jaune minéral*, mélange d'oxyde, d'azotate et de chlorure de plomb.

Le *jaune de Naples*, mélange d'oxydes de plomb et d'antimoine.

L'*orpin* ou *orpiment*, oxysulfure d'arsenic.

La *terra merita* et le *safraneum*, qui proviennent de plantes, et qu'on emploie à teindre les parquets.

Jaunir. Mettre une teinture jaune sur un ouvrage apprêté de blanc, avant de dorer. (Peint.)

Javelles. Petites bottes de paille, réunies deux à deux par un lien, soit de paille, soit d'osier, lesquelles servent à exécuter les couvertures en chaume.

Jé ou rotin. Baguette de jonc très longue, dont se servent les plombiers pour dégorger les tuyaux de descente des maisons. Cette sonde est enroulée sur elle-même ; on la fait rentrer dans le tuyau en la détordant, jusqu'à ce qu'on ait rencontré l'obstacle qui produit l'engorgement.

Jet, jeter. Action d'enlever avec la pelle les terres piochées et de les déposer sur le bord de la fouille, ce qu'on appelle *sur berge* ; de les mettre à une certaine hauteur, soit sur une banquette disposée à cet effet, soit sur un échafaudage d'où elles doivent être reprises, ce qu'on nomme *jet sur banquette* ; ou de les lancer à une certaine distance, ce qu'on appelle *jet horizontal*.

Le jet sur banquette ou le chargement en tombereau à une hauteur de 2^m, est compté comme équivalent au jet horizontal à une distance de 4^m.

Jet. Dans les fonderies de métaux on appelle ainsi les conduits par lesquels on introduit le métal fondu dans les moules.

Jet d'eau. Traverse en forme de quart de rond, qu'on place en saillie au bas d'un châssis de croisée, pour empêcher la pluie de pénétrer dans l'intérieur.

On nomme aussi jet d'eau l'*emboîture* ou *barre à queue* qui, ayant la même forme qu'un jet d'eau de croisée, se trouve au bas d'une porte pleine.

Jet d'eau. Gerbe d'eau plus ou moins forte qui jaillit et s'élève dans l'air.

Jet d'eau. Petit ajustage en cuivre fixé à l'extrémité d'une conduite, et servant à régler la dimension du filet d'eau qui s'élance de cette conduite.

Jetée. Se dit d'un mur de quai ou d'un môle construit avec de gros quartiers de pierre, ou avec des caissons pleins de matériaux jetés en mer sans ordre et bloqués lorsqu'on ne peut pas faire de *batardeaux* pour fonder à sec.

Les jetées se construisent quelquefois en *fascinage* pour donner lieu au jeu des *écluses* qui doivent approfondir le *chenal*, en attendant que l'on puisse les faire plus solides. L'épaisseur des jetées de *fascinage*, sans y comprendre les *risbermes*, doit être triple de leur hauteur. La hauteur des jetées doit être augmentée à mesure qu'elles sont avancées dans la mer ; en les traçant on doit augmenter l'épaisseur de leur base à proportion. Pour empêcher que la mer ne détruise les travaux de fascinage, il faut en couvrir la superficie avec un *grillage* dont on remplit les compartiments avec des pierres. Le pied des jetées doit être garanti par des *risbermes*. On enfonce, le long des bords du *chenal* au pied des jetées, des *pilotis* de garde, pour les mettre à l'abri du choc des vaisseaux. Lorsque l'on forme la jetée avec des coffres remplis de pierres, il n'est pas toujours nécessaire de les asseoir sur un socle de fascinage, et, quand les jetées ne doivent avoir que 4m,86 de hauteur, on établit les *traversines* servant de base à chaque ferme aussi bas que les marées peuvent le permettre, en laissant seulement un intervalle entre elles et le fond pour y piqueter quelque lit de *fascinage* destiné à garantir les pilotis de l'agitation de l'eau. Mais, si les coffres doivent être poussés au delà de l'*estrau*, où le fond de la mer n'est jamais à sec, et qu'on ne puisse y travailler commodément, il faut alors que les *pilotis* aient assez de hauteur pour recevoir les *longrines* et les *traversines* au niveau des mortes eaux ordinaires, et remplir tout leur intervalle d'un massif à pierres perdues ; alors cette masse sert à soutenir les pierres dont les coffres sont remplis. On doit rétrécir l'embouchure d'un fleuve par des jetées, pour rendre la vitesse du courant, capable d'empêcher les atterrissements. (Arch. hydr.)

Jeter le plomb dans le moule. C'est l'y verser. Les plombiers se servent à cet effet d'une cuiller semblable à une casserole, avec laquelle ils puisent leur plomb lorsqu'il est en fusion. (Plomb.)

Jeu (*Donner du*). C'est, à une porte ou une croisée, enlever le bois nécessaire pour qu'elles puissent se fermer sans difficulté. Après la construction d'un bâtiment, on est obligé de donner du jeu presque partout, attendu qu'il s'est opéré dans le bois un certain gonflement produit par l'humidité des plâtres. (Menuis.)

Jeu d'orgue. Soubassement sous le manteau d'une cheminée, composé de trois planches en plâtre, dont l'une est posée horizontalement entre les deux autres, lesquelles sont verticales et percées de trous pour le passage de l'air du haut qui doit alimenter la combustion et forcer la fumée à monter. Voy. PLANCHE DE VENTOUSE.

Joint. Intervalle entre deux pierres juxtaposées ou superposées, qu'on remplit de mortier, de plâtre ou de ciment, formant liaison entre elles, ou qu'on laisse à sec.

Suivant leur forme et leurs positions, les joints prennent différents noms ; les principaux sont :

Les *joints à onglet*, qui se font en diagonale du retour d'équerre, comme on en voit dans les incrustations et les compartiments.

Les *joints carrés*, qui sont d'équerre.

Les *joints en coupe* ou *de doucette*. Joints inclinés des voussoirs ou des claveaux d'une plate-bande, d'une arcade, d'une voûte, qui tendent vers un point commun.

Les *joints dérobés*, qui sont d'aplomb sur la face et inclinés sur le derrière des claveaux.

Les *joints de lit*, qui sont de niveau ou suivant une pente donnée, mais tous dans le même plan.

Les *joints démaigris* ou *à une ciselure*, c'est-à-dire faits sur une pierre retaillée de façon à rendre le joint aussi faible que possible. Ces joints s'appliquent aux assises qui n'ont qu'un parement, celles d'un mur de revêtement, par exemple.

Les *joints de recouvrement*, qui se font par le recouvrement parfait d'une pierre sur une autre, par exemple ceux des marches d'escalier.

Les *joints de tête*, ou *de face*. Joints en coupe, qui sont apparents et qui forment parements à la tête ou à la douelle d'une voûte ou au plafond du tableau, sous ou devant une plate-bande.

Les *joints feuillés*, ou *recouverts*. Recouvrement de deux pierres l'une sur l'autre par une entaille de leur demi-épaisseur : tel est le joint des dalles placées comme couvrement d'un mur.

Les *joints gras*, qui sont un peu larges, et les *joints maigres*, qui sont étroits.

Les *joints ouverts*, qui à cause de l'emploi de cales épaisses, sont larges et faciles à ficher. On appelle aussi *joints ouverts* les joints dans lesquels le mortier s'est séparé des pierres par suite de l'affaissement de la construction ou par malfaçon.

Les *joints montants*. Ceux qui sont sur une verticale.

Les *joints refaits*. Ceux qu'on est forcé de retailler sur le lit ou sur la face parce qu'ils ne sont pas à plomb ou de niveau. Ce sont aussi des joints que l'on fait en ragréant et ravalant avec du mortier de même couleur que la pierre.

Les *joints serrés*. Joints droits, qu'on est obligé d'ouvrir avec le couteau à mesure que le bâtiment tasse en prenant sa charge.

Les *joints mâle et femelle*. C'est, aux deux bouts d'une dalle ou d'une assise de bahut, des joints portant d'un côté un tenon carré ou arrondi, et de l'autre une entaille.

Joint. Endroit où deux pièces se joignent. Les joints qui composent un assemblage doivent toujours être perpendiculaires aux faces des pièces. (Charp.)

Joint en paume. Coupe en sifflet, faite à l'about soit d'une panne, soit d'un chevron.

Joint. C'est la face la plus petite de chaque planche. (Men.) On distingue :

Le joint brut, épaisseur de la planche qui n'est pas corroyée.

Le joint à plat, qui se fait avec des planches blanchies et dressées sur l'épaisseur, mais non assemblées. On dit qu'un cadre de porte ou de lambris est à plein joint lorsqu'il n'a point de rainure ou languette derrière pour être embrevée dans le bâti.

Joint. Les joints que font les marbriers doivent être plus soignés que ceux exécutés par les maçons (Marb.) ; ils portent également différents noms :

Le joint démaigri est celui qui n'a qu'une arête vive, comme aux carreaux et aux bandes de carrelage à compartiments.

Joint ordinaire ou brut. Celui qui est fait à la sciotte sans être ensuite dressé au ciseau, parce-qu'il ne doit pas se raccorder avec d'autre marbre.

Joint plein. Joint visible sur l'épaisseur d'une bande, et que l'on a dressé pour se raccorder avec une autre bande qui fait retour d'équerre et affleure celle-ci.

Joint de réunion. Joint vertical ou horizontal d'une bande de marbre, réunie à une autre bande qui l'affleure sur son parement ou par derrière.

Joint mouliné. C'est le même que le précédent, mais qui a été frotté et dressé sur un morceau de marbre ou refait avec de l'eau et du grès. On mouline ordinairement toute l'épaisseur des bandes et même des carreaux de marbre lorsqu'ils doivent être joints bout à bout.

Joint angulaire. C'est un joint d'onglet que l'on fait sur un montant de chambranle et sur son revêtement pour que les veines de marbre des deux morceaux se raccordent.

Joint perdu. C'est celui que l'on fait à une pièce qui se met à un marbre et qui prend le contour des veines ou cailloux sur lesquels cette pièce doit être rapportée.

Joint. Entre-deux de chaque pavé, que l'on remplit de sable ou de mortier ; celui qui est entre les pavés d'une même *range* se nomme *joint en rive*, et celui qui est entre deux ranges se nomme *joint en bout*. (Pavage).

Jointif (*Lattis*). Celui dont les lattes sont clouées tout près les unes des autres, par exemple pour un plafond, un lambris, une cloison sourde, une aire.

Jointives (*Planches*). Dans une cloison, planches brutes, non assemblées, mais seulement dressées sur les rives et posées les unes contre les autres ; les *planches jointes* sont, au contraire, assemblées à rainures et languettes.

Jointoyer, jointoiement. Remplir avec du mortier fait avec de la recoupe de pierre, ou avec du ciment et de la chaux, les joints des assises d'un mur de face. On dégrade les joints quand on fait le ragréement après que la construction a pris sa charge. Quelquefois le remplissage des joints se fait au fur et à mesure de la construction.

Jonc. Voy. **Jé.**

Jonquille. Se fait avec de la céruse et du stil-de-grain de Troyes. (Peint.)

Joue. Épaisseur de bois qui reste de chaque côté des mortaises, ou entre deux, quand il y en a deux à côté l'une de l'autre, comme dans le cas d'un assemblage double. On dit aussi joue d'une rainure. (Menuis.)

Jouée. Dans l'ouverture ou la baie d'une porte ou d'une croisée, c'est l'épaisseur d'un mur, laquelle comprend le tableau, la feuillure et l'embrasure. (Maçonn.)

— DE LUCARNE. Côté d'une lucarne dont les panneaux sont remplis en plâtre. Les chevrons de jouées sont ceux qui garnissent les côtés de la lucarne, avec sablière haute assemblée dans le chapeau. (Charp.)

Joues. Ce sont, dans une cour dont la chaussée est bombée, les deux parties de revers entre le passage de porte cochère et le point où les deux ruisseaux se réunissent pour n'en former qu'un. (Pav.)

Jouières ou **Jouillères.** Murs verticaux qui soutiennent les berges d'une écluse, et auxquels sont fixés les poteaux des portes d'écluses.

Jour. Se dit de toute ouverture ou baie dans un mur, par où l'on reçoit la lumière. On nomme jour droit celui d'une fenêtre à la hauteur d'appui ; faux jour, celui qui éclaire quelque espace étroit, comme un petit escalier, etc. ; jour d'en haut, un abat-jour, un soupirail, une lucarne, etc. ; et jour aplomb une ouverture percée dans la toiture même. (Maçonn.)

— D'ESCALIER. C'est l'espace vide qui répond au centre de la cage et qui est dans la projection horizontale, entouré par la projection des limons. (Charp.)

— (coller du papier sur le). C'est dans un plafond, coller le papier de telle sorte que les bandes se dirigent vers les fenêtres. (Coll. de papier.)

Journée. S'entend du travail d'un homme pendant un jour.

Jubé. Tribune élevée en travers du chœur d'une église.

Jumelées. Assemblages de deux pièces de bois appliquées longitudinalement l'une contre l'autre.

Jumelle. Range de pavés formant la moitié d'un ruisseau et joignant la chaussée ; l'autre range du côté de revers, se nomme *cadre jumelle*. Entre chacune de ces ranges est ordinairement un pavé formant le fond du ruisseau, qu'on nomme *caniveau*.

Jupiter (trait de). Assemblage servant à réunir, en prolongement l'une de l'autre, deux pièces qui ne doivent être soumises ni à un effort de compression ni à un effort transversal. Il consiste à couper les pièces en biseau de même inclinaison avec un ou plusieurs ressauts parallèles au biseau dans la coupe. Dans le vide des ressauts on met des clavettes, et on arme d'un étrier l'extrémité de chaque biseau.

K

Kiosque. Petit pavillon isolé et ouvert de tous côtés, placé dans un endroit abrité et tel que la vue y soit agréable.

L

Labour, laboureur. Outil qui sert aux plombiers à remuer le sable de leurs tables et de leur moule ; il est fait à peu près comme une bêche.

Labourer. Remuer le sable des moules et des tables. (Plomb.)

Laceret. V. LACET.

Lacet. Petite broche qui sert à unir les deux parties d'une charnière.

Lacet ou **laceret.** Espèce de piton à double branche, ce qui permet de l'ouvrir. Il y a des lacets à pointe molle, à scellement ou à vis. Ce piton sert à recevoir ou à lier quelque partie de serrurerie, comme une poignée à tourillon, une boucle, un anneau, un moraillon.

— On appelle *laceret tournant* un laceret pouvant tourner en tous sens : tel est celui qui porte la verge des auberons des fléaux de porte charretière.

Lacet d'espagnolette. Lien qui embrasse et dans lequel roule la tige de l'espagnolette; ce lien est ordinairement taraudé en vis à son extrémité et est arrêté par un écrou au dehors des châssis.

Lacet à socle. Lacet qui, au lieu d'être fait en tringle, est pris dans la masse du fer, forgé à vive arête et évidé au milieu pour le passage de l'espagnolette. Cette espèce de lacet est quelquefois en cuivre.

Lacets ou **lacerets.** Petites tarières servant aux charpentiers à faire des trous pour les chevilles.

Laie ou **laye,** ou **marteau bretté.** Marteau dont les deux extrémités sont faites en biseau, et dont l'une est refendue en forme de dents; il sert à tailler la pierre.

— Dentelures que le marteau bretté laisse sur la pierre.

Laisses. Bavures sur le bord des tables de plomb qui viennent d'être coulées.

Lais. Zone de terrain que la mer, les fleuves et les rivières forment par alluvion sur le sol riverain.

Lait de chaux. Chaux détrempée très clair avec de l'eau, dont on se sert pour blanchir les murailles.

Laitier. Sorte de verre qui se forme quand on traite les minerais pour en extraire le métal. Le laitier surnage le métal fondu.

Laiton ou **cuivre jaune.** Le laiton est un alliage formé de cuivre et de zinc dans des proportions très variables. C'est un métal d'un beau jaune, se rapprochant plus ou moins de celui de l'or. Sa densité = 8,4 avant le martelage ou l'étirage, et 8,88 après cette opération. Il est plus dur que le cuivre, moins malléable que lui, mais plus facile à étirer au laminoir ou à la filière; il est cassant à chaud, et susceptible de se couvrir de vert-de-gris dans les mêmes circonstances que le cuivre. Il sert à fabriquer quelques pièces de serrurerie et d'ornement, et surtout la robineterie. On l'obtient en faisant fondre ensemble, par parties égales, du cuivre rouge, ou rosette, avec de la calamine. (Voy. CUIVRE et ZINC.)

Lambourde. Espèce de pierre tendre, portant depuis 66 c. jusqu'à 1^{m}. Son grain est grossier; elle est de couleur jaunâtre; avant de s'en servir il faut la laisser sécher, parce qu'elle est sujette à la gelée, et présente peu de consistance pour résister à l'écrasement. (Maçonn.)

Les deux espèces de lambourdes employées à Paris sont celles de Saint-Maur et d'Arcueil. Le poids du mètre cube de cette pierre est 1838 kil.

— Pièce de bois de 0^{m},054 à 0^{m},08 de grosseur, qu'on scelle et arrête sur le plancher pour porter le parquet. (Menuis.)

— Pièce de bois placée le long du mur, dans laquelle les solives viennent s'assembler. L'assemblage se fait par des tenons ou entailles, avec recouvrement, pour que la solive porte dans toute son épaisseur. L'épaisseur verticale des lambourdes est d'une fois et demie celle des solives. Pour plus de solidité, les lambourdes doivent être adaptées le long du mur, et soutenues par des corbeaux en fer, placés à environ 1^{m},95 de distance les uns des autres, et scellés dans le mur. Les lambourdes s'appliquent aussi sur les poutres, et sont liées avec ces dernières par des étriers en fer et des chevillettes. (Charp.)

Lambourde chanlatée. Lambourde plus épaisse sur une rive que sur l'autre, qu'on rapporte sur une poutre pour recevoir l'assemblage des solives qui doivent affleurer le dessous de la poutre.

Lambris. Plafonds rampants qui se font sous les combles.

— Enduit de plâtre au sas sur lattes jointives.

Lambris. Ouvrages d'assemblages destinés à couvrir les murs d'appartements; on distingue :

Le *lambris d'assemblage*, dont les battants et les traverses sont sans moulure et les panneaux sans plate-bande, que les panneaux soient renforcés ou qu'ils affleurent les bâtis.

Le *lambris à table saillante*, dont les panneaux sont en saillie sur les bâtis.

Le *lambris à bouvement simple*, dont les trois portent sur l'arête une seule moulure.

Le *lambris à petit cadre*, dont les bâtis portent sur l'arête plusieurs moulures.

Le *lambris à cadre élégi*, dont les battants et traverses sont diminués d'épaisseur sur une rive, et portent sur l'autre un cadre plus ou moins riche de profil, qui fait saillie sur le champ et qui est pris aux dépens des battants et traverses.

Le *lambris à grand cadre ou à cadre embrevé*, dont le cadre fait saillie sur le bâti et n'en fait pas partie, mais y est embrevé par une simple ou une double languette, ou y est rapporté à plat-joint.

Le *lambris à un parement*, qui est brut derrière.

Le *lambris blanchi au double parement*, lambris ou porte dont les bâtis et panneaux sont corroyés derrière.

Le *lambris arasé au double parement*, dont les panneaux sur ce second parement affleurent le bâti.

Le *lambris à double parement*, lambris qui a le même cadre sur les deux faces.

Enfin, ces différents lambris sont dits :

Lambris de hauteur, quand ils garnissent toute la muraille entre deux planchers ;

Et *lambris d'appui*, quand ils n'ont que 80 à 90 centimètres de hauteur, et qu'au-dessus d'eux on tend du papier ou de l'étoffe, ou qu'on couvre de peinture.

Dans le métré, on donne la dénomination de lambris à tous les ouvrages analogues, aux portes, aux ébrasements de croisée et autres, aux faces d'armoires, aux faces d'alcôves, aux buffets et autres meubles, ainsi qu'à des volets de croisées.

Lambrissée (*Chambre*). Chambre dont les plafonds ne sont pas horizontaux, ou dont les murailles sont inclinées sous un comble.

Lambrisser. Appliquer un lambris sur les murs d'un appartement.

Lame ou **cale.** Morceau de plomb mince qu'on met à sec entre les tambours d'une colonne pour les empêcher d'éclater.

Lame de fiche. C'est la partie de la fiche qui entre dans le bois au moyen d'une mortaise et qui y est fixée par des pointes.

Lames d'étain. Éclats menus, morceaux d'étain minces, qu'on répand à la surface des feuilles de plomb à étamer.

Lames de persiennes. Petites traverses de bois mince, posées à recouvrement l'une sur l'autre entre les mouvants ou battants des persiennes. Elles sont mouvantes ou dormantes, assemblées à entailles ou à tourillon.

Lames de plomb. Cela s'entend de morceaux de plomb extrêmement minces. (Plomb.)

Laminer. C'est réduire un métal en feuille ou en barre entre deux cylindres qu'on nomme laminoirs.

Laminoir. Machine composée de deux rouleaux ou cylindres qui tournent en sens contraire, et qui réduisent à une épaisseur précise une pièce de métal qu'on fait passer entre ces rouleaux. (Serrur.)

Lance (Font.). Jet d'eau qui sort d'un seul ajutage fort menu, et qui s'élève beaucoup.

— Ornement en fonte ou en cuivre que l'on rapporte au haut des barreaux d'une grille. On donne le nom d'*espontons* à ces barreaux lorsque, portant cette lance, ils sont en forme de fuseau par le bas.

Lance. Grosse bosse attachée au bout d'une perche et servant à faire de la peinture commune.

Lancer. Peindre un plafond avec une grosse bosse et du blanc mêlé d'un peu de colle. Cette opération se fait lorsque la dernière couche n'a pas réussi, c'est-à-dire lorsqu'elle est ondée.

Lancier. Large canal de plomb, recevant les eaux d'un comble, d'une terrasse, et les jetant dans la rue. On le nomme plus ordinairement gouttière.

Lancis. Ce sont, dans les *jambages* d'une porte, d'une croisée, les deux pierres plus longues que le pied-droit, qui est d'une pièce. Ces lancis se font pour ménager la pierre qui ne peut pas toujours faire *parpaing* dans un mur épais. On nomme lancis du tableau celui qui est au parement; et lancis de l'écoinçon celui qui est au dedans d'un mur. (Maçonn.)

Langue. Fente ou fêlure que l'on fait dans un plat de verre au moyen d'un fer rouge et de l'eau, et que l'on continue par le même moyen, pour diviser ce plat en carreaux.

Langue. Bout de tuyau de plomb aplati, monté à l'extrémité d'un robinet en cuivre, et qui jette l'eau en nappe dans la cuvette d'une garde-robe.

Langue-de-carpe. Ciseau dont le tranchant, assez étroit, est en forme de losange. (Serrur.)

Languette. Bord d'une planche dont on réduit l'épaisseur pour la faire entrer dans une rainure pratiquée dans l'épaisseur d'une autre planche.

Languette bâtarde. Elle a la forme d'une feuillure; on en fait le plus souvent usage pour l'assemblage des panneaux de lambris ou de portes dans leur bâti.

Languette à bois debout. Celle qui est faite en travers du fil du bois.

Languette rapportée. Tringle qu'on fait entrer dans deux rainures pratiquées sur l'épaisseur de deux planches que l'on veut joindre.

Languette. Mur mince en plâtre pigeonné ou en brique. qui forme les faces et les côtés des tuyaux de cheminée depuis le manteau jusqu'à la fermeture au-dessus des combles. On nomme celle de devant *languette de face*, et les deux en retour *languettes côtières*.

Languette de dossier. Languette en briques derrière une cheminée, lorsque celle-ci est construite dans l'épaisseur d'un mur. C'est aussi celle qui excède le mur de dossier.

Languette de refend. Languette qui est entre deux tuyaux et qui les sépare.

Languette (fausse). Languette de face, montée d'aplomb, qui remplit, entre le manteau et le plancher supérieur, le vide formé par un tuyau rampant ou dévoyé.

Languette rampante ou *de dévoiement.* Languette intérieure, masquée par la languette de face ou la fausse languette, et qui forme le rampant intérieur du tuyau depuis le manteau jusqu'au plancher.

Languette de coffre. Fausse languette qui enveloppe le bout d'une panne.

Le plâtre pur, pigeonné et non plaqué, de 0m,08 d'épaisseur, la brique et la pierre, sont les matières dont on se sert pour faire les languettes.

Languette de puits. Petit mur pratiqué en contre-bas de la margelle dans le milieu d'un puits mitoyen pour empêcher qu'on ne puisse communiquer d'une maison dans l'autre.

— OU RELANCIS AVEC MOELLONS. Pierres qu'on introduit dans une partie de mur dégradée, lézardée ou crevassée, et qu'on y fixe soit avec du mortier, soit avec du plâtre. (Maçonn.)

Languette de séparation. (Voy. LANGUETTE (*fausse*).

Lanterne. Espèce de petit dôme élevé sur un grand dôme, pour donner du jour et servir d'*amortissement*.

On donne aussi ce non à une cage carrée de charpente en fer, garnie de vitres, au-dessus d'un comble, d'un corridor ou d'une galerie entre deux rangs de boutiques, pour les éclairer. (Archit.)

Lanterne. Sorte de roue en forme de cône tronqué ou de cylindre, composée de deux disques parallèles, sur lesquels sont assemblées, suivant les génératrices, des barres de bois rondes, appelées *fuseaux*, qui, engrenant avec les dents d'un *rouet* ou d'un *hérisson*, communique le mouvement à quelque partie de machine, comme dans les moulins.

Lanterneau. Petite lanterne construite au sommet d'un dôme ou au-dessus d'une cage d'escalier.

Lanusure, basque, bourseau. Table de plomb qu'on place dans les couvertures sur l'angle que forme le faîtage avec les arêtiers en haut d'une croupe de comble.

Lapis ou pierre d'azur. Minerai de cobalt. Pierre opaque, pesante, bleue, parsemée de quelques paillettes d'or et de cuivre ou de pyrites blanches, de différentes grosseurs et figures. Elle est employée principalement pour faire l'outremer. (Peint.)

Laque. Matière employée dans la peinture de bâtiment. C'est de la craie teinte de bois d'écarlate, de bois de Brésil ou autres. Elle s'emploie bien en détrempe, mais à l'huile elle devient brune, surtout celle qui est fine. Il faut la bien broyer pour toute sorte de peinture. (Peint.)

— RÉSINE. C'est une espèce de résine dure, d'un rouge brun. La laque est très bonne pour vernir les fonds noirs ou bruns : elle donne de la dureté et du coloris au vernis ; mais, si on en employait une trop grande quantité, sa teinte rouge se communiquerait au vernis, voilerait et ternirait les teintes sur lesquelles on appliquerait la laque résine. On l'emploie plus communément dans l'esprit-de-vin que dans l'huile. (Vernis.)

Lard du bois. Aubier.

Larder. Piquer çà et là une multitude de clous dans une pièce de bois afin de faire tenir le plâtre qu'on y applique.

Lardoir. (Ser.) Voy. *Sabot.*

Lardon. Morceau de fer que l'on rapporte sur les crevasses qui se forment sur les pièces quand on les forge.

Larmier. C'est le plus fort membre carré d'une corniche, dont le plafond est souvent creusé en canal, pour empêcher l'eau de couler le long d'un mur. Le bord de ce canal s'appelle *mouchette*.

— BOMBÉ ET RÉGLÉ. C'est, en dedans ou *hors d'œuvre* d'une porte ou d'une croisée, le *linteau* ceintré par le devant et droit par son profil.

— DE CHEMINÉE. C'est le couronnement d'une souche de cheminée.

— DE MUR. Espèce de plinthe sous l'égoût du *chaperon* d'un mur mitoyen ou de clôture. (Archit.)

Lasseret. Voy. LACERET.

Lastrico. On appelle ainsi, à Naples, une *aire* ou couche de mortier ou *béton*, fait des débris de pierre ponces et de tuf brûlé, qui se trouvent par veines aux environs de cette ville. Ces débris, connus sous le nom de lapilli, ou pierrailles, sont mêlés avec de la chaux éteinte depuis huit jours, bien dissoute, et réduite à consistance de lait un peu épais ; on broie ce mélange à plusieurs reprises en l'arrosant avec cette chaux ; les parties les plus fines tiennent lieu de sable. On laisse reposer cette espèce de mortier pendant vingt-quatre heures, puis on le rebroie de nouveau, enfin on le broie jusqu'à quatre fois pour lui faire acquérir le degré de consistance qu'il doit avoir. Lorqu'on veut faire usage de cette composition pour carreaux d'appartements, on commence par boucher tous les joints et fentes du plancher avec de la chaux en pâte un peu ferme, ensuite on étend avec soin un lit de petites pierres bien arrangées, qui ne passe pas 0m,054 d'épaisseur.

Sur ce lit de pierres sèches on jette en une seule fois le lapillo. Il doit former une couche d'environ 0m,13 d'épaisseur, pour être réduit à 0m,10, après avoir été bien battu. Le lastrico que l'on place sur les terrasses pour servir de couverture aux maisons, doit avoir de 0m,18 à 0m,21 d'épaisseur, indépendamment du lit de pierres posées sur le plancher.

Latte. Morceau de bois de cœur de chêne refendu; il en faut 52 pour une botte. Les lattes ont 1m,30 de long sur 0m,054 de large. Dans un latis jointif il en faut 54 pour 4 mètres carrés, et dans une cloison à claire-voie, il en faut 18.

La *latte blanche* est une latte carrée faite avec l'aubier; elle sert pour les plafonds, parce qu'elle ne tache point le plâtre; mais elle ne vaut rien pour les couvertures. (Couvert.)

— Il y en a d'étroites qui servent pour la tuile; on les nomme *lattes carrées*; d'autres plus larges servent pour l'ardoise, on les nomme *lattes volisses* ou *voliges*.

— On se sert de lattes de chêne pour faire les ouvrages de treillage qui n'ont pas besoin de beaucoup d'épaisseur. Ces ouvrages se nomment frisages, d'où les lattes prennent le nom de lattes de frisage. (Treillag.)

Latter. Attacher, clouer des lattes, sur les solives d'un plancher, sur les poteaux d'une cloison, sur les chevrons d'une couverture.

On commence par clouer les lattes à 0m,14 ou 0m,16 les unes des autres, ce qu'on appelle faire le bâti. Ensuite on cloue des cours de lattes entre celles du bâti, pour faire ce qu'on appelle le rempli.

Le clou à lattes est de différentes espèces; le meilleur est celui appelé clou de liège. On compte une livre de clous par botte. (Maçonn.)

Latter à claire-voie. Attacher des lattes éloignées les unes des autres, comme on le fait pour une cloison et pour un plafond sur lequel sont des augets.

Latter à lattes jointives. Clouer des lattes très rapprochées les unes des autres.

Lattis. On appelle ainsi les lattes clouées sur un plafond ou un pan de bois; elles sont espacées : pour plafonds en augets, de 0m,08; pour cloisons et pans de bois, de 0m,18. Dans le *lattis jointif*, les lattes se touchent. (Maçonn.)

Lavagne. Ardoise de la côte de Gênes.

Lavé (*Bois*). Celui dont on a ôté avec la besaiguë les marques de trait de scie ou de cognée. On l'appelle aussi *bois refait*. L'opération s'appelle laver le bois.

Lave de Volvic. C'est une pierre d'origine volcanique, que l'on a beaucoup employée comme dalles pour les trottoirs, mais qui a été remplacée par les dalles en granit, et par le bitume. (Maçonn.)

Laver (*Pierre à*). Voy. ÉVIER.

Laver (Peint). C'est frotter avec une éponge ou une brosse mouillée d'eau pure ou faiblement additionnée d'eau seconde, des couleurs à l'huile qui doivent être nettoyées, ou qui doivent être recouvertes d'autres couleurs.

Laver les cendres du plomb. Prendre les cendres dans une sébile et les plonger dans l'eau, en les remuant avec une truelle. (Plomb.)

Lavoir. C'est un tonneau rempli d'eau. (Voy. TONNEAU.) (Plomb.)

Laye. Voy. LAIE.

Layer. Tailler la pierre avec la *laie*, ce qui produit sur le parement une série de stries uniformes, résultant des dents de la laie, d'une apparence agréable; c'est souvent le seul travail qu'on fasse sur une pierre avant de la poser; on dit aussi *bréter*.

Lé. Chemin de halage sur le bord d'un cours d'eau navigable.

Lécher. Les plombiers disent que les flammes lèchent bien la chaudière lorsqu'elles l'enveloppent. (Plomb.)

Légers. Sous ce nom, on comprend tous les ouvrages en plâtre, avec ou sans lattis: tels que jointoiements, renformis, crépis, enduits, ravalements en plâtre, feuillures, moulures, cloisons, pans de bois, planchers, cheminées, scellements, et généralement toute espèce d'ouvrages en plâtre, que l'on réduit à une mesure commune et superficielle, sous la dénomination de légers ouvrages.

Lessivage. Lavage de vieilles peintures avec un apprêt d'eau seconde composée de potasse, d'alum et de sel.

Lorsqu'on veut lessiver de vieilles peintures pour être revernies, il faut couper l'eau seconde avec de l'eau au degré que peut endurer le fond sans l'endommager.

On emploie aussi pour cet ouvrage du savon noir lorsque les fonds sont susceptibles de changer. (Peint.)

Levage (*Bois au*). Celui qu'on place sur le bâtiment où il doit être employé. (Charp.)

Levage. Opération qui a pour but de monter les bois d'une charpente et de les mettre en place; on se sert pour cela d'une chèvre. Les ouvriers disent : aller au levage.

Levée. Remblai en terre sur lequel on établit la chaussée d'une route, ou qui sert de digue contre les inondations. Dans ce dernier cas, les levées sont protégées souvent avec de la maçonnerie. (Voy. **Jetée.**) La nécessité de faire des levées ou digues aux rivières peut venir de plusieurs causes : 1° Si les rivières sont tortueuses, les eaux rongent les bords et les percent, après quoi elles se répandent dans les campagnes ; 2° les rives peuvent être faibles, comme celles que les fleuves se sont faites eux-mêmes par la déposition des sables ; 3° les fleuves qui coulent sur du gravier fort gros sont sujets, dans leurs crues, à en faire de grands amas. qui détournent ensuite leur cours. (Arch. hyd.)

— des bandes. Les vitriers désignent sous ce nom les bandes qu'ils lèvent avec le diamant sur la longueur ou la largeur d'une pièce de verre, pour se mettre de mesure.

Ils donnent aussi ce nom aux bandes de papier dont ils se servent pour faire des calfeutrages.

Lève-gazon. Instrument qui sert à détacher du sol les bandes de gazon après qu'elles ont été découpées latéralement.

Levier. Barre solide, qui sert à remuer les lourds fardeaux. Dans l'emploi d'un levier, il y a considérer la résistance à vaincre, la force dont on dispose, et enfin le point d'appui. Le point d'appui peut être placé soit entre la résistance et la force, ou bien être à l'extrémité de la barre ; dans tous les cas, le levier doit être très solide, et la force à appliquer est, avec la force à vaincre, en raison inverse de la longueur comprise entre le point d'appui et le point d'application de chacune des forces antagonistes.

Les ouvriers emploient des leviers en bois de brin, et des leviers en fer ; dans ce dernier cas, les leviers s'appellent *pinces*.

On appelle aussi *leviers* les barres de bois dont se servent les charpentiers pour faire tourner les treuils.

Lèvre. Saillie qui est à la partie supérieure du tambour d'un chapiteau.

Lézardes. Crevasses qui se font dans les murs de maçonnerie. (Maçonn.)

Liais (*Pierre de*). Son grain est fin, sa texture compacte ; elle se taille bien, peut résister à la gelée.

Le *liais* qu'on tire des plaines de Montrouge et de Bagneux porte 0m,27 et même 0m,33 d'épaisseur. Le liais est de trois espèces : le liais dur, le liais férault et le liais tendre.

Le *liais* dur se tire des carrières d'Arcueil, de Bagneux, et des plaines de Montrouge.

Le *liais* férault, de mauvaise qualité, est extrêmement dur. Le *liais* tendre se tire des carrières de Maisons et de Saint-Cloud.

Les pierres assimilées aux *liais* durs et fins sont : la pierre du Bélair, de Pacy, de Conflans-Sainte-Honorine, portant $0^{m},45$ de *hauteur de banc*, de Nogent-sur-Oise, ayant $0^{m},40$ à $0^{m},45$, et enfin la pierre de Senlis, portant $0^{m},30$ à $0^{m},65$ de haut. La pesanteur moyenne du mètre cube de liais est de 2449 kilog. (Maçonn.)

C'est la seule qualité de pierre en usage dans la marbrerie; le liais sert à faire le carreau, à doubler les tranches de marbre, à couvrir les terrasses, à faire des tombeaux, etc.

Liaison. Alliage de plomb et d'étain qui sert à faire des soudures.

Liaison. Voy. LIAISONNER.

Liaison à sec. Liaison de pierres sans mortier, leur lit est poli et frotté au grès.

Liaisonner. Arranger des pierres et des briques en sorte que les joints des unes portent sur le milieu des autres. C'est aussi remplir de mortier leurs joints pendant qu'elles sont sur cales.

Liaisonner se dit aussi des abouts de briques, de moellons ou de pierres, formant l'extrémité d'un mur et entrant dans une tranchée faite dans un autre mur auquel il est joint. On nomme aussi ces liaisons *arrachements*.

Liaisonner des lattes. Les clouer de sorte qu'elles n'aboutissent pas toutes sur le même chevron.

Libage. Pierre provenant du ciel des carrières ou des bancs inférieurs mal pétrifiés, et qui n'est propre qu'aux fondations des édifices.

Lichens. Nuisent aux bois, de la même manière que les mousses. Voy. MOUSSES.

Liens. Bandes de petit fer plat, coudées ou cintrées, qui servent à lier ou retenir diverses parties d'une construction : par exemple, des pièces de bois avec un mur, deux pièces de bois ensemble, des ornements ou enroulements sur un châssis de rampe ou de balcon, ou enfin deux barres de fer.

Le lien à cordon est, dans une rampe à arcade, la traverse entre chaque barreau au milieu de laquelle on a fait l'ornement appelé cordon ou demi-rond.

Liens. Dans l'art de la charpente, on appelle spécialement lien une tige de fer méplat pliée en forme d'U très allongé. L'extrémité de chacune des deux branches est terminée par un bout fileté qui s'engage dans un écrou. Dans certains cas, les deux branches sont réunies par une bride, ou plaque de fer méplat trouée, contre laquelle s'exerce la pression des écrous; d'autres fois cette pression s'exerce sur des rondelles en fer, comme dans les boulons.

Les liens servent à assembler ou à consolider des pièces qui se croisent, et dont l'une doit être soutenue par l'autre. (Voy. ÉTRIER.)

Lien ou attache. Bout de fil de fer que l'on tortille pour arrêter les panneaux de grillage sur des barreaux des croisées, des grilles, des balcons, etc., ou sur un cadre. (Grill.)

Liens. V. ATTACHES. (Vitr.)

Liens. Pièces de bois obliques, qui, dans un comble, tiennent le poinçon avec le faîte. Le *lien de contrefiche* relie le poinçon et l'arbalétrier.

Le *lien cintré* est celui qui s'emploie ordinairement aux poteaux de remise et qui supporte la sablière d'égoût où bien celle d'une lucarne à fourrage.

Les liens courbes qui composent la charpente d'une lucarne à *guisard* dits *liens guisard*, dessinent les arêtes formées par la rencontre des surfaces suivant lesquelles sont exécutés le cintre de la base et les liens ou aisseliers qui soutiennent la saillie du toit.

Lierne. Nervure d'une voûte d'ogive qui, de la clef de cette voûte, aboutit à la jonction des tiercerons. Les deux liernes forment une croix dont la clef est le centre. (Maçonn.)

Lierne. Panne qui porte assemblage sur l'arbalétrier.

— Pièce de bois que l'on rapporte sur des solives de sciage dans un plancher de grande portée afin de les lier l'une à l'autre. Ces pièces de bois ont de 5^{m} à 7^{m}, elles sont posées en travers par-dessus les solives et entaillées de la moitié de l'épaisseur au droit de chacune, et ensuite arrêtées par des boulons en fer passant au travers de la solive, avec un boulon par-dessous et une clavette par-dessus. (Charp.)

C'est aussi une pièce de bois qui sert à relier les pieux d'une palée, avec chacun desquels elle est boulonnée. Lorsque cette pièce est entaillée par le passage des pieux, elle s'appelle *moise*.

— Pièce de bois posée horizontalement dans un comble cintré, passant au travers de chacune des courbes et servant à les relier entre elles, au moyen d'une clef qui est à chaque bout de la lierne.

— Ce sont des pièces de bois formant la circonférence d'un dôme ou d'une coupole que l'on pose de niveau à différentes hauteurs et que l'on assemble à tenons et mortaises avec les chevrons courbes.

Lierner. Ajouter des liernes à un comble, à une palée.

Lieux. Syn. d'aisance, de commodité, de privés, de garde-robe, etc.

Lignage. Trace que fait le cordeau des charpentiers sur les pièces de bois à travailler.

Ligne. C'est l'étendue considérée sous une seule dimension, c'est la trace d'un point qui se meut dans l'espace.

Pratiquement c'est une trace faite avec une pointe, un fil fin, etc.

La *ligne droite* est une ligne qui suit la direction d'un rayon lumineux, et qui est assez bien représentée par un fil parfaitement tendu, c'est le plus court chemin d'un point à un autre.

Une *ligne brisée* est une ligne composée de diverses parties de lignes droites.

Une *ligne courbe* est une ligne qui n'est ni droite ni composée de lignes droites.

Une *ligne mixte* est une ligne formée d'éléments rectilignes et d'éléments curvilignes.

Par rapport à la position relative des lignes entre elles, on distingue : —

Lignes perpendiculaires. Deux lignes droites qui se coupent en faisant entre elles des angles égaux qu'on appelles angles droits.

Ligne verticale, qui est une ligné droite passant par le centre de la terre : cette ligne s'appelle dans les arts ligne à plomb.

Ligne horizontale. Ligne perpendiculaire à la verticale.

La terre étant sphérique ou à peu près, on conçoit que les lignes verticales ne sont théoriquement pas parallèles entre elles, mais à cause de la grandeur du diamètre de la terre qui est considérable pour de petites étendues sur la surface, on peut négliger et on néglige toujours l'inclinaison.

Lignes parallèles. Deux ou plusieurs lignes droites qui, situées deux à deux dans un même plan et prolongées indéfiniment ne se rencontrent jamais.

Des lignes droites peuvent être perpendiculaires ou parallèles à un plan. Les premières sont perpendiculaires à toutes les lignes droites menées par leur pied dans le plan.

Les lignes parallèles à un plan sont telles que, si on les prolonge indéfiniment en même temps que le plan, il n'y a jamais rencontre.

Une ligne inclinée est une ligne droite qui n'est ni perpendiculaire ni parallèle à un plan ou à une droite.

Lignes concentriques. Lignes courbes tracées d'un même centre.

Lignes excentriques. Lignes courbes ayant des centres différents.

(Voir pour plus de détails le *Guide pratique de géométrie* par M. Rostan, bibliothèque des professions industrielles).

Dans les arts, on donne le nom de ligne à divers instruments et à diverses dispositions que nous allons indiquer.

Ligne à plomb. (Voir LIGNE VERTICALE, et PLOMB.)

Ligne, ligne de chanvre. Ficelle dont se servent les maçons pour élever les murs d'une même épaisseur, et les charpentiers pour tringler ou ligner le bois.

Ligne de direction. Ligne dont on se sert sur un plan pour y rapporter toutes les autres lignes qui s'y trouvent.

Ligne de pente. Ligne qui, dans l'appareil des pierres, est inclinée suivant une pente donnée : comme l'*arasement* pour recevoir le *coussinet* d'une descente droite ou biaise, la ligne de la montée d'un pont et la ligne rampante d'un fer à cheval, par rapport à la ligne de niveau tirée sur le même plan. (Maçonn.)

— DE RAMPE. C'est la ligne que décrivent deux arcs de cercle qui doivent se raccorder ensemble sur la ligne de sommité, et avec la ligne des pieds-droits, à la hauteur des naissances déterminées par une ligne inclinée.

— DE SOMMITÉ. Le cintre des voûtes des ars rampants est ordinairement formé de deux arcs de cercle de rayons différents, qui se raccordent avec trois tangentes, dont deux forment les pieds-droits, et la troisième, qui n'est que d'opération, détermine le sommet du cintre : c'est pourquoi elle est appelée ligne de sommité.

— RALLONGÉE. C'est dans la coupe des pierres une ligne tirée à côté d'une autre, et d'un même centre; comme pour l'inclinaison des *voussoirs* d'une *plate-bande*, qui s'éloignent de la clef. (Maçonn.)

Ligne d'eau. Ancienne mesure, servant à jauger le débit d'un robinet, d'une source, etc., et qui correspondait à un débit de 6 pintes 1/4 d'eau ($5^{l},62$) par heure.

Ligner. Tracer des lignes droites sur une pièce de bois, un mur, etc., à l'aide d'un cordeau frotté de craie.

Lignolet. Dans les faîtages couverts en ardoises, on appelle ainsi le dernier rang d'ardoses posé en saillie d'un côté du comble.

Lilas. Couleur secondaire composée avec du blanc, de la laque et du bleu de Prusse.

Limaille. Parcelles métalliques enlevées au moyen de la lime.

Limande. Règle plate en bois.

Pièce de bois plate et étroite employée dans une charpente.

Lime. Morceau d'acier trempé, — *strié*, servant à polir les ouvrages qui ont été travaillés à la forge. Il y a des limes qu'on nomme carreaux, demi-carreaux, carrelets, demi-rondes, à tiers-points, à potence, en queue de rat, et d'autre qu'on nomme limes douces, qui ne servent qu'à donner le dernier poli. (Serrur.)

Limer les ajoutoirs des jets d'eau, les robinets des fontaines. C'est enlever avec la lime la superficie de l'endroit où l'on veut que la soudure s'attache. Il ne suffit pas de les limer ou râper, il faut encore qu'on les étame avant de pouvoir les souder.

Les limes dont les plombiers se servent sont de grosses limes de serruriers, emmanchées à la manière ordinaire. (Plomb.).

Limon. Cours d'assises de pierres rampantes et en coupe, qui termine les marches d'un escalier, du côté de son jour, et sur lequel se pose la rampe en pierre ou en fer qui sert d'appui.

Limon. Pièce de bois droite ou circulaire, dans laquelle on assemble les marches de l'escalier. Quant on veut faire un escalier, il faut qu'il soit posé solidement sur un mur d'échiffre, lequel mur doit être fondé avec soin; on met au rez-de-chaussée une assise de pierres de taille, sur laquelle on pose les patins où doivent être assemblés les poteaux qui portent les limons. (Charp.)

On nomme faux limon une pièce rampante posée contre le mur, laquelle ne reçoit pas le bout des marches comme le vrai limon, mais qui est découpée pour les porter en dessous et en appuyer les contre-marches.

Limon-crosse. Limon qui porte une partie courbe à une de ses extrémités et qui s'assemble avec le quartier tournant.

Limosin ou **Limousin.** Ouvrier employé à faire les grosses constructions en maçonnerie.

Limosinage. Nom qu'on donne à toute maçonnerie faite de moellon à bain de mortier, et dressée au cordeau avec parements bruts. (Maçonn.)

Linçoir. Pièce de bois placée à $0^m,13$ ou $0^m,16$ des murs et dans laquelle sont assemblées les solives d'un plancher au droit et au-dessus de la baie d'une porte ou d'une croisée pour en décharger la fermeture ou le linteau : cette pièce s'assemble sur les deux solives qui portent sur les jambages.

C'est aussi, dans un plancher, une pièce de peu de longueur, qui, d'un bout, est assemblée dans un chevêtre et reçoit l'assemblage d'un faux chevêtre et qui, de l'autre bout, est scellée dans le mur.

C'est encore une pièce de bois dans laquelle sont assemblés

les chevrons au droit des lucarnes et des passages des tuyaux de cheminée.

Lingot. Masse de métal.

Lingotière. Moule, de forme à peu près régulière, qui permet un démoulage facile, et dans lequel on coule les métaux fondus.

Linteau. Barre de fer qu'on pose sur les jambages des portes et des croisées pour soutenir les claveaux d'une plate-bande ou d'une arcade; sa grosseur doit être proportionnée à sa portée et à sa charge. (Serrur.)

— Pièce de bois mise en travers au-dessus de l'ouverture d'une porte ou d'une fenêtre, pour soutenir la maçonnerie. Dans les constructions en moellon, on peut mettre des linteaux sans danger, observant toutefois de poser de champ et en décharge le premier rang de moellons, en sorte qu'il porte à sec sur le bois sans plâtre ni mortier, et de lui donner un peu de bombement; dans les constructions en pierre, au lieu de linteau, on doit mettre des plates-bandes soutenues par des barres en fer dans les longues portées. (Charp.)

Liquéfier. Faire passer de l'état solide à l'état liquide, au moyen de la chaleur, un corps solide à la température ordinaire. Ainsi on liquéfie du plomb, de la cire, de la graisse, de la résine, etc.

Liquides. L'eau, la colle, les huiles, l'essence de térébenthine et quelques vernis sont les liquides qu'on emploie pour broyer ou détremper les couleurs. Les liquides formant la base du vernis sont l'esprit-de-vin, l'huile et l'essence de térébenthine. (Peint.)

Lisse. C'est en architecture toute partie unie, comme une colonne sans cannelures, une frise sans ornements. (Archit.)

— On donne aussi ce nom aux planches transversales clouées sur les poteaux pour maintenir les barrières.

— Pièce courante qui couronne à hauteur d'appui le garde-fou en bois.

Listeau. Petit filet qui couronne la baguette de la base d'un piédestal.

Listel. C'est une petite moulure carrée, qui sert à en couronner ou accompagner une plus grande, ou à séparer les cannelures d'une colonne. (Archit.)

— Partie plate et saillante dont on accompagne quelquefois le derrière des moulures sur un champ uni.

Lit. Les maçons se servent de ce mot en parlant de la situation naturelle d'une pierre quand elle est dans la carrière. Les pierres ont deux lits, celui de dessus qu'on appelle *lit tendre*, et celui de dessous *lit dur*. Pour couvrir des terrasses, pour faire des dalles, etc., on met le lit dur dessus, ce qui oblige de renverser les pierres. (Maçonn.)

On appelle *lit brut* celui qui n'est pas ébousiné.

Lorsque les lits, au lieu d'être horizontaux, sont inclinés, comme dans les arcs et plates-bandes, on les nomme *lits en joints*; lorsqu'ils ne sont pas recouverts d'une autre assise et qu'ils sont layés, on les nomme *lits en parement*.

— On se sert aussi du mot *lit* pour désigner une couche de matériaux : un lit de sable, un lit d'argile, un lit de mortier, un lit d'assises.

Litharge. Oxyde de plomb à demi vitrifié, et qui prend la forme de scorie ou d'écume métallique par la coupellation; il y en a de deux espèces, la litharge d'or et la litharge d'argent. (Peint.)

Livret. Petit livre de papier mince et coloré, composé de 26 feuillets, entre lesquels sont déposés 25 feuilles d'or, de même dimension que les feuilles du livret, ce sont ces feuilles d'or que les doreurs emploient.

— On donne aussi le nom de livret à un paquet de bronze.

Location de bois. Bois loués par l'entrepreneur de charpente, pour étais, barrières, cintres de caves et en général tous bois qui sont repris par lui au bout d'un certain temps. (Charp.)

Long-pan. On appelle ainsi le grand côté comble d'une lucarne; et dans un corps de bâtiment qui a une croupe à chaque bout, on nomme aussi long-pan le côté des sablières qui reçoit toutes les fermes. (Charp.)

Longrine. Longue pièce de bois qui, reposant sur plusieurs appuis, est chargée de façon à être soumise à des efforts de flexion.

— Pièce de bois concourant à l'assemblage des fermes d'une jetée; elle est rainée dans sa longueur et mortaisée dans sa largeur, en queue d'aronde, pour recevoir les poteaux d'assemblage et les *traversines*, ainsi que les bordages. (Archit. hydraul.)

Lopin. Enveloppe en tôle ou en vieux fer mince, renfermant de petits bouts de fer ou en ferraille, qu'on met au feu et qu'on forge pour ne former qu'un tout. La masse de fer obtenue s'appelle aussi lopin.

Loquet. Mécanisme très simple qui est employé comme fermeture de portes, de volets, etc.; il y a diverses sortes de loquets.

Le *loquet à poucier*, composé d'une bande de fer plat appelé *battant* et pouvant osciller autour d'un axe fixé sur une *plaque* qu'on attache sur le panneau de la porte, d'un *mentonnet* attaché au tourn·nt de la porte, d'un *poucier*, sorte de petite bascule, qui sert à soulever le loquet du dehors; d'une *poignée* montée sur le battant lui-même, et enfin d'un *crampon* limitant la levée du battant.

Le *loqnet à bouton simple* se compose d'un battant avec un bouton rond, d'un mantonnet et d'un crampon.

Le *loquet à bascule* a de plus que le précédent une bascule qu'on manœuvre avec un bouton à olive monté sur une tige à écrou.

Le *loquet à vielle* est composé d'une platine, d'une manivelle comme celle d'une vielle, et s'ouvre avec une clef.

Loqueteau. Sorte de petit loquet dont la partie principale est un battant monté sur une platine, retenu dans un cramponnet, et sur lequel agit un petit ressort à boudin qui le ramène constamment dans la même position.

Les loqueteaux se placent au haut des croisées, des persiennes, etc., à des endroits où la main ne peut atteindre; on les ouvre au moyen d'un cordon, d'un fil de fer, etc.

Il y a des loqueteaux de plusieurs sortes :

Le *loqueteau à croissant blanchi*, dont la platine est évidée en croissant.

Le *loqueteau à feuille*, dont la platine est découpée en forme de feuille de persil; on fait des *loqueteaux à feuille blanchis* et des *loqueteaux à feuille pousses*, c'est-à-dire plus forts.

Le *loqueteau à panache*, dont la platine est découpée d'une feuille de plus que le précédent.

Le *loqueteau à queue coudée*, dont le battant est debout et à mentonnet portant une queue par le bas; il est ordinairement plus fort que les précédents, et sert à la fermeture des contrevents; on le nomme aussi *loqueteau grisé* ou *noirci*, parce que la platine n'est point blanchie.

Losange. Petit panneau carré placé en diagonale dans un autre panneau.

Losange ou **Rhombe.** Est une figure dont les quatre côtés et les angles opposés sont égaux.

Le *rhomboïde*. Est une figure qui a les côtés et les angles opposés égaux. (Géom.)

Louches (*Couleurs*). Celles dont le ton n'est pas pur.

Louchet. Sorte de bêche ou hoyau servant à la fouille de terres meubles.

Loupe ou **Royaume.** Sorte de banc en bois avec une ouverture à la partie supérieure pour passer la main, qui sert aux peintres de décor et aux doreurs à s'asseoir ou à s'élever.

Loupe. Masse de fer.

Loupe. Excroissance qui se produit sur un arbre par suite d'un enchevêtrement des fibres du bois. Les loupes sont très recherchées pour certains ouvrages d'ébénisterie, à cause des nœuds et dessins qu'elles présentent.

Louve. Pièce de fer qu'on engage à scellement dans une pierre pour y attacher les cordages destinés à lever cette pierre. Ce procédé n'est guère plus usité.

On appelle *louveur* l'ouvrier qui fait les trous pour la louve dans les pierres.

Louveteau. Croix en fer. (Maçonn.)

Louvres (*pierre de*). La pierre de Louvres est de deux espèces : la première, dite *bon binard*, assimilée aux roches de qualité supérieure, porte 0m,75 de hauteur de banc, la deuxième dite petite grise, assimilée aux pierres dures franches, porte de 0m,40 à 0m,65 de haut. (Maçonn.)

Lucarne. Baie ouverte dans un comble pour donner du jour aux chambres en galetas et greniers qui y sont pratiqués. Il y en a différentes sortes :

Lucarne à la capucine, qui a deux longs pans et une croupe sur le devant, que l'on établit le plus souvent au bas d'un comble.

Lucarne à chevalet. Diffère de la précédente seulement en ce qu'elle n'a pas de croupe sur le devant.

Lucarne flamande ou à fronton. Lucarne qui a peu de saillie et dont le chapeau est ordinairement cintré ; elle se pratique dans le *brisis* d'un comble à la mansarde.

Lucarne rampante. Lucarne pratiquée ordinairement au milieu de la hauteur d'un comble ; elle n'a pas de fronton, son comble est plat et suit la même inclinaison que le grand comble.

Lucarne à demoiselle. Ne diffère de la lucarne rampante qu'en ce que le comble lève au lieu de baisser.

Lucarne à œil-de-bœuf. Lucarne à ouverture ronde. Se place ordinairement sur un comble circulaire.

Lucarne cintrée. Celle dont la fermeture est en arc de cercle.

Lucarne à Guitare. C'est celle dont le comble, soutenu par des liens, est circulaire et en saillie.

Lucarne bombée. Celle qui est fermée par une portion de cercle.

— *carrée.* Celle qui est fermée carrément en plate-bande, ou celle dans laquelle la largeur de la baie est égale à sa hauteur.

— Garnir une lucarne en plomb, c'est en couvrir les bois qui pourraient être exposés à la pluie. (Plomb.)

Lumachelle, espèce de marbre qui contient des coquilles.

Lumière. Cavité pratiquée dans le fût d'un outil pour y placer le fer et faciliter la sortie des copeaux. (Menuis.)

— Mortaise qui traverse de part en part une pièce de bois. (Charp.)

Lunette. C'est l'évidement formé par la rencontre d'une voûte en berceau avec une autre, qui forme pénétration. On l'appelle *lunette biaise* quand elle coupe obliquement le berceau, et *rampante* lorsque son cintre est altéré, comme sous un escalier.

— Petites ouvertures recouvertes en plomb que l'on fait aux toits d'ardoise pour passer la corde nouée lorsqu'il faut faire des réparations.

— C'est aussi une petite trappe, percée d'un trou rond, qu'on pose au-dessus des cuvettes des commodités à l'anglaise. (Maçon.)

— En charpente on appelle lunette la pénétration de deux voûtes de différente hauteur, ce qui forme une arête saillante dans ces deux voûtes.

Lustrer (Marb.). RELEVER.

Lustrer le vernis (Peint.). C'est le décrasser quand il est sec et lui donner le luisant et la douceur. Cette opération se fait en frottant le vernis avec un linge imbibé d'eau et de poudre de tripoli, ensuite avec un morceau de drap imprégné d'huile d'olive et de tripoli; et enfin, après l'avoir essuyé, en le frottant encore avec la paume de la main recouverte d'amidon ou de blanc de Bougival mis en poudre, et essuyant avec un linge. Cette opération ne peut se faire que sur les vernis au copal dits vernis gras.

M

Macadam, macadamisage. Empierrement fait avec des cailloux de 6 centimètres environ, qui sont agglomérés par pression et par l'addition de matériaux un peu argileux, plus petits. Ce système a l'inconvénient de se détruire sous l'action des pieds des chevaux, et d'être très sale en temps de pluie, très poussiéreux quand il fait sec. Il n'est pas justifié d'ailleurs par l'économie, l'entretien étant très coûteux.

Machine. Instrument qui a pour objet de transmettre, et souvent de modifier le mouvement imprimé à l'une de ses parties par une force motrice, pour produire un effet donné.

Mâchoire. Les treillageurs désignent par ce nom une équerre de fer, placée sur le devant du dressoir. (Treillag.)

Mâchoire. Ce sont, dans un étau, les deux pièces entre lesquelles on fixe, en la serrant au moyen d'une vis, la pièce à travailler. (Voy. ETAU.)

Machefer. Sorte de scorie mélangée de cendre, de paillettes de fer, etc., qui se forme dans la forge. Il faut retirer le machefer du foyer, sans quoi il empêcherait la réussite de la chaude en altérant la surface du fer.

A Lyon, on utilise le machefer broyé avec de la chaux pour faire des mortiers, qui remplacent le pisé avec avantage, au point de vue de la solidité.

Maçon. Ouvrier qui exécute les travaux de bâtisse en pierre, briques, etc., avec mortier de chaux, ou avec plâtre.

Les outils dont les maçons se servent sont : la règle, le compas, le niveau, l'équerre, le plomb, la hachette, le marteau, le décintroir, la pince, le ciseau, le riflard, la truelle, la truelle bretté, l'auge, le balai, la pelle, le tamis, le panier, le rabot, l'oiseau, la brouette, le bar, la pioche et le pic.

Outre ces instruments de main, les maçons emploient aussi des machines pour soulever de grands fardeaux : tels sont la grue, le gruau ou engin, le guindal, la chèvre, le treuil, les moufles, le levier, et pour conduire les grosses pierres le chariot, le bar, les madriers, les rouleaux, etc.

Enfin, pour l'exécution de certains ouvrages, on a cherché à suppléer à la main de l'homme par des machines dont les plus employées sont celles qui servent à fabriquer le mortier : tels sont les broyeurs et manèges à mortier, les couloirs à mortier, etc.

Maçonnerie. Arrangement des pierres, moellons, briques, etc., liés avec le mortier de chaux, le plâtre, la terre.

— La maçonnerie en *moellons piqués* est employée pour les revêtements de murs extérieurs, tels que les murs de terrasse et autres, auxquels on veut donner une certaine apparence sans enduits. Pour construire ces murs, les parements des moellons doivent être équarris et bien dressés, et être posés par rangs d'assises en liaison les uns sur les autres.

La maçonnerie en *moellons bruts*, appelée limousinage, ne diffère de la précédente que par les parements et les joints montants. Les lits des moellons doivent être aussi bien dressés que pour la maçonnerie en moellons piqués; ils doivent être posés en liaison les uns avec les autres par rangs de niveau, le milieu garni en mortier ou en plâtre.

La *maçonnerie de blocage* est une maçonnerie faite de menues pierres jetées à bain de mortier.

— DE BRIQUE. Maçonnerie faite en briques; quelquefois on combine la brique avec la pierre, et alors on fait en briques les champs, tables, panneaux, etc., qui renferment les corps, saillies et naissances en pierre. On pose ces briques en *liaison* et on les *jointoie* proprement avec du plâtre et de la chaux.

Maçonnerie de limosinage. Maçonnerie faite de moellons posés en liaison sur leur lit, sans être dressés sur leurs parements. (Maç.)

— EN LIAISON. Maçonnerie faite de carreaux et boutisses de pierres posées en recouvrement les unes sur les autres. (Maçon.)

Madrier. Longue table de chêne sur laquelle les plombiers posent leurs moules à tuyaux. Ce madrier porte, à une de ses extrémités, un cric; au-dessous est une ouverture, en forme de mortaise, où l'on suspend le moule. (Plomb.)

Madriers. On appelle ainsi des planches qui n'ont guère moins de $0^m,05$ à $0^m,06$ d'épaisseur. (Charp.)

Magasin. Construction propre à recevoir des marchandises, à contenir des dépôts de grains ou autres matières. La loi veut que, si un magasin est destiné à recevoir des matières corrosives, comme sel, salpêtre, etc., il y aît un contre-mur fait en bons matériaux, avec la même longueur et la même hauteur que le mur principal, et avec une fondation de 1^m de profondeur. Quand on entasse du fumier près d'un mur mitoyen, on doit y établir un contre-mur. (Lois de voirie.)

Maigre. On qualifie ainsi une pierre qui ne remplit pas exactement le vide dans lequel elle est placée; un tenon trop faible pour la mortaise; un joint qui n'affleure point; en un mot, une partie trop petite pour la place qu'elle doit remplir.

Maille. Anneau ou 8 qui sert à former une chaîne et qu'on appelle aussi chaînon. (Serr.)

Mailles. On nomme ainsi les vides que forment les compartiments de treillage. Il y a des mailles carrées, oblongues, en losanges, etc. (Treillag.)

Mailles de bois. On appelle ainsi les dessins que forment les fibres du bois quand on le coupe dans le sens de sa longueur.

Maillet. Sorte de gros marteau ou de masse en bois de charme ou de frêne, qui a $0^m,17$ de longueur, sur $0^m,11$ à $0^m,12$ de hauteur et $0^m,08$ d'épaisseur, arrondi légèrement sur ses angles, avec un manche court d'environ $0^m,21$. Employé par les charpentiers, les menuisiers, les marbriers, les sculpteurs, les tailleurs de pierre, pour frapper sur la tête des ciseaux.

Maillet. Barre de bois demi-ronde dont les plombiers se

servent pour battre les feuilles de plomb et les dresser. Le plat sert à frapper.

Main. Pièce de fer recourbée de différentés manières, qui sert à accrocher un fardeau : telle est l'S qui est au bout du câble d'une grue, d'une chèvre, et à laquelle on peut accrocher la louve.

Main-courante. Bois adapté sur la plate-bande en fer d'une rampe d'escalier. La main-courante est en noyer ou acajou et décorée d'un profil plus ou moins riche suivant l'importance de la rampe. (Menuis.)

Maison. Bâtiment destiné pour l'habitation, dans une ville ou à la campagne.

Malandre. Veines de bois, blanches ou rouges, qui tendent à la pourriture, et qu'il est par conséquent nécessaire de retrancher. (Maçonn.)

Malfaçon. Nom qu'on donne à tout défaut de construction, causé par ignorance, négligence du travail ou par économie. Ainsi, c'est, en maçonnerie, poser des pierres en délit; faire des plaquis ou inscrustations dans les murs de médiocre épaisseur, et particulièrement dans les chaînes qui tiennent lieu de carreaux et parpaignées en liaison; fermer des cours d'assises avec de trop petits clausoirs ou en faire les joints inégaux et les parements gauchis; asseoir des moellons de plat dans la construction des voûtes, au lieu de les mettre en coupe; employer du mortier qui n'a pas assez de chaux, ou qui en a trop, aussi bien que du plâtre éventé ou noyé; ériger les murs sans empatements, retraites et fruits nécessaires, etc., etc. (Maçonn.)

Mamelon. Partie d'un gond ou d'une fiche à vase qui a la forme cylindrique et qui entre dans l'œil de la penture ou dans la douille de l'aile supérieure de la fiche à vase.

Manchon. Cylindre en métal que l'on rapporte à l'intérieur d'un corps de pompe en bois, dans la partie que parcourt le piston, pour rendre son frottement plus doux et pour qu'il ferme hermétiquement. (Font.).

— On appelle aussi manchon un bout de tuyau qui en enveloppe un autre de plus petit diamètre. On emploie souvent des manchons pour réunir bout à bout des tuyaux dont les brides ou les emboîtements sont cassés.

Manchons (Charp.). Voy. Boîtes.

Mandrin ou **âme.** Poteau de bois brut que l'on place au centre d'une colonne creuse et qui sert à fixer les plateaux ou touches qui y sont rapportées pour maintenir les *alaises* formant le fût. (Men.).

Mandrin. Poinçon gros ou mince, rond ou carré, acéré et emmanché comme une tranche. Ces poinçons servant à percer à froid s'appellent plus spécialement poinçons.

— Sortes de tiges ou de coins en fer ronds ou carrés qui servent à rouler certaines parties de fer, comme une douille, ou à agrandir un trou après qu'il a été percé.

— On emploie aussi un mandrin de bois pour ménager, dans certaines constructions, la place que doit occuper un tuyau, de pierre d'évier par exemple, ce qui évite de faire un trou dans le mur après coup. Il faut le tourner, avant que le plâtre n'ait fait prise, pour éviter l'adhérence.

Manège à mortier. Appareil cylindrique qui sert à la confection du mortier. On y introduit la chaux et le sable nécessaires; le mélange se fait à l'aide d'un agitateur mis en mouvement par un cheval qui est attelé à une barre.

Manganèse. Métal analogue au fer, mais qui n'est employé dans l'industrie qu'à l'état de combinaison. L'oxyde de manganèse sert à rendre les huiles siccatives; on l'emploie aussi dans les verreries pour donner au verre une couleur violette qui détruit la couleur jaune ou verte qu'on remarque dans beaucoup de vitres mal fabriquées.

Mangeoire. Auge en bois de charpente qu'on place dans une écurie au-dessous du râtelier. Le devant est ordinairement garni de zinc, grâce auquel il se conserve plus longtemps.

Manier à bout *une couverture*. Déposer et refaire une couverture en remplaçant les parties détériorées.

Les paveurs se servent de l'expression *manier à bout,* pour un pavage qu'ils remettent en état.

Manivelle. Pièce de fer coudée deux fois à angle droit, et servant à donner un mouvement de rotation à un axe de machine : par exemple à l'essieu d'une meule, au cylindre d'un treuil, etc.

— Brancard avec corde et crochet employé par les maçons pour enlever les pierres.

Manœuvre. Homme qui sert le compagnon maçon ou couvreur, qui gâche le plâtre, nettoie les calibres, etc.

Mansarde. Comble brisé dont la partie supérieure est presque plate et dont les côtés s'écartent peu de la verticale. Ce système de comble permet de gagner un étage de logements.

Mansarde. Logement au comble d'une maison, qui prend le jour sur le toit.

— Croisée qui ouvre à coulisse. Elle tire son nom de l'étage en mansarde où elle fut d'abord employée (Menuis.)

— Garnir une mansarde en plomb, c'est la couvrir de plaques de plomb, pour empêcher que la charpente ne soit endommagée par les eaux du ciel. (Plomb.)

Manselles. Bras d'une hie ou demoiselle de paveur.

Manteau. C'est ce qui paraît d'une cheminée dans une chambre, abstraction faite du tuyau couronné de sa corniche et orné d'un cadre avec bas-relief, ou d'une bordure avec globe et tableau. Les parties du manteau d'une cheminée sont les jambages, les chambranles, la gorge ou attique, et la corniche. (Maçonn.)

— DE CHEMINÉE. Barreau de fer qui porte sur les jambages, et soutient les manteaux en maçonnerie des cheminées. (Serrur.)

Marbres. Calcaires possédant une finesse de grain, une cohésion et une dureté telles qu'ils sont susceptibles de recevoir le poli, et offrant, en outre, soit par l'effet de corps étrangers engagés dans la pâte, soit par celui de matières colorantes de diverses natures, des effets de lumière ou des assortiments de couleurs agréables à l'œil, qui les rendent propres à la décoration des édifices. Les marbres calcaires sont très abondamment répandus dans la nature, et leurs variétés sont fort multipliées.

On distingue cinq espèces principales de marbres :

1° Les *marbres simples* ou unicolores, tels que les marbres blancs statuaires, les marbres noirs, les marbres rouges, comme la *griotte d'Italie;* les marbres jaunes, etc., etc.

2° Les *marbres simples veinés*, dont il existe un très grand nombre de variétés, de tous les fonds de couleurs.

Tels sont le *Saint-Anne* qui s'exploite en Belgique, à fond gris et veines blanches; le *grand-antique* à fond noir et veines blanches, nettement tranchées ; le *portor* à fond noir et veines jaunes; le *bleu turquin* à fond bleuâtre et veines plus foncées, etc., etc.

3° Les *marbres brèches*, présentant des fragments anguleux de diverses couleurs, engagés dans une pâte d'une teinte différente.

Telle est, parmi les marbres belges, la *brèche de Vaulsort*, à grands fragments gris, noirs, blonds, jaunâtres, ou rouges engagés dans une pâte d'un blanc rosâtre.

4° Les *marbres composés*, qui proviennent généralement de lieux où les dépôts de sédiment sont enclavés dans les terrains primitifs. Ces marbres renferment des matières étrangères distribuées par feuillets, par paquets, ou disséminées. Tels sont les *marbres cypolins*, de la côte de Gênes, qui renferment du mica verdâtre disséminé dans une pâte verdâtre et saccharoide; les *marbres Campan*, des Pyrénées, le *vert antique*, etc., etc.

5° Les *marbres lumachelles*, qui renferment des coquilles, des madrépores, etc., en grande quantité. Tels sont parmi les marbres belges le *petit granit*, de Ligny, des Écaussines, et un grand nombre d'autres. (Extrait du *Cours de construction* par Dumaret.)

Au point de vue du travail on distingue :

Le *marbre brut*, en blocs qui n'ont été ni débités ni taillés.

Le *marbre piqué*, qui n'a été taillé qu'à la pointe.

Le *marbre ébauché*, qui n'est travaillé qu'à la double pointe et au ciseau.

Le *marbre poli*, marbre qui, après avoir été frotté avec le grès et le *rabat* ou pierre de Gothland, est ensuite repassé avec la pierre ponce et poli au bouchon de linge avec de l'émeri fin ou de la potée d'étain.

Le *marbre lustré*. Marbre qui a été lissé et frotté avec un tampon de linge et de la potée, et qui est luisant.

Le *marbre en tranche*, qui a été débité en tables de 1 à 6 centimètres d'epaisseur.

Le *marbre dans sa passe*. Tranches de marbres qui ont été débitées sur la largeur du banc, c'est-à-dire parallèlement au lit du bloc.

Le *marbre en contre passe*. Tranches de marbre qui ont été débitées sur la hauteur du banc, c'est-à-dire perpendiculairement au lit. Le marbre scié de cette manière est d'une taille difficile.

Le *marbre fier*. Marbre dur, difficile à travailler et sujet à s'éclater.

Le *marbre filardeux*. Marbre qui a des fils.

Le *marbre pouf*. Marbre qui ne garde pas la taille et qui se rapproche du grès.

Le *marbre terrasseux*. Marbre qui a des *tendres* appelés terrasses, et qu'il faut remplir avec du mastic.

Le *marbre camelоté*. Celui qui après le travail, présente des filures ou étonnements à sa surface. Tel est le marbre de Namur.

Marbrier. Ouvrier qui taille et monte les pièces de marbre, les raccorde et les pose.

On donne aussi ce nom à des ouvriers peintres-décorateurs, qui peignent des imitations de marbre qu'on appelle marbre peint.

Marchander ou **faire à la tâche.** C'est prendre une partie de l'ouvrage de l'entrepreneur pour le faire à un prix convenu.

Marché. C'est, dans une ville, une place publique où l'on vend les denrées. (Archit.)

Marché au mètre. Marché qui se fait pour des prix convenus par mètre de chaque espèce d'ouvrage, comme des murs en fondation, des murs de face de pierre, des murs de refend, en moellons pour les gros ouvrages, et en plâtre pour les *légers*. (Maçonn.)

Marché au rabais. C'est un marché qui se fait, sur les dessins et devis des travaux, pour des bâtiments neufs ou de réparations des quais, ponts et autres ouvrages publics, en présence du préfet ou conseiller de préfecture, par adjudication au rabais à un entrepreneur qui s'oblige avec caution à les faire conformément au détail de ces dessins et devis, moyennant les payements faits à certains termes jusqu'à la perfection et réception de l'ouvrage.

Marché clef à la main. Marché par lequel un entrepreneur s'oblige envers un propriétaire, pour une certaine somme, à faire un bâtiment et à fournir, outre la maçonnerie, la charpente, la couverture, menuiserie, etc., et à rendre la place nette et les lieux prêts à habiter dans le temps spécifié, le tout suivant les dessins et devis arrêtés entre eux. (Maçonn.)

Le marché est un contrat synallagmatique, il peut être résilié par le consentement mutuel des parties. Lorsque le marché est à forfait, il est résolu dès que le propriétaire fait connaître qu'il n'est pas dans l'intention de l'exécuter, tandis que l'entrepreneur ne peut jamais renoncer à un marché fait avec des conditions sur lesquelles le propriétaire a pu se reposer. Cependant la loi veut que lorsque la résiliation du marché est signifiée à l'entrepreneur, il soit dédommagé, non seulement de ses dépenses et travaux, mais encore de tout ce qu'il aurait pu gagner si l'entreprise eût été achevée. Le propriétaire voulant ensuite continuer ses constructions, est libre de les donner à qui bon lui semble, le premier entrepreneur ayant été complètement désintéressé. Quand le marché n'est pas à forfait, il n'en est pas moins résiliable par le propriétaire. Quant à l'indemnité accordée à l'entrepreneur, elle doit être fixée suivant l'équité des juges. Dans le cas où l'entrepreneur aurait reçu le tout ou partie du prix de son ouvrage, lorsque la volonté du propriétaire a rompu le marché, l'entrepreneur imputerait ce qui lui a été payé sur le montant du dédommagement qui lui revient; si ce dédommagement excède ce que l'entrepreneur a reçu, le propriétaire mettra le surplus. Dans le cas où la somme reçue excéderait l'indemnité, l'entrepreneur rembourserait l'excédent au propriétaire. L'art. 1795 a établi en principe général, que le contrat de louage est dissous par la mort de l'ouvrier, de l'architecte ou de l'entrepreneur. Le cas change quand le propriétaire vient à mourir, rien n'empêchant l'entrepreneur de continuer ses travaux; peu lui importe que le prix lui en soit payé par la personne avec qui il a traité, ou par la succession.

La mort de l'architecte ne rompt pas le contrat de louage, à moins qu'il ne soit lui-même entrepreneur des travaux. Le contrat de louage se dissout aussi par la force majeure, tel que tremblement de terre, etc. (Lois des bâtim.)

— D'OUVRAGE. Convention par écrit entre l'entrepreneur et celui qui fait bâtir, pour les prix des ouvrages suivant, les dessins et devis donnés, dont on fait des copies doubles qu'on signe de part et d'autre.

Marche. Pièce de bois d'un escalier sur laquelle on pose le pied pour monter et descendre.

Le devant ou *contre-marche* s'appelle la hauteur, le dessus s'appelle le *giron*, et la longueur l'*emmarchement*.

On distingue :

Marche dansante, marche d'angle et celle qui la précède qui portent toutes deux plus de largeur à un bout qu'à l'autre.

Marche chanfreinée. Celle dont le devant est taillé en chanfrein pour augmenter le giron de la marche immédiatement inférieure. Les marches de ce genre ne s'appliquent guère qu'aux descentes de caves et de souterrains.

— *Carrée* ou *droite.* Celle dont le giron est compris entre deux lignes parallèles.

D'angle. C'est la plus longue d'un quartier tournant.

Délardées. Celles qui sont démaigries en chanfrein pardessous, et portent leur *délardement* pour former une coquille d'escalier.

— (*Double*). Palier triangulaire dans un escalier à vis.

— *Gironnée.* Celle des quartiers tournants, des escaliers ronds ou ovales.

— *Palière.* C'est la marche qui forme le bord d'un palier. (Charp.)

Profilée. On appelle ainsi les marches portant moulures sur la rive et venant s'embréver sur la contre-marche. (Charp.)

Marche-pied. La marche la plus élevée de l'estrade : d'un lit, d'un trône, d'un autel, d'un confessionnal.

Marche-pied. Petit escalier portatif composé de quelques marches assemblées dans deux limons comme les échelles de meunier.

Margelle ou **Mardelle.** Pierre percée qui, posée à hauteur d'appui, fait le bord d'un puits. Elle est ordinairement ronde, à pans, ou ovale avec languette pour un puits mitoyen. La maçonnerie qui est au-dessous s'appelle *mur de mardelle.* (Maçonn.)

Mariage. Se dit de la réunion de plusieurs bandes de marbre ou de plusieurs carreaux que l'on scelle bout à bout sur une dalle pour en faire la division d'un même trait de scie.

Marmite. Vase de fonte de fer, dans lequel les plombiers font fondre leur plomb. (Plomb.)

Marne. Terre argileuse, mélangée de calcaire et de sable.

Maroufler. Rapporter, coller à la colle forte, derrière les panneaux de lambris ou autres planches minces, des bandes de grosse toile. Cette méthode s'appelle aussi nerver. (Menuis.)

On maroufle aussi les panneaux avec des nerfs de bœuf préparés et réduits en charpie, semblables à de la filasse, ou même avec de la filasse qu'on fixe au moyen de colle forte en travers des planches pour éviter qu'elles ne se déjoignent ou que les panneaux ne se déjettent.

Maroufler. Pour les colleurs de papier, c'est passer de la colle de pâte sur les bords de la toile. (Collage de pap.)

Marque (*échalas de*). C'est un échalas, ou toute autre tringle de bois, sur laquelle les treillageurs tracent les divisions de hauteur de leurs treillages. Ils nomment, de même, *latte de marque*, une tringle sur laquelle sont tracées les divisions de largeur de ces mêmes treillages. (Treillag.)

Marquer ou **tracer.** Tirer des lignes sur une pièce avec une pointe ou un crayon pour diriger la coupe de l'ouvrier.

Marqueterie. Ouvrage composé de pièces de bois de couleurs différentes formant des dessins plus ou moins compliqués.

Marquise. Espèce de couverture légère, quelquefois même en toile, qu'on établit au-dessus et en avant d'une porte d'entrée ou en avant d'un mur, comme abri contre la pluie et le soleil.

Marre. Grande pioche. — Pelle large et courbée.

Marteau. Les ouvriers des différents corps d'état emploient pour exercer, en un point déterminé, des efforts faibles mais répétés, des instruments consistant en une masse de fer emmanchée qu'on appelle marteau. On appelle *œil* le trou dans lequel passe le manche. La *panne* est le côté opposé au gros bout. C'est bien ainsi que l'entendent les ouvriers, et c'est là du reste la définition admise par le dictionnaire de l'Académie. C'est donc erronément que certains auteurs, opposant la panne à la tête, ont écrit, peut être d'après une erreur qui se trouvait dans la dernière édition du présent ouvrage, que la panne est la partie avec laquelle on frappe.

Les marteaux diffèrent légèrement de forme suivant leur usage.

Les maçons se servent du *marteau brété* ou *laie* (Voy. ce mot), qui n'est pas, à proprement parler, un marteau.

Le *marteau de paveur* est rond par la tête, large et pointu par la panne et emmanché de bois; il sert à fouiller la forme, à garnir les joints du pavé avec le sable, et à affermir et dresser chaque pavé à sa place.

Le *marteau de vitrier* a la tête ronde et sa panne ouverte et propre à arracher de gros clous. Le manche, tout de fer, se termine en espèce de ciseau qui sert de pince, pour attirer à soi les croisées et châssis à coulisses qui sont trop serrés dans les tableaux, ou à enlever les fiches à têtes-des-croisées à deux vantaux. (Vitr.)

Le *marteau de menuisier* est de fer, d'environ 0m,11 à 0m,13 de longueur. Le gros bout, qui est carré, doit être d'acier, le manche doit avoir de 0m,21 à 0m,27 de longueur. (Menuis.)

Le *marteau de couvreur* a le manche plat et tranchant; la tête se termine d'un côté par une pointe pour percer l'ardoise, et de l'autre par une surface plate qui sert à frapper les clous. (Couv.)

Le *marteau de treillageur* diffère des marteaux ordinaires par la forme de la tête, qui est ronde et menue, sa panne est aussi menue et aplatie, et son manche long d'environ 0m,33. (Treillag.)

Le *marteau de serrurier*. Il y en a de plusieurs espèces : les plus gros se nomment marteaux à frapper devant, ceux ensuite marteaux à main, les plus petits, marteaux d'établi ou rivoirs. Il y a en outre les demi-rivoirs et les petits rivoirs, ils tirent leur nom de ce qu'ils servent communément à river. (Serrur.)

Marteau. Voy. HEURTOIR.

Marteler. Frapper le fer avec la panne d'un marteau ou avec un ciseau, afin d'en resserrer les fibres. (Serrur.)

Martelet. Petit marteau à tête carrée et à panne oblique qui sert à écorner et à tailler la tuile. (Couv.)

Marteline. Petit marteau dont la tête est taillée en petites pointes, et qui sert à gruger le marbre et les pierres dures ou à écraser les clous ou les clavillons. (Marbr.)

Martinet. Forte molette de grès à laquelle on attache une corde pour la faire mouvoir, et servant avec du grès et de l'eau à égriser les carreaux de marbre.

Mascaron. Masques grotesques et de fantaisie employés à la décoration.

Masque. Figure d'homme ou de femme sculptée employée comme ornement.

Masse de carrière. Nom qu'on donne à plusieurs lits de pierre placés les uns sur les autres, dans une carrière. (Maçonn.)

Masse (*Faire de la menuiserie en*). On entend par ce terme toute espèce d'ouvrage qui n'est point fait d'assemblage, et dont les champs et les panneaux sont pris dans un seul morceau de bois, ou, pour mieux dire, dans plusieurs morceaux collés les uns sur les autres. (Menuis.)

Masse. Espèce de marteau en fer, court et à deux têtes carrées, ayant un manche en bois, servant à préparer la taille de la pierre, en frappant le poinçon, de manière à enlever de gros morceaux ou éclats.

Masse. C'est un très gros marteau de fer qui sert aux treillageurs pour enfoncer, en terre, des pieux ou des poteaux. (Treillag.)

Masse. Gros morceau de bois dont se servent les plombiers pour forger leur plomb. (Plomb.)

— C'est l'ensemble ou la grandeur d'un édifice. (Archit.)

— Gros marteau carré dont se servent les tailleurs de pierre pour faire les trous à l'aide du poinçon.

— Gros maillet en bois dur, de forme cylindrique, de $0^m,18$ à $0^m,21$ de diamètre sur $0^m,27$ à $0^m,33$ de longueur : son manche est formé d'un bâton de bois dur et élastique d'environ $0^m,81$ de long, qui le traverse perpendiculairement à son axe et y est retenu par la pression d'un coin comme dans le maillet. (Charp.)

Massicot. Oxyde jaune de plomb, servant dans la peinture à faire des teintes dures.

Massif. On entend par massif de maçonnerie toute masse de maçonnerie, sous terre ou hors de terre, telle que massif sous perron, murs en fondation, massif sous les dés, etc.

Les *massifs* de maçonnerie que l'on fait sous les perrons sont faits de moellon, avec mortier de chaux et sable jusque sur la terre ferme.

On dit que le moellon est en massif lorsque le moellon est en contact de tous côtés avec le hourdis et non élevé entre ligne.

Dans les grands massifs en pierres, il faut disposer les matériaux de manière qu'ils tendent par leur appareil à ne former qu'une seule masse, indépendamment du moyen de les réunir par le mortier, les goujons en fer, etc. M. Rondelet propose de donner une légère inclinaison, vers le centre, aux lits des assises dont ils sont formés ; par ce moyen simple, on augmente beaucoup la stabilité des pierres, par rapport au centre, d'où il résulte qu'elles opposent plus d'obstacle à leur désunion. (Maçonn.)

— Petits murs en moellons que l'on construit sous les chéneaux lorsqu'on est obligé d'avoir une pente un peu forte. (Couv.)

Mastics. Mélanges de diverses matières formant pâte, que l'on emploie, concurremment avec les mortiers, dans les constructions.

Ces compositions s'emploient pour boucher les joints des dalles des terrasses, et pour enduire les surfaces exposées à l'humidité.

Parmi les mastics les plus en usage nous citerons :

Mastic Dihl,

Poudre de gazettes de fabrique à porcelaine. .	92 gr.
Oxyde de plomb.	8
Total.	100

Ces matières sont mélangées et triturées avec de l'huile de lin.

Mastics ferrugineux,

Limaille de fer.	4 volumes
Mollaye { résidu produit par l'usure des meules en grès sur lesquelles on dégrossit les canons de fusil.	4 —
Suie de cheminée.	2 —
Fiente de vache.	1 volume

On mélange le tout et on le bat sans eau sur une aire en brique. Le mélange s'amollit par le travail. Si cependant il était trop sec, on y ajoute de l'urine fermentée.

Ce mastic se confectionne trois ou quatre jours à l'avance et doit être rebattu deux fois au moment de l'emploi.

Pierre artificielle. Ce mastic, dont on fait grand usage en Belgique, se compose de

Sable sec, rude et bien lavé.	1 volume
Pierre moulue et tamisée, calcaire solicifère.	2 volumes.

A ces deux matières bien mélangées on ajoute 12 kilog. de litharge, par 100 kilog. de mélange parfait, et l'on broie le mélange avec de l'huile de lin aussi vieille que possible, additionnée dans la proportion de *quatre litres* pour *cinquante kilog.* de matières en poudre.

Plus la masse est travaillée, plus le mastic acquiert de qualité. Pour augmenter la qualité de ce mastic, on ajoute quelquefois 4 à 5 p. 100 de céruse en poudre.

Mastic de marbrier. Les polisseurs emploient : — 1° mélange de résine, de poix blanche et de cire jaune mêlées de plâtre fin et de soufre avec de la potée rouge et du noir de fumée pour lui donner un ton de couleur analogue au fond et aux nuances du marbre ; — 2° mélange de gomme laque et de cire d'Espagne de même couleur que le marbre que l'on veut mastiquer.

Mastic gras. On fait fondre 2 kilog. de résine avec 500 grammes de cire et 250 grammes de poix blanche; puis on verse le tout dans de l'eau froide, pour saisir la pâte, ensuite on moule cette pâte en bâtons.

Spalte ou *mastic à fontaine;* il s'emploie à toutes les parties de soudures sujettes à l'humidité; il est composé de poteries de grès, cuites et réduites en poudre, ou de tuiles de Bourgogne pulvérisées et mêlées au mastic gras.

Le mastic de corbel est propre à remplir les joints des pierres exposées aux intempéries de l'air; il se fait avec le ciment qui provient de la meilleure tuile de Bourgogne, auquel on ajoute du bon blanc de céruse et de la litharge, pour faire sécher plus promptement le ciment; on détrempe ces trois substances avec de l'huile de lin mêlée d'huile grasse.

Mastic albumineux. On le prépare en incorporant de la chaux en poudre avec du blanc d'œuf, de manière à obtenir une pâte molle; il sert à recoller la porcelaine, la faïence, le marbre. On enduit avec cette pâte les fragments à réunir et on les maintient serrés pendant huit ou dix minutes. La pâte ne peut se conserver.

Le mastic au fromage se fabrique avec de la chaux vive pulvérisée et du fromage blanc délayé dans l'eau bouillante : il s'applique à chaud.

Le mastic de kuhlé est un mélange de 60 grammes amidon avec 100 grammes de craie, délayé dans parties égales d'eau pure et d'eau-de-vie, avec addition de 10 grammes de colle forte, puis seconde addition à chaud de 30 grammes de térébenthine de Venise; il a le même usage que les précédents.

Le mastic des fontainiers se compose de 100 parties d'arcanson avec 200 parties de brique pilée; il sert à sceller les robinets de fontaines, rejointoyer les pierres et carreaux, assembler les tuyaux de grès. On l'emploie à chaud en brassant bien la matière

Le mastic de vitrier se compose de craie et d'huile de lin. On fait un mastic plus résistant avec de la céruse et de l'huile de lin.

Le mastic Davy : on fait fondre 8 parties de poix commune et une partie de gutta-percha. On l'emploie à froid pour boucher les fuites des tuyaux à eau et à gaz, réparer les gerçures des couvertures de zinc ou de plomb, recoller les poteries, consolider les vitrages, etc

Mastic. Résine qu'on obtient par incision des lentisques, arbuste très répandu dans l'archipel grec; elle est employée pour la préparation de certains vernis.

Mastic. Voy. Futée. (Men.)

Mastic ou **gros blanc.** Blanc de Bougival écrasé que l'on détrempe avec de la colle tiède pour en former une pâte; il sert à boucher les trous et autres défectuosités des bois et des plâtres qui doivent être peints à la colle; on l'emploie après avoir imprimé la première couche.

Masticage. Troisième opération du polissage, laquelle consiste, lorsque les marbres sont terrasseux, à y placer du mastic. (Marb.)

Mat. On appelle ainsi l'or sur apprêt qui n'a pas été bruni, et les couleurs en détrempe non vernies.

Matériaux. Toute matière propre à la construction, comme pierre, bois, etc.

Il est expressément défendu d'enlever ceux destinés aux ouvrages publics ou mis en œuvre; de prendre les gazons, terres et pierres des chemins publics, sans autorisation. (Lois de voirie.)

Matinage. Par ce terme les treillageurs entendent l'action de donner aux copeaux avec lesquels ils font les ornements ou les fleurs la courbure qui leur est nécessaire. (Treillag.)

Matoire. Espèce de poinçon carré ou rond, qui sert à serrer un prisonnier après l'emploi de la langue de carpe. (Serrur.)

On emploie aussi la matoire pour comprimer (*matter*) le plomb dans les joints des tuyaux de conduite d'eau.

Matrice. Voyez Étampe.

Matter l'or. Passer avec le pinceau une couche légère de belle colle tiède, mêlée de safran et de vermeil sur les parties de dorures qui n'ont pas été brunies de façon à empêcher l'or de s'écorcher.

Mèche. Petit outil qui s'adapte au villebrequin et sert à faire des trous dans les corps durs. Il y a des mèches de différentes grosseurs; elles prennent différents noms, selon leurs formes et leur usage. (Menuis.)

Médaillon. Cadre de différentes formes dans lequel on sculpte en bas-relief une tête ou un chiffre.

Médaillon. Cartouche rond dans lequel est une sculpture en bas-relief.

Mélange. Teinte formée par le broyage et le détrempage de plusieurs couleurs. (Peint.)

Mélèze. C'est une espèce de sapin; son tronc est parfaitement droit. Le mélèze est le seul conifère qui perde ses feuilles pendant l'hiver. Son bois, à cause de la grande quantité de résine qu'il contient, se conserve longtemps sans altération. (Charp.)

Membre. Nom général qu'on donne à toute partie d'architecture, comme une frise, une corniche, etc.

On entend aussi par le mot *membre* une moulure, et on appelle *membre couronné* une moulure accompagnée d'un filet au-dessus ou au-dessous.

Un *membre creux* est une moulure concave. (Archit.)

Membron. C'est un membre rond de plomb qui est sous la bavette. (Plomb.)

— Partie de plomb qui couvre le panneau séparant le vrai comble du comble de brisis.

Membrure. Pièce de bois d'échantillon épaisse, qui sert à faire les cadres dans lesquels on enchâsse les panneaux. Les membrures ont depuis 1m,95 jusqu'à 4m,87. Elles portent 0m,16 de large sur 0m,08. Des chevrons portent la même longueur que les membrures, et quelquefois plus; ils ont autant d'épaisseur que de largeur, c'est-à-dire 0m,08 à 0m,11. (Menuis.)

Meneau. Montant ou traverse de pierre à l'intérieur d'une baie. (Archit.)

Meneau ou *battant meneau*. Montant intérieur du châssis d'une croisée, qui entre dans la gueule de loup du montant intérieur du second châssis. (Menuis.)

Mensole. Clef de voûte.

Mentonnet. Tenon sur la tête des pilots pour arrêter les madriers aux plates-formes que l'on y pose et qu'on attache dessus avec des chevillettes. (Charp.)

— Petite pièce de fer à deux pointes ou à scellement qui accroche et soutient le battant d'un loquet ou d'un loqueteau sur le dormant d'une porte, d'un volet, etc. (Serr.).

Mentonnet. Espèce de crochet qu'on attache dans l'embrasure des portes ou sur leur montant pour recevoir le bout du battant des loquets. Il y en a à pointe et à scellement. (Serr.)

Menuiserie. Art qui s'applique aux menus ouvrages en bois. La menuiserie du bâtiment comprend les cloisons en planches, les portes mobiles, les croisées, les lambris, les revêtements, les planchers, les parquets et les petits escaliers dérobés.

Les bois employés ordinairement sont le chêne, le sapin, le tilleul, le hêtre, le peuplier, et quelquefois le noyer.

Les bois doivent être bien secs, sans nœuds vicieux, ni aubier. Ils doivent être corroyés, dressés à vive arête et bien joints. (Men.)

Mercure. Métal blanc et jouissant d'un bel éclat; amalgamé avec l'étain il sert à l'étamage des glaces. On l'appelle aussi *vif-argent*.

Merrain (*bois*). Bois débité sous une faible épaisseur, au moyen du fendage, et qui provient d'une essence ayant un grain très ferme, tel que le chêne, le châtaignier, etc.

Mesures. Quantités prises pour unités, pour estimer les longueurs, les superficies, les volumes, etc., et se rendre compte de leur étendue. En France, la mesure principale dont sont dérivées toutes les autres est le *mètre*.

Métoche. Espace entre les denticules. (Archit.)

Métope. Espace carré entre les triglyphes de la frise dorique.

— (DEMI). C'est l'espace un peu moindre que la moitié d'un métope, à l'encoignure de la frise dorique. (Archit.)

— BARLONGUE. Métope, qui, dans la distribution d'une frise dorique, est plus large que sa hauteur, ou qui, dans l'entablement d'une corniche de dedans, est entre les consoles, et ornée de peintures ou de sculptures. (Architect.)

Métoyerie. Limite qui sépare deux héritages contigus appartenant à des propriétaires différents. Ainsi on dit que deux voisins sont en métoyerie, lorsque le mur qui partage leurs maisons est mitoyen, s'il n'y a point de titres contraires.

Métrage. C'est l'opération au moyen de laquelle on détermine le nombre de mètres, de mètres carrés, de mètres cubes, qui compose une longueur, une surface, un volume dont on veut connaître l'étendue.

Métré. Voy. MÉTRER.

Métré bout avant. Manière de métrer la charpente en prenant la longueur des bois tels qu'ils sont employés, y compris leurs tenons ou portées; leur grosseur est prise par le milieu.

Métrer. Mesurer toutes les parties d'un bâtiment, en faire la description, les développements; indiquer les ouvrages, en faire les calculs en les réduisant au mètre courant, superficiel ou cubique; les classer dans l'ordre qu'ils doivent avoir d'après leur nature ou leur valeur respective.

On appelle *métré* le résultat de ce travail.

Métreur. C'est celui qui fait le métré.

Méplat (*bois*). Pièce de bois qui est plus large qu'elle n'est épaisse.

— La face la plus large d'une pièce mince; on dit : une pièce *posée sur son méplat*.

Méplates (*barres*). Les barres méplates sont celles qui sont forgées plus minces que larges. On les appelle aussi *fer en bande*. (Serr.)

Mesurer à l'équerre. Mode de mesurage appliqué dans la vitrerie et qui consiste à indiquer à la fois la longueur et la largeur d'une pièce de verre.

Mettre dedans. Assembler dans le chantier, les pièces après que la taille en a été faite. (Charp.)

Mettre en chantier. Disposer sur des supports une pièce qui doit être travaillée.

Mettre sur son fort ou sur son roide. Disposer le bombement d'une pièce courbe en contre-haut ou par-dessus.

Mettre en raccord. Présenter sur une dalle scellée de niveau, après les avoir taillées, toutes les pièces de marbre qui doivent être réunies afin de vérifier si toutes les parties joignent et affleurent parfaitement.

Meulière. Pierre dure et très poreuse, dont le tissu est criblé de trous, et qui est composée de concrétions quartzeuses grossières. Le mortier y adhère beaucoup mieux qu'au moellon ordinaire. On distingue deux espèces : l'une qui se trouve par bancs ou grandes masses, propre à faire des meules de moulin, et l'autre en rocher, ou morceaux isolés et épars dans la campagne. Les carrières de la première espèce se trouvent à la Ferté-sous-Jouarre, et la seconde espèce dans les environs de Paris. Les murs de terrasse, les contre-murs des fosses d'aisances et des égouts s'établissent en meulière. (Maçonn.)

Mezzanine. Petit étage entre deux étages plus élevés. — Fenêtre plus large que haute, ménagée dans la frise d'un grand ordre d'architecture. (Archit.)

Mica. Substance minérale composée de silice, d'alumine, de potasse, de magnésie ou d'oxyde de fer. Le mica se présente toujours en petites masses lamellaires, en feuillets minces, ou paillettes, divisibles en lamelles d'une grande ténuité, brillantes, flexibles et élastiques. En Russie on trouve du mica pouvant se diviser en lames minces d'une certaine dimension et tout à fait transparentes; on l'emploie au lieu de verre pour les vitres. (Marb.)

Minaret. Constructions qui dans les mosquées turques remplacent les tours et les flèches de nos églises. Quelquefois on donne ce nom à des kiosques peu élevés, construits dans le style oriental.

Mine orange. Couleur; oxyde de plomb. Cette couleur est d'un orange très vif, et s'emploie à la colle comme à l'huile. (Peint.)

Mines. On entend par mines, les dépôts — en masse — des

matières minérales et de première nécessité renfermées dans le sein de la terre; ainsi sont les mines d'or, d'argent, de plomb, de fer, de houille, etc.

On exploite les mines par des puits ou trous placés à la superficie de la terre et par des galeries qui sont les excavations pratiquées dans l'intérieur de la mine pour y circuler et qui servent à faciliter l'extraction du minerai.

D'après la loi de 1791, il est dit que toutes les mines et minières, tant métalliques que non métalliques, et même de bitume, celles de charbon de terre, celles de pyrites, sont mises à la disposition du gouvernement. Dans cette disposition ne sont pas comprises celles de sable, de craie, d'argile, de pierre à bâtir, de marbre, d'ardoise, de pierre à chaux ou à plâtre, de tourbe, de terres vitrioliques, de cendres, en un mot toutes celles qui ne sont pas désignées. Cependant le propriétaire d'un terrain où il existe une mine peut l'exploiter avec tranchée ouverte ou avec fosse et lumière, jusqu'à 33m,33 de profondeur. Il n'est tenu, pour ce genre d'exploitation, que de se conformer aux règlements de police, ce genre de travail présentant peu de danger. Lorsque les substances dont le gouvernement n'a pas le droit de disposer ne sont pas exploitées par le propriétaire, et qu'il y a nécessité de les faire servir à des travaux publics ou d'une utilité générale, les entrepreneurs de ces travaux peuvent obtenir de l'autorité la faculté d'exploiter les objets dont il s'agit, en payant au propriétaire la location du terrain et une indemnité pour la dépréciation que ce terrain peut avoir subie. Cette indemnité est fixée de gré à gré, ou à dire d'experts.

La concession pour l'exploitation des mines est accordée au propriétaire du terrain, à moins qu'il n'ait fait connaître, dans le délai de six mois, qu'il renonce à son droit, ou dans le cas d'acceptation, qu'il entend faire l'exploitation aux mêmes conditions que celles imposées à ceux qui veulent devenir concessionnaires. Faute par les propriétaires d'accepter la concession, elle est accordée aux personnes qui l'ont demandée, à la charge de payer les indemnités dues seulement pour les terrains qui doivent servir aux travaux.

Pour les mines de fer, il existe une modification à la loi, qui dit que le propriétaire d'une mine pourra l'exploiter à tranchée ouverte, jusqu'à la profondeur de 33m33 pour ce minéral. Passé cette profondeur, il ne pourra le faire sans y être autorisé par l'autorité souveraine. (Lois de voirie).

Minière. Mine exploitée à ciel ouvert et ne contenant pas de minerai métallique. Pourtant ce nom s'applique à certaines mines de fer.

Minium. Oxyde de plomb d'un beau rouge orangé, fort vif.

qu'on obtient par une longue calcination. On l'emploie pour imprimer les balcons de croisées et les ferrures extérieures, D'autre part, on emploie sous le nom de *minium de fer* de l'oxyde rouge de fer qui semble être d'un usage avantageux. (Peint.)

Mire. Jàlon mobile qui, avec le niveau, sert à faire les nivellements. Il est composé d'une tige verticale de deux mètres de hauteur environ portant des divisions métriques, et le long de laquelle glisse à coulisse une planchette carrée appelée *voyant*, divisée en quatre autres carrés, peints deux à deux diagonalement de la même couleur. Le point de centre sert de repère pour viser avec le niveau, et le *porte-mire* lit la hauteur du centre de la planchette sur la division.

On fait aussi usage de *mires parlantes* qui consistent en une planche peinte sur laquelle les divisions métriques sont indiquées par des teintes occupant tout l'espace compris entre deux divisions successives; ces teintes diffèrent d'ailleurs entre elles suivant la hauteur à laquelle elles correspondent. L'opérateur qui se sert du niveau peut donc lire lui-même les cotes de hauteur, ce qui évite les chances d'erreurs et les pertes de temps résultant de l'emploi de la mire ordinaire, qui exige une certaine aptitude du *porte-mire* ou qui oblige l'opérateur à aller lire lui-même les cotes une fois que le voyant a été fixé par le porte-mire.

Les paveurs se servent de mires plus petites dans lesquelles le voyant est fixe et qui exigent seulement l'emploi du mètre, d'une règle, d'une équerre de maçon.

Miroir. C'est dans le parement d'une pierre, une cavité causée par le détachement d'un gros éclat, quand on la taille. — C'est aussi un ornement en ovale, qui se taille dans les moulures creuses, et qui est quelquefois rempli de fleurons. (Archit.)

— C'est encore un morceau de glace étamé, entouré d'un cadre.

Mise. Morceau de fer qu'on soude à quelque endroit d'un ouvrage qu'on veut fortifier. Il faut qu'elle soit bien amorcée, bien chauffée, nette de *frasil*, et appliquée sur le fer chauffé suant. (Serrur.)

Mise en couleur des parquets et des carrelages. Opération qui a pour but de leur donner une teinte uniforme, agréable à l'œil et de permettre de les tenir dans un état de propreté plus grand que lorsqu'on les laisse bruts.

La mise en couleur se fait à la colle à l'huile, en rouge, en jaune ou en couleur de bois. A la colle, on détrempe la couleur dans la colle; il est bon pour plus de solidité de n'appliquer cette détrempe que sur une couche à l'huile; on encaustique et on frotte avec une brosse dure.

Pour les parquets, il vaut mieux leur laisser leur couleur naturelle, en employant un encaustique que l'on teinte légèrement de la couleur bois.

Mise en ligne. Disposition des pierres et moellons telles que les parements extérieurs soient bien d'aplomb les uns sur les autres; à cet effet on emploie des lignes ou cordeaux tendus de chaque côté de la maçonnerie. (Maçonn.)

Mitoyen. Mur appartenant à deux propriétés.

Un mur ne peut être mitoyen que quand il joint sans moyens les deux héritages : pour qu'un mur ainsi placé appartienne indivisément aux deux voisins, il faut, ou qu'ils l'aient fait construire à frais communs, ou que l'un des voisins en ait acquis la mitoyenneté de celui par qui ce mur a été construit. La mitoyenneté cesse lorsqu'il y a titres contraires, et, à leur défaut, certaines marques présentées par le mur lui-même. Ces marques sont de trois espèces : la première est le chaperon à une seule pente, tournée du côté de l'héritage du réclamant ; la seconde consiste dans les filets de pierres construits avec le mur, et placés du côté de celui qui prétend avoir la propriété du mur entier; ces filets prennent le nom de corniches, larmiers ou plinthes, suivant leurs différentes formes; la troisième espèce consiste en corbeaux ou pierres en saillie, placées de distance en distance dans le mur, du côté de celui qui les invoque comme des témoins de son droit exclusif à la propriété du mur.

Les réparations de mitoyenneté se payent à frais communs : 1° chacun paye au prorata de sa communauté de mur; 2° celui qui veut reconstruire le mur dans les dimensions plus fortes, doit prendre à sa charge, non seulement le travail, mais encore la plus grande épaisseur du mur sur son propre terrain. Néanmoins, celui qui fait la construction est tenu de garantir et indemniser le voisin de tous les accidents qui pourraient arriver à ce dernier; mais si le mur était caduc et entièrement corrompu, l'un des deux voisins aurait la faculté de provoquer la reconstruction à frais communs.

En général, un mur doit être réparé quand il s'y trouve des lézardes, soit d'un côté, soit de l'autre, quand il manque de crépi, quand le chaperon est endommagé en quelques-unes de ses parties, quand une ou plusieurs des pierres qui forment le mur viennent à se détacher, quand le mur déverse, quand il présente des renflements soit d'un côté, soit de l'autre : Quand il est corrompu, c'est-à-dire tellement mauvais qu'il ne peut plus servir à l'usage auquel il est destiné, il doit être refait; un mur qui penche d'un côté ou de l'autre très sensiblement peut être condamnable suivant les circonstances. S'il s'agit de mur mitoyen qui porte des édifices, la règle la plus généralement reçue est de ne le condamner à être démoli que quand il est hors de son aplomb, de plus de la moitié de son épaisseur. Si un propriétaire voulait adosser une cheminée contre le mur mitoyen, vis-à-vis une poutre, il serait tenu de diminuer la longueur de cette poutre, de manière qu'elle ne vînt qu'à la moitié de l'épaisseur du mur. Un des propriétaires d'un mur mitoyen peut faire sur ce mur une surélévation en payant toute la surcharge à son voisin : cette surcharge est fixée suivant l'usage au sixième; cependant cet usage n'est pas toujours conforme à la justice, il vaut mieux s'en rapporter aux gens de l'art.

Lorsque celui qui fait l'exhaussement prend sur lui de reconstruire le mur mitoyen, qui, quoique bon, n'était pas assez fort pour supporter l'élévation, ces frais sont à sa charge. Si un mur mitoyen est mauvais, le voisin qui veut l'exhausser peut exiger qu'il soit refait à frais communs, sauf à payer l'indemnité pour la charge qu'il y mettra; dans le cas où un mur ne serait pas absolument mauvais, pouvant durer encore quelques années, il n'en faudrait pas moins le reconstruire en entier avant de l'exhausser; le voisin serait même tenu d'y contribuer, en diminuant sa part en proportion du temps que le mur aurait encore duré. Dans le cas où le mur mitoyen serait un pan de bois, celui qui voudrait élever pourrait forcer son voisin à participer à la reconstruction du mur en entier, suivant l'épaisseur déterminée, en pierre ou moellon. Personne, suivant l'art. 662 du Code civil, ne peut faire travailler à un mur mitoyen sans le consentement des parties intéressées. Le propriétaire dont l'héritage touche à un mur construit sur l'héritage voisin peut rendre mitoyen le mur entier, ou seulement une portion, sans que le maître puisse s'y opposer, en lui payant toutefois la moitié de la valeur du mur, ou la portion qu'on veut rendre commune. Celui qui veut rentrer dans son droit de communauté, précédemment abandonné, doit acheter non seulement la moitié du mur, mais encore la moitié du terrain, cette moitié ayant cessé de lui appartenir lors de l'abandon qu'il en avait fait. Un propriétaire peut construire sur un mur qui est bon pour clôture, en le reconstruisant à ses frais et en prenant la plus grande épaisseur de son côté; ce mur est mitoyen jusqu'à la hauteur de clôture; et pour surplus il appartient exclusivement à celui qui l'a fait reconstruire; si, par suite, l'autre propriétaire voulait se servir de la mitoyenneté, on évaluerait le mur dans l'état où il est, ainsi que tout le terrain de sa fondation : on défalquerait de cette valeur le mur considéré comme simple clôture, puisque c'est là ce qui est déjà en communauté; l'excédent serait le prix que devra payer le voisin pour rendre le mur commun. Lorsqu'on veut seulement adosser des cheminées à un mur qui appartient au voisin, on a droit de lui acheter la mitoyenneté de la portion de mur que les cheminées occuperont dans toute leur hauteur et sur leur largeur : l'usage est de calculer les cheminées comme ayant 0m,33 de plus de chaque côté que la largeur réelle, c'est ce qu'on appelle le pied d'aile.

Pour avoir droit de communauté à l'exhaussement du mur, il faut payer la moitié de la valeur actuelle de cette construction, y compris la moitié du terrain qui a servi à donner au mur plus d'épaisseur, si cette augmentation a été nécessaire. On paye en outre la moitié de la valeur actuelle des dépenses accessoires auxquelles elle a donné lieu.

Celui qui veut avoir la mitoyenneté d'un exhaussement auquel il n'a pas contribué doit rembourser la moitié de la valeur de cette construction, des dépenses accessoires qu'elle a occasionnées et de l'indemnité qu'il avait reçue. Le voisin qui a contribué seulement jusqu'à concurrence de clôture n'est tenu des réparations et de la reconstruction, que dans la même proportion et comme si le mur n'était qu'une simple clôture.

Un mur qui touche sans moyen deux héritages se nomme mur de clôture quand, ni d'un côté ni de l'autre, il ne supporte aucun bâtiment. La hauteur de la clôture est fixée suivant les règlements particuliers et les usages reconnus. Enfin, si aucun usage n'est suffisamment constaté, l'art. 663 du Code civil dit que tout mur de séparation qui sera construit nouvellement par la suite, ou qui sera rétabli à la place d'un ancien, dans les villes et faubourgs formant une population de cinquante mille âmes et au-dessus, aura une hauteur au moins de 3m,30 y compris le chaperon. Dans toutes les autres villes et leurs faubourgs, la hauteur d'un mur de clôture sera de 2m,63; bien qu'il y ait inégalité de terrain, le mur de clôture doit avoir cette même hauteur du côté où il est le plus bas.

Dans une maison appartenant à plusieurs propriétaires : 1° les gros murs et le toit sont à la charge des propriétaires, chacun y contribue en proportion de la valeur de son étage; 2° le propriétaire de chaque étage entretient le plancher sur lequel il marche; 3° quant aux escaliers, le propriétaire du premier étage entretient l'escalier qui y conduit, et ainsi de suite. (Lois des bâtiments.)

Mitraille. Petits morceaux de laiton dont on se sert comme soudure des pièces de fer que l'on veut braser.

Mitre. Pavé triangulaire sur un de ses joints en bout et que l'on place à l'endroit où deux rangées se réduisent à une, par l'emploi de pavé de fort échantillon. (Pav.)

Mitre. Sorte de couverture placée au-dessus des tuyaux de cheminées, qui sert en même temps à diminuer l'orifice et à empêcher les cheminées de fumer; les mitres sont en plâtre, terre cuite, ou grès. Les mitres en terre cuite, dite à la *fougerole*, sont de trois numéros ou grandeurs différentes; il y en a de rondes et de carrées: la grandeur ordinaire de ces dernières est de $0^m,21$ sur $0^m,24$ et $0^m,40$.

Mitre double. Seconde mitre posée sur celle qui touche la cheminée, et qui ordinairement est faite de deux planches en plâtre placées en travers en forme de toit.

Mixtion. Sorte de mordant qui sert à fixer l'or à l'huile; on étend la mixtion sur la teinte dure, et avant qu'elle ne soit sèche on applique l'or dessus. Ce mordant se compose de diverses manières : avec de l'essence, des résines et du vermillon, ou bien avec des fonds de pinceliers, détrempés les uns et les autres avec de l'huile grasse.

Mobile. Ouvrage de menuiserie qui n'est pas complètement fixe : telles sont les portes, les fenêtres, les guichets. (Men.)

Modèle. Réduction proportionnelle d'un ouvrage exécuté ou non, propre à faire connaître l'aspect de cet ouvrage.

— Type d'un ouvrage qui doit être reproduit plusieurs fois.

Modillons. Petites consoles renversées. Il y a des modillons sur les plafonds des corniches ioniques, corinthiennes et composites qui correspondent au milieu des colonnes.

Les modillons affectés à l'ordre corinthien sont taillés de sculpture avec des enroulements. (Archit.)

— A CONTRE-SENS. Ce sont des modillons qui présentent de front le grand enroulement. (Archit.)

— A PLOMB. Modillons qui, étant biais, ne sont pas d'équerre avec la corniche rampante d'un fronton, comme on les fait ordinairement et ainsi qu'ils sont pratiqués dans les bâtiments antiques. (Archit.)

Modillons en console. Ce sont des modillons qui ont moins de saillie que de hauteur, et dont l'enroulement d'en bas, en forme de console, passe sous les moulures de la corniche et se termine à la frise. Ces modillons se pratiquent quelquefois aux corniches des appartements. (Archit.)

— RAMPANTS. Modillons qui sont non seulement d'équerre avec la corniche de niveau d'un entablement, mais aussi avec les deux corniches rampantes d'un fronton. (Archit.)

Module. C'est une grandeur arbitraire que l'on établit pour régler toutes les mesures de la distribution d'un bâtiment. Dans les ordres d'architecture on prend pour module le diamètre de la colonne à la base.

Moellon. Pierre propre à bâtir, qui se tire des carrières, en morceaux plus petits que les pierres de taille. Le moellon, tel qu'on le sort de la carrière, est plus ou moins dur et de forme irrégulière. Dans les murs d'une certaine importance, on emploie le moellon le plus dur. Il faut veiller à ce que les moellons se lient, qu'ils chevauchent les uns dans les autres. De distance en distance on doit placer des parpaings, c'est-à-dire des moellons qui fassent l'épaisseur de mur; on doit observer de chevaucher les joints verticaux et de ne pas mettre les parpaings à l'aplomb les uns des autres.

On distingue les moellons comme suit :

Moellon bourru ou *brut*. Moellon qui n'est pas taillé et qui s'emploie tel quel dans l'intérieur des murs.

Moellon ébousiné. Moellon qu'on a grossièrement taillé avec la hachette, sur ses lits, pour enlever la pierre tendre et pour obtenir plus d'assiette.

Moellon essemillé ou *smillé*. Moellon qui avant d'être posé, a été taillé assez proprement avec la hachette, tant sur les joints qu'en parement; il s'emploie dans les constructions ordinaires et principalement dans les caves.

Moellon taillé, piqué, ou *d'appareil*. Moellon qui est taillé et à vive arête en lits joints et parement comme une pierre de taille; il sert aux constructions soignées et d'appareil.

Moellon bloqué. Moellon posé, soit à sec, soit à bain de mortier, dans une construction, mais sans tenir compte des joints autrement qu'en vue de faire une construction solide.

Moellon gisant. Moellon posé sur son lit sans taille.

Moellon de plat. Diffère du précédent en ce que le lit est taillé.

Moellon en coupe. Moellon posé de champ dans les voûtes.

Moellonaille. Menus moellons.

Mofette. Gaz qui se dégage des fosses d'aisance et qui contient une certaine quantité d'acide sulfhydrique et d'ammoniaque. Mot vieilli; les ouvriers disent : le plomb.

Moie ou **moye**. Partie tendre qu'on rencontre dans une pierre dure, et qui forme une couche ou une lame tendre suivant le lit de carrière.

Moise. Pièces de bois jumelles servant à relier et solidifier plusieurs autres pièces d'un assemblage de charpenterie et qui, à cet effet, sont entaillées ou délardées; on distingue :

Moises en jambette. Petites moises servant à lier un arbalétrier avec une décharge.

Moises de décharge. Longues moises obliques qui supportent un poinçon.

Moises de palée. Moises placées en travers des pièces d'une palée.

Moises de tête ou *brise-glace.* Moises posées obliquement sur la tête des pièces.

On donne aussi le nom de moises à des pièces placées sur les poutres des planchers pour diminuer la trop grande portée des solives.

Moise. Bourrelet qu'on conserve au milieu d'un corps de pompe en cuivre, pour y placer le collier en fer qui doit le fixer en place. (Fontain.)

Moisissure. C'est un commencement de pourriture de la souche d'un arbre, d'où résulte une altération dans les produits de la végétation ; elle est souvent un symptôme de la vieillesse des arbres. (Charp.)

Mole, molet. Petit morceau de bois dur, de 0m,054 à 0m,08 de long, où l'on fait une rainure dans laquelle on fait entrer les languettes des panneaux pour voir si elles sont justes d'épaisseur; ce que l'on appelle mettre des panneaux aux molets. (Menuis.)

Molette. Sorte de cylindre en marbre, en pierre dure ou en verre, servant à broyer ou diviser les couleurs. Il se prolonge en une partie amincie qui sert de poignée.

On se sert aussi de molettes de ce genre pour l'adouci des glaces, et de molettes en grès ou faites de morceaux de faïence réunis et même en plomb, pour polir la superficie du marbre.

Molleton. Blanc d'Espagne ou de Meudon, mélangé avec de la céruse.

Monder. Nettoyer ou séparer quelque matière mélangée de substances étrangères. (Peint.)

Montage. Opération qui consiste à lier une pierre ou une pièce de bois au câble, la monter au moyen d'une chèvre ou d'un treuil à roue dentée, la recevoir sur l'échafaud et la barder jusqu'au lieu de la pose. Cette opération est ordinairement faite et dirigée par une brigade de cinq hommes, dont deux sont occupés à la chèvre, un à guider la pierre pendant son ascension, et les deux autres à la recevoir, la délier et la barder sur l'échafaud.

Montant. Toute pièce de bois placée verticalement. Les montants diffèrent des battants en ce que leur extrémité est terminée par des tenons. Les montants prennent, ainsi que les battants, différents noms selon l'usage auquel on les emploie. Ainsi on dit *montant de dormant de croisée, de lambris,* etc. (Menuis.)

Montant (*Petit*). On appelle ainsi les petits bâtis de remplissage dans une feuille de parquet, qui n'ont que la mesure des panneaux, et qui sont assemblés dans d'autres ayant une largeur double.

Montant. Barreau extérieur du vantail d'une grille ouvrante ; espèce de pilastre composé de barreaux entre lesquels sont disposés des ornements ; ce pilastre sert à séparer les travées d'une grille ou à remplir l'espace compris entre une porte et un pilier de maçonnerie.

Montée. On appelle ainsi vulgairement un escalier, parce qu'il sert à monter aux étages d'une maison. Le terme s'emploie plus exactement pour indiquer l'exhaussement des murs, l'élévation des voûtes, des colonnes, etc.

— DE VOUSSOIR OU DE CLAVEAU. Hauteur du panneau de tête d'un *voussoir*, ou d'un *claveau*, considéré depuis la *douelle* jusqu'au couronnement. Les claveaux ordinaires des portes et des croisées (si leur plate-bande est arasée) ont au moins $0^m,33$ de montée, prise à plomb et non pas suivant leur coupe. (Maçonn.)

— DE VOUTE. Hauteur d'une voûte depuis sa naissance ou première retombée jusqu'au dessus de la fermeture; on la nomme aussi voussure. (Maçonn.)

Monter. Sceller des tranches de marbre sur des dalles ou sur un noyau en pierre. — Réunir plusieurs parties pour former un ensemble : par exemple, joindre les montants d'un chambranle avec ses revêtements ou avec le travers.

— Assembler les diverses pièces qui doivent former un tout.

Moraillon. Petite bande de fer sur laquelle est rivé un crampon, qui entre dans une serrure, à travers laquelle est percée une ouverture pour laisser passer un piton ou un anneau, et dont on se sert pour fermer une porte avec un cadenas. On distingue : —

Le *moraillon ordinaire*, qui est d'une pièce et qui est fixé soit avec un bout de chaîne, soit par un lacet à pointe molle.

Le *moraillon à charnières*, qui a une charnière au milieu de sa longueur : le surplus reste fixe. Ce moraillon sert à la fermeture d'une porte au moyen d'un cadenas.

— Pièce de fer qui porte les auberons.

Morce ou **Amorce**. Pavé qui dans un ruisseau fait liaison de la chaussée avec le revers; ou bien, qui des contre-jumelles va aboutir aux bordures d'une route.

Mordant. Substances généralement grasses et onctueuses, servant à fixer l'or, le bronze, etc., sur un sujet. Voy. *Batture, Assiette, Mixtion.*

Mordant pour rehausser en détrempe. Mélange composé de 5 hectogrammes de cire, de 2hg,5 d'huile de lin, et de 2hg,5 de térébenthine de Venise qu'on fait bouillir ensemble. On rehausse les ornements en mettant, par hachure de ce mordant chaud, avec la pointe d'un petit pinceau, sur tous les clairs de l'ouvrage. (Dorure.)

— POUR DORER A L'OR MAT. Composition dont on se sert quelquefois; on la fait avec du bitume de Judée et de l'huile grasse; on y incorpore de la mine de plomb, et on l'éclaircit avec de l'essence. (Dorure.)

Morfil. Petites dents formées, au tranchant d'un outil aiguisé sur la meule tournante ou fixe, par les grains du grès qui ont strié la surface du biseau. Pour enlever ces stries, faire tomber le morfil et rendre le tranchant plus vif, on passe l'outil sur la pierre fine.

Mors. Chacune des deux mâchoires d'un étau.

Mortaise. Cavité pratiquée dans l'épaisseur d'une pièce de fer ou de bois pour recevoir le tenon d'une autre pièce.

— Ouverture faite dans une gâche pour recevoir un *pène de serrure*.

Mortier. Mélange de chaux et de sable et quelquefois de ciment détrempé avec de l'eau; la quantité d'eau employée dépend de la qualité des matériaux. Le mortier sert à lier, joindre les pierres, briques, etc. Pour bien faire le mortier, il faut le bien broyer avec le moins d'eau possible. Le mortier bien fait devient aussi dur que la pierre.

On appelle *mortier gras*, du mortier dans lequel il y a plus de chaux qu'il ne serait nécessaire pour remplir les interstices entre les grains de sable; *mortier maigre*, du mortier dans lequel on a mis peu de chaux; *mortier blanc*, du mortier pour lequel on a fait usage de chaux de qualité inférieure; *mortier bâtard*, du mortier composé avec un mélange de bonne et de mauvaise chaux.

— Vase de fonte, de fer, dont se servent les plombiers raffineurs pour y broyer leur mâchefer lorsqu'ils croient qu'ils en peuvent encore tirer du plomb. (Plomb.)

Mosaïque. Sorte d'ouvrage servant à la décoration des édifices, quelquefois des murs, mais bien souvent du sol. Ce sont de véritables tableaux formés par la juxtaposition de petits prismes de substances dures colorées, marbres, pierres plus ou moins rares, cailloux, verres, émaux, enchâssés dans une matière qui les réunit.

— Bois assemblés en forme de mosaïque. (Charp.)

— Maçonnerie dont le parement, au lieu d'être formé d'assises horizontales, est formée de moellons placés dans toutes les directions, de manière à imiter une mosaïque irrégulière.

On emploie généralement, pour ce genre de travail, des moellons de meulière ou de granit. (Maçonn.)

Motif. C'est en sculpture un sujet de décoration.

Mouchette. Larmier d'une corniche, — littel qui couronne un talon ou un quart de rond.

Mouchette. Sorte de rabot dont le fût et le fer sont affutés en creux, et qui sert à pousser les *quarts de ronds*. Il y en a aussi à *grains d orge*, qui servent à dégager les baguettes et autres moulures.

La *mouchette à joues* diffère de la *mouchette ordinaire* en ce qu'elle a deux joues à son fût pour appuyer dessus et contre la pièce de bois que l'on travaille. Elle sert à former et arrondir les baguettes.

Mouchette pendante. Bord du larmier d'une corniche dont le plafond est creusé et refouillé.

Mouchettes. Gravois qui restent sur le tamis quand on passe du plâtre; on mélange ces mouchettes avec le gros plâtre pour faire du pigeonnage ou du hourdage.

Mouflette. Poignée mobile, formée de deux morceaux de bois et servant à tenir le fer à souder quand il est chaud. (Plomb, font.)

— Petit moufle (à poulies).

Moufle. Assemblage qui sert à rallonger une barre de fer. Cet assemblage a un enfourchement pratiqué à l'un des bouts de la barre recevant l'autre barre; chacune des parties porte un œil dans lequel passe une clavette servant à les lier. Cet assemblage se fait pour l'exécution des maillons d'une chaîne.

— On nomme encore moufle tout ouvrage formé de deux pièces qui entrent l'une dans l'autre de la même manière; telles sont les deux branches d'un pivot à équerre.

Moufle. Machine qui sert dans les bâtiments à enlever les plus pesants fardeaux. Elle est composée de deux systèmes formés chacun de plusieurs poulies enchâssées et retenues par un boulon dans une main de bois, de fer ou de bronze, appelée écharpe ou chape. Une corde est enroulée sur toutes les poulies du moufle, allant d'une poulie du premier système à une poulie du deuxième système. Une des extrémités de la corde est attachée à la chape du système supérieur, tandis que l'autre extrémité est libre.

La chape inférieure porte un crochet auquel on attache le fardeau à soulever. La force appliquée à l'extrémité de la corde qu'on tire est multipliée par cet engin, proportionnellement à deux fois le nombre des poulies du système inférieur. (Maç.)

M. Nepveu a inventé une moufle à *engrenage* qui a l'avantage de pouvoir fonctionner dans toutes les positions imaginables; de s'adapter à toute espèce de chèvres, mâts, etc. Il remplace la moufle ordinaire et remplit l'office du cabestan et du treuil.

Moule. Modèle, patron, dont le vide ou le relief sert à guider pour la confection d'un ouvrage. Voy. CALIBRE.

— Masse dont le vide doit être rempli par une substance liquéfiée ou plastique, susceptible de se solidifier en conservant la forme qu'elle a prise dans le moule.

Moule. Outil de treillageur. C'est un morceau de bois ayant la forme d'un cylindre et dont l'extrémité est diminuée pour qu'on puisse le tenir plus aisément; le côté du moule porte une encoche pour recevoir l'extrémité de la baguette ou de la latte qu'on veut tourner en rond dessus, suivant un diamètre donné. (Treillag.)

— A ENTAILLER LES RONDS. C'est un morceau de bois plat creusé pour recevoir les ronds en lattes qu'on veut entailler pour qu'ils se pénètrent. Aux deux côtés de ce moule sont des entailles disposées comme doivent être celles des ronds, ce qui permet de les faire très régulièrement. (Treillag.)

— A MATINER AU FEU. C'est un morceau de bois rond, sur lequel les treillageurs appliquent les pièces de boissellerie, ou toutes autres, pour les courber en les chauffant. (Treillag.)

— Châssis dans lequel on fait les tuiles. Il y en a de plus grands les uns que les autres; c'est pourquoi on distingue les tuiles en tuiles de grand ou de petit moule. (Couvert.)

— A TABLE. C'est une longue caisse portée sur des pieds de charpente, qui est plus longue que large, fermée d'un couvercle de charpente en trois pièces, ce qui donne plus d'aisance pour l'enlever et le replacer. Le fond est en bois de chêne. La caisse de ce moule a $0^{m}.22$ de profondeur, et contient, dans toute sa largeur et toute sa longueur, une couche de sable de $0^{m},16$ d'épaisseur. C'est sur ce sable, préalablement arrosé, labouré, raclé et plané, que les plombiers coulent leurs tables de plomb. On ouvre dans chaque table deux petits fossés pour recevoir le surplus du plomb nécessaire. On nomme le plomb qui y entre *rejet* : on le fait refondre après l'avoir retiré de ces fossés. (Plomb.)

Moulin. Machine destinée à utiliser la force motrice soit d'un cours d'eau, soit du vent.

Dans un moulin à eau, sont aux frais du locataire : l'entretien des *palées* et les réparations à faire aux *vannes*. Les tournants et travaillants d'un moulin à eau doivent être entretenus par le locataire, à moins qu'il ne prouve que les dégradations viennent ou de vétusté ou de force majeure. Dans les moulins pendants, c'est-à-dire dans ceux dont la roue peut se hausser et se baisser, afin de se conformer à la hauteur des eaux, lorsqu'ils sont sur des rivières sujettes à des variations de niveau, les tournants et travaillants comprennent en outre une charpente qui sert à élever ou baisser la roue, selon l'augmentation ou la diminution des eaux; le locataire est également tenu des réparations de cette charpente.

Outre les tournants et travaillants, les ustensiles et objets mobiliers servant à l'exploitation du moulin sont à la charge du locataire.

Il y a des circonstances où les locataires des moulins sont tenus à d'autres espèces de réparations, mais il faut que le bail en fasse mention, sinon elles restent à la charge du propriétaire. Telles sont l'entretien des digues, le fauchage des herbes qui croissent dans l'eau, l'enlèvement des atterrissements. Dans les moulins construits sur bateaux, les locataires, outre l'entretien des tournants et travaillants, ont encore la responsabilité de tous dommages arrivés aux bateaux qui supportent les moulins, ainsi qu'au corps même du moulin. Cependant ils sont dégagés de toute poursuite, quand ces réparations sont occasionnées par vétusté ou force majeure. Les grandes eaux, les glaces, la rupture des câbles, le choc d'autres bateaux, ne sont pas considérés comme force majeure.

Dans les moulins à vent, les tournants et travaillants, ainsi que les ustensiles, sont à la charge du locataire. (Loi des bât.)

Moulinage. Opération consistant à passer la pierre au grès avec la molette ou le martin. La même opération se fait également et est même d'un usage plus fréquent dans les travaux de marbrerie. (Maçonn.)

Moulinet. Treuil horizontal ou vertical armé de leviers passés en croix transversalement pour le faire tourner de manière à enrouler ou dérouler une corde à l'extrémité de laquelle est un fardeau. On donne plus particulièrememt le nom de moulinet à l'ensemble des leviers.

Moulures. Ornements employés en architecture et destinés à marquer nettement les différentes parties d'une construction.

Les moulures les plus fréquemment employées se divisent en moulures simples et moulures composées.

Les moulures simples sont :

Le *quart de rond droit*, moulure convexe; le *quart de rond renversé*, moulure concave; le *cavet* droit; le *cavet* renversé

Les moulures composées sont :

Le *talon* et la *doucine*.

Les *filets* sont de petites parties planes qui accompagnent et séparent les moulures; la *baguette* est une petite moulure demi-cylindrique; le *tore* est une forte moulure cylindrique; la *scotie* est une moulure concave et renversée ; le *bec de chouette* ou *bec de corbin* est formé par la réunion d'un quart de rond avec une doucine; le *congé* est une petite moulure concave formant raccordement entre deux faces planes peu saillantes l'une sur l'autre; la *moulure à demi-cœur* ou *talon à tête* est composée du tore ou baguette et du talon qui est en bas.

Une *moulure lisse* est celle qui n'a aucun ornement; une *moulure ornée* est taillée de sculpture en relief ou en creux; une *moulure couronnée* est une moulure accompagnée d'un filet; une *moulure rapportée* est une moulure qu'on applique sur une huisserie ou un bâti pour figurer un chambranle.

Les moulures sur la pierre ou sur le marbre se font au ciseau; celles en plâtre se font avec des gabarits; les menuisiers font des moulures sur bois avec des sortes de rabots dont le fer a le profil voulu.

— Maintenant par des procédés mécaniques on établit toute espèce de moulures en menuiserie à des prix très bas. On fait aussi, par emboutissage ou estampage, des moulures en tôle, en cuivre, en zinc.

Mousses. Ce sont des plantes qui s'attachent sur l'écorce des arbres et les couvrent souvent sur toute leur longueur. Elles nuisent au développement des arbres; la présence de ces plantes est, en général, un signe certain d'une humidité qui fait tort à la qualité du bois. (Charp.)

Mouton. C'est, dans une *sonnette*, soit un bloc de fer ou de fonte, soit un bout de poutre armé d'une *frette* de fer. Le mouton est retenu par des clefs au devant des deux montants de la sonnette. On l'élève par des cordes à force de bras ou avec un treuil, pour qu'en retombant il serve à enfoncer les *pieux* et les *pilotis*. Il y a apparence que ce mot a succédé à celui de bélier, qui était une machine de guerre dont les anciens se servaient pour enfoncer les portes et abattre les murailles des villes. La *hie* est différente du mouton en ce qu'elle est plus pesante, et qu'on la lève avec un *engin* au moyen d'un moulinet, pour la laisser ensuite tomber en lâchant, et faire ainsi un plus violent effort qu'avec le mouton. Voy. Déclic et Sonnette.

— On donne aussi le nom de *moutons* aux pièces de bois auxquelles les cloches sont fixées.

Mouvement de tirage. Petite tige coudée en cuivre ou en fer, montée au sommet du coude, sur une pointe en fer, et servant à changer la direction du fil destiné à changer le mouvement à une sonnette. Les mouvements en cuivre sont pour appartement et ceux en fer pour tirage de porte cochère. (Serr.)

Moye. Voy. Moie.

Moyer une pierre. C'est la fendre selon la moye de son

lit. On appelle pierre moyée celle dont le tendre est abattu. (Maçonn.)

Moyeu. Les treillageurs nomment ainsi un morceau de bois dans lequel sont placées les tiges des fleurs. (Treillag.)

Muid. Ancienne mesure pour le plâtre, composée de trente-six sacs, chacun de deux boisseaux, ce qui correspond à 936 litres environ. (Maçonn.)

Mufle. Bande de fer placée sous le bout d'un ressort.

Mur ou **muraille.** Corps de maçonnerie d'une certaine épaisseur, construit en pierre de taille, moellons, briques, hourdé en terre, plâtre ou mortier, servant à enclore un terrain ou supportant les étages d'une construction.

Les murs doivent avoir une épaisseur proportionnée à la charge qu'ils doivent supporter. Les fondations des murs de face, de refend, etc., doivent être assises et posées sur terre ferme. Voy. FONDATION.

La plupart des murs de clôture ne descendent pas à plus de $0^m,65$ ou $1^m,00$ en fondation.

On fait usage de pierres dures pour les premières assises des murs de face jusqu'à une certaine hauteur au-dessus du sol.

Pour les murs de refend, les murs mitoyens et les murs de moindre importance, on emploie de moins bons matériaux. Les murs doivent avoir extérieurement un certain fruit. Lorsqu'on craint qu'ils ne se déversent sous la charge, on les maintient avec des *tirants* et des *ancres* en fer.

Il convient d'employer les meilleurs matériaux à l'exécution des encadrements des baies, des encoignures, des voûtes.

Pour la conservation des murs, on y applique fréquemment de la peinture et on opère différemment suivant que le mur est extérieur ou intérieur.

Sur les murs extérieurs, il faut que la muraille soit bien sèche; cela supposé : 1° donnez une ou deux couches d'huile de lin bouillante, pour durcir les plâtres; 2° mettez, pour les dessécher, selon ce que vous voudrez y peindre, du blanc de céruse ou de l'ocre broyé un peu ferme, et détrempé avec l'huile de lin; donnez-en deux ou trois couches. Quand elles seront sèches on pourra peindre sur la muraille ce que l'on voudra.

Si on veut peindre une muraille non exposée à l'air, ou sur du plâtre neuf, il faut donner une couche ou deux d'huile bouillante de lin, en saturer la muraille ou le plâtre, de façon qu'ils n'en puissent plus boire. Ils sont en état alors de recevoir l'impression.

D'après le mode de construction, on distingue les différents genres de mur suivants :

Mur blanchi. Regratté avec des outils, s'il est de pierre, ou imprimé d'un lait de chaux s'il est maçonné.

Mur brut ou *nu*, Qui n'est ni enduit, ni jointoyé.

Mur crépi : dont les moellons ou les briques sont entièrement recouverts de plâtre ou de mortier.

Mur de parpaing. Mur en pierres de taille, chaque pierre formant l'épaisseur du mur en étant parementée des deux côtés. Les murs d'échiffre et les murs qui portent les cloisons sont de parpaing.

Mur enduit ou *ravalé*. Ayant, sur une première couche de plâtre ou de mortier, que l'on nomme *crépi*, une seconde couche d'enduit, celui-ci plus fin, mieux dressé et plus uni.

Mur en pierres sèches. Construit en moellon ou en meulière sans aucun mortier; il forme quelquefois contre-mur pour empêcher l'humidité d'atteindre le vrai mur. Les pierrés et puisards sont faits assez souvent en pierres sèches. On construit aussi des murs à pierre sèche, dans le fond des puits, pour faciliter le passage de l'eau.

Mur hourdé. Dont les moellons sont scellés avec du plâtre, du mortier ou de la terre.

Mur ravalé. Voy. mur enduit.

D'après la position, l'usage et la forme, on distingue les différents genres de mur suivants :

Aile de mur. Partie de mur de dossier qui excède l'emplacement qu'occupent les tuyaux de cheminée.

Contre-mur. Mur appuyé derrière un mur en pierre ou en moellon, afin de le consolider. Est exigé quand on établit, un four, une fosse d'aisances, etc.

Gros mur. Mur qui forme l'enceinte d'un bâtiment et supporte les combles, les voûtes.

Mur circulaire. Dont le plan est en cercle.

Mur coupé. Dans lequel on a fait une tranchée pour y loger de leur épaisseur les bouts de solives ou les poteaux de cloison, soit en bâtissant, soit après coup.

Mur courbe. Dont le plan est courbe.

Mur d'allège. Formant l'appui d'une croisée et de moindre épaisseur que le reste du mur.

Mur d'appareil réglé. Voy. assise.

Mur d'appui ou *de parapet*. Qui n'a qu'un mètre de hauteur au-dessus du sol, sur un pont, un quai, une terrasse, dans une cour, dans un jardin.

Mur de dossier. Mur en exhaussement sur un mur de pignon; il excède le comble en hauteur, c'est sur lui que sont adossés les tuyaux de cheminée.

Mur de douve. Mur intérieur d'un réservoir ou d'un bassin. Est ordinairement garni — à l'extérieur — d'un corroi en glaise ou d'un blocage en cailloux noyés dans le mortier.

Mur de clôture. Mur formant enceinte autour d'une propriété. On lui donne ordinairement $3^{m},25$ de hauteur sous chaperon.

Mur de face. Celui qui est extérieur dans un bâtiment, soit du côté d'une vue, soit du côté des cours ou jardins.

Mur de fondation. Celui qui est construit au droit des terres et au-dessous du rez-de-chaussée, et qui est ordinairement brut.

Mur de pignon. Mur dont la partie supérieure est de forme triangulaire et qui reçoit l'extrémité du comble.

Mur de refend. Mur à l'intérieur d'un bâtiment, qui sépare les différentes pièces, qui porte les planchers et dans lequel on construit des cheminées s'il y a lieu.

Mur de soubassement. Mur formant l'appui d'une croisée et de même épaisseur que le reste du mur.

Mur de terrasse. Mur qui soutient les terres d'une terrasse et qui est d'une épaisseur proportionnée à sa hauteur, avec fouit au dehors et contrefort ou recoupement en dedans.

L'humidité des eaux qui n'ont pas d'issue étant dans le cas de décomposer, à la longue, certaines espèces de pierres qui peuvent avoir été employées à la construction de ces murs, il est indispensable de pratiquer, de distance en distance, des ouvertures étroites appelées *barbacanes* ou *chantepleures*, pour donner issue aux eaux qui pénètrent les terres, ou de conduire ces eaux à l'extérieur par quelque autre moyen. Lorsqu'on fait usage des barbacanes, il faut qu'elles descendent jusqu'au bas du revêtement et que le remplissage soit plutôt en pierrailles qu'en terre.

Mur droit. Dont les deux faces sont des plans verticaux et parallèles.

Mur en décharge. Dont le poids est soulagé par des arcades bandées d'espace en espace dans sa maçonnerie.

Mur en aile Mur, droit ou courbe, se rattachant à une culée de l'une des têtes du pont, en prolongement ou obliquement, et servant de mur de soutènement.

Mur en élévation. Supérieur au sol des caves.

Mur en l'air. On appelle ainsi tout mur qui ne porte pas de fond, mais à faux, comme sur un arc, ou sur une poutre en décharge, et qui est élevé sur un vide, qu'on a pratiqué pour quelque sujétion en bâtissant ou qu'on a percé après coup.

On donne encore le nom de *mur en l'air* à un mur porté sur des étais pour une *réfection* par *sous-œuvre*.

Mur en retour. Mur construit en retour d'équerre des culées de l'une des têtes d'un pont et servant de mur de soutènement.

Mur en reprise. Mur dont la construction est faite à travers un mur existant.

Mur en reprise par épaulée Mur construit en reprise par petites portions, ce que l'on fait pour éviter des étaiements sans craindre le danger qui résulterait de reprises trop étendues.

Murs en fruit ou en *talus*. Sont ceux dont une face est verticale et dont l'autre est inclinée vers la première, ou dont les deux faces s'inclinent l'une vers l'autre.

Mur latéral. Mur en dehors du mur de face et qui peut être mitoyen.

Mur orbe. Mur de maison fort haut, qui n'est percé d'aucune porte, ni d'aucune fenêtre, et sur lequel, par des renfoncements ou par des naissances d'enduit ou de crépi, on simule des encadrements pour faire symétrie, ou seulement pour la décoration.

Mur planté. Mur fondé sur pilotage ou sur une grille de charpente.

On distingue encore *selon l'état* de vétusté :

Mur déchaussé. Mur qui dépérit ou qui est ruiné à son rez-de-chaussée.

C'est aussi un mur dont le fondement paraît en partie, le rez-de-chaussée étant plus bas qu'il ne devrait être.

Mur dégradé. Mur dont quelques moellons sont arrachés ; mur dont les petits blocagos et le crépi sont tombés en totalité ou en partie.

Mur déversé ou en *surplomb*. Mur qui n'est pas d'aplomb.

Mur fendu ou *corrompu*. Mur qui est en péril imminent. S'il est mitoyen, on peut, suivant la coutume de Paris, contraindre son ironie à le faire réédifier, chacun payant sa part suivant son *héberge*.

Mur lézardé ou *crevassé*. Mur qui présente des ouvertures plus ou moins grandes, faute de liaisons suffisantes dans les joints.

Murer. C'est clore de murailles un espace. C'est aussi fermer avec de la maçonnerie une baie existant dans l'épaisseur d'un mur ou seulement le tableau ou l'embrasure de cette baie. (Maçonn.)

Musique. Mélange de poussier, de gravois avec du plâtre pour garnir l'intervalle des lambourdes du plancher.

Museau d'une clef. Saillie à droite ou à gauche sur le devant du *panneton*, et dans laquelle sont presque toujours pratiquées les fentes qui doivent recevoir les dents de râteaux. (Serrur.)

Mutules. Espèce de *modillons* carrés, dans la corniche dorique, qui répondent aux *triglyphes* et d'où pendent ordinairement des *gouttes* ou clochettes, sous l'*entablement*.

N

Naissance. On appelle naissance les parties de crépis et enduits en raccordement avec un ancien ouvrage; les naissances ne diffèrent des crépis et enduits ordinaires que par leur petite largeur, qui ne dépasse pas 0^m,32. (Maçonn.)

— DE COLONNE. Partie de la colonne qui fait le commencement du *fût* et qui joint le petit membre carré en forme de *listel*, reposant sur la base de la colonne. (Maçonn.)

— D'ENDUIT. Ce sont, dans les enduits, certaines plates-bandes au pourtour des croisées et ailleurs, qui ne sont ordinairement distinguées des panneaux de crépi ou d'enduit qu'elles entourent que par du badigeon. (Maçonn.)

— DE VOUTE. C'est le commencement de la partie courbe d'une voûte, formé par les retombées, ou premières assises qui peuvent se tenir en équilibre sans cintre. (Maçonn.)

Nancelle. Partie concave entre deux tores. (Archit.)

Nappe. Large table de plomb que l'on emploie sur des terrasses, terrassons, larges chêneaux, etc.

— D'EAU. Masse d'eau qui s'écoule en forme de nappe; on dit que la nappe est *déchirée* quand des obstacles ou des résistances qu'elle n'est pas assez forte pour surmonter la font se séparer en plusieurs parties. Les nappes d'eau déchirées donnent d'assez jolis effets; on peut les produire, par exemple, au moyen d'un jet ou plusieurs jets de fontaine dont la chute est brisée. Le jet ou la gerbe d'eau tombe sur un bassin presque plat; l'eau, brisée par ce bassin, jaillit tout autour dans un bassin inférieur qui la rend dans un troisième bassin par deux endroits. (Plomb.)

Navée. C'est le nom que donnent les maçons à la charge d'un bateau de pierre de Saint-Leu. (Maçonn.)

Navette. Voy. SAUMON.

Navette. C'est un *guillaume* dont le fût est diminué sur l'épaisseur comme une navette de tisserand. (Menuis.)

Navrer (*treill.*). Donner un coup de serpette ou faire une encoche à une perche ou un échalas tordus, pour les redresser.

Nef. Espace compris entre deux rangées de piliers qui soutiennent une voûte. Dans une église, c'est la partie comprise entre les bas côtés; elle se présente la première quand on entre par la principale porte; ordinairement elle est séparée du chœur par une simple clôture, quelquefois par un *jubé*. (Architect.)

Nerfs. Moulures des arcs-doubleaux des croisées d'*ogives* et formerets, qui séparent les *pendentifs* des voûtes gothiques. (Architect.)

— Fibres apparentes du fer.

Nerprun. Arbrisseau dont le fruit donne un suc qui sert à faire le vert de vessie.

Nerver. Voy. MAROUFLER.

Nervure. Dans la maçonnerie, c'est une partie saillante en forme de côte.

Dans la menuiserie, sorte de feuillure de forme triangulaire faite dans un poteau de remplissage, sur les faces du côté des plâtres pour attacher les lattes de la cloison; on nomme aussi les nervures arrachements.

Nervures. Ce sont, dans les feuillages, des rinceaux d'ornement, les côtes élevées de chaque feuille.

Nettoyer un chambranle C'est le laver, puis lui redonner son lustre. (Marb.).

Nez ou crochet. Petite éminence de terre cuite qu'on ménage aux tuiles plates pour les accrocher à la latte. On fait en outre aux tuiles du grand moule des trous à côté du crochet pour les arrêter avec des clous à bateau pour suppléer dans l'occasion au manque de crochets. (Couvert.)

Niche. Renfoncement pris dans l'épaisseur d'un mur pour y placer une figure ou une statue. (Archit.)

Niche angulaire. Niche qui est prise dans une encoignure et qui est fermée en haut par une trompe sur le coin. (Archit.)

— NICHE CARRÉE. Renfoncement, dans un mur, dont le plan et la fermeture sont carrés.

— D'AUTEL. Niche qui contient un tableau, dans un *retable* d'autel. (Archit.)

— EN TOUR RONDE. Niche qui est dans le dehors d'un mur circulaire, et dont la fermeture porte en saillie. (Archit.)

— FEINTE. Renfoncement de peu de profondeur, dans lequel sont une ou plusieurs figures peintes ou en bas-relief.

— RONDE. Niche cintrée par son plan et sa fermeture.

— RUSTIQUE. Niche qui est avec bossages et refend.

Les voûtes en niches peuvent s'appareiller de trois manières différentes, ou par rangs horizontaux formant ces demi-couronnes, ou par rangs verticaux, on en forme de trompe.

Nigoteau. Quart d'une tuile, que l'on place le long d'un solin ou d'une ruellée.

Niveau. Instrument servant à déterminer des plans horizontaux ou des lignes horizontales. Suivant la nature du travail auquel s'applique le niveau, sa disposition varie.

Le niveau du maçon est formé de deux règles d'égale longueur réunies par une traverse; ces trois pièces forment un triangle isocèle. Les règles sont assemblées à angle droit, de sorte que le niveau peut servir d'équerre. Les extrémités des règles qui dépassent la traverse sont coupées parallèlement à la traverse, c'est-à-dire à l'hypoténuse du triangle; on les appelle pieds du niveau. Au sommet de l'angle droit est attachée une ficelle passée dans un petit trou où elle est retenue par un nœud ou une petite cheville : cette ficelle porte un plomb qui la tend. Sur la traverse est tracée perpendiculairement à l'hypothénuse une ligne avec laquelle doit coïncider la ficelle formant fil à plomb, quand les pieds sont posés sur un plan horizontal. Ce niveau sert à poser les assises de pierre ou de brique, à tracer les cadres des enduits, etc.

Le niveau des charpentiers et des menuisiers ne diffère de celui des maçons qu'en ce qu'au lieu d'être triangulaire il est carré et que le fil à plomb passe par le milieu des traverses horizontales, dont l'une au moins affleure les règles verticales : il peut servir dans un plus grand nombre de cas, on peut l'employer comme le niveau précédent : mais en outre, il peut s'appliquer par sa partie latérale contre une pièce dont les faces doivent être verticales.

Les paveurs emploient comme niveau un longue règle de bois au milieu de laquelle est fixée, à angle droit, une autre règle formant poignée ; sur celle-ci est attaché un fil à plomb, dont le fil doit coïncider avec un trait vertical marqué sur la poignée quand la règle est horizontale.

Dans quelques circonstances on emploie le niveau à bulle d'air, qui consiste en un tube de verre plus large en son milieu qu'à ses extrémités et contenant de l'alcool ou de l'éther en quantité suffisante pour qu'en mettant le tube à peu près horizontalement, il n'y ait qu'une bulle d'air plus ou moins grosse correspondant à la partie renflée du tube. Ce tube de verre est fixé dans une monture métallique, de telle sorte que la bulle d'air soit comprise entre deux traits tracés extérieurement sur le tube de verre, quand la face inférieure de la monture métallique est horizontale.

On fait aussi usage du niveau d'eau qui consiste en deux fioles de verre communiquant entre elles par leur partie inférieure au moyen d'un tube métallique de 1^m à $1^m,45$ de longueur, monté sur un trépied ; on emplit d'eau les fioles et le tube ; le liquide prend son niveau dans les deux fioles et constitue un plan horizontal, ce qui permet de faire passer un rayon visuel par sa surface et de déterminer, au moyen de la mire, une série de points compris dans ce même plan horizontal.

Enfin il y a le niveau à lunette, employé dans les grandes opérations, qui consiste principalement dans une lunette dont l'axe optique est horizontal, cette horizontalité pouvant être vérifiée à chaque instant au moyen d'un niveau à bulle d'air conjugué avec la lunette.

Niveau du poseur. C'est le niveau du maçon.

Niveau carré. Niveau de charpentier et de menuisier.

Niveler. Faire un nivellement. — Rendre unie la surface d'un terrain.

Nivelette. Petite *mire* employée par les paveurs pour régler les pentes.

Nivellement. Opération qui a pour but de déterminer la différence de niveau ou de hauteur qui existe entre différents points. Elle se fait à l'aide de divers instruments qu'on appelle *niveaux*. Voy, ce mot. (Archit.)

Une circulaire du directeur des ponts et chaussées, du 21 février 1821, a reconnu le principe de l'indemnité due aux propriétaires, pour raison du dommage résultant des travaux de nivellement, à l'égard des routes dans la traverse des villes, bourgs et villages. (Lois de voirie.)

Nœud. Défaut du bois, provenant de l'enchevêtrement des fibres aux points d'où partent les branches.

Un *nœud vicieux* est un nœud pourri (Voy. bois.)

Nœud. Partie saillante dans laquelle passe une broche et qui sert à joindre les ailes d'une flèche, d'un couplet ou d'une charnière. (Serr.)

Nœud. Partie dure qui se rencontre dans les marbres blancs, et qu'on est obligé d'écraser avec la marteline : on les nomme aussi émeril; dans les marbres de couleur, les nœuds s'appellent *clous*.

Nœud de soudure. Les plombiers nomment ainsi une certaine quantité de soudure coulée au point de jonction de deux tuyaux aboutis l'un contre l'autre, pour les attacher ensemble et rendre le joint étanche. Quand la grosseur des tuyaux empêche qu'ils puissent être soudés l'un avec l'autre, on les bride pour suppléer à ces nœuds de soudure. (Plomb.)

Noir de charbon. Couleur grossière qui sèche difficilement lorsqu'on l'emploie à l'huile, sans mélange d'une autre couleur. (Peint.)

Noir de fumée. Produit résultant d'une combustion incomplète de résines, d'huiles, etc., et qu'on recueille dans un local disposé à cet effet; ce noir sert seulement à peindre les fers dans l'intérieur des bâtiments. (Couleur.)

— D'IVOIRE. Se fait avec l'ivoire que l'on brûle au four; il se vend en poudre et s'emploie à l'huile comme à la colle.

— DE PÊCHE. Ce produit, qui s'emploie dans la peinture, se fait avec de noyaux de pêches brûlés. C'est le plus beau de tous les noirs. (Peint.)

Noirs. On appelle ainsi les ouvrages de serrurerie qui n'ont point été polis et blanchis à la lime ou à la meule. (Serr.)

Noix. Rainure dont le fond est arrondi : la languette qui entre dans cette rainure porte le même nom, ainsi que le bouvet qui sert à faire l'une et l'autre.

Noix (*fermeture à*). On applique ce terme quand les battants d'une fermeture se joignent par le moyen d'une noix au lieu d'une simple feuillure.

Noquet. Bande de plomb que l'on met ordinairement dans les angles enfoncés des couvertures d'ardoises, le long des jours, des lucarnes et pignons. (Couv.)

Noue. Angle rentrant que forme le comble d'une lucarne avec le grand comble ou celui que forment deux combles qui se joignent. (Couv).

Quand les toits sont couverts en tuiles, les noues se couvrent de même, mais lorsque la couverture est en ardoises, la noue se couvre en plomb. Il y a des noues à un et à deux tranchis, c'est-à-dire avec une ou deux bordures.

Noue. Pièce de bois qui reçoit les empanons de deux combles qui se joignent à angle rentrant. (Charp.)

Noue. Partie de plomb, placée entre deux toits qui se coupent.

Noulet. Ferme qui se place à la rencontre d'un comble à deux égouts avec la pente d'un autre comble plus grand.

Les noulets forment un angle composé de deux pièces de bois appelées ***branches de noulet***, dans lesquelles s'assemblent de petits chevrons en empanons. Quand il ne s'agit que d'un petit comble tel que celui d'une lucarne, les noulets se posent sur la pente du grand toit, c'est-à-dire sur les chevrons. Pour les grands combles, les noulets forment des espèces de fermes couchées sur la pente qu'ils rencontrent. (Charp.)

Noyau. Nom de toute saillie brute, et particulièrement d'une saillie en brique, sur laquelle les moulures lisses doivent être poussées au calibre. (Arch.)

— D'ESCALIER. Cylindre de pierre qui porte du fond, et qui est formé par le bout des marches gironnées d'un escalier à vis.

— Pièce de bois verticale qui sert de soutien commun à toutes les marches d'un escalier.

On appelle ***noyau creux*** celui qui, étant d'un diamètre suffisant, a un puisard dans le milieu, et qui retient par encastrement les collets des marches. Il y a encore des noyaux carrés, qui servent aux escaliers en arcs de cloître, à lunette et à repos. (Maçon.)

Nu. Par ce terme les menuisiers entendent le devant d'une partie quelconque; ainsi ils disent que telle longueur est prise du nu du mur. (Menuis.)

— Surface à laquelle on doit avoir égard pour déterminer les saillies. On dit le nu d'un mur pour dire la surface d'un mur qui sert de champ aux saillies.

O

Obélisque. Espèce de pyramide quadrangulaire, longue et étroite, qui est ordinairement d'une seule pierre, et qu'on élève sur une place publique pour y servir d'ornement. (Archit.)

Oblique. Se dit de tout ce qui n'est ni vertical, ni horizontal, ni perpendiculaire à une direction donnée.

Observatoire. Bâtiment en forme de tour, élevé sur une éminence, et couvert d'une terrasse, où l'on fait des observations astronomiques. (Archit.)

Obtus (*angle*). Angle plus grand qu'un angle droit.

Ocre. Substance argileuse colorée en jaune, en rouge ou en brun par du fer plus ou moins oxydé, mélangé en diverses proportions. On emploie l'ocre dans la peinture.

Ocre rouge. C'est un oxyde rouge de fer, mêlé d'argile : cette terre, qui vient d'Auvergne, est plus ou moins foncée, selon qu'elle a subi plus ou moins les effets volcaniques. (Peint.)

Octogone. Polygone ayant huit côtés.

Octostyle. Ordonnance de huit colonnes disposées sur une ligne droite. (Archit.)

Œil. Ouverture dans laquelle on place le manche d'un outil, marteau, étampe. (Serr.)

Ouverture à l'extrémité d'une tringle ou d'une peinture, dans laquelle entre un gond; ou, au bout d'une chaîne, le trou dans lequel passe l'ancre.

Œil. Nom général qu'on donne à toute fenêtre ronde, prise dans un fronton, un attique, ou dans les reins d'une voûte. (Maçonn.)

Œil-de-bœuf. Jour pris à la partie supérieure d'une salle, soit dans le mur, soit dans le plafond de cette salle, pour l'éclairer.

— Garnir en plomb un œil-de-bœuf, c'est, lorsqu'il est fait dans une couverture, en couvrir l'encadrement.

Œil-de-dôme. Ouverture qui est au haut de la coupole d'un dôme et qu'on couvre le plus souvent d'une lanterne ainsi que la plupart des dômes. (Maçonn.)

Œil-de-pont. Ouverture ronde que l'on pratique au-dessus des piles et dans les tympans d'une voûte de pont, afin de rendre l'ouvrage plus léger et d'augmenter le débouché en cas de crue. Ce genre de construction est peu usité.

Œil-de-volute. Petit cercle du milieu de la volute ionique, où l'on marque les treize centres pour en décrire les circonvolutions. (Archit.)

Œil roulé. Œil d'une penture dont l'extrémité, au lieu d'être reployée et soudée sur elle-même, n'est que contournée sur le mandrin.

Œuvre. Travail d'un artisan ou d'un artiste; il est synonyme d'ouvrage.

Œuvre (*mettre en*). C'est employer quelque matière, lui donner une forme, la mettre en place.

Quand il s'agit d'une construction, on entend par ***hors-œuvre*** tout ce qui est en dehors, ***dans-œuvre*** tout ce qui est en dedans; ***sous-œuvre*** tout ce qui est au-dessous d'une partie construite; ***reprendre en sous-œuvre*** un bâtiment, c'est en reconstruire les parties inférieures en soutenant convenablement les parties hautes; ***à pied d'œuvre***, à proximité de la construction.

Ogives. Arcs ou branches qui, dans les voûtes gothiques, se croisent diagonalement à la clef et font ce qu'on appelle croisée d'ogives. (Archit.)

Ognette. Ciseau dont le tranchant est très étroit, et qui sert à faire la taille sur le joint d'un marbre très mince, ou sur d'autres pièces de peu de largeur.

Oiseau. Sorte de planchette avec un rebord et deux bras, dont se servent les manœuvres pour porter sur leur dos le mortier aux limousins.

Olivâtre. Voy. Olive.

Olive. Couleur secondaire composée de jaune mêlé de noir ou de bleu.

Olive. Bouton, piton, ornement, ou autre pièce, de forme ovale.

Olive. Espèce de moulure dont la coupe est d'une forme à peu près semblable à celle d'une olive ou d'un ovale très allongé. (Menuis.)

Onde. Marques que fait sur le bois le fer des varlopes et des rabots à chaque copeau qu'il enlève.

Il existe des outils propres à onder la surface et le champ des moulures. (Menuis.)

Onglet. Extrémité d'une pièce de bois, d'une planche, coupée diagonalement suivant l'angle de 45 degrés. (Menuis.)

— Coupe par bout d'une pièce de bois, suivant un angle plus ou moins aigu pour l'assembler avec une autre pièce coupée également par bout à angle convenable.

— Dans la pratique, lorsque l'on a fréquemment les mêmes coupes d'onglet à faire, on se sert pour cela de la *boîte à onglet* qui consiste en une sorte de canal dont les parois verticales portent des encoches obliques servant à guider la scie.

Onglette. Sorte de poinçon qui sert à ciseler et qui est de forme triangulaire par son extrémité.

Or. C'est un métal caractérisé par sa belle couleur jaune, jointe à une grande ductilité et à une densité considérable; il pèse dix-neuf fois autant que l'eau à volume égal; il surpasse tous les métaux par sa malléabilité. Sa ténacité est faible, un fil d'or de $0^m,002$ de diamètre soutient un poids de 68 kilog. sans se rompre. Sa dureté est assez faible; aussi ne l'emploie-t-on point pur, mais allié au cuivre.

Dans la décoration des édifices et de l'intérieur des habitations, on emploie l'or dans différents états. Il se vend par livrets contenant vingt-cinq feuilles d'or.

Lorsque l'or est employé à la décoration, on distingue :

Or uni ou *mat*. Celui qui est appliqué sur des moulures non sculptées ou sur des fonds unis peints à la colle et qui n'est pas bruni.

Or bruni. Celui qui est appliqué sur de la détrempe et qu'on polit de manière à le rendre luisant, au moyen du brunissoir avec lequel on le frotte.

Or sculpté ou *taillé*. Celui qui est appliqué sur des moulures sculptées.

Or réparé. Celui qui est appliqué sur de la sculpture, et que l'on a réparé au fer.

Or repassé ou *vermillonné*. Or sur lequel on a étendu du vermeil avec un pinceau pour en cacher les défauts ou pour lui donner plus d'apparence.

Or bretelé. Celui qui est appliqué en hachures sur un fond.

Or à l'huile. Celui qui est appliqué sur un fond imprimé d'huile, de teinte dure et d'or couleur; cet or s'emploie aux extérieurs comme aux intérieurs.

Or sur apprêt. Cet or se pose sur des blancs couverts d'assiette; il ne s'emploie que dans les intérieurs.

Or couleur. Sorte de mixtion, de consistance grasse et gluante d'or jaune rougeâtre, que l'on couche sur la teinte dure et sur laquelle on applique l'or en feuille pour dorer les fers aux extérieurs. Elle sert aussi à faire les hachures sur les parties que l'on veut rehausser d'or. Cette substance est faite avec le résidu des diverses couleurs recuites et broyées, ou bien avec du blanc de céruse, de la litharge et de la terre d'ombre, le tout détrempé à l'huile d'œillette ou à l'huile grasse.

Or d'Allemagne ou *or massif*. Cuivre battu en feuille, qu'on emploie comme l'or.

Or fin. Or véritable.

Or en coquille. C'est le *bronze* ou or d'Allemagne, mis en poudre qu'on livre dans des coquilles.

Or mat repassé. Dorure peu solide dont les fonds ne consistent qu'en deux couches d'impression et une couche de jaune sur lesquelles on applique l'or que l'on matte ensuite avec de la colle à deux reprises.

Or musif. Sulfure d'étain qui, réduit en poudre et appliqué sur une mixtion convenable, sert à imiter le bronze.

Or moulu. Or amalgamé avec du mercure et qui s'applique sur les métaux pour les dorer. On fait évaporer le mercure par la chaleur, et on brunit si l'on veut.

Orbe. Filet sous l'ove d'un chapiteau. Lorsqu'il est dans le bas ou dans le haut d'une colonne, on l'appelle aussi ceinture. (Archit.)

Ordonnance. La composition d'un bâtiment et la disposition d'ensemble de ses parties. (Archit.)

Ordre. Ensemble composé de la colonne, du piédestal et de l'entablement. Il y a cinq ordres classiques. (Archit.)

— COMPOSITE. Ainsi nommé parce que son chapiteau est composé de deux rangs de feuilles du corinthien et des volutes de l'ionique. (Archit.)

— CORINTHIEN. Son chapiteau est orné de deux rangs de feuilles et de huit *volutes*, qui en soutiennent le *tailloir*; sa colonne a dix diamètres de hauteur, et sa corniche est ornée de modillons. (Archit.)

— DORIQUE. La hauteur de la colonne dorique est de huit diamètres; elle n'a aucun ornement, ni dans son chapiteau, ni dans sa base; et la *frise* est ornée de *triglyphes* et de *métopes*. (Archit.)

— IONIQUE. Le second des ordres grecs. Il n'est ni aussi mâle ni aussi solide que le toscan. Sa colonne a neuf diamètres de hauteur, son chapiteau est orné de volutes, et sa corniche de denticules. (Archit.)

— TOSCAN. — Le premier, le plus simple et le plus solide de

tous les ordres; la hauteur de sa colonne est de sept diamètres, pris par le bas. Il n'a ni sculpture, ni autres ornements; son chapiteau et sa base ont peu de moulures, et son piédestal, qui est fort simple, n'a qu'un module de hauteur. (Archit.)

Orangerie. Bâtiment dans lequel on reserre en hiver les orangers et les plantes craignant le froid.

Ordinaire. Bois portant jusqu'à $0^{m},30$ de gros. (Bois.)

Oreille. Partie de pierre qu'on ménage aux bouts d'un appui de croisée ou d'un seuil, et qui entre dans le tableau de la baie en conservant une saillie sur le nu de la muraille. (Maç.)

— Partie saillante qui excède le corps de l'ouvrage en donnant plus d'empattement ou le moyen de le saisir, comme dans un écrou qui porte deux tiges en volutes: on dit un écrou à oreilles. (Serr.)

— Saillies ménagées à un porte-clapet et dans lesquelles passent les vis. (Font.)

Oreilles. Petits cintres qui forment ordinairement un quart de cercle ou d'ovale. Les oreilles se placent aux angles de traverses : elles peuvent être droites ou contournées dans toute leur longueur. On fait aussi des oreilles cassées; ce n'est autre chose qu'un angle saillant qu'on fait à l'angle d'un panneau. (Menuis.)

Organeau. Gros anneau en fer servant à attacher les câbles et les agrès.

Orgnes. Rangées horizontales de javelles dans un toit en chaume; les orgnes se recouvrent au moins de la moitié de la longueur de la partie pendante des *javelles*, qui sont d'ailleurs posées de façon que les javelles d'une orgne répondent aux joints inférieurs des javelles et de l'orgne supérieure. Dans chaque orgne les javelles sont attachées deux à deux, sur la perche-latte correspondante, par un lien qui passe entre elles et développe le lien qui les unit; ce qui donne le moyen de les serrer plus fortement contre les perches-lattes et entre elles (Couv.)

Orgueil. Grosse cale de pierre ou coin de bois que les ouvriers mettent vers le bout d'un levier ou d'une pince pour servir de point d'appui ou de centre de mouvement d'une pesée ou d'un abatage.

Orienté. Édifice dont les quatre faces répondent aux points cardinaux. Église dont le chevet est tourné vers le Levant.

Orienter un plan. Y indiquer la position des points cardinaux.

Oripeaux. Voy. OR D'ALLEMAGNE.

Orle. Rebord ou filet sous l'ove d'un chapiteau. Quand il se trouve dans le haut ou dans le bas du fût, on l'appelle ceinture. Voy. CEINTURE.

Ornement. Tout ce qui sert à décorer les différentes parties d'un édifice ou d'un ouvrage, les moulures et les sculptures.

— DE COINS. Ceux qu'on met aux coins des chambranles, autour des portes et des fenêtres. Ils sont formés des membres de l'architrave, lorsqu'on ne les fait pas unis et parallèles aux côtés, mais qu'on les brise aux coins. (Archit.)

— DE RELIEF. Ceux taillés sur le contour des moulures, comme les feuilles d'eau et de refend, les joncs, les coquillages, etc. (Archit.)

— EN CREUX. Ceux fouillés dans les moulures, comme les oves, raies de cœur, etc. (Archit.)

Orpiment. Substance jaune employée dans la peinture ; c'est du trisulfure d'arsenic. (Peint.)

Orpin. Dans un récent mémoire publié par le Journal de la Société chimique, M. Terreil a écrit : « La composition de l'orpin n'a rien de commun, comme son nom pourrait le faire croire, avec celle de l'orpiment..... L'orpin est rouge comme le réalgar ou bisulfure d'arsenic, dont il a sensiblement la composition; cependant il contient toujours en mélange une petite quantité de trisulfure. »

Le Dictionnaire de l'Académie confond, comme synonymes, orpin et orpiment.

Oulices (*Tenons à*). Tenons taillés carrément.

Ouras. Conduits par lesquels passent l'air dans un four.

Ourlet de plomb. Rebord de deux morceaux de plomb repliés l'un dans l'autre. (Plomb.)

Outil. Tout instrument qui sert à l'exécution manuelle des ouvrages.

Outils à fût. Outils composés d'un fût, c'est-à-dire d'une pièce de bois en forme de long billot et d'un fer plat et tranchant. On comprend, sous cette désignation, le rabot, le riflard ou demi-varlope, la galère, les varlopes, les guillaumes, les marchettes, les bouvements, les bouvets et les feuillerets. (Menuis.)

Outils de moulure. Tous les outils propres à pousser des moulures quelconques. (Menuis.)

Outremer. Voy. AZUR.

Ouverture. Vide ou baie dans un mur, qu'on fait pour servir de passage, ou pour donner du jour. C'est aussi, dans une muraille, une fracture résultant de malfaçon ou de caducité.

C'est encore le commencement de la fouille d'un terrain, pour une tranchée, rigole ou fondation. (Maçonn.)

— Vide que remplit une porte, une croisée, etc. Il s'entend aussi de la manière dont les différentes parties de menuiserie formant fermeture sont disposées pour ouvrir ; ainsi on dit une porte, une croisée, une armoire, etc., ouvrant à feuillure, à noix, à gueule de loup, à doucine. (Menuis.)

Ouverture plate. Celle qui est au haut d'une coupole, ou qui sert à éclairer un escalier qui ne peut recevoir du jour que par en haut. (Maçonn.)

Ouvrages. Ce qui est produit par l'ouvrier après son travail. Les ouvrages de maçonnerie se distinguent en gros ouvrages et légers. Les gros ouvrages sont les voûtes, les murs en pierres, moellons, meulières et briques. Les légers ouvrages sont ceux où il n'entre que des plâtras, de la latte, des clous et du plâtre, tels sont les enduits, les cheminées, les plafonds, les carrelages.

— DE SUJÉTION. Ceux qui sont cintrés, rampants ou cachés par leur plan ou leur élévation, et dont les prix augmentent à proportion du déchet notable de la matière et de la difficulté qu'il y a de les exécuter. (Maçonn.)

Ouvré. Qui est travaillé.

Ove. Ornement ayant la forme d'un œuf, et qui s'applique assez souvent sur le quart du rond.

— Moulure de chapiteau ; dans le métré, on compte cette moulure avec son filet. (Archit.)

On appelle *ove fleuronnée* cette moulure ornée de feuilles

Ovicule. Petit ove.

Oxydes. On appelle ainsi des substances qui résultent de la combinaison d'un métal avec l'oxygène.

P

Paillasse. C'est, dans un fourneau de cuisine, le hourdis soutenu par des morceaux de fer en verge appelés côtes de vache, qui supporte le réchaud et le carrelage. (Maçonn.)

Pailles. Petites lamelles de fer qui sont mal soudées dans une masse, et qui s'en détachent quand on la forge.

Paillette. Petite pièce de fer ou d'acier mince que l'on place entre un verrou et sa platine pour lui servir de ressort et le tenir levé : c'est la paillette qui soutient ce qu'on appelle *les verrous à ressort*.

Pailleux. Un fer pailleux est celui qui a des pailles qui font que la masse n'est pas homogène. (Serrur.)

Palais. Bâtiment magnifique, destiné à un chef d'état, à un prince; en Italie, se dit de tout édifice habité par un grand personnage.

Palais de justice. — Édifice destiné à un tribunal, une cour d'appel, une cour de cassation.

Palan. On appelle ainsi la combinaison de plusieurs poulies ou de plusieurs moufles avec leurs cordages.

Palançon. Morceau de bois qui retient un torchis.

Palastre. Espèce de boîte carrée en tôle qui renferme le pêne, les ressorts et tout ce qui constitue l'intérieur d'une serrure. Un des côtés, celui dans lequel est percée l'ouverture du pêne, s'appelle le *rebord*; les trois autres forment la *cloison.* (Serrur.)

Palée. Rangée de pieux d'une certaine longueur employés de leur grosseur, enfoncés assez près les uns des autres, liernés, moisés et boulonnés de chevilles de fer, qui sert à porter un échafaudage ou les travées d'un pont en bois (Archit. hydraul.)

Palette. On appelle palette à forer, une pièce de bois que l'ouvrier applique sur son estomac, et sur laquelle est attachée une bande de fer percée de plusieurs trous pour recevoir le bout de l'essieu du foret. Les ouvriers appellent la palette *conscience.*

Palette à dorer. Sorte de large pinceau plat fait de poils de bout de queue du petit-gris qu'on dispose dans une carte, et auxquels on fait faire l'éventail. Elle sert à prendre la feuille d'or.

Palette. Planchette de bois mince et dur de forme variable, dont se servent les peintres de décor pour poser leur couleur et en faire le mélange. Près du bord de la palette est un trou ovale assez grand pour passer le pouce de la main gauche avec laquelle les peintres tiennent la palette.

Palier. Petite plane et sans marche pratiquée ordinairement au niveau de chaque étage, à l'extrémité de chaque rampe, ou de chaque révolution, pour servir de repos ou pour donner une entrée aux logements de ces étages. Les paliers des escaliers sont lattés par-dessus et par-dessous à lattes jointives, carrelés, dallés ou planchéiés par-dessus, et plafonnés par-dessous.

Palier de repos. Sorte de palier pratiqué entre deux étages.

Palier (Demi-). Palier carré de la longueur des marches et à demi-étage.

Palier. Pièce solide qui sert dans les machines à porter un arbre ou axe destiné à recevoir un mouvement de rotation.

Palière. Première marche de l'escalier d'un étage.

Palis. Petits pals ou lattes pointues, servant de cloture ou de séparation dans des cours ou dans des jardins ; on les enfonce en terre, suivant la ligne à clore, et on les relie, à leur partie supérieure, par une perche ou même par un simple cours de fil de fer.

Palmette. Ornement en forme de palme.

Palplanches. Planches ou madriers, affutés en biseau par un bout, quelquefois même ferrés, qu'on enfonce entre des moises reliant des pieux pour former une enceinte ; soit autour d'une partie de terrain noyée, en vue de faciliter la fondation de quelque ouvrage en maçonnerie dans l'eau, soit pour la construction d'une crèche, etc., sans qu'il se produise d'affouillements, ni que les eaux envahissent le travail. Quelquefois on emploie des dosses comme palplanches quand il n'y a pas à craindre d'infiltration d'eau considérable.

Pampre. Ornement composé de feuilles de vigne et de grappes de raisin enlacées.

Pan. Partie d'un tout ; on dit : *pan de mur*, *pan de cloison*, *pan coupé*, *pan de couverture* et *pan de comble*.

Pan de mur. Partie d'un mur depuis le sol jusqu'au sommet.

Pan coupé. Encoignure rabattue d'une maison ou de deux murs qui se rencontrent.

Pan de comble. Partie de la charpente d'un comble dont les plus longs côtés s'appellent *longs pans*.

Pan de bois. Assemblage de différentes pièces de charpente, montants, traverses, tournisses, etc., dont les intervalles sont remplis de plâtras ou cailloux, hourdés en plâtre ou en mortier, lattés ou non sur chacune des faces, et enduits de plâtre ou de mortier, qu'on construit soit comme murs principaux, soit comme les murs de refend d'une maison.

On emploie les pans de bois pour ménager le terrain et aussi lorsqu'on ne veut pas trop charger le sol ou une construction déjà existante sur laquelle on les appuie.

Les pans de bois qui se placent dans les intérieurs sont faits avec des bois moins forts que pour les extérieurs. Une ordonnance de police défend de construire en pans de bois sur la voie publique dans la ville de Paris.

Pour arrêter les pans de bois avec les autres murs et prévenir qu'ils ne poussent au vide, l'on met ordinairement des tirants et des ancres en fer à chaque étage, de la face de devant à celle de derrière. L'on fait passer ces ancres dans de bonnes clavettes de fer en dehors des pans de bois ou murs, de manière que les faces de devant et celles de derrière soient liées ensemble et que l'une ne puisse pas fléchir sans l'autre.

Toutes les pièces composant un pan de bois ou cloison de charpente doivent être assemblées avec mortaises et tenons.

Les pans de bois et cloisons au rez-de-chaussée doivent être élevés sur des parpaings en pierre ou de petits murs en bon moellon. Lorsque deux pans de bois forment encoignure, le poteau d'angle doit avoir 0m,27 de grosseur ; les sablières 0m,21 à 0m,24 ; les décharges, guettes, croix de Saint-André, poteaux d'huisserie pour les portes et fenêtres, de 0m,18 à 0m,21 ; les poteaux de remplissage, tournisses et potelets de 0m,16 à 0m,18. (Charp.)

Les pans de bois sont défendus sur les faces des maisons dans les rues de Paris ; cependant cette prohibition ne s'étend pas aux bâtiments de peu de profondeur ; dans ce cas, la face devra être montée en pierre ou moellon jusqu'au premier étage, et le reste pourra être en pan de bois. Une ordonnance de police, du 18 août 1567, dit qu'il est enjoint aux propriétaires de faire couvrir à l'avenir les pans de bois de lattes, clous et plâtre, tant en dedans qu'en dehors, en telle manière qu'ils soient en état de résister au feu, le tout à peine de 50 francs d'amende.

Une ordonnance du 13 octobre 1724 dit : il est défendu à tous architectes, entrepreneurs, maçons, charpentiers et autres ouvriers travaillant à la construction des maisons et bâtiments, même aux propriétaires faisant travailler à la journée, de faire construire aucuns pans de bois sur rues et autres endroits, sans que les poteaux formant lesdits pans de bois soient ruellés, tamponnés et espacés au plus de 0m,24 à 0m,27 d'environ, et lattés avec cœur de chêne de 0m,08 en 0m,08. (Lois de voir.)

Pans de fer. Les pans de fer sont plus solides que les pans de bois, et moins épais (épaisseurs variant entre 0m,14 et 0m,10 en passant par 0m,12) mais coûtent plus cher que les pans de bois. Les pièces s'attachent entre elles au moyen d'équerres, de bandes de fer plat boulonnées, de manchons, etc.

Panache. Feuilles d'ornement découpées dans la platine d'une targette, d'un loqueteau.

Panache. Synonyme de *Pendentif*.

Pancarpe. Ornement représentant une guirlande de fruits ou de fleurs.

Pance. Partie inférieure du fût d'un balustre.

Panier. Sorte de panier cylindrique dont le fond est à claire voie et qui sert à passer le plâtre en gros.

Panier. Sorte de caisse en bois dans laquelle on transporte le verre ; chaque panier contient 24 feuilles, ou plus.

Panier (Anse de). Voy. ANSE.

Panne. Pièce de bois placée de niveau sur les tasseaux et chantignoles, en travers des *arbalétriers* d'une ferme, et sur laquelle viennent s'ajuster dans des mortaises les chevrons du comble, dans toute la longueur du cours de faîtage, ainsi que ceux partant du pied de la plate-forme.

On appelle *panne de brisis*, les pièces de bois qui se trouvent au droit des brisures dans les combles à la mansarde. (Charp.)

— Voy. MARTEAU.

Panne à lierne. Celle qui est assemblée dans les arbalétriers au lieu de porter dessus.

Panneau. Surface droite ou courbe de peu d'étendue.

— Morceau de fer blanc ou de carton, ou assemblage de tringles légères en bois qu'on découpe ou qu'on fait sur l'épure, pour tracer en pierre brute et pour tailler ensuite.

— Maçonnerie qui remplit les entre-deux des poteaux d'un pan de bois ou d'une cloison.

— Parties d'enduit unies et lisses, autour desquelles on traîne un cadre.

— Partie d'échiffre d'un escalier comprise entre le patin, le limon et le poteau, ou noyau, et qui est vide, ou avec un remplissage en *dosses* ; on dit panneau d'*échiffre*.

Panneau. Partie de menuiserie composée de plusieurs planches de bois minces, jointes ensemble, et qui entrent à rainure et languette dans les cadres ou les bâtis d'un ouvrage ; celui-ci se nomme *lambris*. Les panneaux prennent des noms différents suivant leur forme, la place qu'ils occupent ou la manière dont ils sont assemblés. On distingue :

Panneau de hauteur. Panneau qui est toujours plus haut que large et occupe le haut d'un lambris ou d'une porte.

Panneau d'appui. Panneau qui est au bas d'une porte à cadre, d'une porte vitrée ou d'une porte croisée et qui est souvent de forme carrée.

Panneau de frise. Panneau qui, dans une porte, est placé entre le panneau du haut et le panneau d'appui.

Panneau à glace. Panneau de porte ou de lambris qui n'a point de plate-bande au pourtour et qui entre vif dans les rainures du bâtis.

Panneau double. Panneau qui est rapporté au devant d'un autre, comme cela se pratique aux panneaux du bas d'une porte cochère, quelquefois à l'appui d'une devanture de boutique.

Panneau d'épaisseur. Panneau qui affleure un bâti des deux côtés du parement.

Panneau pendant. Panneau qu'on rapporte au-dessus d'une baie et qui n'a point de traverse en bas.

Panneaux égaux. Panneaux qui, dans une porte, sont tous de même mesure.

Panneaux de parquet. Petits carreaux qui remplissent l'intérieur d'une feuille de parquet.

Panneau arasé. Panneau qui affleure le bâti.

Panneau à table saillante, ou *panneau recouvert*. Panneau qui est en saillie sur le bâti.

Panneau flotté. Panneau d'une porte, qui est recouvert sur ses rives, d'un côté seulement, par un ravalement fait dans les battants et les traverses du bâti.

Panneau. Ornement de fer forgé ou fondu, dont on remplit les parties d'un châssis de porte de balcon ou de rampe. (Ser.)

Panneau en mosaïque. Tringles en fer carillon ou en fer de bandelette, assemblées obliquement et par entailles, formant entre elles des vides ou mailles losanges, — que l'on pose dans le haut d'une porte cochère au lieu de panneau en bois.

Panneau feint. Imitation en peinture des moulures encadrant un panneau de lambris de porte, etc.

Panneau. Assemblage de plusieurs morceaux de verre taillés de diverses formes, et attachés au moyen de languettes de plomb portant deux rainures pour recevoir les pièces. (Vitr.)

Panneaux. Morceaux de marbre rapportés dans l'encadrement d'un foyer, ou entre les pilastres d'un chambranle circulaire.

Panneton. Partie de la clef qui entre dans une serrure et qui sert à faire mouvoir le *pêne*.

Panneton d'espagnolette. Partie saillante de l'espagnolette d'une fenêtre, servant à maintenir fermés des volets intérieurs en entrant dans l'agrafe posée sur l'un d'eux et en appuyant sur le second volet.

Papier de tenture ou **Papier peint**. Papier couvert d'une teinte ou imprimé de divers dessins, qu'on emploie pour couvrir les murailles des appartements ; il se vend généralement par rouleaux de 8^{m} de longueur sur $0^{m},50$ de large.

— LISSÉ. Papier qu'on a frotté et cylindré après l'impression, pour unir le grain de la couleur et le rendre luisant.

On lisse aussi le papier avant de l'imprimer, lorsque sa couleur naturelle doit servir de fond : par exemple, pour les imitations des étoffes de Perse.

— BULLE. C'est celui qui se fait avec du chiffon ; le gris se fait avec de la laine. On en fabrique aussi avec du vieux papier.

— COUTIL. C'est un papier qui imite le coutil. On n'en parle que par rapport à la difficulté que présente son collage dans les pièces irrégulières. Le colleur, pour faire toutes ses pointes égales, tire deux diagonales pour avoir le point du milieu, puis rapporte la plus petite distance sur la plus grande, pose ensuite son premier lé à plomb suivant ce point donné. Le premier lé posé, les autres ne présentent plus de difficulté. L'on rapporte ensuite des bordures en corde, de couleur assortie, suivant les triangles formés par les diagonales, aux jonctions où le premier lé coupe les diagonales. On peut placer des patères ; dans le bas, pour arrêter la tenture, on se sert d'une frange ou cord en papier.

Papiers à paysages. Ils se fabriquent à la planche par collection de 20 à 32 lés. Le colleur a le soin de prendre la mesure de toutes les parties de la pièce; il fait ensuite la distribution de ses lés de manière à arriver sans couper un monument, un personnage, etc.

— DÉCORS. Ce sont ceux dont le dessin se raccorde avec la bordure.

La bordure du haut doit se coller la première; ensuite le papier, afin que le raccord du dessin soit moins visible. La bordure du bas doit être découpée. Cependant on est quelquefois forcé de découper les deux bordures, par exemple : lorsque la pièce est irrégulière ou que le bâtiment a tassé, enfin toutes les fois qu'il est nécessaire de tromper l'œil. Ce procédé s'emploie également pour tous les papiers satinés qui nécessitent deux bordures se raccordant au dessin.

— MARBRE ET AGATE. Ces papiers doivent ordinairement se poser en travers, distribués par assises selon la hauteur de la pièce. Chaque assise doit être filée en peinture ou au crayon de mine de plomb. On peut également rapporter des filets en papiers avec patères en dessin couleur bronze. Quand l'appartement le comporte, on peut placer des frises en couleur bronze ou couleur d'or. (Collage de pap.)

— PATE. Papier teint en bleu par le jus de la morelle et qui sert à couvrir les tablettes et le dedans des armoires. On vend le papier-pâte, de deux dimensions : la couronne et le carré.

— VELOUTÉ. Papier couvert de tonture de drap pour imiter le velours.

— TONTISSE. Papier dont le fond est d'une seule couleur, sur lequel on imprime divers dessins en tonture de drap teinte de même couleur que le papier.

— FLUANT. Papier sans colle ou mal collé.

Papillon. Clef de poêle d'appartement.

Parabole. Courbe dont tous les points sont également distants d'une droite appelée directrice et d'un point appelé foyer; la section d'un cône à base circulaire par un plan parallèle à une génératrice donne une parabole.

Parallèles. Lignes droites situées dans un même plan et surfaces planes qui, prolongées indéfiniment, ne se rencontrent pas.

Parallélogramme. Figure plane à quatre côtés, dont les angles et les côtés opposés sont égaux. Il est *rectangle*, lorsque les angles sont droits.

Parallélipipède. Solide compris sous 6 faces parallèles ayant la forme d'un parallélogramme.

Parapet. Construction en maçonnerie que l'on exécute sur le bord d'un terrain escarpé ou d'une terrasse, sur les côtés d'un pont en pierres, sur un mur de quai. Voy. GARDE-FOU.

Parclauses ou **Parcloses**. Petites traverses minces en bois qu'on rapporte haut et bas d'une planche ravalée au milieu, pour figurer un ouvrage d'assemblage, comme un pilastre de lambris, un ébrasement, etc.

Parefeuille. Traverse qui maintient, à l'extérieur, les planches d'un moule à pisé.

Parement. Les menuisiers entendent par ce terme la surface apparente de leurs ouvrages. Ainsi ils appellent ouvrage à double parement celui dont les deux côtés sont apparents. (Menuis.)

— C'est ce qui paraît d'une pierre ou d'un mur au dehors, et qui, selon la qualité des ouvrages, peut être layé et poli au grès. (Maçonn.)

— Enduit en plâtre, formé sur le lattis ou la volige d'une couverture, afin de lui donner la pente voulue pour l'écoulement des eaux. On fait aussi un parement sur une gouttière ou une noue en plomb pour soutenir la tuile ou l'ardoise qui doivent les recouvrir. (Couvert.)

— BRUT. Face d'une pierre telle qu'elle est sortie de la carrière sans être taillée.

— DE TÊTE. Taille, mise en ligne et d'aplomb, des pierres qui forment la tête d'un mur isolé, le tableau et l'ébrasement de baie de porte ou de croisée aux extrémités d'un trumeau.

— D'UN PAVÉ. Face la plus unie sur laquelle on pose le pied.

Parmain. C'est une pierre tendre dont le grain est très fin; elle est peu employée à Paris; cependant on s'en est servi pour faire les corniches intérieures de la Madeleine et de la Bourse. Elle porte 3m,00 de hauteur, son poids est de 1875kg le mètre cube. (Maçonn.)

Paroi. Synonyme de *Parement*.

Parpaigne (*pierre*). Parpaing.

Parpaing. Morceau de pierre à deux parements et qui

occupe toute l'épaisseur d'un mur. Les parpaings s'emploient surtout sous les pans de bois.

— D'ÉCHIFFRE. Mur rampant à sa partie supérieure, qui porte les marches d'un escalier et sur lequel on pose la rampe.

— D'APPUI. Ce sont les pierres à deux parements qui sont entre les alléges, et qui forment l'appui d'une croisée, particulièrement quand l'embrasure descend jusqu'au plancher. (Maç.)

Parquets. Parties de menuiserie composée de bâtis et de panneaux arasés les uns avec les autres et disposés selon différents compartiments pour remplir un espace. Il y a deux sortes d'ouvrages auxquels on donne plus particulièrement le nom de parquets : les uns qu'on applique dans le devant et au bas des portes cochères, et les autres qui servent à revêtir les aires ou planchers des appartements. Voy. l'article PLANCHERS. (Menuis.)

On distingue :

Parquet en feuilles. Parquet qui sert à couvrir les aires ou planchers des appartements. On le pose sur des lambourdes.

— SANS FIN. Ce parquet, de même que le précédent, se compose de bâtis et de panneaux par petites feuilles qui s'assemblent les unes dans les autres sur place. On donne aussi ce nom à un plancher dont les battants à panneaux sont posés parallèlement aux ouvertures de portes ou de croisées et dont les bâtis et les panneaux s'assemblent séparément sur place. Voy. PLANCHER.

— DE GLACE. Assemblage de bois à petits panneaux avec bâtis d'entourage et bâtis intérieurs, qui porte les glaces de cheminées et des trumeaux; ces parquets sont composés de bâtis et panneaux qui sont en renfoncement sur les champs.

On donne le même nom à tous les ouvrages qui sont de même construction, ayant ou non des moulures et panneaux; tels sont les derrières ou fonds d'armoires, de bibliothèques, etc., etc.

Parqueter. Couvrir un plancher de feuilles de parquet.

Parqueteur. Ouvrier qui fait et pose le parquet.

Partage (*point de*). C'est, dans le tracé d'un chemin de fer ou d'un canot, le point intermédiaire qui se trouve à l'altitude la plus élevée. Pour un canal à point de partage, c'est là que doit se faire l'alimentation.

Pas. Entaille que l'on fait dans les plates-formes d'un comble pour recevoir le pied d'un chevron.

Pas de porte. Pierre qu'on met au bas d'une porte entre ses tableaux. — Les pas diffèrent des seuils, en ce qu'ils avancent au-delà du nu du mur, en manière de marche. Voir l'ordonn. sur les saillies. (Maçonn.)

Pas de vis. Voy. TARAUDER.

— DE VIS OU D'ÉCROU. Distance entre deux arêtes ou filets de la circonvolution d'une vis.

Le pas est carré quand la profondeur de chaque filet est égale à sa hauteur.

Passage. C'est dans une maison, un dégagement différent du corridor, en ce qu'il n'est pas aussi long. (Architect.)

Quand une propriété est enclavée par d'autres sans aucune issue, le propriétaire a droit d'exiger un passage sur une des propriétés qui l'environnent. Le Code civil, art. 682 à 684, dit que le propriétaire dont le fonds est enclavé, et par conséquent n'a sur la voie publique aucune issue, peut réclamer un passage sur l'un des fonds voisins, afin de rendre possible l'exploitation de son héritage. Le même article dit que le propriétaire à qui le passage est accordé doit payer le dommage qui en résulte. L'indemnité annuelle peut varier selon l'augmentation du prix des productions. Le passage légal sera livré du côté où le trajet est le plus court pour arriver à la voie publique. Cependant la loi veut que cette règle *cède* à l'intérêt du propriétaire par qui le passage est dû, et que la servitude soit exercée dans l'endroit qui lui cause le moins de dommage. Si le chemin où aboutit le passage venait à être supprimé, le fonds assujetti recouvrerait sa liberté, et le maître du terrain enclavé obtiendrait un passage du côté où il pourrait le plus promptement atteindre à un chemin public. (Lois des bât.)

— PUBLIC. Passage formant galerie, que les propriétaires ont consenti, soit à travers, soit sous leur propriété, et ce, pour cause d'utilité publique.

Une ordonnance du 20 août 1811, dit :

Art. 1er. Il est défendu d'établir aucune devanture de boutique saillante, de former aucun dépôt de meubles ou effets, ni aucun étalage fixe ou mobile de marchandises hors des boutiques situées dans les passages publics qui ont moins de $1^m,50$ de largeur.

Les devantures de boutiques actuellement existantes ne pourront être réparées.

Les étalages mobiles seront supprimés sur-le-champ.

Art. 2. Les propriétaires ou locataires de boutiques situées dans les passages de $2^m,50$ à 3^m de largeur et au-dessus ne pourront dans aucun cas, établir d'une manière fixe ou même mobile aucune devanture, fermeture, étalage, enseigne, montre, lanterne, tableau ou écusson, faisant saillie de plus de $0^m,16$ en avant du corps du bâtiment dans lequel sont situées les boutiques. (Lois de voirie.)

Passant. Scie sans monture, qu'emploie le charpentier. Voy. PASSE-PARTOUT.

Passe-partout. Scie qui sert à débiter les pierres tendres.

Le passe-partout des charpentiers est également une scie, composée simplement d'une lame, qui porte à chaque extrémité un œil dans lequel on passe un morceau de bois rond servant de manche. On en fait usage pour couper les grosses pièces en travers et les arbres en grume. Elle sert aussi dans les endroits où l'on ne pourrait passer une scie avec sa monture.

— Clé qui ouvre toutes les serrures d'une habitation.

— On donne aussi ce nom à la clé de la porte qui donne entrée dans une maison.

Passerelles. Ponts étroits construits sur les petits cours d'eau pour un usage restreint.

Passy (*Pierre de*). Pierre inégale en qualité et en hauteur de banc, elle est sujette à se *délier* ; aussi s'en sert-on peu dans la construction. (Maçonn.)

Pâte moulée. Pâte formée de papier, de râpure de bois, de filasse, de blanc d'Espagne et servant à faire, au moyen de moules, des ornements qu'on applique comme décoration.

Pâté. Masse de plâtre qui a reçu une forme convexe et sur laquelle on élève une voûte sphérique ou un autre ouvrage curviligne.

Pâté. Les serruriers appellent pâté des paquets de fer menu qu'ils joignent ensemble pour les souder en les corroyant. C'est un moyen excellent pour se procurer du fer doux. (Ser.)

— Butte de terre qu'on doit enlever après l'avoir laissée comme témoin. (Terras.)

Patère. Morceau de bois qu'on encadre dans la maçonnerie pour y fixer les appareils d'éclairage à gaz.

— A TABATIÈRE. Petite boîte en cuivre que l'on place à l'intersection de croisillons en fer formant balcon de croisée. (Serrur.)

Patin. Pièce de bois sur laquelle repose le limon d'un escalier. Sa grosseur est de 0m,21 à 0m,24. (Charp.)

— Forte pièce de bois dans laquelle entrent les pieds des bancs de jardins et autres. (Treillag.)

— SOUS PLATE-FORME. Pièce de bois assemblée ou attachée sur la tête du pilot d'une fondation, et sur laquelle on pose ensuite les plates-formes ; c'est aussi la pièce de bois qu'on pose en travers sous les plates-formes lorsqu'il n'y a pas de pilots.

Patron. Table sur laquelle les vitriers tracent et dessinent, avec de la pierre noire, les différentes figures de compartiments de panneau, d'après lesquels on coupe les pièces.

Patte. Partie mobile d'un *serre-joint*.

Patte-de-lion. Enrayure résultant de l'assemblage des demi-tirants qui tiennent le chevet d'une vieille église. (Charp.)

Patte-d'oie. Enrayure du comble au-dessus du chevet d'une église gothique.

— Signe employé par les charpentiers pour marquer les pièces de bois, et qui consiste en trois traits qui se réunissent en un point.

— Point de rencontre de trois routes, de trois ruisseaux, etc.

Pattes. Petits morceaux de fer, plats d'un bout et pointus de l'autre, qui servent à divers usages ; pour fixer les plaques de cheminée, les chambranles en marbre, pour lier des dalles entre elles, pour tenir en place les lambris, les cloisons, les bâtis de portes et autres, les chambranles, les dormants de croisée, les dalles, etc.

Les pattes ont, suivant leur destination, différentes formes, et, par suite, différentes dénominations.

Il y a les *pattes à pointes* droites ou coudées, les *pattes à scellement*, droites, coudées ou en T ; *à vis*, droites ou coudées, avec ou sans scellement.

Les *pattes à queue d'aronde* ont la tête élargie ; les *pattes à chambranles* portent une vis à un bout.

Patte de canon. Voy. PATTE DE FONCET.

Patte de foncet. Morceau de fer battu en forme de queue d'aronde double, sur lequel est monté le foncet d'une serrure ; on l'appelle aussi *patte de canon.*

Paume. Coupe à mi-bois oblique ou à sifflet, que l'on fait au bout d'un chevron ou d'une panne pour les joindre à une pièce en prolongement.

Paumelle. Sorte de gonds ou de pentures à deux branches, que l'on pose sur les portes légères, les volets, les persiennes, en hauteur au lieu de les mettre en travers comme les pentures ordinaires.

Les paumelles sont *simples* ou *doubles*.

Les premières n'ont qu'une branche portant un œil, dans lequel doit entrer un gond à pointe ou à scellement.

Les secondes ont deux branches semblables, dont l'une porte l'œil et l'autre le gond.

Il y a également des *paumelles dites en S* et *en* T, d'après la forme de leurs branches ;

Des *paumelles à queue d'aronde* élargies, de forme triangulaire derrière l'œil ;

Des *paumelles à pivot* (Voy. PIVOT) ; des paumelles à équerre, qui sont des paumelles en T, auxquelles est ajoutée une longue tige coudée à l'une des branches, afin qu'elle puisse former en même temps paumelle et équerre double.

Pavage. Pavé. Sorte de revêtement en pierre, qu'on exécote sur le sol naturel ou sur une aire, soit pour en égaliser la surface, soit pour la rendre imperméable et l'affermir.

Dans les habitations, on fait du pavage semblable au point de Hongrie, avec des briques posées de champ et en épi ; on fait aussi du *pavé de pierre* ou *dallage*. (Voy. ce mot.)

Pavé de terrasse. (Voy. PLATE-FORME et TERRASSE).

Dans le fond des bassins ou des pièces d'eau, on fait du pavage en moellon ou en meulière de champ, pour affermir le fond.

Pour les routes, on emploie généralement des pierres dures, pierres calcaires, basalte, lave, grès, etc. On a aussi essayé des pavages en bois.

Pavé. On donne le plus ordinairement le nom de pavé à un bloc de grès de la forme d'un dé, qui sert dans un pavage de route, de rue, de cours, etc. On tire du pavé de Montbuisson, Palaiseau, Orsay, Bellay, Malfiers, Fontainebleau et de Tevain, aux environs de Paris.

Suivant la forme et les dimensions, on distingue plusieurs sortes de pavés.

Pavé d'échantillon ou *pavé de ville*, de $0^m,22$ à $0^m,23$, sur les 3 dimensions, employé pour les rues et les chemins publics ; on le pose toujours à sec avec du sable, et il est battu et dressé avec la demoiselle. On le tire généralement de Fontainebleau. On désigne également sous ce nom des pavés qui ont la même dimension en tous sens.

Pavés bâtards. Des pavés qui n'ont pas les dimensions des pavés d'échantillon et qui n'ont que $0^m,18$ à $0^m,19$ de côté.

Pavé de deux ou *de refend*. Chacune des deux parties d'un gros pavé ou pavé d'échantillon refendu en deux. Il s'emploie pour paver les cours des maisons. Les joints se font avec chaux et ciment.

Pavé de trois. Pavé obtenu par une levée faite sur un gros pavé refendu en deux.

Pavé châtré. Ce qui reste d'un pavé après qu'on a fait une levée pour obtenir du pavé de trois.

On emploie aussi à Paris des pavés dits *pavés cubiques*, de $0^m,19$ et de $0^m,16$, des *pavés méplats* de $0,19 \times 0,19 \times 0,10$ de $0,16 \times 0,16 \times 0,07$ ou $0,09$ et de $0,14 \times 0,14 \times 0,07$ d'épaisseur.

Pavé de champ. Pavé posé sur son fort, c'est-à-dire sur la partie la moins large.

Pavé démaigri. Pavé dont le dessus est plus large que le dessous.

Pavés posés en croix. C'est pour les ranges de pavé sans liaison, une disposition telle que tous les joints de rive de chaque pavé et de chaque rangée soient parallèles.

Pavé de blocage. (Voy. BLOCAGE.)

Pavés de rebut. Pavés supprimés lors du remaniement des routes et chaussées.

Pavé de démolition. Pavé qui provient de la suppression d'un pavage quelconque.

Pavé en recherche. Pavé isolé qu'on pose dans un pavage après avoir arraché un pavé détérioré.

Pavé de roche dure. Pavé provenant de la partie la plus dure de la roche.

Pavé de roche franche. Pavé provenant de la partie qui, dans la roche, a le grain le plus fin ; on le refend pour paver les cours et les cuisines.

Pavé (*chemin, endroit*). Surface couverte d'un pavage.

Les propriétaires riverains des routes et des rues de traverse sont tenus à l'entretien des revers et accotements. Il est défendu de faire aucune tranchée et ouverture dans le pavé de Paris ou des routes nationales, accotements, revers et glacis ; d'enlever, recéler et acheter les pavés, le sable et autres matériaux destinés aux ouvrages publics ; d'interrompre le cours des eaux par clôture ou autrement. Aujourd'hui, lorsqu'il s'agit de paver une rue neuve, le préfet demande l'adhésion des riverains en leur donnant connaissance du devis des travaux. Si tous consentent à payer leur part contributive des frais, c'est-à-dire le pavage de la demi-largeur de la rue, ils en souscrivent l'obligation ; et l'opération marche sans difficulté. Si la majorité seulement accepte, la minorité est contrainte, en vertu d'un arrêté du conseil de préfecture. Dans le cas contraire, c'est-à-dire si la majorité refuse, le pavage est ajourné.

Toutes les contestations relatives au payement sont également déférées au conseil de préfecture. (Lois de voirie.)

Paver. Exécuter un pavage.

Paveur. Ouvrier qui fait les pavages.

Pavillon. Planche qui couvre la tête d'une jalousie et sert à cacher celle-ci quand elle est levée. (Voy. Jalousies).

Pavillon. Ce terme s'entend de tout bâtiment isolé, de médiocre grandeur de forme carrée ou à pans, et couvert d'un seul comble. C'est aussi dans une façade, un avant-corps qui en masque le milieu, ou qui en flanque les extrémités. (Arch.) — Garnir un pavillon en plomb, c'est le couvrir d'ardoises de plomb. (Plomb.)

Peau-de-chienner. Polir une surface avec une peau de chien de mer, après y avoir appliqué une couche de blanc d'apprêt et avoir laissé séché cette couche. (Dor.)

Peigne. Voy. Tenon.

— ou herse. Extrémité des échalas de treillage qu'on fait entrer dans la terre, ou bien qui surpassent la dernière latte du haut de ces mêmes treillages. Dans ce dernier cas, on les termine en pointe. (Treill.)

Peindre. Appliquer de la peinture.

Peinture. Nom collectif de toutes les couleurs préparées de manière à ne pouvoir être appliquées sur les diverses parties d'un bâtiment.

Il y a diverses sortes de peinture, dont les plus employées sont :

Peinture en détrempe, dont la préparation consiste à détremper avec de la colle plus ou moins étendue d'eau des couleurs broyées à l'eau ;

La peinture ordinaire à la colle s'altère assez rapidement. On peut lui faire acquérir les propriétés de la peinture à l'huile : il suffit pour cela de la recouvrir d'un badigeon spécial, breveté, auquel l'inventeur, M. F. Jean, a donné le nom de badigeon inaltérable. Ce badigeon est hydrofuge ; il résiste aux frottements, à la pluie, aux lavages. Appliqué dans les casernes, les hôpitaux, les salles de classe, il permet la désinfection par des lavages à l'eau phéniquée.

Peinture à l'huile, dont la préparation consiste à détremper avec de l'huile, ou avec de l'huile mélangée d'essence, des couleurs broyées à l'huile.

Peinture à l'encaustique, dont la préparation consiste à détremper avec de l'eau de savon ou du lait, ou avec un encaustique composé de sel de tartre et de cire vierge, les couleurs préalablement broyées à l'eau pure ;

Peinture au vernis, dont la préparation consiste à détremper avec du vernis les couleurs préalablement broyées à l'essence.

Au point de vue de l'application des peintures, on distingue :

Peinture au sable. Ce procédé qui s'applique aux charpentes exposées à l'air, consiste à faire une première couche de peinture à l'huile; lorsque cette première peinture est toute fraîche, on la saupoudre, soit au tamis, soit à la main, avec du sable fin d'un grain bien égal. Lorsque la première couche est sèche, on balaye avec une brosse rude tout le sable qui n'adhère pas à la peinture. On renouvelle cette opération suivant l'épaisseur qu'on veut donner à cette espèce de mastic.

Peinture d'ornements. Le premier blanc se fait à deux et trois couches. Les première et deuxième couches sont au blanc de plomb, la dernière est au blanc d'argent. Dans les ornements faits à la colle, on emploie le blanc de céruse broyé à l'eau. Les statues se font le plus souvent au blanc de céruse détrempé dans le lait. Dans les peintures extérieures, il faut mettre sur l'impression le premier fond, pas trop chargé d'huile, observer — en outre — de mettre la seconde couche avant que le premier fond soit trop sec. (Peint.)

— D'IMPRESSION. On appelle ainsi la peinture qui se couche à plat avec des brosses sur les menuiseries, les murs, les plafonds, etc. Il y en a de deux sortes, peinture en détrempe et peinture à l'huile.

Les peintures d'impression à l'huile sont d'un bon usage, en ce que, de quelque couleur qu'elles soient, elles contribuent beaucoup à la conservation des bois. Les premières couches doivent être nourries en huile et les secondes en couleur. Il ne faut pas mettre une couche avant que l'autre ne soit sèche. On se sert d'huile de lin et les couleurs sont broyées à la molette avec l'huile d'œillette. Quand on les emploie, on y met de l'huile ou essence de térébenthine et un peu de litharge pour les faire sécher plus promptement et les empêcher de jaunir. (Peint.)

— EN DÉTREMPE. (Voy. DÉTREMPE.)

Pelle. Outil formé d'une sorte de palette plate ayant environ $0^m,30$ de long sur $0^m,25$ de large, avec un manche d'environ 1^m de long, servant à relever ou à jeter des terres, des gravois. La palette de la pelle en fer, arrondie ou carrée ou bien en bois, et alors ne fait qu'un avec le manche.

Pelouse. Terrain couvert d'herbe menue.

Pendants. Voussoirs, taillés en moellon piqué, par assise. (Maçonn.)

Pendentifs. Ornement placé à la rencontre des arcs doubleaux ou aux angles d'une voûte droite ou d'une voûte en arc de cloître.

Pendentifs (*planchers à*). On a fait des planchers avec des pendentifs, plus ou moins saillants aux points de réunion des solives qui dessinaient les compartiments de leurs charpentes. L'objet de ces pendentifs était de former en dessous des planchers une décoration de plafond, à l'instar de quelques voûtes gothiques et d'accroître la force des solives. (Charp.)

Pêne. Tige solide que la clef fait sortir ou rentrer dans la serrure, et qui sert à tenir la porte fermée. La partie qui sort de la serrure s'appelle la *tête du pêne;* l'autre bout se nomme *la queue;* le *corps* du pêne est la partie moyenne entre la tête et la queue. Il y a des pênes à deux têtes qu'on nomme pênes fourchus, d'autres qu'on nomme en-bord. Ce dernier pêne ne sort pas de la serrure; il coule sous le rebord, et entre dans un *auberon*, qui est attaché au couvercle d'un coffre. (Serrur.)

Le *pêne à demi-tour* ou *à ressort*, sur lequel un ressort agit constamment pour le tenir fermé; le *pêne dormant*, qui ne se meut que sous l'action de la clef; le *pêne à pignon*, qui est mis en mouvement par un pignon.

Pentagone. Polygone de cinq côtés.

Pente. Inclinaison plus ou moins forte d'un terrain naturel, d'un glacis, d'un mur, d'un pavage, d'une gouttière, d'un chemin. Dans les constructions, on donne de la pente à certains ouvrages pour faciliter l'écoulement des eaux. Les pentes sont réglées à tant de millimètres par mètre.

Pente (Contre-). Pente en sens inverse d'une direction indiquée.

Pente. Maçonnerie faite de lattes ou de voliges jointives enduites de plâtre par-dessus et dressées pour recevoir des nappes de plomb, ou pour chéneaux, gouttières, noues, etc. — Massifs en plâtras et plâtre, dressés au-dessus de manière à recevoir la nappe de plomb qui forme chéneau.

Pente. Les menuisiers entendent par ce mot l'inclinaison qu'ils donnent au fer de leurs outils. (Menuis.)

Pentures. Pièces de serrurerie dont l'usage est de permettre d'ouvrir et de fermer les portes, volets, fenêtres, etc. Ce sont des bandes de fer plat, percées de plusieurs trous et terminées par un œil ou anneau, rapporté ou fait d'un seul morceau avec la barre. Cette bande est fixée sur la partie mobile d'une porte, d'un volet, et l'œil reçoit le mamelon d'un gond scellé dans le dormant.

On appelle *penture flamande* une penture faite d'une seule bande de fer repliée de manière à ménager dans le pli l'espace nécessaire pour recevoir le gond. Chaque partie de la bande s'applique d'un côté du battant.

On distingue : —

La penture ordinaire, qui est brute et seulement chanfreinée sur les bords;

La penture à talon, dont l'extrémité opposée à celle qui porte l'œil est coudée d'équerre en formant une sorte de crampon;

La penture élargie ou *de façon*, qui a le collet plus large que le reste de la branche et est ordinairement dressée, limée et entaillée dans le bois;

La penture à charnière, qui est à double ou triple branche, portant aux extrémités de chacune des branches, d'un côté un œil simple et de l'autre un œil double ou fourchu, qui sont réunis et fixés ensemble par une forte goupille rivée. Cette charnière sert à la fermeture des volets brisés en plusieurs feuilles.

Percées. Mot employé quelquefois pour désigner les ouvertures qui distribuent le jour sur une façade. (Archit.)

Percements. Nom donné généralement au travail qu'on fait après coup, pour ouvrir une baie de porte, de croisée, etc. Les percements ne doivent pas se faire dans un mur mitoyen, sans le consentement des voisins qui y sont intéressés. (Archit.)

Perches. Voir l'ordonnance sur les saillies.

Perchoir. Petit outil à manche dont le fer, long de $0^m,054$ à $0^m,08$, est aigu et d'une forme aplatie par sa coupe, de sorte qu'elle présente deux arêtes qui coupent les fils du bois lorsqu'on l'enfonce dedans pour y faire des trous. (Menuis.)

Perçoir. Sorte de virole ou plaque de fer épaisse et évidée dans le milieu, et dont on se sert lorsqu'il s'agit de percer les petites épaisseurs de fer à froid ou à chaud sur l'enclume avec un poinçon.

Percussion. Moyen de connaître les défauts cachés de pièces de bois qui ne présentent point extérieurement de signes de détérioration. On élève les pièces sur deux chantiers, puis on les frappe avec une masse : si elles ne sont pas sonores, c'est qu'elles renferment quelques défectuosités telles que des cavités provenant de vermoulures, ou de roulure, des points de pourriture ou interruptions de fibres, etc. (Charp.)

Perdriaux. Pierres placées autour des bornes pour les consolider.

Perdue (*Pierre*). Pierre jetée à bain de mortier dans de la maçonnerie de blocage.

— Pierre formant enrochement et protégeant le pied d'une construction faite dans l'eau.

Pérés. Revêtements en pierre sur des talus dont on craint l'éboulement ou qu'on veut défendre contre l'action des eaux. On les construit ordinairement à pierres sèches.

Péril des bâtiments. Un bâtiment est en péril lorsque sa façade sur la voie publique ou une de ses parties menace ruine.

Les périls des bâtiments ont été rangés, par l'arrêté des consuls du 12 messidor an VII, dans la classe des objets de petite voirie. Un arrêt du Conseil d'État, du 8 septembre 1832, confirmant cette jurisprudence, a déclaré que, dans ce cas, le Conseil de préfecture était incompétent, et a décidé qu'aux termes de l'article 21 de l'arrêté du 12 messidor an VII, il n'appartient qu'au préfet de police de prescrire, pour cause de sûreté publique, la destruction des bâtiments menaçant ruine.

Périmètre. Contour de la surface occupée par un édifice, une propriété.

Péristyle. Lieu environné de colonnes isolées en son pourtour intérieur. On entend encore par péristyle un rang de colonnes tant au dedans qu'au dehors d'un édifice. (Archit.)

Perles. Petits grains formant chapelet sur une moulure.

Permission. Autorisation par laquelle l'administration permet aux propriétaires d'établir des constructions sur la voie publique.

La Cour de cassation, en date du 1er février 1833, reconnaît qu'il est de droit public en France qu'aucune construction ne peut être entreprise sur, ou joignant immédiatement la voie publique, qu'avec l'autorisation de l'autorité compétente.

Les anciennes ordonnances du 16 juin 1693, 27 février 1765, 10 avril 1783, encore en vigueur, font défense à tous particuliers, maçons et ouvriers de faire démolir, construire ou réédifier sur la voie publique aucun bâtiment ou édifice, élever aucun pan de bois, balcon ou auvent, poser pieux ou barrières, étais ou étrésillons sans avoir pris permissions nécessaires.

Le Conseil d'État a résolu, par deux arrêts, qu'il faut une permission pour bâtir en arrière de l'alignement, en ce qui touche les grandes routes, lorsque la propriété sur laquelle on veut élever des constructions n'est séparée de la voie publique par aucune clôture ; la même décision s'applique pour l'alignement des villes.

La Cour de cassation, par un arrêt du 26 juillet 1829, a décidé que lorsqu'une propriété est fermée sur la voie publique, le propriétaire peut faire élever des constructions à l'intérieur sur l'emplacement qui est désigné par le plan d'alignement pour être réuni à la voie publique, à moins que l'autorité n'ait procédé par voie d'expropriation, et que l'emplacement ne soit devenu voie publique au moyen de l'acquisition consommée par elle.

A Paris, la police urbaine des bâtiments est divisée en grande et petite voirie; la première est placée sous les attributions du préfet de la Seine, la deuxième ressort du préfet de police.

Nous renvoyons, pour les permissions à demander, aux tarifs de grande et de petite voirie; les constructeurs et propriétaires, verront, outre les droits à payer, suivant la nature des travaux qu'ils auront à faire exécuter, à laquelle des deux autorités ils devront demander permission.

Perpendiculaires (*Lignes, plan*). Une ligne droite est perpendiculaire sur une autre quand elle fait avec celle-ci, au point de rencontre, des angles égaux entre eux, qu'on appelle angles droits. Une droite est perpendiculaire à un plan quand elle est perpendiculaire à deux droites quelconques menées par son pied dans le plan. Deux plans sont perpendiculaires entre eux quand deux droites, une dans chacun des plans, menées perpendiculairement à leur ligne d'intersection par un même point, sont perpendiculaires entre elles.

Perron. Plate-forme ou terrasse construite sur le devant d'une maison, à la hauteur d'un rez-de-chaussée un peu élevé au-dessus du sol, et à laquelle on accède par un petit nombre de marches placées extérieurement et précédées d'un palier. (Voir l'ordonnance sur les saillies.)

— A PANS. Perron dont les encognures sont coupées. (Archit.)

— CINTRÉ. Perron qui a les marches rondes ou ovales. (Archit.)

— DOUBLE. Perron qui a deux rampes égales pour arriver à un même palier, ou deux rampes opposées pour arriver à un même palier, ou deux rampes opposées pour arriver à deux paliers. (Archit.)

Perroquet ou **Chaise ployante.** Espèce de chaise de campagne. (Treill.)

Persienne. Espèce de contrevent à jour qu'on place en dehors des fenêtres pour former fermeture extérieure et aussi pour empêcher le soleil de pénétrer. Une persienne se compose de châssis dans les montants desquels sont assemblées des lames minces de 5 et de 10 millimètres d'épaisseur, inclinées à 45°; quelquefois, au lieu d'être assemblées à demeure, les lames portent — à leur extrémité ou à leur milieu — des tenons ou des goujons formant tourillons et passant dans des trous que portent les montants, ce qui, à l'aide d'un petit mécanisme simple, permet de faire arriver plus ou moins de jour à travers les persiennes.

Ces espèces de croisées s'ouvrent à l'extérieur à un ou deux vantaux et sont ajustées dans des feuillures en pierre ou en plâtre, quelquefois aussi dans un dormant. Les persiennes diffèrent des volets en ce que ceux-ci portent des panneaux pleins et sont fixés à l'intérieur.

Perte. Fuite dans un tuyau de conduite.

Pertuis. Forte garde que l'on met aux planches des serrures. Il y a des pertuis en creux, en rond, en trèfle, des carrés, des coudés, etc., etc.

Pertuis de clef. Découpures qui sont faites au panneton d'une clef pour correspondre aux gardes et qui sont plus évasées que les fentes.

Pertuis. Un pertuis est une ouverture étroite qui, dans un barrage exécuté en travers d'une rivière pour relever le niveau de l'eau, est ménagée pour faciliter la navigation des bateaux montant ou descendant. On ferme le pertuis, soit avec des aiguilles, comme sur la rivière d'Yonne; soit avec des planches en travers, comme sur la rivière de Loing; soit enfin avec des portes à vannes, ainsi qu'au pertuis de Nogent-sur-Seine et de la Marne près Saint-Maur.

— Ouverture par laquelle se perd l'eau d'un bassin ou qui donne issue à l'eau d'alimentation d'une machine hydraulique.

Pesanteur spécifique. Poids de la matière sous l'unité de volume. Nous extrayons du *Carnet de l'Ingénieur* une table du poids spécifique des matériaux de construction.

POIDS DU MÈTRE CUBE DE DIVERS MATÉRIAUX DE CONSTRUCTION.

			kil.		kil.
Terreau		de	830	à	860
Tourbe	sèche		»		514
	humide		»		785
Terre végétale			1150		1280
Terre forte, graveleuse			1350		1450
Gravier			1370		1480
Cailloux			»		1658
Fragments de roches			1550		1800
Vase			»		1642
Argile et glaise			1636		1756
Marne			1570		1640
Sable	fin et sec		1400		1430
	fossile argileux		1710		1800
	de rivière humide		1770		1860
Scories de forge, mâchefer			770		1000
Laitier vitreux			1400		1480
Pouzzolane	d'Italie		1160		1230
	du Vivarais		1080		1130
Trass d'Andernach			1070		1080
Brique			1500		1650
Chaux	vive sortant du four		800		860
	éteinte, en pâte ferme		1320		1430
Mortier de chaux et de	sable		1850		2140
	ciment		1650		1700
	mâchefer		1130		1220
Plâtre	cuit, battu et tamisé		1240		1260
	gâché humide		1570		1600
	gâché sec		1400		1415
Pierre à bâtir	tendre		1140		1720
	franche, demi-roche		1710		2000
	liais doux et roches		2140		2280
	liais, roches dures		2280		2430
	roches très compactes		2500		2710

		kil.	kil.
Maçonnerie de.	pierres de taille............	2400	2700
	cailloux...................	2300	2400
	moellon..................	2150	2250
	briques..................	1750	1800
Houille, charbon de terre en fragments.......		750	920
Bois de construction.	chêne....................	»	943
	frêne....................	»	845
	hêtre....................	»	852
	sapin....................	650	720
Bois de sciage et planches..................		»	614

Pesanteur spécifique des bois. La pesanteur spécifique d'un bois varie avec la nature du terrain ou il a poussé, les circonstances climatériques, générales ou accidentelles; la partie de l'arbre qu'on considère, le degré d'humidité, etc., etc. Les chiffres donnés plus haut sont donc bien loin d'être absolus.

Petits bois. Montants et traverses des châssis, des croisées et châssis vitrés qui reçoivent les verres. Ce terme s'applique également aux ouvrages en menuiserie et à des fers spéciaux que fabriquent maintenant presque toutes les forges pour le même usage.

Peuple. Bois blanc de France très mou avec lequel on fait les voliges : on le tire du peuplier.

Peupler. Remplir un vide avec des pièces de bois espacées. On dit : *peupler de poteaux* une cloison; *peupler de solives* un plancher; *peupler de chevrons* un comble; *peupler de pilots* une palée. (Charp.)

Pic. Outil de fer, servant à fouiller la terre, dont une des extrémités est acérée et pointue, et l'autre extrémité percée d'un œil pour recevoir un manche de bois.

Il y aussi le *pic à taillant*, le *pic à taillant et à marteau*, le *pic à deux taillants opposés*, et le *pic à long manche*.

Picolets. Crampons qui embrassent et assujettissent le pêne d'une serrure, et dans lesquels il a la liberté de glisser et de couler aisément lorsqu'on veut le faire sortir ou rentrer dans le *palastre*. (Serrur.)

Picolets. On donne aussi le nom de *picolet à cordon*, ou profilé, aux cramponnets qui tiennent les verrous de targettes, les loqueteaux, les verrous à ressort et à placard, sur leur platine.

Pièce. On appelle ainsi dans un appartement tout espace, salle, chambre ou cabinet, compris entre des cloisons ou des murs, sans séparation intermédiaire.

Pièce. Tout morceau de bois taillé et façonné qui fait partie d'un assemblage. On nomme *maîtresses pièces* les pièces les plus grosses, comme les poutres, les poteaux corniers, etc. (Charp.)

Pièce de bois. Mesure qui servait autrefois dans le commerce des bois, qui représentait 3 pieds cubes : cette mesure a été remplacée par le décistère.

Pièce de pont. Solive placée en travers d'un pont pour former tablier, faisant saillie au dehors et sur laquelle on fixe le garde-corps.

Pièce. Sous ce nom les treillageurs entendent une bûche, soit de châtaignier ou de frêne, qui est sans nœud et bien de fil, de telle sorte qu'ils peuvent la fendre aussi mince qu'ils le jugent à propos. (Treil.)

Pièce. Demi-tuile ou demi-ardoise qu'on emploie aux égouts, batelements et filets. (Conv.)

Pièce carrée. C'est dans une même feuille de parquet le battant de remplissage qui reçoit l'assemblage de deux panneaux dans sa longueur. (Men.)

— Sorte d'équerre pleine.

Pièce à queue. Montant placé dans le haut d'une croisée à coulisse et que l'on démonte à volonté au moyen d'une vis, pour pouvoir retirer, de dedans le dormant, les deux châssis du haut. (Men.)

— D'APPUI. On appelle ainsi la traverse du bas d'un dormant de croisée. (Menuis.)

— ONGLET. Une de celles qui composent le bâti d'une feuille de parquet : elle est coupée d'*onglet* par les deux bouts. (Men.)

— RAPPORTÉE. C'est dans la menuiserie, les petites pièces rapportées par suite du changement d'une fiche, d'une charnière, d'une serrure, etc. (Menuis.)

Pièce. Morceau de verre de forme quelconque qu'on emploie dans les compartiments des panneaux.

Pièce ou feuille. Carreau de verre assez grand pour être employé dans un châssis de croisée à glace, c'est-à-dire dans un châssis qui n'a pas de petits bois.

Pièce d'angle ou quart. C'est, dans les carrelages, un quart de carreau placé entre deux bandes faisant retour d'équerre. Les pièces qui se placent le long d'une bande se nomment *demi-carreaux* ou *moitiés*. (Marb.)

Pièces. Voy. CARREAUX. (Poël.)

Pied. Ancienne mesure de longueur représentant $0^m,3248$. En 1812, la longueur du pied a été fixée à $0^m,333$, c'est-à-dire

1/3 du mètre ; mais, depuis 1840, le mètre a remplacé légalement ces deux mesures.

Piédroit. Partie de mur, adjacente à une baie, à une ouverture verticale.

Pied-droit. Petit bout de gouttière en bois ou en plomb placée au bas d'une aile de mur, derrière une lacarne, une cheminée, un chevalet, enfin dans un angle qui a peu de profondeur. (Couv.)

Pieds-droits. Ce sont des parties verticales lisses qui soutiennent une voûte ou l'imposte d'une ouverture quelconque. (Maçonn.)

Pied de chèvre. Pièce de bois formant patin de devant à appuyer les deux montants d'une chèvre.

— Assemblage qui sert pour allonger une pièce de bois ; on dit *enter en pied de chèvre.*

Pied-cornier. Pièce de bois à l'encoignure de deux pans en charpente.

Tout battant formant angle saillant, dont l'arète est arrondie.

Pied-de-biche. Morceau de bois dur, dans le bout duquel est faite une entaille triangulaire, servant à retenir le bois, sur le champ, le long de l'établi. (Menuis.)

— Sorte de ciseau en fer formant une fourchette à deux tranchants, à biseau très court, pour, en les entaillant un peu, saisir les clous et broches en fer que la rouille retient dans le vieux bois, et les extirper en appuyant fortement sur le bout du manche. (Charp.)

Pied de mur. C'est la partie inférieure d'un mur qui en forme les fondements depuis l'empâtement de ce mur qui pose sur la terre, jusqu'à hauteur de retraite au rez-de-chaussée. (Maçonn.)

Piédestal. Partie inférieure d'un ordre d'architecture et qui porte la colonne. Le piédestal se compose de 3 parties : *la base* sur laquelle il repose, le corps carré, qui se nomme *dé* ou *stylobate* et enfin le couronnement du *dé* qu'on appelle *corniche.*

On fait des piédestaux de forme ronde qui servent à porter une figure, un vase, etc.

Il y a, en outre le *piédestal orné* avec bas-reliefs, incrustations, etc. ; le *piédestal double,* qui porte deux colonnes ; le *piédestal triangulaire* ; le *piédestal en adoucissement,* dans lequel les faces du dé sont convexes ou concaves ; le *piédestal en talus* dont les faces sont inclinées ; le *piédestal flanqué* dont les encoignures sont ornées ; le *piédestal en balustre* ; le *piédestal continu,* qui forme soubassement.

Piédouche. Petite base longue ou carrée en adoucissement, avec moulures, qui sert à porter un buste ou une petite figure Petit piédestal. (Archit.)

Pierre. Corps dur qu'on trouve dans le sol, et dont on se sert pour la construction des bâtiments. Il y en a de deux espèces : la pierre tendre et la pierre dure.

La pierre dure est celle qui résiste en général le plus aux fardeaux et aux injures du temps.

Chaque pays produit sa pierre, dont on peut reconnaître la qualité par les anciens bâtiments.

Les pierres, d'après leur composition, peuvent se diviser en quatre classes, savoir : les pierres argileuses, les pierres calcaires, les pierres gypseuses, les pierres scintillantes ou qu font feu avec l'acier.

— ARGILEUSES. Le caractère des pierres argileuses est de ne pas faire effervescence avec les acides et de durcir au feu ordinaire; de ne pouvoir se réduire ni en chaux ni en plâtre. Elles sont douces au toucher, composées de filaments, d'écailles ou de lames qui peuvent se séparer. Tels sont les talcs, les schistes ou différentes espèces d'ardoises.

— CALCAIRES. On les appelle ainsi, parce que, étant exposées à l'ardeur du feu pendant un certain temps, elles se réduisent en chaux. Ces pierres sont entièrement solubles dans les acides, avec lesquels elles font effervescence.

— GYPSEUSES. Voy. GYPSE.

— SCINTILLANTES. Tels que les granites, les grès, les porphyres.

M. Rondelet, dans son excellent ouvrage de l'*Art de bâtir*, a donné des tableaux extrêmement curieux de la force des pierres, comparée à leur pesanteur spécifique, d'où il a déduit :

1° Que, dans toutes sortes de pierres, la pesanteur, la force la dureté, la nature du grain, la contexture plus ou moins serrée, sont des qualités qui semblent se déduire les unes des autres.

2° Que les pierres dont la couleur tire sur le noir ou le bleu sont plus dures que les grises, et celles-ci que les blanches ou rousses, et qu'en général celles qui ont les couleurs les plus claires sont ordinairement les moins fortes et les moins pesantes.

3° Que les pierres dont le grain est homogène et la texture uniformes, sont plus fortes que celles dont le grain est mélangé, quoique ces dernières soient quelquefois plus dures et plus pesantes.

4° Les qualités des pierres influent aussi sur la manière dont elles s'écrasent; celles qui ont le grain fin, la texture homogène et compacte, et qui rendent un son clair lorsqu'on les frappe, se divisent en lames ou aiguilles; les plus *fières* se brisent tout à coup et avec bruit, et se réduisent en poudre.

5° Les pierres dont le grain est moins fin et qui ne résonnent que peu ou point — se décomposent en pyramides ayant pour base les surfaces du solide, de manière que les pointes se réunissent au centre où la pierre se réduit en poussière; les deux pyramides occupant le dessus et les dessous du solide chassent celles du tour; ces dernières se divisent par fentes verticales.

6° Toutes les espèces de pierres éprouvées ont diminué sensiblement de hauteur avant de s'écraser et même de se fendre. Cette diminution a été plus considérable dans les pierres qui se décomposent en pyramides.

7° Lorsque les pierres avaient en hauteur plus de deux fois la largeur de leur base, les parties comprises entre les pyramides formées, se fendaient verticalement en se divisant en lames ou en aiguilles.

8° On a éprouvé encore qu'il faut moins de force pour faire fendre les pierres vives que pour les écraser, tandis que les pierres molles s'écrasent plutôt qu'elles ne se fendent.

9° Que la force des pierres du même genre est à peu près comme le cube de leur pesanteur spécifique.

Pierre. Au point de vue de leurs qualités et de leurs défauts naturels, on distingue :

Pierre fière. Pierre difficile à travailler parce qu'elle est sèche comme la plupart des pierres dures et éclate sous le ciseau.

Pierre gélisse, *verte* ou *humide*. Pierre qui sous l'action de la gelée se délite et se réduit en poudre.

C'est souvent une pierre nouvellement tirée de la carrière, et qui n'a point encore jeter son eau.

Pierre vive. Pierre qui durcit autant dans la carrière que dehors.

Pierre pleine. Pierre dure dans laquelle il ne se trouve ni coquillage, ni caillou, ni trous, ni moyes.

Pierre entière. Pierre qui n'a ni fêlure, ni fil, ni trous, ni veines qui l'endommagent.

On dit aussi qu'elle est *saine*.

Pierre saine. Voy. PIERRE ENTIÈRE.

Pierre poreuse. Pierre qui a des trous, telle que la meulière.

Pierre moulinée. Pierre qui s'écrase sous le pouce et qui se réduit en poussière.

Pierre coquillère. Pierre dans laquelle il y a de petites coquilles et dont par suite les parements sont ternes; telles sont les différentes espèces de roches des environs de Paris.

Pierre filardeuse. Pierre qui a des fils sur sa hauteur ou sur son épaisseur.

Pierre délitée. Pierre qui a des fils de lit et ne peut servir qu'à faire des arases.

Pierre de souchet. Pierre qui sort du banc le plus bas d'une carrière, ou celle qui se trouve entre deux bancs, et qui n'est pas formée, ou qui est trouée et défectueuse.

Pierre feuilletée. Pierre qui se sépare par feuilles ou par écailles. La gelée cause cet effet à plusieurs espèces de pierres, notamment à la lombarde et à d'autres pierres dures moins grosses.

Pierre grasse. Pierre humide et par conséquent sujette à la gelée.

Pierre moyée. Pierre dont toutes les parties ne sont pas également dures, qui contient des moies.

Pierre franche. Pierre parfaite en son espèce, qui est régulière dans sa texture.

Au point de vue du travail qu'elles subissent, les pierres reçoivent les désignations ci-après :

Pierre de taille. Pierre susceptible d'être employée pour l'exécution de maçonneries en assises régulières et pouvant être parementée, polie, etc. On la divise en :

Pierre de haut appareil. Quand le banc porte une grande hauteur, comme la pierre de roche, la lombarde, le conflans.

Pierre de bas appareil. Quand le banc porte peu de hauteur, par exemple, moins de 30 centimètres.

Pierre jectice. Petite pierre qui peut se poser à la main.

Pierre d'échantillon. Bloc de certaine mesure déterminée, commandé exprès aux carrières.

Bloc dont les dimensions dépassent celles des pierres qu'on rencontre ordinairement.

Pierre au binard. Pierre dont le volume est tel qu'elle ne peut être transportée sur un chariot ordinaire.

Pierre d'encoignure. Pierre qui a deux parements adjacents, et forme un angle saillant ou rentrant d'un bâtiment.

Pierre débitée. Pierre qui est sciée ou étendue. La pierre dure se débite à la scie sans dents, avec l'eau et le grès, et la pierre tendre, telle que le silex, le tuf, la craie, avec la scie à dents.

Pierre d'attente. Pierre qui à l'extrémité d'un mur fait saillie pour faire liaison avec une autre bâtisse. Voy. Harpe.

Pierre brute ou *velue.* Pierre qui n'a été taillée sur aucune face.

Pierres sur cales. Pierre mise au niveau et à demeure sur de petits morceaux de bois pour la fiche.

Pierre de chantier. Pierre calée par le tailleur de pierre et disposée pour être taillée.

Pierre ébousinée. Celle dont on a retranché le bousin ou partie tendre.

Pierre équarrée. Pierre taillée en gros à la pointe, au pourtour, en parements et en joints.

Pierre rustiquée. Celle dont le parement n'est que grossièrement taillé à la pointe et au rustique.

Pierre hachée. Celle dont les parements sont dressés avec le marteau brété.

Pierre layée. Celle dont les parements sont simplement passés à la *laye*.

Pierre riflée. Pierre passée au riflard.

Pierre traversée. Pierre où les traits de brétures se croisent.

Pierre bien faite. Pierre qui donne peu de déchets lorsqu'on l'équarrit.

Pierre faite. Pierre entièrement taillée et prête à être enlevée pour être mise en place.

Pierre coupée, pierre gauche. Pierre mal travaillée, dont les parements et les côtés opposés ne se bornoient pas et ne sont pas parallèles.

Pierre louvée. Pierre ayant un trou au milieu pour placer la louve afin de pouvoir l'enlever et la mettre en place.

Pierre ragréée. Pierre qui, après avoir été posée, a été retaillée sur les arêtes ou la lèvre, et passée au riflard et quelquefois au grès.

Pierre fichée. Pierre dont les joints sont remplis de mortier au moyen de la fiche.

Pierre jointoyée. Pierre dont les joints à l'extérieur sont bouchés et ragréés de plâtre ou de ciment.

Pierre essuyée. Pierre équarrie et taillée grossièrement au marteau pour être employée à des maçonneries de gros murs, de remplissage de pilot, culées de pont, etc.

Pierre parpaigne. Voy. PARPAING.

Pierre piquée. Pierre dont le parements sont piqués à la pointe et dont les ciselures sont relevées.

Pierre retaillée. Pierre coupée, retaillée avec déchet, ou pierre tirée d une démolition et refaite pour être réemployée.

Pierre en délit. Pierre qui n'est pas posée sur son lit de carrière, dans un cours d'assise.

— *En chantier.* Pierre calée par le tailleur de pierre et disposée pour être taillée.

Pierre de liais. Les plombiers appellent ainsi la pierre sur laquelle ils forgent leur plomb. (Plomb.)

Pierre perdues (CONSTRUCTION EN). Mode de construction en pierres qui se pratique sous l'eau sans emploi de mortier. On ne fait pas d'encaissement pour déterminer les dimensions de la masse, laissant au contraire les cailloux ou pierres *prendre* *talus*, lorsqu'on les jette sur l'emplacement qu'on a l'intention de couvrir. On a soin cependant de placer les plus gros morceaux à l'extérieur, pour former une espèce de revêtement. (Maçonn.)

Pierre à chaux. Pierre calcaire qui par cuisson donne de la chaux.

Pierre à broyer. Pierre dure de marbre, de liais, ou de porphyre, à grain fin, sur laquelle on broie les couleurs avec la *molette*. Voy. ce mot. (Peint.)

Pierre à brunir, pierre sanguine. Caillou dur et transparent qu'on affûte et polit en dent de loup sur une meule et qu'ensuite on emmanche au moyen d'une virole de cuivre. Elle sert aux doreurs pour brunir l'or.

Pierre d'évier. Sorte de cuvette peu profonde en pierre qu'on place dans les cuisines, et qui est percée d'un trou auquel est adapté un tuyau pour l'écoulement des eaux.

Pierre de Volvic. Lave provenant de l'Auvergne, et qui sert à faire des dallages.

Pierre ponce. Pierre provenant d'éruptions volcaniques, légère et très poreuse, qui sert à rendre unis les fonds d'apprêt avant de les *coucher de teinte*, ainsi qu'à polir les vernis. On l'emploie réduite en poudre impalpable pour polir les fonds vernis.

Pierrée (CONSTRUCTION EN). Massif de maçonnerie qu'on obtient en entassant et reliant avec du mortier, pêle-mêle et sans ordre, mais cependant lit par lit, des cailloux ou des pierres grosses au plus comme les deux poings. Des caisses dont les dimensions sont proportionnées aux épaisseurs et hauteurs que doivent avoir les murs, sont disposées pour les recevoir. Cette maçonnerie est hourdie avec des mortiers différents, selon que sa construction se fait sous l'eau ou à sec. (Maçonn.)

Pierrée. Canal ouvert ou souterrain, construit en moellons posés debout, en forme de blocages, et servant à donner un écoulement à des eaux de source ou de pluie.

Pieu. Pièce de bois pointue et ferrée, enfoncée dans le sol, *au refus du mouton*, pour former les palées de pont de bois, les crèches des murs de quai, les piles et culées des ponts, pour retenir les terres des digues et bâtardeaux. La différence du pieu au *pilot* consiste en ce que le pieu n'est pas recouvert comme le pilot par la construction à laquelle il sert de soutien. Les *pieux* et les *pilots* sont appointés, brûlés, et armés d'un sabot en fer par le bas, tandis que leur tête est garnie d'un cercle en fer appelé *frette*, destiné à les empêcher d'éclater sous les coups du mouton.

— Morceau de bois d'une certaine longueur, aiguisé en poinet d'un bout, qu'on enfonce dans le sol et sur lequel on fixe les diverses parties d'un treillage.

Pieu. Morceau de bois pointu à l'une de ses extrémités, arrondi de l'autre, servant à boucher l'orifice du bas d'un tuyau d'aspiration pour empêcher la vase d'y entrer. (Font.)

Pigeon ou **pignon.** Pièce ronde, qui, dans les serrures et dans les bascules à crémone, sert à faire mouvoir les verrous.

Pigeonnage. Plâtre pur dont les maçons se servent pour monter les tuyaux de cheminées : le pigeonnage se fait à la main et a 0m,06 à 0m,08 d'épaisseur. (Maçonn.)

Pigeonner ou **épigeonner.** Employer le plâtre un peu serré, sans le plaquer ni le jeter, mais le lever doucement avec la main et la truelle par pigeon, c'est-à-dire par poignée. Cette méthode s'applique à la construction des tuyaux de cheminée.

Pignon. Petit morceau de bois mince qu'on place dans un onglet sur le champ du cadre, pour que, quand le bois vient à se retirer, on ne voie pas le jour au travers du joint. (Menuis.)

— C'est le haut d'un mur mitoyen, ou d'un mur de face, qui se termine en pointe et où vient finir le comble. On appelle *pignon à redans* un pignon dont les côtés s'élèvent comme des degrés d'escalier, et *pignon entrapeté* celui qui a la forme d'un trapèze. (Maçonn.)

— Revêtir un pignon en plomb, c'est le couvrir de tables de plomb qui embrassent les deux couvertures adjacentes. (Plomb.)

— Dans les engrenages, un **pignon** est une petite roue d'engrenage qui donne le mouvement à une plus grande.

Pilastre. Espèce de colonne plate appliquée sur un mur, et suivant pour ses détails les règles de l'architecture. Voy. COLONNE.

Pilastre. Partie étroite d'un *lambris de hauteur* ou *d'appui* qui sert à diviser les grandes parties d'un lambris. — Travail de menuiserie qui s'applique comme revêtement aux *petites parties* d'un appartement. Ordinairement les pilastres font saillie sur le nu de la partie sur laquelle ils s'appliquent (Menuis.)

Pilastre. Montants en fer d'une certaine largeur placés de distance en distance dans une travée de grille reposant sur des murs d'appui, et dans une rampe ou un balcon, de manière à les diviser par panneaux. (Serrur.)

— On appelle aussi pilastre le premier barreau du bas d'une rampe d'escalier, quelle que soit sa forme, unie ou en balustre : la saillie est de 1/6 à 1/4 du diamètre.

Pile de bois. On appelle ainsi une quantité quelconque de pièces de bois arrangées par lits et avec ordre les unes sur les autres, de manière que l'air puisse librement circuler entre les piles. (Menuis.)

Pile (*de pont*). Massif de maçonnerie servant à porter les arches d'un pont en maçonnerie, ou les travées d'un pont en bois. Lorsque ce massif de maçonnerie dans un pont en charpente est remplacé par une construction en bois, cette construction s'appelle *palée*.

Pilier. Sorte de colonne ronde ou carrée, sans proportion. Les piliers servent ordinairement pour porter les voûtes d'arête ou toute autre partie de construction : quand, dans les fondations d'un mur, on trouve un mauvais terrain, pour éviter la trop grande dépense on se contente de faire des piliers de maçonnerie. (Maçonn.)

— BUTANT. C'est un corps de maçonnerie élevé pour contenir la poussée d'une voûte ou d'un arc. (Maçonn.)

— BUTANT EN CONSOLE. Sorte de pilastre dont la partie inférieure se termine en enroulement formant console renversée.

— DE MOULIN A VENT. Massif de maçonnerie qui se termine en cône et porte l'axe sur lequel tourne un moulin à vent, en même temps qu'il soutient la cage.

Pilier de carrière. Masse de pierres qu'on laisse de distance en distance pour soutenir le toit ou ciel d'une carrière.

Pilon. Outil fait avec un rondin de bois ayant un manche à l'un de ses bouts, et servant à fouler et à affermir les terres qu'on a jetées dans une tranchée. Voy. DAME.

Pilonner. Affermir et tasser les pierres avec les pieds ou avec un pilon à mesure qu'on les apporte au remblai.

Pilot. Voy. PIEU.

— DE BORDAGE. Pilots terminant l'enceinte d'un pilotage.

— DE RETENUE. Pilots enfoncés au dehors de l'enceinte d'un pilotage pour aider à maintenir un terrain de mauvaise consistance.

Piloter. Faire un pilotis.

Pilotis ou pilotage. Série de pilots enfoncés dans un terrain de mauvaise consistance sur lequel on veut élever une construction. Dans ce cas, on dit que l'ouvrage est construit sur pilotis.

Pince. Barre de fer légèrement recourbée à ses deux extrémités ou seulement à l'une d'elles, et qu'on emploie comme levier, pour manœuvrer les pierres ou les charpentes, ou pour arracher les pavés.

— Outil servant à saisir des objets avec force.

— A MATINÉE. Outil de bois ayant deux branches longues et épaisses dont l'une est creuse et l'autre bouge, qui sert à ployer les tringles d'un treillage.

Pinceur. Manœuvre ou bardeur qui se sert de la pince pour manœuvrer les pièces servant à une construction ; on donne aussi ce nom à l'aide-poseur.

Pinceau. Assemblage de poils attachés fortement au bout d'un manche ou hampe. (Peint.)

Ceux qui sont faits avec des poils grossiers (poils de porc, sanglier, chien) s'appellent *brosses*. Les autres pinceaux sont faits avec des poils de martre, de blaireau, de putois, etc. Un bon pinceau doit faire la pointe.

— A MOUILLER. Pinceau qui, imbibé d'eau, sert à humecter l'assiette pour qu'elle puisse happer l'or qu'elle va recevoir. (Dor.)

— A RAMAUDER. Petit pinceau avec lequel on raccorde les cassures ou les manques d'or dans les fonds de la sculpture ou des moulures.

Pinceau à la colle. Brosse dont le manche a environ $0^{m},24$ à $0^{m},27$ de longueur : le volume par le bas, de $0^{m}.16$ de circonférence, est formé de poils de sanglier de $0^{m},13$ de longueur, bien ficelés et arrêtés autour du manche. (Coll. de papier.)

Pincelier. Petit vase en fer-blanc, divisé en deux compartiments dans l'un desquels les peintres mettent de l'huile et dans l'autre ce qui sort de leurs pinceaux, quand ils les nettoient.

Pioche. Outil formé d'un fer, plus ou moins courbé, tranchant d'un bout, pointu de l'autre, acéré des deux bouts, et percé — en son milieu — d'un œil dans lequel passe un manche ; cet outil sert à détacher et à remuer les terres.

Piochement. Abattage de la partie excédante d'une pierre. (Maçonn.)

Piocher. Détacher et remuer les terres avec la pioche ou la tournée.

Piochon. Sorte de besaiguë qui n'a que $0^{m},40$ à $0^{m},45$ de long et dont on se sert pour faire les mortaises sans employer la tarière.

Pipe. Petite cale servant à serrer une barre de fer qui passe dans une autre barre, dans une pierre ou dans du bois.

Piqué (*Moellon*). Moellon taillé à vive arête, en lits, joints, et parement à la hachette, au marteau et au ciseau, par les tailleurs de pierre.

Piquer. Polir le marbre avec de la limaille de plomb et de l'émeri ou bien avec de la boue de lapidaire. Voy. PLOMBER.

— C'est en maçonnerie, rustiquer les parements ou les lits d'une pierre. (Maçonn.)

— UNE SERRURE. C'est tracer avec une pointe sur le *palastre* l'endroit où doivent répondre les différentes parties qui, par leur assemblage, forment la serrure. (Serrur.)

Piquer. Marquer sur une pierre ou sur une pièce de bois par des lignes, avec le traceret, l'indication des tailles et façons qui doivent y être faites. (Charp.)

Piquer. Ajouter un robinet ou une conduite sur une autre conduite. (Plomb. Font.)

Piquets. Bâtons longs et minces que l'on plante en terre, d'espace en espace, pour prendre des alignements ou des niveaux, pour tracer des routes, des allées, etc.

Piqueur. Agent chargé par le directeur des travaux de prendre note des travaux exécutés et de surveiller les ouvriers de manière à ce que leur temps soit bien employé.

Piron. Espèce de gond.

Pisé. Sorte de mortier épais fait avec de la terre argileuse seule ou de la terre et de la chaux éteinte, dont on se sert pour la construction des maisons. Pour préparer la terre, il faut l'écraser et la faire passer par une claie moyenne pour en extraire les pierres. Si la terre est trop sèche, on la mouille par aspersion, en la remuant avec une pelle pour l'humecter également. Lorsque la terre est préparée, on la jette dans une espèce de moule ou encaissement mobile, elle est battue par des ouvriers avec un pilon. On a vu de ces murs, construits en pisé, acquérir la dureté d'un mur en pierre de Saint-Leu, et ne former dans toute leur longueur qu'une seule assise. Lorsque les murs de pisé sont achevés, il faut avant de les recouvrir d'un enduit en plâtre ou mortier, les laisser sécher quelque temps, en raison de la température du pays et de la saison où ils ont été faits. (Maçonn.) Voy. BÉTON.

Piston. C'est dans une pompe le cylindre qui se meut dans le corps de la pompe, d'un mouvement alternatif, tant pour faire monter l'eau que pour la rejeter au dehors. Voy. POMPE.

— DE GARDE-ROBE. Sorte de bouchon en cuivre qui est mû par une tige coudée et qui sert à fermer hermétiquement l'orifice ou ouverture par laquelle se vide une cuvette à l'anglaise.

— A COULISSEAU. C'est de même un bouchon en cuivre monté sur une armature et qui sert au même usage.

— A CROCHET. C'est un simple bouchon en cuivre muni d'un anneau servant à l'enlever et qu'on adapte aux demi-anglaises.

Par extension on a donné le nom de piston à la partie mobile d'une soupape de fond d'anglaise.

Piton. Sorte de clou court, dont la tête est remplacée par un œil; on en fait usage pour tenir des crochets, une tringle, une corde. L'extrémité opposée à la tête est tantôt une pointe molle, tantôt une vis.

Pivot. Morceau de fer ou d'autre métal, cylindrique ou conique, arrondi à son extrémité, supportant un poids qui doit se mouvoir autour de son axe, tel que, dans la construction du bâtiment, la ferrure sur laquelle tourne une porte cochère.

Le pivot tourne dans une crapaudine, c'est-à-dire dans une masse métallique solidement fixée dans le sol et percée d'un trou dans lequel entre le pivot.

Par extension on donne aussi le nom de pivot à une sorte de gond qui tourne dans un collier ou bourdonnière.

Pour fixer le pivot sur les parties qui en sont munies, on y ajoute des appendices qui lui ont fait donner différents noms.

Le *pivot à équerre* est celui qui porte deux branches et qui sert à la ferrure du bas d'une porte cochère, ou autre.

Le *pivot à tourillon* est celui qu'on place au haut de la porte.

Le *pivot à équerre à tête carrée ou briquet* est une pièce de ferrure de porte, composée de deux parties, l'une en cuivre qu'on appelle partie *double* et qui porte une tête ou moufle au milieu, dans laquelle s'ajuste l'autre partie, que l'on nomme *simple* et qui est en fer. Chaque partie porte deux branches qui *s'entaillent* sur l'épaisseur de la porte et du bâti.

Ces mêmes pivots prennent le nom de *pivot en col de cygne*, quand la tête ou moufle et la tige du pivot simple sont prolongées et courbées.

Placage. Toute sorte d'ouvrage dont la surface est revêtue de feuilles de bois très minces qu'on colle dessus. (Menuis.)

Placards. Portes d'appartements faites d'assemblage, qu'elles soient à un ou deux vantaux. Quelquefois les placards n'ouvrent point et ne sont placés sur les murs que pour les rendre plus symétriques. (Menuis.)

On donne aussi le nom de *placard* à une face d'armoire, ou avec moulure visible, ou sous tenture qu'on pose en affleurement d'un tuyau de cheminée pour en dissimuler les saillies.

Place publique. Large espace découvert, ordinairement ménagé à la rencontre de plusieurs rues et entouré de bâtiments. Lorsqu'il y a un jardin au milieu, les places prennent le nom de *square*.

Les places sont considérées comme faisant partie du domaine public, aucun particulier par conséquent n'en peut revendiquer la propriété.

Le domaine public et le domaine municipal sont, par leur nature, susceptibles de servitude, comme des propriétés particulières; aucune loi ne défend qu'ils soient grevés de servitudes compatibles avec les usages auxquels ils sont destinés, il y a même des lois qui permettent expressément d'établir des servitudes sur certaines dépendances de ces domaines ; la sûreté, la décoration des villes exigent que les maisons particulières aient des fenêtres et des ouvertures sur les rues et sur les places publiques. Enfin les héritages peuvent être grevés au profit des rues, places et promenades des communes.

Plafond. Dessous du plancher, crépi et enduit sur lattis jointif.

Toute espèce de menuiserie placée horizontalement, servant à revêtir le haut des embrasements des portes, des croisées, etc. (Menuis.)

Le plafond d'une corniche est le dessous du sommier d'une corniche; on l'appelle aussi sofite. (Maçonn.)

— (FAUX-). Plafond fait au-dessous d'un plafond ordinaire pour diminuer la hauteur d'un étage.

— DE PIERRE. Le dessous d'un plancher fait de dalles de pierres dures, ou de pierres de leur hauteur d'appareil.

— EN TOILE. Quelquefois, pour dissimuler des poutres saillantes sur lesquelles on ne veut pas faire de plafond en plâtre ou mortier, on tend de la toile sur un bâtis léger.

Il faut que les tringles de bois qui doivent le recevoir soient arrêtées pour neutraliser le tirage de la toile. Cette toile une fois clouée doit être marouflée (c'est-à-dire qu'il faut passer de la colle de pâte sur les bords de la toile); ensuite il faut border le tour du plafond avec des bandes de papier gris, puis, lorsqu'elles sont sèches, coller le plafond en plein avec le même papier, et le recouvrir ensuite de papier bulle. Les jonctions des deux sortes de papier doivent être aussi droites que possible. Le papier bulle doit être *collé sur le jour*, afin que l'ombre de l'épaisseur des feuilles ne se voie pas sous la peinture qu'on fera ensuite sur ce papier. Quant au papier gris, il n'a pas été collé sur le jour. Voy. JOUR.

Dans un plafond d'ornement, si l'on n'a pas de dessin convenable pour la place, il faut alors faire coucher un fond en peinture à la colle et découper des ornements en papier, pour composer le plafond suivant le dessin que l'on veut y faire. (Coll. de papier.)

Plafond. Fond d'un canal, d'un bassin.

Plafonner. Exécuter un plafond, c'est-à-dire clouer des lattes sous les solives et les enduire de plâtre ou de mortier.

Plain-pied. Syn. de *Niveau.*

Plan. Surface sur laquelle une règle droite peut s'appliquer en tous sens, en coïncidant exactement. Un plan peut, par rapport à un autre, être perpendiculaire, parallèle ou oblique; il peut être lui-même vertical, horizontal ou incliné.

On appelle plan, en architecture, la projection, faite sur une surface parallèle à l'horizon, de tous les points qu'on veut représenter. Par extension on donne le nom de plan à tout dessin ou modèle en relief qui représente à une échelle donnée l'élévation ou les coupes, tant horizontales que verticales, d'un ouvrage. (Architect.)

Un arrêt du conseil du 27 février 1765, les lettres patentes du 10 avril 1783, et l'article 52 de la loi du 16 septembre 1807, ont ordonné la formation de plans généraux pour les routes entretenues aux frais de l'État, pour les rues de la ville de Paris et enfin pour toutes les autres villes de France.

Dans les rues qui dépendent des traverses, et sont conséquemment classées comme grande voirie, les ingénieurs des ponts et chaussées, après s'être concertés au besoin avec l'autorité municipale, proposent les projets d'alignements qui, après avoir subi les publications et les discussions nécessaires, sont transmis par le préfet avec l'avis de ce magistrat, au directeur général, et adressés ensuite au ministre de l'intérieur pour être arrêtés par une ordonnance spéciale. La loi de 1807 autorise à prendre telle portion de bâtiment qui est reconnue nécessaire à l'exécution du projet d'alignement, en payant toutefois au propriétaire l'indemnité voulue par la loi.

Les plans symétriques ne peuvent être imposés à la propriété sans le consentement du propriétaire. (Lois de voirie.)

Le dépôt des plans de desséchements et du procès-verbal d'estimation par classe après l'expertise doit avoir lieu pendant un mois au secrétariat de la préfecture, afin que les propriétaires prennent connaissance et fournissent leurs observations sur leur exactitude, sur l'étendue donnée aux limites du desséchement, et sur le classement des terres, et qu'ils puissent réclamer s'il y a lieu.

Le dépôt de plans au secrétariat de la préfecture a encore pour but de s'assurer si les propriétaires sont dans l'intention de faire le desséchement eux-mêmes, à conditions égales. (Code de desséchement.)

— PAR TERRE. Mot usité par les ouvriers. Ils appellent ainsi ce qu'on entend par plan, en architecture, dans le sens propre du mot.

Planche. Toute pièce de bois sciée, depuis 0m,027 jusqu'à 0m,054 d'épaisseur, sur différentes longueurs et largeurs, et dont on fait usage dans les travaux de menuiserie. Les planches plus minces s'appellent *voliges;* les planches plus épaisses s'appellent *madriers.* (Menuis.)

— DE BATEAU. Planches qui proviennent du *déchirage* des bateaux et qui sont employées aux ouvrages grossiers.

Planche. Partie de la garniture d'une serrure qui entre

dans un fente faite au milieu du panneton d'une clef. La planche porte plusieurs parties de la garniture. On met des planches aux serrures bâtardes, qui ouvrent en dedans et en dehors de la chambre. C'est aussi une grande fente faite au milieu du museau, et qui s'avance plus avant dans le panneton que les râteaux. (Serrur.)

Planches de ventouses. Ce sont des planches en plâtre placées entre les côtières d'une cheminée et servant à établir un courant d'air. Ces planches sont supportées par des barres ou languettes en fer. Lorsque deux ou trois de ces planchettes sont placées *en dégradant*, en conservant entre elles un passage pour l'air froid, ces planches reçoivent alors le nom de jeu d'orgue. (Fum.)

Plancher. Construction qui sépare deux étages d'un bâtiment l'un de l'autre. On fait les planchers en bois ou en fer.

Les planchers en bois se composent de poutres, s'appuyant sur les gros murs de la construction et portant des solives assez rapprochées les unes des autres pour que l'intervalle puisse être rempli avec d'autres matériaux qui permettent de poser un parquet ou carrelage dessus, et de plafonner en dessous sur de la latte. On appelle *plancher en enrayure* un plancher composé d'entraits, coyers, goussets, chevêtres, solives, embranchements, et empanons.

Dans les planchers en bois les solives sont posées de champ ; les moindres grosseurs sont : 0m,13 à 0m,18; celles au-dessus sont de bois de brin. Les travées, depuis 2m,91 jusqu'à 4m,87, sont de 0m,11 à 0m,18; elles doivent être espacées de 0m,16.

Pour des portées de	5m,84,		les solives ont	0m,16	sur 0m,18.
—	—	6 ,82	—	— 0 ,21	0 ,24.
—	—	7 ,80	à 8m,12	— 0 ,24	0 ,27.
—	—	8 ,77	—	— 0 ,29	0 ,29.

Il est important que les solives soient d'égale grosseur.

Les planchers en fer sont formés de barres de fer ayant généralement la forme d'un T double, et les intervalles sont remplis, soit avec de la maçonnerie, soutenue par de petites barres de fer carré dont les extrémités sont repliées de manière à faire agraffes sur les fers à T, soit avec des briques ou des poteries creuses formant voûte; dans ce dernier cas, l'écartement des fers à T est maintenu par des tirants.

Dans d'autres cas encore, pour des planchers qui ne sont pas destinés à porter de grandes charges, sur les fers à T on fixe de petites barres de bois latéralement, et on construit les planchers comme s'ils étaient faits de solives en bois.

M. le général Morin et M. Jolly, l'habile constructeur des Halles centrales, ont dressé des tables dans lesquelles sont indiquées les dimensions des fers à employer pour la construction des planchers en fer.

Suivant le mode de construction des planchers, on distingue :

Plancher creux. Plancher qui n'est pas rempli entre les solives et qui est latté dessus et dessous à lattes jointives avec aires en plâtre pour recevoir le carreau ou le parquet, et qui est plafonné dessous.

Plancher hourdé ou *plancher plein.* Plancher dont les entre-deux des solives sont remplis de plâtras et de plâtres affleurant les bois dessus et dessous.

Plancher enfoncé ou *à entrevoux.* Plancher latté jointif ou couvert de bardeaux avec aire en plâtre ou en bauge par dessus, et dont les bois sont apparents par dessous.

Plancher affaissé ou *aréné.* Plancher qui n'est pas de niveau.

Plancher miné et tamponné Plancher dont les entrevous sont remplis de plâtre retenu par des morceaux de bois nommés tampons.

Plancher (charge de). Couche de matériaux d'une certaine épaisseur qu'on met sur l'aire ou sur le hourdage d'un plancher, pour le mettre de niveau avec d'autres planchers; cette charge se fait avec des plâtras ou des recoupes et du poussier.

Planchers. On donne aussi le nom de plancher au travail de menuiserie qu'on applique sur la partie supérieure où l'aire des planchers de charpente ou sur le sol au rez-de-chaussée. Il se compose de planches ou d'alaises jointes ensemble. Les planchers plus soignés s'appellent *parquets.* (Voy. ce mot.)

On distingue : —

Le plancher ordinaire, formé de planches entières de sapin ou de chêne assemblées à joints plats ou à rainures et languettes, et clouées sur les lambourdes ou même sur les solives; aujourd'hui on emploie peu cette sorte de plancher.

Le plancher de frise, formé de planches refendues en deux ou trois sur leur largeur, et qui sont jointes à rainures et languettes. Les frises ont ordinairement 0m,080 à 0m,13 de large sur 0m,033 à 0m,040 d'épaisseur.

Le plancher à l'anglaise. C'est le même que le précédent, mais dans lequel les bouts des frises sont chevauchés.

Plancher à point de Hongrie ou à fougère ou à la capucine. Plancher par frises courtes, coupées d'onglet à chaque bout, puis posées diagonalement et par travées.

Dans les appartements d'une certaine importance on fait des *paquets d'assemblage* composés de feuilles d'environ 1m, sur tous leurs côtés et sur 0m,033 ou 0m,047 d'épaisseur; ces feuilles se posent sur des lambourdes placées en travers des solives; elles forment des compartiments de traverses assemblées à tenons et mortaises avec des panneaux arasés, ajustés dans les traverses à rainures et languettes.

Le parquet doit être fait d'un bois sec et débité depuis au moins trois ou quatre ans.

On fait aussi des parquets en bois de plusieurs couleurs.

— *à compartiments*. Sorte de planchers se composant de solives formant diverses figures qui se répartissent régulièrement par rapport aux lignes qui servent d'axes à la distribution du bâtiment, ou au plan des espaces que les planchers occupent. (Charp.)

— *polygonaux*. Ceux dans lesquels les pièces de bois qui marquent le dessin de la charpente ou les faces de ces pièces — forment des polygones ordinairement réguliers et concentriques, soit qu'on dispose parallèlement leurs côtés homologues, soit qu'on oppose les angles des uns aux côtés des autres.

Plancher de plate-forme. On donne ce nom à une construction formée de madriers posés jointivement sur les chapeaux, patins et racinaux, assemblés dans la tête des pilots d'un ouvrage sur pilotis, et sur laquelle on élève la maçonnerie.

Planchers. Divisions intérieures et horizontales que l'on fait en fonte, en tôle ou en tuile dans un poêle, et qui servent à séparer le foyer, l'air à chauffer et la fumée.

Planchéier. Faire un plancher de menuiserie.

Plane. Plaque de cuivre qui, d'un côté, est lisse comme une glace, et de l'autre a une poignée avec laquelle on la prend. Les plombiers s'en servent pour lisser et polir leur couche de sable avant d'y couler leur plomb. On commence par la faire chauffer. Il est deux manières de le faire, ou en la mettant auprès du feu, ou en la suspendant sur le plomb qui est en fusion dans la chaudière; ensuite on la prend avec une poignée en vieux chapeau ou autre matière; on la frotte avec le graissoir, on la passe ensuite sur le sable dans toute sa longueur et largeur. (Plomb.)

Plane ronde. Voy. DÉBORDOIR. (Plomb.)

Plane droite. Outil dont se servent les plombiers pour couper la bavure des tables de plomb aussitôt qu'elles ont été coulées et pour unir les morceaux de plomb qu'on veut souder ensemble.

— OU PLAINE. Outil de treillageur, servant à dresser et à amincir les lattes. C'est une lame de fer acéré dont le tranchant est sur la longueur et n'a qu'un biseau. Les deux bouts de la plane sont recourbés du côte du tranchant et en dessous de ce dernier, et sont garnis chacun d'un manche ou poignée de bois avec lequel on tient la plane lorsqu'on veut en faire usage.

Planer. Dresser et unir le bois avec une plane sur le chevalet. (Treillag.)

— Dresser et unir une tôle en la battant à froid sur un *tas* large et bien dressé, avec un marteau dont la tête est aussi fort large et dressée avec soin. (Serrur.)

— LE SABLE DU MOULE A TABLES. C'est le lisser avec la plane pour finir de le mettre en état d'y couler le plomb. Il y a trois opérations préliminaires, savoir : arroser le sable, le labourer et le sabler. (Plomb.)

Planter des pieux. Les enfoncer dans le sol avec la sonnette, la hie ou la masse, jusqu'à refus.

Planter un bâtiment. Tracer sur le terrain l'emplacement d'un bâtiment, la largeur des fouilles de fondation ou des premières assises, pour qu'il soit élevé suivant les cotes et mesures de l'architecte, et d'après l'alignement et le niveau donnés par les autorités.

Plaque de fer. Morceaux de fer disposés pour cacher les entailles du fer.

Plaque de foyer. Plaque de fonte ou de tôle sur laquelle on pose le bois ou autre combustible dans un foyer.

Plaque supérieure ou **de plafond.** Plaque de fonte ou de tôle qui forme le dessus du foyer et le dessous du fond ou du réservoir de chaleur dans un poële.

Plaque de contre-cœur. Plaque de fonte qu'on pose au fond d'une cheminée.

Plaquer. Coller des bois étrangers ou des bois teints, en plaques minces, sur un assemblage de bois ordinaire.

Plaquer du plâtre ou du mortier. C'est l'appliquer en l'appuyant fortement sur la surface à laquelle il doit adhérer.

Plaquette. Pierre de roche de Bagneux qui se vend comme roche basse; elle se trouve, en carrière, par lits de $0^{m},10$ à $0^{m},20$.

Plaquis. Morceau de pierre de peu d'épaisseur rapporté sur le parement d'un mur.

— Courts moellons sans liaison.

— Plâtras posés à plat sur la surface d'un pan de bois, d'un mur de dossier de cheminée, pour les dresser

Plat de verre. Feuille de verre.

Plat-bord. Madrier provenant du *déchirage* de bateaux ou toues, de 6 à 9 centimètres d'épaisseur, de 35 à 55 centimètres de largeur et d'une longueur quelconque, servant aux échafaudages.

On donne aussi le nom de plats-bords à des bois servant au

même usage, mais ne provenant pas du déchirage de bateaux.

Plateau ou **tourte**. Rond, plein ou évidé au milieu, qui sert à supporter et, plus particulièrement à maintenir écartées les tringles qui composent une colonne creuse, un tambour de treuil, etc.

Plate-bande. Moulure carrée, plus haute que saillante. (Maçonn.)

— Espèce de ravalement orné d'un adouci et d'un filet, qu'on pousse au pourtour des panneaux de lambris et de porte à cadre. (Menuis.)

— Morceau de fer plat, que l'on place sur deux solives se joignant bout à bout pour en arrêter l'écartement; les plates-bandes sont ordinairement entaillées de leur épaisseur et fixées par des vis. Les plates-bandes des limons d'escaliers sont disposées de manière à en épouser la forme. (Serrur.)

— BOMBÉE ET RÉGLÉE. C'est la fermeture ou le linteau d'une porte ou d'une croisée, qui est bombée dans l'embrasure ou dans le tableau, et droite par son profil. (Maçonn.)

— DE BAIE. Fermeture carrée qui sert de linteau à une porte ou à une fenêtre, et qui est faite d'une pièce ou de plusieurs claveaux, dont le nombre doit être impair, afin qu'il y en ait un au milieu qui serve de clef. Elles sont ordinairement traversées par des barres de fer, quand elles ont une grande portée.

Comme cet appareil forme des angles inégaux avec la surface inférieure, il en résulte que les claveaux n'ont pas une résistance égale, que leurs efforts ne se confondent point, et qu'ils poussent tous à faux, de manière qu'une pareille voûte, quelle que soit l'épaisseur de ses pieds-droits, ne pourrait se soutenir sans les fers que l'on emploie à sa construction. (Maçonn.)

— ARASÉE. C'est une plate-bande dont les claveaux sont d'égale hauteur et ne font pas liaison avec les assises de dessus (Maçonn.)

Plate-bande. Partie saillante d'un limon droit et de niveau avec le palier d'un escalier. C'est ce qui forme la marche palière d'escalier.

Plate-bande ou **courçon**. Barre de fer placée sous les claveaux d'une plate-bande en pierre ponr en soulager la portée.

— Toute bande mince, unie ou ornée de moulures aux deux bords, dont on garnit le dessous des traverses supérieures des rampes d'esealier, des balcons, des barres d'appui de croisée.

— Barres de gros fer qu'on emploie pour lier des pans de bois avec des planchers ou des cloisons.

Plate-forme. Pièce de bois de 6 à 12 centimètres d'épaisseur sur 30 centimètres et plus de largeur.

Plate-forme. Pièce de bois disposée sur les murs de face et assemblée en queue d'aronde avec des entailles pour recevoir le pied des chevrons partant du cours de panne. (Charp.)

Ce sont aussi des pièces de bois arrêtées avec des chevilles en fer et posées sur des racinaux pour asseoir la maçonnerie dessus. (Charp.)

— Couverture d'une maison dont le comble est remplacé par une terrasse.

Plate-forme de fondation. Sorte de plancher que l'on construit sur des racinaux ou sur les têtes d'un pilotage pour asseoir la maçonnerie d'un bâtiment.

Platée. Massif de fondement qui comprend toute l'étendue d'un édifice. (Maçonn.)

Platelage. Sorte de plancher en charpente de chêne depuis $0^m,034$ jusqu'à $0^m,08$ d'épaisseur, bien dressé sur les rives, avec clef ou sans clef dans tous les joints. (Charp.)

Platine. Feuille de tôle ou de fer battu, découpée et évidée, de différentes formes, sur laquelle on fixe les verrous de bascule, les verrous à ressort, les loqueteaux, les targettes, les loquets à vielle, etc., etc.

Plâtras. Morceaux de plâtre qu'on tire des démolitions, et dont les plus gros servent pour faire les murs grossiers, les remplissages de pans de bois et de cloison, les jambages de cheminées. (Maçonn.)

Plâtre. Matière qui, délayée ou gâchée dans l'eau, est très employée comme liaison dans les constructions en maçonnerie; on l'obtient par la calcination du *gypse* (sulfate de chaux hydraté) dans des fours.

Le gypse est très tendre et ne peut guère s'employer dans la construction. Le plâtre cuit se réduit en farine ou poudre lorsqu'on l'écrase ou qu'on le moud. La cuisson doit s'en faire à feu modéré; un feu violent le rendrait aride et sans liaison. On reconnaît sa bonne qualité quand il laisse dans les doigts une espèce d'onctuosité que les ouvriers appellent *amour*. Le plâtre gâché doit être employé de suite. On ne doit l'exposer ni à la pluie ni au grand air; l'humidité affaiblit sa force, et le grand air l'*évente;* c'est ce que l'on appelle *évent* du plâtre.

Quand on a des ouvrages précieux à faire, on choisit les pierres les plus cuites et on les fait écraser à part. (Maçonn.)

— BLANC. Plâtre qui a été râblé, c'est-à-dire dont on a ôté le charbon dans la plâtrière. Le plâtre gris est celui qui n'a pas été râblé.

Plâtre éventé. Plâtre qui, ayant été longtemps à l'air, a perdu de sa bonne qualité, se pulvérise, s'écaille et ne prend point.

— GRAS. Plâtre qui, étant cuit à point, est le plus aisé à manier et le meilleur à l'emploi, parce qu'il prend aisément, se dnrcit de même, et fait bonne liaison.

— MOUILLÉ. Plâtre qui, ayant été exposé à la pluie, est de nulle valeur.

— AU PANIER. Plâtre qui est passé au mannequin, et qui sert pour les crépis.

— GRAS OU GROS. C'est le plâtre qu'on emploie comme il vient du four de la plâtrière, et dont on se sert pour *épigeonner*.

On appelle aussi *gros plâtre* les gravois de plâtre qui ont été criblés, et qu'on rebat pour s'en servir, pour renformir, hourder et gobeter.

— AU SAS OU PLATRE FIN. Plâtre qui, passé au sas, sert pour les enduits d'architecture.

— SERRÉ. Plâtre où il y a peu d'eau et qui sert pour les soudures des enduits. Au contraire, le *plâtre clair* est un plâtre où il y a beaucoup d'eau, et qui sert pour ragréer les moulures traînées; et le *plâtre noyé*, est un plâtre qui nage presque dans l'eau, et qui ne sert que de coulis pour fixer les joints. (Maç.)

Plâtreau. Pierre à plâtre en fragments non cuits.

Plâtre-ciment. On a donné ce nom au ciment de Boulogne.

Plâtres. Légers ouvrages, plafonds, tuyaux de cheminée, enduits, plinthes, corniches, scellements, solives, filets, arêtiers, ruellées, etc., qui s'exécutent en plâtre sans autres matériaux.

Plâtrer. Employer le plâtre.

Plâtrière. Nom commun et à la carrière d'où l'on tire la pierre de plâtre, et au lieu où se fait la cuisson dans les fours. A Paris, les meilleures plâtrières sont celles de Montmartre,

Plein. On dit le plein d'un mur pour en exprimer l'épaisseur. On dit un mur plein pour exprimer qu'il n'a pas d'ouvertures ni de vides. (Maçonn.)

— BOIS. Ouvrage dans la construction duquel il n'y a pas d'assemblage, mais dont toutes les pièces sont collées les unes sur les autres à joints droits, soit horizontaux, soit perpendiculaires. (Menuis.

Pléthore (LA). C'est la trop grande abondance de matières nutritives, qui se portent irrégulièrement sur diverses parties d'un arbre et le déforment; elle nuit par conséquent à la qualité du bois, en détruisant son homogénéité. (Charp.)

Pli. Angle rentrant dans la continuité d'un mur. Un angle saillant s'appelle *coude*.

Plinthe. Assise continue, en saillie sur le nu d'une façade.

— Membre plat et carré, formant la partie la plus basse d'un piédestal ou d'une colonne.

— Toute moulure plate pratiquée sur un mur de face pour marquer les planchers ou pour servir de commencement à une souche de cheminée à un mur de clôture.

Plinthe. Se dit d'une planche mince et de largeur convenable, qui règne au bas des lambris, tout au pourtour, et qu'on peint ordinairement en marbre. (Peint.)

— Partie lisse, contre laquelle viennent heurter les moulures d'un montant de croisée ou d'un chambranle.

On nomme aussi plinthe ou socle, une partie lisse qui règne au bas du lambris, au pourtour d'un appartement. (Menuis.)

— DOUBLE. Seconde plinthe qu'on fait au haut d'un tuyau.

— Dans le métrage de menuiserie on donne le nom de plinthe à tous les champs unis et qui sont faits de même bois et dont la façon est la même, qu'ils soient posés horizontalement ou verticalement.

— ÉLÉGIE. Plinthe non rapportée, mais prise dans l'épaisseur de la traverse du lambris.

Plinthes ou **socles**. Carreaux qui forment le premier rang d'un poële de construction.

Plomb. Instrument employé par les divers corps d'état qui ont à disposer des lignes ou des plans dans une position verticale.

Il se compose : 1° d'une masse métallique cylindrique ou conique, par le milieu de laquelle passe un fil qui sert à la suspendre; 2° d'une plaque circulaire ou carrée, qu'on appelle chas, dont la dimension est celle du diamètre le plus grand du plomb et qui est enfilée par son centre dans le fil. Un mur est vertical quand le chas étant appliqué par une de ces arêtes sur ce plan, et le plomb tombant librement, celui-ci touche le mur sans s'y appuyer.

Plomb. Métal d'un gris-bleuâtre. Il est brillant quand ses surfaces ont été récemment décapées, très mou, très tendre, se laisse rayer par l'ongle, ce qui suffit pour le distinguer du zinc et de l'étain avec lesquels il a une grande analogie d'aspect. Il est très malléable, mais peu ductile. Sa pesantenr spécifique est de 11,363. (Deville). Il fond vers 334° centigrades. — L'usage du plomb dans les constructions est fort répandu, mais beaucoup moins pourtant que celui du fer. Comme ce dernier métal, il sert, lorsqu'on l'a réduit en lames minces, à former des vases de toute espèce, dans lesquels on peut renfermer les liquides qui sont sans action sur lui. Il sert à la construction des toitures et des plates-formes, dont on recouvre les habitations; à la confection des chéneaux, gouttières, tuyaux de descente, qui servent à recueillir et à conduire les eaux pluviales; à la couverture des portions de toit en ardoises ou en tuiles, que ces matériaux rigides ne peuvent convenablement couvrir, comme les faîtes, les arêtiers et les noues. On en fait des corps de pompe et des conduites d'eau. — Ses oxydes sont très employés dans la peinture à l'huile : la *litharge* est employée comme siccatif, et le *minium* procure une belle couleur rouge. Combiné avec l'acide acétique, le protoxyde donne le *sel de saturne* employé comme siccatif; avec l'acide carbonique, la *céruse;* avec l'acide chromique, les *jaunes de chrome*. Enfin le plomb forme avec l'étain les alliages connus sous le nom de *soudures.*

— DU COMMERCE. Le commerce fournit des lames de plomb de toute épaisseur et de tous poids. La longueur des feuilles laminées dépasse rarement 8^{m}, et leur largeur $1^{m},70$. On peut estimer moyennement que le poids au mètre carré de ces feuilles est de 11^{kg} par millimètres d'épaisseur. Le plomb dont on fait le plus d'usage pour les travaux de couverture a de $0^{m},0038$ à $0^{m},0045$ d'épaisseur, et il pèse de 42^{kg} à 50^{kg} au mètre carré.

On trouve également, dans le commerce, des tuyaux soudés ou étirés de diverses épaisseurs et d'un très grand nombre de diamètres. En général, les tuyaux étirés sont ceux qu'il faut préférer. Nous donnons ci-après un tableau qui indique, pour les tuyaux dont l'usage est le plus fréquent, leur poids en kilog. par mètre de longueur.

TABLEAU DU POIDS PAR MÈTRE COURANT DE LONGUEUR DES TUYAUX EN PLOMB ÉTIRÉ [1].

DIAMÈTRE INTÉRIEUR	ÉPAISSEUR	POIDS PAR MÈTRE COURANT	DIAMÈTRE INTÉRIEUR	ÉPAISSEUR	POIDS PAR MÈTRE COURANT
mèt.	mèt.	kil.	mèt.	mèt.	kil.
0.08	0.015	45.40	0.043	0.011	21.25
»	0.014	39.50	»	0.0095	18.25
»	0.012	34.00	»	0.0075	12.15
»	0.008	28.10	»	0.0045	6.55
»	0.005	17.20	»	0.00275	6.10
0.07	0.012	33.00	0.038	0.007	12.80
»	0.009	19.00	»	0.006	9.60
»	0.007	16.25	»	0.004	6.40
»	0.005	13.90	0.037	0.010	17.10
0.063	0.009	22.40	»	0.0025	6.10
»	0.006	15.42	0.03	0.010	12.90
»	0.005	13.08	»	0.0075	8.14
»	0.003	9.55	0.024	0.0045	3.30
0.05	0.012	22.40	0.023	0.003	3.20
»	0.0095	19.10	0.018	0.0095	8.40
»	0.0075	15.00	»	0.0065	5.53
»	0.006	11.35	»	0.0050	4.25
»	0.004	8.00	»	0.0035	2.24

Plomb (*à*) Verticalement. Voy. APLOMB.

— BLANCHI. Plomb étamé ou coloré avec de l'étain.

— EN CULOT. Masse de plomb refondu dans une poêle.

— SAUMON OU NAVETTE DE. Voy. SAUMON.

— A RABOT. Plomb amené à l'épaisseur voulue par le rabot. (Vitrerie).

— DE VITRE. Plomb étiré en verges, portant deux rainures, et servant à monter les panneaux.

Plomb. Moffette.

Plombée. Ligne à plomb.

Plomber. Se servir du fil à plomb.

Plomber ou **piquer.** Cinquième opération du polissage des marbres, qui consiste à frotter le marbre avec une molette de plomb, ou avec un bouchon de linge, recouvert de plomb en limaille et de l'émeri, ou bien encore avec de la boue de

1. Extrait du *Cours de Construction*, par Demanet.

lapidaire. Le plombage s'emploie pour les marbres sujets aux grains de cuivre, comme les brèches et marbres verts.

Ployer (*les bois*). Les assembler de dessus l'épure pour les transporter. (Charp.)

Plumée. Sorte de ciselure que l'on fait à la règle, avec le ciseau et le maillet, au pourtour du lit brut d'une pierre pour le dégauchir avant d'en faire la taille.

— Taille préparatoire servant à arrondir un corps carré.

Plumée. Faire une plumée, c'est dresser environ $0^m,054$ de bois sur la largeur d'une pièce, pour la *mettre de devers* afin de la rétablir une seconde fois. (Charp.)

Plus-value. Valeur accordée en plus sur un ouvrage en raison des augmentations nécessitées par la nature du travail. (Maçonn.)

Poêle. Sorte de grande cuiller, dans laquelle les plombiers fondent leur plomb.

— Marmite en fonte à 3 pieds, dans laquelle on allume le charbon pour faire chauffer le fer à souder, ou pour fondre la soudure dans une cuiller.

Poêle. Appareil de chauffage. Construction en carreaux de terre, de biscuit ou de faïence. Les poêles sont de forme ronde, carrée ou rectangulaire; ils sont garnis — à l'intérieur — de briques de Bourgogne, et sont généralement montés sur des plaques en fonte. (Fumist.)

Il y a plusieurs dispositions adoptées pour les poêles; on distingue :

Poêle sur ferrure, sur **châssis**, à **numéro roulant** ou **portatif.** Poêle composé de plus ou moins de carreaux, monté sur un châssis et qui a des pieds pour l'isoler du sol. Ce poêle est avec ou sans four; avec un ou plusieurs cercles en tôle ou en cuivre, et couvert d'une tablette en faïence.

— A TIROIR. Poêle portatif dont chaque carreau porte à son tour un cadre de forme rectangulaire et imitant la tête d'un tiroir.

— ROND. Poêle portatif dont les carreaux sont cintrés et à mosaïque; il est ordinairement garni d'une tablette de marbre et surmonté d'une colonne en faïence.

— DE CONSTRUCTION. Poêle servant à chauffer une ou plusieurs pièces : on le construit sur place, d'après l'emplacement dont on dispose, avec des carreaux de diverses dimensions. L'intérieur est garni d'une armature en fonte, formée de tuyaux; il contient un repos ou réservoir de chaleur, des cloisons, des planchers en briques et en tuiles, etc.

— A LA SUÉDOISE. Gros poêle qui occupe toute la hauteur de la pièce.

A BUFFET. Poêle à la suédoise, dont la partie supérieure est à la hauteur d'appui et forme arrière-corps.

— EN FONTE. Poêle portatif, dont toutes les parties sont en fonte; il convient que leur intérieur soit garni de briques; sans cela ils perdent rapidement leur chaleur.

Parmi ces poêles, on peut citer les poêles à la Desarnaud qui se placent dans une cheminée.

— GARNI. Poêle portatif dans lequel on a rapporté des briques et des tuiles, formant des cloisons et des planchers, pour qu'il procure plus de chaleur et la conserve plus longtemps.

Poignée. Pièce de serrurerie que l'on saisit avec la main pour fermer ou tirer à soi une porte, une croisée, etc.

— La pièce qui sert à mouvoir la tige d'une espagnolette.

D'après leur forme et leur distination, les poignées prennent différents noms.

Poignée pleine ou ordinaire pour espagnolette, de première, deuxième et troisième grandeur; *poignée évidée pour espagnolette*, on la désigne d'après la forme des ornements.

— A POINTE MOLLE. Poignée dont les deux branches se fixent sur le bois, et qui sert à tirer une porte à soi.

— A PATTE. Poignée propre au même usage, mais fixée avec deux vis, passant dans des pattes.

— A LACET. Servant à lever des volets de fermeture ou à les mettre en place; il y en a avec ou sans talon, montées sur des lacets à vis ou à pointe; les autres qui se nomment à *tourillon*, sont montées sur une platine avec des lacets roulés ou de forme olive, dans lesquels la poignée tourne.

— Morceau de vieux chapeau dont on se sert pour prendre la plane et les autres outils lorsqu'ils sont chauds, pour ne pas se brûler les mains.

— Partie supérieure d'une clé de robinet, sur laquelle on pose la main pour la faire tourner dans son boisseau.

Poinçon. Morceau d'acier à peu près pointu, sur lequel on frappe avec le marteau, pour percer le fer. Il y en a de ronds, de carrés et de plats. (Serrur.)

Poinçon. Une des pièces de bois les plus importantes dans le système d'un comble. Les poinçons, qui entrent dans la composition des fermes, reçoivent le cours de faîtage, les arbalétriers, et souvent des contre-fiches pour en diminuer le poids; le poinçon repose sur un entrait, lequel est assemblé dans les arbalétriers, pour prévenir leur écartement. (Charp.)

— On donne aussi le nom de poinçon à l'arbre vertical sur lequel se meut une machine, comme l'engin, la grue, etc., et aux pièces verticales sur lesquelles s'assemblent les pièces courbes dans un cintre pour la construction d'une voûte.

Poinçon. Tige cylindrique en fer, terminée d'un bout par une pointe quadrangulaire acérée, et de l'autre, par un bourrelet ou champignon. Les poinçons servent à abattre les plus fortes aspérités laissées par le dégrossissage des pierres au marteau. (Maç.)

Point. On entend, par ce mot, une conception de l'esprit qui considère l'étendue sans dimension : c'est le lieu de rencontre de deux lignes ou de trois plans qui se coupent.

— DE HONGRIE. Voy. PLANCHER et PARQUET.

Point d'appui. C'est, dans la construction, un pilier, une colonne, ou autre maçonnerie isolée servant à supporter une masse quelconque. Les épaisseurs à donner aux points d'appui dépendent non seulement de la charge qu'ils peuvent avoir à soutenir, mais encore de la proportion de leur base avec leur hauteur. Ainsi, suivant Rondelet, si un pied droit exige $0^m,41$ d'épaisseur en cliquart, qui est la pierre la plus dure des environs de Paris, il faudra pour avoir la même résistance avec les autres pierres prendre les épaisseurs indiquées dans le tableau ci-dessous.

	m.
Liais	0,46
Roche dure.	0,74
Banc-franc.	0,73
Pierre dure ordinaire	0,89
Brique de Bourgogne	1,21
Pierre du faubourg Saint-Marceau.	1,62
Lambourde.	1,84
Vergelé dur	2,16
Conflans dur.	2,48
Saint-Leu dur	2,84
Plâtre gâché.	2,98
Conflans moyen.	3,12
Mortier..	3,25
Vergelé tendre	3,36
Conflans tendre.	3,68
Saint-Leu tendre	4,06

Pointeau. Poinçon d'acier, qui sert à percer les fers minces. (Serrur.)

Pointail. Pièce de bois posée verticalement comme étai, ou servant avec des *vérins* à transmettre l'effort nécessaire pour relever une ferme à charpente, une travée de plancher, ou à remettre d'aplomb un pan de bois.

Pointaux. Pièces de bois courbes qui, dans un cintre d'arcade, soutiennent les couchis.

Pointe. Extrémité aigüe d'un corps quelconque.

— Sommet de l'angle qui termine le pignon d'un bâtiment, le sommet d'un fronton, l'extrémité d'un obélisque, d'un clocher.

— Ensemble des tuiles formant le 1er rang d'un égout en bascule, qui étant posées diagonalement présentent des pointes.

POINTE DE DIAMANT. Jonction de quatre joints d'onglet, tels que ceux de croisées à petits montants.

— Panneau saillant sur son bâti et taillé à facettes, de manière qu'étant plus épais au milieu que sur les rives, il présente des arêtes qui tendent au centre.

Pointe. Extrémité du tas droit, au milieu d'une chaussée où se joignent deux ruisseaux.

Pointe. Espèce de clou sans tête, qui sert à arrêter les ailes des fiches dans leur mortaise.

Pointes. Petits clous d'épingle sans tête, qui servent à tenir les verres dans les feuillures de châssis, indépendamment du mastic que l'on rapporte dessus.

Pointe d'arrêt. Broche que l'on pose sous l'une des branches d'un mouvement de sonnette pour limiter sa course à une certaine distance, lorqu'on le tire.

Pointe molle. Le bout d'un lacet ou d'un piton à pointe, lorsque cette pointe est amincie, de manière à pouvoir être recourbée et rivée.

Pointe carrée. Poinçon acéré rond, ou à huit pans, très pointu, dont on se sert pour ébaucher les parements de marche avant d'employer la gradine.

Pointe de frisage. Bouts de fil de fer sans tête ni pointe, dont se servent les treillageurs comme de pointes.

Pointes de Paris. Voy. CLOUS.

Pointer. Rapporter sur un panneau ou sur une pierre, à l'aide du compas et de la fausse équerre, les formes et dimensions relevées sur une épure.

Poitrail. Pièce de bois placée sur des baies d'une grande dimension, comme ouverture de boutique, etc. Ces poitrails doivent reposer sur des points solides, comme piles en pierre ou jambes étrières. Il doivent être d'un bois de bonne qualité et de grosseur convenable; il faut éviter que le vide de dessous soit trop grand; il importe de les bien asseoir sur la pierre dure qui doit les porter et de ne point mettre de cales dessous.

Quand un poitrail porte un pan de bois au-dessous duquel

se trouvent pratiquées de grandes ouvertures de porte cochère ou de boutique, l'épaisseur verticale du poitrail est ordinairement le douzième de la largeur des baies. Si le pan de bois porte plancher, on peut faire sur le poitrail, au-dessus de chaque grande baie, une armature composée de deux décharges et d'un renfort. (Charp.)

Poix grecque. Voy. ARCANSON.

Poix résine, noire, blanche, de Bourgogne. Voy. *Térébenthine.*) Les plombiers se servent de cette matière pour frotter la soudure, afin d'empêcher que le fer à souder, qu'ils appliquent dessus, ne vienne à s'étamer pendant qu'il est chaud.

Polastre. Ce sont deux plaques de fer attachées ensemble avec des clous et qui peuvent s'écarter et se rapprocher comme l'on veut. Après l'avoir remplie de charbons allumés, on applique la polastre sur les fractures du tuyau que l'on veut réparer, pour les chauffer afin que la soudure s'y applique mieux.

Poli. Travail que l'on exécute sur une surface pour la rendre unie et brillante. Les ouvrages de serrurerie qu'on fait avec le plus de soin sont polis à la lime et à l'émeri. (Serrur.)

Polie. (Surface.) Se dit de toute surface lisse, unie, douce, mais non luisante.

Polir. C'est rendre polie la surface d'un marbre, au moyen d'une molette et du grès, puis avec un bouchon de liège et de l'émeri, etc. Voy. POLISSAGE.

Polir le vernis. C'est lui donner une surface lisse, nette et douce, que l'application multipliée des couches ne lui donnerait jamais, si l'on n'effaçait les petites inégalités qui peuvent s'y trouver. On se sert à cet effet de pierre-ponce et de tripoli. (Verniss.)

— C'est une opération qui a pour but d'effacer les piqûres que l'émeri a pu laisser sur la surface de la glace : on emploie le polissoir, sous lequel on met un mélange qu'on a obtenu en faisant dissoudre ensemble du sel de cuisine, du sulfate de fer et des résidus de la fabrication de l'acide sulfurique. (Miroit.)

Polissage. Action de polir le marbre, consistant dans six opérations distinctes, savoir : *égriser*, *rabattre*, *mastiquer*, *adoucir*, *plomber*, *relever*. Voir ces mots. (Marb.)

Polissoir. Morceau d'acier très poli, emmanché de bois, qui sert à polir et brunir.

Polygones. Figures planes ayant plusieurs côtés. Elles sont désignées par les noms de *triangle*, *carré*, *pantagones*, *hexagones*, *heptagones*, *octogones*, etc., suivant le nombre de côtés qu'elles renferment. (Géom.)

Pomelle. Voy. Paumelle. (Serr.)

— Petite plaque de plomb percée de plusieurs trous et formant l'orifice d'un tuyau. Voy. Crapaudine. (font.)

Pomme (*râteau en*). Râteau qui, dans une garniture de serrure, au lieu de se composer de parties minces, porte de petites pommes au bout des tiges ordinaires, ce qui oblige à avoir des clefs dont le panneton soit évidé d'une manière particulière.

Pompe. Machine servant à élever l'eau et qui se compose principalement d'un *cylindre* appelé *corps de pompe*, dans lequel se meut un piston, et de soupapes ou clapets diversement distribués.

On distingue principalement les *pompes aspirantes*, les *pompes foulantes* et les *pompes aspirantes et foulantes*.

Dans les *pompes aspirantes*, il y a au-dessous du corps de pompe un tuyau qui plonge dans le réservoir contenant l'eau que l'on veut élever. Ce tuyau ne doit guère avoir plus de 8 mètres. A la partie supérieure de ce tuyau, au bas du corps de pompe, est adaptée une soupape qui s'ouvre de dedans en dehors. A la partie supérieure du corps de pompe, un tuyau sert de déversoir. Le piston porte lui-même une soupape s'ouvrant dans le même sens. Supposons qu'on donne un mouvement de va-et-vient au piston, et que ce piston soit au bas de sa course : les deux soupapes sont fermées. Au moment où le piston se relève, la pression extérieure ouvre la soupape d'en bas et l'eau s'introduit dans le corps de pompe, tout le temps que le piston monte; au moment où il redescend, la soupape du bas se ferme et celle du piston s'ouvre, donnant issue à l'air qui est dans le corps de pompe; puis, dans le mouvement suivant, le même effet indiqué se reproduit; mais, après quelques coups, l'eau qui a passé sur le piston est soulevée par lui et s'écoule par l'orifice supérieur. Ce sont les pompes ordinaires des cours.

Dans quelques cas, au lieu de mettre sur le piston une soupape s'ouvrant de dedans en dehors, on met cette soupape au bas du corps de pompe, en ayant soin d'adapter un tuyau de montée d'eau, correspondant avec l'orifice de cette soupape. Les pompes de ce genre sont les pompes *foulantes*. Ordinairement, dans les pompes foulantes, le corps de pompe est plongé dans l'eau ainsi que le piston.

Lorsque le corps de pompe est hors de l'eau, on dit que la pompe est *aspirante et foulante*.

Mais avec ces dispositions les pompes sont *intermittentes*, c'est-à-dire que leur jet n'est pas continu; pour remédier à cela, dans les pompes aspirantes, on met au-dessus des corps de pompes un réservoir, et on s'arrange pour que l'orifice d'écoulement débite moins que la pompe n'aspire à chaque coup.

Ou bien, prenant une pompe foulante, on fait mouvoir le piston dans un corps de pompe fermé haut et bas et ayant à chacune de ses extrémités deux soupapes s'ouvrant en sens inverse : la soupape qui s'ouvre de dedans au dehors étant en communication avec le tuyau élévatoire, et l'autre s'ouvrant de dehors en dedans, avec le tuyau d'aspiration. On dispose les choses de telle sorte que les deux tuyaux d'aspiration se réunissent en un, et que les deux tuyaux élévatoires communiquent avec une conduite unique ; on obtient ainsi le jet continu quand on fait mouvoir le piston. Il convient, pour éviter les chocs que produit la marche de l'eau contre les pistons et aux coudes, de placer sur le chemin de la conduite élévatoire une capacité pleine d'air qu'on appelle le réservoir d'air ; l'élasticité du gaz sert à amortir les chocs. Les *pompes à incendies* sont des pompes foulantes.

Pompe d'appel. Petit poêle ou fourneau en brique construit au rez-de-chaussée, dans lequel on fait du feu pour établir un courant d'air dans un grand poêle de construction que l'on veut allumer. (Fumist.)

Pomper. Faire marcher une pompe.

Ponce. (Pierre.) Voy. *Pierre ponce.*

Ponce de chaux. Chaux fusée à l'air, que l'on met dans un petit sachet de linge, avec lequel on saupoudre, en tapant, les ornements couchés de jaune, pour empêcher l'or de s'attacher sur des parties qui ne doivent pas être rehaussées. Souvent, au lieu de cela, on applique du blanc d'œuf, ou un collage à froid.

Poncer. Frotter, avec la pierre ponce, des blancs d'apprêt ou des fonds d'impression, pour les adoucir et les rendre unis, en faisant disparaître les grains de couleur, les poils et les trous de la brosse. Quelquefois on imbibe la pierre ponce d'essence et d'esprit de vin pour poncer les fonds à l'huile, pour les adoucir et les rendre unis. Cette opération se fait particulièrement sur les teintes dures que l'on doit couvrir d'or.

Pontceau. Petit pont.

Pont. Construction qui a pour objet d'établir une communication directe et facile au-dessus de fossés, de ravins, de marais, de rivières, etc.

On fait des ponts en charpente, en pierre, en métal.

Dans les ponts, il y a à considérer le *tablier*, qui est la partie sur laquelle on marche, et les supports du tablier.

On appelle *piles* les supports construits en rivière, et *culées* les supports qui touchent à la terre ferme.

Dans les ponts en charpente qui ont des piles en bois, ces piles prennent le nom de *palée*. La distance entre deux palées s'appelle la *portée*.

Pour les ponts provisoires, les palées sont parfois de simples chevalets.

Dans les ponts en pierre, les piles supportent les voûtes qu'on appelle *arches* et sur lesquelles repose la chaussée.

Les *ponts en fer* : leur construction est analogue à celle des ponts en charpente ; le tablier repose sur des piles en maçonnerie ou en métal.

Il y a encore des *ponts en fonte*, qui ont généralement la forme en arc, comme les ponts en maçonnerie, et des *ponts suspendus*, dont le tablier est suspendu par des tiges verticales ou inclinées à une sorte de câble ou de chaîne soutenue à une certaine hauteur au-dessus de son niveau.

Quelques ponts construits en charpente reposent sur des bateaux solidement amarrés. On les appelle *ponts de bateaux*.

Enfin on divise les ponts en deux grandes catégories : les *ponts dormants*, qui sont fixés, et les *ponts mobiles*, tels que les ponts de bateaux, les ponts tournants, dont le tablier peut se déplacer dans le sens horizontal, totalement ou en partie, en tournant autour d'un axe vertical, et les ponts-levis, dont le tablier peut être levé en tournant autour d'un axe horizontal.

Porches. On nomme ainsi des espèces de vestibules dont la construction se compose de colonnes ou de piliers, ordinairement couronnés d'un fronton, qui forment un lieu couvert devant un temple, un palais.

Porphyre. Roche ignée, opaque, plus dure que le granit, dont les éléments sont plus compactes et mieux liés. Les porphyres sont susceptibles de recevoir un beau poli. La partie principale de cette espèce de pierre est une pâte feldspathique, contenant de petites masses de feldspath cristallisé. Il y a du porphyre rouge, du porphyre vert, du porphyre noir.

Portail. Entrée principale et monumentale sur la façade d'une église. On donne aussi ce nom à la porte d'entrée d'une ferme lorsqu'elle est surmontée d'un abri. (Archit.)

Porte. Ouverture ou baie, d'une forme quelconque, pratiquée dans un mur ou dans une cloison, pour servir d'entrée à une maison, à une chambre, à une armoire.

— Menuiserie mobile sur des gonds et qu'on place dans une baie de porte pour la fermer.

On appelle *chambranle* et *huisserie* l'encadrement d'une porte

22.

dans la baie; *jambages* et *piédroits*, les deux côtés; *seuil*, le pas de la porte; *vantail*, un battant de porte.

On distingue :

Porte bâtarde. Porte qui ferme l'entrée d'une maison, et qui est trop étroite pour que les voitures puissent passer.

Porte charretière. Grande porte à deux vantaux, sans moulure, qui ferme l'entrée d'une cour de ferme, d'une remise ou d'une grange, et qui est faite en planches barrées derrière, ou bien d'assemblage avec bâtis et panneaux.

Porte cochère. Porte qui ferme l'entrée d'une maison, et qui est assez large pour donner passage aux voitures.

Porte en enfilade. Une porte en alignement avec d'autres portes.

Porte de dégagement. Petite porte donnant issue sur un couloir.

Porte de clôture. Porte ménagée dans un mur de clôture.

Porte perdue. Porte en arasement du nu d'un mur ou d'une cloison.

Porte grillée. Porte à panneau par le bas, et dont le panneau du haut est remplacé par une grille accompagnée quelquefois d'un grillage de fil de fer ou de laiton.

Porte à claire voie. Porte formée de barreaux, soit dans toute sa hauteur, soit sur une partie seulement.

Porte à deux vantaux. Porte composée de deux parties, munies chacune de ferrures, gonds, etc., et qui se joignent au milieu de la baie, pour en former la fermeture.

Porte feinte. Ouvrage de menuiserie qui imite une porte, mais derrière lequel il n'y a pas de baie, et qui sert seulement à faire pendant à une porte vraie.

Porte double. Ce sont deux portes battant en sens inverse, placées de chaque côté de l'épaisseur d'une baie.

Porte en avant-corps. Porte qui n'entre pas à feuillure dans le chambranle.

Porte brisée. Porte dont les vantaux sont fais de plusieurs parties se repliant les unes sur les autres.

Porte d'assemblage. Porte formée de bâtis et de panneaux sans moulure.

Porte à placard. Porte d'assemblage qui ferme un appartement, et qui est décorée de moulures, avec ou sans chambranle au pourtour.

Porte vitrée. Porte qui est garnie de petits bois pour recevoir des vitres, comme une croisée.

Porte coupée. Porte qui ouvre en deux parties sur la hauteur, souvent la partie supérieure est vitrée : telles sont les portes de portier.

C'est aussi une porte qui ne doit pas être apparente, qui est prise dans un lambris, et dont les panneaux se trouvent quelquefois coupés sur la hauteur ou sur la largeur et même sur les deux sens à la fois.

Porte flottée. Porte d'assemblage dont les battants ou les traverses paraissent plus larges sur un panneau que sur l'autre, et dont conséquemment les panneaux paraissent plus grands. Une porte peut être flottée dans son bâti, dans ses cadres et dans ses panneaux, et cela lorsqu'il y a un plus grand nombre de traverses intérieures sur un panneau que sur l'autre, et que le profil des cadres n'est pas le même sur les deux faces.

Porte à glace. Porte qui sert de répétition à une croisée, et qui est faite en parquet derrière ou à cadre, pour répéter une autre porte. Souvent ces sortes de portes sont flottées.

Porte-persienne. Persienne qui ferme le devant d'une porte croisée, et qui, comme la persienne, peut être remplie d'un panneau par le bas.

Porte biaise. Porte dont les tableaux ne sont pas d'équerre avec le mur.

Porte dans l'angle. Porte qui est à pans coupés dans l'angle rentrant d'un bâtiment.

Porte ébrasée. Porte dont les tableaux sont à pans coupés en dehors.

Porte en tour ronde. Porte extérieure d'un mur circulaire convexe.

Porte en tour creuse. Porte intérieure d'un mur circulaire.

Porte rampante. Porte dont le cintre ou la plate-bande est rampante comme dans un mur d'échiffre.

Porte surbaissée. Porte cintrée dont la fermeture est en anse de panier.

Porte sur le coin. Porte en pan coupée sous l'encoignure d'un bâtiment, ayant quelquefois une trompe au-dessus.

Porte pleine. Porte unie, sans compartiments de cadres et de panneaux. Les portes pleines sont faites de planches assemblées à rainures, languettes et clefs, et sont terminées par de travaux appelées *emboîtures.* Les portes en sapin sont ordinaisrement emboîtées en chêne.

Portes-croisées. Celles dont la partie inférieure est remplie par un panneau, et qui sont posées dans une baie donnant sur une terrasse ou un balcon, ou pour mieux dire, qui sont ouvertes jusqu'au nu du plancher d'une pièce.

Porte-clapet. C'est dans une pompe une pièce de cuivre de forme circulaire, portant des oreilles pour la fixer sur la bride d'un corps de pompe ou d'une calotte, et sur laquelle est monté un clapet.

Portes d'écluse. Portes qu'on place aux extrémités d'une écluse pour tenir l'eau. On dit qu'elles sont busquées lorsque les deux vantaux s'arc-boutent réciproquement.

Porte en tôle. C'est la plaque fermant l'entrée d'un poêle Cette porte est montée sur châssis simple ou sur un châssis double en fer : quelques-unes sont à coulisse avec bouton en cuivre, d'autres sont doublées en cuivre et ferment à clef. (Fumist.)

Porte-manteau. Barre sur laquelle sont assemblées des tiges, qui portent à leur extrémité des rosettes tournées ou chantournées sur lesquelles on suspend des vêtements.

Porte-soudure. Les plombiers appellent ainsi un quart de coutil plié en quatre avec lequel ils relèvent leur soudure. (Plomb.)

Porte-tapisserie. Les menuisiers entendent par ce terme la saillie que fait la corniche d'un appartement, tant sur les murs que sur les nus de l'ouvrage. Ils donnent aussi ce nom aux tringles de bois disposées de manière à recevoir la toile sur laquelle on colle le papier de tenture. (Menuis.)

Porte-vitre. Planche du fléau de vitrier, sur laquelle les vitres reposent par une arête.

Portée (Maç.). Sommier d'une plate-bande ou arrachement de retombée.

Portée. Distance entre deux appuis : on dit *la portée d'un arc de pont, d'une poutre*, d'une travée ; ce mot est synonyme d'ouverture.

— C'est la partie d'une plate-bande comprise entre deux colonnes ou deux pieds droits. (Maçonn.)

— C'est la partie en porte-à-faux d'une pièce de bois qui se trouve engagée dans un mur en pierre, une pile, ou un mur en moellon. Les principales pièces d'un plancher doivent être engagées dans les murs d'au moins la moitié de leur épaisseur. (Charp.)

Porter. On dit qu'une pierre porte tant de longueur sur tant de largeur et de hauteur. (Maçonn.)

— DE FOND. C'est porter à plomb et par empatement, dès le rez-de-chaussée. (Maçonn.)

— A CRU. On dit qu'un corps porte à cru, lorsqu'il est sans empatement ou retrait. (Maçonn.)

— A FAUX. C'est porter en saillie et en encorbellement par rapport à un plan vertical, comme un balcon en saillie, et le retour d'angle d'un entablement. (Maçonn.)

Voy. l'ordonnance sur les saillies.

Portique. Espèce de galerie avec arcades sans fermeture, où l'on se promène à couvert, qui est ordinairement voûtée, et quelquefois avec sofite ou plancher. (Archit.)

Portor (*marbre*). Marbre à fond noir avec des veines jaunes.

Pose. Action d'ajuster et d'arrêter en place les divers ouvrages. (Menuis.)

Poser. C'est mettre une pierre ou une charpente en place et l'y assujettir : et *déposer*, c'est l'ôter de sa place. (Maçonn.)

Poser à cru. Construire un mur sans fondation.

— A SEC. C'est construire sans mortier. Pour les ouvrages soignés on frotte les pierres avec du grès et de l'eau, sur leurs joints de lit bien dressés, jusqu'à ce qu'il ne reste point de vide. (Maçonn.)

— DE CHAMP. C'est mettre une brique, une pierre, une pièce de bois, sur son côté le plus mince; et *poser de plat*, c'est le contraire. (Maçonn.)

Poser en décharge. Mettre une pièce obliquement pour arc-bouter ou contreventer, comme dans les chevalements, les pans de bois, etc.

Poseur. Nom qu'on donne à l'ouvrier qui reçoit la pierre de la grue, ou élevée avec la grue, et qui la met en place de niveau, d'alignement et à demeure.

Contreposeur. Ouvrier qui aide le poseur. (Maçonn.)

Position. Situation d'un bâtiment par rapport aux points de l'horizon.

Poste. Enroulement qu'on rapporte dans une frise en haut d'une rampe ou d'un balcon.

Pot. Voy. POTERIES.

Pot. Cuvette de forme conique tronquée, que l'on emploie pour les garde-robes demi-anglaises.

Pot à colle. Petit vase de cuivre rouge, à manche, supporté par trois pieds et servant à faire chauffer la colle des menuisiers.

Potager. C'est, dans une cuisine, une table de maçonnerie à hauteur d'appui, où sont scellés des réchauds. (Maçonn.)

Potasse. Ce qu'on vend dans le commerce sous le nom de potasse est du carbonate de potasse.

Les cendres de bois, les résidus du traitement des mélasses par l'osmose, les laines en suin, etc., fournissent du carbonate de potasse. La source la plus abondante aujourd'hui est la *carnallite*, chlorure double hydraté de magnésium et de potassium, qui se trouve à Stassfurth, en couche, à côté du sel gemme.

C'est un sel qui a la propriété de dissoudre les corps gras et résineux, de former des combinaisons avec les acides et qui par suite est employé pour faire des nettoyages.

En dissolution dans l'eau, il prend le nom de lessive ou d'eau seconde.

Poteau. Pièce de bois posée debout, de quelque grosseur qu'elle soit; les poteaux, d'après leur usage et leur position, prennent différents noms.

Poteau ou **Pied cornier.** Poteau qui forme le côté d'un pan de bois, ou l'encoignure de deux pans de bois, et sur lequel sont assemblées les sablières de chaque étage.

Poteau de fond. Poteau qui, reposant sur le fondement, monte d'aplomb sur toute la hauteur du bâtiment.

Poteau d'huisserie. Ce sont, dans les cloisons, les poteaux placés au droit des portes pour les recevoir. Les poteaux d'huisserie doivent être bien dressés et corroyés. On fait une feuillure du côté qui reçoit le porte.

Poteau de lucarne. Poteau qui forme un des côtés de la baie d'une lucarne et qui porte le chapeau.

Poteau d'écurie. Pièce de bois ronde, de 10 à 12 centimètres de diamètre, servant à soutenir les barres de séparation entre les chevaux et à recevoir l'assemblage des stalles.

Poteau de remplissage. Dans un pan de bois, poteau qui est posé entre chaque sablière et y est assemblé. Les poteaux des cloisons intérieures, portant plancher, doivent avoir pour épaisseur 1/12 de leur hauteur, ceux employés dans les cloisons de distribution n'ont que 1/24.

Poteau en décharge. Poteau qui est posé obliquement entre deux autres dans un pan de bois.

Poteau refeuillé. Poteau adjacent à une baie et qui porte une feuillure.

Poteau de cintre. Pièce posée debout, qui porte l'entrait d'un cintre.

Poteau ou **Pieu.** Pièce de bois diminuée et brûlée d'un bout, que les treillageurs enfoncent en terre pour soutenir les treillages, soit d'appui, soit de hauteur. (Treillag.)

Potée. Émeri réduit en poudre, détrempé avec de l'huile, servant à polir le fer.

Potée d'étain. Oxyde d'étain qui, broyé très fin, sert également à polir le fer, l'acier, etc.

Potée. Les marbriers, sous le nom de potée, emploient trois substances différentes pour donner le lustre au marbre :

1° La *potée rouge*, composée de salpêtre et de sulfate de fer, à laquelle on ajoute du noir au moment de l'employer ;

2° La *potée grise* ou *potée d'étain* qui sert pour les marbres blancs ;

3° La *potée commune* faite avec des os calcinés et réduits en poudre.

Potelet. Poteau court dans les pans de bois et cloisons, avec lequel on garnit le dessous des appuis de croisées et le dessus des linteaux de porte.

Potelet de chambrée. Petits poteaux ayant la hauteur des solives et qui sont placés entre deux sablières au droit de l'épaisseur des planchers.

Potence. Construction composée d'une pièce de bois debout, couverte d'un chapeau ou semelle, et de deux liens ou contre-fiches, qui sert à soutenir une poutre cassée, ou à porter le bout d'une poutre ou d'une solive.

Potence. Châssis en fer carré, composé d'une traverse et d'un montant droit ou contourné, pour porter un balcon, une lanterne, des tablettes dans les cuisines.

Poteries. Ce sont des pots en terre cuite que l'on fait dans les fabriques de carreaux et de briques : on les emploie à différents usages, tels que le remplissage de planchers, tuyaux de cheminée, etc.

Les poteries creuses pour planchers portent 0m,11, 0m,13, 0m,16, 0m,19, 0m,22, 0m,25 de haut.

Les boisseaux de terre cuite vernissés ou non vernissés portent 0m,32 de haut, et 0m,16, 18, 21, 24 cent. de diamètre; ces boisseaux servent pour descente de lieux. Il existe aussi des pots pour des ventouses à courant d'air; il y a enfin les pots anglais à revêtir; les pots en grès portant depuis 0m,05 jusqu'à 0m,24 de diamètre sont ceux dont on fait le plus d'usage dans la construction. Les poteries pour descente de lieux sont en grande partie remplacées aujourd'hui par des tuyaux en fonte. (Maçonnerie.)

Potiche. Entaille faite sur les nœuds des pièces de bois pour en reconnaître les défauts.

Potin. Mélange de cuivre et d'étain.

Pouce d'eau. Ancienne mesure servant au jaugeage d'une fontaine d'un robinet, et qui correspond à une ouverture d'un pouce de diamètre qui donne sous une charge d'un pouce d'eau 15 pintes d'eau par minute ou environ 19 mètres cubes en 24 heures. Voy. JAUGE.

Poucier. Petit morceau de fer plat ou de cuivre qui forme levier sous un loquet et sur lequel on appuie le pouce pour lever le loquet et le dégager du mentonnet. On applique aussi des pouciers sur des verrous à la capucine ou à coulisse, etc.

Poudingue. Agglomération de cailloux dans un ciment siliceux ; si les cailloux sont argileux la masse prend le nom de *brèche siliceuse*. — Les *marbres poudingues* sont constitués par une agglomération de galets dans un ciment calcaire, tandis que, dans les *marbres brèches*, les cailloux sont remplacés par des débris de marbres plus anciens.

Pouf (*pierre marbre*). Pierre qui est sujette à s'égréner quand on la taille et qui ne garde pas d'arête vive.

Pouilleux (*bois*). Bois qui, commençant à se gâter, se couvre de petites taches rouges et noires.

Poulie. Roue, massive ou évidée, en bois ou en métal, tournant sur un axe en fer que supporte une chape. Sur la circonférence de la roue est creusée une gorge pour recevoir un cordage. La poulie sert à changer la direction de la force qu'on applique à ce cordage et qu'on veut transmettre à un objet à déplacer.

Poulie (*garniture de*). Sorte de gond portant chape dans laquelle sont montées une ou plusieurs poulies recevant les cordons qui servent à faire mouvoir des rideaux. On distingue :

La *garniture commune* qui n'a que trois poulies;

La *garniture de Picardie*, qui est plus soignée et qui a quatre poulies.

Pourtour. Mot dont les ouvriers se servent pour exprimer le périmètre ou contour de surfaces quelconques. (Maçonn.)

— Les plombiers se servent beaucoup de ce terme pour exprimer les côtés ou la rondeur d'une chose quelconque. (Plomb.)

Pourvoi au conseil d'État. C'est le droit que chaque particulier a de se pourvoir au conseil d'État contre la chose jugée, soit par l'autorité administrative, ou l'autorité judiciaire. En matière d'alignement, lorsqu'il s'agit de démolir, le sursis peut être ordonné par le conseil d'État. (Lois de voirie.)

Poussée. Effort que les terres en glissant de manière à prendre leur talus naturel, exercent contre les obstacles qui s'opposent à ce mouvement. Une voûte exerce un effort de même espèce contre les murs sur lesquels elle s'appuie. Dans les voûtes, cet effort est transmis par les voussoirs, à droite et à gauche de la clef, contre les pieds-droits; il est de la dernière importance de connaître cette poussée, afin d'y opposer une résistance convenable pour que la voûte ne s'écarte pas. Voici quelques données sur la poussée des voûtes :

1° Dans une voûte où l'on suppose que les voussoirs ne sont entretenus par aucun ciment, plus leur tête sera petite, plus la voûte aura de poussée;

2° Plus la voûte aura d'épaisseur, plus la poussée sera grande;

3° Plus les pieds-droits qui soutiennent une voûte seront élevés, plus il faudra d'épaisseur pour soutenir la poussée de la voûte.

On appelle *faire le trait des poussées des voûtes*, chercher et marquer les épaisseurs que doivent avoir les murs et les piliers-butants, qui portent et appuient les voûtes (Maçonn.)

Poussée. Ce terme s'applique à une peinture ancienne ou aux premières impressions d'une nouvelle, qui ont terni l'éclat des couches de teinte.

Poussées. Mot qui s'applique aux serrures que l'on se procure dans le commerce; il signifie une qualité supérieure de la surrure dite *blanchie*, c'est-à-dire limée sans être exactement polie.

Le mot *demi-poussé* désigne une qualité inférieure, et le mot *bon-poussé* une qualité supérieure.

Pousse-fiche. Morceau de fer rond et allongé qui sert à faire sortir les broches de dedans les fiches.

Pousser. Former sur le bois des moulures, rainures et feuillures avec un outil à fût. (Menuis.)

— À LA MAIN. C'est couper les ouvrages de plâtre faits à la main, et qui ne sont point traînés. C'est aussi tailler des moulures sur la pierre dure. (Maçonn.)

— LES MARCHES. C'est faire, avec une espèce de rabot, les moulures sur le devant des marches. (Charp.)

Pousser au vide. On dit qu'un mur pousse au vide lorsqu'il *boucle* ou fait ventre. (Maçonn.)

Poussière ou poussier. Poudre des recoupes de pierre, de plâtre, de gravois, passée à la claie, qu'on mêle avec le plâtre pour faire l'aire d'un carrelage neuf ou remanié.

On met souvent au rez-de-chaussée du poussier de charbon ou du mâchefer entre les lambourdes d'un parquet pour garantir de l'humidité.

Poutre. Grosse pièce de bois carrée qui a plus de 0m,30 d'équarrissage et qui sert à porter les travées, solives, lambourdes, etc., de plancher. L'épaisseur verticale des poutres doit être la dix-huitième partie de leur portée ou longueur dans œuvre; il est préférable qu'elles soient plutôt carrées que méplates. Les poutres ne doivent pas être de bois refendu. Lorsque les poutres sont trop faibles pour soutenir les solives, on les fortifie par des pièces d'assemblage appelées *armatures* (Charp.)

Poutre âmée. Sorte de poutre armée sur laquelle on a rapporté et embrevé, après l'avoir refendue en deux parties, une lambourde posée obliquement, en about, et boulonnée.

Poutre armée. Poutre fortifiée par des pièces d'assemblage ou par des barres de fer, solidement fixées sur elle. La plus petite épaisseur à donner aux poutres armées, au droit des points d'appui, doit être égale à 1/3 de l'épaisseur au milieu.

Poutrelles. Petites poutres qui ont moins de $0^m,30$ d'équarrissage; elles sont ordinairement placées dans les planchers et portent sur chacune de leurs surfaces des lambourdes percées de mortaises pour recevoir les solives de remplissage. Les lambourdes sont liées aux poutrelles par des étriers en fer.

Pouzzolanes. Les pouzzolanes sont des sables volcaniques qui se trouvent parfois naturellement à l'état sableux, comme dans les environs de Pouzzoles, près de Naples, ou bien qui, comme le *trass d'Andernach*, par exemple, existent dans la nature en masses rocheuses que l'on casse et que l'on réduit à l'état de sable ou de poussière fine, par des moyens mécaniques.

Les pouzzolanes mélangées avec la chaux grasse lui communiquent des propriétés hydrauliques, plus ou moins marquées. La qualité des pouzzolanes varie beaucoup; avant d'employer ces matières, il convient de constater leur valeur.

Pratiquer la pierre. C'est, dans l'appareil, le moyen de tirer le meilleur parti de la pierre, avec le moins de déchet possible. (maçonn.)

Pratique (*pierre de*). Pierre qu'on emploie sans être taillée

Prêle. Plante vulgairement appelée queue de cheval. Cette plante croît dans les lieux humides; elle est à tige creuse, cannelée, divisée en rameaux. Cette tige est recouverte d'aspérités fines et rudes qui servent à polir les bois et les métaux.

Prêler. C'est, pour les rendre plus douces, frotter à la prêle les parties couchées de blanc, sur lesquelles on doit appliquer le jaune de la dorure. (Peint.)

Présenter. Vérifier, avant la pose définitive, si deux pièces qui doivent être réunies s'assemblent bien l'une avec l'autre.

Presse d'établi. Sorte d'étau composé d'une vis en bois ou en fer et d'une jumelle ou d'un mors. (Menuis.)

Prisonnier. Petite goupille qui porte une petite tête comme une broche à lambris; on fait entrer cette tête dans un trou fraisé ménagé à cet effet, et l'on matte le fer avec un burin tout autour. Cette sorte de rivure sert à faire les plates-bandes des rampes d'escalier, de balcons, etc.

On appelle *rivure prisonnière* celle dont l'extrémité s'engage dans un trou fraisé, de sorte qu'il n'y ait pas saillie.

Prisme. C'est un solide compris sous plusieurs plans parallélogrammes et terminé de part et d'autre par deux plans polygones égaux et parallèles. Le prisme est triangulaire, quadrilatère, pentagone, etc., selon que sa base est un triangle, un quadrilatère, un pentagone, etc. (Géom.)

Privilège. Droit qu'ont les architectes, entrepreneurs et bailleurs de fonds, de se faire porter comme créanciers privilégiés dans les constructions faites par ordre d'un propriétaire.

Quand un propriétaire fait construire, il peut donner un privilège aux architectes, entrepreneurs, fournisseurs et ouvriers, sur les travaux qu'il fait faire.

Pour que le privilège soit en règle, il faut : 1° que le propriétaire présente une requête au tribunal de première instance de l'arrondissement dans lequel se trouve la construction projetée. Sur cette demande, un expert est nommé par le tribunal. Après avoir constaté l'état des lieux, l'expert constate sur son procès-verbal les ouvrages que le propriétaire déclare avoir dessein de faire exécuter. 2° Dans les six mois au plus tard, à compter du jour où les ouvrages sont parvenus à leur perfection, il est nécessaire qu'ils soient reçus juridiquement. Quand il y a discussion entre les parties, ce qu'il y a d'essentiel à observer dans la procédure à suivre, c'est que les ouvrages doivent avoir été reçus dans les six mois au plus tard, à compter du jour où ils ont été terminés. Quelques longues que soient ensuite les discussions sur le procès-verbal de réception, il peut être inscrit utilement après qu'elles ont été terminées, et le privilège n'en est pas moins assuré à la date du premier rapport; ainsi il est important de ne pas retarder la présentation de ce premier procès-verbal au bureau des hypothèques.

Deux conditions sont imposées à l'exercice du privilège accordé par l'article 2103 du Code civil à ceux qui ont été employés aux travaux d'une construction. La première est que ce privilège ne puisse pas excéder les valeurs des travaux constatés par le procès-verbal de leur réception. Le deuxième condition sous laquelle est accordé le privilège dont il s'agit, est qu'il soit réduit à l'augmentation de valeur que les travaux ont procurée à l'immeuble à l'époque où il est aliéné.

Le premier privilège autorisé sur les immeubles est celui du vendeur pour le prix de son aliénation; le même privilège est transmis à ceux qui ont fourni l'argent nécessaire pour payer le vendeur. Le privilège établi en troisième rang sur les immeubles est celui des ouvrages qui en ont augmenté la valeur; tels sont les travaux des architectes, entrepreneurs, fournisseurs et toutes sortes d'ouvriers.

Pour être subrogé aux droits de celui qui a un privilège, il faut : 1° que le privilège ait été établi au profit de celui qui a travaillé, et qu'on veut payer en l'acquit du propriétaire. 2° Pour que celui qui prête ses deniers soit subrogé au privilège des personnes qu'il paye, il faut que l'emprunt soit constaté, comme on le fait lorsqu'il s'agit de subroger aux droits du vendeur la personne qui prête son argent pour payer le prix de l'immeuble. Enfin la subrogation n'est opérée que quand celui à qui les ouvrages sont dus en a donné quittance. (Lois des bâtim.)

Profil. Le contour d'un membre d'architecture, comme d'une base, d'une corniche, etc. (Archit.)

— Assemblage de plusieurs moulures dont on orne les diverses espèces de menuiserie. (Menuis.)

— OU COUPE DE BATIMENT. Dessin d'un bâtiment, coupé sur sa longueur ou sa largeur, pour montrer les intérieurs ainsi que les épaisseurs des murs, voûtes, planchers, combles, etc. (Architect.)

Profiler. Tracer des profils et les exécuter dans le bois. Faire rencontrer convenablement à l'endroit de leur joint deux membres de moulures ou de profil.

Profiler (*contre-*). Entailler un morceau de bois selon la forme d'un profil sur lequel il doit s'ajuster.

Prohibition. En matière de voirie, c'est l'interdiction de tout acte nuisible à l'usage de la voie publique, même dans l'exercice ordinaire du droit de propriété. Elle s'étend jusqu'à obliger le propriétaire, par exemple, à s'abstenir de certaine réparation dont l'effet serait de prolonger la durée d'un bâtiment placé hors de l'alignement arrêté, ou celle d'une saillie condamnée par les règlements. La défense de réparer les constructions sujettes à reculement ne se borne pas aux murs de face; elle s'étend aussi aux bâtiments intérieurs dans toute la partie qui fait saillie sur le nouvel alignement. (Lois de voirie.)

Projection d'un point sur un plan. C'est le pied de la perpendiculaire abaissée de ce point sur le plan. (Géom.)

Propriété. Les questions de propriété sont déférées au jugement des tribunaux en matière de grande voirie; il en est de même pour les questions de voirie municipale, les chemins vicinaux, les cours d'eau, etc.

D'après la loi du 10 juin 1793, les rues, places, quais et promenades publiques font partie des biens communaux. Les chemins, routes et rues sont à la charge de l'État; sont considérés comme des dépendances du domaine public, les fleuves et rivières navigables ou flottables, les rivages, lais et relais de la mer, les ports, les havres, les rades, et généralement toutes les parties du territoire français qui ne sont pas susceptibles d'une propriété privée. Lorsque, par suite de percement de rues, de formation de places nouvelles, de construction de quais, ou tous autres travaux publics, généraux, départementaux ou communaux, ordonnés et approuvés par le gouvernement, des propriétés auront acquis une notable augmentation, ces propriétés pourront être chargées de payer une indemnité qui pourra s'élever jusqu'à la valeur de la moitié des avantages qu'elles auront acquis. Le tout sera réglé par estimation dans les formes déjà établies par la loi, jugé et homologué par la commission qui aura été nommée à cet effet. (Lois des bâtim.)

Puisard. C'est, dans le corps d'un mur ou dans le noyau d'un escalier à vis, une espèce de tuyau de descente en plomb ou en fonte, par lequel s'écoulent les eaux des combles.

— Sorte de puits bâti en pierres sèches, dans la paroi duquel on a pratiqué des *barbacanes*, et où se rendent les eaux pluviales ou les eaux ménagères qui se perdent dans la terre. (Maçonn.)

Puisatier. Ouvrier qui fait les travaux dans les puits.

Puits. Excavation creusée verticalement jusqu'à une nappe d'eau, et dont les parois sont ordinairement revêtues d'une maçonnerie. Les murs de puits reposent sur un rouet en charpente que l'on fait descendre jusqu'au fond de l'eau; leurs faces intérieures sont en pierres libage ou moellon essémillé; le tout, à l'exception de la partie mouillée, qui se fait en pierres sèches, doit être maçonné avec mortier de chaux et sable.

L'épaisseur des murs des puits varie suivant le diamètre et la profondeur qu'ils ont.

Les puits ovales se font ordinairement dans les murs mitoyens entre voisins, surtout dans les villes. Ces puits doivent se payer par moitié, jusques et y compris la margelle.

La *coutume* veut, quand on construit un puits contre un mur mitoyen, qu'on établisse un contre-mur de 0m,33 d'épaisseur. (Maçonn.)

Une *ordonnance* du 8 mars 1815 dit : Aucun puits ne sera percé, aucune opération d'approfondissement, de sondage, de réparations et autre ne sera entreprise dans une déclaration au département de la police. L'entrepreneur y désignera l'endroit où on a le projet de faire les travaux. Les puits, quel que soit leur genre de constructions seront entourés d'une margelle en maçonnerie ou avec des barres en fer.

A défaut de margelle, les puits situés dans les marais seront défendus par une enceinte formée d'un mur en maçonnerie ou en terre, de 1m de hauteur, à 1m au moins de distance du puits.

Les travaux ne doivent être exécutés que par des entrepreneurs autorisés. Les cureurs ne pourront descendre dans les puits sans être ceints d'un bridage dont l'extrémité sera tenue par un ouvrier placé à l'extérieur.

Les puits abandonnés, ou qui, sans être abandonnés, pourraient être soupçonnés de méphitisme, ne seront curés que d'après l'instruction annexée à la présente ordonnance. On prendra les mêmes précautions lorsque les travaux auront été suspendus vingt-quatre heures. Si nonobstant les précautions indiquées par l'instruction, un ouvrier était frappé du plomb, les travaux seraient suspendus.

Il est enjoint aux propriétaires, locataires et entrepreneurs, d'en faire sur-le-champ la déclaration, à Paris, au commissaire de police, et au maire, dans les communes rurales.

Lorsqu'un puits sera reconnu méphitisé, il sera statué si les eaux peuvent être coulées dans le ruisseau sans danger, ou s'il est important pour la salubrité de les faire porter à Monfaucon.

Réparations. — Elles sont réglées par l'ordonnance de police du 20 juillet 1838. Les maçons appelés à la réparation ou à la reconstruction d'un puits dont l'eau aura été trouvée corrompue ne pourront y travailler qu'avec les précautions ci-après.

Tout maçon chargé de la réparation d'un puits sera tenu, tant que durera l'extraction des pierres des parties à réparer, d'avoir à l'extérieur du puits autant d'ouvriers qu'il en emploiera dans l'intérieur.

Chaque ouvrier travaillant à l'extraction des pierres d'un puits à réparer, sera ceint d'un bridage dont l'attache sera tenue par un ouvrier placé à l'extérieur.

Si des ouvriers maçons sont frappés du plomb pendant la démolition ou réparation d'un puits, les travaux seront suspendus, et déclaration en sera faite dans le jour, à Paris, au commissaire de police, et au maire, dans les communes rurales.

La démolition ou réparation ne pourra en être reprise qu'avec les précautions qui seront prescrites par l'autorité locale, sur l'avis des gens de l'art.

Entretien. — Il est enjoint aux propriétaires ou principaux locataires des maisons où il y a des puits, de les entretenir en état de service, et garnis de cordes, poulies et seaux, ou d'avoir soin que les pompes ou autres machines hydrauliques qui y seraient établies, soient constamment maintenues en bon état, de manière qu'on puisse s'en servir en cas d'incendie. (Lois de voirie).

N. B. Pour connaître si un puits est méphitisé, il faut descendre une chandelle allumée jusqu'à la superficie de l'eau; si elle ne s'éteint pas, on bat l'eau fortement, puis on redescend de nouveau la chandelle allumée. Si elle ne s'éteint pas, on est à peu près assuré que le puits ne renferme aucun gaz méphitique; dans le cas contraire, il faut commencer par renouveler l'air du puits, ce qui est généralement plus facile que de purifier cet air chimiquement. Du lait de chaux versé dans l'eau du puits absorberait l'acide carbonique; le chlore dégagé par du chlorure de chaux décomposerait l'hydrogène sulfuré et le sulfhydrate d'ammoniaque. On placerait le chlorure de chaux dans un vase que l'on descendrait jusqu'au dessus de l'eau.

Puits artésien. Excavation verticale que l'on fait dans la terre au moyen de la sonde, pour arriver à une nappe d'eau souterraine ayant une pression suffisante pour faire monter l'eau jusqu'au-dessus du sol. Avant de commencer les opérations de sondage et rechercher dans un lieu les eaux souterraines, il est nécessaire de s'assurer qu'elles y existent, et par conséquent de se procurer une connaissance parfaite du terrain. L'ascension de l'eau dans les puits artésiens n'est due qu'à la pression d'un niveau supérieur; on peut considérer le puits que l'on a ouvert comme une des branches d'un siphon, dont la nappe souterraine forme l'autre branche. On ne doit point établir de travaux dans les terrains primitifs, tels que les granits, porphyres, etc.; l'expérience prouve que les eaux que recèlent ces terrains y sourdent de tous côtés, à une faible distance de la partie supérieure par laquelle elles s'y infiltrent. Dans les terrains où il y a des alternances de couches perméables telles que des sables, et de couches imperméables telles que des argiles, il y a chance de rencontrer des eaux jaillissantes, surtout si on a reconnu l'affleurement de ces couches à un niveau supérieur à celui où doit se faire le sondage. En effet, l'espace compris entre deux couches imperméables peut former un réservoir alimenté à un niveau supérieur à celui où le puits doit être établi, et par conséquent l'alimenter.

C'est ainsi qu'il est démontré que la nappe d'eau qui alimente les puits de Grenelle et de Passy, à Paris, affleure en Bourgogne. Il a fallu, pour l'atteindre, descendre au-dessous du banc de craie du bassin de Paris.

A Saint-Denis, au contraire, on a creusé des puits artésiens alimentés par des nappes supérieures aux argiles qui se trouvent au-dessus de la craie.

Dans ces dernières années, on a beaucoup perfectionné les outils du sondeur pour faciliter les manœuvres. Mais il sortirait de notre cadre de les décrire.

Dans certaines localités, où les eaux superficielles ne sont pas de bonne qualité, comme dans les Landes, le forage de puits artésiens a permis de se procurer des eaux propres à l'alimentation et à tous les usages domestiques.

Pureau. Partie visible des tuiles ou ardoises après l'achèvement de la couverture. On dit qu'un comble a tant de *pureaux* sur sa hauteur, pour indiquer le nombre de rangs de tuiles ou d'ardoises dont il est composé.

— Distance du dessus d'une latte au-dessus de la latte du rang inférieur ou supérieur. Elle doit être du tiers de la hauteur de la tuile, à prendre au-dessous du crochet. (Couv.)

Pyramide. C'est un solide qui a pour base un carré ou une autre figure rectiligne, et dont les faces, qui sont des triangles, tendent toutes à un point que l'on appelle sommet. (Géom.)

— Construction qui a la forme d'une pyramide. (Archit.)

Q

Quadrilatère. Figure plane ayant quatre côtés. (Géom.)

Quai. Berge d'une rivière ou d'un port, revêtue d'un mur en maçonnerie.

Qualité (BOIS DE). Celui qui est d'une grosseur au-dessous de l'ordinaire, et qui porte au moins 0m,33 à 0m,40 sur ses deux faces, et qui a dix mètres de longueur. (Charp.)

Quarré ou **carré** (*fer*). Voy. ce mot.) Fer dont la largeur est égale à l'épaisseur. Celui qui n'a que 0m,014 à 0m,022 se nomme carillon ; celui qui excède cette dernière dimension se nomme fer carré. (Serrur.)

Quarderoner. Pousser un quart-de-rond.

Quarrément ou **Carrément.** En angle droit, en équerre.

Quart-de-rond. (Voy. MOULURE). Profil et outil de moulure, composé d'un quart de cercle ou d'ovale et de deux filets. Cette moulure est convexe. (Menuis.) Voy. aussi APPUI DE CROISÉE.

Quartier de pierre. Se dit lorsqu'il n'y a qu'un seul morceau de pierre à la voie (Maçonn.)

Quartier tournant. Partie du limon d'un escalier, qui est cintrée en plan, ainsi que les marches qui y sont assemblées. (Charp.)

Quartz. Espèce minérale composée de silice pure. Il se reconnaît à deux caractères faciles à vérifier : la dureté et l'infusibilité. Il y a quatre variétés principales : le *quartz hyalin* ou quartz proprement dit, l'*agathe*, le *jaspe* et l'*opale*.

Queue. Partie la plus large d'une marche tournante d'escalier.

Queue. Espèce d'assemblage qui se fait au bout des pièces de bois pour les réunir en angles les unes avec les autres. (Menuis.)

— (PIÈCE A). Toute partie assemblée à queue, ou rapportée à queue dans le corps de l'ouvrage. (Menuis.)

Queue d'aronde (*assemblage en*). Il sert pour assembler des plates-formes et des pièces qui se joignent à angle droit. Il se compose de tenons et de mortaises dont l'about est plus large que le collet.

Queue de carpe. Petit crampon en fer plat élargi d'un bout, ayant un ou deux scellements, et servant à réunir deux dalles. Voy. AILES DE MOUCHE.

Queue de morue. Planche dont la largeur est inégale d'un bout à l'autre. On doit éviter de mettre des planches en queue de morue dans les panneaux et les autres ouvrages apparents, parce que l'obliquité de leurs joints est désagréable à l'œil, et que, de plus, les joints ainsi disposés s'écartent plus par le travail du bois que les joints parallèles. (Menuis.)

Queue de pierre. Bout brut ou équarri d'une pierre en boutisse, qui est opposé à la tête ou parement, et qui entre dans le mur sans faire parpaing. (Maçonn.)

Queue de renard. Longue traînasse de tiges et de racines d'une plante aquatique qui croissent dans les tuyaux de conduite d'eau et les engorgent. On les en arrache avec une sonde à tire-bourre qui s'accroche à la queue de renard, et par ce moyen on dégage le cours de l'eau. (plomb.)

Queue recouverte ou **perdue.** Qui n'est pas apparente à l'extérieur du bois.

Queue percée. Celle dont les joints sont apparents, comme pour les tiroirs.

Queue de paon. Disposition de pièces formant des compartiments circulaires qui vont en s'élargissant depuis le centre jusqu'à la circonférence : telles sont les enrayures des pièces de plancher d'une tour. (Charp.)

Quincaillerie. Menus ouvrages de serrurerie servant aux ferrures et fermetures des portes et croisées et exécutés en fabrique.

Quinconce. Disposition dans laquelle des objets sont placés de manière à occuper les quatre sommets d'un rectangle et le point d'intersection des diagonales.

R

Rabat ou **Rabot.** Morceau de terre cuite non émaillée, dont la cuisson a été manquée, et qu'on emploie pour frotter ou rabattre les inégalités du marbre avant de l'adoucir; on fait aussi usage, pour cette opération, d'un morceau de fer plat. (Marb.)

Rabattre. Deuxième opération du polissage du marbre; celle qui consiste à le frotter avec du sable doux, au lieu de grès; on se sert, pour molette, de morceaux de faïence de rebut, qui n'ont subi qu'une première cuisson et qui n'ont point été émaillés, ou mieux encore d'une pierre de *Gothland*, soit avec de la terre à four, qui est une argile mêlé de sable, soit, le plus souvent, avec de la pierre ponce en poudre que l'on introduit sous la pierre de *Gothland*. (Marb.)

Rabattre. Synonyme de *Parer*. C'est effacer sur le fer, par de petits coups, les larges facettes laissées par un gros marteau. (Serr.)

Rable. Pièce de bois dont les plombiers se servent pour faire couler et pour étendre leur plomb sur leur moule. (Plomb.)

Râbler. Enlever du plâtre le charbon qui peut y être mélangé.

Rabot. Petit pavé, pierre de liais, taillé d'échantillon.

Rabot. Instrument dont on se sert pour remuer la chaux et corroyer le mortier. Il consiste en un morceau de bois ou lame de fer faisant un angle assez aigu avec le manche ou bâton au moyen duquel on le manœuvre.

Rabot. Outil à fût, d'une construction à peu près semblable aux *varlopes*, dont il ne diffère que par la longueur et parce qu'il n'a point de poignée. Cet outil sert à planer le bois; on en fait usage lorsqu'il y a peu de bois à enlever. (Men.)

Le rabot comprend : le *fût*, sorte de bille de bois dur, dont la face inférieure est polie; le *fer*, qui s'engage dans une entaille inclinée, plus ou moins dégagée, qu'on appelle la *lumière;* enfin le *coin* qui sert à maintenir le fer dans la lumière. Il y a plusieurs formes de rabot.

On distingue : le *rabot ordinaire*, le *rabot cintré*, le *rabot de bout*, le *rabot à dents*, dans lequel on met des fers brettés, le *rabot à mettre d'épaisseur*, qui a deux joues réglant l'épaisseur, le *rabot à deux fers*, et le *rabot rond* dont le fer est affûté en rond, etc.

Raboter. C'est l'action de dresser et refaire les bois avec l'instrument appelé rabot. (Charp. et Men.)

Raboteur. Ouvrier qui finit les marches et limons des escaliers, qui pousse les moulures. (Charp.)

Rabots à dents. Rabots dans lesquels on met des fers brettés.

Raboutir. Mettre bout à bout des pièces de bois.

Racher. Tracer sur une pièce de bois, au compas, la forme suivant laquelle elle doit être taillée.

Racheter. C'est corriger ou dissimuler une différence de niveau, un défaut de régularité, par une pente, par un biais, par une figure plus ou moins régulière. Ainsi une plate-bande dont les côtés ne sont pas parallèles, rachète un angle hors d'équerre avec un angle droit dans un compartiment de parquet.

Ce mot signifie encore, dans la coupe des pierres, joindre par raccordement deux voûtes d'espèce différente. (Maçonn.)

Racheux (*bois*). Bois noueux, filandreux, difficile à travailler, mal poli.

Racinal. Sorte de pilotis sur lesquels on asseoit la fondation d'une pièce au moyen d'une plate-forme.

— Pièces de bois plus larges qu'épaisses, qu'on dose sur la tête des pilotis pour recevoir la plate-forme.

Racinal d'écurie. Pièce de bois de bout, scellée en terre, et dans les côtés de laquelle sont assemblés les madriers formant le devant de la mangeoire.

Racinau. Petite pièce de bois qu'on enfonce dans la terre pour soutenir les bandes de parterre et autres ouvrages de cette nature.

Racinaux de grue. Pièces de bois croisées, formant l'empâtement d'une grue et dans lesquelles sont assemblées l'arbre et les arcs-boutants; on les nomme *soles* quand elles sont planes.

Racler. Se servir de l'outil appelé *racloir* pour unir et achever d'ôter les inégalités d'un morceau de bois. (Menuis.)

Racloir. Cet outil est une lame de fer à laquelle on donne le morfil, et qui est emmanchée dans un morceau de bois servant à la tenir. Voy. RACLER. (Menuis.)

Raccord. Disposition du point de jonction d'objets qui doivent se rejoindre ensemble; par exemple, les moulures d'une pièce horizontale avec celles d'une pièce rampante. Il y a des raccords à angles et des raccords droits. (Menuis.)

Raccord. Travail neuf fait dans un travail ancien, de manière à ce qu'autant que possible on ne distingue pas l'un de l'autre.

— Partie de pavé neuf qu'on refait au contact d'une partie ancienne. Voy. RACCORDEMENT.

Raccordement. Réunion de deux corps à un même niveau ou superficie, ou d'un ouvrage vieux avec un neuf. (Maçonn.)

Raccordement. Réunion de deux tuyaux de diamètres inégaux. (Font.)

Raccorder. Faire accorder, joindre ensemble les moulures d'une pièce horizontale avec celles d'une pièce rampante.

Raccorder. Refaire du même ton de couleur une partie sur un sujet peint antérieurement. (Peint.)

Remettre de l'or là où il en manque.

Faire un raccordement (Maç.)

Raccorder. Faire une petite partie de pavé au pourtour d'un banc, boucher un trou d'étai, etc. (Pav.)

— Faire un raccordement par un nœud de soudure. (Font.)

Raccoutrage. C'est nettoyer les vitres en panneaux, soit pour entretenir la clarté et la propreté dans sa maison, soit pour les rendre nettes et en bon état en la quittant. (Vitrer.)

Radeau. Assemblage de plusieurs pièces de bois plates, formant une sorte de plancher, et dont on se sert pour passer de petites rivières.

Rader. Diviser au ciseau une bande de pierre ou de marbre sur sa largeur en faisant deux tranchées, l'une dessus, l'autre dessous.

Radier. Massif en maçonnerie ou planches solides compris entre les piles, ou entre une pile et une culée d'un pont, ou bien encore entre les bajoyers d'une écluse et sur lesquels l'eau coule. Les radiers ont pour but d'empêcher le courant de produire des affouillements.

Raffinage. C'est l'action de revivifier des parties de plomb oxydées, ce que les plombiers appellent improprement *crasse.* (Plomb.)

Rafraîchir ou **raviver une couleur.** C'est enlever la malpropreté occasionnée, soit par les ordures qu'y font les insectes et les mouches, soit par la crasse de la poussière, et lui rendre sa première propreté. (Peint.)

— UN TUYAU. C'est le ressouder ou en réparer les défauts. (Plomb.)

— LE BLANCHISSAGE DES COUVERTURES ÉTAMÉES. Les remettre sur le réchaud, et jeter de nouvelles lames ou de nouveaux pâtés d'étain.

On a coutume de *rafraîchir les amortissements* aussi, après les avoir soudés et avant de les mettre en place, afin de réparer les endroits que ternit nécessairement la terre grasse qu'on est obligé d'employer dans les soudures, pour les circonscrire. Dans ce cas, la forme de l'objet ne permet pas l'emploi du réchaud. (Plomb.)

Rafraîchir. Retailler d'anciens joints et d'anciens lits de pierre.

— Retailler les joints ou assemblages d'une vieille menuiserie.

— Retailler, en partie, du vieux pavé pour le reposer.

— Ajouter de l'eau ou un lait de chaux dans un mortier qui est devenu trop ferme. Cette pratique doit être écartée dans un travail soigné.

Ragréer. Passer le rabot, le ciseau ou le racloir sur un plancher, et boucher les joints avec du mastic, terminer les moulures avec la gouge et les divers assemblages avec le ciseau.

Ragréer. Après qu'une construction est terminée, c'est repasser les joints au fer et retailler légèrement les pierres pour faire disparaître les bavures et irrégularités qui se sont produites pendant la pose. (Maçonn.)

Raidir un étai. C'est l'amener à exercer la pression nécessaire pour soutenir un mur. (Charp.)

Rainette. Instrument de fer dont une extrémité aplatie et recourbée sert à tracer les assemblages des bois, et dont l'autre extrémité plate et percée de plusieurs petites fentes sert à donner de la voie aux scies.

Rainure. Sorte de canal rectangulaire dans lequel on fixe les languettes d'assemblage. On fait des rainures dans des tringles pour en former des coulisses, ou sur l'épaisseur de deux planches parallèlement à leur longueur pour pouvoir les joindre ensemble.

— D'AMBRÈVEMENT. Rainure poussée derrière un cadre de porte et qui reçoit les languettes du bâti.

— A BOIS DEBOUT. Rainure faite en travers du fil du bois.

Rainure. Lorsqu'on doit rouler une feuille de plomb pour en faire un tuyau soudé, par exemple un tuyau d'orgue, on la chanfreine sur ses deux épaisseurs, de telle sorte que les deux tranches rapprochées forment une rigole en coin dans laquelle on verse la soudure. Cette cavité s'appelle rainure.

Raison (*mettre les pièces en leur*). Appareiller.

Rais de cœur. Ornement en forme de feuille galbée qu'on taille sur une doucine ou sur une moulure en talon.

Rallonger le bois. Ajouter à une pièce de bois une autre pièce afin d'obtenir une longueur convenable. L'assemblage se fait de diverses manières, ou bien à mi-bois avec des rainures et languettes à l'extrémité de chaque entaille, en maintenant l'assemblage avec de la colle et des chevilles, d'autres fois par enfourchement, par des joints en flûte ou des assemblages à trait de Jupiter.

Rallonger une barbe. Prolonger l'arasement d'un tenon, du côté de la moulure, de la largeur de cette même moulure. (Menuis.)

Ramander. Réparer les cassures ou gerçures qui se sont faites aux feuilles d'or, au moyen d'autres petits morceaux qu'on applique avec de petits pinceaux. (Dorure.)

Ramenerets. Traits marqués sur l'*ételon* pour servir de repère aux tirants et entraits qui peuvent avoir été mis sur lignes dans les enrayures. Des traits ramenerets sont tracés aussi pour les poinçons qui sont établis sur lignes dans les fermes transversales et dans les fermes sous faîtes ; des traits ramenerets sont enfin marqués pour les chevrons correspondant aux fermes, parce qu'ils sont mis aussi sur lignes à la *herse*. (Charp.)

Ramonage. Opération ayant pour but de retirer la suie des cheminées. Lorsque la cheminée est assez large, on procède à cette opération au moyen d'un raclage fait à la main par un enfant qui monte à l'intérieur. Lorsque le tuyau est étroit, on ramone *à la corde*, c'est-à-dire qu'on descend dans la cheminée une sorte de tête de loup ou *hérisson* en fils ou lames d'acier qu'on y promène avec une corde. Enfin, si l'on a toute confiance dans la solidité de la cheminée, on peut *brûler la cheminée*, c'est-à-dire allumer un feu assez vif pour qu'il brûle la suie déposée sur les parois.

Rampant. Tout ce qui n'est pas de niveau, et qui a de la pente, comme un arc rampant, une descente, etc. (Maçonn.)

Rampante. Toute pièce posée dans une situation inclinée. (Menuis.)

Rampe. Inclinaison d'une rue, d'une route.

— Pente de terrain.

— Masse de terre en pente que l'on conserve depuis le sol jusqu'au fond de la tranchée en faisant une fouille, pour monter les terres à la brouette ou au tombereau.

Rampe. C'est, dans un escalier ou pour un perron, une suite de marche, d'un palier à l'autre, soit en ligne droite, soit en ligne courbe. On dit aussi *révolution*.

On appelle *rampe par ressaut* une rampe qui est interrompue par des *paliers* ou *quartiers tournants*.

On appelle encore rampe la balustrade à hauteur d'appui posée sur le limon.

Le plus ordinairement les rampes sont en fer.

Ranche. Les ranches sont les chevilles de bois servant d'échelons et dont un échelier est garni.

Rancher ou **Échelier**. Longue pièce de bois, traversée de petits échelons (appelés ranches), et qu'on pose verticalement pour descendre dans une carrière et en arc-boutant pour monter à une grue, à un engin, etc.

Rang. Assise d'un mur en pierre ou en moellons. On dit le premier, le second rang d'assises de moellons.

Range ou **Rangée.** Se dit de tous les pavés qui sont posés sur une même ligne en travers d'une chaussée.

Range losange. Pavés posés en lignes obliques à l'axe de la rue. On emploie ce genre de pavage pour les trottoirs et pour les carrefours où arrivent quatre rues. Cette disposition s'appelle *croix de Malte* quand elle est appliquée aux carrefours.

Rangette. Tôle commune employée pour faire les tuyaux de poêle.

Râpe ou **Lime.** Sorte de grosse lime qui sert pour enlever l'excédent de matière sur les soudures et pour aviver les parties sur lesquelles doivent être faites des soudures. (Plomb.)

— Espèce de lime servant à arrondir et dresser le bois de bout.

Râpe. Outil plat en fer, piqué comme une grille de râpe, dont on se sert en place de molette pour passer sur la pierre lorsqu'elle a été taillée.

Rappointis. Bouts de vieux fer de diverses grosseurs et de différentes longueurs pointus d'un bout et qui sont communément faits par les cloutiers, pour être fixés sur les bois et servir à lier avec eux les ouvrages en plâtre.

On donne également le nom de rappointis à des clous, patères, broches, chevilles, etc., qui servent au même usage.

Rapport (*pièce de*). Pièce rapportée sur une autre ou à côté de plusieurs autres pour former un ensemble. Par exemple, une mosaïque est formée de pièces de rapport.

Raquette. Grande scie servant aux scieurs de long pour évider les noyaux des escaliers.

Rateau. Pièce de la garniture qui s'emploie aux serrures les plus communes. Ce sont des morceaux de fer qui portent plusieurs parties saillantes, dont les dents entrent dans les entailles qui sont au museau de la clef. On donne aussi ce nom aux entailles qui sont creusées sur le museau, et qui forment des dents. (Menuis.)

Râtelier. Planche placée sur les côtés de l'établi et servant à placer les outils à manche. (Menuis.)

— Construction en bois de charpente servant à mettre le foin. Les râteliers sont de deux espèces, les uns sont simples, et les autres ornés de deux façons. Les simples sont garnis de roulons de bois de frêne, arrondis à la plane, et assemblés haut et bas dans des chevrons de $0^{m},11$ de gros. Quant aux rateliers ornés, une sorte est composée de roulons de bois de chêne ou de frêne, tournés, assemblés de même à tourillons dans les chevrons proprement rabotés sur lesquels on a poussé quelques moulures ; l'autre sorte est de même assemblée à tourillons, et les roulons tournés sont ornés de moulures avec collier haut et bas, embase, filet et congé. (Charp.)

Ravalement. Crépis et enduits que l'on fait sur un mur vieux ou neuf, pan de bois de face, mur de pignon. (Maçonn.)

— Petit enfoncement pratiqué dans les pilastres et corps de maçonnerie et de menuiserie au bord d'une baguette.

Ravaler l'anneau d'une clef. Lui faire prendre une figure à peu près ovale, de ronde qu'elle était, ce qui se fait avec un outil qu'on nomme ravaloir, qui est une espèce de mandrin. (Serrur.)

— LE BOIS. Amincir ou diminuer l'épaisseur du bois en certains endroits, afin de donner du relief aux moulures. (Men.)

Rayère. Ouverture longue et étroite ménagée dans le mur d'une tour pour en éclairer l'intérieur.

Rayon. C'est dans un cercle une ligne qui, partant du centre, va se terminer à la circonférence.

Les ouvriers désignent le rayon avec lequel est tracée une voûte par le nom de *montée du centre* ou *montée de la voûte*, et l'arc par le nom de *cintre*. Si une voûte est en arc tracé d'un seul point de centre, et si le rayon ou la montée de la voûte est égal à la moitié de l'ouverture, prise à la naissance de la voûte, ils disent qu'elle est en *plein cintre*. Si cette montée est plus petite que la moitié de l'ouverture, ils disent qu'elle est en *cintre surbaissé*; si au contraire elle est plus haute, ils disent qu'elle est en *cintre surmonté* ou *surhaussé*.

— Tablettes de menuiserie.

Réalgar. Sulfure d'arsenic d'un rouge orangé.

Rebord. Voy. PALASTRE et SERRURE.

Reboucher. Remplir avec du mastic à la colle ou à l'huile, selon le genre de peinture, et après avoir donné une première couche, tous les défauts, trous et gerçures qui se trouvent sur le sujet.

On emploie des feuilles de papier coupées par bandes quand les trous sont trop grands, comme, par exemple, les joints des boiseries. (Peint.)

Rebour (BOIS). Celui dont les fils ne sont pas parallèles à sa surface, et sont à contre-sens les uns des autres, de sorte qu'on ne peut le travailler que difficilement. On entend aussi par ce terme, pour le bois, le contre-sens de son fil. (Menuis.)

— Voy. BOIS RUSTIQUE.

Recaler. L'action de dresser et finir un joint quelconque, ce qui se fait au ciseau, au guillaume, au rabot ou à la varlope, selon que le cas l'exige. (Menuis.)

Recaloir. Morceau de bois ravalé dans une partie de sa longueur, et dont l'extrémité du ravalement est terminée en demi-cercle. (Menuis.)

Recéper. C'est, dans les pilotis, couper la tête des pieux, à la hauteur qu'on a prise pour niveau de la fondation. Quand tous les pieux sont ainsi recépés, on met du moellon dur dans les intervalles, puis on bat ce moellon jusqu'au-dessus desdits pieux. Voy. SCIE A RECÉPER.

Réchampir. Donner plusieurs couches de couleur sur un endroit où la couleur voisine a empiété. Le réchampissage d'ornement, posé sur des fonds quelconques, est plus compliqué. Si l'on veut que les moulures et sculptures soient réchampies, c'est-à-dire qu'elles tranchent d'une autre couleur, broyez la couleur dont vous voulez réchampir, à l'huile de noix, détrempez-là à l'essence pure et donnez-en deux couches. Deux ou trois jours après, quand les couches sont bien sèches, donnez-y deux ou trois couches de vernis blanc surfin, sans odeur, lequel emportera l'odeur des couleurs à l'huile.

Réchampir. Coucher de blanc de céruse le fond entre les parties dorées pour recouper l'or et couvrir les taches que le jaune ou l'assiette a pu faire sur ce fond. (Dorure)

Recharger. Hacher et refaire à neuf les parties détériorées d'un enduit, d'un plancher, etc. (Maçonn.)

Rechausser un mur. En rétablir le pied, y remettre de nouvelles pierres, de nouveaux moellons.

Rehausser. Mettre des dents à une roue de machine, à un rouet, à un hérisson de moulin. (Charp.)

Recherche (POSER EN). Remplacer des carreaux, pavés ou tuiles détériorés, sans déplacer les parties voisines. (Carrelage, Pavage, Couverture.)

Réclamation. Ce sont, dans les projets d'alignement, les réclamations élevées par les propriétaires contre l'ensemble du projet, ou contre une de ses parties seulement.

Les réclamations sont adressées au maire, verbalement ou par écrit. Le maire en dresse, sans frais, un procès-verbal. Le délai de huit jours accordé aux intéressés n'est pas un délai fatal. Tant que le plan n'est pas définitivement arrêté, les réclamations sont recevables et peuvent être adressées, par une simple pétition, au maire, au sous-préfet, au préfet ou au ministre, selon le degré auquel l'instruction est parvenue.

Récolement. C'est, dans une construction neuve, la constatation de l'alignement fixé par l'administration. Le procès-verbal dressé à cet effet par le commissaire-voyer indique qu'en vertu de la permission délivrée lors du commencement des travaux, l'alignement a été exactement suivi; enfin que la propriété a gagné ou perdu une superficie de terrain contenant..., ou que l'alignement a maintenu la propriété sur ses anciennes limites.

Aussitôt que les constructions sont élevées à la hauteur de retraite, le propriétaire doit en avertir l'administration, afin qu'il soit procédé au récolement. Le propriétaire qui a demandé et obtenu alignement a le droit d'exiger que l'administration en détermine les points de repère, qu'elle les lui indique, et que le recolement soit fait par le commissaire-voyer.

Recoupe. On nomme ainsi ce qu'on abat des pierres que l'on taille pour les équarrir. Quelquefois on mêle du poussier de recoupe avec de la chaux pour faire du mortier de la couleur de la pierre, et le plus gros des recoupes sert à affermir le sol des caves. (Maçonn.)

Recoupement. Retraites fort larges, faites à chaque assise de pierre lorsqu'il a fallu donner beaucoup d'empatement à certains ouvrages construits sur un terrain en pente raide ou fondés dans l'eau. (Maçonn.)

— Ravalement d'un vieux mur en pierre. On dit un recoupement de tant d'épaisseur.

Recouvert (JOINT). Joint de pierre qui n'est pas apparent. On dit aussi que des cloisons des pans de bois enduits ou ravalés en plâtre sont *recouverts.*

Recouvrement. On appelle ainsi le plâtre que l'on met sur les pièces de charpente; ces recouvrements se composent d'un lattis espacé, d'un gobetage, d'un crépi et d'un enduit. (Maçonn.)

Recouvrement. Toute saillie que forme la joue d'une pièce *embrevée* dans une autre. C'est pourquoi les panneaux qui sont en saillie sur leurs bâtisse nomment panneaux à recouvrement.

Un cadre est aussi à recouvrement quand il est rapporté sur le bâti à feuillure et collé sur le panneau.

On dit des planches d'un auvent qu'elles sont à recouvrement, lorsque, au lieu d'être jointes ensemble elles sont posées l'une sur l'autre comme la tuile.

Recouvrement. Faire ensemble le recouvrement d'une partie de toit, c'est enlever les anciennes tuiles pour en remettre de nouvelles.

Recouvrement. Saillie d'une pierre ou d'une dalle sur le joint de celle qui est posée à côté.

Recreuser. Les *noues* et les *arêtiers* se recreusent, les uns en dessus et les autres en dessous. (Charp.)

Rectangle. Quadrilatère dont les angles sont droits.

Rectifier. Distiller de nouveau, pour la rendre plus pure, une liqueur ou une substance volatile. (Verniss.)

Recueillir. C'est déterminer, dans un mur mitoyen, ce qu'il est nécessaire d'abattre ou de conserver. Pour faire cette opération on est obligé de crever les planchers dans toute la hauteur pour y faire passer le plomb le long des murs, et voir si, en les relevant sur l'alignement, le haut pourra se conserver. (Maçonn.)

Recuire. Chauffer du fer écroui pour lui rendre sa ductilité. — On donne aussi un recuit aux ouvrages d'acier lorsqu'ils ont été détrempés trop durs. (Serrur.)

Recuisson. C'est l'opération qui consiste à déposer les plats de verre dans des vases de terre cuite chauffés au degré de chaleur qu'a la matière fabriquée; à placer ces vases dans des fours portés à la même température, puis à laisser refroidir lentement le verre jusqu'à parfait refroidissement. (Vitrer.)

Reculement. Différence entre les longueurs des deux lignes menées du poinçon d'une croupe, l'une perpendiculairement à la face du mur, l'autre à l'angle de la croupe.

Redents. Ce sont, dans la construction d'un mur, sur un terrain en pente, des ressauts qu'on fait de distance en distance pour conserver les assises de niveau. Dans les fondations, souvent à cause de l'inégalité du terrain, ou d'une pente fort sensible, on est conduit à établir au redents les assises qui reposent sur le sol. (Maçonn.)

Redressement. Mise de niveau d'un plancher ou de tout ouvrage qui a fléchi.

Réduit. Petit espace pris sur un grand.

Refait (BOIS). Celui qui est bien dressé et pour ainsi dire poli sur toutes ses faces, souvent ornées de moulures. (Charp.)

Réfection. Grosse réparation qu'une malfaçon, caducité, ou un incendie, etc., a obligé de faire. (Maçonn.)

— Se dit du travail fait à un mât à huit pans, sur une hauteur d'environ 3 mètres; il demande une grande précision. (Charp.)

Refend. Cavité de section triangulaire ou carrée qu'on fait entre les assises ou de manière à simuler des assises, dans un mur de face, en formant des bossages. Les petits refends que l'on fait dans les plâtres se nomment *joints d'appareil*. Voy. BOSSAGE.

Refend. Morceau de bois ou tringle retranché d'une planche ou d'un ais trop large.

Refend (*mur de*). Mur intérieur dans une construction.

Refendre. Débiter des pièces de bois en d'autres plus petites, comme d'une poutre faire des plates-formes, d'une solive faire des chevrons, et sur une planche prendre des tringles.

On dit aussi *scier.*

Refendre. Couper à chaud et en long, avec la tranche, une barre de fer plat pour en faire des barres plus étroites.

— Couper à froid avec une lime le panneton, le museau d'une clef pour qu'il puisse passer dans la garniture.

— Dégorger les moulures à l'aide de fers courbés en forme de crochets. (Peint.)

— Diviser les bandes dans les rochers des carrières en bandes, de manière à obtenir du pavé d'échantillon. — Diviser des pavés d'échantillon pour faire des pavés de deux ou de trois. (Pavage.)

Refeuillement. Se dit d'une feuillure faite sur place dans un poteau ou toute autre pièce de charpente. (Charp.)

Reficher. Refaire les joints des assises d'un mur.

Refouillement. On appelle refouillement un évidement fait dans une pierre, à la masse et au poinçon, entre trois, quatre ou cinq côtés conservés, par exemple, pour faire une auge, pour incruster une pierre dans une autre. On les distingue ainsi qu'il suit :

1° Refouillement et déchet faits sur le chantier;
2° Refouillement simple sur le chantier;
3° Refouillement simple sur le tas.

Tout refouillement sur le chantier, fait à la masse et au poinçon, pour auges, soupiraux, châssis de regard et de fosses d'aisance, ouvertures de petites baies, trous pour les incrustations, et autres semblables, est compté au cube, indépendamment de la pierre en œuvre.

Les refouillements simples n'ont ordinairement d'autre valeur que celle du temps nécessaire à l'extraction de la pierre. (Maçonn.)

— En charpente, c'est un trou fait dans une pièce de charpente. On fait des refouillements à crans pour âme de poutres. (Charp.)

Refouiller. Faire un refouillement.

Refouler. Présenter sur l'enclume un morceau de fer chaud et le frapper afin d'obtenir un renflement, soit pour y faire une soudure, soit pour lui donner plus de grosseur.

Refouloir. Sorte de ressort en fer forgé pour guichet de porte cochère.

Refroidir. Les plombiers, avant de retirer de dessus les moules les tables de plomb qu'ils y coulent, ne doivent les laisser refroidir qu'un peu, et juste le temps nécessaire pour qu'elles se solidifient. (Plomb.)

Refuite *(donner de la)*. Donner du jeu dans un assemblage à emboîtement pour que les planches puissent se retirer sur elles-mêmes; on élargit les trous des chevilles dans les tenons, en dehors de chaque côté, vers les rives.

— Faire une rainure double de profondeur dans une coulisse pour pouvoir en retirer la porte qui ouvre et ferme à coulisse. C'est encore donner à une mortaise une profondeur plus grande que la longueur du tenon correspondant, afin de pouvoir faire entrer celui-ci entièrement.

Refus *(battre à)*. Se dit des battages des pieux, pilots et palplanches, jusqu'au moment où ils ne s'enfoncent plus en terre malgré les coups de mouton.

Regain. Excédent qu'on doit retrancher d'une pierre, lorsqu'elle est trop longue pour la place qu'elle doit occuper.

Régalage Dressement et écrasement des terres d'un remblai, de manière qu'il n'y reste pas de mottes.

Régaler. Opérer un régalage.

Regard. Petit bâtiment ou pavillon dans lequel sont renfermés les robinets de plusieurs conduits d'eau.

— Petit bassin de forme carrée couvert par un châssis en pierre ou en bois, construit sur le parcours d'une conduite d'eau ou d'un aqueduc pour l'examiner et faciliter les réparations.

Regingot. Petite cavité triangulaire ou circulaire sous le jet d'eau et sous un appui de croisée, ou sous une dalle couvrant un mur, pour faire égoutter l'eau. On le nomme aussi *larmier*.

Règle. Tringle de bois mince dont on se sert pour prendre les mesures et tracer des lignes; il y en a de plusieurs grandeurs, et elles sont ordinairement graduées. (Menuis.)

— A MAIN. Les vitriers donnent ce nom à une petite règle en bois, ayant un tenon attaché vers le milieu avec des clous, pour la maintenir et l'empêcher de varier sur le verre; elle doit être assez mince pour épouser sans résistance toutes les sinuosités de la surface du verre, qui n'est jamais plane. (Vitrer.)

Règle à mouchette. Longue règle dont l'un des côtés porte une espèce de moulure; elle sert à faire la mouchette, espèce de quart de rond qui est au-dessous d'une plinthe.

Règlement. Aplanissement ou redressement de la surface d'un terrain, de manière qu'elle soit de niveau ou suivant une pente donnée.

Réglé *(appareil)*. Appareil composé de pierres dont toutes les assises ont même hauteur et dont les joints verticaux sont tous à même distance.

Réglets. Outil de bois qui sert à dégauchir les planches. Voy. LISTEL.

Régner. Terme qui exprime qu'une même chose, comme un ordre, une corniche, un imposte, etc., est continuée dans l'étendue d'une façade, et dans le pourtour du dehors ou du dedans d'un bâtiment. (Archit.)

Regratter. C'est enlever avec le marteau et la ripe la superficie d'un vieux mur de pierre de taille pour le blanchir. (Maçonn.)

— C'est, lorsque la soudure n'a pas bien pris, ce qui se produit ordinairement quand le métal n'a pas été suffisamment gratté, enlever cette soudure encore chaude, si c'est possible, car elle se retire alors bien plus facilement, même avec un chiffon ou avec la main, et gratter à nouveau les surfaces à souder, avec le grattoir. (Plomb.)

Régulateur. C'est l'armure du laminoir qui dirige la pression des tables qu'on lamine, afin qu'elles ne soient plus pressées d'un côté que de l'autre. Il est composé d'un fort sommier, d'un cylindre, de quatre colonnes de fer, de plusieurs collets; d'une vis sans fin, de deux fourchettes de fer qui portent les collets et le cylindre, et d'un poids qu'on abaisse et qui fait baisser à la fois toutes les pièces du régulateur.

Rehaussées (*parties*). Celles sur lesquelles l'or est appliqué. (Dorure.)

Rehausser. Appliquer des feuilles d'or sur un mordant mis par hachure pour produire des clairs sur un ornement ou sur une figure.

Rehauts. Lumières produites par l'or que l'on applique sur un ornement.

Reins. On entend par reins d'une voûte les parties comprises entre les retombées de la voûte et la tangente menée au sommet de la voûte. (Maçonn.)

Les reins se remplissent avec des garnis et recoupes de pierre et avec bain de plâtre ou mortier.

Rejet. Petit tuyau de plomb que l'on soude sur un corps de pompe et par où s'échappe l'eau. (Pont.)

Rejeteau ou reverseau. Voy. JET D'EAU. (Men.)

Rejets. Plomb qui entre dans les fosses que les plombiers ouvrent aux extrémités de leur moule. (Plomb.)

Rejingots. Petit larmier placé sous un appui de croisée pour rejeter l'eau. (Maçonn.)

Rejointoyer. C'est remplir et ragréer avec le meilleur mortier de chaux et de ciment les joints des pierres d'un bâtiment, ce qui se fait toujours à la fin d'une construction neuve et ce qui se fait encore quand les joints ont été dégradés par le temps. Cela se dit aussi du travail qui consiste à remplir avec du plâtre ou du mortier les joints des voûtes, lorsqu'ils se sont ouverts, soit que le bâtiment, étant neuf, ait tassé inégalement, soit que, étant vieux, il ait été mal étayé quand on y a fait quelque reprise en sous-œuvre. (Maçonn.)

Relai. On nomme ainsi dans les terrassements la distance que parcourt à charge, sans s'arrêter, un manœuvre pour enlever à la hotte ou à la brouette les terres d'une fouille. Ordinairement cette distance est de 30 mètres sur terrain de niveau ou en pente douce, et de 20 mètres quand le terrain est en rampe atteignant 1/8. Quand les transports se font au tombereau, la longueur du relai est fixée généralement à 100 ou 130 mètres.

Relatter. Garnir un comble de lattes neuves après avoir enlevé la tuile ou l'ardoise et l'ancien lattis.

Relever. Tailler avec le ciseau et le maillet le pourtour d'un parement, du joint d'une pierre pour la dresser. On dit relever ou faire des ciselures. (Archit.)

Relever. Exhausser un mur de maison, un mur de clôture, etc. (Maçonn.)

Relever. Déplacer un parquet pour le rétablir, le redresser, ajouter des lambourdes s'il y a lieu, etc. (Menuis.)

Relever les moulures. Achever des moulures et y faire les dégorgements nécessaires, avec les becs d'âne, tarabiscots, etc. (Menuis.)

Relever à bout ou **remanier**. Enlever un pavage et le refaire avec les anciens pavés, rétablir sa forme, sa chape et les joints pour le redresser. (Pavage).

Relever. Sixième et dernière opération du polissage de marbre, laquelle consiste à donner le lustre que chaque espèce est susceptible de prendre. Pour y parvenir, on lave les surfaces qui doivent recevoir le poli, et, lorsqu'elles sont ressuyées, on frotte avec le bouchon de linge, seulement humecté d'eau avec de la potée d'étain réduite en poudre. On frotte ensuite à sec avec la même poudre, ce qui achève de donner le poli.

La potée additionnée de marbre de fumée s'emploie pour tous les marbres de couleurs, et la potée seule qui est gris jaunâtre s'emploie pour les marbres blancs. (Marbr.)

Releveur. Ouvrier serrurier qui fait des ornements en tôle repoussée. (Serr.)

Relief. Saillie d'un ornement, d'une moulure, d'une sculpture sur une surface lisse.

Remanié (*carreau*). C'est le carreau d'une pièce qu'on a relevé pour le replacer de nouveau; dans ce cas, l'on ne doit que la façon du carrelage à l'entrepreneur. (Carrel.)

Remaniée (*ardoise* ou *tuile*). Ardoise ou la tuile qu'on a enlevée pour la replacer soit sur l'ancien lattis, soit sur lattis neuf. (Couv.)

Remanier à bout. Voy. RELEVER.

Rembarrures. Plâtres qui maintiennent les faîtages dans leurs longueurs. (Couvert.)

Remblai. Terre rapportée autour d'une construction pour remplir les vides causés par les fouilles de fondation.

— Terre rapportée pour établir la plate-forme d'une route, d'un canal, d'un chemin de fer, lorsque la déclivité du terrain naturel, ou encore sa dépression par rapport aux terrains environnants ne permet pas d'y asseoir la plate-forme des voies de communication sus-indiquées.

Remblayer. Faire un remblai.

Remenée. Espèce d'arrière-voussure, au-dessus de l'embrasure d'une porte ou d'une croisée. (Maçonn.)

Remonter. Élever un mur plus haut qu'il n'était.

— Assembler toutes les pièces d'un engin, d'une chèvre, d'un échafaud.

Remplissage. Pierres ou moellons employés pour remplir l'espace compris entre les reins d'une voûte et une ligne horizontale passant par le sommet de l'extrados.

— Entrevous maçonnés entre les poteaux d'un pan de bois, ou les solives d'un plancher; ce qui se fait avec des plâtras ourdis en plâtre.

— Maçonnerie à sec, faite avec des cailloux ou des moellons derrière un mur de revêtement.

— Maçonnerie faite avec des pierres de toutes formes et dimensions, liées avec du mortier, pour un massif entre des murs formant parements.

Remplissage (*poteaux et solives de*). Poteaux et solives assemblés entre des pièces principales pour former soit un plancher, soit un pan de bois.

Remplissage. Les treillageurs entendent par ce terme toutes sortes de parties de treillage qui servent à garnir les vides des bâtis.

Renard. Petite ouverture par laquelle s'échappe l'eau d'une source, d'une conduite, d'un réservoir, d'un aqueduc, d'un canal, et qu'il est quelquefois fort difficile de découvrir.

Renard. Petit châssis assemblé en retour d'équerre dans le sommier d'en bas de la scie du scieur de long; ce renard est en saillie de 0m,11 du sommier et a 0m,60 de long. Il sert à maintenir la scie par le bas. (Menuis.)

Renard. Petites pierres servant à maintenir tendues deux lignes ou cordelettes qui passent sur des lattes fixées dans une position convenable et qui guident les ouvriers pour élever un mur à une épaisseur donnée et déterminée par la distance des cordes.

Renard. Mur orbe orné de décorations feintes, pour faire symétrie à une partie d'édifice qui lui est opposée.

Renflement de colonne. Petite augmentation, au tiers de la hauteur, du fût d'une colonne qui diminue insensiblement jusqu'aux deux extrémités. (Archit.)

Renfoncement. Se dit d'un parement au dedans du nu d'un mur, comme d'une table fouillée, d'une arcade ou d'une niche feinte. (Archit.)

Renfoncement de sofite. Espace compris entre les saillies que font les poutres d'un grand plancher, qu'on emploie quelquefois comme décoration en formant des compartiments carrés, ornés de corniches architravées. (Arch.)

Renformer. Hacher et faire les travaux nécessaires pour aligner un mur bouclé ou rentré.

On entend aussi par renformer, faire les dégradations des joints sur vieux murs, et remplir les interstices de ces joints avec tuileaux et plâtre. (Maçonn.)

Renformis. Surcharge en plâtre, servant ordinairement à faire des corniches à l'intérieur d'un appartement, ou à l'extérieur des bandeaux pourvus d'un larmier.

Renfort. Pièces qu'on soude aux ouvrages en fer dans les endroits qui ont besoin d'être fortifiés. (Serrur.)

Renfort. Sorte d'épaulement qu'on observe au collet d'un tenon et à la contre-partie sur une des arêtes de la mortaise.

Renton. Joint en coupe oblique de deux pièces de bois qui doivent se mettre sur une même ligne, par exemple sur un cours de panne, de sablière, etc.

Renvoi des sonnettes. Triangle de fer ou de cuivre attaché à un clou par un de ses angles, et qui sert à transmettre le mouvement du cordon jusqu'à la sonnette. (Serrur.)

Réparation. Restauration nécessaire pour l'entretien d'un bâtiment. (Maçonn.)

Les réparations sont rendues nécessaires, soit par vétusté, soit par cas fortuit, soit par le fait du voisin, soit par les incendies. Dans le premier cas, pour qu'un propriétaire qui éprouve du préjudice dans son héritage, par un fait fortuit, n'ait aucun droit de recours, il ne suffit pas que l'événement soit indépendant de la volonté de qui que ce soit ; il faut encore que, par aucune circonstance ou par aucune cause particulière d'un contrat, les suites de l'accident ne puissent être imputées à la charge de personne. Suivant l'art. 1773 du Code, la convention par laquelle on se charge des cas fortuits, ne comprend pas ceux qui arrivent par l'injure du temps, tels qu'un orage, une gelée, un débordement ; quant aux accidents causés par la main des hommes, comme une guerre, un incendie, comme ils ne sont pas naturels, ils peuvent entrer dans les calculs de l'avenir.

Un propriétaire dont les matériaux ou autres objets ont été emportés par une force majeure peut les abandonner sans indemniser, ou les reprendre en payant l'indemnité; mais, dès qu'il a pris cette dernière décision, il doit l'exécuter tout entière.

Tout ouvrage qui n'est contraire ni aux lois, ni aux droits des voisins peut être exécuté, même quand il en résulterait du dommage à l'héritage contigu. Le voisin qui le trouve préjudiciable à ses intérêts est autorisé à réclamer la réparation du dommage. L'action qu'il intente en pareille circonstance est la dénonciation du nouvel œuvre.

Quant un bâtiment menace ruine, le voisin dénonce le péril dont il est menacé; dans sa demande à l'autorité, il conclut à ce que l'objet d'où pourrait naître un accident soit mis en tel état qu'il ne puisse plus causer de craintes. L'action à fin de faire cesser un danger imminent appartient à tous ceux qui pourraient souffrir quelque dommage si l'accident qu'on craint se réalisait. Lorsqu'une maison qui menace ruine appartient indivisément à plusieurs personnes, la demande formée contre l'un des propriétaires est valable. Il est tenu d'exécuter tous les travaux ordonnés pour prévenir l'accident, sauf son recours contre ses copropriétaires.

Le Code civil pose les règles pour déterminer en quoi consistent les indemnités, lorsqu'une obligation n'a pas été exécutée, ou lorsque son exécution a été retardée. Les travaux qu'un propriétaire commande témérairement, ou bien son extrême négligence à entretenir ses constructions, sont des délits, s'il est mû par le dessin de nuire ; et ce sont des quasi-délits s'il n'est coupable que d'imprudence : de là il suit que pour évaluer les indemnités dues à cause des accidents, il faut distinguer si le propriétaire est de mauvaise foi, ou s'il n'y a aucune malignité à lui reprocher. Dans le premier cas il faut que les dommages-intérêts comprennent la totalité de la perte faite, et la totalité du gain dont on a été privé, sans examiner si l'auteur du délit a pu prévoir l'étendue de la condamnation. L'événement est-il exempt de dol, celui par la faute de qui est arrivé le dommage, payera seulement soit la perte, soit la privation de gain qu'il a pu prévoir. Au demeurant, qu'il y ait dol ou non, l'évaluation de la perte ou de la privation du gain ne doit pas s'étendre au delà de ce qui est une suite du fait qui a causé le dommage.

Réparations locatives. Le Code, dans son art. 1754, indique cinq sortes de réparations qui sont nécessairement à la charge des locataires, à moins que ceux-ci ne prouvent que les objets désignés ont été détériorés par vétusté ou par cas fortuit: 1° Les réparations qui sont à faire aux âtres, contre-cœurs, chambranles et tablettes de cheminées. Quand les contre-cœurs sont en plaque de fonte, et qu'elles viennent à casser, les locataires sont responsables, ainsi que des scellements qui viennent de ces mêmes plaques; pareillement les croissants propres à retenir les pelles et les pincettes sont à la charge de ceux qui occupent la maison; ils doivent faire replacer et même fournir les croissants qui se trouvent descellés, ou perdus, ou cassés. On ne distingue pas si les chambranles et les tablettes de cheminées sont en menuiserie ou en pierre, ou en marbre. Les locataires en sont responsables, quand ces objets sont ou cassés, ou fêlés, ou détériorés d'une manière quelconque. Les tables et les buffets couverts en marbre, les coquilles et les cuvettes de même matière, sont aussi à la charge du locataire, si ces objets ont été écornés ou cassés par sa faute; 2° Le Code veut que le crépi du bas des murailles des habitations ou autres lieux d'habitation soit refait par les locataires ou sous-locataires, jusqu'à la hauteur d'un mètre; 3° Sont à la charge des locataires et sous-locataires les pavés et les carreaux des chambres, lorsqu'il y en a seulement quelques-uns de cassés; quand il y a une grande quantité de carreaux défeuilletés ou cassés, il est présumable que c'est leur mauvaise qualité ou la vétusté, ou l'humidité qui les a détruits; alors le propriétaire est chargé de cette réparation, à moins qu'il ne prouve que le locataire a causé le dommage. Dans les pièces carrelées en carreaux blancs et noirs, il y a des plates bandes au pourtour des murs; elles font partie du carreau, et sont à la charge du locataire, lorsqu'elles sont cassées seulement en quelques endroits; néanmoins il faut examiner si les cassures ne viennent pas de quelques lambris posés à force, ou de tout autre effort : dans l'un de ces cas le locataire n'est pas responsable. Au parquet lorsque des panneaux ou battants sont cassés ou enfoncés par violence, le locataire en est tenu; mais il ne répond pas d'un parquet détérioré dans de grandes parties, à moins qu'il n'ait causé lui-même le dommage, ce que doit prouver le propriétaire. Les pavés des grandes cours et remises ne sont réparés par les locataires que quand il s'y trouve quelques pavés hors de place; mais ceux qui sont écrasés, cassés ou ébranlés doivent être à la charge du propriétaire; il en est de même du pavé des écuries que les chevaux battent avec les pieds. A l'égard des petites cours où il n'entre pas de voitures, et des cuisines ou autres lieux dans lesquels il n'est pas reçu de grosses charges, le locataire est tenu de réparer les pavés qui sont cassés, à moins que ces défauts ne viennent de vétusté. 4° Le lavage des vitres, suivant le Code, est une réparation locative, parce qu'il est toujours présumé que le propriétaire les a livrées nettes; d'où il suit qu'on doit les lui rendre dans le même état, à moins qu'il ne soit prouvé que les vitres n'étaient pas nettoyées quand le locataire a pris possession. Pareillement, il est présumé que les vitres sont livrées sans cassure ni félure, et tenant bien dans leur châssis. Le locataire doit les rendre de même. Dans le cas contraire, il les rendrait dans le même état qu'il les a prises. Si les vitres tiennent à des panneaux de plomb, la réparation des plombs est à la charge du propriétaire, parce que la présomption est que la vétusté les a détériorés; mais, s'il est prouvé que ces plombs ont été détériorés par le locataire, celui-ci en sera responsable. A l'égard des verges de fer qui soutiennent les panneaux de plomb dans lesquels sont enchassées les vitres, le locataire est tenu de remplacer celles qui manquent et celles qui sont cassées. Les glaces qui garnissent une maison sont sous la garde du locataire; il doit les rendre nettoyées et entières: s'il a le malheur d'en casser, il doit en rendre des neuves, de mêmes qualité et dimensions; alors les morceaux qu'il remplace lui appartiennent. S'il arrive que des glaces se trouvent cassées soit par l'effort des parquets qui les supportent, soit par le tassement ou gonflement des plâtres, dans ce cas la perte est supportée par le propriétaire. 5° C'est à la charge du locataire que le Code met les réparations à faire aux portes, aux croisées, aux planches de cloison ou de fermeture de boutiques, aux gonds, targettes et serrures. Dans ces articles doivent être compris les contrevents et leurs volets, ainsi que toute autre sorte de fermeture, les chambranles des portes, les embrasures des croisées et portes, les lambris d'appui, ceux à la hauteur de plancher, toute espèce de cloison, et généralement toutes les menuiseries d'une maison à moins que les objets désignés ne se trouvent détériorés par vétusté ou par cas fortuit. Le dessus des portes ou autres tableaux, ainsi que leurs bordures, sont à la charge du locataire; il en est de même pour des objets de sculpture, s'ils ont été cassés ou détériorés autrement que par vétusté ou force majeure. Quant aux tringles de fer pour soutenir les rideaux, avec leurs poulies et doubles poulies, pour le jeu des cordons, ainsi que les croissants et autres objets en fer, propres à tenir les rideaux ouverts; si ces divers objets sont cassés ou manquent, le locataire doit les remplacer ou prouver que la détérioration ne vient pas de sa faute. Il en est de même des balcons, des grilles de fer, s'il y manque quelques pièces, ou s'il y en a de cassées. Toute la serrurerie des portes, des fenêtres, des armoires, est mise par le Code au nombre des objets dont les réparations sont locatives: ainsi elle est présumée avoir été livrée en bon état.

Les réparations locatives suivant l'usage sont : 1° Dans les écuries, les trous faits dans la maçonnerie des mangeoires; ils doivent être rebouchés aux dépens du locataire ; lorsque le devant des mangeoires se trouve rongé, c'est encore le locataire qui est tenu d'en faire la réparation. Les râteliers et leurs roulons, les pilliers et les barres servant à la séparation des chevaux, sont entretenus par le locataire, à moins qu'ils ne soient détruits par vétusté ou par force majeure. 2° Le ramonage des cheminées est une réparation locative; si donc le feu qui a pris dans une cheminée en avait fait crever le tuyau, le locataire serait tenu de le réparer, pourvu qu'il ne se trouvât dans ce tuyau aucune pièce de bois qui ait pu être la cause de l'accident. 3° A l'égard des fourneaux de cuisine, soit ceux qu'on appelle potagers, soit ceux qui servent aux lavoirs, leurs voûtes, murs et planchers sont à la charge du propriétaire; le locataire est tenu d'entretenir le carreau, tant du cendrier que celui du dessus des fourneaux. Le locataire fait refaire le scellement des réchauds; il doit remplacer les réchauds potagers qui sont cassés, et leurs grilles quand elles sont brûlées. 4° Quant au four, l'usage est que le propriétaire en entretienne les murs, la voûte du dessous s'il y en a, le tuyau ou la cheminée ; il y a conc à la charge du locataire : l'aire du four, qui est ou en terre ou carrelée et la chapelle du four. 5° C'est au locataire à répondre des pierres à laver, lorsqu'elles sont écornées par son fait. 6° Il est d'usage que les barrières et bornes qui se trouvent ou dans les cours, ou sous les remises, soient à la charge du locataire. Quand il y a des auges dans une cour, le locataire doit veiller à ce qu'elles ne soient pas endommagées. 7° Le curage des puits et des fosses d'aisances est à la charge du propriétaire ; mais les poulies des puits et les mains de fer, les poulies des greniers sont à la charge du locataire, aussi bien que les cordes qu'il est obligé de remplacer toutes les fois qu'elles sont usées. 8° Les tuyaux de descente pour conduire des eaux pluviales et ménagères sont à la charge du propriétaire; cependant s'il était prouvé que les tuyaux aient été cassés par violence et que les grilles aient été enfoncées, ces dégradations seraient à la charge du locataire. 9° Dans les jardins, les locataires sont obligés d'entretenir en bon état les allées sablées, les parterres, les plates-bandes, les bordures et les gazons. Les arbres et arbrisseaux doivent être rendus de même espèce et en même nombre qu'ils étaient lorsque le bail a commencé; s'il en meurt quelques-uns, le locataire doit les remplacer. Les treillages placés le long des murs, les palissades, berceaux, portiques ne sont point réparations du locataire, ils ne sont à sa charge que lorsqu'il est prouvé qu'il les a détériorés, de même que les bassins et leurs conduits. A l'égard des vases, pots de fleurs et bancs, si les premiers sont en faïence et en fonte, les seconds en bois, s'ils sont dégradés autrement que par vétusté, ils sont à la charge du locataire; mais si les vases et bancs sont de pierre ou de marbre, ils sont à la charge du propriétaire, à moins qu'il ne soit prouvé qu'ils ont été détériorés par la faute du locataire. 10° Toute dégradation qui arrive par vol, comme lorsqu'il se trouve des plombs, des fers, des pierres emportés, doit être réparée par le locataire, à moins qu'il ne soit prouvé que ces objets ont été enlevés à main armée; dans ce cas, la responsabilité ne pèserait que sur la propriété.

De même que le propriétaire peut demander à ses locataires ou fermiers les réparations locatives, de même tout locataire peut demander au propriétaire les réparations qui sont à sa charge. Le fermier ou locataire aurait droit à la résiliation du bail, si les réparations étaient trop considérables et devaient empêcher l'exploitation de l'objet loué ou affermé, Le propriétaire ne doit faire que des réparations urgentes qui ne peuvent pas être différées jusqu'à l'expiration du bail, à moins qu'elles ne lui aient été demandées par le locataire ou fermier, et qu'il ait consenti à les faire. Lorsque des réparations urgentes sont faites et qu'elles durent plus de quarante jours, le prix du bail doit être diminué en raison de la portion de l'immeuble dont le preneur aura été privé, et du temps que cette privation aura duré, si les réparations sont de telle nature qu'elles rendent inhabitable le logement du preneur et de sa famille, celui-ci peut demander la résiliation de son bail. Si les réparations ne sont pas urgentes et qu'elles soient consenties par le preneur, celui-ci n'a droit à aucune indemnité, quel que soit le nombre de jours que les ouvriers restent à faire les réparations; il n'est pas permis de faire des changements dans les dispositions d'une maison ou d'une ferme, si on n'en a pas reçu l'autorisation par le bail, ou postérieurement par le propriétaire. Quant au bailleur, le Code, art. 1723, dit expressément que, pendant la durée du bail, il ne peut changer la forme de la chose louée. Il n'est qu'un seul cas où il peut mettre les ouvriers chez son locataire, même sans son consentement : c'est, suivant l'art. 1724, lorsque la chose louée a besoin de réparations tellement urgentes qu'elles ne peuvent pas être différées jusqu'à la fin du bail. (Lois des bâtiments.)

— Réparation de chaussée pavée, par surface de peu d'étendue.

Réparer (Dor.). Dégorger avec des fers tous les creux des moulures pour les dorer sur apprêt et rendre à la sculpture la forme qu'elle avait avant d'avoir couché tous les blancs.

Repasser. Rendre à la sculpture des traits fins, délicats, masqués par les blancs d'apprêt (Dor.).

Repasser. Passer sur tous les mats, avec de la colle à mater, une seconde couche de colle plus chaude que la première (Dor.).

Repeindre. Refaire de la peinture sur un sujet déjà imprimé.

Repère. Marque consistant en entailles, traits noirs ou blancs, destinée à conserver l'indication d'alignements, de mesures, ou de cotes de nivellement, ou pour reconnaître les parties qui doivent être posées les unes après les autres.

— Piquets que l'on enfonce dans le sol pour fixer la hauteur d'un déblai ou d'un remblai, ou celle d'une chaussée, d'un revers, d'un ruisseau.

Repiocher. Remuer avec la pioche des terres déposées en cavalier depuis un certain temps, pour les charger et les transporter.

Repiquer. Porter avec un petit pinceau à filet une demiteinte entre l'ombre et le clair d'une moulure, d'une feuille d'ornement, etc. (Peint.)

Repiquer. Piocher la surface d'une allée, d'un chemin ou d'une route, pour remplir les cavités et pour niveler les ornières ou pour bomber la chaussée.

— Réparation de chaussée pavée, par surface de peu d'étendue. (Pavage).

Replanir. Finir l'ouvrage au rabot et au racloir, en ôtant toutes les inégalités qui y restent après qu'il a été corroyé. (Men.).

Repos ou **palier.** Endroit où dans le cours d'une révolution d'escalier l'on se repose, et où l'on peut faire un pas de niveau. Ces repos ou paliers se pratiquent ordinairement dans les angles.

Repos. Épaulement qui se trouve au bas du mamelon d'un gond et sur lequel porte une penture.

Repous. Petits plâtras qui proviennent de la vieille maçonnerie, et qu'on bat et mêle avec du tuileau ou de la brique concassée pour affermir les aires des chemins, et sécher le sol des lieux humides (Maçonn.).

Repoussoir. Espèce de cheville de fer qui sert à faire sortir les chevilles des assemblages en bois. (Charp. et Men.).

Repoussoir. Long ciseau de fer acéré par son tranchant, dont se servent les tailleurs de pierres pour tailler les moulures; ils l'appellent aussi fer carré.

Reprendre un mur. Le réparer par fractions dans sa hauteur ou le refaire par sous-œuvre petit à petit, avec peu d'étais et chevalements. (Maçonn.)

Reprise. Toute sorte de réfection de mur, pilier, etc., faiet en sous-œuvre et par petites parties, pour ne pas nuire à la solidité du tout.

Reprise par *épaulée*. Reprise en sous-œuvre d'un mur, partie par partie, et souvent par redans.

Reprise (Font.). Soudure faite pour boucher une crevasse sur un tuyau de conduite.

Réservoir. Grand bassin où l'on amasse un dépôt d'eau pour la distribuer ensuite à des fontaines, jets d'eau, etc.

Réservoir de fumée. Coffre réservé à la partie supérieure d'un poêle de construction par deux planchers en tuiles et des cloisons en briques, dans lequel la fumée, après avoir circulé au pourtour intérieur du poêle, arrive pour en sortir dans un tuyau en tôle qui la conduit dans la cheminée. Ce réservoir sert aussi de dépôt à la suie.

Résines. Substances essentiellement inflammables, qui ne se dissolvent pas dans l'eau, mais qui sont solubles dans l'esprit de vin et dans les huiles. Elles s'emploient dans la compotion des vernis. (Verniss.).

Résine (*poix*). Les plombiers frottent leur soudure avec la résine extraite du pin maritime pour empêcher que le fer à souder qu'ils y appliquent ne s'y étame. (Plomb).

Résistance. Propriété des matériaux, qui leur permet de supporter les efforts auxquels ils sont soumis. On peut exercer ces efforts de diverses manières : 1° en plaçant les matériaux horizontalement sur des appuis, à une certaine distance les uns des autres, et les chargeant dans cette situation; 2° en les plaçant verticalement et les chargeant dans la partie supérieure; 3° en les suspendant verticalement et les chargeant de poids à la partie inférieure; 4° en les soumettant à un effort qui tend à faire tourner les fibres les unes sur les autres. On est donc conduit à étudier la résistance à la flexion, la résistance à l'écrasement, la résistance à la traction et la résistance de torsion. Quelquefois les corps sont soumis à des efforts simultanés, qui mettent en jeu à la fois plusieurs de ces sortes de résistance. L'étude des formes à donner, dans ce cas, aux pièces est difficile, et le constructeur ne saurait y apporter trop d'attention.

Ressaut. Avancement ou recul d'une partie qui n'est pas continuée sur une même ligne avec la partie voisine, comme à un socle d'entablement, une corniche, un avant-corps.

— Bourrelet que l'on fait à l'extrémité des nappes de plomb d'un chéneau.

Ressort. Lame d'acier trempé, contournée de différentes façons, et que sa flexibilité et son élasticité permettent d'utiliser comme moyen de ramener dans une position fixe une partie mobile d'un mécanisme aussitôt que l'action qui a produit le déplacement de cette partie cesse de se faire sentir. Il y a plusieurs sortes de ressorts.

Ressort simple, formé d'une lame un peu courbée qui a une de ses extrémités fixée solidement en quelque endroit, et dont l'autre est libre, comme celui qui est placé dans la feuillure d'un guichet, d'une porte cochère, et celui qui tient ouvert un verrou dit à ressort nommé aussi *paillette*.

Ressort à chien Ressort qui a la forme d'un V, et dont le point de réunion des deux branches est fixé par un étoquiau. Il s'emploie pour les loqueteaux et à la queue des pênes des serrures bénardes; mais lorsqu'il est couché au-dessus du pêne d'une serrure et que ses branches sont longues et inégales, comme dans les serrures de sûreté, on l'appelle grand ressort.

Ressort à pied. Semblable aux précédents, mais l'une de ses branches a un talon ou un tenon qui entre dans une mortaise faite dans le palastre.

Ressort double, formé de deux ressorts à chien.

Ressort à boudin, formé d'une lame ou d'un fil enroulé en spirale, et dont une des extrémités est fixée par un étoquiau et l'autre est libre. Tels sont les ressorts des becs-de-canne, des loqueteaux, des serrures.

Ressort de rappel. Petit ressort en spirale monté sur une pointe servant à tenir tendu le fil de fer d'une sonnette.

Ressort à pompe ou à cylindre, fait en fil de laiton roulé en spirale, et servant au même usage que le précédent.

Ressort de sonnette. Lame de fer tournée en spirale, sur laquelle est vissée la sonnette; ce ressort est monté sur une tige à pointe qui sert à le fixer en place.

Ressort à foliot. Petite pièce d'une serrure qui est montée par un bout sur un étoquiau, et qui sert à renvoyer l'effort d'un autre ressort.

Ressuer. Faire ressuer le fer, c'est en expulser, au moyen d'une chauffe énergique et d'un martelage, les corps étrangers, notamment le laitier, qui sont dans la masse. Cette opération se fait principalement à l'affinement. (Serrur).

Restauration. Réfection de toutes les parties d'un bâtiment dégradé et dépérissant par malfaçon ou par injure du temps, en sorte qu'il est remis en sa première forme, et souvent augmenté considérablement. (Maçonn.)

Restreindre. Voy. RETRAINDRE.

Retailler. Décheviller les diverses pièces de vieilles menuiseries, chambranles, bancs, ouvrages d'assemblage; recouper, partie ou totalité des battants et panneaux pour réduire ces ouvrages à une autre mesure, ou y remettre des parties neuves, refaire de nouveaux assemblages et réunir le tout.

— Couper des carreaux de vitres pour les mettre à une autre mesure.

Retenue. On dit qu'une pièce de bois a sa retenue sur une muraille ou ailleurs, quand elle y est engagée de telle sorte qu'elle ne peut ni reculer ni avancer. (Charp.)

Retombée. On appelle ainsi les voussoirs qui sont les plus voisins du coussinet d'une voûte ou d'une arcade de pierres, en forment la naissance et se tiennent sans cintre. Les murs de retombée s'élèvent depuis la naissance de la partie circulaire de la voûte jusqu'au voussoir le plus élevé de la retombée. (Maçonn.)

Retondre. Couper au haut d'un mur ou d'une souche de cheminée ce qui est ruiné, pour le refaire. C'est aussi retrancher des saillies ou ornements inutiles ou de mauvais goût.

Retort. Les treillageurs nomment ainsi des garnitures de moulure d'une forme demi-ronde, lesquelles forment des hélices sur cette dernière. (Treillag.)

Retour. Profit que fait un entablement ou toute autre partie d'architecture dans un avant-corps. On nomme aussi retour l'encoignure d'un bâtiment. (Arch.)

— D'ÉQUERRE. Encoignure en angle droit. Voy. *Retourner d'équerre.*

Retour (*arbre sur le*). Celui qui a dépassé le terme de la maturité et qui dépérit de vieillesse. Le retour se reconnaît au sommet de la cime, qui jaunit.

Retours. Bandes qui sont au-dessus et au-dessous du revêtement d'un chambranle, et qui font partie ou du travers ou du socle d'une cheminée.

Retourner. Les plombiers doivent avoir soin de retourner, dans tous leurs ouvrages, le côté qui a été sur le sable à l'endroit où il n'est pas en vue. Ainsi quand on fait des cuvettes, il faut appliquer ce côté-là sur la muraille. (Plomb.)

Retourner. Changer une pierre de face pour faire son second lit ou continuer un évidement.

— d'équerre. Établir une ligne perpendiculaire à l'extrémité ou à quelque point d'une autre ligne droite, réelle ou supposée.

Retraindre. Opération par laquelle, en frappant, à coups de marteau, sur une pièce de métal mince, on la fait rentrer sur elle-même. (Serrur.)

Retraite. Recul de tout corps en arrière de la face de celui qui le porte. Diminution d'épaisseur d'un mur qui se fait, soit sur une face, soit sur les deux. La partie à la laquelle on donne ce nom, dans un mur de face, est celle qui part du dessus du sol, et qui ordinairement est en retraite sur les murs de fondation ou les murs de caves, et qui est suivie d'une seconde retraite formée par le mur en continuité.

On appelle également retraite le recul d'une façade sur une façade voisine.

Retranchement. S'entend non seulement de ce qu'on retranche d'une trop grande pièce pour la proportionner, ou pour quelque autre commodité, mais aussi des avances et des saillies qu'on ôte des rues et voies publiques pour les rendre plus praticables et d'alignement. (Maçonn.)

Retrousser. Remanier la forme en sable d'une chaussée lorsqu'on veut baisser ou relever celle-ci.

— Déposer des terres en tas plus ou moins régulier, en un point plus élevé que le lieu d'extraction.

Revers d'eau. On entend par ce terme une petite pente qu'on observe au-dessus d'une corniche ou de toute autre partie saillante, pour faciliter l'écoulement des eaux qui tombent dessus. (Menuis.)

Revers. Partie du pavé que l'on fait de 0m,60 à 1m,20 de largeur environ, au devant des murs de face d'une habitation, pour recevoir les eaux des égouts des combles et les rejeter en dehors afin qu'elles ne dégradent pas les murs. — Ce sont aussi, dans une rue ou dans une cour, les côtés en pente depuis la muraille jusqu'au ruisseau.

Revers double (*à*). Se dit des routes ou des rues pavées, qui ont leur ruisseau dans le milieu.

Revers en biseau. Celui où l'on n'a mis ni contre-jumelles ni caniveaux, qui font ordinairement liaison avec les revers.

Revêtement. Mur qui soutient les terres d'un rempart d'une terrasse, d'un quai.

Revêtement (*dalles de*). Dalles qui se rapportent au droit de la retraite d'un mur.

— Tranche de marbre qui fait retour d'équerre avec les montants d'un chambranle, et qui sert à revêtir le dehors des jambages d'une cheminée.

Revêtir. Placer des poteaux et tournisses dans un pan bois.

— Couvrir de boiseries ou de planches unies les murs d'une chambre.

Revêtir. Faire un mur à une terrasse pour en soutenir les terres.

On distingue deux espèces de revêtement. L'un n'est qu'une espèce de placage qui épouse la forme du talus de la terrasse et qui n'a guère pour objet que l'apparence; il ne se fait que lorsque les travaux sont terminés. L'autre a de plus la solidité, il fait partie inhérente de la construction, et doit contribuer à supporter la charge comme les autres parties. (Maçonn.)

Revivre (*faire*). Laver et revernir une peinture pour lui redonner du brillant.

Rez-de-chaussée. C'est, dans une construction quelconque, le sol de l'étage qui est à peu près au niveau d'une chaussée, d'une rue, etc., et par extension cet étage lui-même.

Rez-mur. C'est le nu d'un mur dans œuvre. (Maçonn).

Rhombe. Voy. Losange.

Rhomboïde. Parallélipipède dont les faces sont des losanges ou rhombes.

Rideau. Talus élevé au-dessus de la voûte d'un canal.

— Ensemble des chaînes-tringles de suspension du tablier d'un pont suspendu.

— Mur soutenant le pied d'un talus, d'une berge.

Riflard. Gros rabot à deux poignées, qui sert à dégrossir le parement des planches : le fer est rond au milieu afin qu'il morde davantage; on appelle communément le riflard demi-varlope.

Riflard. Espèce de ciseau bretté et dentelé, dont se servent les maçons pour couper le plâtre. (Maçonn.)

— Voy. Brunissoir. (Serrur.)

Rigole. Ouverture longue et étroite fouillée en terre, pour conduire de l'eau. — On appelle aussi rigoles les fouilles en fondation peu profondes. (Maçonn.)

Rifloir. Sorte de lime, taillée douce par le bout, qui sert à dresser le cuivre et à dégrosssir les ornements en bronze. (Serrur.)

Rigoteau. Tuile coupée qu'on emploie aux solins.

Rinceau. Ornement ayant la forme d'une branche qui, prenant naissance à un culot, porte de grandes feuilles imaginaires ou naturelles, refendues, comme l'acanthe et le persil, avec fleurons, roses, boutons et graines, et qui sert à décorer les frises, gorges et panneaux ornés. (Arch.)

Ringard. Barre de fer qu'on soude à un gros morceau de fer qui ne pourrait être manié avec des tenailles, et au moyen de laquelle on le porte à la forge et on le manie sur l'enclume. (Serrur.)

Ripage. Action de polir la pierre avec la ripe. (Maçonn.)

Ripe. Outil en fer, d'environ $0^m,41$, ayant à peu près la forme d'un *s* sans queue; la partie courbée est aplatie et armée de dents extrêmement serrées. Cet outil sert à donner le dernier poli à la pierre.

Risberme. Travail de défense que l'on exécute au delà et au pied de la jetée d'un port ou d'une construction sous l'eau, pour en assurer les fondations contre les courants d'eau ou affouillements de la mer. En avant des maçonneries, on assujettit des fascines et on établit des grillages dont les compartiments sont maintenus fixes par des plançons, et remplis de pierres dures. (Arch. hydraul.)

Rive. On appelle ainsi l'épaisseur de la planche. (Menuis.)

River. Les treillageurs entendent, par river, l'action de reployer la pointe des clous par-dessus l'ouvrage pour empêcher qu'ils ne se retirent. (Treill.)

River. Aplatir peu à peu l'extrémité d'une cheville, d'une goupille, d'un clou, ou d'un rivet sur une virole nommée contre-rivure, sur une bande de fer ou sur une penture, d'abord avec la panne du marteau, et ensuite avec la tête. (Serrur.)

River en goutte de suif, c'est faire l'extrémité de la cheville en tête de champignon. Pour les gros rivets, la goutte de suif s'obtient au moyen d'une sorte d'étampe qu'on appelle *bouterolle*.

Rives. Faces latérales de chaque pavé en place.

Rivet. C'est le bord d'un toit qui se termine à un pignon. (Couv.)

Rivet. Sorte de clou portant une tête à une extrémité. On enfonce le rivet dans des trous calibrés, préparés à cet effet dans les pièces à réunir, et ensuite on rabat l'autre extrémité de manière à faire une seconde tête au rivet. Cette opération, suivant la dimension des rivets, se fait à chaud ou à froid.

Rivoir ou **Bouterolle.** Outil qui sert à faire les rivures, c'est-à-dire la seconde tête des rivets.

Rivure. Seconde tête faite à un rivet, à un clou, etc. (Voy. RIVER et RIVET). Broche qui joint les deux ailes d'une fiche.

Roane ou **Rouanne**. Instrument en fer terminé par deux pointes, servant aux marchands à marquer leurs bois. (Charp.) — Sorte de grande tarière servant à percer les corps de pompe en bois.

Robinet. Appareil ayant pour objet de permettre de donner à volonté issue à un liquide contenu dans un récipient quelconque, réservoir, tuyau, etc., ou de l'empêcher de s'écouler du récipient en question. Tous les robinets se composent de deux pièces : l'une fixe, l'autre mobile. Généralement, la première est une sorte de tuyau portant un renflement dans lequel est percé un trou légèrement cônique, perpendiculaire à l'axe du tuyau ; ce renflement et le trou s'appellent boisseau. Dans ce boisseau s'engage la clef ou un bouchon portant une poignée. Ce bouchon est percé d'un orifice perpendiculaire à son axe et en prolongement de l'axe du tuyau, de sorte que, lorsque ces deux ouvertures sont en regard, le liquide peut s'écouler, tandis que, lorsqu'on fait tourner la clef dans le boisseau, l'orifice de la clef se trouve bouché par la paroi du boisseau, et l'écoulement n'a pas lieu.

Il y a plusieurs sortes de robinets qui diffèrent, soit par la forme, soit par leur disposition.

Le *robinet à tête* est le robinet qui vient d'être décrit ; il se soude à l'extrémité d'un tuyau de conduite. La tête est en forme de béquille, et l'orifice de sortie représente une tête ciselée.

Le *robinet à deux eaux* est un robinet de même disposition que celui qui a été décrit, mais dont la partie fixe est soudée à chaque extrémité sur un tuyau.

Le *robinet à trois eaux* diffère des précédents en ce que la clef est percée d'un trou perpendiculaire à celui qu'elle porte ordinairement, mais s'arrêtant à l'axe, et que la partie fixe du robinet porte sur le renflement un ajustage en communication avec le boisseau, et perpendiculaire au tuyau d'arrivée.

On conçoit qu'en tournant la clef convenablement on puisse donner issue à l'eau dans une ou deux directions à la fois, dans une seule, ou bien l'arrêter.

Le *robinet de garde robe*. Robinet de cuivre, composé d'un boisseau avec bride, d'une clef avec tige et sa poignée. Il sert à conduire l'eau dans la cuvette pour la nettoyer.

Le *robinet à trois clefs*. Robinet de garde-robe à deux ou trois eaux, qui porte un embranchement auquel est ajouté un canon de propreté.

Le *robinet flotteur*. Robinet dont la clef est sur le côté, et à laquelle est ajoutée une longue tringle terminée par un globe creux en métal, qui flotte sur le liquide ; par suite, la tige baisse ou lève selon que le niveau baisse ou monte dans le réservoir, et conséquemment ouvre ou ferme la clef.

Le *robinet en cul-de-lampe*. Robinet qui jette l'eau par le bas pour le service d'une baignoire; c'est un robinet dont la clef est percée d'un trou dant son axe et d'un second trou en prolongement de la conduite, jusqu'à la rencontre du premier. Ces deux trous forment un canal coudé.

Le *robinet en col de cygne*. Robinet dont la clef est courbée et ciselée en forme d'un bec de cygne ; il jette l'eau soit comme le robinet en cul-de-lampe, soit par le bec de cygne; la disposition du bouchon est analogue à celle du robinet en cul-de-lampe.

Robinet de jauge. Robinet ayant un arrêt ou moraillon qui fixe la quantité dont il faut tourner la clef pour obtenir une quantité d'eau donnée dans un certain temps. Il faut, pour l'appliquer, que la charge d'eau soit constante dans la conduite.

Roc. Terrain solide et résistant, bon pour la fondation quand on peut le mettre de niveau.

Rocaille ou **rocaillage**. Revêtement fait de coquillages et de fragments irréguliers de meulière, chauffés pour obtenir des couleurs variées, et divisés en petits morceaux qu'on scelle sur un crépi avec du mortier de chaux et de ciment aux soubassements des murs ou sur des trumeaux, pour former de l'architecture rustique.

Roche (*fer de*), **fer demi-roche**. Fer de très bonne qualité, qui vient de Champagne.

Roche. Pierre dure, de bonne qualité. Malheureusement, la roche présente un grain qui n'est pas égal, elle est coquilleuse.

La roche de Bagneux est la plus estimée; on la divise en plusieurs classes : celle dite de quai, ou roche supérieure, qui porte $0^m,65$ à $0^m,70$ de haut; celle de première qualité, qui a $0^m,45$ à $0^m,60$ de haut ; la deuxième qualité, de même hauteur. La roche pèse environ 2400^{kg} par mètre cube.

— DE CHATILLON. Elle est à peu près de même nature que celle de Bagneux, et porte de $0^m,60$ à $0^m,65$ de hauteur de banc.

— DE LA BUTTE AUX CAILLES. Cette pierre a le même grain que la précédente; elle porte $0^m,65$ de hauteur. Le mètre cube pèse 2334^k.

Les roches du Moulin et du Bel-Air en diffèrent peu.

— DE CHARENTON. Cette pierre est comme qualité inférieure aux précédentes; elle porte de $0^m,45$ à $0^m,60$ de hauteur. Les roches basses de Bagneux, première qualité, portent de $0^m,25$ à $0^m,35$ de haut, celles de deuxième qualité portent également de $0^m,25$ à $0^m,35$. (Maçon.)

Aujourd'hui, grâce aux chemins de fer, les roches des environs de Paris sont en grande partie remplacées par les pierres de Lérouville sur la ligne de l'Est, et d'autres carrières sur la ligne du Nord.

Rochoir. Boîte qui contient le borax que l'on met à la surface des pièces de fer à souder lorsqu'elles sont chaudes, pour former avec l'oxyde de la surface une sorte de verre que le choc du marteau fait couler. (Serr.)

Rocou. Pâte grasse onctueuse, d'un rouge foncé, qui sert à vermillonner l'or. Le rocou est préparé avec la pulpe qui entoure les fruits du *Bixa orellana* (racouyer), exploité dans l'Amérique du Sud, le Mexique, la Guyane française, etc. (Dor.)

Rodage des robinets. Opération qui consiste à faire tourner la clef d'un robinet dans son boisseau, en interposant — entre les surfaces en contact — du grès, de l'émeri, etc., pour qu'elles s'ajustent parfaitement l'une sur l'autre, de manière qu'il n'y ait pas de fuite.

Rogne. Mousse qui vient sur le bois, et le gâte.

Rognures. Débris de peaux de mouton, de veau, de parchemin, de gants, qui servent à faire la colle.

Ronceux (*bois*). Bois plein de nœuds.

Rond. Les treillageurs nomment ainsi de petits cercles faits avec du bois de fente qu'ils ploient, ou, pour mieux dire, qu'ils tournent deux fois sur lui-même, et dont ils arrêtent les extrémités avec de petits clous. (Treillag.)

— On nomme ainsi une frise circulaire qu'on assemble souvent dans les feuilles de guichets, dans les plafonds et autres ouvrages de cette nature. (Menuis.)

Rond d'eau. Grand bassin enduit de ciment, et bordé d'un cordon ou tablette de pierre.

Rond de cuir. Rondelle en cuir de bœuf graissé que l'on place, afin d'obtenir une étanchéité complète, aux extrémités de deux tuyaux qui sont joints par des brides. (Voy. RONDELLE.)

Rond entre deux carrés. Espèce de moulure ronde en forme de quart de cercle, ou d'ovale avec deux filets ou carrés. On appelle aussi de ce nom l'outil à fût, propre à former cette moulure. (Menuis.)

Rondelle (Maçonn.). Outil de fer servant à gratter et finir les moulures en pierre ou en marbre. La rondelle ne diffère du crochet qu'en ce qu'elle est arrondie par le bout.

Rondelle. Les plombiers nomment ainsi un rond en fer, en cuivre, en plomb ou en cuir, percé dans le milieu, qu'on interpose entre les brides par lesquelles se fait la jonction d'un robinet à l'extrémité d'un tuyau ou de deux tuyaux entre eux.

Rondelle. Petite plaque de fer percée d'un trou en son milieu de manière à laisser passer la tige d'un boulon, et qu'on place sous l'écrou pour empêcher le bois de s'écraser et de se déchirer sous la pression de l'écrou et de la clavette.

Rondin ou **Tondin.** Cylindre de bois sur lequel on enroule des tables de plomb pour former des tuyaux.

Rosace. Grande rose qui se fait de différentes manières, et dont on orne et remplit les caisses des compartiments des voûtes, plafonds, etc. (Archit.).

Rose. Ornement taillé dans les caisses qui sont entre les modillons sous les plafonds des corniches, et dans le milieu de chaque face des tailloirs, des chapiteaux corinthiens et composites. (Archit.)

Rose. Couleur secondaire formée de blanc et de laque.

Roseau ou **endenture.** Ornement en forme de bâton, servant à remplir les cannelures d'une colonne, d'un pilastre, depuis la base jusqu'au tiers de la hauteur.

Rosette. Morceau de tôle découpée, se plaçant en dehors d'une porte d'entrée sous un bouton de tirage, sous un bec-de-canne, sous le bouton d'une serrure, etc.

Rosette de porte-manteau. Cheville portant la tête d'un champignon de porte-manteau.

Rosette en cuivre. Ornement qu'on rapporte sur les croisillons d'un balcon, etc.

Rosette (*cuivre*). Cuivre rouge pur, sans mélange. On le tire de Suède, de Norvège et de Hongrie.

Rossignol. Crochet de fer dont on se sert pour ouvrir les serrures dont on n'a pas la clef.

— Petit morceau de bois taillé en coin, qui sert à remplir l'excès d'une mortaise trop longue et à serrer le tenon qui s'y rapporte.

Rotie Exhaussement sur un mur de clôture mitoyen, de la demi-épaisseur de ce mur, avec de petits contre-forts d'espace en espace, qui portent sur le reste du mur.

Rotin (Voy. JÉ). Sonde en jonc, dont se servent les plombiers pour dégorger les tuyaux.

Rotonde. Bâtiment dont le plan est demi-circulaire en dehors et en dedans, et qui est couvert en dôme.

Rouage. Partie d'un mécanisme formé de roues d'engrenages.

— Ornière formée par le passage des roues de voitures.

Rouanne. Voy. ROANE.

Rouannette. Petit outil de fer rond, aplati par un bout, et partagé en deux dents fort pointues, avec lequel on trace des ronds pour signer ou marquer le bois.

Roue à eau. Machine consistant en une roue munie d'aubes qui reçoivent l'impulsion d'un cours d'eau, ou d'augets qui, en s'emplissant d'eau, donnent un mouvement de rotation à la roue, mouvement qui est transmis à l'arbre sur lequel la roue est fixée, et ensuite au mécanisme en relation avec cet arbre par des engrenages ou autrement.

Rouet. Espèce de plancher en charpente, qui est formé de plusieurs plates-formes assemblées à queue d'aronde, et qui sert de base aux assises de pierres formant le revêtement intérieur d'un puits. Le rouet est fait avec empatement tant au dedans qu'au dehors du mur; il est composé de madriers de $0^m,10$ à $0^m,12$ d'épaisseur, bien assemblés, chevillés et même liés avec des plates-bandes en fer.

Rouet. Enrayure de charpente, ronde ou à pans, pour une flèche de clocher ou pour la lanterne d'un dôme. (Charp.)

— Partie de la garniture d'une serrure. C'est une pièce de tôle qui a la forme d'une portion de cercle, et qui entre dans les fentes du panneton des clefs. (Serr.)

— On appelle aussi rouet l'ensemble des fentes faites dans le panneton de la clef. (Serr.)

Rouet. Machine composée d'un hérisson et d'une lanterne dans un moulin.

Rouet. Voy. TIRE-PLOMB.

Rouille. C'est une maladie des arbres, s'annonçant par une poussière rouge qui se dépose sur les feuilles et sur la tige; le *blanc* ou *meunier* se montre sous l'apparence d'une poussière blanche, et quelquefois filamenteuse. (Charp.)

— Hydrate ferrique.

Roulé (Bois). Bois défectueux dans lequel les couches annuelles ne font pas corps entre elles.

Rouleau. Cylindre qui sert à aplanir les gazons ou à briser les mottes de terre après un labour.

Rouleau (Couvert). Rouleau de paille nattée, que l'on attache sous les échelles pour les empêcher de glisser et de casser les tuiles et les ardoises sur lesquelles elles sont posées.

Rouleau. Fer carillon, roulé en volute; on nomme faux rouleau un barreau auquel on a fait prendre cette forme, et dont on se sert pour donner la même forme aux fers carillons. (Serr.)

Rouleau. Morceau de bois d'aune, de $0^m,46$ de long et $0^m,06$ de diamètre, percé d'outre en outre, pour barre volante d'écurie.

Rouleau de plomb. Tables de plomb que les ouvriers ont coutume d'enrouler sur elles-mêmes pour les porter avec eux. Ils les déroulent à mesure qu'ils ont besoin d'en prendre quelques morceaux pour les différents ouvrages qu'on leur commande. (Plomb.)

Rouleau. Cylindre de bois qui sert à mouvoir les plus pesants fardeaux, pour les conduire d'un lieu dans un autre. (Maçonn.)

Rouleau sans fin. Châssis sous lequel sont fixés deux rouleaux qui tournent dans des entailles; au bout de ces rouleaux sont pratiquées des mortaises, ce qui permet de les faire tourner en poussant le châssis au moyen de leviers. On s'en sert pour transporter de lourds fardeaux.

Rouleur. Ouvrier qui fait des transports à la brouette.

Roulon. Morceau de bois en frêne de 0m,04 à 0m,05 de diamètre, et environ 0m,80 de long, tourné ou non, assemblé dans la traverse haute et la traverse basse d'un râtelier. Voy. RATELIER. (Charp.)

Roulure. Défaut de liaison entre deux couches annuelles dans une pièce de bois, de sorte que le bois se divise de lui-même. C'est un des plus grands défauts des bois, et qui doit faire rejeter celui qui en est atteint.

Rouge. Couleur. Il y a différents rouges ; on distingue : le *carmin*, qui se prépare avec la cochenille ; le *rouge d Andrinople*, extrait de la garance ; le *rocou*, extrait du *bixa ovellana ;* le *rouge d'Angleterre*, la *terre de Perse*, le *rouge d'Inde*, qui sont des ocres ; le *vermillon*, qui est un sulfure de mercure ; le *minium*, qui est le peroxyde de plomb. Dans la peinture, les rouges provenant de matières organiques sont employés à l'état de laques, c'est-à-dire après avoir servi à colorer des argiles blanches qui leur donnent du corps.

Rouge brun d'Angleterre. Cette couleur est d'un rouge plus foncé que l'ocre rouge ; c'est, de même que cette dernière, une argile imprégnée d'un oxyde de fer. — Le rouge de Prusse est d'une couleur plus vive que le précédent ; il se prépare à la colle ou à l'huile. (Peint.)

Rougeurs. Les rougeurs dans le bois annoncent qu'il commence à pourrir, et que l'arbre était sur le retour lorsqu'on l'a coupé. (Menuis.)

Rougir. Les plombiers ont coutume de faire rougir au feu les fers à souder dont ils se servent dans les réservoirs, ou ceux qu'ils emploient pour le soudage des tuyaux roulés, afin que ces fers puissent étaler la soudure et la faire prendre davantage au plomb. (Plomb.)

Routes. On donne ce nom à des chemins de grande importance. Il y a en France les routes nationales, qui mettent en communication les chefs-lieux de département entre eux, et les routes départementales, destinées à relier les chefs-lieux de canton.

Une route comprend ordinairement une chaussée empierrée ou pavée, sur laquelle se fait le roulage et dont la largeur est d'environ un tiers de celle de la route, et deux acotements. En outre, certaines routes sont pourvues de trottoirs, et enfin de fossés latéraux.

Routes (*grandes*).

Les largeurs à donner, d'après l'ordonnance du 6 février 1776, aux différentes classes, sont fixées ainsi qu'il suit :

Les grandes routes du premier ordre seront désormais ouvertes sur la largeur de 14 mètres.

Les routes du second ordre seront fixées à la largeur de 12 mètres.

Celles de troisième ordre à 10 mètres.

Et à l'égard de chemins particuliers, leur largeur sera de 8 mètres.

Ne seront compris dans les largeurs spécifiées, ni les fossés, ni les empatements des talus et glacis.

L'ouverture des routes royales traversant les forêts continuera d'être de 20 mètres.

Les grandes routes non plantées, et susceptibles d'être plantées, le seront en arbres forestiers ou fruitiers, suivant les localités, par les propriétaires riverains.

Les plantations seront faites dans l'intérieur de la route et sur le terrain appartenant à l'Etat, avec un contre-fossé qui sera entretenu par l'administration des ponts-et-chaussées.

Les propriétaires riverains auront la propriété des arbres et de leur produit; ils ne pourront cependant les couper, abattre ou arracher, que sur une autorisation donnée par l'administration préposée à la conservation des routes, et à la charge du remplacement. Dans les parties de routes où les propriétaires riverains n'auront point usé, dans le délai de deux années, à compter de l'époque à laquelle l'administration aura désigné les routes qui doivent être plantées, de la faculté qui leur est donnée par l'article précédent, le gouvernement donnera des ordres pour faire exécuter la plantation aux frais de ces riverains.

Dans les grandes routes dont la largeur ne permettra pas de planter sur le terrain appartenant à l'État,—lorsque le particulier riverain voudra planter des arbres sur son terrain, à moins de 6 mètres de distance sur la route, il sera tenu de réclamer et d'obtenir, de la préfecture du département, l'alignement à suivre. Dans ce cas, le propriétaire n'aura besoin d'aucune autorisation particulière pour disposer des arbres qu'il aura plantés Il est défendu d'entreprendre sur la largeur des routes, d'y déposer et laisser séjourner aucuns gravois, terres, immondices, charrettes, ustensiles ou autres objets; d'y faire aucuns trous, fouilles, de cultures; de rompre, couper ou abattre les arbres, d'endommager les bornes milliaires, celles des ponts, et d'étendre des linges et autres objets le long des routes. (Lois de voirie.)

Rouverain (*fer*). Fer cassant à chaud.

Roux (*plâtres*). Plâtres qui ont pris un ton de bistre par l'effet de la fumée ou de la suie; on détruit ou on atténue cette teinte par la superposition de plusieurs couches d'échaudage, ou au moyen d'une couche d'essence pure.

Royaume ou loupe. Caisse en bois avec un dessus, dans lequel est une ouverture pour passer la main; les peintres de décor et les doreurs s'en servent pour s'asseoir ou s'élever.

Rudenture. Bâton simple ou taillé en manière de corde ou de roseau qu'on ménage dans les cannelures jusqu'au tiers de la hauteur de la colonne. On dit alors que ces colonnes sont rudentées. (Archit.)

Ruellée. Bordure de plâtre ou de mortier que l'on fait à l'extrémité d'un comble isolé et couvert en tuiles; elle est semblable à la dévirure qu'on fait sur l'ardoise.

Rues. Voies, chemins ménagés entre les maisons pour la circulation. Les rues ne peuvent être fermées sans permission; à Paris elles sont réputées grandes routes; il ne peut en être ouvert de nouvelles qu'en vertu d'un décret. Elles seront élargies pour arriver à un minimum de 10 mètres; il en sera dressé des plans qui seront soumis à l'approbation de l'autorité. La suppression des rues, places ou autres voies publiques, ne peut s'effectuer qu'avec l'assentiment des riverains, ou moyennant un dédommagement suivant les formes. (Lois de voirie.)

Ruiler. Remplir une tranchée avec du plâtre.

Ruiner. Faire des ruinures dans une charpente.

Ruinure. Entaille faite sur les faces latérales des solives pour retenir la maçonnerie des entrevous.

Ruisseau. Endroit où deux revers de pavé se joignent pour former une sorte de canal destiné à donner de l'écoulement aux eaux.

Rustique. Ouvrage composé de pierres brutes, naturelles ou imitées.

— (*Bois*). C'est un bois dont les fibres, au lieu d'être droites, sont comme ondulées, tordues, tressées et nouées les unes avec les autres. Ce vice rend le travail fort difficile, parce que le fil se présente en tout sens et souvent au rebours du mouvement de l'outil, de sorte que le bois s'arrache au lieu de se laisser couper. (Charp.)

— Outil de tailleur de pierre, dont le tranchant est dentelé. (Maç.)

Rustiquer. Faire la taille d'une pierre, entre les ciselures relevées, soit avec la pioche et la boucharde, soit avec le rustique.

S

Sable. Petit gravier provenant de la désagrégation des roches siliceuses. Le sable, mêlé avec de la chaux, sert pour faire le mortier. Il y en a de quatre sortes : le sable de terrain, le sable de ravin, le sable de rivière et le sable de mer. Le sable de rivière est le meilleur des quatre.

La bonne qualité du sable est essentielle pour la bonne construction, car c'est de lui que dépend la qualité du mortier.

Pour reconnaître si un sable est mélangé avec des parties terreuses, il faut en mettre dans l'eau une certaine quantité ; si l'eau reste claire, c'est signe que le sable est pur ; si au contraire l'eau devient trouble, le sable n'est pas pur. Le bon sable crie dans la main et ne la salit pas. (Maçonn.)

— Le moule à table des plombiers est rempli d'un sable fin et d'une belle couleur ; c'est un sable de terrain. A Paris, les plombiers le tirent des sablonnières de Belleville, vers les Prés-Saint-Gervais. (Plomb.)

Sabler. Répandre du sable, de la grève ou du gravier à la surface du sol d'une allée, dans un jardin ; à la surface d'un pavage neuf; dans ce cas, pour que les joints se garnissent à la longue.

Sablière. Carrière d'où on tire le sable de terrain.

Sablières. Pièces de bois couchées horizontalement à chaque étage, haut et bas d'un pan de bois, dans lesquelles sont assemblés les poteaux, décharges et tournisses ; les sablières ont ordinairement de $0^m,19$ à $0^m,24$ de grosseur.

On donne le nom de *sablière haute* à celle du haut de chaque étage, et de *sablière basse* à celle qui repose sur les parpaings.

— Pièces sous le plancher d'un pan de bois.

Sablière de chambrée. C'est la sablière basse de chaque étage d'un pan de bois ou cloison, au-dessous de laquelle sont les abouts des solives.

Sablière. Pièce soutenue par des corbeaux de pierre ou de fer, le long d'un mur ou le long d'une poutre, et servant à porter des solives. (Voy. LAMBOURDES.)

Sablière d'égout. Pièce placée au-dessus de l'entrée d'une remise et supportée par des poteaux.

Sablière de jouée. Sablière au retour du chapeau d'une lucarne et sur laquelle sont assemblées les tournisses.

Sablières de ferme. Pièce horizontale sur laquelle s'appuient soit les arbalétriers, soit les chevrons d'une ferme.

Sablon. Espèce de sable que l'on n'emploie pas dans les constructions parce qu'il est trop fin et trop mélangé. (Maçonn.)

Sablonner. Jeter du sable fin sur du fer chauffé à la forge pour le souder, afin d'enlever la crasse de l'oxyde de fer, en formant une sorte de verre qui coule et est chassée par le marteau.

Sabot. Garniture de métal ou de bois qui enveloppe l'extrémité d'une pièce de charpente pour l'empêcher de s'écraser.
— Armature en fer de forme conique portant trois ou quatre branches en fer plat, qui servent à la fixer à l'extrémité d'un pilot ou d'un pieu avant de l'enfoncer dans le sol.
— Partie saillante d'une marche palière; elle est prise dans la masse du bois ou y est rapportée. Elle fait partie de la courbure de l'échiffre et reçoit aussi l'assemblage des deux limons.

Sabots. Sorte d'outils de moulures, composés d'un fer et d'un fût; ils ne diffèrent des rabots que parce qu'ils sont plus petits et presque toujours cintrés, soit sur un sens, soit sur un autre, et quelquefois même sur tous les deux. Les sabots sont utilisés pour pousser des moulures dans les parties cintrées. (Menuis.)
— Monture en bois — des calibres des maçons.

Sac des plombiers. Il est fait de coutil assez large; c'est dans ce sac qu'ils portent leurs outils quand ils vont travailler en ville. (Plomb.)

Sachet de graisse. C'est un morceau de linge dans lequel les plombiers renferment de la graisse. Ils s'en servent pour frotter leur *plane* avant de la passer sur le sable. (Plomb.)

Safran. Matière colorante consistant dans les stigmates et une partie des styles desséchés du *Crocus sativus*, plante qu'on cultive en France, etc.

Saignée. Petite rigole que l'on fait dans un terrain marécageux pour l'égoutter.

Saillancourt (*roche de*). C'est une pierre de roche que l'on tire près de Pontoise. Il y en a de quatre espèces : —
La première qu'on appelle blanc vert est extrêmement dure :

cette pierre n'est pas belle, mais elle est de bonne qualité.

La seconde espèce a le grain plus gros et la couleur plus foncée, elle porte 0^{m},60 et au-dessus de hauteur de banc : c'est celle que l'on emploie dans les travaux à Paris. Les deux autres étant de qualité inférieure sont employées dans le pays.

Le poids du mètre cube de cette pierre est de 2334 kilog. (Maçonn.)

Saillant. Ce qui avance ou sort en dehors.

Saillies. Tout corps qui dépasse le nu des murs; en général, les corniches, les balcons, les moulures d'architecture soit en plâtre, soit en pierre de taille. Voir l'ordonnance sur les saillies. (Archit.)

Sain (Bois). Qui n'a ni nœud ni gerçures, et qui n'est point échauffé.

Saint-Leu. Pierre tendre d'une excellente qualité. Il y en a de trois espèces : le Saint-Leu proprement dit, la pierre de Trossy, et le vergelé. Ces pierres ont la même hauteur de banc et portent depuis $0^{m}65$ jusqu'à 1^{m}. Le poids moyen de ces différentes pierres est de 1648 kilogrammes le mètre cube. (Maçonn.)

Sainte-Marguerite *(pierre de)*. On la tire près de Montereau. Il y en a trois qualités bien distinctes; les deux premières sont une sorte d'albâtre teinte grise, ou de marbre d'un fond jaune antique, tirant quelquefois sur le bologne ou le nankin, accidenté de *dentrites* plus ou moins abondantes. Elles s'emploient pour colonnes, monuments, enfin pour tous ouvrages de marbrerie. La troisième espèce en pierre dure, occupant la plus grande partie des fonds, d'une teinte claire, d'un grain très fin, susceptible d'un très beau poli, est propre à tous travaux de choix. Sa pesanteur spécifique moyenne est de 2750 kilog. (Maçonn.)

Saint-Nom *(pierre de)*. Cette pierre se tire du département de Seine-et-Oise. Il y en a de plusieurs qualités : celle appelée roche fine, et que l'on emploie dans les travaux publics, porte de 0^{m},48 à 0^{m},60 de hauteur de banc; le poids du mètre cube est de 2302 kilog. (Maçonn.)

Salon. La plus grande pièce d'un appartement : c'est le lieu où se font les réceptions. (Archit.)

Salle. Pièce de grande dimension dans un édifice.

Sandaraque. Résine ou gomme-résine, en larmes claires et luisantes; c'est la meilleure des résines pour la composition des vernis clairs; c'est elle qui leur procure toute leur solidité exigible.

Sang-dragon. Résine sèche, friable, de couleur rouge de

sang caillé. Elle s'emploie dans les diverses espèces de vernis communs, auxquels elle communique sa teinte foncée.

Sanguine. Minerai de fer, qui se présente sous l'aspect de pierre rougeâtre, dure, pesante, et par aiguilles longues et pointues. On le nomme aussi pierre hématite. On s'en sert pour polir les métaux. (Serrur.)

Sape. Tranchée ou ouverture qu'on fait en sous-œuvre au pied d'un mur ou d'un terrassement pour le faire tomber.

Saper. Abattre en sous-œuvre et par le pied un mur avec des marteaux, masses et pinces. (Maçonn.)

Sapin. Bois tendre et léger, d'une couleur blanche, rayée de veines verdâtres qui jaunissent en vieillissant.

Les sapins les plus employés sont ceux de Lorraine et ceux du Nord. Ces derniers se distinguent en sapin rouge et sapin blanc; le blanc est celui qui a été saigné ou dont on a enlevé la résine; il est moins estimé que le rouge. (Menuis.)

Sapine. Pièce de bois de sapin en grume dont on se sert dans les travaux pour faire de grands échafauds, ou qui, étant refendue, sert à faire des combles et des planchers de grande étendue.

Sarfouer ou **Serfouir.** Bêcher légèrement la terre au pied des arbres ou des plantes.

Sas. Bassin qui est ménagé sur la longueur d'une rivière ou d'un canal à l'endroit d'une chute, qui est bordé de quais et qui est comprise entre deux portes. Ces portes permettent de se rendre maître de la dépense des eaux et de la hauteur où l'on voudra les élever dans le sas, afin que les bateaux que l'on y fera entrer puissent passer de la partie d'amont dans celle d'aval et réciproquement. (Archit. hydraul.)

Sas. Tamis formé d'un tissu de crin dont on se sert pour passer le plâtre destiné à faire des enduits, des plafonds, des murs et des cloisons.

Sasser. Passer le plâtre au sas.

Saturne. Plomb.

Saumon. Lingot de plomb venant des usines, et pesant 70 kil environ.

Sauterelle. (Voy. FAUSSE ÉQUERRE.) Instrument de bois composé de deux règles assemblées par un bout, ce qui permet de les écarter l'une de l'autre et de mesurer toutes sortes d'angles rectilignes. Il sert à tracer les coupes irrégulières.

Sauterelle. Branche de bascule droite. (Serrur.)

Sauton. Ardoise qu'on est obligé de réduire sur sa largeur pour compléter un rang ou pureau.

On fait souvent des *sautons* lorsqu'on emploie de la vieille ardoise.

Scabellon. Sorte de piédestal haut et étroit, sur lequel on pose un buste

Scellement. On appelle scellement toute disposition qui a pour objet de lier à la maçonnerie un corps étranger, au moyen de plâtre, de mortier ou de plomb.

En général, les bouts des solives sont engagés dans la maçonnerie du tiers ou de la moitié de l'épaisseur des murailles. (Maçonn.)

Scellement. Bout de tôle rivé à l'extrémité d'un cercle de poêle — en cuivre, ayant un coude et un œil pour le passage d'une vis qui sert à tendre ce cercle.

Scellement. Partie d'un ouvrage de serrurerie disposée pour être scellée ou fixée dans un mur, une pierre, etc. : c'est, par exemple, la division — en deux parties égales — de l'extrémité d'un gond, d'une patte, d'un corbeau, et la courbure de chacune de ces parties en sens inverse.

Scellement. Augets ou chaînes faits avec des lambourdes de parquet. On dit *scellement de lambourdes.*

Sceller. Mettre du mortier sous et entre les pavés, pour donner plus de solidité à l'ouvrage et empêcher l'infiltration des eaux.

Sceller. Arrêter dans un mur, dans une pierre, dans un pan de bois. etc., des pièces de bois ou de fer.

Schiste. Voy. Ardoises.

Sciage. Débit de bois, du marbre ou de la pierre fait à la scie. On dit que le sciage est gauche, quand tous les angles ne sont pas sur un même plan. (Maçonn.).

Sciage. Face sur laquelle une pierre est sciée ; les sciages visibles tiennent lieu de parements ; ceux cachés, et qui servent de lits ou de joints, sont considérés comme taille de lits et joints.

Les sciages perdus qui ont eu lieu sur les deux, trois et même les quatre faces d'un fût de colonne, les sciages faits pour le débit des plates-bandes et qui ont disparu par la taille en coupe faite après coup, et que l'on ne compte point dans le métré lorsque ces pierres sont mesurées par équarrissement, sont considérés comme sciage, et la taille des parements est comptée à part. (Maçonn.).

— Les sciages visibles des pierres.

Sciage (*bois de*). Pièce de bois provenant d'une pièce beaucoup plus forte qu'on a refendue sur sa longueur en différentes parties. La plupart des chevrons et des lambourdes sont en bois de sciage. Les solives de bois de sciage doivent être telles, que leur épaisseur verticale soit au moins moitié de leur hauteur ; autrement elles sont sujettes à se gauchir.

Scie. Instrument qui se compose essentiellement d'une lame de fer ou d'acier longue et étroite, quelquefois unie mais le plus souvent dentelée d'un côté, — montée dans une armature convenable. On en fait usage pour diviser les matières solides, pierres, bois, métaux, en appuyant la denture sur ces matières et en imprimant un mouvement de va-et-vient à l'outil.

Pour débiter les bois, en grand, on a avantage à employer des *scies circulaires* qui consistent en un plateau rond dont la périphérie est armée de dents ; on donne à ces scies de très grandes vitesses toujours dans le même sens.

Enfin, pour certains ouvrages, on emploie la *scie à ruban* ou *scie sans fin*, qui consiste en une longue lame très souple, armée de dents, dont les deux extrémités sont soudées entre elles. Cette lame passe sur des poulies qui lui impriment le mouvement comme à une courroie.

— La scie du menuisier est composée d'une lame dentelée, avec une monture ou châssis destiné à tenir la lame tendue, (Menuis.)

— Les scies de serruriers sont un feuillet d'acier mince ; elles sont dentées et striées sur les côtés ; quelques-unes sont montées sur un arçon, mais la plupart sont fortifiées par un dosseret. On nomme ces sortes de scies limes à fendre. (Serrur.)

Scie. Lame d'acier ou d'étoffe sans dents, droite et unie dans sa monture, servant à scier les pierres dures en versant du grès pilé et de l'eau dans la voie que le fer forme dans la pierre. (Maçonn.).

Scie à araser. Espèce de bouvet dont la languette est un morceau de scie attaché au fût, qu'on fait porter comme une tringle de bois droite pour scier des arasements d'une grande largeur, tels que ceux des portes emboîtées et autres. (Menuis.)

Scie à cheville. Morceau de fer plat dentelé et attaché à une tringle de fer recourbée, garnie d'un manche. Cette scie sert à couper les chevilles quand l'ouvrage est chevillé. (Menuis.)

Scie à chantourner. Cette scie est semblable à celle du menuisier, avec cette seule différence que la lame à chantourner n'est pas attachée immédiatement aux montants, mais est fixée par deux rivures à chaque bout, dans la fente d'une cheville cylindrique qui traverse chaque montant et peut y tourner librement ; la lame de cette scie est étroite, et a la plus large voie qu'il soit possible de lui donner, afin que, le trait de scie étant fort ouvert, la lame puisse tourner pour faire telle courbure que le travail exige.

Scie à découper. Espèce de petit ciseau en fer dentelé qui se place dans un trusquin. On donne aussi ce nom à la scie à chantourner. (Menuis.)

Scie à découper les ornements de treillage. Cette scie est à peu près semblable aux scies à chantourner des menuisiers de bâtiment, sauf qu'elle est plus petite et qu'elle a un manche dont l'extrémité tient avec la lame de la scie. (Treillag.)

Scie à manche ou Sciotte. Couteau en forme de scie qui sert à tailler les tenons.

Scie de taille. C'est une grande scie pour couper le bois en travers; la petite scie sert pour les petits assemblages.

Scie des scieurs de long. Elle est composée d'un châssis ou monture de $0^{m},70$ de large entre les montants, et de $1^{m},52$ de haut entre les traverses ou sommiers; cette largeur est la plus ordinaire; mais, lorsque les scieurs ont du bois très large à refendre, ils se servent de scies dont la monture a jusqu'à 1 mètre de largeur, et même plus, s'il est nécessaire. La scie à refendre du menuisier est à peu près disposée comme celle du scieur de long, mais elle est plus petite en tout. (Charp.)

Scie (laver à la). On dit d'un bois qu'il est lavé à la scie, lorsqu'il est équarri à vive arête avec cet outil sur plusieurs de ses faces; ainsi les poteaux et bois apparents dans les constructions importantes, comme marchés, etc., sont lavés à la scie, Ces bois, dans la façon, subissent un déchet qu'il est assez difficile d'apprécier. (Charp.)

Scie mécanique pour recéper les pieux. Ce qui distingue essentiellement cette machine, c'est le grand châssis horizontal qui porte la scie. Ce châssis est composé de traverses assemblées entre elles solidement, et il peut être mis en mouvement de dessus l'échaudage qui sert à le soutenir. (Archit. hydraul.)

Scie passe-partout. Scie dont la lame est dentelée, ayant à chaque extrémité un anneau ou œil dans lequel on passe un morceau de bois servant de manche. Elle sert à débiter les pierres tendres, et à couper les grosses pièces de charpente, en travers et les arbres en grume. Elle sert aussi dans certains endroits où l'on ne pourrait pas passer une scie avec sa monture.

Scier. Se servir de la scie.

Scier à contre-passe. Faire agir la scie parallèlement au lit. (Maçonn. et Marb.).

Scieur. Ouvrier qui emploie la scie; il y a le scieur de pierre ou de marbre, qui débite la pierre, et le scieur de long, qui débite les bois de charpente et de menuiserie.

Deux ouvriers sont toujours employés au débitage du bois; l'un est sur les tréteaux, et l'autre en bas.

Sciotte. Petite scie à main, sans dents, faite d'un morceau de tôle roulée sur une de ses rives pour former poignée. Elle sert à scier le bout des bandes de marbre, et le plus souvent à détacher par un trait une partie de la masse à tailler, comme cela se pratique pour commencer tous les filets et autres moulures, afin de conserver leurs arêtes.

Sciotte tournante. Morceau de tôle enroulée en cylindre, mue par un fût, et qui sert à enlever un noyau dans un bloc de marbre, tel qu'un fût de colonne.

Scotie. Moulure concave entre les tores d'une base de colonne.

Seau à colle. Petit vase en bois, du volume d'un baril d'anchois, auquel les vitriers ajustent un anse de gros fil de fer, et dans lequel ils trempent le bout de leurs pinceaux. (Vitrer.)

Sébile. Petit vase en bois, rond et fait en forme de saladier, qui a un manche perpendiculaire par lequel on le prend. La sébile sert au lavage des cendrées. (Plomb.)

Sébile. Vase en bois dans lequel on gâche le plâtre pour sceller les pièces de marbre.

Secteur. C'est une partie de cercle comprise entre deux rayons et l'arc de la circonférence adjacent. (Géom.)

Section. Synonyme de *coupe*.

Segment de cercle. C'est la figure comprise entre une partie de la circonférence qu'on appelle arc, et la corde qui sous-tend cet arc.

Sel de soude. Dans l'industrie, on entend par *sel de soude* le *carbonate de soude* plus ou moins pur, produit généralement soit par le procédé Leblanc, qui à tout prendre, consiste à décomposer le sulfure de sodium par le carbonate de chaux ou calcaire, soit par le procédé Solvay qui consiste à décomposer le chlorure de sodium ou sel marin par le bicarbonate d'ammoniaque. — On distingue dans le commerce : le sel de soude caustique pouvant contenir de 6 à 18 0/0 de soude caustique (il est anhydre, c'est-à-dire sans eau; le sel de soude carbonaté qui en renferme moins et qui est également anhydre; les cristaux de soude, carbonate de soude cristallisé avec 62,8 0/0 d'eau de cristallisation.

Sel de tartre. Tartrate de potasse qu'on extrait des futailles ayant contenu du vin, et qui forme une croûte grisâtre.

On en fait usage dans l'encaustique, pour le dégraisser.

Sellette. Pièce de bois moisée, arrondie par ses extrémités, posée horizontalement au haut de l'arbre d'un engin, et sur laquelle sont assemblés les deux liens qui portent le fauconneau.

Sellette. Siége formé d'une planchette, aux quatre coins de laquelle sont attachées des courroies se réunissant deux à deux sur des crochets qui servent à fixer la sellette sur la corde à nœud dont se servent les plombiers, les couvreurs, les peintres, pour exécuter leurs travaux sur des surfaces verticales ou très inclinées.

Semelle. Espèce de tirant, fait d'un madrier épais, sur lequel sont assemblés les pieds de la ferme d'un comble pour en arrêter l'écartement. (Charp.)

Semelle. Pièce courte et mi-plate que l'on met sous le pied d'un pointal, d'un chevalement. On la nomme le plus souvent *couchis.*

— Pièce de bois mi-plate qu'on rapporte sous une autre pour la renforcer, comme sous une poutrelle, une sablière, etc.

— OU TALON. feuillet de bois propre à être plaqué. Il est pris refendu obliquement dans une pièce de bois. (Menuis.)

— D'ÉTAIN. Pièce de bois couchée à plat sous le pied d'un étai d'un pointal ou d'un chevalement. (Charp.)

— TRAINANTE. Pièce de bois portant sur un plancher et effleurant le carreau; elle reçoit en assemblage les jambes de force. Les abouts de la semelle traînante sont scellés dans les murs. (Charp.)

Semence ou **Broquette à tête plate.** Espèce de peti, clou dont les treillageurs font usage pour la construction de leurs ouvrages. (Treillag.)

Séparation. Division formée par des murs ou par des cloisons pour séparer une chambre ou un appartement d'avec un autre.

Sergent. Voy. *Serre-joint.*

Serpe ou **serpette.** Outil de fer acéré courbe et tranchant d'un côté, ayant un long manche de bois, et servant à couper les tables de plomb.

Serpe Outil coupant, à manche, qui a environ 0m,24, formé d'une lame large et recourbée vers le bout: il s'affûte sur la longueur et des deux côtés. Les treillageurs en font usage, surtout pour les ouvrages communs. (Treillag.)

Serpentine. Les serpentines, roches généralement vertes, sont des silicates de magnésie hydratés. Une partie de la magnésie est ordinairement remplacée par de l'oxyde ferreux; une autre quelquefois par des oxydes de chrome ou de nickel. Les serpentines se trouvent dans les Vosges, dans le Var, etc. On emploie diverses roches serpentineuses dans la marbrerie et la construction, surtout dans la décoration. Celles qu'on emploie le plus sont les *ophicalces*. (Marb.)

Serpentins fumistes. C'est une disposition qui a pour but d'empêcher les cheminées de fumer sans qu'il soit besoin d'y ajouter aucun tuyau, une simple mitre ordinaire étant suffisante. Ils s'appliquent à toutes sortes de cheminées, peuvent se démonter facilement pour s'adapter ailleurs à volonté. (Fumist.)

Serpette. Voy. Serpe.

Serre. Clef que l'on passe dans les yeux des deux barres assemblées à moufles.

Serre. Coin servant à affermir un châssis.

Serre-joint. Outil, en bois ou en fer, qui constitue une presse servant aux menuisiers à tenir en contact les pièces qu'ils ont collées ou chevillées.

Un sergent est formé essentiellement d'une barre rigide portant deux pattes perpendiculaires à sa direction. L'une est toujours à demeure. L'autre est quelquefois mobile et peut être fixée en différents points de la barre rigide; elle porte assez ordinairement une vis de pression pour faire serrage.

Serres chaudes. On nomme ainsi des constructions dont la destination est à peu près la même que celle des orangeries, mais qui sont moins vastes; elles sont chauffées à une température réglée selon la nature des plantes qu'elles renferment (Treillag.)

Serrure. Petit mécanisme en fer, quelquefois en cuivre, qu'on applique sur le bord d'un vantail de porte ou d'armoire ou sur les coffres, tiroirs et meubles de tous genres pour les fermer et les ouvrir à volonté.

Le *verrou* est la serrure réduite à sa plus simple expression. Il se compose d'une barre de fer qui glisse dans des *cramponnets*, et sert à fermer une porte ou une fenêtre.

Le verrou peut être horizontal ou vertical; on le fait marcher avec la main, avec une clef ou avec une bascule. Les verrous de sûreté sont mus par une clef qui leur est particulière.

Le *loquet* est, de même que le verrou, une serrure excessivement simple qui s'applique aux portes; il n'opère pas de fermeture, il ne sert guère qu'à retenir le vantail dans sa position.

Les serrures proprement dites consistent en une sorte de boîte en fer, nommée *palâtre*, dans laquelle se meut une pièce solide, le *pêne*, qui sort du palâtre quand on fait agir sur lui la *clef*, et va se loger dans une autre pièce appelée *gâche*, qui est fixe.

Le *palâtre* se compose d'un fond rectangulaire sur lequel sont appliqués les côtés relevés :

Celui de ces côtés à travers lequel passe le *pêne* se nomme le *rebord*; les trois autres côtés, composés d'une feuille de tôle, forment ce qu'on appelle la *cloison*.

Le *pêne* de la serrure est une espèce de verrou que la clef met en mouvement. La *tête* du *pêne* est la partie qui sort de la serrure et qui vient s'engager dans la *gâche*, petit crampon ou plaque de fer percée d'une ouverture qu'on fixe à vis ou à scellement sur le dormant.

La *queue du pêne* porte, d'un côté, des parties saillantes nommées *barbes du pêne* sur lesquelles la clef agit, et de l'autre, des encoches dans lesquelles tombent un ergot qui termine un ressort appelé l'*arrêt du pêne*.

Le pêne est *simple* ou *fourchu*, selon que la tête est d'une seule venue ou porte plusieurs dents.

Enfin, dans l'intérieur de la serrure, se trouvent certaines pièces de tôle contournées qui s'accordent avec les découpures faites à la clef : c'est ce que l'on appelle les *gardes* ou *garnitures* de la serrure. Ces gardes s'opposent au mouvement de toute clef qui n'aurait pas les entailles nécessaires.

On distingue dans la *clef*, qui constitue un véritable levier : l'*anneau* où on applique la main, la *tige*, — qu'on appelle *canon* si elle est forée, ou *bout*, si elle ne l'est pas, — et le *panneton*.

Le *panneton* comprend le *museau*, partie plane ou courbe qui vient se mettre en contact avec l'arrêt du pêne de la serrure, et le *corps* qui est la partie comprise entre le museau et la tige. Le panneton porte diverses entailles pour donner passage aux gardes ou garnitures de la serrure. Le canon n'est pas toujours percé d'un trou cylindrique; quelquefois il est en trèfle, en fer de lance, etc. Toutes ces formes s'accordent avec la *broche* de la serrure, qui est solidement fixée au plâtre, et qui sert à guider la clef dans son action.

Les serrures ont reçu une infinité de dispositions, qui leur ont fait donner différents noms; nous citerons les principales :

Le *bec de canne* est une serrure dont le pêne, dit *à demi tour*, est taillé en chanfrein; de sorte que, quand on pousse la porte, elle se ferme d'elle-même, le pêne étant continuellement poussé par un ressort. Le bec de canne proprement dit n'a pas de clef, il s'ouvre avec un bouton.

La *serrure à tour et demi* renferme, comme le bec de canne, un pêne poussé par un ressort, et tellement disposé qu'il est poussé au dehors de la serrure par un tour de clef.

La *serrure à pêne dormant* est celle dans laquelle le pêne ne sort que quand il est poussé par une clef. Elle peut être à tour et demi ou à deux tours.

La *serrure à deux tours et demi* se compose de la serrure à pêne dormant et du bec de canne réunis; le pêne est mis en mouvement par une clef à deux tours, et le bec de canne par une clef ou un bouton.

Lorsque la clef est forée, la serrure porte une *broche* qui entre dans la tige ou le canon de la clef, on l'appelle alors *serrure à broche*. D'autrefois la clef n'est pas forée, l'extrémité est formée en bouton et tourne dans un trou pratiqué au fond de la boîte; ce sont les *serrures bénardes*, elles s'ouvrent des deux côtés.

Toutes ces serrures comprennent un pêne qui sort de la serrure et vient s'engager dans la gâche, laquelle est à scellement, à pointes ou à vis.

Il existe un autre genre de serrures dans lesquelles le pêne reste toujours enfermé dans la serrure; il faut que la pièce qui lui sert de gâche porte des anneaux plats qui entrent par des ouvertures pratiquées dans le corps de la serrure; on les nomme des *auberons*; les cadenas, les serrures de coffre, etc., rentrent dans cette classe.

Il y a encore les *serrures à combinaisons* et les *serrures à secret*, mais il sortirait de notre cadre de les décrire, même sommairement.

Serrurier. Ouvrier qui exécute la plupart des ouvrages en fer que nécessite la construction des maisons. Il pose les sonnettes, il ajuste et met en place les divers objets de quincaillerie qui sont généralement fabriqués dans des usines.

Sertir. Réunir une pièce de fer à une autre par de petites lèvres qui sont au bord du trou sur lequel on ajuste la pièce.

Service. Ce mot s'entend, dans l'art de bâtir, du transport des matériaux, du chantier au pied d'un bâtiment qu'on élève, et de cet endroit sur le tas. Ainsi, plus l'édifice est haut, plus le service en est long et difficile à la fin de la construction. (Maçonn.)

Servitude. Obligation imposée à une maison de souffrir un passage, une vue, une servitude quelconque, urbaine ou rurale, continue ou discontinue, apparente ou non apparente. Pour tel objet que ce soit, la servitude peut être établie par le consentement des propriétaires de l'héritage dominant et de l'héritage servant, art. 686 du Code. Une seconde condition imposée à l'établissement des servitudes volontaires est qu'elles n'aient rien de contraire à l'ordre public. Toute personne capable de disposer de ses droits peut établir au désavantage de l'immeuble qui lui appartient telle servitude que bon lui semble. Lorsqu'un héritage appartient indivisément à plusieurs personnes, il ne peut être assujetti à aucune servitude sans le concours de la volonté de tous les propriétaires. Toute espèce de servitude continue ou discontinue peut s'établir par titre, c'est-à-dire par une convention écrite entre le propriétaire du fonds servant et le maître du fonds dominant. Quelle que soit la convention écrite, fût-elle pour modifier une servitude naturelle ou légale, c'est le titre seul qu'il faut suivre. D'après l'art. 690, les servitudes apparentes, lorsqu'en même temps elles sont continues, peuvent s'établir par la prescription de trente ans, sans exiger qu'il y ait eu contradiction. Pour bien distinguer une servitude apparente, il ne suffit pas que l'objet auquel est imposée la servitude soit visible; il est encore nécessaire que l'asservissement de ce même objet soit annoncé par une marque visible qui lui soit propre, et qui ne puisse exister qu'à cause du service foncier qu'elle désigne. Pour qu'il y ait servitude, il est essentiel que l'héritage dominant et l'héritage servant n'appartiennent pas au même propriétaire. Cependant, celui qui possède deux héritages peut s'en servir de manière que l'un soit assujetti à l'autre. L'art. 693 du Code décide que la destination du père de famille n'est reconnue que quand ce point de fait est prouvé. Quand un propriétaire asservit une portion de son héritage à une autre portion et qu'il aliène l'une des deux, il n'a pas besoin de s'expliquer sur la servitude lorsqu'elle est à la fois continue et apparente. Celui qui, en divisant ces deux fonds, ne veut pas laisser subsister la servitude continue et apparente qu'il a établie, doit l'exprimer dans l'acte d'aliénation.

Si un propriétaire a établi entre les deux fonds un service discontinu ou continu, non apparent, il suffit pour le faire cesser de ne pas en parler en vendant l'un des deux fonds. Si ce sont des héritiers qui désirent l'éteindre, ils ne feront aucune mention de cette servitude dans leur acte de partage, et elle n'existera plus.

Les servitudes nécessaires sont des limitations à la propriété. Elles sont établies pour maintenir la tranquilité entre les voisins. Quand on est forcé de faire des réparations à l'un des héritages, pour des augmentations ou autres motifs, on doit afin d'éviter toute contestation, constater, en présence des parties intéressées, l'état dans lequel se trouvent les objets qui sont affectés activement et passivement à la servitude. Pour régler l'usage des servitudes, on doit distinguer si l'objet en litige est un point de fait, ou s'il consiste en une question de droit. Quand le propriétaire de l'héritage dominant est en discussion avec le maître de l'héritage servant sur un point de fait, on le soumet à l'examen des experts. Le second cas où l'on doit recourir à des experts est celui d'une servitude consentie par le titre d'aliénation, sans qu'il y soit parlé des accessoires dont la privation rendrait impossible l'exercice du droit concédé. L'art. 606 dit que, quand on établit une servitude, on est censé accorder tout ce qui est nécessaire pour en user.

Dans le cas ou l'un des héritages est divisé, l'art. 700 du Code civil décide qu'après la division de l'héritage dominant, la servitude reste due à chaque portion, sans néanmoins que la condition du fonds assujetti en puisse être aggravée. Par exemple, s'il s'agit d'un droit de passage, tous les copropriétaires seront obligés de l'exercer par le même endroit. Si c'est l'héritage servant qui est divisé, chacun des différents propriétaires est tenu de souffrir l'exercice de la servitude entière Cependant chacun des propriétaires de l'héritage n'est tenu du service foncier que comme pour un droit réel, c'est-à-dire jusqu'à concurrence seulement de sa portion dans l'objet asservi. Quand la servitude est de nature à n'affecter qu'une certaine portion de l'héritage, comme par exemple le droit de prendre de l'eau dans une fontaine, il est évident que le seul endroit où est située la fontaine se trouve assujetti. Il peut arriver que, quand on établit une servitude sur un héritage, elle ait pour condition une autre servitude due à ce même héritage; alors la servitude est appelée double, ou réciproque. L'un, considéré comme dominant, doit avoir tous ses droits sur l'autre considéré comme servant, et réciproquement. Quand la servitude est reconnue, quand les circonstances qui la constituent et les accessoires qui en sont une suite nécessaire se trouvent réglés, il faut que le propriétaire de l'héritage dominant exerce son droit convenablement. Il est de principe qu'il a la faculté de faire d'abord tous les ouvrages sans lesquels on ne peut user de la servitude, et ensuite ceux qui sont propres à la conserver. Le propriétaire de l'héritage dominant ne peut rien faire qui aggrave l'exercice de la servitude; si les changements, qu'on peut faire à l'héritage dominant n'aggravent pas la servitude, celui par qui elle est due ne peut pas les empêcher. L'art. 699 dit qu'on peut toujours s'affranchir de la charge en abandonnant au propriétaire de l'héritage dominant les fonds assujettis. Cette décision est une conséquence de ce que la servitude ne peut pas être une obligation personnelle. Celui dont l'héritage est asservi est tenu de souffrir l'usage de la servitude, et ne peut rien faire qui tende à la diminuer ou à la rendre plus incommode. On peut opérer sur l'héritage servant les dispositions qui conviennent au propriétaire, lorsqu'elles ne préjudicient point au droit foncier. Les servitudes s'éteignent par titres. Ainsi, si deux propriétaires ont pu convenir d'une servitude sur un fonds pour l'utilité d'un autre fonds, ils ont également droit de consentir l'extinction du droit qu'ils ont créé. Il en est de même des servitudes nécessaires, soit naturelles, soit légales, ceux à qui elles sont dues peuvent en faire la remise par titre. L'extinction d'une servitude doit être consentie par le maître de l'héritage auquel est utile le service foncier; lui seul peut disposer d'un pareil droit, qui fait partie de sa propriété. Dans les cas où le concours de tous les propriétaires de l'héritage servant est essentiel à l'extinction du service foncier, il n'est pas nécessaire que leur consentement intervienne dans le même acte. La libération stipulée par un seul sera valable dès que les autres l'auront ratifiée. L'adjudication faite d'un immeuble, par suite d'une expropriation forcée, ne transmet à l'adjudicataire d'autres droits de propriété que ceux qu'avait la partie saisie.

La destruction, qui fait cesser la servitude, s'entend d'un anéantissement total, tel que celui qui résulte d'un tremblement de terre, d'une inondation, d'un incendie, mais encore de tout changement survenu, soit au fonds dominant, soit au fonds servant, et qui ne permet plus l'usage de la servitude. Quand la destruction du fonds dominant est la suite d'un accord entre les parties, c'est le cas de l'exécution par consentement mutuel. On sait alors ce qui est réglé par la convention. En sorte que ce service foncier pourrait n'être éteint que pour un temps limité, *ou sous une condition quelconque*. Mais, *si la destruction* était convenue et sans réserve, la servitude serait éteinte définitivement, et pour toujours. Il n'en est pas de même lorsque la destruction ou le changement, soit de l'héritage dominant, soit de l'héritage servant, arrive sans convention entre les deux voisins. La servitude n'est éteinte que pour le temps que dure la destruction, et elle reprend toute sa force, lorsque les choses sont rétablies de manière que l'exercice du droit puisse avoir lieu (Art. 704 du Code civil.); à moins qu'il ne se soit écoulé assez de temps pour opérer la prescription, suivant l'art. 707, c'est-à-dire que, s'il s'agit d'une servitude discontinue, la cessation du service pendant trente ans, depuis la destruction, opère la liberté du fonds asservi; tandis que, si la servitude est continue, le temps de la prescription ne court que du jour où le maître de l'héritage servant a faire un acte contraire au droit de son voisin.

La servitude cessant entre deux fonds, lorsqu'ils appartiennent au même maître, il résulte que toute servitude est éteinte, quand les deux héritages entre lesquels elle était établie passent dans la propriété de la même personne : pour qu'il y ait confusion, il faut qu'elle se fasse à titre de propriété. La possession que l'on obtient à titre précaire est exercée au nom du véritable propriétaire; le mariage même n'opère aucune confusion de propriété. Si une seule portion d'un domaine était affectée à la servitude, il faudrait considérer cette portion unique comme formant toute seule l'héritage servant. La servitude n'est pas éteinte quand celui qui en jouit n'a hérité que d'une portion du domaine. Quand le propriétaire de l'héritage soit dominant, soit servant, est le seul héritier du maître de l'autre héritage, la confusion étant entière, l'extinction de la servitude s'effectue de plein droit. La prescription de la servitude est éteinte par le non-usage pendant trente ans. L'art. 707 du Code fait courir la prescription à compter du jour où on a cessé de jouir pour les servitudes discontinues, et à compter du jour où il a été fait un acte contraire à la servitude lorsqu'elle est continue. La prescription ne s'étend pas aux choses qui sont d'utilité publique; à l'égard des servitudes, soit naturelles, soit légales, qui ne concernent que l'intérêt des particuliers, elles s'éteignent toutes par le non-usage. Pour empêcher qu'une servitude continue s'éteigne par la prescription, il suffit de laisser les lieux dans l'état où ils ont été mis. Il n'en est pas de même d'une servitude discontinue; l'usage n'en est constaté que par des faits de la part du propriétaire de l'héritage dominant. Par exemple, s'il s'agit d'un droit de passage, et que trente ans s'écoulent sans que le maître de l'héritage dominant, ou quelqu'un pour lui, ait passé sur l'héritage servant, le droit foncier est éteint par la prescription. La prescription concernant uniquement le mode des servitudes continues commence à courir comme la prescription qui les éteint entièrement, c'est-à-dire à compter du jour où il a été fait un acte contraire à l'état originaire des lieux qui font l'objet du service foncier.

Si l'héritage en faveur duquel la servitude est établie appartient par indivis à plusieurs propriétaires, la jouissance de l'un empêche la prescription à l'égard de tous les autres. Quand l'héritage servant appartient à plusieurs personnes indivisément, le droit foncier est dû par tous les propriétaires; en sorte que ce qui est fait contre l'un, pour interrompre la prescription, est censé fait contre les autres. Pareillement si l'un d'eux fait un acte contraire à une servitude, afin de commencer à prescrire contre cette charge, le temps de la prescription courra utilement pour tous les copropriétaires de l'héritage assujetti. Mais si ces héritages étaient divisés, ces portions seraient considérées comme autant d'héritages séparés qui devraient la même servitude; par conséquent ce que l'un des propriétaires ferait pour se libérer ne profiterait pas aux autres. (Lois des bâtim.)

Seuil. Feuille de parquet qui sert à revêtir l'aire d'un embrasement de porte; quelquefois un seuil, entre des chambranles étroits, est une simple frise.

Seuil. Morceau de pierre placé au bas d'une baie de porte. (Maçonn.)

Si le seuil est en saillie du mur et plus élevé que le sol, il prend le nom de marche.

Siccatifs. Substances qu'on mêle aux couleurs détrempées à l'huile pour les faire sécher plus promptement. Les siccatifs les plus ordinairement employés sont : la litharge, la couperose blanche, l'essence de térébenthine et l'huile grasse.

On appelle aussi siccatifs des couleurs ou vernis qui servent pour les carrelages et les planchers.

Siège d'aisance. Maçonnerie en contre-haut du sol d'un cabinet d'aisance et sur laquelle on s'apppuie.

— Planche percée d'un trou bouché par un tampon.

— *A l'anglaise.* Siège composé d'un bâti dormant et de plusieurs trappes mouvantes avec baguette en dessous, et souvent grossi d'un soubassement en lambris.

— *Demi-anglaise.* Siège semblable au précédent, excepté qu'il n'y a qu'une trappe au milieu, sans lunette ni soubassement.

Signer. Marquer les bois avec la rouanne pour les appareiller lors du lavage. (Charp.)

— Marquer avec la drague, ou avec de la craie, les endroits des pièces de verre que l'on veut couper avec le diamant.

Simblo ou **simbleau**. Cordeau ou fil de fer, à l'aide duquel on trace, soit une circonférence, soit un arc de cercle, dont la grandeur dépasse la portée d'un compas.

On donne aussi ce nom à la courbure.

Singe. Machine consistant en un treuil à bras ou à double manivelle. qui sert à enlever les fardeaux, à tirer la fouille d'un puits, et à y descendre le moellon et le mortier pour faire les fondations. (Maçonn.)

Singler. Prendre avec un cordeau le pourtour d'une voûte, le développement des marches d'un escalier ou de sa coquille lorsqu'on en fait le métrage.

Sinueux. Se dit de tout ce qui n'est point en ligne droite et qui forme des ondes, des plis, des coudes.

Siphon. Tube recourbé dont une des branches est plus courbe que l'autre, et dont on se sert pour faire passer une liqueur d'un vase dans un autre. Pour cela, on remplit ce tube complètement de la quantité de liquide nécessaire, et on plonge la branche la plus courte dans le liquide à transvaser; la différence de la pression entre les deux extrémités du tube produit l'écoulement du liquide. Les plombiers s'en servent pour le dégorgement des tuyaux de conduite. (Plomb.)

Par extension, on a donné le nom de siphon à toute conduite plus ou moins horizontale, dont les divers éléments font des coudes dans des plans verticaux.

Situation. Se dit de toute espèce de terrain sur lequel s'élève ou doit s'élever un bâtiment. (Archit.)

Smalt. Verre bleu coloré par le cobalt et réduit en poudre. Sert à azurer le papier et à colorer le verre et l'émail.

Smille. Marteau à deux pointes dont se servent les tailleurs de pierre pour dresser la face d'une pierre; lorsque la taille est relevée entre ciselures, cette pierre prend le nom de pierre taillée ou moellon piqué.

Smiller. Tailler les lits, les joints et la tête de chaque moellon avant de le poser. On dit que ces moellons et les parements des murs faits avec eux sont smillés.

Socle. C'est un corps carré, moins haut que large, qui se met sous les bases des piédestaux. (Archit.)

— C'est, en général, une partie lisse servant à porter quelque partie d'architecture ou à la terminer. (Menuis.)

Socle. Large plinthe en bois d'épaisseur qu'on rapporte au bas d'un lambris, et sur la frise de laquelle on pousse une ou plusieurs moulures. (Menuis.)

— Planches larges et unies qu'on rapporte au bas des murs pour figurer de petits lambris, au-dessus desquels on colle des papiers de tenture.

— Champ de forme carrée et en saillie qu'on rapporte à entaille au bas des montants des chambranles ordinaires et des chambranles à la capucine.

— Champ qu'on rapporte au bas des pilastres plats ou carrés.

Socle. Bande de tôle qu'on rapporte sur le sommier d'une grille. (Serrur.)

— Empatement fait en forme de congé au bas d'un montant de grille d'appui, d'un arc-boutant ou console.

Sofite. Surface d'un membre d'architecture qui se présente horizontalement au-dessus de la tête comme un plafond, le dessus d'un larmier ou d'une architrave ornée de compartiments, de caissons, de rosaces, etc.

Sol. Terme qui, dans la coutume de Paris, signifie la propriété du fond d'un héritage; ainsi, elle dit que : « qui a le sol a le dessous et le dessus, s'il n'y a titre du contraire. » (*Cout. de Paris.*)

Solement. Voy. SOLIN.

Soles. On appelle ainsi toutes les pièces de bois posées de plat, qui servent à faire les empatements des machines, comme des grues, engins, etc.; on les nomme racinaux quand, au lieu d'être plates, elles *sont presque carrées*. (Archit. hydr.)

Soles. Jetées de plâtre que les maçons exécutent avec la truelle.

Solide. Se dit de la consistance d'un terrain sur lequel on fonde, et d'un massif de maçonnerie de grosse épaisseur sans vide au dedans. (Maçonn.)

Solin. Enduit le long d'un pignon, pour joindre et retenir les premières tuiles. Maçonn.)

— Partie droite adossée à un mur, une lucarne ou un châssis. Il faut, pour bien faire un solin, former un parement sur le lattis, couvrir ensuite et fermer le tout par un enduit en plâtre. (Couvert.)

Solin. Filet de plâtre propre à boucher certains vides, par exemple : le vide qui se trouve entre le dormant d'une croisée et le nu de l'embrasement; le vide entre un chambranle, un bâti, un poteau et le mur sur lequel il est appuyé; le vide entre l'extrémité des feuilles d'un parquet ou l'about des planches d'une cloison, d'un plancher, ou bien encore entre des carreaux et un mur.

Solivage. Supputation du nombre de solives que l'on peut faire avec une pièce de bois.

Soliveau. Petite solive assemblée sous un chevêtre ou un linçoir, et qui remplit l'espace vide à côté d'un passage de cheminée.

Soliveau en empanon. Petite solive dans un plancher en enrayure, assemblée obliquement soit d'un bout, soit des deux bouts.

Soliveau. Petites solives qui remplissent et garnissent les trop grands vides. (Charp.)

Solives. Pièces de bois qui servent à former les planchers et qui posent sur des poutres ou des sablières, ou qui sont scellées de chaque bout dans les murs; elles constituent le sol de l'étage sur lequel elles sont placées, et portent immédiatement l'aire du plancher.

Solive d'enchevêtrure. Solive dans laquelle le chevêtre est emboîté.

Solive d'enchevêtrure boîteuse. Solive qui d'un bout est assemblée dans un chevêtre, et de l'autre est scellée dans le mur.

Solive de remplissage. Solive assemblée d'un bout ou des deux bouts dans un chevêtre.

Solive de ferme. Solive sur laquelle les arbalétriers d'une ferme sont assemblés.

Solive de bois. Solive faite de toute la grosseur d'un arbre.

Solive de sciage. Solive débitée dans une pièce plus forte.

Solle. C'est une pièce horizontale qui reçoit un pan de bois, et qui est posée sur le mur. (Charp.)

Somme. Synonyme de panier de verre faisant environ 10 mètres carrés de vitrage.

Sommet. La partie la plus élevée de tout corps, d'une pyramide, d'un fronton, d'un pignon, etc. On appelle aussi sommet le point de rencontre de deux lignes qui forment un angle. (Archit.)

Sommier. Pierre qui, posant sur un pied-droit ou un pilier, est en coupe oblique pour recevoir le premier claveau d'une plate-bande ou d'une voûte. (Maçonn.)

Sommier. Pièce de fer méplate, percée de trous pour recevoir les barreaux d'une grille.

Sommier. Forte pièce portée par deux poteaux ou par deux pieds-droits; c'est, dans un pont en bois, la traverse reposant sur la tête des pieux.

Sommier de tête. C'est la planche du haut d'une jalousie portant environ 15 centimètres de largeur, sur laquelle sont montées les poulies et les cordes.

Sondage. Voyez, pour les instruments, le mot PUITS ARTÉSIEN.

Sonde. Instrument avec lequel on sonde toute espèce de terrains, à l'effet de s'assurer quels sont les mines, minéraux ou matières qu'ils renferment, avant de faire les déblais nécessaires à l'exploitation. Voy. PUITS.

— Morceau de plomb long et pesant, assez mince pour entrer dans un tuyau, et servant à le dégorger. Cette sonde est attachée à une corde, et, en la laissant tomber avec vitesse, elle emporte les ordures qui forment l'engorgement. (Plomb.)

— DES FONTAINIERS. C'est l'assemblage de plusieurs baguettes en fer, grosses comme le petit doigt, et unies l'une à l'autre par des anneaux qui entrent l'un dans l'autre. Au bout de cette sonde est un tire-bourre pour arracher tout ce qui se trouve sur son passage. (Plomb.)

Sonder le bois. Y faire des trous avec une vrille, une tarière ou tout autre instrument pour reconnaître s'il est sain à l'intérieur. Découvrir les planches sur le plat avec la demi-varlope, pour voir si elles sont de belle couleur. (Menuis.)

Sonnette. Petite cloche qui sert pour appeler ou avertir. Dans l'établissement d'une sonnette, il y a à considérer les fils de tirage, les mouvements de sonnette, les renvois et les ressorts de rappel. Voy. ces mots.

Sonnette. Appareil qui sert à enfoncer les pieux, les palplanches, etc.; on distingue les *sonnettes à tiraude* et les *sonnettes à déclic* : —

Sonnette à tiraude. Une sonnette à tiraude consiste, le plus souvent, en deux montants appelés *jumelles*, assemblés à tenon et mortaise dans une semelle, et maintenus à une distance de 10 à 12 centimètres l'un de l'autre par deux contre-fiches inclinées appelées *hanches*, et par des entretoises nommées *épars*. Entre les jumelles est placée une poulie ou une roue à gorge, dont l'axe roule sur des coussinets en bois dur ou en cuivre. Tout cet attirail est maintenu verticalement par le moyen d'un arc-boutant garni d'échelons, qui s'assemble d'une part avec les jumelles et de l'autre avec une pièce appelée *queue de la sonnette*, réunie elle-même par un assemblage à la semelle. Ces deux dernières pièces sont maintenues perpendiculaires l'une à l'autre au moyen de deux contre-fiches. Dans quelques sonnettes, la queue, les deux contre-fiches et l'arc-boutant n'existent pas. On maintient alors le pan de charpente que forment la semelle, les jumelles, les hanches et les épars, soit dans une position verticale, soit dans une position plus ou moins inclinée, au moyen de haubans, attachés à des piquets plantés dans le sol ou à des points fixes quelconques. Sur la poulie passe un cordage, attaché par une extrémité à la masse (*mouton*) qui sert à frapper sur la tête des pieux pour les enfoncer, et terminé à l'autre bout par trente ou quarante cordons appelés *tiraudes*, auxquels on applique la force des hommes. Le mouton est dirigé, dans ses mouvements d'ascension et de descente, par deux *tenons* ou *ailerons*, munis de clefs, qui s'engagent dans l'intervalle laissé entre les jumelles. Les faces de ces montants, ainsi que celle du mouton qui s'applique contre elles, et les joues des tenons passants doivent être tenues constamment graissées, afin de faciliter la manœuvre et de la rendre plus facile.

Sonnettes à déclic. Les sonnettes à déclic ne diffèrent des sonnettes à tiraude qu'en ce que l'extrémité de la corde, au lieu d'être armée de cordons auxquels on applique la force des ouvriers, s'enroule sur un treuil ou un tambour mû soit par une manivelle, soit par une roue à manches, à chevilles ou tout autrement. Le mouton peut être ainsi élevé à telle hauteur qu'on le désire. On se sert dans ce cas, pour déterminer la chute instantanée, d'un appareil appelé *déclic*, qui peut présenter plusieurs dispositions.

Le mode de déclic ou de désembrayage actuellement employé est le suivant :

La corde qui sert à lever le mouton s'enroule sur l'arbre d'un treuil à engrenage, lequel est muni d'un frein, de sorte qu'on peut momentanément annuler l'effet du poids du mouton sur le pignon qui engrène la roue dentée. Le pignon est, à son tour, susceptible de recevoir un mouvement de translation dans le sens horizontal, de manière à être engrené ou désengrené à volonté avec la roue.

Pour lever le mouton, on engrène le pignon avec la roue, et l'on agit sur la manivelle dont il est pourvu. On lâche le frein, et à l'initant même le mouton frappe. Il n'y a, après cela, qu'à engrener de nouveau pour procéder à une nouvelle opération. Voy. DÉCLIC.

Sorbonne. Sorte de plate-forme carrelée sur laquelle, dans les ateliers de menuiserie, les ouvriers font du feu pour fondre la colle, pour chauffer le bois et le coller. (Menuis.)

Soubassement. Petit appui à l'intérieur des croisées. On le nomme aussi banquette.

Soubassement. Planche en plâtre que l'on place sous le manteau d'une cheminée pour empêcher la fumée de sortir, et pour la diriger vers le tuyau.

Soubassement. Partie inférieure d'une construction. Espèce de grand piédestal continu qui sert à porter un édifice, et que les architectes nomment socle continu quand il n'a ni base ni corniche. (Archit.)

Souche de cheminée. Plusieurs tuyaux de cheminée réunis qui paraissent au-dessus d'un comble, et qui ne doivent être que de 1 mètre plus haut que le faîte. (Maçonn.)

Souchet. Pierre tendre qu'on tire au-dessous du dernier banc d'une carrière, dont on fait peu d'usage à cause de sa mauvaise qualité. (Maçonn.)

Souchever. C'est, dans une carrière, ôter avec la masse et les coins de fer la pierre souchet, pour faire tomber le banc de volée. (Maçonn.)

Soude. Le soude caustique est l'alcali contenu dans le carbonate de soude, comme la potasse caustique est l'alcali contenu dans le carbonate de potasse. Voy. SEL DE SOUDE.

Souder. Réunir des morceaux d'un même métal ou de métaux différents, de manière à ce qu'ils ne forment plus qu'une seule masse.

Pour le fer, on chauffe les pièces jusqu'au blanc (dit blanc soudant); on les met en contact, puis on frappe dessus avec de lourds marteaux, en appuyant la masse sur l'enclume.

Lorsqu'il s'agit de joindre bout à bout deux pièces de fer, on commence par les étirer en bec de flûte, ce qu'on appelle *amorcer*, et on agit ensuite comme il vient d'être dit.

Lorsque entre les deux morceaux de fer on incorpore une soudure ou un alliage d'autres métaux (laiton), l'opération s'appelle *braser*.

Pour souder le plomb avec le cuivre, il faut trois opérations : 1° revêtir d'un enduit, de résine par exemple, les endroits où l'on ne veut pas que la soudure prenne; 2° acider, décaper les endroits où la soudure doit s'attacher; 3° y verser la soudure et l'y appliquer.

Soudure. Jonction d'une partie d'enduit de plâtre neuf à un vieil enduit.

Soudure. Alliage composé de deux ou trois métaux et qui est plus fusible que le métal sur lequel on l'applique pour souder ce métal à lui-même. La soudure, pour le plomb et le zinc, est un alliage de plomb (deux parties) et d'étain (une partie); pour le cuivre, la soudure est un alliage de plomb et d'étain en parties égales.

Soudure. Résultat qu'on obtient en soudant.

Soudure autogène. Ce système de soudure, qui s'applique au plomb, est dû à M. Desbassyns de Richemont; il consiste à opérer la réunion des parties, à les joindre par la fusion seule et sans addition d'aucun alliage, de telle sorte que les soudures et les morceaux soudés ne forment qu'une masse parfaitement homogène, et dont aucune partie ne peut être distinguée du reste par l'analyse chimique. Cette opération se fait à l'aide de dards de flammes très intenses (ou gaz) rendus maniables comme de véritables outils, et qu'on obtient au moyen d'un chalumeau à hydrogène et à air, désigné par M. de Richemont sous le nom de *chalumeau aérhydrique*. Les soudures autogènes sont pratiquées soit horizontalement, soit verticalement, sur des plombs en tables, feuilles et tuyaux de toute épaisseur. Les points de jonction peuvent toujours recevoir une force égale ou même supérieure à celle du reste du métal.

Indépendamment de son application à la soudure autogène du plomb, la flamme du chalumeau *aérhydrique* peut être employée directement à souder le zinc et le fer galvanisé, et à unir le plomb avec le fer, le cuivre et le zinc; on prendra pour soudure soit des alliages ordinaires, soit même du plomb pur. (Plomb.)

Soufflet. Instrument qui sert à produire un courant d'air destiné à activer la combustion. Les plombiers raffineurs s'en servent pour allumer et entretenir le feu de leur creuset. Il consiste principalement en deux joues ou planches de bois reliées l'une à l'autre, sur tout leur pourtour, par une membrane flexible; l'une des joues est percée de trous fermés par une soupape très simple, ouvrant de dehors en dedans, qu'on appelle l'âme du soufflet, et par laquelle l'air s'introduit dans le soufflet quand on écarte les deux joues. Un ajutage, appelé la tuyère, donne au contraire issue au vent quand on rapproche les joues. Lorsque le soufflet est grand, on le fait marcher au moyen d'une brimbale qui est attachée au plancher. Les serruriers s'en servent aussi dans leurs forges. (Plomb.)

Souffleur. Aide appareilleur qui surveille le transport et la pose des pierres.

Soufflures. Cavités qui se produisent à la surface ou dans la masse d'un métal fusible, lorsqu'on le coule dans les moules.

Soufre. Substance minérale, friable et de couleur jaune, fusible à une température peu élevée, qui brûle avec une flamme bleue, et qui exhale en brûlant une odeur forte et pénétrante. Les serruriers emploient souvent le soufre fondu pour faire les scellements des barreaux. Le soufre a l'inconvénient, lorsque le scellement se fait trop sur le bord de la pierre, de la faire éclater. (Serrur.)

Souillard. Trou dans un entablement ou dans l'épaisseur d'un mur pour le passage des eaux d'un chéneau, ou bien dans une dalle pour les eaux d'un tuyau de descente, qui se perdent dans un puisard ou s'écoulent dans une gargouille.

Souillard ou **Seuillard.** Pièce assemblée sur des pieux ou pilotis, que l'on pose au devant des glacis qui sont entre les piles d'un pont, ou que l'on pose au devant et au derrière du radier d'un pont, d'une écluse.

Souillard. Petit châssis d'assemblage scellé en terre, qui reçoit et entretient solidement un poteau. (Charp.)

Soupape. Pièce en fer ronde ou carrée montée à bascule, servant à fermer une ouverture quelconque, comme celle d'une gâche. (Serrur.)

— Espèce de clef placée dans la colonne d'un poêle et servant à concentrer le calorique quand le bois est consumé. (Fumist.)

Soupape. Platine de métal et de cuir, de forme ronde et convexe, conique ou cylindrique, servant à ouvrir et fermer une conduite. Lorsqu'elle est plate, on l'appelle *clapet*.

Celles que l'on place dans le fond des réservoirs sont coniques, et s'ouvrent et se ferment au moyen d'une vis ou d'une bascule.

Soupape de fond. Soupape en cuivre, composée d'un piston, au milieu duquel est une tige qui lui sert d'arrêt, et d'un châssis dans lequel il entre; elle sert à vider une baignoire. En outre de la tige d'arrêt, le piston porte un anneau qui sert à le saisir.

Soupente. Partie la plus élevée d'une pièce coupée en deux sur sa hauteur par un plancher.

Soupirail. Ouverture en glacis entre deux joues rampantes, pour donner de l'air et un peu de jour à une cave ou à un cellier. (Maçonn.)

Soupirail d'aqueduc. Baie en abat-jour qu'on pratique de distance en distance dans l'intrados de la voûte d'un aqueduc pour donner issue à l'air.

Sourcil. Dessus d'une porte qui pose sur des piédroits.

Sourdière. Volet qu'on place à l'intérieur d'une baie de croisée. Ce volet est formé par un châssis de bois de chêne rempli de foin, et recouvert — sur les deux faces — d'une toile cirée ou peinte.

Sous-chevrons. Pièce dans laquelle sont assemblés deux chevrons courbes dans la charpente d'un dôme ou d'un comble cintré.

Sous-doubli. Rang de tuiles qu'on pose à plat pour former un égout; on couvre ce premier rang d'un second qui le touche immédiatement, et qu'on nomme le doubli. (Couvert.)

Sous-faîtage ou **Sous-faîte.** Pièce de bois qui dans les charpentes importantes s'assemble entre les deux poinçons, et à 1^{m} ou $1^{m}.30$ du faîte, parallèlement avec lui; il y a des croix de Saint-André entre le faîte et le sous-faîte pour *tenir le roulement* des fermes. (Charp.)

Soutènement. Petits murs à fleur de terre que l'on construit au lieu de bordures pour former l'encaissement du pavé ou du blocage.

Spalme. Mastic formé de poix-résine et de ciment.

Spatule. Outil de fer servant à gâcher le plâtre. (Marb.) — Outil à manche, dont le fer est large et arrondi par l'extrémité tranchante. Il sert à réparer les moulures. (Peint.)

Sphère. Corps solide compris sous une surface, dont tous les points sont à égale distance d'un point intérieur appelé centre. On peut considérer la sphère comme engendrée par une demi-circonférence tournant autour de son diamètre.

Sphériques (COMBLES). Combles ayant la forme d'une sphère, soit extérieurement, soit intérieurement; dans le second cas, la forme sphérique intérieure n'est le plus souvent qu'une disposition permettant d'appliquer un revêtement qui donne aux parois l'aspect d'une voûte. Les *combles ellipsoïdaux* sont employés soit dans les mêmes circonstances que les combles sphériques, soit pour présenter à l'extérieur leurs formes surbaissées ou surhaussées. Les *combles coniques* sont ordinairement employés pour couvrir des espaces circulaires, comme les tours ou tourelles que l'on voit dans quelques châteaux. (Charp.)

Sphinx. Figure idéale qui a le buste d'une femme et le corps d'un lion.

Spirale. C'est une ligne courbe qui, partant d'un point, fait plusieurs révolutions, en s'éloignant continuellement de ce point de départ, mais en suivant une loi qui lui donne de la régularité. Elle est employée dans les volutes d'architecture. (Géom.)

Quelquefois on donne ce nom à l'hélice.

Stalle volante. Séparation pour les chevaux ; ces stalles sont faites avec plus ou moins d'élégance, suivant la nature des habitations ; ce sont ordinairement des panneaux en sapin rainés et emboîtés en chêne sur les quatre côtés. (Charp.)

Station. C'est, dans le nivellement, chacun des lieux où le niveau a été posé, et où l'on a fait une opération.

Stère. Mesure de solidité équivalente au mètre cube.

Stéréobate. Base d'un édifice ou socle construit sans moulure saillante.

Stéréométrie. Science de la mesure des solides.

Stéréotomie. Science de la coupe des pierres ou charpente.

Stil de grain brun d'Angleterre. C'est une argile teinte par son mélange avec divers minéraux ; cette pâte imprégnée de couleur est passée au four. (Peint.)

— DE GRAINS. Ce sont des couleurs extraites de plantes avec lesquelles ont teint les laques, qui s'emploient à l'eau comme à l'huile. (Peint.)

Stores. Appareils placés à l'extérieur des croisées et montés sur un cylindre, sur lequel ils s'enroulent. Ils servent comme les jalousies, à garantir les appartements contre les rayons du soleil. On les fait en coutil, en canevas, et en bois. Ces derniers se composent de petites baguettes de sapin de $0^{m},003$ environ de diamètre, réunies les unes aux autres par du fil tressé.

Dans quelque cas, le cylindre est un tuyau en fer-blanc dans lequel se trouve un ressort à boudin qui fait enrouler l'étoffe aussitôt qu'elle est abandonnée à elle-même.

Striure ou **stries.** Cannelure avec son listel, faite dans une colonne.

Stuc. Composition imitant le marbre. Elle est formée d'un mélange de chaux éteinte depuis longtemps, de craie et de poudre de marbre blanc. On est parvenu, avec le plâtre, à faire un stuc qui a le brillant des marbres les plus précieux, par les couleurs qu'on y mêle et le poli qu'on lui donne, mais il n'est pas comparable, pour la durée, à celui fait avec de la chaux et de la poudre de marbre.

Pour le faire, on emploie du plâtre cuit exprès, que l'on pile dans un mortier de fonte, et on le passe dans des tamis de soie très fins ; pour le gâcher, on fait dissoudre dans de l'eau de la colle de Frandre, qui ne doit être ni trop forte ni trop faible, parce que, dans le premier cas, elle éloigne trop les particules du plâtre et ne forme pas un corps assez dur et compacte pour recevoir un beau poli, et dans le second elle ne les réunit pas assez. Pour imiter la couleur des différents marbres, on forme, en pâte, sur une palette les nuances que l'on veut donner, puis, avec un couteau, on les imprime sur le marbre frais.

Lorsque le stuc est sec, on le polit avec la pierre ponce et avec une espèce de pierre à aiguiser; on continue avec du tripoli et un morceau de feutre, et on finit par lui donner le lustre avec de l'eau de savon, et enfin de l'huile seule. (Marbr.)

Stuffing-box. Sorte de bouchon dans lequel passe une tige métallique ayant un mouvement alternatif de va-et-vient, et destiné à empêcher un fluide de s'échapper de la capacité que ce bouchon est destiné à fermer.

Le stuffing-box se compose de deux parties principales : l'une fixe, formant fermeture, sauf le trou destiné à laisser passer la tige; l'autre mobile, mais s'emboîtant exactement dans la première, de manière toutefois à laisser un espace que l'on remplit d'étoupes graissées et de rondelles de cuir. Par un serrage énergique, l'étoupe vient faire pression contre la tige, et bien que celle-ci puisse se mouvoir, il y a joint hermétique. Dans le cas où l'usure se produit, il est très facile de remplacer la garniture de chanvre.

Cette disposition est appliquée à quelques pompes.

Stylobate. Base d'un édifice ou socle contenu avec base et corniche, faisant avant et arrière-corps sous des colonnes.

— Plinthe assez haute, avec moulure par le haut.

Suante. On dit donner une chaleur suante, lorsque le fer chauffé à blanc commence à fondre. (Serrur.)

Succin. Résine employée à la composition des vernis gras.

Suite. Colonne formée par des bouts de tuyaux de tôle emboîtés les uns dans les autres, que l'on place dans une cheminée ou dans un mur. (Poël.)

Superficie. C'est l'espace considéré en longueur et largeur, sans profondeur. (Géom.)

Support. Morceau de fer plat, recourbé et disposé pour recevoir la poignée d'une espagnolette. Le support est fixé sur le battant milieu de la croisée; il est plein ou évidé.

L'on fait aussi des supports pour différents usages; les uns sont à charnière, d'autres à patte et à fourchette. (Serrur.)

Surbaissement. C'est le trait de tout arc bandé en portion circulaire ou elliptique, qui a moins de hauteur que la moitié de la base, et qui est par conséquent au-dessous du plein cintre.

On dit surhausser ou surbaisser pour indiquer qu'un arc doit être construit avec une montée plus grande ou moindre que la moitié de sa sous-tendante.

Surbaissement. Seconde taille que l'on fait sur l'épaisseur ou sur la largeur d'une bande pour la cintrer sur l'épaisseur ou l'élégir sur la largeur, ou bien pour faire le dégagement d'une moulure au bas d'un chapiteau.

Surcharge. Excès de charge d'un plancher quand l'aire qu'il porte a trop d'épaisseur.

Surcharge. Surcroît d'épaisseur qu'on donne à un enduit fait sur un vieux mur ou sur un pan de bois pour en dresser le parement.

Surélévation. Construction faite après coup en moellons ou en platras, pour donner plus d'importance à un bâtiment déjà construit.

Le propriétaire d'une maison non alignée qui veut la surélever d'un étage, mais sans toucher aux fondations ou au rez-de-chaussée, n'est pas tenu de se conformer à l'alignement. (Maçonn.)

Surhaussée (*voûte*). Voûte dont la montée ou flèche est plus grande que la moitié de l'ouverture. Voy. SURBAISSEMENT.

Surplomb. On dit qu'un mur est en surplomb, quand il déverse et qu'il n'est pas d'aplomb, c'est-à-dire quand les parties supérieures sont en saillie sur la base. (Maçonn.)

Surplomber. C'est être en surplomb. (Maçonn.)

Syénite. Espèce de granite qui est susceptible de prendre un beau poli, et qui a été employé par les Egyptiens dans quelques-uns des édifices qui sont restés jusqu'à nous.

Symétrie. Disposition des diverses parties d'une construction, de telle sorte que, dans l'ensemble, des parties semblables comme forme et dimensions se correspondent par rapport à un axe, à un point. (Archit.)

Systyle. Celle dans laquelle l'entrecolonnement est de deux diamètres ou quatre modules. (Ordonnance)

T

Table. Sorte d'établi long, avec des rebords élevés formant cuvette, et remplis de sable sur lequel on coule le plomb.

— DE PLOMB. Les plombiers appellent ainsi une feuille de plomb d'une certaine longueur, largeur et épaisseur. Les unes sont coulées sur sable, les autres sur toile. Aujourd'hui, presque toutes les tables de plomb se font au *laminoir*. (Plomb.)

Table. Partie de maçonnerie ou seulement de plâtre sur un mur, unie, lisse, saillante ou renfoncée, de forme carrée ou rectangulaire. Dans les ravalements faits de crépi moucheté en mortier ou en plâtre, on nomme tables les panneaux qui sont encadrés de bandes d'enduit lisse.

Table en saillie. Celle qui excède le nu du parement d'un mur, d'un piédestal ou de toute autre partie qu'elle décore. (Archit.)

Table à crossette. Celle qui est cantonnée par des crossettes ou oreillons. (Archit.)

— D'ATTENTE. Petit panneau saillant placé au haut du vantail d'une porte cochère, immédiatement au-dessous de l'imposte. (Menuis.)

— D'ATTENTE. Bossage qui sert dans les façades, pour y graver une inscription ou pour y tailler de la sculpture. (Archit.)

— DE CRÉPI. Panneau de crépi entouré de naissances badigeonnées dans les murs de face les plus simples, et de pied-droits montants ou pilastres et bordures de pierre dans les murs plus riches. (Archit.)

— COURONNÉE. Celle qui est surmontée d'une corniche, et dans laquelle on taille un bas-relief, où on incruste une tranche de marbre pour une inscription. (Archit.)

— FOUILLÉE. Celle qui est renfoncée dans le dé d'un piédestal et ailleurs, et ordinairement entourée d'une moulure en manière de ravalement. (Archit.)

— RUSTIQUE. Celle qui est piquée et dont le parement semble brut, comme on en voit aux grottes et bâtiments rustiques. (Archit.)

Tableau de baie. C'est, dans la baie d'une fenêtre, la partie de l'épaisseur du mur qui paraît au dehors, depuis la feuillure; le tableau est le plus souvent d'équerre avec le parement.

On nomme aussi tableau le côté d'un pied-droit ou d'un jambage d'arcade sans fermeture. (Maçonn.)

Tablette. Pierre débitée, de peu d'épaisseur, pour couvrir un mur de terrasse, un bord de bassin, etc. (Maçonn.)

— Celle qui couvre l'appui d'une croisée, d'un balcon, etc. (Maçonn.)

— DE JAMBE ÉTRIÈRE. Dernière pierre qui couronne une *jambe étrière* et porte quelque moulure en saillie sous un *poitrail*. On la nomme *imposte* ou coussinet quand elle reçoit les tombées d'arcade. (Maçonn.)

— Corniche qui couronne les balustres.

— Toute espèce de menuiserie pleine, posée horizontalement, dans les armoires ou ailleurs. — C'est aussi une planchette, en forme de triangle ou de secteur, que l'on place dans les anges, et que l'on appelle *tablette d'encognure*. (Menuis.)

Tablette. Table en marbre, en pierre ou en faïence qui couvre un poêle.

Tablier. On appelle ainsi, dans un pont ou charpente, l'ensemble des pièces posées horizontalement et formant le plancher.

Tablier. Ornement sculpté sur la face d'un piédestal.

Tabourin. Abri tournant qu'on pose en haut d'une cheminée pour l'empêcher de fumer.

Taillant. Partie aiguë et déliée d'un outil ou instrument tranchant.

Tâche (*travaux à la*). Ce sont des travaux que l'entrepreneur donne à des ouvriers à des prix débattus.

Les menuisiers donnent une grande partie de leurs travaux à la tâche.

Les maçons ne font guère exécuter à la tâche que les plâtres et les ravalements en pierre, encore emploient-ils rarement ce mode d'exécution.

Tâcherons. Gens qui travaillent à la tâche. (Maçonn.)

Taille. Travail consistant à couper, diviser un corps et lui retrancher certaines parties avec art et proportions pour lui donner une forme quelconque.

Taille de pierre. C'est la taille des lits, joints et parements des pierres, suivant la forme convenable, pour qu'elles occupent la place à laquelle elles sont destinées. Cette taille se fait non-seulement pour leur donner la forme qu'exige leur position, mais aussi pour enlever les parties défectueuses comme le bousin et les masses irrégulières sur les joints à parements.

Taille apparente. Taille faite pour profiler une moulure, faire une feuillure, un élargissement quelconque.

Taille brute. Sciage ou taille que l'on fait avec le ciseau sur les parements des tranches de marbre pour les dresser avant de les polir.

Taille circulaire. Taille d'un parement concave ou convexe, On dit qu'elle est *en plan* pour une assise et en élévation pour un voussoir.

Taille de balèvre. C'est, après la pose de l'ouvrage, la taille de l'excédent d'une pierre, d'une dalle ou d'une marche sur celle adjacente, pourvu que cette taille soit exécutée de manière que le parement soit lisse. (Voy. Balèvre.)

Taille d'ébauche. Taille que l'on fait pour évider un angle.

un pan coupé. — et autres fortes tailles qui peuvent être considérées comme cube jeté bas.

Taille d'épaisseur. (Équarrissage.)

Taille (*double*). Deuxième taille faite sur une première, ou sur sciage que l'on exécute par exemple sur un appui pour faire un jet d'eau, sur une dalle pour crever un caniveau, etc.

On nomme aussi *double taille* celle qui a lieu après le piochement fait pour un refouillement ou un évidement d'angle. Elle consiste à hacher et layer les faces visibles de la pierre au droit de ces évidements.

Taille (*Evaluation de*). C'est la taille des trous, etc., que, pour la facilité des mémoires, et afin d'éviter la multiplicité du travail, l'on classe sous une même unité de taille.

Taille gradinée, taille bouchardée. Tailles brutes faites avec la gradine et avec la boucharde. Elles ne s'expliquent guère qu'aux granits destinés à faire des bornes, marches ou assises.

Taille layée ou finie. C'est l'opération qui se fait sur la pierre avec le marteau bretté ou laye. Cette taille est le complément des opérations suivantes : 1° la mise en chantier; 2° les plumées ou ciselures; 3° le dégrossissement de la pierre au marteau; 4° la taille rustique à la boucharde; 5° le layement.

Taille préparatoire. Première taille faite sur le parement d'une pierre à laquelle on donne ensuite une taille circulaire.

Taille ragréée. Dernière taille qu'on fait sur le parement d'un mur, pour faire disparaître les petites saillies ou balèvres de la tête d'une assise sur une autre. On emploie pour ce travail le marteau, la ripe et quelquefois un morceau de grès appelé *molette* pour rendre la surface plus unie.

Taille rustiquée. Elle consiste à dégrossir avec la pointe du marteau après les ciselures relevées.

Tailler. Couper, équarrir du bois ou de la pierre suivant des mesures et proportions indiquées.

Tailler à mort. Expression employée par les résiniers et qui signifie l'extraction totale qu'ils ont faite de la résine dans les pins et sapins; ces bois ainsi épuisés ne sont guère bons qu'à brûler. (Charp.)

Tailleur. Ouvrier qui fend le *gros pavé* pour faire du *pavé de deux*, qui l'ébarbe et qui l'équarrit pour réduire les blocs à une mesure commune qu'on nomme pavés d'échantillon. (Pav.)

Tailleur de pierre. Ouvrier qui taille les pierres après que l'appareilleur les a tracées; il a pour outils : la masse, le têtu, la pioche, la boucharde, la laye ou marteau bretelé, le riflard, l'équerre, la fausse équerre, la ripe, le ciseau et le maillet.

Tailloir. Corniche formant la partie supérieure d'un chapiteau. On l'appelle aussi *abaque*, particulièrement quand elle est échancrée sur ses faces. (Archit.)

Taloche. Planche légère rectangulaire au milieu de laquelle est une poignée. La taloche sert à faire les enduits en plâtre et en blanc en bourre. Elle tient lieu de la truelle.

Talon. Moulure de l'entablement, concave par le bas et convexe par le haut, qui fait l'effet contraire de la *doucine*. (Archit.)

— On appelle de ce nom le derrière d'une moulure, lequel est arrondi et dégagé. C'est pourquoi on dit le talon d'un boudin, d'une doucine. (Menuis.)

— RENVERSÉ. Moulure dont la forme est inverse de celle des bouvements. Cette moulure est quelquefois accompagnée d'un carré ou d'une baguette dans sa partie inférieure, et toujours d'un filet par le haut; ce qui fait que, dans tous les cas, l'outil qui forme cette moulure a deux fers, l'un qui forme le carré ou filet supérieur, et l'autre qui forme le talon avec sa baguette ou son filet. (Menuis.)

Talon. Petit coude ou saillie que l'on pratique à l'extrémité d'un pêne, au dedans d'une serrure, pour l'arrêter contre le cramponnet.

Ce sont aussi tous les coudes de peu de longueur que l'on fait aux deux bouts d'une poignée tournante, à l'extrémité d'une bande, au bout d'une plate-bande, d'un harpon, d'une penture.

— ÉBAUCHOIR. Outil en fer servant à sculpter les ornements en plâtre. (Sculpt.).

Talus Inclinaison donnée à la surface latérale d'un déblai ou d'un remblai, ou même aux parements d'un mur.

Taluter. Faire un talus. Donner du talus à un mur.

Tambour. Cloison qui cache l'entrée d'un escalier, le devant d'une porte d'appartement, ou un coffre dissimulant une saillie dans une pièce. (Men.)

Tambour. Partie lisse du chapiteau corinthien, autour de laquelle sont placées les feuilles, les tigettes, etc. Le tambour est évasé par le haut.

— Assise ronde de pierre ou de marbre, posée suivant son lit de carrière, et dont plusieurs réunies forment le fût d'une colonne. (Voy. TRONÇON.)

Tambour. Cloison de tôle ou de cuivre, de forme ronde, qui cache un mécanisme, un mouvement et un ressort. Telle est la petite disposition que l'on place derrière une porte pour qu'elle ferme seule. On la nomme aussi baril. (Serr.)

Tambour mécanique. Ouvrage en plâtre, que l'on fait sous le manteau d'une cheminée pour empêcher qu'elle fume. Cet ouvrage consiste en deux planches posées obliquement qui se joignent à angle aigu par le bas, quelquefois accompagnées d'une troisième au devant, et entre lesquelles est placée une autre planche percée de trous, posée horizontalement. De plus, des bouts de languette et un ou deux goussets placés au-dessus des jambages complètent le système qui, en rétrécissant le passage de la cheminée, empêche que l'air du haut soit appelé dans la cheminée, et la fasse fumer. (Fumist.)

Tambour. Tuyau dont les extrémités sont de différents diamètres, pour joindre ou raccorder deux tuyaux de différentes grosseurs.

Tamis. Tissu de crin ou de soie, tendu au milieu d'un cadre de bois mince, et dont on se sert pour passer le plâtre ou le ciment fin

Tamiser. Passer au tamis le plâtre et le ciment.

Tampon. Dalle de pierre, de forme ronde ou carrée, qui entre exactement dans la feuillure d'un châssis, en bois ou en pierre, couvrant l'ouverture d'une fosse, d'un puits, d'un regard. Il y a également des tampons en fonte, s'emboîtant dans des châssis en fonte, comme pour les regards d'égouts à Paris.

Tampon. Morceau de bois fermant le haut d'un corps de pompe ou d'un tuyau.

Tampon. Bouchon d'un trou dans un plancher.

Tampon. Sorte de cheville qu'on met dans un trou percé au vilbrequin dans la pierre afin de pouvoir y placer une patte, un clou.

— Planche mobile de forme circulaire qui sert de couvercle à la lunette d'un siège de commodités.

Tamponner. C'est planter de grosses chevilles de bois dans la face et la rainure d'une pièce de charpente, pour faire liaison avec la maçonnerie. (Charp.)

Tanchis. Partie biaise de comble, que recouvre une noue en tuile, en ardoise ou en plomb. (Couv.)

Tanevot. Moulure formant le quart d'un ovale avec filet et dégagement.

Tangente. Ligne qui touche une courbe dans un de ses points, non sans la couper. (Géom.)

Tapée. On nomme ainsi la réunion — par collage — de plusieurs bouts de planches, de manière à former une saillie qui doit être ensuite débillardée ou sculptée.

Taper. Frapper plusieurs petits coups de la brosse pour faire entrer la couleur dans tous les creux de la sculpture. (Peint.)

Tapis. Grande pièce de gazon, pleine et sans découpure.

Taquet. Petit piquet enfoncé en terre jusqu'à sa tête pour servir de marque à un alignement, à un tracé, ou pour indiquer des hauteurs de déblai ou de remblai.

Taquets. Petits morceaux de bois échancrés à angles droits, lesquels servent à porter le bout des tasseaux lorsqu'on ne peut attacher ces derniers à demeure. (Menuis.)

Tarabiscot ou **Grain d'orge.** Petit dégagement ou cavité, qui sépare une moulure d'avec une autre, ou d'avec une partie lisse.

— L'outil qui forme cette moulure se nomme du même nom ; il est composé d'un fer et d'un fût. (Menuis.)

Tarauds. Outils en acier, qui présentent la forme d'une vis avec des échancrures de distance en distance et qui servent à faire des vis creuses ou des vis en saillie.

Tarauder. Se servir du taraud pour faire un pas de vis dans un cylindre creux, ou sur un cylindre plein.

Targette. Sorte de petit verrou en fer ou en cuivre; les unes sont ordinaires et dites à croissant, portant de 0m,034 jusqu'à 0m,07 ; les autres à cul-de-chapeau ou à bouton tourné; enfin, il y a les targettes pour portes cochères, beaucoup plus fortes, et dont les platines ont de 0m,11 sur 0m,13 de large.

Targette à valet. Targette qui porte au-dessus du verrou un petit coulisseau glissant dans deux cramponnets et entrant dans des coches pratiquées sur le verrou pour le maintenir en place.

Tarière. Espèce de grande vrille. Il y en a de différentes dimensions ; celles pour percer les mortaises, celles pour percer les trous de chevilles et pour les assemblages, et celles que l'on nomme boulonnières pour percer les trous de boulons dans les poutres et poitrails. (Charp.)

Tas. Enclume carrée sans talon ni bigorne. On donne aussi le nom de tas à des enclumes dont la table a différentes formes pour emboutir et relever le fer en barre. (Serr.)

Tas. Range de pavés en ligne droite que l'on fait sur le milieu d'une cour ou d'une chaussée et à partir de laquelle les ailes s'étendent en pente des deux côtés jusqu'aux ruisseaux ou jusqu'aux bordures. On le nomme aussi *tas droit.*

Tas. Signifie, dans l'art de bâtir, le bâtiment même qu'on é ève. Ainsi on dit retailler une pierre sur le tas, c'est-à-dire sur place, avant de l'assurer à demeure. (Maçonn.)

Tas de charge. Coussinets à branches d'où, dans les voûtes gothiques, partent les ogives, formerets, arcs doubleaux, etc.

Tas de charge. Saillie formée par plusieurs assises de pierres posées les unes sur les autres, qu'on nomme aussi encorbellement.

Tassé. Se dit d'un bâtiment qui a pris sa charge dans tout ou partie de son étendue. (Maçonn.)

Tasseau. Petit tas de plâtre en forme de cul-de-lampe, qu'on fait dans l'angle de deux murs pour y déposer un chandelier ou autre ustensile.

— Petit talus ou saillie sur un mur, pour porter le bout d'une tablette.

— Tringle de bois attachée contre le mur ou sur les côtés d'une armoire pour supporter le bout de tablettes.

— Scellement fait au pied d'une écoperche pour la tenir en place.

Tasseau. Morceau de bois en forme de trapèze, ayant un tenon dans un arbalétrier et qui sert, avec la *chantignolle*, à soutenir les pannes d'un comble.

Tasseau. Traverse de bois sur laquelle est montée l'armature d'un piston pour une cuvette de garde-robe.

Tasseau. Blocs de pierre ou de marbre que l'on scelle sur les côtés d'un autre bloc avant de le débiter en tranche.

Tasseaux. Petits murs en briques, destinés à porter une plaque de fonte formant âtre relevé d'une cheminée, ou supportant une auge ou autre pièce peu élevée au-dessus du sol.

Tassement. Le tassement est l'effet qui résulte de l'action verticale d'une charge sur des matières susceptibles de compression, telles que la plupart des terrains, le mortier, le plâtre et autres matières servant à réunir les pierres dans les ouvrages de maçonnerie.

Le tassement n'a lieu que sur des terrains susceptibles de compressibilité. Ce qui est dangereux dans les sols compressibles c'est moins le tassement que son inégalité, parce qu'elle occasionne des ruptures et des désunions qui peuvent causer la ruine de l'édifice. (*Voyez* à l'article FONDATIONS, la manière de disposer le terrain.) (Maçonn.)

— Effet inverse du *foisonnement*. Dans l'exécution des terrassements, les terres du déblai occupent dans les remblais un volume plus grand que celui qu'elles avaient en place : elles *foisonnent*; mais, avec le temps, les vides se resserrant, le volume remblai diminue : c'est ce qu'on appelle le *tassement*.

Tasser les terres. Synonyme de *pilonner*. Voy. Tassement.

Té. Traverse qui s'assemble dans le bas des deux pieds d'une table, d'un tréteau, et qui reçoit l'entretoise. (Men.)

Té. Espèce d'équerre double qui porte à chacune de ses extrémités deux branches au lieu d'une et qui se place sur les traverses de petits bois de croisée pour en tenir les assemblages. (Serrur.)

Té. Bout du tuyau portant un autre bout en travers; les deux forment ensemble la figure de la lettre T; les autres parties ou la suite de tuyaux, s'emboîtent sur le té. (Fumist.)

Té à débouchure. Bout de tuyau semblable au précédent, mais dont l'extrémité du bas est fermée par une boîte que l'on retire à volonté pour ôter la suie et nettoyer le tuyau. On fait usage de ce té au bas d'une suite de tuyaux placés à l'extérieur d'un bâtiment.

Té à abat-vent. Extrémité d'un tuyau placé sur une cheminée, et qui porte en travers au autre bout, auquel sont ajoutés deux ronds en tôle, lesquels sont soutenus par des tringles et servent à parer les coups de vent.

Teigne. Espèce de gale qui vient sur l'écorce du bois.

Teinte. Ton, nuance obtenus à l'aide de couleurs simples ou mélangées. Une *teinte plate* est une teinte uniforme; une *teinte vierge* est une teinte d'une seule couleur et de blanc; une *demi-teinte* est une teinte qui a un ton moyen entre la lumière et l'ombre. On appelle aussi demi-teinte une teinte faible.

Teinte dure. Blanc de céruse calciné dans une poêle sur un feu modéré jusqu'à ce qu'il ait acquis une teinte jaune, broyé à l'huile et détrempé à l'essence. On fait usage de cette teinte pour des fonds que l'on veut poncer ou polir et particulièrement pour asseoir la dorure à l'huile. C'est sur cette teinte dure qu'on applique la mixtion.

Pour la dorure sur apprêt, on emploie une teinte dure composée de sanguine, de blanc de céruse et de talc calciné, broyés à l'eau et détrempés avec de la colle très forte, mêlée de blanc de Bougival.

On fait encore encore de la *teinte dure* avec du blanc de céruse non calciné, broyé très fin et détrempé avec de l'huile grasse, pure.

Teinte ressuyée. Couleur qui doit être employée à la colle et qui, mise au ton désiré, ne se détrempe point de suite; on la fait sécher pour évaporer l'eau, qui diminuerait la force de la colle nécessaire et indispensable à une couleur, lorsqu'on doit la vernir.

Teinte vierge. Teinte composée seulement de blanc et d'une autre couleur.

Teinter. Mélanger plusieurs couleurs.

Témoins. Eminences de terre en forme de pyramides tronquées, qu'on laisse de distance en distance dans les terrains coupés d'inégale hauteur, pour faciliter au métreur l'estimation des terrains enlevés. (Terrass.)

Temple. Édifice consacré au culte. (Archit.)

Tenaille Instrument composé de deux branches réunies ensemble par un clou rivé. Cet instrument sert à tenir le fer à la forge ou sur l'enclume; il y en a de droites, de crochues et d'autres qui tiennent lieu d'étampes.

— À CHANFREIN. Espèce de *mordache* portant une charnière d'un bout, et dont les mors à l'autre bout sont renversés : on les met dans l'étau pour s'en servir.

— À VIS. Petit étau à main, qui sert pour tenir un ouvrage de petite dimension, une clef, pour en arrondir la tige. (Serrur.)

Tenailles de menuisier, Outil en fer, composé de deux branches, dont les extrémités supérieures sont aplaties ou recourbées. Les tenailles de menuisier ne diffèrent des tenailles employées par les serruriers, pour les travaux en dehors de la forge, que par leurs dimensions. (Menuis.)

Tenailles de vitrier. Elles sont en tout semblables à celles du menuisier, moins grosses et à serres rondes. (Vitr.)

— DE TREILLAGEUR. Elles diffèrent des tenailles ordinaires par la forme de leur tête, qui est plus petite et aplatie en dessus. L'extrémité des mors de ces tenailles est acérée, pour pouvoir couper les pointes. (Treillag.)

— ou TRICOISES. Cet outil est en fer, il sert à arracher les clous. Les mâchoires sont en acier; l'extrémité de l'une des branches est terminée par un bouton, et l'autre est aplatie et fendue en pied de biche, pour relever les clous couchés sur les bois, ou extirper ceux de petite dimension. (Charp.)

Tenon. Saillie ronde ou carrée pratiquée dans le bout d'une dalle pour entrer en encastrement dans une entaille faite dans le joint de la suivante. (Maç.)

Tenon. Partie dégagée par chaque bout d'une colonne pour entrer dans les socles et chapiteaux.

Tenon. Dans une pièce de bois qui s'assemble sur une autre, c'est l'extrémité élégie, de manière à entrer dans une contre-partie creuse appelée *mortaise*.

L'élégissement se fait de différentes manières et le tenon prend différents noms.

Le tenon à renfort est celui auquel on a conservé un épaulement à son collet et qui se fait à l'about des grosses pièces.

Le tenon en about. C'est dans un assemblage à onglet ou en fausse coupe celui dont l'about est coupé parallèlement à la fente du joint.

Tenon à queue d'aronde, celui dont l'about est plus large que le décollement.

Tenon à peigne. Tenon de rapport qu'on colle dans les traverses droites ou cintrées, mais plus particulièrement dans ces dernières. Ces tenons ont des goujons de leur épaisseur qui entrent dans la traverse et qui leur ont fait donner ce nom.

Tenon flotté. Tenon employé pour l'assemblage de deux pièces superposées dans une même pièce. L'épaisseur de ces deux pièces jointes ensemble égale celle de la pièce dans laquelle on les assemble. On fait alors une mortaise d'une largeur capable de contenir les tenons des deux pièces jointes ensemble. (Menuis.)

— À TOURNISSE. Tenon correspondant à un grand joint comme celui d'un aisselier ou jambette, et qui est coupé d'équerre à la pièce pour lui donner plus de facilité à entrer dans la mortaise. (Charp.)

Tenture. Papiers peints, collés sur de la toile ou sur la muraille.

Sur les vieux murs où il existe de vieilles tentures, il est nécessaire de les arracher, ou au moins de les poncer, si toutefois elles présentent assez de solidité. Il est indispensable que les vieux papiers ou bordures veloutés soient arrachés, parce qu'ils formeraient épaisseur sur le mur, et empêcheraient la nouvelle tenture de tenir. (Coll. de pap.)

Tenture de drap ou de velours. Ces papiers doivent se poser avec de la colle forte à la bière; sans cette précaution, le papier ne tiendrait pas sur le mur. Les bordures et ornements que l'on appliquera sur ce papier seront également collées à la colle et à la bière. Dans les fabriques, on prépare les papiers-draps suivant les mesures données.

Tenture (*toiles de*). Tissu très clair de gros chanvre écru ; on le cloue sur des tringles ou des châssis que l'on recouvre de papier gris pour recevoir le papier de tenture. Il y a des toiles de trois qualités, toiles ordinaires, toiles fines, et toiles fortes ou à plafond : la largeur de ces toiles est différente pour chaque espèce.

Térébenthine. Résine, claire et transparente, produit naturel du pin, du sapin, du mélèze, du térébinthe, dont on l'extrait par des incisions. La térébenthine entre dans la composition des vernis. Voy. ESSENCE. (Vernis.)

Terme. Espèce de statue n'ayant que la tête de figure humaine et terminée en gaîne par le bas.

Terra merita. Couleur provenant d'une plante ; elle est d'un jaune foncé et mat. On la vend en poudre ; elle ne se brole pas ; elle en tire la couleur par décoction, L'eau qui en résulte sert à mettre les parquets en couleur. (Peint.)

Terrain. Fond sur lequel on bâtit, et qui est de différentes circonstances. comme de roche, de tuf, de gravier, de sable, de glaise, de vase, etc.

Terrain (*acquisitions de*). Pour l'exécution des travaux déclarés d'utilité publique, l'expropriation peut être prononcée, mais une indemnité est due aux propriétaires. Ainsi :

Il est accordé des indemnités aux propriétaires dont on occupe les terrains, soit pour y prendre des matériaux nécessaires à la confection des routes, soit pour la route même.

D'après une ordonnance rendue en Conseil d'Etat, une indemnité est due à un propriétaire à qui l'autorité donne alignement, mais elle sera compensée par celle qu'il pourra devoir pour plus-value acquise à ses propriétés restantes.

L'indemnité est bornée à la valeur du terrain lorsque le propriétaire à qui l'alignement est donné par les autorités compétentes fait volontairement démolir sa maison, ou lorsqu'il est forcé de démolir pour cause de vétusté.

Obligation dans ce cas d'acquérir la maison en entier, si le propriétaire l'exige, sauf la revente des terrains excédants. Cette disposition de cession et de revente exige l'approbation du gouvernement.

L'estimation des terrains nécessaires pour l'ouverture des canaux et rigoles de desséchement est faite d'après leur valeur avant l'entreprise des travaux, et sans nulle augmentation du prix d'élévation.

Les indemnités de terrain d'usines établies sur un cours d'eau sont payées par l'État, lorsqu'il entreprend lui-même les travaux nécessaires pour opérer un desséchement. Si au contraire, le desséchement est fait par des concessionnaires, le prix des usines doit être payé par eux avant qu'ils puissent en faire cesser le travail. On doit opérer la vérification des titres afin de constater si l'établissement est légal, ou s'il est soumis par les propriétaires à le voir démolir sans indemnités. (Code de dessèch.)

Terrain de niveau. Étendue en superficie de terre, dressée sans aucune pente.

— PAR CHUTE. Celui dont la continuité interrompue est raccordée par un autre terrain, par des perrons et glacis.

Terrasse. Ouvrage en terre élevé et revêtu d'une forte muraille, destiné à racheter une inégalité de terrain. (Maçonn.)

— DE BATIMENT. Couverture en plate-forme, qui se fait en plomb, en bitume ou en dalles de pierre. (Maçonn.)

Terrasse. Partie tendre qui se présente par veine dans un bloc de marbre ou de pierre dure.

Terrassement. Ouvrage en terre. Déblai ou remblai.

Terrasser. Exécuter des ouvrages en terre, déblais, remblais, règlements de talus, etc.

Terrassier. On donne ce nom aussi bien à l'entrepreneur qui se charge de la fouille et du transport des terres, qu'aux ouvriers qui travaillent sous lui à la tâche et à la journée.

Terrasson. Petites parties de couverture en plate-forme.

Terre. Matière qui forme le sol ferme. Il sortirait des limites de cet ouvrage d'indiquer la composition de toutes les natures de terre qu'on peut rencontrer. En général, la terre contient de la silice, de l'alumine, pures ou combinées, c'est-à-dire de l'argile, de la chaux, de la magnésie, des débris organiques, etc., etc. Dans la construction, ce terme s'applique non-seulement à la consistance du terrain sur lequel on bâtit, mais encore au terrain même.

— DE HOLLANDE. Espèce de terre que l'on trouve aux environs de Cologne, qui se cuit comme le plâtre, et que l'on réduit en poudre en l'écrasant avec des meules. Cette poudre forme avec la chaux un mortier qui, comme celui fait avec la pauzzolane, durcit à l'eau.

Terre d'ombre. Argile mêlée de fer un peu oxydé, qui sert comme couleur. Elle se vend en poudre et s'emploie à la colle ou à l'huile.

— DE COLOGNE. C'est comme la terre d'ombre, une terre argileuse, mais plus brune, plus bitumeuse, plus chargée de fer; que cette dernière. Elle se vend en poudre. (Peint).

— DE SIENNE BRULÉE. C'est une argile fortement chargée d'oxyde ferrugineux que l'on soumet à l'action du feu jusqu'à son entière calcination. Cette couleur est d'un rouge foncé et nuancé. Elle se vend en poudre; elle s'emploie à l'eau ou à l'huile; à la colle, elle a moins de durée. Cette terre s'emploie surtout pour imiter les bois d'acajou. (Peint.)

Terre-plein. Se dit de toute plate-forme de terrassement comprise entre deux murs de maçonnerie, et servant de terrasse ou de chemin pour communiquer d'un lieu à un autre.

On dit qu'un bâtiment est élevé sur terre-plein, lorsqu'il ne se trouve pas de cave entre les murs de fondation.

Terre franche ou terre à four. Terre grasse, argileuse, jaune, sans gravier — et la plus propre, à défaut de mortier de chaux et sable — à hourder les murs, les pans de bois et faire des aires. Les fumistes s'en servent exclusivement pour leurs travaux.

Terres cuites. Voy. POTERIES, BRIQUES, TUILES.

Terre végétale. Terre noire, douce et sans mélange.

Terre massive. Terre solide sans vide.

Terre naturelle. Terre qui n'a point encore été remuée ni fouillée; on la nomme aussi *terre vierge.*

Terre rapportée. Terre qui a été prise en un lieu pour être apportée dans un autre.

Terre forte. Terre humide, contenant de petites pierres ou du caillou et de l'argile.

Terre crayonneuse. Terre mélangée de craie.

Terreau. Mélange de terre et de fumier consommé et pourri.

Tête. Ornement de sculpture qui s'applique à la clef d'un arc, d'une plate-bande et à d'autres endroits. (Archit.)

Tête. Partie carrée ou ronde, opposée à la pointe d'un marteau.

— Partie élégie au bout d'un clou ou d'une cheville.

Tête. Commencement d'une chaussée. Dans une chaussée bombée, partie du pavé au devant des deux ruisseaux qui se réunissent pour n'en former qu'un. (Pavage.)

— DE VOUSSOIR. C'est la partie de devant ou de derrière d'un voussoir. (Maçonn.)

Tête de chat. Petit moellon presque rond.

Tête de chevalement. Pièce de bois posée horizontalement sur deux étais pour porter un mur, un plancher, un pan de bois chevalé.

Tête de cabestan. Partie de l'axe qui est percée de mortaises dans lesquelles on engage les barres qui servent à faire mouvoir cette machine.

Tête perdue. Tête de clou, de vis ou de boulon qui est encastrée dans la pierre, dans le bois ou dans le métal, de manière à ce qu'elle n'ait pas de saillie.

Tête plate. Forme de la tête des clous à ardoise, à latte et d'épingle.

Tête de champignon. Tête ronde, plate ou creuse en dessous, des clous à pointe, des clous rivés, des boulons.

Tête fraisée. On nomme ainsi la tête d'une vis ou d'un clou qui est plat dessous et convexe dessous, de manière qu'elle entre dans le bois, la pierre, le métal, et que le dessus de la tête affleure le nu.

Tête à la romaine. Tête de vis de forme sphérique et percée d'un trou au milieu pour la tourner.

Tête de pivot. Partie saillante d'un pivot à équerre.

Tête de palâtre. Bout de chaque serrure, qui affleure l'épaisseur de la porte et dans lequel est pratiqué le passage du pêne.

Tête de mur Partie apparente de l'épaisseur d'un mur dans une ouverture, qui est le plus souvent revêtue d'une chaîne de pierre ou d'une jambe étrière. (Maçonn.)

Tête de nef. Partie antérieure d'une nef.

— DE POTEAU. Ce sont les bouts des pieux que l'on a recépés dans les pilotis. La tête des poteaux de caisse s'arrondit en boule, ou se fait en pointe de diamant. (Charp.)

— DE MORT. Cavité qui se trouve à la surface d'un ouvrage, et qui se produit quand une cheville se rompt en arrière du nu de l'ouvrage; ce qui arrive toujours quand, après avoir suffisamment enfoncé les chevilles, on les renverse d'un coup de marteau, au lieu de les scier. (Menuis.)

Têtu. Marteau à tête carrée avec lequel on abat la pierre pour la dégrossir près des arêtes. Il sert aussi pour assurer la pierre sur le mortier quand on la met en place.

Tiercine. Tuile réduite sur sa largeur pour compléter le rang ou pureau près d'un solin ou d'une ruellée.

Tiers-point. Espèce de lime triangulaire propre à affûter les dents des scies. (Menuis.)

Tiers-point. Courbure des voûtes gothiques qui résulte de l'emploi des deux arcs de cercle.

Tiers-poteau. Bois de sciage employé dans les cloisons légères.

Tige. Partie la plus menue d'une pièce de serrurerie. Tel est le haut d'un verrou à ressort, à coulisse, d'une bascule, la partie d'une clef entre le panneton et l'anneau. Ces tiges sont rondes, méplates, à pans ou chanfreinées.

— Bouts de fer neufs ou vieux, auxquels on fait une pointe et qui prennent le nom de rappointis. (Serr.)

Tige. On appelle ainsi le fût d'une colonne. (Archit.)

— DE RINCEAU. Espèce de branche qui part d'un culot ou d'un fleuron, et qui porte les feuillages d'un rinceau d'ornement. (Archit.)

Tigette. C'est dans le chapiteau corinthien, une sorte de tige ou cornet, le plus souvent cannelé et orné de feuilles, d'où naissent les volutes et les hélices. (Archit.)

Tilleul. Bois plein, léger, de couleur blanche, et de texture généralement uniforme, employé par les sculpteurs.

Timbre. C'est, dans un mémoire de travaux, le résultat des quantités trouvées par le calcul; on porte en regard de chaque article la nature des travaux auxquels il appartient.

Tirage. Fil de fer câblé, qui est attaché des deux bouts ou d'un seul, l'autre étant garni d'un anneau, et qui sert à transmettre un effort de traction à une sonnette, à une serrure à équerre, à un loqueteau, etc.

Tirage. Effet que produit une cheminée dans laquelle on dirige les produits de la combustion d'un foyer. L'air échauffé se dilate, et devient plus léger que l'air à la température ordinaire; il monte donc dans la cheminée, en faisant appel d'air froid dans le foyer. Cet effet peut être remplacé par un ventilateur.

Tirant. Pièce qui, dans une contruction, est soumise à un effort de traction. Pièce de bois servant dans une ferme à tenir le pied des arbalétriers. Le tirant peut aussi servir de poutre pour porter un plancher. (Charp.)

— Barre de fer plat chantourné sur un de ses côtés et portant un œil pour recevoir un ancre. Le tirant sert en général à lier une pièce de bois avec un mur ou à empêcher le déversement d'un mur.

Tire-boucler. Outil servant à dégauchir le dedans des mortaises.

Tire-clous. Fer mince, qui porte, sur ses côtés, des dents comme une crémaillère. Il sert à arracher les clous d'entre les ardoises. (Couv.)

Tire-fond. Morceau de fer rond, d'environ 0m,15, ayant un œil à l'une de ses extrémités, et à l'autre un pas-de-vis double. Les tires-fonds se placent généralement sur les solives, au milieu d'une pièce, pour supporter un lustre. (Serr.)

Tire-ligne. Sorte de couteau à manche de bois, tranchant par le bout. On s'en sert quand on veut couper quelque table; on le passe sur le trait à la craie, il fait une première entaille; on finit cette opération au moyen d'un couteau. (Plomb.)

Tire-plomb. Machine servant à fabriquer les lames et baguettes de plomb dont on se sert pour monter les verres des panneaux à compartiments.

Tiroir. Sorte de boîte, qui est formée d'un fond et de quatre côtés plus ou moins élevés et qui entre à coulisse soit dans une table soit dans un meuble.

Tisonnier. Petite barre en fer, d'environ 0m,80 de long, dont on se sert pour attiser le feu. (Fumist.)

Toiles à coller, de tenture. Voy. TENTURE.

Toile métallique. Tissu fait de la même manière que l'étoffe sur un métier, avec du fil de laiton ou du fil d'archal très fin, servant à garnir les garde-feux et divers châssis.

Toise. Ancienne mesure de longueur qui valait $1^{m},949$; en 1812 elle a été remplacée par le double mètre, mais en 1840 on lui a substitué définitivement le mètre comme mesure légale.

Toise mouvante. Mesure formée de deux règles divisées, glissant à frottement l'une dans l'autre, et dont la réunion forme un multiple de l'unité de mesure.

Toisé. Voy. MÉTRÉ.

Toiseur. Voy. MÉTREUR.

Toit. Partie d'un bâtiment qui s'étend au-dessus de l'étage le plus élevé, et qui abrite l'intérieur — des injures du temps.

Les toits sont couverts le plus ordinairement en chaume, en bardeau, en tuiles de diverses formes, en ardoises ou en métal.

Pendant longtemps on a employé le plomb; aujourd'hui la couverture se fait en grande partie avec des feuilles de zinc, chevauchant l'une sur l'autre ou portant des sortes de bourrelets qu'on recouvre de manière à permettre la dilatation.

On découpe aussi les feuilles de ce métal, ainsi que les feuilles de plomb, pour leur donner la forme d'ardoise. Dans ce cas, on dit *ardoise de zinc*, ardoise de plomb.

On a couvert aussi des toits en cuivre.

Toit plat. Toit qui a peu de pente.

Toits à deux égouts. Toit dont le faîtage est construit d'un pignon à l'autre et qui par conséquent verse l'eau des deux côtés.

Toit en appentis. Toit adossé à un mur par son côté le plus élevé et qui n'a qu'un égout.

Toit en pavillon. Toit en forme de pyramide et qui déverse l'eau par autant de côtés que la pyramide a de faces.

Tôle. Voy. FER.

Tôle de fer. Espèce de canal ou de gouttière qui sert aux ouvriers lamineurs pour faire couler le plomb de la chaudière dans l'auge. (Plomb.)

Tombereau. Voiture dont le fond et les quatre côtés sont fermés de planches, avec deux timons fixes ou mobiles, servant à transporter les terres et les gravois.

Tombeau. Monument funéraire sous lequel repose un cadavre. (Archit.)

Ton. On indique par ce mot le degré de force, de vigueur, d'intensité d'une couleur simple ou composée pour former une teinte.

Tondin. Gros cylindre de bois dont on sert pour former et arrondir les tuyaux de plomb destinés à la conduite et à la décharge des eaux. Il est plus ou moins long et gros, suivant les dimensions que l'on veut donner aux tuyaux.

Tondre ou reblanchir. Faire une taille partielle et peu forte sur les assises d'un vieux mur pour faire affleurer leur parement avec les pierres adjacentes.

Tonneau à mortier. Machine dont on se sert pour faire le mélange du sable et de la chaux. On l'appelle aussi broyeur.

Tonneau de pierre. C'est la quantité de 0m,480 cubes qui sert de mesure, pour la pierre de Saint-Leu, et qui peut peser un millier ou dix quintaux. (Maçonn.)

Tonnelle. Cabinet couvert de verdure dans un jardin. — Sorte de voûte en plein cintre.

Tope. Sorte de tour recouverte d'un dôme sphérique.

Torche ou **torchon.** Paquet de paille tortillé, ou morceau de natte, qu'on met sous les pierres pour qu'en les taillant ou en les transportant elles ne soient pas écornées.

Torcher. Faire du *torchis*.

Torchis. Espèce de mortier fait de terre grasse détrempée et mêlée avec de la paille coupée, pour faire des murailles de bauge, et garnir les panneaux des cloisons et les entrevous des planchers, des granges et métairies de la campagne. (Maçonn.)

Torchon. Voy. COUSSINET. (Couv.)

Tore. Moulure ronde qu'on place ordinairement à la base ou au faite d'une colonne. Dans la base de la colonne attique ou corinthienne, le *tore supérieur* est le plus mince et le *tore inférieur* le plus épais des deux tores qu'on y rencontre.

On appelle *tore corrompu* un tore dont le profil à la forme d'un demi-cœur.

Toron. Gros tore à l'extrémité d'une surface droite.

Torse. Corps sans tête, ni bras, ni jambe.

Torse. (*Colonne*). Colonne dont le fût est contourné en spirale. (Archit.)

Torsion. C'est une difformité des arbres, qui influe sur la constitution du bois et la disposition de ses fibres, de telle sorte qu'elle le rend impropre au travail du charpentier. Le vent tord la tige lorsqu'elle est jeune; les filaments se contournent en une spirale que suivent les accroissements du *liber*; et lorsque le tout devient bois parfait, les fibres du corps ligneux conservent cette disposition; de manière que lorsque le bois est mis en œuvre et qu'on l'équarrit, les tailles tranchent les fibres, et la pièce manque de solidité. (Charp.)

Tortiller. Ouvrir une mortaise dans une pièce de charpente avec le laceret ou la tarière.

Tortillis. C'est un bossage rustique, une manière de vermoulure faite à l'outil. (Archit.)

Toscan (*Ordre*). L'un des cinq ordres d'architecture. Voy. ORDRE.

Tour. Corps de bâtiment élevé, rond, carré ou à pans, qui tantôt flanque les murs de l'enceinte d'une ville ou d'un château, auquel il sert de pavillon, et tantôt surmonte la façade ou le transept d'une église. — On dit qu'une tour est isolée, quand elle est détachée de tout bâtiment. Une tour est chaperonnée, quand elle a un comble apparent. (Archit.)

— D'ÉCHELLE. C'est le droit de placer des échelles sur l'héritage voisin, afin de faciliter les réparations aux bâtiments que porte ce mur. La coutume de Paris était de donner au tour d'échelle une largeur de 1^m, à partir du parement extérieur du mur; au rez-de-chaussée, cette largeur doit être prise sur une ligne horizontale, normale à la direction du mur d'où elle part.

Le Code ayant gardé le silence sur le tour d'échelle, il en résulte que, dans le droit commun, on peut prendre l'usage de Paris, qui accorde 1^m pour la largeur du terrain consacré à cette espèce de servitude. On entend par *échelage*, la portion de propriété qu'on a laissée hors du mur de séparation, pour avoir la facilité d'aller et de venir le long de ce mur sans marcher sur l'héritage voisin.

Si, dans une ville ou faubourg, un particulier veut séparer sa maison de celle du voisin par un échelage, il n'est pas pour cela dispensé de contribuer à la clôture que ce voisin voudra établir sur la ligne qui sépare les propriétés limitrophes. L'espace qu'on laisse au-delà du mur de clôture, s'appelle *ceinture*.

La ceinture, comme l'échelage, est une propriété immobilière, tandis que le tour d'échelle est une servitude; il faut des titres pour réclamer et posséder les deux premières ainsi que tout autre objet immobiler; la prescription propre aux fonds de terres peut aussi faire perdre et acquérir soit la totalité, soit partie de ce terrain.

La largeur de l'échelage est de 1^m, tandis que celle de la ceinture est de $1^m,95$. Quand les titres annoncent seulement que le propriétaire du parc possède une ceinture en dehors, sans en fixer la largeur, la coutume ou les règlements particuliers suppléent à ce silence. (Lois des bât.)

Tour ronde. Parement d'une portion de mur convexe, cylindrique ou conique.

Tour creuse. Parement cylindrique ou conique, concave d'un mur.

Tour du chat. Espace de $0^m,50$ environ, qui doit être laissé entre le mur d'un four ou d'une forge et le mur mitoyen.

Tour de la souris. Espace de $0^m,10$ environ, qui doit être laissé entre un tuyau d'aisance ou de descente et un mur mitoyen.

Tour ou treuil. Machine qui sert à élever les fardeaux. Elle se compose essentiellement d'un cylindre en bois ou en fonte, qui se termine à chaque extrémité par un tourillon que porte un coussinet fixe. Ce coussinet est encastré dans deux espèces de chevalets en charpente.

Le cylindre peut ainsi tourner autour de son axe. On le fait ordinairement mouvoir au moyen d'une manivelle ou d'une roue, fixée à l'un des tourillons.

Une corde dont un bout est fixé en un point du cylindre et dont l'autre s'attache au corps qu'il s'agit d'élever complète l'appareil.

Quand on fait tourner le cylindre, la corde s'enroule autour de lui et le poids s'élève au fur et à mesure.

Tours creuses. Plaques de fonte circulaires, qui se placent dans les angles d'un contre-cœur de cheminée.

Tourbe. Combustible qu'on trouve dans des terrains marécageux et qui provient de la décomposition des plantes qui poussent ou plutôt qui ont poussé dans ces terrains.

Tourelle. Petite tour qui flanque l'angle d'une construction et qui s'y rattache par une trompe.

Tourelle de dôme. Sorte de lanterne ronde qui surmonte un dôme.

Touret. Petite tringle ronde passée dans une maille plate, et ayant une tête d'un bout, tandis que de l'autre elle est courbée en S, pour recevoir une suite de chaîne.

Touret. Petite tour ou roue à laquelle on donne un mouvement très rapide par l'intermédiaire d'une grande roue que l'on tourne avec une manivelle. On en fait usage pour monter les pierres.

Tourillon. Pièce de fer ou de cuivre, de forme cylindrique, faite ou rapportée aux extrémités de l'axe d'un treuil, d'une bascule, d'un pont-levis, d'un mouton de cloche, d'une traverse de balancier de pompe, etc., pour que cet axe puisse tourner circulairement.

Tournage. C'est l'action d'exécuter au moyen du tour un objet quelconque, tel que : un poteau de stalle d'écurie ou un chapiteau portant moulures. (Charp.)

Tourne-à-gauche. Les serruriers appliquent ce nom à deux objets. C'est quelquefois un tournevis, et d'autres fois un crochet qui sert à contourner le fer sur lui même.

— Il y a des tourne-à-gauche qui servent à tarauder : c'est une barre de fer ronde, aplatie en son milieu, dans lequel sont ménagés plusieurs trous pour recevoir les tarauds. (Serrur.)

— Levier à cric.

— Morceau de fer plat, d'environ $0^m,002$ ou $0^m,003$, dans lequel sont faites plusieurs entailles de $0^m,006$ à $0^m,009$ de profondeur pour prendre les dents des scies et les écarter à droite et à gauche alternativement, afin de donner de la voie à la scie.

Tournée. Outil de fer acéré, qui sert le plus généralement à fouiller toutes les espèces de terre. Une des extrémités est aplatie en forme de palette, et l'autre est en pointe. Il y a un œil au milieu pour recevoir un manche en bois.

Tourner. C'est, dans l'art de bâtir, exposer et disposer avec avantage un bâtiment. (Archit.)

— LE PLOMB. Plier le plomb ; cette opération se fait avec le tire-plomb. (Vitr.)

Tournesol. Le *tournesol en pains* est une pâte sèche, contenant une matière colorante extraite de certains lichens, combinée avec des alcalis ou de la chaux et mélangée à des matières terreuses, gypse, craie, etc. La couleur du tournesol est d'un bleu foncé : cette couleur s'emploie à la colle, et, coupée avec le blanc, elle produit un assez beau bleu ; employée à l'huile, elle noircit. (Peint.)

Tournevis. Outil composé d'une lame plate d'acier trempé dur, ayant l'extrémité mince pour entrer dans la fente de la tête des vis et servant à les placer et les déplacer ; il est ordinairement emmanché dans une tête en bois.

Tournevent. Sorte d'abri mobile qu'on place au-dessus d'une cheminée pour l'empêcher de fumer.

Tourniquet. Morceau de fer plat, au milieu duquel passe une tige de fer, laquelle est à pointe ou à scellement suivant qu'elle se place sur un mur ou un pan de bois. Ce morceau de fer, qui est mobile sur sa tige, sert à arrêter les volets ou les persiennes. (Serrur.)

Tourniquet simple. Tourniquet dont la branche mobile est très courte et qu'on emploie ordinairement pour fermer des châssis vitrés.

Tourniquet à bascule. Petite tige portant un bouton à une extrémité et une vis avec écrou garni d'une bascule à l'autre ; elle sert à fermer de petites portes d'armoire.

Tourniquet. Poignée qui fait mouvoir la clé fermant le canon de propreté dans un robinet de garde-robe.

Tournisse. Poteau taillé obliquement d'un bout, et qui s'assemble dans la *décharge* et la *sablière* d'un pan de bois ou d'une cloison. La partie coupée obliquement et s'assemblant dans la décharge est taillée en tenons à tournisse. On fait aussi usage de tenons en about ; quelquefois on se contente de couper les tournisses obliquement, et de les arrêter par de grands clous appelés *dents de loup*. (Charp).

Toyère. Œil d'un fer de hache.

Tracer. Dessiner à la pierre blanche un filet, une moulure et d'autres parties d'architecture avant de les peindre.

Tracer. Marquer par des lignes les tailles d'un bois, d'une pierre.

— Les menuisiers entendent par ce nom l'action de déterminer et de marquer sur les différentes pièces de bois la place et la grandeur des assemblages, les différentes coupes qu'il faut y faire. (Menuis.)

— EN GRAND. Tracer sur un mur une aire ou une épure pour quelque pièce de trait ou distribution d'ornements. (Maçonn.)

— AU SIMBLEAU. C'est tracer au moyen du simbleau, d'après plusieurs centres, les ellipses, arcs surbaissés, rampants, etc. (Maçonn.)

— PAR ÉQUARRISSEMENT. C'est, dans la construction des pièces de trait, ou coupe de pierres, une manière de tracer les pierres par des figures prises sur l'épure et cotées, pour trouver les raccordements des panneaux de tête, de douelle, de joint, etc. (Maçonn.)

— SUR LE TERRAIN. Faire de petits sillons suivant les lignes ou cordeaux, pour l'ouverture des tranchées des fondations. (Maçonn.)

Tracer une plaque de plomb. C'est marquer avec de la craie la forme suivant laquelle elle doit être découpée, soit pour faire un tuyau, soit pour faire un devant ou un dossier de cuvette. (Plomb.)

Traceret. Outil qui sert à tracer sur le bois les détails des assemblages. Une de ses extrémités est acérée et affilée en pointe ; l'autre est terminée en anneau pour qu'on puisse le suspendre à un clou. (Charp.)

Traînante. Voy. SEMELLE.

Traîneau. Machine servant au transport des pierres : elle se compose de deux pièces méplates, jointes ensemble par plusieurs traverses ; aux quatre coins sont des crochets pour attacher les traits du cheval. Les pièces méplates sont armées de fer en dessous, pour mieux résister au frottement.

Traîner en plâtre. C'est faire une corniche avec le *calibre*.

qu'on traîne sur deux règles arrêtées, en garnissant de plâtre clair cette corniche, et la repassant à plusieurs fois jusqu'à ce que les moulures aient leur contour parfait. (Maçonn.)

Trait. Mot employé dans la coupe des pierres et des charpentes. On dit une *pièce de trait*, c'est-à-dire dont toutes les parties sont taillées selon l'art de la coupe.

Trait. Ligne servant à marquer un repère ou un trait de niveau. (Maçonn.)

Trait de Jupiter. Assemblage ainsi nommé par la ressemblance de ses entailles avec la foudre. Voy. JUPITER.

Pour la charpente, la longueur des parties qui forment l'assemblage doit être égale à quatre fois l'épaisseur des pièces; l'épaisseur du redan du milieu et de celui qui termine le joint doit être d'un dixième de la largeur : la clef qui sert le joint doit être carrée. (Charp.)

Trait de repère. Ligne fixant un alignement.

Trait de niveau. Ligne indiquant la hauteur d'une retraite ou de l'aire d'un plancher.

Trait carré. Ligne perpendiculaire sur une autre.

Trait de scie. Passage de la scie en coupant une pierre, une pièce de bois, etc.; ce que la scie enlève en passant; le trait qui sert à fixer la direction de la scie.

Tranchant. Partie aiguisée d'un outil destiné à couper : d'un ciseau, d'une cognée, par exemple.

Tranche. Ciseau d'acier dont la tête est emmanchée. Il sert à refendre et à couper les pièces de fer à chaud. Il sert aussi à entailler à froid les pièces de fer pour pouvoir les casser ensuite. (Serrur.)

Tranche. Morceau de marbre ou de pierre de faible épaisseur, débité dans un bloc au moyen de la scie. (Marb.)

Tranché (BOIS). Celui dont les fils ne sont pas parallèles à sa surface, ce qui lui ôte une partie de sa force, et l'expose à se rompre aisément. Généralement les bois tranchés proviennent d'arbres tordus. (Menuis.)

Tranchée. Déblai de peu de largeur fait dans le sol, soit pour établir les fondations d'un bâtiment, soit pour poser une conduite, soit pour planter une ligne d'arbre, soit pour construire un aqueduc.

Par extension, on a donné ce nom aux grands déblais que l'on fait pour l'établissement des chemins de fer, des routes, des canaux.

Tranchée de mur. Ouverture en longueur, hachée dans un mur pour sceller un poteau. C'est aussi une entaille faite dans une chaîne de pierre, au dehors d'un mur et dans laquelle on encastre l'ancre du tirant d'une poutre. (Maçonn.)

Tranchet. Outil tranchant dont se servent les plombiers pour couper le plomb.

Tranchis. Rang de tuiles ou d'ardoises coupées obliquement sur un ou deux de leurs côtés adjacents à un arétier, à une noue, ou au bas d'une jouée de lucarne.

Tranchoir. Table qui forme le couronnement des chapiteaux de colonne.

Transept. Galerie transversale à une galerie plus importante : celle, par exemple, qui, dans les écoles chrétiennes, sépare du chœur la nef et les bas-côtés.

Transport du bois de charpente chez l'entrepreneur. (Voy. FARDIER.)

Transversale (*ligne*). Ligne menée en travers ou obliquement par rapport à une ou plusieurs autres.

Trapan. Haut d'un escalier, où finit la rampe.

Trapèze. Figure à quatre côtés, dont deux sont parallèles. Le trapèze est rectangle lorsqu'il a deux angles droits ; il est isocèle quand les côtés non parallèles sont égaux. (Géom.)

Trapézoïde. Figure quadrangulaire dont les angles et les côtés sont inégaux. (Géom.)

Trappe. Espèce de volet qu'on pose horizontalement à fleur d'un plancher, et dans un bâti, pour fermer l'entrée d'une cave, d'un grenier.

— Fenêtre qui glisse dans une coulisse.

Trappe en tôle. Petite porte que l'on place sur un coffre de cheminée pour le service des ramoneurs. Ces portes sont avec ou sans châssis. Il y a aussi des trappes pour cheminées, qui sont placées pour en boucher l'ouverture et aider au tirage ; elles s'élèvent et se baissent avec une crémaillère. Depuis un certain temps déjà, la crémaillère est remplacée par des contrepoids. (Fum.)

Travailler. Ce terme a plusieurs significations dans l'art de bâtir. On dit qu'un bâtiment travaille, lorsque les murs bouclent et sortent de leur aplomb ; les voûtes s'écartent, les planchers s'affaissent, etc. (Maçonn.)

— PAR ÉPAULÉES. C'est reprendre quelque ouvrage en sous-œuvre peu à peu et non pas d'ensemble.

— A LA TACHE. C'est faire une partie de l'ouvrage pour un prix convenu. (Maçonn.)

Travée. Distance entre deux murs, entre deux fermes, ou entre une ferme et un mur de pignon.

Travée. Espace compris entre deux solives d'enchevêtrure et garni de solives de remplissage. C'est aussi ce qui s'entaille du blochet dans les plates-formes. (Charp.)

— DE PONT. Partie du plancher d'un pont en bois ou en métal, comprise entre deux piles ou deux parties de pieux. Dans les ponts en bois, une travée est faite de *travons* soulagés par des liens de contre-fiches, dont les entrevous sont couverts de grosses dosses ou madriers pour en porter les couchis. (Archit. hydraul.)

Travée de balustre. Rang de balustres terminé par des piédestaux ou des pilastres.

Travée de comble. Distance entre deux fermes dans un comble.

Travée de grille. Partie d'une grille comprise entre deux pilastres ou montants de fer.

Travers. Bande de marbre sur la tablette d'un chambranle et portée par les montants.

Traverse. Barre de fer percée de mortaises servant à recevoir des montants posés perpendiculairement comme pour une grille.

Traverse. Armature en cuivre composée de trois branches, sur laquelle est incrusté le coulisseau d'un piston de cuvette à l'anglaise, (Font.)

Traverse. Gros tuyau posé horizontalement et conduisant la fumée d'une cheminée bouchée par le haut dans une autre cheminée.

Traverse. Toute pièce de bois dont la situation est horizontale; les traverses prennent différents noms, selon la nature de l'ouvrage ; on dit : *Traverse du haut, du bas, du milieu, de croisée, de petit bois, de porte, de lambris, de chambranle, de bâti*, etc.

Traverse flottée. Traverse qui passe derrière un panneau et qui n'est pas apparente en parement, ou qui ne l'est qu'en partie sur un des deux parements.

Traverses de frise. Traverses rapprochées, entre lesquelles on adapte quelque ornement. (Serr.)

Traverser. Corroyer le bois en travers de sa largeur, soit avec la varlope, soit avec le rabot. (Menuis.)

Traversin. Petit pavé, ou moitié d'un gros pavé, qui sert de closoir à une range côté des maisons, ou dans une croix de Malte sur un carrefour, ou bien encore dans un ruisseau droit pour couper les liaisons; lorsque le ruisseau tourne ou est à pan coupé, le traversin est remplacé par un autre pavé que l'on nomme *pierre coupée*.

Traversine. Espèce de solive qu'on entaille dans les pilots pour faire un radier d'écluse.

— Traverse d'un grillage.

Travons. Ce sont, dans un pont de bois, les maîtresses pièces qui en traversent la largeur, autant pour porter les travées de poutrelles que pour servir de chapeaux aux files de pieux. (Arch. hydr.)

Trèfle. Profil usité pour les petits bois des croisées. Il est composé de deux baguettes, entre lesquelles est placé un demicercle.

— Espèce d'ornement imité de la feuille de trèfle. (Archit.)

Trèflée (*croisée*). Croisée en forme de trèfle ou ornée de trèfles.

Treillage. Espèce de menuiserie légère composée d'échalas et de lattes attachées les unes sur les autres, et formant divers compartiments à jour. (Treill.)

— SIMPLE. Treillage dans la composition duquel on ne fait entrer que des échalas et autres bois de cette espèce. (Treill.)

— COMPOSÉ. Celui dans la construction duquel on emploie des bâtis et autres parties de menuiserie. (Treill.)

— ORNÉ. Celui dans lequel on ajoute, aux compartiments ordinaires et aux bâtis de menuiserie, des ornements en copeaux découpés et matinés ou des sculptures. Cette espèce de treillage est la plus riche de toutes. (Treill.)

Treillage d'espalier. Treillage placé en revêtissement des murs de jardin.

Treillage de palis ou palissade. Treillage isolé servant de séparation dans un jardin.

Treillage d'appui. Treillage qui n'a qu'un mètre de hauteur au plus.

Treillager. C'est en peinture donner une couche de blanc de céruse broyé à l'huile de noix et détrempé dans la même huile, dans laquelle on met un peu de litharge; après cet apprêt, on donne deux couches de vert de treillage. (Peint.)

Treillageur. Ouvrier qui fait les ouvrages en treillage.

Treillis. Ouvrage en bois léger ou en métal, qui imite les mailles, en losange, d'un filet. Voy. GRILLAGE.

Trémie. Espace compris entre deux solives d'enchevêtrement, entre le mur et le chevêtre et que l'on bande en plâtras et plâtre pour porter l'âtre d'une cheminée.

Trémie (*bande de*). Bande de fer plat, laquelle s'appuyant sur les solives qui bordent le foyer, soutient l'âtre sans danger d'incendie (Serrur.)

Trémie. Sorte d'entonnoir, ayant généralement la forme d'une pyramide tronquée, qui sert à introduire dans les machines à mortier et à béton les matériaux employés.

Trémion. Barre de fer qui soutient la hotte d'une cheminée.

Trépan ou **Drille**. Outil portant une mèche, ressemblant au vilebrequin et servant à percer des trous.

On appelle aussi trépan une barre de fer, plus ou moins aiguë à l'une de ses extrémités, et avec laquelle on fait des trous dans les matières dures. Voy. Puits artésien.

Trésillons. Tringles de bois qu'on met entre des planches nouvellement sciées pour les empêcher de gauchir en séchant.

Tréteau. Espèce de chevalet qui sert aux scieurs de long pour débiter ou refendre les bois en longueur. (Charp.)

— Les plombiers se servent aussi de tréteaux dans quelques cas : — pour soutenir leurs tables quand ils les étament; pour porter la poêle où ils mettent le plomb fondu qu'ils doivent jeter sur leur moule à sable. (Plomb.)

Treuil. C'est une des pièces de la chèvre sur laquelle est enroulé le câble servant à lever une charge. Voy. Tour. (Charp.)

Triage. Action de séparer, de choisir des matériaux.

Triangle. Espace renfermé par trois côtés.

Le triangle est *équilatéral* lorsque ses trois côtés sont égaux.

Il est *isocèle* lorsque deux côtés seulement sont égaux.

Scalène, lorsque les trois côtés sont inégaux.

Le triangle est *rectangle* lorsqu'il a un angle droit.

Le triangle *acutangle* est celui dont tous les angles sont aigus.

Le triangle *obtusangle* est celui qui a un angle obtus. (Géom.)

— Espèce d'équerre dont une des branches est beaucoup plus mince que l'autre, de manière que la plus épaisse puisse s'appuyer contre la face latérale de la pièce sur laquelle on veut tracer un trait carré ou d'équerre.

Le triangle *onglet* est disposé de manière que toutes les lignes qu'on trace sont inclinées à 45 degrés. (Men.)

Tricher. Rendre moins sensible, par quelque artifice, un défaut de symétrie ou de régularité.

Tricoises. Espèces de tenailles dont les mordants courbes ne pincent que par leur extrémité. Voy. Tenailles. (Serr.)

Tricosine. Tuile fendue dans sa longueur.

Triglyphes. Parties saillantes dont est orné l'entablement dorique. Le triglyphe porte deux demi-canaux formant biseaux sur les côtés et deux refouillements en onglet formant canaux qu'on appelle *glyphes*, séparés par trois parties planes.

Tringle. Pièce de fer ou de bois, mince et étroite, dont les vitriers se servent pour dresser et enfermer leurs panneaux. On les coupe en angles par les deux bouts afin qu'elles puissent mieux se dresser d'équerre. (Vitrer.)

Tringle. Verge étirée soit à la forge soit à la filière, dressée et blanchie, servant à porter les rideaux que l'on place au devant des croisées, ou à faire des châssis qui doivent être grillagés. On nomme *barlotières* des tringles qui servent à la confection des vitraux d'église. (Serr.)

Tringle. Perches propres à faire le treillage. Elles ont environ 18 millimètres de largeur sur 12 de grosseur et de 1 à 3 mètres de longueur. (Treill.)

Tringle de piston. Tige en bois ou en fer, à laquelle on attache le piston d'une pompe pour la faire mouvoir. (Font.)

Tringle planée. Tringle dressée sur toutes ses faces avec la plane.

Tringles. Montants et traverses de bois, minces et larges, qu'on attache sur les murs pour soutenir la toile de tenture. (Men)

— Ais de bois brut avec lesquels on construit les cloisons hourdées.

— Petites alaises qu'on rapporte sur l'épaisseur ou les battants et traverses des portes, croisées, etc.

Tringler. Tracer des lignes sur le bois ou sur une aire, avec un cordeau tendu qu'on a revêtu de blanc ou de noir auparavant.

Tringlettes. Pièce de verre dont on compose les panneaux des vitres.

— Outil ayant la forme d'une lame de couteau émoussé, dont les vitriers se servent pour ouvrir leur plomb; le plus souvent ce sont des morceaux d'ivoire, d'os ou de bois, de $0^m,11$ à $0^m,13$ de long, plats et arrondis par le bout. (Vitrer.)

Tripoli. Mélange, d'un rouge pâle, formé de débris coquillers fossiles et de sesquioxyde de fer, contenant quelquefois de la silice, — qu'on trouve dans la nature et qui sert à polir les métaux et les vernis.

Trique-bale. Sorte de *fardier* servant au transport des plus grosses pièces de charpente.

Triquets, Trabuets ou Chevalets. C'est une sorte d'échelle, élevée sur des coussins de paille. Les plombiers s'en servent pour travailler sur les toits qu'ils vont couvrir. (Plomb.)

Trochisques. Petits pains de couleur, de forme conique. Les couleurs qui composent ces pains ont été broyées à l'eau, puis séchées sous cette forme.

Trocy. Voy. SAINT-LEU.

Trompe. Portion de voûte formant saillie et qui sert à porter en dehors de l'aplomb de son piédroit l'encoignure d'un bâtiment ou toute autre construction placée au-dessus d'elle. Voyez VOUTE ET CORNE DE VACHE.

— Partie de maçonnerie saillante en angle, dont le dessous est échancré en creux.

Trompe sur le coin. Celle qui porte l'encoignure d'un bâtiment, pour faire un pan coupé au rez-de-chaussée.

— DANS L'ANGLE. Celle qui est dans le coin d'un angle rentrant.

— RÉGLÉE. Celle qui est droite par son profil.

— EN NICHE. Celle qui est concave, et qui n'est pas réglée par son profil.

— EN TOUR RONDE. Celle dont le plan, sur une ligne droite, rachète une tour ronde par le devant, et qui est faite en manière d'éventail.

Trompillon. Petite trompe de peu de plan et de portée.

— EN VOUTE. C'est la pierre ronde qui sert de coussinets aux voussoirs du cul-de-four d'une niche ou qui porte les premières retombées d'une trompe. (Maçonn.)

Tronc. Fût d'une colonne ou d'un piédestal. (Archit.)

Tronche. Grosse pièce de bois propre à faire une courbe rampante d'escalier.

Tronçon. On appelle tronçons des morceaux de marbre ou de pierre dure, dont deux, trois ou quatre, posés de lit en joint, forment le fût entier d'une colonne. Il diffère du tambour en ce que celui-ci n'a pas sa hauteur égale à son diamètre. Dans les colonnes faites par tronçons, la pierre est généralement posée en délit, tandis que dans les colonnes faites par tambours, elle est posée sur son lit.

Tronqué. Ce terme s'applique à tout objet dont la partie supérieure manque.

Trottoir. Chemin plus élevé que la chaussée d'une route, d'une rue, d'un chemin, et que l'on ménage sur les bas-côtés et le long des maisons, ou le long d'un parapet de pont.

Trou. Cavité faite dans la pierre, dans la maçonnerie, dans le bois, dans le métal.

Les trous faits dans la maçonnerie servent généralement à sceller des pièces de fer ou de bois, pattes, gonds, gâches, poteaux, bâtis, coulisses, etc. Ils se font au poinçon ou avec la hachette. Dans quelques cas, les trous sont parementés lorsqu'ils doivent rester apparents.

Trou. Orifice d'une carrière de pierre. On dit qu'une pierre *est sur le trou* quand elle est encore près de la carrière d'où elle a été tirée.

Trousse. Cordage de moyenne grosseur, dont on se sert pour lever de petits fardeaux.

Truelle. Outil de fer ou de cuivre avec manche en bois, dont on se sert quand on emploie le plâtre et le mortier.

La truelle employée pour le plâtre est en cuivre et ronde à son extrémité. Celle pour les mortiers de chaux est en fer et est pointue.

Les plombiers se servent d'une truelle de maçon pour faire le fossé du bout du moule, destiné à recevoir l'excédent du plomb.

Truelle brettée. Truelle en fer, dont le bord est dentelé comme une lame de scie et qui sert à gratter la superficie des enduits, pour les dresser avant de les nettoyer.

Truellée. Quantité de plâtre gâché que peut contenir une auge. Pour une quantité moindre, on dit demi-truellée.

Trumeau. Partie de mur de face entre deux croisées et qui porte de fond les sommiers des plates-bandes. (Maçonn.)

— Toute partie de menuiserie servant à revêtir l'espace qui se trouve entre deux croisées, ou au-dessus d une cheminée, cette menuiserie étant disposée pour recevoir une glace, ou simplement des panneaux comme la menuiserie ordinaire. (Menuis.)

Trumeau. On donne ce nom à tous les parquets de glace.

Trusquin. Outil en bois composé d'une tête et d'une tige, au bout de laquelle est placée une pointe de fer. Cet outil sert à tracer des lignes parallèles sur des pièces de bois. (Menuis.)

— Outil qui sert à marquer les endroits où l'on veut faire une mortaise. (Serrur.)

Tubes. Cylindres creux que l'on fait ordinairement en métal et qui servent à différents usages. Depuis quelques années on fabrique des tubes en fer étiré, qui sont principalement employés dans les distributions d'eau et de gaz.

Tubes acoustiques. Sous ce nom, on établit, pour faire communiquer entre elles les personnes habitant dans des pièces éloignées l'une de l'autre, des conduits de deux à trois centimètres de diamètre, en cuivre ou en fer blanc, terminés à chaque extrémité par des tubes élastiques munis d'un porte-voix armé d'un sifflet.

Lorsque l'on veut communiquer, après avoir enlevé le sifflet, on souffle dans le porte-voix et l'autre sifflet se fait entendre ce qui appelle l'attention du correspondant; il applique son oreille au porte-voix et alors on parle dans le premier porte-voix sans qu'il soit nécessaire de crier. L'air contenu dans le tube se met en vibration et le correspondant entend distinctement; il répond s'il y a lieu et la conversation peut se continuer sans qu'il soit nécessaire de quitter sa place.

Tuf. On donne ce nom à un terrain solide et compact. Tel est un terrain formé de terre forte, serrée, mélangée avec de gros grains de sable : c'est le terrain le plus propre pour jeter les fondations d'un édifice.

Quelquefois on donne ce nom à des dépôts calcaires ou marneux, d'où l'on extrait d'excellente pierre à bâtir.

Tufau. Variété de calcaire qui ne s'emploie pas dans les constructions.

Tuile. Carreau de terre cuite, dont on fait les couvertures. Il y a des tuiles plates et des tuiles creuses. La meilleure est celle de Bourgogne La bonne tuile doit rendre un son clair quand on frappe dessus avec le marteau ; la présence de quelques points brillants fait connaître la bonne cuisson; la tuile doit se rompre difficilement, être aussi cuite dans l'intérieur qu'à la surface, sans être vitrifiée. Il ne faut point s'arrêter à la couleur; car les terres se colorent différemment à la cuisson : certaines terres sont presque blanches, d'autres sont fort rouges, d'autres brunes; et toutes peuvent être bonnes.

On distingue les tuiles plates en tuiles de grand et de petit moule. La tuile du grand moule a $0^m,30$ de haut sur $0^m,23$, et celle du petit moule a $0^m,24$ sur $0^m 19$.

Il y a aussi une tuile ancienne qu'on appelle de Passy, et que l'on trouve sur de vieilles maisons; mais elle diminue tous les jours parce que depuis longtemps on n'en fabrique plus, et que la vétusté la fait souvent rejeter à cause de sa mauvaise qualité. Elle porte $0^m,38$ de haut sur $0^m,19$ à $0^m,24$ de large.

Ordinairement on pose les tuiles jointives, les unes à côté des autres par rangs superposés et en recouvrements les unes sur les autres; les crochets qui sont moulés en même temps qu'elles sur leur face postérieure servent à les fixer : cependant quand les crochets sont cassés on emploie quelquefois des clous. Le clou pour attacher la tuile s'appelle *aile de mouche*. (Couvert.)

— Il est aussi une manière de couvrir en tuile, que l'on appelle à claire-voie. On l'emploie pour les hangards, les usines, les forges; les tuiles sont écartées de $0^m,11$ entre elles; la fumée et la poussière peuvent s'échapper par ces intervalles.

Tuiles creuses. Elles ont la forme de gouttières. Le châssis qui leur sert de moule est un trapèze ; elles sont courbées, lorsqu'elles sont encore molles, sur un mandrin conique, elles n'ont point de crochets; elles sont toutes égales et de même forme; on les pose sur un plancher dont la pente ne doit pas faire avec l'horizon un angle plus grand que 26°, pour qu'elles ne glissent point.

On appelle *tuile flamande*, de la tuile creuse qui en coupe présente la forme d'un S. Il y encore les tuiles *cornières* ou *gironnées* qu'on emploie dans les angles, arêtes ou encoignures des toits; les tuiles *faîtières* qui servent à couvrir les faîtages. (Couvert.)

Tuileaux. Morceaux de tuile cassée qui sert à faire du ciment employé souvent par les paveurs.

Dans la maçonnerie on emploie aussi les tuileaux pour faire les voûtes de four, les contre-cœur de cheminée, les lancis dans des murs de moellons dégradés, et des scellements.

Tune. Construction servant à arrêter le pied des travaux exécutés dans l'eau. C'est un couchis de fascines traversé de plusieurs rangées de piquets et de clayons, le tout chargé d'un lit de gros gravier de 0m,16 à 0m,19 de hauteur. (Arch hydraul.)

Turcie. Levée ou digue en forme de quai destinée à empêcher les débordements et les inondations d'une rivière.

Turquin. Couleur bleue foncée. — Nom qu'on donne à un marbre bleu.

Tuyau. Corps large et creux qui sert à conduire les liquides et les gaz.

On fait des tuyaux en diverses substances, en poterie, en plomb, en zinc, en cuivre, en fonte, en fer, etc.

Au point de vue de la forme, on distingue les *tuyaux à brides* qui portent à leurs extrémités des sortes de disques perpendiculaires à leur axe, ce qui permet de les assembler bout à bout au moyen de vis de pression en interposant entre les disques des rondelles formant joint, et les *tuyaux à emboîtement* qui sont, à une de leurs extrémités et sur une certaine longueur, d'un diamètre plus large que le corps du tuyau, de sorte que l'on place dans cette partie élargie l'extrémité d'un autre tuyau. On appelle aussi ces tuyaux, *tuyaux à cordon*. Pour les tuyaux en poterie, on remplit au moyen de ciment la cavité de l'emboîtement; pour les tuyaux en fonte, on coule — dans cet espace libre — du plomb fondu et on matte ensuite.

Les tuyaux en fonte sont à brides ou à emboîtement. Les tuyaux en poterie sont généralement à emboîtement, soit que chaque tuyau porte ces emboîtements, soit qu'on réunisse l'extrémité de deux tuyaux par un manchon que l'on cimente. Les tuyaux en fer ou en cuivre sont à emboîtement, mais l'extrémité est ordinairement filetée.

Les plombiers fabriquent *les tuyaux roulés*, faits de feuilles de plomb roulées sur un mandrin et soudées.

Enfin ils font des tuyaux en zinc qui s'assemblent par emboîtement et qu'ils obtiennent en enroulant des feuilles de zinc.

Tuyaux de cheminée. Conduit par où passe la fumée depuis le dessus du manteau jusque hors de comble. (Maç.) Suivant leur forme et leur position, les tuyaux ou cheminées prennent différents noms.

Tuyau adossé ou apparent. En saillie sur le nu du mur.

Tuyau dans œuvre ou dans l'épaisseur. Tuyau construit en même temps que le mur et ménagé dans son épaisseur ; il est ordinairement en brique ou en poterie.

Tuyau en hotte. Tuyau évasé par le bas au dessus du manteau.

Tuyau dévoyé. Tuyau qu'on ne monte pas d'aplomb afin de le faire passer à côté d'un autre.

Tuyau passant. Tuyau venant d'un étage inférieur et passant à côté d'un manteau de cheminée.

Tuyau de chute. Tuyau qui descend depuis un siège d'aisances jusqu'à la fosse.

Tuyau de descente. Tuyau en fonte, en plomb ou en zinc qui reçoit les eaux des combles ou des cuisines.

Tuyau de ventilation. Tuyau de poterie ou de fonte, qui communique à une fosse d'aisances et qui s'élève hors du comble afin de diminuer, en faisant appel d'air, la mauvaise odeur que la fosse répand dans les cabinets.

Tuyaux physiqués. Voy. Tuyaux roulés.

Tuyaux soudés en long. Voy. Tuyaux roulés.

Tuyaux en fer étiré. Voy. Tubes.

Tuyaux Chameroy. M. Chameroy construit et applique, pour conduire du gaz ou de l'eau qui n'a qu'une faible pression, des tuyaux faits avec de la tôle, enroulée avec joint à agrafe sur la ligne de jonction. Ces tuyaux sont recouverts d'une peinture épaisse au goudron. Ils sont à emboîtement.

Tuyaux. Cylindre creux en fonte, en tôle ou en feuilles de cuivre, servant à diriger la fumée ou la chaleur. (Fum.)

Tuyaux de chaleur. Tuyaux de fonte, faisant partie de l'armature d'un poêle de construction, dans lesquels l'air s'échauffe avant de passer dans le réservoir d'où il sort par les bouches de chaleur.

Tuyau à soupape. Tuyau de poêle muni d'une soupape ou papillon que l'on ferme à volonté pour conserver le calorique du foyer.

Tuyau avissé. Petit tuyau de tôle, qui au lieu d'être rivé est seulement accroché sur le bord et qui s'emploie à l'intérieur des poêles pour conduire à l'extérieur la chaleur du réservoir.

Tuyau ou tambour de faïence. Colonne qui surmonte un poêle, et qui donne écoulement à la fumée.

Tuyère. Tuyau en fer épais, qui sert à conduire le vent du soufflet dans la forge. (Serrur.)

Tympan. Partie de maçonnerie comprise entre l'extrados d'une voûte de pont, le piédroit et le bandeau horizontal qui surmonte la voûte.

Tympan. Partie de maçonnerie qui est comprise entre les trois corniches d'un fronton triangulaire ou les deux corniches d'un fronton cintré, et qui est, ou lisse, ou ornée de sculptures en bas relief. (Marb.)

Tympan d'arcade. Tableau triangulaire dans les encoignures d'une arcade. (Archit.)

Tympan. Machine destinée à nettoyer les petits cours d'eau : elle est composée de plusieurs roues en bois ayant un mètre et plus de diamètre. La circonférence de ces roues est garnie de grandes pointes de fer recourbées, qui sont accompagnées de boîtes de fer ; ces roues sont montées sur un essieu commun ; la machine est placée sur un bateau et est mue par deux hommes. Dans son mouvement de rotation, le tympan creuse autant de sillons qu'il y a de roues, et les boîtes enlèvent les immondices et les jettent dans le bateau. (Archit. hydraul.)

Tyrse. Bâton terminé par une pomme de pin et entouré de pampres de vignes et de feuilles de lierre entrelacées.

U

U (Membre d'). Les treillageurs nomment ainsi les parties de leurs ouvrages, d'une forme longue et étroite, comme les larmiers, les bandeaux, etc., lesquels sont remplis par des compartiments disposés en chevrons brisés en forme d'U ou pour mieux dire de V. (Treillag.)

Ulcères. C'est dans les bois un vice dont l'origine est le plus souvent dans les racines ; la sève se porte quelquefois avec trop d'abondance dans quelques parties d'un arbre, et cette abondance se manifeste à l'extérieur par une sorte de suppuration qui est accompagnée de la corruption des liquides et bientôt de celle du bois qui avoisine le point ulcéré ; le mal s'étend quelquefois assez pour dépouiller l'arbre de son écorce et le faire périr. (Charp.)

Uni. Ce terme s'applique à tous les ouvrages faits en planches entières et blanchies, jointes ou non, à rainures et languettes et sur lesquels il n'y a pas de saillie, tels que les tablettes, cloisons, planchers.

Usufruit. C'est le droit de jouir, pour un temps, d'un objet mobilier ou immobilier, comme un vrai propriétaire, à la charge de le conserver au profit d'une autre personne qui en a la propriété. Quand un immeuble est possédé par un usufruitier, celui-ci est chargé de toutes les réparations d'entretien, qui sont nommées réparations usufruitières. La loi n'oblige le propriétaire qu'aux grosses réparations, à moins qu'elles n'aient été occasionnées par l'usufruitier, qui alors est tenu de les payer.

Par exemple, le rétablissement d'une couverture entière est une grosse réparation, mais si elle est devenue nécessaire parce que l'entretien de cette couverture a été négligé par l'usufruitier, tout le travail est à la charge de ce dernier. (Art. 605 du Code civ.). Il est défendu à l'usufruitier d'entrer en jouissance s'il n'a un état des lieux. D'après le Code, l'usufruitier prend les choses dans l'état où elles sont; il ne peut exiger, en entrant en jouissance, que les grosses réparations qui sont à faire, parce qu'en quelque temps que ce soit, elles sont à la charge du propriétaire.

L'usufruitier n'est pas tenu de rendre l'héritage complètement réparé, mais seulement dans un état semblable à celui où il l'a reçu. Il ne peut exiger aucune indemnité pour les améliorations qu'il aurait faites sur l'immeuble. Les grosses réparations étant à la charge du propriétaire, et celles d'entretien à la charge de l'usufruitier, il convient de les classer d'après l'art. 606. Les grosses réparations sont celles des gros murs et des voûtes, le rétablissement des poutres, celui des couvertures entières, celui des digues et des murs, soit de soutènement, soit de clôture, quand ces objets sont à refaire en entier. Toutes les autres réparations, ajoute la loi, sont d'entretien.

1° Par gros murs, on entend les murs de face, de refend, les pignons, les jambes de pierres, les pans de bois, les cloisons en charpente et maçonnerie, quand elles règnent de fond; il en est de même des cloisons de refend portant plancher.

2° La reconstruction des murs de clôture ou de soutènement est une grosse réparation, mais s'il n'y a qu'une brèche à boucher, ou l'enduit à refaire, ou le chaperon à rétablir, c'est à la charge de l'usufruitier.

3° Avec les poutres on comprend les poutrelles, les sablières ou lambourdes posées à côté des poutres, et les linçoirs placés le long des murs pour soutenir les planchers. Le Code ne mettant au nombre des grosses réparations que les poutres et conséquemment les poutrelles, lambourdes et sablières, il en résulte que les planchers portés sur ces objets sont à la charge de l'usufruitier; ainsi ils remplacent les solives qui ne peuvent plus servir; l'aire des planchers, le carreau ou le parquet, et le plafond sont rétablis en entier par lui.

4° L'entretien des couvertures étant une réparation usufruitière, sauf lorsqu'il s'agit d'une réparation entière, le rétablissement des plâtres, des changements de gouttières, le changement des plombs, comme faîtes, noues, arêtiers, sont faits aux dépens de l'usufruitier.

5° Les plombs d'un édifice, les faîtages, noues, gouttières, chéneaux, tuyaux de descente, cuvettes de plomb ou d'autres matières sont entretenus par l'usufruitier.

6° Lorsque la charpente est entièrement à refaire, elle est au compte du propriétaire, tandis que les réparations partielles sont payées par l'usufruitier.

7° Les voûtes sont un objet de grosses réparations, quelque petite que soit la partie à rétablir, à moins que le dommage n'ait été occasionné par l'usufruitier.

8° En général, toutes les fois que le propriétaire fait des ouvrages qui sont à sa charge, il est tenu de tous leurs accessoires qui seraient supportés par l'usufruitier. Néanmoins, lorsque les objets qui tiennent aux gros ouvrages faits par le propriétaire sont eux-mêmes en mauvais état, celui-ci n'est pas tenu d'en payer le rétablissement.

9° L'entretien des puits et fosses d'aisances est à la charge du propriétaire; le curage des puits et la vidange des fosses sont dans l'entretien de l'usufruit.

10° Dans une terre où il y a soit des étangs, soit des eaux courantes, les chaussées, les digues, les canaux, les bassins, les réservoirs, les bondes de décharge, les grillages qui retiennent le poisson, sont à la charge du propriétaire, lorsqu'il s'agit de leur réfection entière; mais lorsqu'il n'y a que des brèches à boucher et autres réparations de pur entretien, l'usufruitier doit supporter la dépense.

11° Pour un moulin à eau construit sur masse, c'est-à-dire sur terre ou sur pilotis, les objets de grosses réparations concernant ses eaux sont les mêmes que ci-dessus : pour les bâtiments, on suit ce qui a été dit plus haut; du reste, l'usufruitier fait le curage des canaux, ruisseaux et rivières qui y conduisent l'eau; il répare les aubes, l'arbre, et généralement les tournants, travaillants et ustensiles.

12° Aux moulins à eau construits sur bateaux, le propriétaire ne doit faire que les grosses réparations du bateau et de l'édifice de charpente qui supporte et renferme le moulin. L'usufruitier est tenu, comme d'un simple entretien, de faire calfater, goudronner, et sparmer le bateau : on entend par *sparmer*, mettre du suif par-dessus le goudron. Il doit entretenir la couverture comme il a été dit.

13° Il en est de même des moulins à vent; le corps seul du

moulin est à la charge du propriétaire, c'est-à-dire qu'on regarde comme grosses réparations celles des pans de bois des quatre faces avec leurs planches à couteaux, du pourtour, la charpente du comble, le gros pivot ou attache avec les sommiers et contre-fiches, les couillards, la cloison et les supports, enfin la flèche et la queue servant à tourner le moulin du côté du vent. La couverture est, comme celles des autres bâtiments, entretenue par l'usufruitier, le surplus comme les limons et les marches de l'échelle, les volants, cabestans et autres tournants, travaillants et ustensiles, représente des objets d'entretiens que doit payer l'usufruitier.

14° Pour les pressoirs à vin, à cidre, l'usufruitier est chargé d'entretenir et de faire à neuf, s'il est nécessaire, toute la charpente du sommier, les chevalets, jumelles, arbres, presses, vis, treuillées, couchis, auges, moulinets et généralement les mouvants, travaillants et ustensiles. Quant aux bâtiments qui renferment les pressoirs, on distingue, comme on l'a fait plus haut, les grosses réparations et celles d'entretien : ses dernières sont à la charge de l'usufruitier. (Lois des bâtiments).

V

Vaisseau. Espace en hauteur, longueur et largeur, qu'occupe une salle ou un édifice d'une certaine importance, par exemple le chœur d'une église ou l'église tout entière.

Valet. Outil de fer ayant à peu près la forme d'un F, servant à fixer l'ouvrage sur l'établi. Sa tige est de 0m,49 à 0m,65; sa grosseur de 0m,27 à 0m,34, et la courbure de la patte de 0m,24 à 0m,27 de saillie sur environ 0m,16 de haut.

Les valets-de-pied ne diffèrent des autres qu'en ce qu'ils sont plus petits. (Menuis.)

Valet (Serrur.) Petit morceau de fer mouvant monté dans un cramponnet sur la platine d'une targette, dont le bout entre dans une entaille faite au verrou de la targette lorsqu'il est fermé.

Valve ou Valvule (Font.) (Synonyme de *soupape*.)

Vanne. Porte mobile s'ouvrant verticalement ou un peu obliquement entre deux coulisses et servant à retenir ou à lâcher les eaux d'une écluse, d'un étang, d'un réservoir, ou même d'une grosse conduite.

Vantail, vantaux. Châssis ouvrant, garni de verres et ajusté dans un bâti dormant.

On dit aussi une porte ouvrant à un vantail ou à deux vantaux. (Menuis.)

Vantiller. Garnir de madriers, de dosses, une vanne pour retenir l'eau.

Varlope. Instrument de menuisier et de charpentier qui sert à [illegible] ou planer le bois. Il est composé d'un fût de bois de cormier, ayant 0m,73 de longueur sur 0m,14 d'épaisseur, et 0m,08 à 0m,11 au plus de haut. Cette hauteur ne doit diminuer que d'environ 0m,02 sur les extrémités. Au milieu de l'épaisseur de ce fût, et à 0m,43 ou 0m,46 de son extrémité, est percé un trou que l'on nomme lumière, dans laquelle se place un fer, d'environ 0m,054 de large, qui y est arrêté par un coin de bois. Ce fer est un peu arrondi quand il s'agit seulement de dégrossir l'ouvrage.

La *demi-varlope* ne diffère de la grande, qu'en ce qu'elle est plus petite d'environ 0m,16. La lumière doit être plus en pente et son fer doit être affûté rond pour éviter les éclats. (Menuis.)

Vase Terre, sable, poussière, etc., délayés dans l'eau que l'on trouve au fond d'un étang, d'un puits.

Vase Objet de sculpture, de forme élégante, qui, posé sur un socle ou un piédestal, sert pour décorer les bâtiments ou les jardins. (Architect.)

Vase Petit ornement en forme de vase qu'on met au haut et au bas des fiches, qu'on nomme pour cette raison fiches à vase. (Serrur.)

Vase Partie en forme de poire faite ou rapportée au bout d'un croissant de cheminée.

Vase d'enfaîtement. Ornement en forme de vase qu'on place quelquefois à l'extrémité des poinçons d'un comble.

Vaseux (*terrain*). Terrain marécageux et sans consistance.

Vasque Bassin de pierre ou de marbre, de peu d'épaisseur, ordinairement posé sur un piédouche et ayant une forme ronde, ovale ou polygonale, orné de moulures et recreusé pour recevoir les eaux d'un jet ou d'une fontaine.

Vasistas. Châssis mobile, en fer mince ou en cuivre, qui encadre un des verres d'une croisée et que l'on ouvre pour renouveler ou donner la quantité d'air que l'on désire dans la pièce. Ce châssis ferme sur un double châssis, également en fer qui porte feuillure. Il y a des vasistas en fer-blanc, à charnière et à soufflet.

Veau. On nomme ainsi la levée qu'on fait dans une pièce de bois pour la cintrer, soit sur le plat, soit sur le champ. (Menuis.)

Véhicule (Peint.). Synonyme de *dissolvant*.

Veiné (*bois*). Bois qui a des veines de formes plus ou moins régulières. Cette particularité est recherchée particulièrement pour les bois de placage.

Veiné (*marbre*). Marbre qui a des veines d'une couleur autre que celle du fond.

Veiner (Peint.) Imiter avec la couleur les veines des marbres et des bois divers.

Veines. Raies ou ondes de diverses couleurs que l'on rencontre dans les pierres, les marbres, les bois.

Pour les marbres et les bois c'est une qualité fort recherchée.

Veines de pierre. Défaut qui vient le plus souvent d'une inégalité de consistance, qui fait que la pierre se *moie* et se *délite* en cet endroit. Quelquefois c'est une tache au parement qui fait rebuter la pierre dans les ouvrages d'une certaine importance. (Maçonn.)

Ventilateur. Petit appareil qu'une ordonnance de police oblige de placer dans la partie haute des locaux éclairés au gaz, tant pour donner issue au gaz qui proviendrait des fuites qu'aux produits de la combustion du gaz. Ces appareils varient beaucoup dans leurs dimensions et dispositions, mais la plupart du temps il suffirait de faire un trou de dimension convenable au point le plus élevé des locaux.

Ventilateur. Machine destinée à lancer de l'air dans les locaux dont les dispositions ne sont pas convenables pour faire arriver naturellement l'air en quantité suffisante.

Ventilation. La ventilation a pour objet de renouveler dans un édifice, dans une salle, dans un lieu quelconque, l'air vicié par des êtres vivants ou par d'autres causes et d'y faire entrer de nouvelles quantités d'air pur, chaud ou froid, suivant les saisons, de manière à assurer la salubrité.

La ventilation s'opère de diverses manières, soit par des appels d'air qu'on détermine en allumant du feu dans une cheminée, soit par des moyens purement mécaniques. (Nous renvoyons pour plus de détails au *Dictionnaire des arts et manufactures*; voy. *Air*.)

Les constructions doivent être faites de telle sorte qu'il y ait toujours possibilité d'y établir une ventilation, c'est-à-dire de renouveler l'air à raison d'au moins 7 à 10 mètres cubes par heure et par individu. Dans un hôpital la quantité doit être portée à 30 ou 40 mètres par individu pour la respiration seule.

Lorsque les édifices sont chauffés et éclairés, il faut en outre entraîner les produits de la combustion, et alors il convient d'augmenter les chiffres ci-dessus.

Ventilation. Voy. TUYAU DE VENTILATION.

Ventouse. Voy. PLANCHE DE VENTOUSE.

Ventouse de cheminée. Sorte de soupirail pratiqué sous la tablette ou aux deux angles d'une cheminée et en communication avec l'air extérieur, de manière à faciliter le tirage de la cheminée.

C'est aussi une petite grille en fonte placée extérieurement au droit du conduit de ventouse, et servant à donner passage à l'air froid. (Fumist.)

Ventouse. Petit tuyau branché verticalement sur une conduite d'eau, et montant à une certaine hauteur au-dessus du niveau du liquide du réservoir, pour donner issue à l'air entraîné avec l'eau.

Ventouse. Petite ouverture faite dans une porte de poêle pour le passage de l'air dans le foyer.

Ventouses. Petites ouvertures qui communiquent dans l'intérieur du moule à tuyau pour en faciter la sortie de l'air à mesure que le plomb y entre. Sans ces évents, l'air resté dans le moule empêcherait le métal de s'y répandre. (Plomb.)

Ventre. On dit qu'un mur fait ventre quand il boucle et qu'il sort de son aplomb sur l'un de ses parements.

Ventrière. Grosse pièce de bois équarrie qu'on met devant une rangée de *palplanches* afin de mieux couvrir un ouvrage de maçonnerie, soit contre l'effort du courant de l'eau, soit contre la poussée des terres. (Archit. hydraul.)

Vents. Petites cloches qui se forment entre les couches de blanc de dorure que l'on étend en glissant la brosse.

Verboquet. Cordage qui sert à guider un fardeau qu'on élève avec une grue ou autre machine.

— Cordages que servent à lier un fardeau au câble d'un engin.

Verge. Tige en métal; on dit *la verge d'une girouette* pour indiquer la tige sur laquelle elle tourne.

Vergelé. Voy. SAINT-LEU.

Vérin. Machine qui est est composée de deux grosses vis s'appuyant, par une de leurs extrémités, sur un fort madrier, tandis que l'autre extrémité traverse un second madrier qui porte un poitrail. Des écrous placés sur les vis, permettent de faire monter et descendre le deuxième madrier, le pointail et la charge qu'on veut soulever. Les vérins servent à élever des fardeaux considérables, tels que des jambages de cloisons, des planches, etc. Ce ne sont pas les plus gros vérins qui sont les plus puissants, mais ceux dont le pas de vis est le plus doux.

Verdâtre. Couleur tirant sur le vert.

Vermicules. Sculptures creuses imitant des vers tortillés, qu'on exécute sur la pierre.

Vermillon. Couleur rouge vif, qui est du sulfure mercurique dans un grand état de division. Le sulfure mercurique en masse compacte est connu sous le nom de de *cinabre*.

Vernir. Couvrir la couleur avec du vernis.

Vernis. On donne ce nom à diverses substances que l'on applique à la surface des peintures pour leur donner un brillant de glace.

Le vernis doit être brillant, réfléchissant les rayons de la lumière, siccatif, dur, inaltérable, et faire corps avec le sujet qu'il recouvre.

On applique le vernis après la deuxième couche de peinture.

Le vernis est un mélange de diverses substances; fluide, limpide, clair, liquide avant son emploi, il se solidifie après.

La base de tous les vernis, ce sont les résines dissoutes dans un liquide soit à chaud, soit à froid; le liquide s'évapore après l'application du vernis sur le sujet.

On distingue : le *vernis clair* ou *à l'esprit de vin*, le *vernis à ferrure* et le *gros guyot*.

Il y a deux qualités de vernis clair : le *vernis gras* ou *à l'huile* et le *vernis à l'essence*.

Le vernis gras sert pour les extérieurs, et le vernis à l'essence pour les intérieurs; généralement, pourtant on ne l'emploie que pour détremper les couleurs.

Dans la composition du vernis clair il entre de la térébenthine, du mastic, de la sandaraque et de l'esprit de vin ; dans le vernis de seconde qualité, on emploie l'arcanson, la laque plate, la sandaraque; dans le vernis gras, le copal, la térébenthine, l'huile de lin et l'essence; pour le vernis dit à l'essence, le galipot, l'essence; pour le vernis à ferrure, le bitume, l'arcanson, le carabé et l'huile grasse avec l'essence; et pour le vernis gros guyot, la térébenthine, le galipot et l'essence.

Une couche de vernis suffit sur les couleurs en huiles, il en faut deux sur celles en détrempe. Les lambris neufs destinés à être vernis sans couleur, doivent être replanis et dégraissés; on y passe une ou deux couches de colle de gant transparente, puis on applique deux couches de vernis blanc.

Vernissée. Couleur qui est vernie.

Verre. Matière dure et fragile, transparente, ordinairement lisse, qu'on obtient en fondant, à une température très élevée, un mélange composé de chaux, d'oxyde de plomb, de quartz, terres siliceuses, grès, sable de carrière et de rivière, combinés avec la potasse et la soude.

Il y a deux sortes de verres : le verre blanc et le verre commun.

Dans la construction, on l'emploie le plus ordinairemen sous forme de feuilles, lames ou *plats*, pour garnir les croisées, etc.

Le verre se vend au panier, ou par caisse, qui comprend vingt-et-un plats nets et sans cassure.

Le verre commun s'appelle aussi verre de France; il y en a de fin, de moyen et de rebut.

Au point de vue de l'épaisseur des feuilles, on distingue le verre simple, le verre demi-double et le verre double.

On recherche dans le verre les qualités que nous avons indiquées pour les glaces.

Verre de couleur. Ce verre se compose des substances primitives employées dans la fabrication du verre; sa fusion est aussi la même; pour le colorer, on y ajoute seulement divers oxydes métalliques. Ces oxydes sont ceux de cobalt calciné et pulvérisé pour le verre bleu, de plomb pour le verre jaune, d'antimoine pour la couleur hyacinthe, et de manganèse pour la couleur pourpre. (Vitrer.)

— GRAS. C'est un verre quelquefois opaque, laiteux par places, ou bien rempli de nuances vaporeuses ou de flocons blancs, enfin, un verre privé, en tout ou partie, de sa transparence.

Verre soluble. Sous ce nom on désigne un silicate de potasse qui a été découvert par Fuchs, et qui a été employé par M. Kuhlmann, de Lille, et par M. Dallemagne, à la conservation des pierres. En effet, ce silicate, au contact des calcaires, se décompose en formant un silicate calcaire inaltérable. Il a été aussi employé à l'exécution de peintures; enfin c'est l'une des substances qui ont été appliquées pour préserver de l'incendie les matières combustibles.

Verrou. Pièce de fer plate qu'on applique à une porte, afin de pouvoir la fermer, et qui peut prendre un va-et-vient entre les deux crampons qui servent à la maintenir. Quelquefois ces verrous sont montés sur platine avec tige à bouton tourné; ils portent le nom de verrou à placard, 3/4 placard, 1/2 placard, 1/4 placard; on fait aussi des verrous dits verrous de nuit en cuivre, à coulisseau. (Serrur.)

Verrou à ressort. Pièce de quincaillerie, composée d'une petite bande de fer plate, qu'on fait mouvoir dans les crampons ou cramponnets fixés sur une platine de tôle mince, pleine ou découpée à jour. Le bout de cette bande ou tête se prolonge en une tige méplate plus ou moins longue, avec un bouton servant de poignée. On s'en sert pour la fermeture des portes, des croisées, des persiennes, des volets, des armoires, etc. La tige entre dans une gâche. Suivant leurs formes et leurs dispositions, les verrous à ressort prennent différents noms.

Verrou sur le plat poli. Verrou dont la tige est plate et mince.

Verrou à feuille, sur le champ ou ordinaire. Verrou dont la tige est méplate et la platine découpée.

Verrou à croissant. Le même que le précédent, mais plus fort.

Verrou à coulisse perdue. Verrou dont la tige est ronde, montée sur une platine; on l'encastre de son épaisseur dans la feuillure d'une porte.

Verrou à la capucine. Petit verrou monté avec deux cramponnets sur une platine en cuivre ou en fer, et qui s'entaille de son épaisseur dans le bois.

Verrou à coq. Verrou dont les cramponnets, très larges, forment encloisement à la tête du verrou.

Verrou à bascule. Voy. Bascule.

Verseau. Pente du dessus d'un d'entablement non couvert.

Vert antique. Sorte de marbre vert veiné de blanc.

Vert d'eau, Vert de mer, Vert de vase. Couleurs secondaires faites avec du jaune et du bleu.

Vert-de-gris. Couleur, qui est du sous-carbonate de cuivre; il se vend en poudre ou en pierre, et ne se broie qu'à l'huile. Ce vert ne s'emploie ordinairement que dans les ouvrages de peinture faits en dehors. (Peint).

Vert de montagne. Couleur qui se trouve en Hongrie. C'est une terre argileuse, naturellement colorée par les sels provenant de la décomposition des sulfates cuivreux, qui y sont abondants, et que les eaux infiltrent dans les bancs marneux. Ce vert se vend en poudre. (Peint.)

Vert de vessie. Couleur qui s'extrait du fruit d'un arbre appelé nerprun; on en imprime le jus que l'on fait sécher lentement dans des vessies.

Verterelles. Pièces de fer en forme d'anneau qu'on fiche dans une porte pour tenir soulevé le verrou des serrures à bosses ou de simples verrous à queue.

Vertical. Qui suit la direction d'un fil à plomb.

Vertugadin. Glacis en terre, couvert de gazon et en forme d'amphithéâtre.

Vestibule. Pièce du bâtiment qui s'offre la première à ceux qui entrent, et qui sert de passage pour aller aux autres pièces. (Archit.)

On distingue le *vestibule simple*, qui a ses deux faces également décorées; le *vestibule à aile*, qui ouvre le passage à des espèces de bas-côtés; le *vestibule figuré*, qui a des avant-corps revêtus de pilastres et de colonnes.

Viaduc. Sorte de grand pont construit au-dessus d'une dépression du sol, sans que pour cela il y ait nécessairement un cours d'eau.

Vice de construction. On dit qu'il y a vice de construction lorsque les règles n'ont pas été suivies, et que l'édifice est privé de la solidité qui lui convient. Il y a encore vice de construction, quand les précautions prescrites par les lois du voisinage n'ont pas été observées.

Les entrepreneurs de maçonnerie et de charpente, et même les architectes, sont responsables pendant dix ans des travaux qu'ils font exécuter ; mais après ce laps de temps, l'architecte et les entrepreneurs sont déchargés de la garantie des gros ouvrages qu'ils ont faits ou dirigés.

La décharge de garantie, prononcée par la loi en faveur des entrepreneurs dont les ouvrages ont duré au moins dix ans, ne s'applique aucunement au cas où un entrepreneur aurait employé des méthodes frauduleuses, ni en général pour tous les cas où il aurait trompé la confiance du propriétaire; la décharge du laps de dix ans ne s'applique qu'aux ouvrages exécutés de bonne foi.

La réception des travaux par jugement rendu sur rapport d'experts ne décharge point l'entrepreneur, dont la construction doit durer au moins dix ans.

Ce laps de temps est la seule épreuve qui puisse le mettre à l'abri de toute garantie relative à la solidité de ses ouvrages. Les dix années pendant lesquelles la garantie peut être exercée contre ceux qui bâtissent commencent à courir du jour où les ouvrages ont été reçus, soit sans visite préalable, soit après un rapport d'experts.

La réception des ouvrages peut aussi être constatée par écrit. La loi opère son effet aussi bien contre les mineurs que contre les majeurs. S'il se manifeste à un bâtiment des vices de construction pendant les dix premières années, il en résulte une action en garantie contre l'entrepreneur, à compter du jour de l'accident. On perd la faculté d'exercer une action quand on a déclaré y renoncer.

Outre la solidité qu'un entrepreneur doit donner à son bâtiment, il doit encore se conformer aux lois du voisinage; il doit connaître les circonstances où il est besoin de contre-mur, soit lorsqu'il creuse un puits ou une fosse d'aisances, soit lorsqu'il construit une forge, soit pour soutenir des terres qui, sans cette précaution, pousseraient trop fort le mur mitoyen. Il est de son devoir de connaître la manière d'ouvrir une vue égale dans un mur de séparation qui appartient au propriétaire pour lequel il travaille, et de la placer à la hauteur voulue par la loi.

Les entrepreneurs doivent également obéir aux règlements de police concernant les constructions : à l'égard des contraventions aux lois du voisinage et de la police, ce sont des fautes que le Code civil n'a point comprises dans sa déposition, et qui restent soumises aux principes généraux, comme toutes celles pour lesquelles il n'a point établi de règles particulières.

L'action du propriétaire pour exercer son recours ne commence à courir que du jour où il a pu s'apercevoir du vice qui y donne lieu, sans avoir égard aux dix ans fixés pour les constructions.

L'entrepreneur qui commet un délit relativement aux lois du voisinage, dans l'exécution de ses travaux, n'est déchargé de la garantie que par le laps de trente années, à compter du jour où le propriétaire a eu connaissance du vice de construction par lequel il a été trompé.

Vidange de fosse. Extraction et transport des matières contenues dans les fosses d'aisances.

Vide. Espace que l'on observe entre des poteaux de cloison ou des solives de plancher.

Vide. Ouverture ou baie dans un mur; on dit que les vides d'un mur de face ne sont pas égaux aux pleins, c'est-à-dire que les baies sont ou moindres ou plus larges que les *trumeaux* ou massifs. On dit aussi que les trumeaux sont espacés tant plein que vide, lorsqu'ils sont de même largeur que les croisées.

Vide (POUSSER OU TIRER AU). Se dit d'un bâtiment qui se déverse et sort de son aplomb. (Maçonn.)

Vie (TOUT EN). Par ce terme, les menuisiers entendent une pièce de bois qui entre dans une autre, sans qu'on ait rien diminué de la grosseur. (Menuis.)

Viellé (LOQUET A). Les loquets à vielle sont des loquets s'ouvrant avec une clef qui produit le mouvement d'une pièce coudée en forme de manivelle, laquelle soulève le battant du loquet. On en fait usage pour fermer les portes des lieux d'aisance ou de tout autre endroit qui n'a pas besoin d'être bien fermé. (Serrur.)

Vif. Tronc ou fût d'une colonne.

Partie dure d'une pierre dont on a ôté le bousin. On dit qu'un moellon ou une pierre est ébousinée jusqu'au vif, quand on a atteint le dur avec la pointe du marteau. (Maçonn.)

Vilebrequin. Outil en forme de G, qui sert à faire mouvoir les mèches avec lesquelles on perce les trous. (Serrur.)

— Outil propre à faire des trous; il est composé d'un fût en bois et d'une mèche de fer montée dans une boîte en bois. (Menuis.)

Vindas. Sorte de cabestan qui sert à tirer des fardeaux horizontalement. (Charp.)

Vingtaine. Moyen cordage dont on se sert pour faire les verboquets.

Violet. Couleur secondaire composée de blanc, de laque, de bleu de Prusse ou d'indigo.

Violon. Outil de treillageur; c'est une espèce de touret à main, en bois, dans lequel est placé un foret qu'on fait mouvoir au moyen d'un archet, à l'ordinaire. (Treillag.)

Virbouquet. Cheville qui sert à arrêter la corde nouée à l'amortissement d'une flèche de clocher. (Couvert.)

Virole. Anneau. — Espèce de bague en métal qui sert à cercler les manches d'outil.

— Anneau qu'on rapporte quelquefois au bas du mamelon d'une fiche à vase pour exhausser une porte.

Vis. Cylindre dont la surface est entaillée, en hélice. (Voy. ce mot), d'une rainure soit triangulaire, soit rectangulaire. La distance des rainures s'appelle *pas de la vis*.

Cette tige de fer s'engage dans une contre-partie qu'on nomme **écrou**.

C'est un des organes les plus employés en mécanique pour produire de fortes pressions.

Vis potoyère. Escalier d'une cave qui tourne autour d'un noyau, et porte de fond sous l'escalier d'une maison. (Maçonn.)

— SAINT-GILLE RONDE. Espèce de voûte annulaire, rampante, disposée pour soutenir les marches d'un escalier tournant autour d'un noyau plein ou évidé.

La vis Saint-Gille sur un plan carré, nommée ainsi parce qu'elle correspond à des marches qui tendent toutes à un même point, est un composé de voûtes d'arête et d'arcs de cloître gauches et rampants, dont l'exécution présente encore plus de difficulté que la vis Saint-Gille ronde.

Vis. Ce sont des morceaux de fer taraudés par un de leur bout, et terminés à l'autre par une tête ronde ou carrée.

Celles de 0m,16 à 0m,22 de long, portant écrou, sont appelées vis à la romaine. (Serrur.)

Vis à bois. Ce sont de petits cylindres de fer, dont une des extrémités est diminuée et cannelée en spirale. Ces cannelures doivent être un peu larges, et leur arrête très aiguë, afin de mieux entrer dans le bois. (Menuis.)

Les vis vendues par le commerce sont connues sous le nom de vis-Japy. (Voy. CLOUTERIE.)

Vis à chapeau. Sorte de vis qui sert à réunir les bouts de tuyaux de conduite, à fixer les porte-clapets et les brides de raccordement. Elle diffère des autres par sa tête, qui, au lieu d'être plate ou arrondie, est surmontée d'une tige carrée pour entrer dans une clé qui sert à la tourner. (Fond.)

Vis d'Archimède. Machine qui sert à élever l'eau. Elle se compose d'une enveloppe cylindrique (*le canon*) qui contient une hélice, s'assemblant d'une part sur la paroi du canon, et, d'autre part, sur un cylindre plein formant axe, qu'on appelle *le noyau*. L'inclinaison des génératrices de l'hélice varie de 45° à 78°; le diamètre du canon varie de 0m,30 à 0m,70. Cette machine se place dans une position inclinée à 30° ou 45°, de manière que le bas plonge dans l'eau à extraire et que la partie supérieure soit à un niveau plus élevé. L'eau se met de niveau dans chacune des spires qui plongent; on imprime alors un mouvement de rotation à l'appareil, l'équilibre est rompu et, comme chaque spire forme une espèce de vase, l'eau monte en suivant les spires, pour se déverser à la partie supérieure.

Vitrage. Terme par lequel on désigne toutes les vitres d'un bâtiment.

Vitrail. Châssis de fer avec des croisillons également en fer, recevant les panneaux de verre montés en plomb.

Vitraux. Vitrages formés de panneaux, tels que ceux des églises.

Vitre. Verre coupé par compartiments, avec lequel on remplit les panneaux. — Chacun des petits carreaux qui occupent les croisillons des châssis de croisée et autres. Ils y sont fixés au moyen de pointes fines, et le joint est fait avec du mastic.

Vitrer. Placer des vitres dans une croisée ou un châssis.

Vitrier. Ouvrier qui emploie le verre, le coupe et le dresse pour en garnir les croisées et les châssis.

Vitriol. On donne ce nom à diverses substances. Le *vitriol bleu* est du sulfate de cuivre; le *vitriol vert*, du sulfate de fer; le *vitriol blanc*, du sulfate de zinc. L'huile de vitriol est l'acide sulfurique.

Vive-arête. Angles nets et vifs faits sur la pierre, le bois et le fer.

Vivier. Pièce d'eau dormante ou courante entourée de murailles, dans laquelle on conserve du poisson.

Vivifier le plomb. Désoxyder le plomb en le faisant fondre avec du charbon et des cendres et en écumant ensuite.

Voie. Chemin, — Frayé que les roues de voitures font sur un chemin.

Voie. Charge d'une voiture à un cheval de divers matériaux, comme pierres, moellons, plâtre, gravois.

— Ouverture que fait la scie dans la pierre ou le bois qu'elle débite.

Voie (DONNER DE LA). Déverser de côté et d'autre les dents d'une scie pour qu'elles prennent plus de bois, et par ce moyen faciliter le passage de la scie. (Menuis.)

Voiles (SURFACES DE). Disposition qu'on adopte dans quelques cas pour les pièces d'assemblages composant les planchers; les poutrelles sont taillées en dessous, de manière qu'elles forment une surface courbe. Cette courbure concave du dessous du plancher corrige le fléchissement des assemblages, qui donne au plafond une forme convexe, laquelle, vue d'en bas, est d'un effet désagréable. (Charp.)

Voirie. Administration chargée, sous la présidence du préfet, de veiller à la bonne construction des bâtiments, aux alignements, etc. Le conseil de voierie se compose des inspecteurs généraux, des commissaires-voyers présidés par le préfet ou un conseiller de préfecture ; les délinquants en matière de bâtiments sont cités devant ce conseil, d'après le rapport du commissaire-voyer de l'arrondissement où la contravention a eu lieu, pour déduire leurs raisons, et se voir condamner s'il y a lieu. A Paris la grande voirie dépend des attributions du préfet de la Seine, et la petite de celle du préfet de police.

Volée. Hauteur à laquelle on élève un mouton pour battre des pieux.

— Série d'un certain nombre de coups de mouton sur la tête d'un pieu.

— Travail d'un ou de plusieurs hommes rangés sur une même ligne pour battre un terrain avec une batte, afin de l'unir.

On dit qu'une allée a été battue à deux ou trois *volées*, lorsqu'elle a été battue ainsi deux ou trois fois.

Volée. C'est, dans un escalier, les parties qui se projettent en ligne droite sur le plan. (Charp.)

Volets. Fermeture intérieure des croisées ou des portes-croisées;

Fermeture extérieure des chassis des façades de boutique.

Il y a des volets brisés et des volets d'une seule feuille. Les premiers servent à l'intérieur, ils se plient sur le dosseret et se doublent sur l'embrasure; ils sont d'assemblage et à cadres, ou simplement emboîtés.

Les volets d'une seule pièce sont ordinairements faits de

planches jointes à rainures et languettes, et emboîtés des deux bouts.

Volice. Planche volice ou sapin frisé. Ce sont des planches minces qu'on emploie au lieu de lattes. (Couv.)

Voliges. On nomme ainsi des planches de bois blanc ordinairement de peuplier, qui n'ont que $0^m,011$ ou $0^m,015$ d'épaisseur. On s'en sert pour établir les couvertures en ardoises.

Le bois mince, de chêne ou de sapin, se nomme *feuillet*. (Menuis.)

Volute. Première partie du limon au bas d'un escalier, qui forme enroulement, et sur laquelle on pose le pilastre de la rampe en fer.

Volute. Enroulement en ligne spirale, qui fait le principal ornement des chapiteaux ionique et composite.

Il y a aussi huit volutes angulaires dans le chapiteau corinthien, accompagnées de huit autres plus petites appelées hélices. (Archit.)

Vomir. Se dit d'une figure ou d'un masque de fontaine qui jette de l'eau par la bouche.

Vomitoires. Petits degrés ou marches, taillés dans l'épaisseur de cordons ou des murs en gradins au pourtour d'un bassin et permettant d'y descendre.

Voussoirs. Pierres taillées en forme de prisme, à base trapézoïdale et qui servent à former le cintre d'une voûte ou d'une arcade. Quelquefois on emploie des voussoirs qui sont à tête égale, c'est-à-dire que tous les voussoirs formant une voûte ont la même hauteur; et d'autrefois des voussoirs à tête inégale comme les carreaux et les boutisses, pour faire liaison. (Maçonn.)

Voussoir à crossette. Voussoir qui retourne par en haut pour faire liaison avec une assise de niveau.

— A BRANCHES. Voussoir fourchu, qui fait liaison avec les pendentifs d'une voûte d'arête.

Voussure. Portion de cercle moindre qu'un demi-cercle. — Surface courbe servant à raccorder deux ou plusieurs autres surfaces qui ne sont pas dans le même plan, ou des surfaces courbes réglées.

Voussure. (*Arrière-*). Voussure qui est placée en haut d'un bois de porte ou de croisée, et dont le cintre de face est différent de celui du fond.

— Menuiserie qui revêt une voussure.

Voûte. Construction faite avec des pierres taillées en forme de coin, de manière que ces pierres se soutiennent les unes par les autres en donnant une forme courbe à l'ouvrage.

Par extension on a donné le nom de voûtes aux constructions en plate-bande lorsqu'elles sont formées de pierres également taillées en coin, on dit toutefois voûtes en *plate-bande*, et aussi aux constructions dont la forme en élévation est arrondie.

On peut diviser les voûtes en deux grandes classes : celle des voûtes *simples* et celle des voûtes *composées*.

A la première appartiennent toutes les voûtes engendrées soit par le mouvement de révolution d'un arc de coube quelconque, soit par le mouvement de progression d'une ligne continue, constante ou variable, le long d'une direction donnée.

On range dans la deuxième classe toutes les voûtes résultant de la combinaison de deux ou plusieurs voûtes simples.

Parmi les voûtes simples, on a établi les désignations suivantes : on appelle *plate-bande* ou *voûtes plate-bande* les voûtes dont la génératrice est une droite et dont la surface d'*intrados* ou de *douelle* (intérieur) est lisse;

Voûtes en plein cintre, celles dont la section normale à l'axe est un demi-cercle;

Voûtes en arc de cercle, celles dont la section est un arc de cercle plus petit que la demi-circonférence;

Voûtes en ellipse, parabole, chaînette, anse de panier, etc. les voûtes qui ont pour section normale l'une ou l'autre des courbes mentionnées.

En général on appelle : —

Voûtes surhaussées ou *surmontées*, les voûtes dont la génératrice est un arc de cercle plus grand que la demi-circonférence : tel est l'arc *en fer à cheval* qui caractérise l'architecture moresque, ou bien encore celle dont la génératrice est une courbe à deux axes inégaux dont le plus grand est vertical;

Voûtes surbaissées, les voûtes présentant une disposition contraire à celle qui vient d'être décrite, c'est-à-dire les voûtes dont la montée est moindre que la demi-ouverture;

Voûtes en ogives, celles dont la génératrice est formée de deux arcs de cercle qui se coupent sous un angle plus ou moins aigu. L'ogive dont chacun des arcs est de 60 degrés, est dite *tiers-point*. On dit l'ogive *surhaussée* lorsque les arcs ont moins de 60 degrés, et *surbaissée* dans le cas contraire;

Voûtes rampantes, les voûtes dont la génératrice est une courbe ayant ses naissances à des niveaux différents. Cette génératrice est parfois une courbe à plusieurs centres.

Toutes ces diverses espèces de voûtes sont de plus dites :

En berceau, lorsque la directrice est une ligne droite;

Annulaires, lorsque cette directrice est une courbe. Les voûtes en berceau et annulaires sont désignées sous le nom de *descentes*, quand la directrice est inclinée à l'horizon. On les dit *biaises* quand la trace horizontale des plans de tête coupe obliquement la trace, également horizontale, d'un plan vertical passant par la directrice.

Si la génératrice n'est pas constante, mais qu'elle change proportionnellement au chemin qu'elle parcourt, la voûte est dite *conoïde*. Les voûtes conoïdes sont souvent désignées sous le nom de *trompes;* on les appelle aussi *voûtes en canonnière*.

Les voûtes de révolution sont désignées sous le nom générique de *voûtes en cul-de-four* ou de *calottes*. Elles prennent ceux de *voûtes* ou *calottes sphériques*, de *dômes* ou de *coupoles* lorsque l'arc générateur est circulaire.

Enfin, on désigne encore, parmi les voûtes simples, sous le nom de *voûtes elliptiques*, des voûtes ayant la forme d'un demi-ellipsoïde à trois axes différents.

Parmi les voûtes composées, on distingue principalement :

1° *Les voûtes en arc de cloître*, désignées aussi quelquefois sous le nom de *voûtes en arc de cercle*. Ces voûtes sont le résultat de l'intersection de deux ou plusieurs berceaux de même hauteur et dont les arêtes sont rentrantes. Elles prennent le nom de *coupoles à pans*, lorsqu'elles ont de vastes dimensions; on leur donne celui de *voûtes en impériale*, quand elles sont fort surbaissées.

2° *Les voûtes d'arête :* elles sont formées également par l'intersection de deux ou plusieurs berceaux de même hauteur, mais dont les arêtes sont saillantes;

3° *Les voûtes à lunettes*. On appelle lunette, en général, la trouée faite dans une voûte par le passage d'une voûte de moindre hauteur;

4° *Les pendentifs* ou *voûtes en pendentif*. On appelle ainsi les voûtes en dôme percées à leur base par quatre lunettes.

Le nom de pendentif s'applique le plus spécialement, dans une coupole sphérique, aux triangles, compris entre les lunettes et un plan tangent au sommet de ces lunettes. Ce plan tangent sert quelquefois de base à une nouvelle coupole.

Voûte en limaçon. Voûte sphérique, ronde, ou ovale, surbaissée ou surmontée, dont les assises sont conduites en spirales depuis les coussinets jusqu'à la fermeture.

Voûte conique. Une voûte dont la surface intérieure imite celle d'un tronc de cône. Les plus simples sont celles érigées sur deux murs qui forment un angle de manière que le cintre de face représente la base du cône.

Voûte en niches. Demi-voûte sphérique ou ellipsoïdale dans l'épaisseur d'un mur ou à l'extrémité de deux murs parallèles et recouverts d'un voûte de même forme que la niche : on l'appelle alors voûte *en cul-de-four*.

Voûte sur le noyau. Voûte qui tourne autour d'un cylindre. On l'appelle aussi berceau tournant.

Voûtes (*Construction des*). Les voûtes de cave que l'on construit le plus habituellement sont en berceau plein cintre, ou surbaissées. La construction la meilleure est celle faite en pierre de taille.

Il convient de mettre de la pierre de taille au moins aux arcs, aux lunettes des soupiraux, le reste étant de moellon, piqué par assises ou taillé en voussoirs que l'on appelle pendants. Le tout doit être maçonné de mortier, de chaux et sable; les reins des voûtes doivent être remplis de maçonnerie de moellon avec mortier de chaux et de sable jusqu'à leur couronnement.

Dans certains cas, par économie, on met des arcs de pierre de taille par travers, et le reste de moellon brut, ou seulement essemillé, le tout maçonné avec plâtre, crépi par-dessous, et les reins remplis de maçonnerie de moellon et mortier.

Il y a moins d'inconvénient à mettre des cales (*Voyez* l'art. Caler) dans les joints des voûtes que dans les murs dont le lit de pierre est de niveau, parce qu'ils sont plus faciles à remplir, et en prenant les précautions nécessaires pour empêcher les effets de la diminution qu'éprouve le mortier par l'évaporation. Après avoir abreuvé les joints, il faut les filasser en dessous, et commencer à remplir avec du coulis clair, que l'on rend plus épais à mesure que les joints s'emplissent, en sorte que l'on finit par du mortier ferme qui absorbe en partie l'eau de celui qui est trop clair. On peut faire même écouler l'eau en faisant quelques saignées dans les joints garnis de filasse, à mesure qu'on fait entrer de nouveau mortier par le haut.

Voici quelques résultats d'observations sur la construction des voûtes :

Une voûte en plein cintre divisée en quatre voussoirs égaux a plus de poussée qu'une autre divisée en neuf voussoirs égaux.

Les voûtes surhaussées poussent moins que celles en plein cintre de même ouverture, de même forme d'extrados, et divisées de même.

Une voûte en plein cintre, extradossée parallèlement dans toute son étendue, étant divisée en quatre parties égales, ne peut pas se soutenir lorsque son épaisseur est moindre de la dix-huitième partie de son diamètre, quelle que puisse être la résistance des pieds-droits, et même sans pieds-droits. Les voûtes dont l'épaisseur diminue en allant de leur naissance au sommet ont moins de poussée que celles dont l'épaisseur est partout égale.

Les voûtes en plein cintre et surbaissées, extradossées en

ligne droite de niveau, ont moins de poussée que de toute autre manière.

Quels que soient les matériaux qu'on emploie à la construction des voûtes, il faut prendre toutes les précautions pour qu'il ne puisse pas se faire de désunion, et que si, par quelque accident imprévu, il venait à s'en faire, l'équilibre soit maintenu par la résistance des parties inférieures à l'effort des parties supérieures.

L'usage a établi qu'on ne doit point construire les murs de retombée d'une voûte sur les murs mitoyens; qu'il faut, avant de commencer sa construction, établir un contre-mur dans toute la longueur, afin de faire reposer dessus la naissance de la voûte. (Maçonn.)

Voûtes PLATES. Toutes celles qui tiennent lieu de plancher, et dont l'intrados est une surface plane et horizontale. (Maçonn.)

— EN TAS DE CHARGE. Mettre les joints de lit partie en coupe du côté de la douelle, et partie de niveau du côté de l'extrados, pour faire une voûte sphérique. (Maçonn.)

Voûter. C'est construire une voûte sur des cintres en dosses, ou sur un noyau de maçonnerie. (Maçonn.)

Voyant. Partie mobile d'une mire que l'on vise avec le niveau.

Vrille. Petit outil en fer, garni — à une extrémité — d'un manche qui est adapté perpendiculairement à la longueur du fer, de manière que ce dernier entre dans le milieu du manche. L'autre bout du fer est terminé en vis afin de s'introduire plus facilement dans le bois. Cet instrument remplace le vilebrequin, quand on ne peut se servir de ce dernier. (Menuis.)

Vrillon. On nomme ainsi une espèce de petite tarière dont l'extrémité est terminée comme une vrille. (Menuis.)

Vue. Terme de l'ancienne coutume de Paris, pour signifier toutes sortes d'ouvertures par où l'on reçoit le jour. Les vues d'appui sont, ordinairement, à 1^{m} au plus au-dessus du plancher. (Archit.)

Les vues se divisent en vues de souffrance, en vues légales, en vues droites et en vues obliques. 1° Le jour de souffrance est celui que l'on perce dans un mur mitoyen. Suivant l'article 660 du Code civil, on ne peut faire aucun percement ni aucun enfoncement dans un mur mitoyen sans le consentement du voisin; à son refus, des experts règlent le moyen d'exécuter l'ouvrage projeté sans nuire aux droits du voisin.

Les vues qui se trouvent pratiquées dans les murs mitoyens sont établies ou par suite de la complaisance du voisin, ou en exécution d'un titre.

Si un mur n'est mitoyen que jusqu'à hauteur de clôture, et que l'exhaussement appartienne à un seul, le propriétaire de l'exhaussement, suivant l'article 676 du Code civil, conforme à la coutume de Paris, permet au maître du mur d'y pratiquer des jours, pourvu qu'ils soient construits de la manière prescrite par la loi.

2° On entend par vues légales le droit qu'a le propriétaire de percer le mur qu'il a fait construire à ses dépens. Néanmoins, lorsque ce mur, qui n'est pas mitoyen, touche immédiatement l'héritage d'autrui, la loi règle la manière dont les fenêtres doivent y être placées et construites. Ainsi, les vues légales doivent être garnies d'un treillis de fer dont les mailles aient au plus 1 décimètre d'ouverture.

Il faut que chaque fenêtre soit fermée d'un châssis à verre dormant ; si la chambre qu'on veut éclairer est au rez-de-chaussée, le propriétaire du mnr ne peut le percer qu'à la hauteur au moins de $2^{m},60$, à partir du sol ou plancher sur lequel on marche. Quant aux étages supérieurs, la hauteur à observer est de $1^{m},95$. Celui qui acquiert la mitoyenneté d'un mur ou d'un exhaussement est en droit d'exiger la destruction des vues légales qui s'y trouvent placées.

3° On entend par vues droites celles pratiquées dans un mur en face de l'héritage voisin et à une certaine distance. Pour qu'il y ait vue droite, il faut que le mur où elle se trouve ne soit pas mitoyen, ni dans le cas de le devenir à la seule volonté du voisin. Le Code dit, article 678 : « Qu'on ne peut avoir des vues droites ou fenêtres d'aspect, ni des balcons ou autres semblables saillies, en face de l'héritage voisin, si le mur où sont pratiquées ces constructions n'est éloigné de cet héritage au moins de $1^{m},95$. »

Cette distance, qui doit être laissée entre le fonds voisin et le mur où on ouvre les fenêtres d'aspect, se compte depuis le parement extérieur du mur, en sorte que si les vitres sont placées dans l'épaisseur du mur, il ne faudra pas mesurer depuis le châssis qui les contient, mais toujours à partir de la face extérieure du mur, sans que rien de son épaisseur puisse être compris dans la distance prescrite.

Lorsque la vue droite consiste dans un balcon ou toute autre saillie, la distance à observer ne se mesure plus à partir du parement du mur, mais depuis la ligne extérieure qui termine la construction saillante; s'il s'agit d'un balcon, on mesure à partir du dehors de l'appui qui est fait, soit en fer, soit en balustres de pierre ou de bois.

4° On entend par vue oblique celle qui est placée de manière que, pour regarder sur l'héritage voisin, il faille tourner la tête soit à droite, soit à gauche. C'est ce qui arrive lorsque les deux propriétés sont situées de manière que la ligne qui termine l'une fait un angle avec celle qui termine l'autre.

Suivant l'article 679 du Code civil, on ne peut pas jouir d'une vue oblique sur un héritage voisin, clos ou non clos, si depuis la croisée d'où on tire cette vue, jusqu'à cet héritage, il n'y a une distance au moins de 0^m,65. Cette distance de 0^m,65 se mesure en suivant l'alignement du mur où est la fenêtre, et à partir de l'arête du pied-droit formant le tableau de cette fenêtre, jusqu'à la séparation des deux héritages.

Quand la vue oblique est prise d'un balcon ou de toute autre saillie, elle se mesure depuis la ligne extérieure la plus saillante de cette construction. Si la séparation des deux héritages est un mur mitoyen, les 0^m,65 peuvent comprendre la moitié de l'épaisseur du mur. (Lois des bâtiments.)

Vue de souffrance. Celle dont on a la jouissance par tolérance ou consentement d'un voisin, sans titre.

— DROITE. Celle qui est directement opposée à l'héritage, maison ou place d'un voisin, et qui ne peut être à hauteur d'appui, s'il n'y a 1^m,95 de distance depuis le milieu du mur mitoyen jusqu'à la même vue; mais si elle est sur une ruelle qui n'ait que 1^m, ou 1^m,32 de largeur, cela suffit, parce qu'il y a un passage public intermédiaire.

— DE CÔTÉ. Celle qui est prise dans un mur de face et est distante de 0^m.65 du milieu d'un mur mitoyen en retour jusqu'au tableau de la croisée.

— DÉROBÉE. Petite fenêtre pratiquée au-dessus d'une plinthe, ou d'une corniche, ou dans quelque ornement, pour éclairer en abat-jour des entre-sols ou petites pièces, et pour ne point altérer le style de la décoration d'une façade.

— ENFILÉE. Fenêtre directement opposée à celle d'un voisin, et étant à même hauteur d'appui.

— SUPÉRIEURE. Celle qui, étant à 1^m,95 d'un mur mitoyen, domine sur l'héritage d'un voisin, à cause de son exhaussement.

— DE TERRE. Espèce de soupirail au rez-de-chaussée d'une cour ou même d'un lieu couvert, qui sert à éclairer quelque pièce d'un étage souterrain.

— DE FAÎTIÈRE. Petit jour, comme celui d'une lucarne, d'un œil-de-bœuf, pris vers le faîte d'un comble ou la pointe d'un pignon. (Couv.)

W

Wagon. Sorte de chariot dont les roues portent un boudin qui leur permet de rouler sur des rails.

Y

Yeux-de-perdrix. Les plombiers appellent ainsi les petites taches brillantes qui se trouvent dans l'étain de soudure. Elles n'apparaissent que quand la proportion de l'étain, par rapport au plomb, n'est pas suffisante dans cet alliage. (Plomb.

Z

Zinc. Métal d'un blanc bleuâtre, à texture lamelleuse, qui ressemble beaucoup au plomb, mais qui est beaucoup plus dur et plus cassant que ce métal. Il est assez malléable et ductile à une température comprise entre 130° et 150°. La densité du zinc fondu est 6,862 ; celle du zinc laminé peut s'élever à 7,215; il fond vers 450°. Chauffé au rouge blanc, il se combine vivement avec l'oxygène de l'air, et brûle avec une flamme d'un blanc jaune, en répandant dans l'air des flocons d'oxyde blanc employés dans la peinture. A la température ordinaire il se ternit, et sa surface se recouvre d'une pellicule d'oxyde noirâtre, qui le garantit des influences ultérieures de l'atmosphère.

Dans un grand nombre de cas, le zinc remplace le cuivre et le plomb. On l'emploie au doublage des navires et à la construction des toitures et plates-formes des bâtiments, ainsi qu'à la construction de vases et tuyaux de toute espèce. On en fait aussi des ornements ainsi que des clous, des vis à bois et divers objets de serrurerie qui peuvent remplacer économiquement les analogues en cuivre. Sous forme d'une sorte d'étamage, il sert aussi à revêtir le fer pour le préserver de la rouille. On désigne improprement, sous le nom de *fer galvanisé*, le fer ainsi revêtu d'une couche mince de zinc.

Dans le commerce, on trouve le zinc en feuilles de diverses largeurs, longueurs et épaisseurs. Les largeurs varient de $0^m,487$, $0^m,649$ à $0^m,811$; la longueur est d'environ $1^m,949$. L'épaisseur se désigne par des numéros; le tableau ci-dessous fait connaître la valeur de ces numéros pour l'usine de la Vieille-Montagne :

Nos	Épaisseur en millimètres	Poids en kil. par mètre carré	Nos	Epaisseur en millimètres	Poids en kil. par mètre carré
9	0,476	3,33	18	1,513	10,59
10	0,570	3,99	19	1,701	11,91
11	0,664	4,65	20	1,890	12,23
12	0,758	5,31	21	2,079	14,55
13	0,853	5,97	22	2,267	15,87
14	0,947	6,53	23	2,456	17,19
15	1,041	7,29	24	2,644	18,51
16	1,135	7,95	25	2,833	19,83
17	1,324	9,27	26	3,021	21,15

M. Leclaire, en 1849, a introduit dans la peinture l'usage de couleurs dans lesquelles le blanc, ou oxyde de zinc, sert de base; ces couleurs, qui avaient déjà été proposées par Courtois, en 1780, puis par Guyton de Morveau, ont sur celles dans la composition desquelles entrent les sels de plomb, l'avantage de n'être pas toxiques.

Enfin le zinc entre dans la composition de divers alliages et particulièrement du laiton, qui sert à fabriquer un grand nombre d'objets de quincaillerie.

COMPLEMENT

DU

DICTIONNAIRE DU CONSTRUCTEUR

ORDONNANCE SUR LES SAILLIES.

L'importance de l'ordonnance sur les saillies nous a engagés à la transcrire entièrement, tant dans l'intérêt des entrepreneurs que dans celui des propriétaires.

Ordonnance du 24 décembre 1823, portant règlement sur les saillies dans la ville de Paris.

TITRE PREMIER. — Dispositions générales.

Article premier. Il ne pourra à l'avenir être établi sur les murs de face de notre bonne ville de Paris, aucune saillie autre que celles déterminées par la présente ordonnance.

Art. 2. Toute saillie sera comptée à partir du nu du mur au-dessus de la retraite.

TITRE II. — Dimensions des saillies.

Art. 3. Aucune saillie ne pourra excéder les dimensions suivantes :

Section première. — *Saillies fixes.*

	m.	c.
Pilastres et colonnes en pierre dans les rues au-dessous de huit mètres de largeur	0	03
Dans les rues de huit à dix mètres de largeur	0	04
Dans les rues de douze mètres et au-dessus	0	10

Lorsque les pilastres et les colonnes auront une épaisseur plus considérable que les saillies permises, l'excédent sera en arrière de l'alignement de la propriété, et le nu du mur de face formera arrière-corps à l'égard de cet alignement, toutefois les jambes étrières ou boutisses devront toujours être placées sur l'alignement.

Dans ce cas, l'élévation des assises de retraite sera réglée à partir du sol.

	m.	c.
Dans les rues de dix mètres de largeur et au-dessous, à	0	90
Dans celles de dix à douze mètres de largeur, à	1	00
Dans celles de douze mètres et au-dessus, à	1	15

	m. c.
Grands balcons..	0 80
Herses, chardons, artichauts et fraises..............	80
Auvents de boutiques..................................	80
Petits auvents au-dessus des croisées................	25
Bornes dans les rues au-dessous de dix mètres de largeur.	50
— *Idem*, dans les rues de dix mètres et au-dessus.....	80
Bancs de pierre au côté des portes des maisons.......	60
Corniches en menuiserie sur boutiques................	50
Abat-jour de croisées dans la partie la plus élevée....	33
Moulinets de boulangers et poulies....................	50
Petits balcons y compris l'appui des croisées.........	22
Seuils et socles..	22
Colonnes isolées en menuiserie.........................	16
Pilastres en menuiserie................................	16
Barreaux et grilles de boutiques.......................	16
Appui de boutique......................................	16
Tuyau de descente ou d'évier...........................	16
Cuvettes...	16
Devanture de boutique, toute espèce d'ornements compris.	16
Tableaux, enseignes, bustes, reliefs, montres, attributs, y compris les bordures, supports et points d'appui..	16
Jalousies..	16
Persiennes ou contrevents..............................	11
Appui de croisée.......................................	08
Barres de support......................................	08

Les parements de décorations au-dessus du rez-de-chaussée n'auront que l'épaisseur des bois appliqués au mur.

Section II. — *Saillies mobiles.*

	m. c.
Lanternes ou transparents avec potence...............	0 75
Lanternes ou transparents en forme d'applique.......	22
Tableaux, écussons, enseignes, montres, étalages, attributs, y compris les supports, bordures, crochets et points d'appui..............................	16
Appuis de boutiques, y compris les barres et crochets.	16
Volets, contrevents ou fermetures de boutiques.......	16

Art. 4. Les saillies déterminées par l'article précédent pourront être restreintes suivant les localités.

TITRE III. — Dispositions relatives a chaque espèce de saillie.

Section première. — *Barrière au devant des maisons.*

Art. 5. Il est défendu d'établir des barrières fixes au-devant des maisons et de leurs dépendances quelles qu'elles puissent être, tant dans les rues et places que sur les boulevards, à moins qu'elles ne soient reconnues nécessaires à la propreté et qu'elles ne gênent point la circulation.

La saillie de ces barrières ne pourra, dans aucun cas, excéder un mètre et demi.

Art. 6. Les propriétaires auxquels il aura été accordé la permission d'établir des barrières seront obligés de les maintenir en bon état.

Section II. — *Bancs, pas, marches, perrons, bornes.*

Art. 7. Il ne sera permis de placer des bancs au devant des maisons que dans les rues de dix mètres de largeur et au-dessus. Ces bancs seront en pierre, ne dépasseront pas l'alignement de la base des bornes, et seront établis dans toute leur longueur sur maçonnerie pleine et chanfreinée.

Art. 8. Il est défendu de construire des perrons en saillie sur la voie publique.

Les perrons actuellement existants seront supprimés autant que faire se pourra, lorsqu'ils auront besoin de réparations. Il ne sera accordé de permission que pour les pas et marches, lorsque les localités l'exigeront. Ces pas et marches ne pourront dépasser l'alignement de la base des bornes.

En cas d'insuffisance de cette saillie, le propriétaire rachètera la différence du niveau, en se retirant sur lui-même. Néanmoins, les propriétaires des maisons riveraines des boulevards intérieurs de Paris pourront être autorisés à construire des perrons au devant desdites maisons, s'il est reconnu qu'ils soient absolument nécessaires, et que les localités ne permettent pas aux propriétaires de se retirer sur eux-mêmes.

Ces perrons, quelle qu'en soit la forme, ne pourront, sous aucun prétexte, excéder un mètre de saillie tout compris, ni approcher à plus d'un mètre de distance de la ligne extérieure des arbres de la contre-allée.

Art. 9. Il est facile d'établir des bornes aux angles saillants des maisons formant encoignures de rue; mais lorsque ces encoignures seront disposées en pan coupé de soixante centimètres au moins et d'un mètre au plus de largeur, une seule borne sera placée au milieu du pan coupé.

Section III. — *Grands balcons.*

Art. 10. Les permissions d'établir de grands balcons ne seront accordées que dans les rues de dix mètres de largeur et au-dessus; ainsi que dans les places ou carrefours, et ce, d'après une enquête *de commodo et incommodo*; s'il n'y a point d'opposition, les permissions seront délivrées. En cas d'opposition, il sera statué par le conseil de préfecture, sauf recours au conseil d'État.

Dans aucun cas, les grands balcons ne pourront être établis à moins de six mètres du sol de la voie publique.

Le préfet de police sera toujours consulté sur l'établissement des grands et petits balcons.

SECTION IV. — *Constructions provisoires, échoppes.*

ART 11. Il pourra être permis de masquer, par des constructions provisoires ou des appentis, tout renfoncement entre deux maisons, pourvu qu'il n'ait pas au delà de huit mètres de longueur, et que sa profondeur soit au moins d'un mètre. Ces constructions, dans aucun cas, ne devront excéder la hauteur du rez-de-chaussée, et elles seront supprimées dès qu'une des maisons attenantes subira retranchement.

Il est permis de masquer, par des constructions légères en forme de pan coupé, les angles de toute espèce de retranchement au-dessus de huit mètres, mais sous la même condition que ci-dessus pour leur établissement et leur suppression.

Le préfet de police sera toujours consulté sur les demandes formées à cet effet.

ART. 12. Il est expressément défendu d'établir des échoppes en bois, ailleurs que dans les angles et renfoncements hors de l'alignement des rues et places.

Toutes les échoppes existantes qui ne seront point conformes aux dispositions ci-dessus seront supprimées, lorsque les détenteurs actuels cesseront de les occuper, à moins que l'autorité ne juge nécessaire d'en ordonner la suppression.

SECTION V. — *Auvents et corniches des boutiques.*

ART. 13. Il est défendu de construire des auvents et corniches en plâtre au-dessus des boutiques ; il ne pourra en être établi qu'en bois, avec la faculté de les revêtir extérieurement en métal ; toute autre manière de les couvrir est prohibée. Les auvents et corniches en plâtre actuellement établis au-dessus des boutiques ne pourront être réparés. Ils seront démolis lorsqu'ils auront besoin de réparations, et ne seront rétablis qu'en bois.

SECTION VI. — *Enseignes.*

ART. 14. Aucuns tableaux, enseignes, montres, étalages et attributs quelconques, ne seront suspendus, attachés ni appliqués, soit aux balcons, soit aux auvents ; leurs dimensions seront déterminées au besoin par le préfet de police, suivant les localités.

Il pourra néanmoins être placé, sous les auvents, des tableaux ou plafonds en bois, pourvu qu'ils soient posés dans une direction inclinée.

Tout étalage formé de pièces d'étoffes disposées en draperies et guirlandes, et formant saillie, est interdit au rez-de-chaussée. Il ne pourra descendre qu'à trois mètres du sol de la voie publique.

Tout crochet destiné à soutenir les viandes en étalage devra être placé de manière à que les viandes ne puissent excéder le nu des murs de face, ni faire aucune saillie sur la voie publique.

SECTION VII. *Tuyaux de poêle et de cheminée.*

ART. 15. A l'avenir et pour toutes les maisons de construction nouvelle, aucun tuyau de poêle ne pourra déboucher sur la voie publique.

Dans l'année de la publication de la présente ordonnance, les tuyaux de poêles, crêtes et autres, qui débouchent actuellement sur la voie publique, seront supprimés s'il est reconnu qu'ils peuvent avoir une issue intérieure. Dans le cas où la suppression ne pourrait avoir lieu, ces mêmes tuyaux seraient élevés jusqu'à l'entablement avec les précautions nécessaires pour assurer leur solidité, et empêcher l'eau rousse de tomber sur les passants.

ART. 16. Les tuyaux de cheminée en maçonnerie et en saillie sur la voie publique, seront démolis et supprimés lorsqu'ils seront en mauvais état, ou que l'on fera de grosses réparations dans les bâtiments auxquels ils sont adossés.

Les tuyaux de cheminée en tôle, en poterie et en grès, ne pourront être conservés extérieurement sous aucun prétexte.

SECTION VIII. — *Bannes.*

ART. 17. La permission d'établir des bannes ne sera donnée que sous la condition de les placer à trois mètres au moins audessus du sol dans sa partie la plus basse, de manière à ne pas gêner la circulation. Leurs supports seront horizontaux; elles n'auront de joues qu'autant que les localités le permettront, et les dimensions en seront déterminées par l'autorité.

Les bannes devront être en toile ou en coutil, et ne pourront dans aucun cas être établies sur des châssis.

La saillie des bannes ne pourra excéder un mètre cinquante centimètres.

Dans l'année de la publication de la présente ordonnance, toutes les bannes qui ne seront pas conformes aux conditions exigées plus haut, seront changées, réduites ou supprimées

SECTION IX. — *Perches.*

ART. 18. Les perches et étendoirs des blanchisseuses, teinturiers, dégraisseurs, couverturiers, etc., ne pourront être établis que dans les rues écartées et peu fréquentées, et après une enquête de *commodo et incommodo*, sur laquelle il sera statué comme il a été dit à l'article 10, ci-dessus.

SECTION X. — *Eviers.*

ART. 19. Les éviers pour l'écoulement des eaux ménagères seront permis, sous la condition expresse que leur orifice extérieure ne s'élèvera pas à plus d'un décimètre au-dessus du pavé de la rue.

SECTION XI. — *Cuvettes.*

ART. 20. A l'avenir, dans toutes les maisons de construction nouvelle, il ne pourra être établi en saillie sur la voie publique, aucune espèce de cuvette pour l'écoulement des eaux ménagères des étages supérieurs.

Dans les maisons actuellement existantes, les cuvettes placées en saillie seront supprimées lorsqu'elles auront besoin de réparations, s'il est reconnu qu'elles peuvent être rétablies à l'intérieur; dans le cas contraire, elles seront disposées, autant que faire se pourra, de manière à recevoir les eaux intérieurement et garnies de hausses pour prévenir le déversement des eaux et toute éclaboussure au-dessous.

SECTION XII. — *Constructions en encorbellement.*

ART. 21. A l'avenir il ne sera permis aucune construction en encorbellement, et la suppression de celles qui existent aura lieu toutes les fois qu'elles seront dans le cas d'être réparées.

SECTION XIII. — *Corniches et entablements.*

ART. 22. Les entablements et corniches en plâtre au-dessus de seize centimètres de saillie seront prohibés dans toutes les constructions en bois.

Il ne sera permis d'établir des corniches ou entablements de plus de seize centimètres de saillie, qu'aux maisons construites en pierres ou moellons, sous la condition que ces corniches seront en pierre de taille ou en bois, et que la saillie n'excédera, dans aucun cas, l'épaisseur du mur à sa sommité.

On pourra permettre des corniches ou entablements en bois sur les pans de bois.

Les entablements ou corniches des maisons actuellement existantes qui auront besoin d'être reconstruits en tout ou en partie, seront réduits à la saillie de seize centimètres, s'ils sont en plâtre, et ne pourront excéder en saillie l'épaisseur du mur à sa sommité, s'ils sont en pierre ou en bois.

SECTION XIV. — *Gouttières saillantes.*

ART. 23. Les goutitères saillantes seront supprimées en totalité dans le délai d'une année, à partir de la publication de la présente ordonnance.

Il ne sera perçu aucun droit de petite voirie pour les tuyaux de descente qui seront établis en remplacement des gouttières saillantes supprimées dans ce délais.

SECTION XV.

ART. 24. Les devantures de boutiques, montres, bustes, reliefs, tableaux, enseignes et attributs fixes, dont la saillie excède celle qui est permise par l'article 3 de la présente ordonnance, seront réduits à cette saillie, lorsqu'il y sera fait quelques réparations. Dans aucun cas, les objets ci-dessus désignés, qui sont susceptibles d'être réduits, ne pourront subsister, les devantures de boutiques au-delà de neuf années, et les autres objets au-delà de trois années, à compter de la présente ordonnance.

Les établissements du même genre qui sont mobiles, seront réduits dans l'année.

Seront supprimées, dans le même délai, toutes saillies fixes placées au devant d'autres saillies.

ART. 25. Il n'est point dérogé aux dispositions des anciens règlements concernant les saillies, ni au décret du 13 août 1810, concernant les auvents des spectacles, et de l'esplanade des boulevards, en tout ce qui n'est pas contraire à la présente ordonnance.

Tarif de la grande voirie.

Alignement pour chaque mètre de longueur de face, savoir :

	fr.	c.
D'un bâtiment dans une rue de moins de huit mètres de large	5	00
De huit mètres jusqu'à dix	6	00
De dix et au-dessus	7	00
D'un mur de clôture	1	00
D'une clôture provisoire en planches	0	25
Réparations partielles (Voy. *Jambe étrière*, etc,) avant-corps en pierre et pilastre (Voy. *Colonnes*), droit fixe pour chaque	10	00
Balcon (petit) avec construction nouvelle pour chaque croisée	5	00
Balcon (grand) pour chaque mètre de longueur	10	00
Barrières au-devant des fouilles, cours, constructions et réparations	5	00
Bâtiments (Voy. *Alignement*).		
Colonnes engagées en pierre formant support, droit fixe pour chaque cinq centimètres de saillie en pierre (tolérées par l'ordonnance royale du 24 décembre 1823).	10	00
Colonnes en pierre isolées, droit fixe (même observation qu'à l'article précédent)	10	00

	fr. c.
Contre-fiches, pour constructions et réparations, droit fixe	5 00
Dosserets, droit fixe	10 00
Encorbellement, pour chaque contimètre de saillie...	5 00
Entablement avec échafaud, droit fixe	10 00
Id., en partie	5 00
Etais ou étrésillons (Voy. *Contre-fiche*)	5 00
Exhaussement d'un bâtiment aligné	10 00
D'un bâtiment non aligné (Voy. *Alignement*), jambe étrière reconstruite en la face d'une maison alignée, droit fixe	10 00
Jambe étrière à reconstruire suivant l'alignement (Voy. *Alignement*).	
Linteau	10 00
Mur (Voy. *Alignement*).	
Ouverture ou percement de boutique ou croisée....	10 00
Pans de bois neuf, droit fixe, non compris l'alignement.	20 00
Id., pour rétablissement partiel, droit fixe	10 00
Pied-droit à reconstruire en la face d'une maison alignée, droit	10 00
Id., à reconstruire suivant l'alignement (Voy. *Algnement*).	
Pilastres en pierre (tolérés par l'ordonnance royale du 24 décembre 1823) (Voy. *Colonnes*).	
Poitrail, droit fixe	10 00
Réparation en la face d'un bâtiment (Voy. *Alignement*).	
Ravalement avec échafaud, droit fixe	10 00
Id., parties	5 00
Tour creuse ou enfoncement	10 00
Tour ronde (ne sera plus autorisée).	
Trumeaux à reconstruire en la face d'une maison alignée, droit fixe	10 00
Id., à reconstruire suivant l'alignement (Voy. *Alignement*).	

Tarif de la petite voirie.

Abat-jour	4 00
Abat-vent des boutiques	4 00
Appuis à demeure, compris les soubassements	4 00
Appuis sur les croisées ou fenêtres	2 00
Appui mobile	4 00
Auvent ordinaire en menuiserie	4 00
Auvent (petit) au-dessus des croisées	2 00
Auvents cintrés en plâtre avec fer et fentons	12 50
Baldaquins	50 00
Balcons (petits) ou balustres aux fenêtres sans construction nouvelle	2 00

	fr. c.
Bancs	4 00
Bannes	4 00
Barreaux de boutique et de croisée	4 00
Barres de support	4 00
Barrière au-devant des maisons	50 00
Barrière au-devant des démolitions pour cause de péril.	5 00
Bornes appuyées contre le mur, en quelque nombre qu'elles soient	4 00
Bornes isolées	4 00
Bouchons de cabarets ou couronne	4 00
Bustes formant étalage (Voy. *Étal*).	
Cadran (Voy. *Tableau*).	
Cage (Voy. *Étalage*).	
Changement de menuiserie des croisées	4 00
Chardons de fer ou herse	4 00
Châssis à verre sédentaire ou mobile	4 00
Clôture ou fermeture de rue pour bâtir (Voy. *Pieux*).	
Colonnes engagées en menuiserie et parement de décorations	20 00
Colonnes isolées	20 00
Comptoirs ou établis mobiles	4 00
Conduites ou tuyaux de plomb pour conduire les eaux des maisons	4 00
Contre-fiches à placer en cas de péril	5 00
Contrevents ou fermeture de boutiques et croisées	4 00
Corniches en bois	4 00
Corniches en plâtre	10 00
Cuvettes (Voy. *Conduite*)	4 00
Degrés (Voy. *Marches*)	4 00
Devanture de boutique en menuiserie	25 00
Dos d'âne ou étalage (Voy. *Étaux*)	5 00
Échoppes sédentaires ou demi-sédentaires	10 00
Échoppes mobiles	4 00
Enseignes (Voy. *Tableau*)	4 00
Établis (Voy. *Comptoirs*)	4 00
Étais ou étrésillons (Voy. *Contre-fiches*).	
Étalages	4 00
Étaux de boucher	4 00
Éviers et gargouilles	4 00
Fermetures de boutiques (Voy. *Portes*)	4 00
Fermetures de croisées fixées (Voy. *Châssis*)	4 00
Gargouilles d'évier (Voy. *Éviers*)	4 00
Grilles de boutiques ou de croisées (Voy. *Barreau*)	4 00
Grilles de cave	4 00
Herses ou chardons de fer (Voy. *Chardons*)	4 00
Jalousies (Voy. *Châssis de verre*)	4 00
Marches, pour chaque	5 00

	fr. c.
Marches, s'il n'y en a qu'une	4 00
Montre ou étalage	00
Moulinet de boulanger	4 00
Perches, pour chacune	10 00
Perron	50 00
Pieux pour barrer les rues	25 [illegible]
Pilastres en bois	4 00
Plafonds	4 00
Poêle ou tuyaux de poêle	4 00
Portes ouvrant en dehors	4 00
Potence de fer ou de bois	4 00
Poulies	4 00
Seuil	4 00
Siège de pierre ou de bois	4 00
Soubassements	5 00
Stores	4 00
Tableau servant d'enseigne	4 [illegible]
Tapis d'étalage (Voy. *Étalage*)	4 00
Tuyaux de poêle (Voy. *Poêle*)	4 00
Volets servant d'enseigne	4 00

Ordonnance de police du 18 juin 1804, concernant les auvents, appentis et autres saillies sur les boulevards intérieurs.

ART. 1er. Tous auvents, appentis, plafonds, barraques et échoppes construits sans autorisation sur les boulevards intérieurs de Paris, depuis le 3 floréal an VIII, seront supprimés.

ART. 2. Les propriétaires ou locataires des maisons qui ont outrepassé les dimensions de leurs permissions, seront tenus de se réduire et de s'y conformer sans délai.

ART. 3. Les auvents qni ont plus de quatre-vingt-un centimètres seront réduits.

Néanmoins, il devra être observé entre les auvents et les arbres une distance de trente centimètres.

Il est défendu d'en réparer ou d'en rétablir aucun sans une permission du préfet de police.

ART. 4. Les autres articles, tels que tableaux servant d'enseigne, devantures de boutiques, étalages de marchands en boutiques, auront autorisés suivant les saillies d'usage.

(*Voir* les sections 4, 5 et 6 de l'ordonnance royale du 24 décembre 1823).

FIN.

BOIS EN FORÊTS (*Carbonisation des*), par E. Dromart, génieur civil. 1 volume avec figures et 1 planche. . . . 4 fr.

BOIS (*Guide théorique et pratique de Cubage et d'Estimation des*), par Alexis Frochot, inspecteur des forêts. 4e édition, revue et augmentée. 1 volume avec tableaux, 35 figures et une planche g hique donnant les tarifs de cubage des arbres sur pied et des arbres abattus. . . . . 4 fr.

Ouvrage honoré d'une souscription du *Ministère de l'Agriculture.*

BRASSEUR (*Guide du*) ou *l'Art de faire de la Bière,* par J. Mulder. Traité élémentaire théorique et pratique, traduit annoté par L.-F. Dubief, chimiste. 1 volume . . . . . . 4 fr.

Ouvrage adopté par la *Ville de Paris* pour les bibliothèques municipales.

BRIS ET NAUFRAGES (*Code des*), par J. Tartara, commissaire ordonnateur de la marine. 1 volume. . . . . 4 fr.

CALCULS ET COMPTES FAITS à l'usage des industriels en général et spécialement des mécaniciens, charpentiers, serruriers, chaudronniers, toiseurs, arpenteurs, vérificateurs, etc. Troisième édition complètement refondue des calculs faits de A. Lenoir, par Joseph Vinot. 1 volume avec tableaux. . . 4 fr.

Ouvrage adopté par le *Ministère de l'Instruction publique* pour les bibliothèques scolaires et populaires.

CANARDS (Voir Lapins, Oies et Canards, page 10).

CHARCUTERIE PRATIQUE (*La*), par Marc Berthoud, ex-président de la corporation des charcutiers de Genève. 5e édition. 1 volume avec 74 figures. . . . . 4 fr.

Ouvrage honoré d'une souscription du *Ministère de l'Instruction publique* pour les bibliothèques populaires.

CHAUFFEUR (*Manuel du*), guide pratique à l'usage des mécaniciens, des chauffeurs et des propriétaires de machines à vapeur; exposé des connaissances nécessaires, suivi de conseils afin d'éviter les explosions des chaudières à vapeur, par Jaunez, ingénieur civil. 6e édition revue et corrigée. 1 vol., 37 figures dans le texte et 1 planche. . . . . 2 fr.

Ouvrage honoré de souscriptions du *Ministère du Commerce.*

CHIMIE GÉNÉRALE ÉLÉMENTAIRE, par Frédéric Hétet, professeur de chimie aux écoles de la marine, pharmacien en chef.

Tome Ier. — *Généralités, Métalloïdes.* 1 volume, 112 fig. 4 fr.
Tome II. — *Métaux.* 1 volume avec 62 figures . . . . 4 fr.

CHIMISTE-AGRICULTEUR (*Manuel du*), par A.-F. Pouriau. 1 volume avec 148 figures dans le texte et de nombreux tableaux, suivi d'un appendice. . . . . 4 fr.

Ouvrage honoré d'une souscription du ***Ministère de l'Agriculture.***

COMMERCE DES VINS (Voir page 16).

CONSTRUCTEUR (*Guide pratique du*). Dictionnaire des mots techniques employés dans la construction, à l'usage des architectes, propriétaires, entrepreneurs de maçonnerie, charpente, serrurerie, couverture, etc., par L.-P. Pernot, architecte-vérificateur des travaux publics. 4e édition, corrigée, augmentée et entièrement refondue, par C. Tronquoy, ingénieur civil, et Ch. Baye. 1 volume. . . . . 4 fr.

Ouvrage adopté par le ***Ministère de l'Instruction publique*** **pour les bibliothèques scolaires et par la** ***Ville de Paris*** **pour les bibliothèques municipales. Honoré de souscriptions du** ***Ministère du Commerce et de l'Industrie.***

CONSTRUCTEUR (Voir Maçonnerie, page 11).

CONSTRUCTIONS A LA MER (*Études et notions sur les*), par Bounicbau, ingénieur en chef des ponts et chaussées. 1 volume, 4 fr. 1 atlas de 44 planches. . . . 4 fr.

CORPS GRAS INDUSTRIELS (*Guide pratique de la connaissance et de l'exploitation des*), par Th. Chateau, chimiste. 4e édition, revue et augmentée des procédés nouveaux d'analyse des huiles grasses et d'indications pratiques sur les *Huiles minérales*. 1 volume avec tableaux. . . . . 4 fr.

Ouvrage honoré d'une souscription ***du Ministère du Commerce et de l'Industrie.***

COUPE et CONFECTION de vêtements de femmes et d'enfants (*Méthode de*). Travaux à aiguille usuels. Cours de couture en blanc. Raccommodage. Méthode de **TRICOT**, par Elisa Hirtz. 9e édition. 1 volume avec 154 figures. . . . . 3 fr.

Ouvrage adopté par le ***Ministère de l'Instruction publique*** **pour les bibliothèques scolaires, et par la** ***Ville de Paris*** **pour être distribué en prix.**

CUBAGE DES BOIS (Voir Bois, page 3).

CUISINE PRATIQUE (*La*). — Les secrets de la Cuisine d'amateur révélés aux maîtresses de maison, par Marie de Saint-Juan. 1 volume avec 154 figures. 3e édition. . . . . 4 fr.

CULTURE MARAICHÈRE (*Manuel pratique de*). 7e édition, par COURTOIS-GÉRARD. 1 vol. avec 89 fig. dans le texte. 4 fr.

Ouvrage ayant obtenu une médaille d'or de la Société centrale d'agriculture, et une grande médaille de vermeil de la Société centrale d'horticulture, adopté par le *Ministère de l'Instruction publique* pour les bibliothèques scolaires et populaires, et honoré d'une souscription du *Ministère de l'Agriculture*.

CYCLES ET AUTOMOBILES (*Manuel pratique du constructeur et du conducteur de*). Guide pratique des constructeurs, fabricants, monteurs et réparateurs de cycles en tous genres; des mécaniciens, ajusteurs, serruriers, nickeleurs, etc., s'occupant de l'industrie des Cycles; des constructeurs et propriétaires d'automobiles; des constructeurs de voitures mécaniques de tous systèmes (pétrole et électricité), conduite et entretien des automobiles, règlements de la circulation, etc., par

Gravure spécimen du *Constructeur de cycles et d'automobiles.*

H. DE GRAFFIGNY, ingénieur civil. 1 volume illustré de 204 vignettes dessinées par l'auteur. 2e édition. . . . . 4 fr.

DESSINATEUR (*Comment on devient un*), par VIOLLET-LE-DUC. 1 volume, orné de 110 dessins par l'auteur et d'un portrait de Viollet-le-Duc. 20e édition . . . . 4 fr.

Ouvrage honoré d'importantes souscriptions du *Ministère de l'Instruction publique* pour les bibliothèques scolaires et populaires, ainsi que de la *Ville de Paris* pour les distributions de prix et les bibliothèques municipales.

EXTRAIT DE LA TABLE DES MATIÈRES. — Notables découvertes. — Comment il est reconnu que la géométrie s'applique à plusieurs choses. — Autres découvertes touchant la lumière et la géométrie descriptive. — Où on commence à voir. — Une leçon d'anatomie comparée. — Opérations sur le terrain. — Cinq ans après. — Où une vocation se dessine. — Douze jours dans les Alpes. — Conclusion.

DINDONS (Voir Lapins, Oies et Canards, page 10).

DROIT MARITIME INTERNATIONAL ET COMMERCIAL (*Notions pratiques de*), par Alph. DONEAUD, professeur à l'École navale. 1 volume. . . . . 2 fr.

EAUX GAZEUSES (*Traité de la Fabrication industrielle des*) et des boissons qui s'y rattachent, par FÉLICIEN MICHOTTE, ingénieur des arts et manufactures, et E. GUILLAUME, ingénieur civil. 1 volume avec 21 figures dans le texte, 14 planches doubles et de nombreux tableaux . . . . 4 fr.

ÉCLAIRAGE ÉLECTRIQUE (*Manuel de montage des appareils d'*), par le baron von GAISBERG, traduit de l'allemand, par Ch. BAYE. 1 volume avec 104 figures, 15e édition . . . 2 fr.
Ouvrage adopté par la *Ville de Paris* pour les bibliothèques municipales.

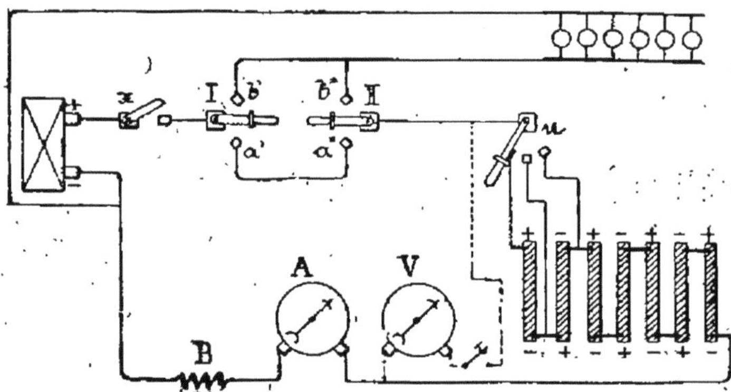

ASSEMBLAGE POUR L'ALIMENTATION DE LAMPES A INCANDESCENCE PAR ACCUMULATEURS.
Figure spécimen du *Manuel de montage des appareils d'Éclairage électrique.*

ÉLECTRICIEN (*L'Ingénieur*). Guide pratique de la con-

MOTEUR RÉVERSIBLE A DEUX BOBINES, DE CLOVIS BAUDET
Figure spécimen de *L'Ingénieur électricien.*

struction et du montage de tous les appareils électriques à l'usage des amateurs, ouvriers et contremaîtres électriciens, par H. de Graffigny. 1 volume avec 109 figures. 11e édition entièrement revue et corrigée . . . . 4 fr.

Ouvrage adopté par la *Ville de Paris* pour être distribué en prix.

ENTOMOLOGIE AGRICOLE (*Guide pratique d'*), et petit traité de la destruction des insectes nuisibles, par H. Gobin. 1 volume orné de 42 figures, 2e édition . . . . 4 fr.

ESCOMPTEUR (*Nouveau manuel de l'*), du banquier, du capitaliste et du financier, ou Nouvelles tables de calculs d'intérêts simples avec le calendrier de l'Escompteur, par Lacombe, précédé d'une instruction sur les calculs d'intérêt et l'usage des tables, par Laass d'Aguen, et d'un exposé des lois sur les intérêts, les rentes, les effets de commerce, les chèques, etc. 1 fort volume. 6 fr.

FÉCULIER et de l'**AMIDONNIER** (*Guide pratique du*), par L.-F. Dubief. 4e édit. 1 vol. avec grav. dans le texte. 2 fr.

FERMENTS ET FERMENTATIONS. *Travailleurs et malfaiteurs microscopiques*, par I.-A. Rey. 1 vol. avec figures. 4 fr.

Ouvrage adopté par la *Ville de Paris* pour être distribué en prix.

FILATURE DE LA LAINE (Voir Laine, page 10).

GALVANOPLASTIE (*Traité de*) et d'**ÉLECTROLYSE** avec indications pratiques fondées sur les dernières découvertes, par Geymet. 1 volume. 4 fr.

GÉOLOGUE (*Manuel du*), par Dana, traduit et adapté de l'anglais par W. Houtlet. 1 volume avec 363 figures. 3e édition. 4 fr.

Ouvrage adopté par la *Ville de Paris* pour les bibliothèques munic^les^.

GÉOMÈTRE ARPENTEUR (*Guide pratique du*), comprenant l'arpentage, le nivellement, le levé des plans et le partage des propriétés agricoles, avec un appendice sur le calcul des solides; 3e éd., entièrement refondue, par P.-G. Guy, ancien élève de l'Ecole polytechnique, officier d'artillerie. 1 vol. avec 183 figures. 4 fr.

Ouvrage adopté par la *Ville de Paris* pour les bibliothèques munic^les^.

HABITATIONS DES ANIMAUX (*Guide pratique pour le bon aménagement des*), par E. Gayot, membre de la Société centrale d'Agriculture de France.

Bergeries, Porcheries, Clapiers, etc. 1 volume. . . 2 fr.

Ouvrage adopté par le *Ministère de l'Instruction publique* pour les bibliothèques scolaires et populaires.

HERBORISEUR (*Manuel de l'*). Comment on devient botaniste. — Clefs analytiques. — Description des genres et des espèces, suivie d'un vocabulaire, par E. GRIMARD, ancien directeur de l'École normale de Toulouse. 7e édition. 1 vol. . . . . . . 4 fr.

Ouvrage adopté par le *Ministère de l'Instruction publique* pour les bibliothèques scolaires et populaires.

HORLOGER ET MÉCANICIEN DE PRÉCISION (*Manuel de l'*). Guide pratique à l'usage des ouvriers rhabilleurs et repasseurs de montres et de pendules, des apprentis horlo-

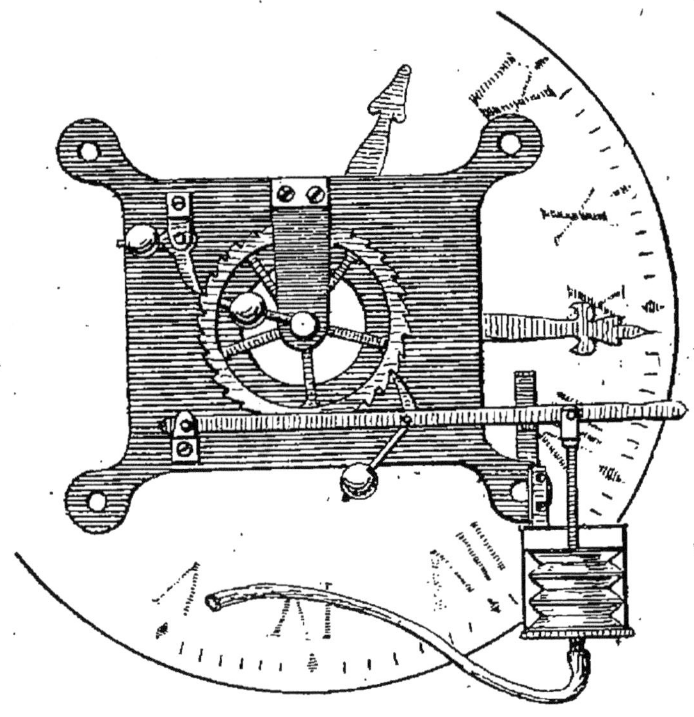

MÉCANISME D'HORLOGE PNEUMATIQUE. Figure spécimen du *Manuel de l'Horloger.*

gers et des élèves des écoles d'horlogerie, des amateurs de mécanique, etc., etc., par H. DE GRAFFIGNY, ingénieur civil. 1 volume avec 230 figures. 3e édition . . . . 4 fr.

Ouvrage adopté par la *Ville de Paris* pour les bibliothèques municles.

EXTRAIT DE LA TABLE DES MATIÈRES. — Définitions et mesure du temps, la chronométrie au service de la mesure du temps, historique des premiers instruments, invention des horloges mécaniques, les montres et les chronomètres; horlogerie moderne. — Éléments des sciences nécessaires à l'horloger. — Les organes des instruments chronométriques, les trois pièces fondamentales : le moteur, le régulateur, l'échappement. Outillage de l'horloger, machines, métaux et alliages en usage en horlogerie. — Démontage, nettoyage, repassage, rhabillage d'une montre. — L'horlogerie électrique; la pendule régulatrice, les récepteurs. — L'atelier de l'amateur, travail du bois et des métaux, outillage, automates. — L'horlogerie de l'amateur. Ce qu'il est indispensable de connaître sans être horloger. — Procédés et recettes, tours de main, secrets d'atelier, renseignements, formules, compositions, vernis pouvant être utiles aux horlogers et aux mécaniciens. — Vocabulaire des termes techniques.

HYGIÈNE DU TRAVAIL (*L'*), par le Dr Monin, avec une préface de M. Yves Guyot, ancien ministre des Travaux publics. 1 volume. . . . . 4 fr.

Ouvrage adopté par le *Ministère de l'Instruction publique* pour les bibliothèques populaires, et honoré de souscriptions du *Ministère du Commerce et de l'Industrie* et de la *Ville de Paris*.

IMPRESSIONS PHOTOGRAPHIQUES (*Traité des*), par A. Poitevin, suivi d'appendices relatifs aux procédés de photographie négative et positive sur la gélatine, d'héliogravure, d'hélioplastie, de photolithographie, de phototypie, de tirage au charbon, d'impression aux sels de fer, par Léon Vidal. 2e édition entièrement revue et complétée. 1 volume. . . . . 4 fr.

INGÉNIEUR ÉLECTRICIEN (Voir Électricien, p. 6).

JAPON PRATIQUE (*Le*), par Félix Regamey. 4e édition. 1 volume illustré de 98 dessins de l'auteur. . . . . 4 fr.

Ouvrage honoré de souscriptions du *Ministère de l'Instruction publique* pour les bibliothèques scolaires et populaires, et adopté par la *Ville de Paris* pour les distributions de prix.

Dessin spécimen du *Japon pratique.*

Table des matières. — Le Japon vu par un artiste. — La pierre. — Le bois. — Le métal : fondeurs, armuriers. — Céramique : fabrication de la porcelaine et de la faïence. — Les Tissus. — Vers à soie. — La Laque. — Arts graphiques : le papier, l'encre de Chine, les pinceaux, les images, cuirs décorés. — Mœurs et coutumes. — Notions diverses, etc. — Vocabulaire. — Bibliographie.

JARDINAGE (*Manuel pratique de*), manière de cultiver soi-même un jardin ou d'en diriger la culture, par Courtois-Gérard, horticulteur. 1 volume. 11e édition avec 1 planche et de nombreuses figures dans le texte. . . . . 4 fr.

Ouvrage adopté par le *Ministère de l'Instruction publique* pour les bibliothèques scolaires et populaires, et honoré de souscriptions du *Ministère de l'Agriculture*.

Sommaire des principaux chapitres : Dispositions générales d'un jardin potager. — Calendrier. — Travaux de chaque mois. — Les outils. — Les défoncements. — Les fumiers. — Les arrosements. — Les couches. — Semis. — Repiquages. — Marcottes. — Boutures. — De la greffe. — De la conservation des plantes. — Les maladies des plantes potagères. — La culture des arbres fruitiers. — La culture des arbres d'agrément. — Destruction des animaux nuisibles, etc.

JOAILLIER (*Guide pratique du*), ou Traité complet des pierres précieuses, leur étude chimique et minéralogique, les moyens de les reconnaître, leur valeur, leur emploi, la description des principaux chefs-d'œuvre auxquels elles ont concouru, par CH. BARBOT, ancien joaillier, avec 3 planches renfermant 178 figures. Nouvelle édition, revue, corrigée et annotée par CH. BAYE. 1 volume . . . . 4 fr.

Ouvrage adopté par la *Ville de Paris* pour les bibliothèques municipales.

LAINE peignée, cardée, peignée et cardée (*Traité pratique de la*), contenant : 1re *partie*, mécanique pratique, formules et calculs appliqués à la filature; 2e *partie*, filature de la laine peignée, cardée peignée, sur la Mull-Jenny; 3e *partie*, filage anglais et français sur continu; 4e *partie*, laine cardée, par Charles LEROUX, ingénieur mécanicien, directeur de filature. 1 volume avec 32 figures dans le texte et 4 planches. . . . . 15 fr.

Ouvrage honoré de souscriptions du *Ministère du Commerce*.

LAPINS (*Guide pratique de l'éducateur des*), ou Traité de la race cuniculine, avec l'Art de mégisser leurs peaux et d'en confectionner des fourrures, par MARIOT-DIDIEUX, et guide pratique de l'éducation lucrative des **OIES** et des **CANARDS**, par MARIOT-DIDIEUX. 4e édition revue et augmentée d'un chapitre sur l'élevage des **DINDONS**, des **PINTADES** et des **PIGEONS**, par ABEL LINARD, aviculteur. 1 volume. . . . 4 fr.

Ouvrage adopté par le *Ministère de l'Instruction publique* pour les bibliothèques scolaires et populaires, et honoré d'une souscription du *Ministère de l'Agriculture*.

LIQUEURS (*Traité de la fabrication des*) françaises et étrangères, sans distillation, augmenté de nouvelles recettes pour la fabrication du kirsch, du rhum, du bitter, la préparation et la bonification des eaux-de-vie, pour la fabrication des sirops, etc., etc., par L.-F. DUBIEF, chimiste œnologue. 1 volume. 9e édition . . . . 4 fr.

LIQUORISTE DES DAMES (*Le*), ou l'art de préparer toutes sortes de liqueurs de table et de parfums de toilette, par L.-F. DUBIEF. 1 volume avec figures. . . . . 2 fr.

MAÇONNERIE. Guide pratique du Constructeur, par A. Demanet, lieutenant-colonel honoraire du génie, membre de l'Académie royale de Belgique, etc. 1 volume avec tableaux et 20 planches doubles renfermant 137 figures. 1 volume. . 4 fr.

Ouvrage adopté par le *Ministère de l'Instruction publique* pour les bibliothèques scolaires et populaires, et honoré de souscriptions du *Ministère du Commerce et de l'Industrie*.

MAGNANIER (*Manuel du*). Application des théories de M. Pasteur à l'éducation des vers à soie, par Léopold Roman. 1 volume avec 32 figures dans le texte et 6 planches. . . . 4 fr.

MAISON (*Comment on construit une*), par Viollet-le-Duc. 1 vol. avec 62 dessins par l'auteur. 16ᵉ édition. . . . . 4 fr.

Ouvrage honoré d'importantes souscriptions du *Ministère de l'Instruction publique* pour les bibliothèques scolaires et populaires, ainsi que de la *Ville de Paris* pour les distributions de prix et les bibliothèques municipales.

Extrait de la table des matières. — Plantations de la maison et opérations sur le terrain. — La construction en élévation. — La visite au chantier. — L'étude des escaliers. — Ce que c'est que l'architecture des études théoriques. — La charpente. — La fumisterie. — La menuiserie. — La couverture et la plomberie. — L'inauguration.

MÉCANICIEN (*Guide de l'ouvrier*), par J.-A. Ortolan, mé-

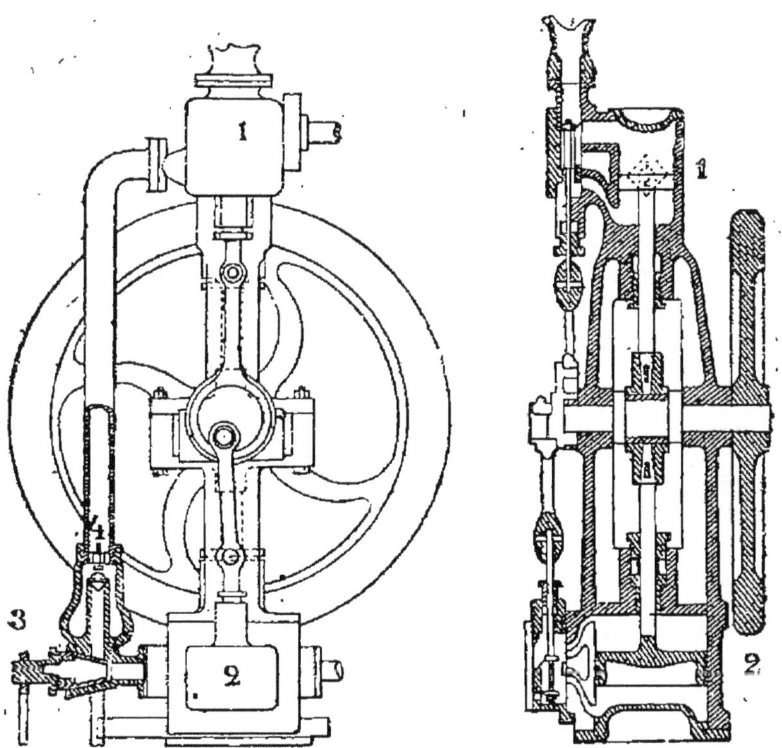

Figure spécimen du *Guide de l'ouvrier mécanicien*.

canicien en chef de la flotte, officier de la Légion d'honneur et de l'Instruction publique, avec la collaboration de MM. Bonnefoy, Cochez, Dinée, Gibert, Guipont, Juhel, anciens élèves des Ecoles d'arts et métiers. Édition revue et notablement augmentée, comprenant 3 volumes et 62 planches.

Chaque volume, 4 fr. — L'ouvrage complet, 12 fr.

Ouvrage adopté par le *Ministère de l'Instruction publique* pour les bibliothèques populaires et par la *Ville de Paris* pour les bibliothèques municipales. Honoré de souscriptions du *Ministère du Commerce et de l'Industrie*.

*** MÉCANIQUE ÉLÉMENTAIRE.** 6e édition. 1 volume avec figure et 11 planches . . . . 4 fr.

PREMIÈRE PARTIE. — *Arithmétique.* — Numération. — Premières règles. — Fractions. — Système décimal. — Carrés, cubes. — Racines carrées, racines cubiques. — Règles d'intérêt, de mélange et d'alliage. — *Algèbre pratique.* — Équations algébriques. — Géométrie pratique. — Tracés géométriques et mesure et division des lignes et des angles. — Solides. — Mesures des surfaces des volumes. — *Lignes trigonométriques.* — *Annexe :* Système métrique.

DEUXIÈME PARTIE. — *Mécanique élémentaire, forces, frottements.* — Principe des machines. — Chute, poids, densité des corps. — Forces. — Composition des forces. — Centre de gravité. — Travail des forces et sa mesure. — Équilibre des machines simples. — Frottements et glissements. — Origine des forces produisant le mouvement dans les machines. — Des machines en général.

**** MÉCANIQUE DE L'ATELIER.** 7e édition. 1 volume avec 34 figures et 26 planches. 4 fr.

TROISIÈME PARTIE. — Transmissions et transformations de mouvement.

QUATRIÈME PARTIE. — *Résistance des matériaux :* Effort de traction. — Effort de compression. — Force de flexion. — Résistance au cisaillement. — Résistance à la torsion. — Épaisseur des murs. — Pans de bois, planchers et combles.

CINQUIÈME PARTIE. — *Machines motrices à air et hydrauliques. Machines à presser.* — Moulins à vent. — Machines soufflantes. — Scieries. — Appareils et machines à élever l'eau. — Pompes élévatoires. — Machines motrices hydrauliques. — Roues à aubes planes, à aubes courbes. — Roues à augets. — Roues pendantes. — Turbines. — Roues à niveau constant. — Roues à admission intérieure. — Résultats pratiques des divers systèmes de roues hydrauliques. — Presses hydrauliques. — Pressoirs.

***** PRINCIPES ET PRATIQUE DE LA MACHINE A VAPEUR.** 9e édit. 1 vol. avec 36 fig. et 25 planches. . . . . 4 fr.

SIXIÈME PARTIE. — *Formation de la vapeur. Chaudières:* De la chaleur. — De la vapeur. — Condensation. — Chaudières à vapeur. — Dimensions. — Consommation d'eau et de combustible. — Données sur l'établissement des détails des chaudières.

SEPTIÈME PARTIE. — *Machines motrices à vapeur, à gaz :* Calcul de la puissance et dimensions des pièces principales des machines à vapeur. — Appréciation des divers systèmes de machines. — Principaux types de machines à vapeur admis dans la pratique, de 1869 à 1887. — *Annexes :* Généralités sur les nouvelles chaudières à vapeur. — Principes de la combustion. — Vocabulaire des éléments et des produits divers de la combustion. — Combustibles usuels. — Essais et mise en service des chaudières, des machines. — Matières employées au service des moteurs à vapeur. — Décret sur l'établissement des machines à vapeur.

MÉTÉOROLOGIE AGRICOLE (*Manuel de*) appliquée aux travaux des champs, à la physiologie végétale et à la prévision du temps, par F. CANU et A. LARBALÉTRIER. 1 vol. avec 3 figures et de nombreux tableaux . . . . 2 fr.

Adopté par le *Ministère de l'Instruction publique* pour les bibliothèques populaires, et par la *Ville de Paris* pour être distribué en prix.

MÉTIERS MANUELS (*Le livre des*), répertoire des procédés industriels, tours de main et ficelles d'atelier, recueillis par J.-P. Houzé. Nouvelle édition. 2 vol. avec planches et figures. — **En préparation.**

MINÉRALOGIE APPLIQUÉE (*Guide pratique de*), histoire naturelle inorganique ou connaissance des combustibles minéraux, des pierres précieuses, des matériaux de construction, des argiles céramiques, des minerais, etc., par A.-F. Noguès, professeur de sciences physiques et naturelles.

Première Partie. — 1 volume avec 124 figures . . . . 4 fr.
Deuxième Partie. — 1 volume avec 124 figures. . . . . 4 fr.

MOTEURS MODERNES (*Les*), à **Eau**, à **Gaz**, à **Pétrole** ou **Électriques**. Etude et applications des divers moteurs. Leur prix de revient, leur installation, leur entretien. — Législation concernant les moteurs, etc., par Félicien Michotte, ingénieur E. C. P., conseil expert. 1 vol. avec 76 figures dans le texte. 4 fr.

MOTOCYCLISTE (*Guide-Manuel pratique du*). Théorie du moteur à explosion. Moteurs divers. Carburateurs. Allumage. Les motobicyclettes. Les tricycles et quadricycles à pétrole. Apprentissage et conduite des motocycles. Examen du motocycliste. Les pannes. Voyage à motocycle. Soins divers. Entretien. Réparation. Règlement sur la circulation des motocycles, par H. de

Spécimen des figures du *Guide-Manuel du Motocycliste.*

Graffigny, ingénieur civil, professeur d'automobilisme à l'Association philotechnique. 1 volume in-18 avec 94 figures. 4 fr.

OIES et **CANARDS** (Voir Lapins, page 10).

OUVRIER MÉCANICIEN (Voir page 11).

PARFUMEUR (*Guide pratique du*), dictionnair des **cosmétiques et parfums**, contenant : la descri substances employées en parfumerie, les altérations ou tions qui peuvent les dénaturer, etc., les formules d 500 préparations diverses, par le docteur B. LUNEL. rédigé sous forme de dictionnaire. Nouvelle édition. .

PHOTOGRAPHIE (*Traité pratique de*). Élém **plets**. Perfectionnements et méthodes nouvelles. gélatinobromure, par GEYMET. 4e édition revue et par Eug. DUMOULIN. 1 volume. . . . .

PHOTOGRAPHIE (Voir Impressions photogra page 9).

PIANISTE (*L'Art du*), par J. ROMEU, membre de l'Ac de musique de Bologne. 1 volume. . . . .

PIERRES PRÉCIEUSES (Voir Joaillier, page 10

PIGEONS et **PINTADES** (Voir Lapins, Oies et Ca page 10).

PISCICULTURE et **AQUICULTURE FLUVIA** (*Manuel de*), appliquées au repeuplement des cours d'eau l'élevage en eaux fermées, par Albert LARBALÉTRIER, dip de l'École de Grignon, professeur à l'École d'agriculture du de-Calais, etc. 1 volume avec figures et tableaux. . . . . .

Ouvrage adopté par le *Ministère de l'Instruction publique* pou bibliothèques populaires.

PONTS ET CHAUSSÉES et de l'Agent voyer (*G pratique du Conducteur des*). Principes de l'art de l'ingéni comprenant : plans et nivellements, routes et chemins, pont aqueducs, travaux de construction en général et devis, F. BIROT, ingénieur civil, ancien conducteur des ponts chaussées. 5e édition revue et augmentée.

Première partie. — **ROUTES**. — 1 volume accompagné 12 planches doubles, contenant 99 figures 4

Deuxième partie. — **PONTS**. — 1 volume accompagné 8 planches doubles, contenant 44 figures. 4

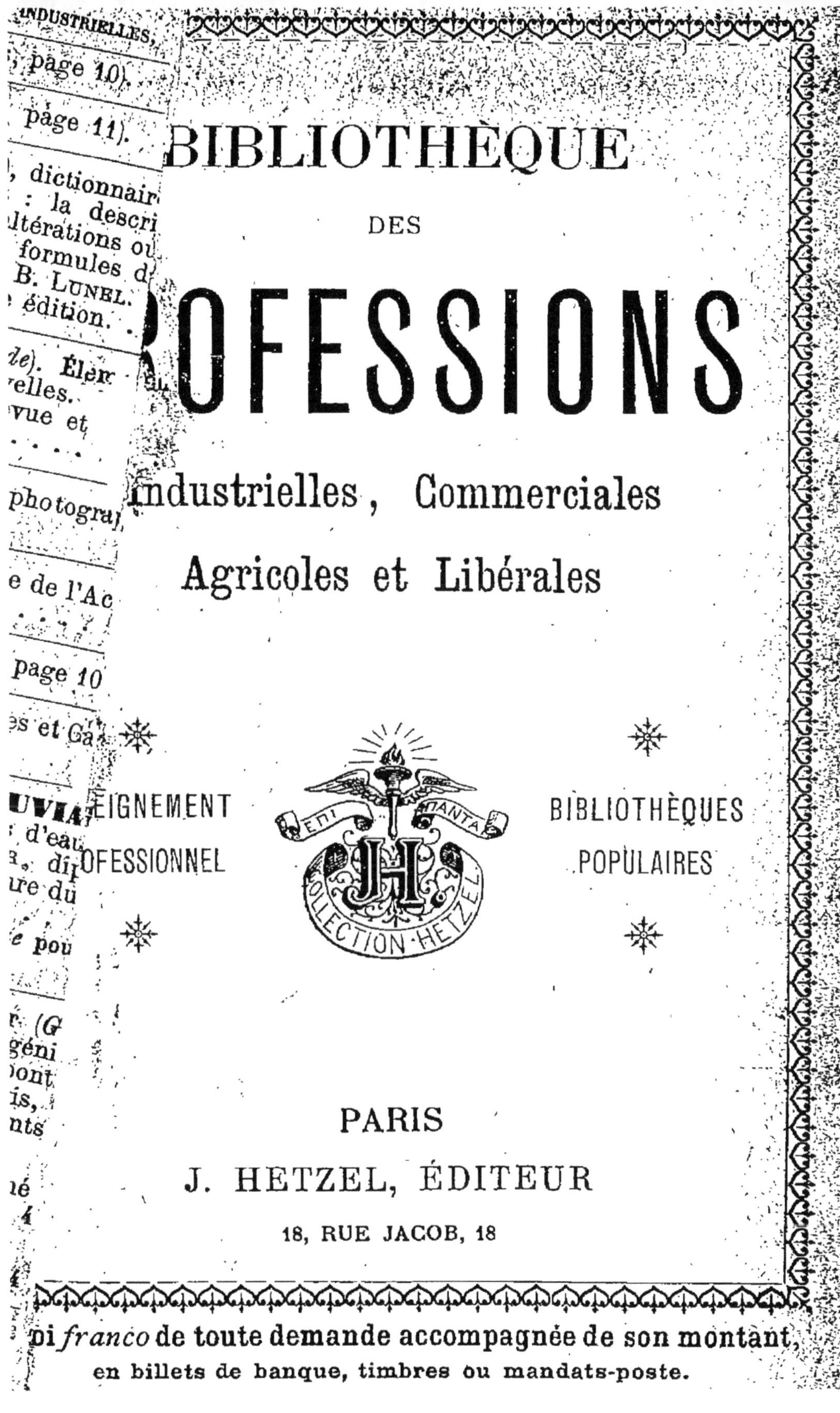

BIBLIOTHÈQUE

DES

ROFESSIONS

ndustrielles, Commerciales

Agricoles et Libérales

EIGNEMENT
OFESSIONNEL

BIBLIOTHÈQUES
POPULAIRES

PARIS

J. HETZEL, ÉDITEUR

18, RUE JACOB, 18

oi *franco* de toute demande accompagnée de son montant,
en billets de banque, timbres ou mandats-poste.

TABLE DES MATII

TRAITÉES DANS LA

BIBLIOTHÈQUE DES PROFE

INDUSTRIELLES, COMMERCIALES, AGRICOLES ET L

Le cartonnage toile de chaque volume se paye 0 fr. 5
des prix indiqués.

ASSURANCES *(Les). L'Art de s'assurer contre l* par Arsène PETIT, avocat à la Cour de Paris. 1 vol. 3e éditi

— *L'art de s'assurer sur la vie*, par Arsène PETIT, la Cour de Paris. 1 volume, 2e édit. . . . .

— *L'Art de s'assurer contre les accidents du travail*, pa PETIT, avocat à la cour de Paris. 1 volume. 2e édition.

Ouvrages honorés de souscriptions du *Ministère de l'Instr publique* pour les bibliothèques populaires.

AUTOMOBILES (*Manuel pratique du constructeur conducteur de cycles et d'*), par H. DE GRAFFIGNY. (Voir Cy Automobiles, page 5).

BEAUX-ARTS (*Introduction à l'étude des*), par Char Eugène CARTERON. 1 volume illustré de 36 gravures . . .

BIJOUTIER (*Guide pratique du*). Application de l'harn des couleurs dans la juxtaposition des pierres précieuses, émaux et des ors, par L. MOREAU. 1 vol. avec 2 planches.

Ouvrage adopté par la *Ville de Paris* pour les bibliothèques mun

…RIES (Voir Habitations des animaux, page 7).

…(*Éducation lucrative des*), ou traité raisonné de … par MARIOT-DIDIEUX, vétérinaire en premier aux … l'armée, membre et lauréat de plusieurs Sociétés … *ouvelle édition* entièrement revue et mise au courant …s perfectionnements, par Abel LINARD, aviculteur. … 4 fr.

…honoré d'une souscription du *Ministère de l'Agriculture*.

…URE (*L'Art et la pratique en*), par H.-L.-Alph. BLANCHON. …illustré de 78 figures. . . . . 2 fr.

…matières et produits nécessaires aux relieurs. — Opérations préliminaires. …, rognage. — Ornementation des tranches. — Couvrure. — Cartonnage. — …ans le passé. — La reliure moderne. — Dorure et finissage.

…TES (Voir Ponts et Chaussées, page 14).

…ENCES PHYSIQUES (*Éléments des*), appliquées à …ture, par A.-F. POURIAU, docteur ès sciences, ancien élève …le centrale, professeur à l'École d'agriculture de Grignon.

…*ière partie*. **CHIMIE INORGANIQUE**. 1 volume avec …ures dans le texte et tableaux . . . . 4 fr.

…*ième partie*. **CHIMIE ORGANIQUE**. 1 volume avec 65 fi… dans le texte et tableaux . . . . 4 fr.

…RRURERIE (*Nouveaux Barèmes de*), par É. ROULAND. …ume. . . . . 4 fr.

…*ait de la table des matières*. — *Balcons* en barreaux de fer rond, plat, carré …ou sans ornements. — *Grilles fixes et Grilles ouvrantes* à deux vantaux en …ux de fer rond avec ou sans petits barreaux, avec ou sans ornements. — *Portes* …vantail et à deux vantaux en fer à T avec panneaux tôle. — *Poids des fers*, fers carrés, ronds, T et cornières double T. — *Poids des tôles*.

…ISSUS (*Manuel du commerce des*). *Vade-mecum* du **Marchand** … **Nouveautés**, par Edmond BOURDAIN. 1 volume . . . . 3 fr.

…**vrage adopté par la** *Ville de Paris* **pour les bibliothèques municipales**.

VACHE LAITIÈRE (*Guide pratique pour le choix de la*), par Ernest DUBOS, vétérinaire de l'arrondissement de Beauvais, professeur de zootechnie à l'Institut agricole de la même ville. …volume avec 7 planches. 3e édition. . . . . 2 fr.

VIGNERON (✻ *Guide pratique du*), culture, vendange et vinification, par FLEURY-LACOSTE, suivi des *Maladies de la* **VIGNE**, causes et effets morbides depuis l'origine de sa culture jusqu'à nos jours, avec les moyens à emploi[...] prévenir et les combattre. Précédé d'une descripti[...] et botanique de cette plante précieuse, par SERI[...] bonne). 1 volume . . . .

Ouvrage adopté par le *Ministère de l'Instruction pu*[...] les bibliothèques scolaires et populaires.

VIN (*Guide pratique pour reconnaître et corriger les maladies du*), par Jacques BRUN et Albert BRUN. 1 vol[...] de nombreux tableaux. 2e édition revue et augmentée[...]

VINIFICATION (*Traité complet de*). Art de fai[...] avec toutes les substances fermentescibles, en tou[...] sous tous les climats, par L.-F. DUBIEF. 7e édition. 1 v[...]

VINS FACTICES (*Guide de la fabrication des*) et [...] sons vineuses en général, ou manière de fabriquer [...] les vins, cidres, poirés, bières, hydromels, piquettes [...] sortes de boissons vineuses, par des procédés faciles [...] miques et hygiéniques, suivi de l'*Immense Trésor des* **V[...]RONS** et des **Marchands de Vin,** indiquant des moyens [...] pour vieillir instantanément les vins, leur enlever les [...] goûts, même celui de terroir, colorer les vins blancs [...] d'une manière hygiénique et sans aucun coupage e[...] leur dégénérescence, par L.-F. DUBIEF. 5e édition. 1 vol[...]

VINS (*Traité du commerce des*) et autres boissons, par G. EMION. 2e édition. 1 volume avec de nombreux tableaux[...]

Extrait de la table des matières. — EXERCICE DU COMMERCE DES BOISSONS : P[...] qui peuvent exercer le commerce. — Formalités à remplir pour ouvrir des [...] boissons. — Poids et mesures. — Vente. — Conclusion des marchés. — Tran[...] boissons. — Commerce des boissons avec l'étranger. — Délits et quasi-délits en [...] de vente de boissons. — RAPPORTS AVEC LA RÉGIE.

Envoi *franco* de toute demande accompagnée de son montant, en billets de banque, timbres ou mandats-poste.

7201. — L.-Imp. réun., 7, rue Saint-Benoît, Paris.

BIBLIOTHÈQUE DES PROFESSIONS

INDUSTRIELLES, COMMERCIALES, AGRICOLES ET LIBÉRALES

Acier (*Emploi*), par J.-B. Dessoye. 4
Acier (*Traité*), par Landrin......... 4
Alliages métalliques, par Gueltier. 2
Architecture navale, p. Bousquet. 2
Assurances, par A. Petit, 2 vol. à 2f. 4
Beaux-Arts. (*Introduct. à l'Etude des*), par Carteron..................
Bergeries, Porcheries, par Gayot. 2
Betterave, par Basset.............. 2
Bijoutier (*Guide*), par Moreau 2
Bois (*Carbonisation*), par Dromart... 4
Bois (*Cubage, estimation*), p. Frochot. 4
Botanique appliquée, par Lerolle. 4
Brasseur (*Guide*), par Mülder....... 4
Bris et naufrages (*Code*), Tartara. 4
Calculs et comptes faits......... 4
Calligraphie (*La*), par Louis Baude. 4
Chaleur (*Théorie mécanique*), Clausius, 2 vol. à 4f.................. 8
Charcuterie pratique, Berthoud. 4
Charpentier (*Manuel*), par Merly... 4
Chasseur médecin, Mariot-Didieux 2
Chauffeur (*Manuel*), par Jaunez.... 2
Chimie pure, par le Dr Sacc......... 4
Chimie (*Introduction à l'étude de la*), par Liebig.............................. 2
Chimie (*Générale élémentaire*), par Hétet, 2 vol. à 4f.................. 8
Chimiste agriculteur, par Pouriau. 4
Conseillers généraux (*Manuel*), par Albiot.............................. 4
Constructeur (*Guide*), par Pernot.. 4
Construction à la mer, par Bouniceau, 1 vol. 4 fr., et 1 Atlas 4 fr...... 8
Corps gras industriels, Château. 4
Cotonnier (*Culture*), par Sicard..... 2
Culture maraîchère, par Courtois-Gérard.............................. 4
Cultures exotiques (*Cafier, Cacaoyer, Canne à sucre*)............... 4
Dessinateur (*Comment on devient un*), par Viollet-le-Duc............... 4
Dessin linéaire, *avec atlas*, Ortolan. 4
Douane (*Lois et Règlements*) E. Delay 4
Droit maritime, par Doneaud...... 2
Eaux gazeuses (*Fabrication des*), par Michotte et Guillaume........... 4
Eclairage électrique (*Montage des Appareils*), par de Gaisberg......... 2
Economie domestique, Dr Lunel.. 2
Electricien (*Ingénieur*), Graffigny.. 4
Engrenage, par Dinée.............. 2
Entomologie agricole, p. H. Gobin 4
Epicerie (*Guide*), par le Dr Lunel... 2
Escompteur (*Manuel*), Lacombe.... 6
Féculier, amidonnier, par Dubief. 4
Ferments et fermentations, A. Rey 4
Galvanoplastie, par Geymet......... 4
Géologie (*Manuel*), par Dana........ 4
Géomètre arpenteur, par Guy...... 4
Géométrie, avec *atlas*, par Rozan.... 4
Grandes Ecoles de France, par Mortr d'Ocagne : *Carrières civiles*.. 4
Services de l'État................... 4
Herboriseur, par Ed. Grimard..... 4
Horloger, par H. de Graffigny....... 4
Hydraulique et Hydrologie, par Laffineur.............................. 2

Hygiène du travail, par Dr Monin.
Impressions photographiques, par Poitevin et Vidal...............
Introduction à l'étude de la Physique, par L. Du Temple..........
Japon pratique (*le*), par Régamey..
Jardinage, par Courtois-Gérard.....
Joaillier (*Guide*), par Barbot........
Laine (*Filature*), par Leroux.........
Lapins, Oies et Canards (*Education des*), Mariot-Didieux.........
Liqueurs (*Fabrication*), par Dubief.
Liquoriste des Dames, par Dubief.
Maçonnerie, par Demanet, 1 vol...
Magnanier, par Roman...............
Maison (*Comment on construit une*), par Viollet-le-Duc ....
Matières industrielles, p. Gaudry.
Mécanicien (*l'ouvrier*), Ortolan :
Mécanique élémentaire, 1 vol........
Mécanique de l'atelier, 1 vol.........
Principes et pratique de la machine à vapeur, 1 vol....................
Météorologie, Mascart et Moureaux.
Météorologie agricole, par Canu et Larbalétrier......................
Métiers manuels (*Livre des*), Houzé
Minéralogie, Noguez, 2 vol. à 4 fr.
Octrois (*Manuel*), Laffolay.........
Officier (*Comment on devient*), Juyon
Papier et Carton, Prouteaux, 1 vol.
Parfumeur, par le Dr Lunel.........
Perspective, par Pellegrin...........
Photographe (*Etudiant*), Chevalier.
Photographie, par Geymet.........
Pianiste (*art du*), par Romeu.........
Pisciculture, par Larbalétrier.......
Plantes fourragères, par A. Gobin.
Ponts et Chaussées, par Birot :
Ponts, 1 vol.........................
Routes, 1 vol.........................
Potasses, soudes, par Frésenius...
Poudres et salpêtres, par Steerk..
Poules, par Mariot-Didieux...........
Roues hydrauliques, par Laffineur
Saule et Roseau, par Koltz.........
Sciences physiques *appliquées à l'Agriculture*, par Pouriau, 2 vol. à 4f.
Serrurerie (*Barèmes*), E. Rouland.
Sucres (*Essai, analyse*), par Monier.
Teinturier (*Manuel*), par Fol.........
Télégraphie électrique, par Miège.
Tissus (*commerce des*), Ed. Bourdain
Transmissions de la pensée et de la voix, par L. Du Temple..........
Vache laitière (*Choix*), par Dubos..
Vernis (*Fabrication*), par Violette...
Vêtements de femmes et d'enfants, par Elisa Hirtz.............
Vigneron (*Guide du*) par Fleury-Lacoste suivi des **maladies de la vigne**, par Serigne, 1 vol.........
Vins (*Fraudes et maladies*), p. Brun..
Vins factices, suivi de l'**immense trésor des Vignerons et des Marchands de vins**, par Dubief.
Vins (*Traité du Commerce*), Emion
Vinification par Dubief..............

5254. Paris — Imp. Gauthier-Villars et fils

www.ingramcontent.com/pod-product-compliance
Ingram Content Group UK Ltd.
Pitfield, Milton Keynes, MK11 3LW, UK
UKHW020255230726
13925UKWH00001B/56

9 782016 138229